Schriftenreihe des Wissenschaftlichen Instituts für Kommunikationsdienste

Band 1: B. Wieland, Die Entflechtung des amerikanischen Fernmeldemonopols. VII, 171 Seiten. 1985

Band 2: A. Heuermann, Th. Schnöring, Die Reorganisation der Britischen Post. VII, 254 Seiten. 1985.

Band 3: A. Heuermann, K.-H. Neumann, Die Liberalisierung des britischen Telekommunikationsmarktes. XII, 401 Seiten. 1985.

Band 4: Gesamtwirtschaftliche Effekte der Informations- und Kommunikationstechnologien. Herausgegeben von Th. Schnöring. VIII, 182 Seiten. 1986.

Band 5: K.-H. Neumann, Die Neuorganisation der Telekommunikation in Japan. IX, 204 Seiten. 1987.

Band 6: W. Neu, K.-H. Neumann (Hrsg.), Die Zukunft der Telekommunikation in Europa. Proceedings. X, 221 Seiten. 1989.

Band 7: A. Heuermann, Die Erfahrungskurve im Telekommunikationsbereich. XI, 348 Seiten. 1989.

Band 8: A. Heuermann, Th. Schnöring, Vor- und Nachteile einer Trennung von Post- und Fernmeldewesen. VIII, 109 Seiten. 1990.

Band 9: H. Grupp, T. Schnöring (Hrsg.), Forschung und Entwicklung für die Telekommunikation – Internationaler Vergleich mit zehn Ländern – Band I. XIII, 436 Seiten. 1990.

Band 10: H. Grupp, T. Schnöring (Hrsg.), Forschung und Entwicklung für die Telekommunikation – Internationaler Vergleich mit zehn Ländern – Band II. XI, 519 Seiten. 1991.

Schriftenreihe des Wissenschaftlichen Instituts
für Kommunikationsdienste

Hariolf Grupp
Thomas Schnöring (Hrsg.)

Forschung und Entwicklung für die Telekommunikation – Internationaler Vergleich mit zehn Ländern –

Band II

Italien, Spanien, Süd-Korea, Niederlande, Schweden, Bundesrepublik Deutschland und abschließende Bewertung

Springer-Verlag
Berlin Heidelberg New York London
Paris Tokyo Hong Kong Barcelona

Dr. Hariolf Grupp
Fraunhofer-Institut für Systemtechnik und Innovationsforschung
Breslauer Straße 48, D-7500 Karlsruhe 1

Dr. Thomas Schnöring
Wissenschaftliches Institut für Kommunikationsdienste GmbH
Rathausplatz 2–4, D-5340 Bad Honnef 1

ISBN-13: 978-3-540-53548-5 e-ISBN-13: 978-3-642-46728-8
DOI: 10.1007/978-3-642-46728-8

2142-3140/543210 – Gedruckt auf säurefreiem Papier

Herausgeber beider Bände:	Dr. Hariolf Grupp (ISI) Dr. Thomas Schnöring (WIK)
Weitere Autoren beider Bände:	Dipl.-Soz. Edelgard Gruber (ISI) Wi.-Ing. Klemens Gutmann (ISI) Dr. Dirk-Michael Harmsen (ISI) Dipl.-Wi.-Ing. Joachim Hemer (ISI) Dr. Werner Neu (WIK) Dr. Ulrich Schmoch (ISI) Dipl.-Vw. Beatrix Schwitalla (ISI)
On Line Datenerhebung:	Bibliotheksleiter Günther Heger (ISI) Dipl.-Phys. Jürgen Reichert (ISI)
Graphikproduktion:	Mark Hays (ISI) Dipl.-Vw. Wolfgang Hürter (WIK) Rudolph Nickels (ISI) Cecilia Preiser (ISI)
Sekretariat & Schreibarbeiten:	Ilse Gottschalg (ISI) Renate Heger (selbst. Schreibbüro) Renate Klein (ISI) Monika Silbereis (ISI) Gabriele Stanek (WIK) Birgit Strüver (WIK) Roselinde Welke (selbst. Schreibbüro)
Ende der Datenerhebung:	Frühjahr 1989

VORWORT

Wir freuen uns, den zweiten Band unserer Untersuchung "Forschung und Entwicklung für die Telekommunikation - Internationaler Vergleich mit zehn Ländern" vorlegen zu können. Er behandelt die Länder Italien, Spanien, Süd-Korea, Niederlande, Schweden und die Bundesrepublik Deutschland. Darüber hinaus werden im zweiten Band die FuE-Aufwendungen aller untersuchten Länder und ihre Publikations- und Patentaktivitäten verglichen sowie technologie- und wirtschaftspolitische Schlußfolgerungen aus den Untersuchungsergebnissen gezogen. Der erste Band der Studie ist im Sommer 1990 in der Schriftenreihe des Wissenschaftlichen Instituts für Kommunikationsdienste erschienen. Er enthält neben einer methodischen Einführung die Untersuchungsergebnisse für die Länder USA, Japan, Frankreich und Großbritannien. Die beiden Bände bilden eine sachliche Einheit und sollten deshalb im Zusammenhang gesehen werden. Zur leichteren Orientierung ist am Ende eines jeden Bandes das Inhaltsverzeichnis des jeweils anderen Bandes abgedruckt.

Wir hoffen, daß der zweite Band auf eine ebenso interessierte Öffentlichkeit trifft wie der erste Band und daß die gesamte Untersuchung die öffentliche Diskussion in der Sache ein gutes Stück voranbringt. Gleichzeitig möchten wir die Gelegenheit nutzen und allen Interviewpartnern in Unternehmen, Ministerien und Verbänden im In- und Ausland danken. Ohne ihre Diskussions- und Auskunftsbereitschaft wäre die Studie in dieser Form nicht möglich gewesen. Die gute Zusammenarbeit aller Beteiligten im ISI und im WIK hat wesentlich mit dazu beigetragen, dieses umfassend angelegte Forschungsprojekt erfolgreich zu Ende zu führen. Zum Schluß möchten wir deshalb allen beteiligten Mitarbeitern und Helfern in beiden Instituten für ihre Arbeit und ihr Engagement danken.

Die Herausgeber

INHALTSVERZEICHNIS

Seite

Seite

Seite

KAPITEL 5: ITALIEN

(Von Edelgard Gruber)

5.1 RAHMENBEDINGUNGEN

5.1.1 ALLGEMEINE FuE-POLITIK

Wirtschaftliche Entwicklung

Italien weist mit einer Fläche von etwa 300000 km^2 und einer Bevölkerungszahl von 57 Millionen (1986) eine Bevölkerungsdichte von 190 Einwohnern pro km^2 auf. Regionale Ballungszentren befinden sich im Raum Mailand (Lombardei mit 373 Einwohnern pro km^2) und im Raum Rom/Neapel (Kampagnien mit 398 Einwohnern pro km^2).

Italien ist ein rohstoffarmer Industriestaat mit erheblichen regionalen Unterschieden in der wirtschaftlichen Entwicklung. Die Wirtschaftszentren liegen im Norden, vor allem im Raum Mailand (Verwaltungen, Banken, Handel, Forschungszentren) und im Raum Turin-Genua-Brescia (Industrie). Demgegenüber sind die Landesteile südlich von Rom (das "Mezzogiorno") durch geringe Wirtschaftskraft, hohe Arbeitslosigkeit und geringen Lebensstandard gekennzeichnet. Dies zeigt sich auch sehr deutlich an der regionalen Verteilung der FuE-Mittel (vgl. Tabelle 5.1-1). Die Lösung der "Südfrage", also die wirtschaftliche Förderung des Südens, gehört in Italien zu den wichtigsten sozialpolitischen Aufgaben. Dies wirkt sich bis in den Telekommunikationssektor aus, indem dieser Aspekt bei den Planungen mitspielt (z. B. Förderung der Bereitstellung von Netzen und Diensten im Süden trotz geringerer Anschlußdichten und geringeren Gebührenaufkommens).

Italien weist ein hohes Maß an politischer Instabilität auf. Bei rasch wechselnden Koalitionsregierungen und Ministerpräsidenten fehlt eine langfristig angelegte, konsistente nationale Politik. Wirtschaftspolitische Ziele werden häufig nicht erreicht, mitunter auch deshalb, weil gegensätzliche Strategien gleichzeitig verfolgt werden, die sich in ihrer Wirkung aufheben (z. B. eine stabilisierende Geldpolitik, aber deutliche Einkommenssteigerungen im öffentlichen Sektor). Dennoch konnte die hohe Inflationsrate gebremst werden. Zu den weiterhin ungelösten Problemen gehören das Defizit im Staatshaushalt, die geringe Effizienz der öffentlichen Verwaltung und der öffentlichen und quasi-öffentlichen Dienstleistungen sowie die Arbeitskämpfe (Italien hat die höchste Streikintensität in Europa) und überhöhte Lohnforderungen der Gewerkschaften (Kuntze 1988).

Die Entwicklung des Bruttosozialprodukts verlief in Italien ähnlich wie in der Bundesrepublik. Im Pro-Kopf-Einkommen liegt Italien hinter den USA, Japan, der Bundesrepublik und Frankreich etwa gleichauf mit Großbritannien, deutlich höher als andere Mittelmeerländer wie etwa Spanien, Portugal und Griechenland.

Im Produktionsvolumen nimmt Italien nach der Bundesrepublik, Frankreich und Großbritannien die vierte Stelle in Europa ein. Die wichtigsten Industrien Italiens gehören zu den "traditionellen" Branchen, nicht zu den FuE-intensiven Hochtechnologien. Bedeutung haben vor allem die Eisen- und Metallverarbeitung, der Maschinenbau, die Automobilindustrie, die Elektrotechnik, die Chemische Industrie und die Textil- und Bekleidungsindustrie.

Tabelle 5.1-1: Regionale Verteilung der FuE-Aufwendungen 1985 (Quelle: ISTAT)

	Norditalien %	Mittelitalien %	Süditalien %
Staatliche Großforschungseinrichtungen, CNR-Institute**	45,4	47,1	7,5
Staatliche Unternehmen	71,2	16,7	12,0
Private Unternehmen	83,5	13,1	3,4
Insgesamt*	69,1	24,1	6,8

* ohne Universitäten

** CNR: Consiglio Nazionale delle Ricerche

Die Außenhandelsbilanz Italiens ist traditionell negativ (1987: - 971 Mrd. Lire). Hauptexportgüter sind Textilien, Fahrzeuge, Maschinen und chemische Erzeugnisse; importiert werden außer Brennstoffen vor allem Maschinen, Rohstoffe, Nahrungsmittel und chemische Erzeugnisse. Bei Produkten der Elektrotechnik und generell bei FuE-intensiven Produkten schneidet Italien in der Außenhandelsbilanz schlechter als die Bundesrepublik, Großbritannien und Frankreich, aber wesentlich besser als andere südeuropäische Länder ab. Bei FuE-intensiven Produkten ist die Bilanz zudem besser als im Durchschnitt aller Güter (Grupp/Legler 1989). Bei Kommunikationssystemen und elektronischen Komponenten stieg das Export/Import-Verhältnis von 0,76 im Jahr 1981 bis 0,90 im Jahr 1983 an und fiel dann wieder auf 0,81 im Jahr 1986 zurück.

Die italienische Industrie ist durch viele kleine Betriebe einerseits und eine Reihe von Großkonzernen andererseits charakterisiert. Mittelgroße Unternehmen mit 500 bis 1000 Mitarbeitern sind gegenüber anderen westlichen Industrieländern unterrepräsentiert. Einige der Großunternehmen haben Weltgeltung, viele sind staatlichen Holdings untergeordnet. Zu den letzteren gehören auch die meisten im Telekommunikationsbereich bedeutenden Hersteller und Dienstanbieter, die der Holding IRI (Istituto per la Ricostruzione Industriale) zugeordnet sind, die alleine über 400000 Mitarbeiter in ihren Unternehmen beschäftigt.

Seit Anfang der 80er Jahre steht Italien in einem starken Modernisierungsprozeß. Zwar bleiben die traditionellen Industriezweige dominierend, aber die Unternehmen sind innovativ, wobei der Schwerpunkt auf Prozeßverbesserungen (Rationalisierung) und der Sicherung von Marktanteilen durch kleine Produktverbesserungen liegt. Technologien werden vielfach eingeführt, vor allem aus den USA. Die internationale Kooperation der italienischen Industrie nimmt zu, insbesondere in Hochtechnologiebereichen wie etwa der Elektronik und der Telekommunikation. Dominierender Partner sind die USA. Die Unternehmen bemühen sich auch sehr um die Ausweitung ihrer Stellung auf dem Weltmarkt. Auf den europäischen Binnenmarkt 1992 werden sehr große Hoffnungen gesetzt, insbesondere im Telekommunikationsbereich, der zu den Hochtechnologie-Industrien zählt. Die Großunternehmen, auch die staatlichen Konzerne, glauben, für den EG-Binnenmarkt ausreichend gerüstet zu sein. Nachteile könnten jedoch für die mittelständische Industrie und für den unterindustrialisierten Mezzogiorno entstehen (Kuntze 1988).

Allgemeine FuE-Politik

Im FuE-Bereich gibt es in Italien traditionell mehrere Akteure mit großer Selbständigkeit und geringer Vernetzung: die Universitäten, der Nationale Forschungsrat (CNR) und seine Institute, die staatlichen Großforschungseinrichtungen, die Unternehmen und Forschungszentren der staatlichen Holdings und die privaten Unternehmen.

Die Universitäten unterstehen dem Bildungsministerium und werden von diesem zu etwa 90 % finanziert (Fornari u. a. 1988). Die übrigen Mittel kommen zu 8 % von anderen öffentlichen Stellen (z. B. Regionen), zu 0,6 % vom Ausland und nur zu 1,4 % von Unternehmen (einschließlich Staatsunternehmen). Die Kooperation zwischen Universitäten und Industrie ist gering, weil die Universitäten oft technisch ungenügend und zu wenig mit technischem Personal ausgestattet sind und weil es zu wenig interdisziplinäre Forschung an den Universitäten gibt. Außerdem hängt das Ansehen der Professoren in Italien nicht von der Industriekooperation ab. Industrieaufträge werden eher als Einengung der Kreativität empfunden. Ein finanzieller Zwang besteht ebenfalls nicht, denn während in anderen Ländern Mittel für die Universitäten verringert wurden, verzeichnen die italienischen Universitäten bedeutende Zuwächse. Dennoch nehmen die Kooperationen seit einigen Jahren infolge eines veränderten Innovationsklimas und einer Innovationspolitik zu, z. B. mit der Ausschreibung "nationaler Forschungsprojekte" (s. unten).

Tabelle 5.1-2: FuE-Ausgaben des Staates und der staatlichen Unternehmen 1987

	Mrd. Lire	%
Ministerium für Bildung	2246	24,6
Ministerium für Verteidigung	522	5,7
Übrige Ministerien	634	7,0
Regionen	61	0,7
CNR	1239	13,6
ENEA	887	9,7
Sonstige Großforschungseinrichtungen	397	4,4
Internationale Finanzierung	351	3,9
Staatliche Unternehmen	2776	28,3
Summe	9113	100,0

Eine Besonderheit Italiens ist die Position des Forschungsministers. Er hat keinen eigenen Haushalt, sondern er muß sich auf die Koordination zwischen staatlichen Forschungsträgern beschränken. Seine Mitarbeiter gehören formal zu anderen Ministerien, zum CNR oder zu Großforschungseinrichtungen. Die staatlichen Forschungsmittel stammen aus anderen Ministerien oder sind direkt im Staatshaushalt eingestellt (Tabelle 5.1-2). Für die Koordination dieser FuE ist eigentlich der CNR zuständig, der jedoch vor allem Mittel an seine eigenen Institute verteilt. Die Bewilligung der Finanzpläne obliegt dem Ausschuß für Wirtschaftsplanung CIPE (Comitato Interministeriale per la Programmazione Economica), dem ein interministerieller Ausschuß für Forschungskoordination beigeordnet ist, der vom Forschungsminister geleitet wird und in dem die Ministerien vertreten sind (Abbildung 5.1-1).

Von Staat und Unternehmen unabhängige große Forschungsinstitute gibt es in Italien nicht. Bedeutend sind die staatlichen Großforschungseinrichtungen wie etwa die ENEA (Ente Nazionale dell' Energia Atomica), die im Vergleich zu anderen Ländern sehr selbständig sind. Die ENEA war früher eine Atombehörde und ist heute ein auf vielen Gebieten tätiges Forschungsinstitut mit knapp 4000 Mitarbeitern. Eine weitere staatliche Forschungseinrichtung ist der CNR, der rund 280 einzelne, zum Teil sehr kleine Institute unterhält. Sie betreiben im wesentlichen Grundlagenforschung. Aus dem CNR-Etat werden außerdem die "nationalen Forschungsprojekte" und die Weltraumforschung finanziert. Von 559 Mrd. Lire im Jahr 1987 entfielen 275 Mrd. Lire auf die Grundfinanzierung der eigenen Institute (49 %), 98 Mrd. Lire auf die nationalen Projekte (18 %) und 186 Mrd. Lire (33 %) auf die Weltraumforschung, davon wiederum 30 % auf die Satellitenentwicklung. Der Anstieg der CNR-Budgets seit 1980 ist im wesentlichen auf die letztgenannten Aktivitäten zurückzuführen. Die CNR-Institute hatten 1987 etwa 5500 Mitarbeiter.

Abbildung 5.1-1: Das italienische FuE-System im Überblick

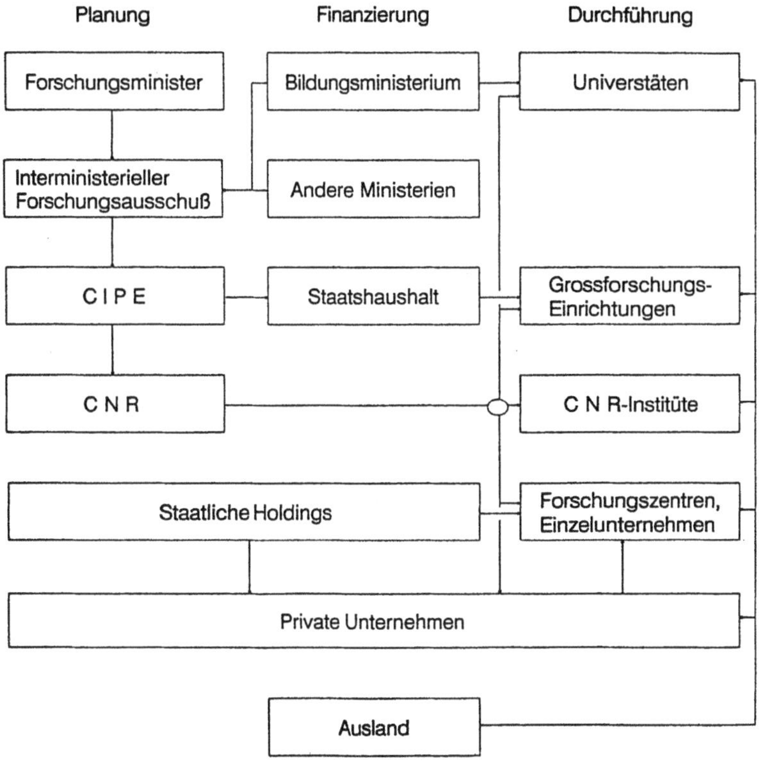

Die Organisationsstruktur des FuE-Bereichs wird von Experten als wenig effizient eingeschätzt. Deshalb gibt es immer wieder Reformpläne mit dem Ziel, ein moderneres FuE-

Management, mehr Transparenz und mehr Kooperation zwischen Staat und Wirtschaft zu erreichen. Unter anderem sind Mittelkürzungen für den CNR und die Erweiterung des Forschungsministeriums im Gespräch. Eine Maßnahme zur Förderung der Kooperation und der angewandten Forschung war 1975 die Inkraftsetzung eines "nationalen Forschungsprogramms" mit der Vergabe "zielgerichteter Projekte" (Progetti finalizzati). Von 1975 bis 1986 wurden 38 solcher Großprojekte in den Bereichen Nahrungsressourcen, Gesundheit, Umwelt, Hochtechnologien und Energie für insgesamt 1063 Mrd. Lire durchgeführt. Ein Drittel der Mittel entfiel auf das Gebiet der Hochtechnologien. Die neuen Pläne ab 1987 sehen 692 Mrd. Lire für zehn Projekte in den folgenden fünf Jahren vor. 11,3 % davon sollen auf den Bereich Telekommunikation entfallen (Inhalte siehe Abschnitt 5.3). 36 % der Projektmittel gehen an Universitäten, 12 % an CNR-Institute und 44 % an Großforschungseinrichtungen oder Unternehmen.

Abbildung 5.1-2: Entwicklung der FuE-Aufwendungen in Billionen Lire zu Preisen von 1987
(Quelle: ISTAT 1987)

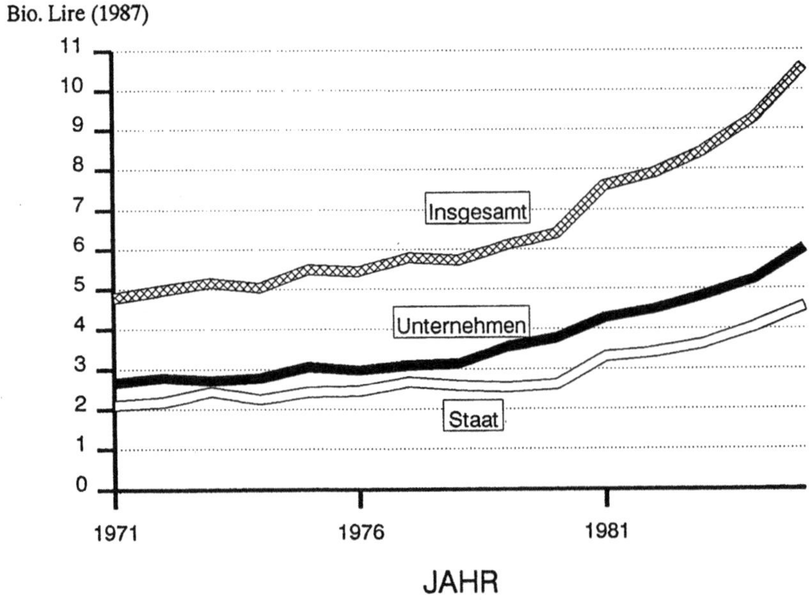

Die FuE-Aufwendungen sind in Italien seit Anfang der 80er Jahre stark angewachsen. Wenn sie auch mit einem Anteil von knapp 1,5 % am Bruttoinlandprodukt im Vergleich mit anderen Industrieländern noch niedrig liegen, so hat Italien doch stark aufgeholt. 1969 betrug der Anteil am Bruttoinlandsprodukt noch 0,8 %. Bereits Ende der 60er Jahre gab es einen Aufschwung, dann folgten Konjunktureinbrüche, Energiekrisen und

Jahre hoher Inflationsraten, bis ab 1980 eine Dynamik erkennbar ist, die stärker ausfällt als in den anderen westlichen Industrieländern (Abbildung 5.1-2)

Durchgeführt wird die FuE überwiegend in Unternehmen; gut ein Drittel davon entfällt auf die staatlichen Unternehmen. Anders sieht es bei der Finanzierung der FuE aus: Bis 1973 wurden die Mittel zu mehr als der Hälfte von den Unternehmen aufgebracht, 1985 finanzierten die Unternehmen nur noch 45 % (Abbildung 5.1-3). Der Anstieg der Forschungsausgaben geht somit zum großen Teil auf den Einsatz staatlicher Mittel zurück.

Abbildung 5.1-3: Finanzierung der FuE in Italien 1985 (Quelle: ISTAT 1987)

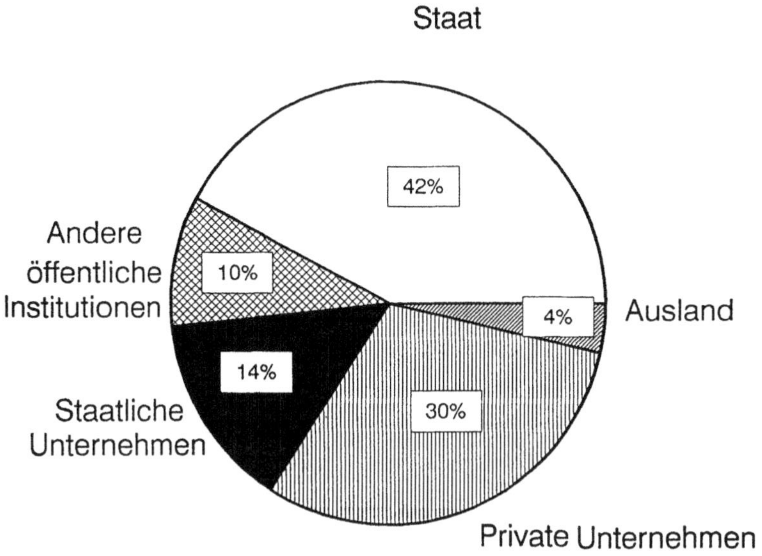

Entsprechend ist der Anteil an staatlicher Förderung der industriellen FuE angestiegen (Tabelle 5.1-3). Er hat sich seit 1981 fast verdreifacht; 1976 hatte er hingegen nur 2 % betragen.

Das FuE-Personal in Italien hat sich in den letzten 20 Jahren etwa verdoppelt. Dabei ist vor allem die Zahl der Forscher angestiegen, während der Anteil der Techniker und des Assistenzpersonals zurückgegangen ist. 1967 gab es gut 60000 FuE-Beschäftigte, von denen 36 % Forscher waren; von den 118000 Mitarbeiter 1985 waren bereits 53 % Forscher. Überdurchschnittlich hoch ist der Forscheranteil in der Industrie, insbesondere in den privaten Unternehmen; am niedrigsten ist er in den Großforschungseinrichtungen (39 %).

Obwohl der Staatsanteil bei der Durchführung von FuE-Vorhaben seit 1971 fast konstant geblieben ist (Abbildung 5.1-2), ist die FuE anwendungsorientierter geworden. Während die Universitäten heute noch fast ausschließlich Grundlagenforschung betreiben, fand in den Großforschungseinrichtungen eine Umorientierung der Forschungsstrategie statt. So sank der Anteil der Grundlagenforschung bis 1985 auf 16 %; die Entwicklungsforschung stieg auf einen Anteil von 45 % (Abbildung 5.1-4).

Tabelle 5.1-3: Industrielle FuE-Ausgaben und ihre Finanzierung (Quelle: OECD 1987)

	Eigenfinanzierung %	Staatliche Förderung %	Aufträge anderer Unternehmen, aus dem Ausland etc. %
1981	86,9	8,8	4,3
1982	83,6	11,7	4,7
1983	77,6	18,1	4,3
1984	75,9	18,0	6,1
1985	77,0	16,9	6,1
1986 (projektiert)	69,2	24,9	5,9
1985 (Mrd.Lire)	4005	879	317

Die künftige Entwicklung der italienischen Forschungslandschaft läßt sich schwer abschätzen, zumal ein übergreifender Forschungsplan fehlt. Das erklärte Ziel der Regierung ist, den Anteil der FuE-Ausgaben am Bruttoinlandsprodukt weiter zu steigern. Experten schätzen es als wahrscheinlich ein, daß ein Ministerium für Forschung und Wissenschaft geschaffen wird, das einen eigenen Haushalt und die Koordinationskompetenz für die gesamte staatliche FuE-Förderung erhält.

In der Industrie konzentriert sich die FuE fast ausschließlich auf Großunternehmen, da Kleinbetriebe im allgemeinen keine FuE-Kapazitäten haben und mittelgroße Betriebe in Italien nur wenig vertreten sind. Eine besondere staatliche Förderung der mittelständischen FuE ist nicht in Sicht.

Abbildung 5.1-4: Anteile der FuE-Arten an den FuE-Aufwendungen (Quelle: OECD 1985, ISTAT 1987)

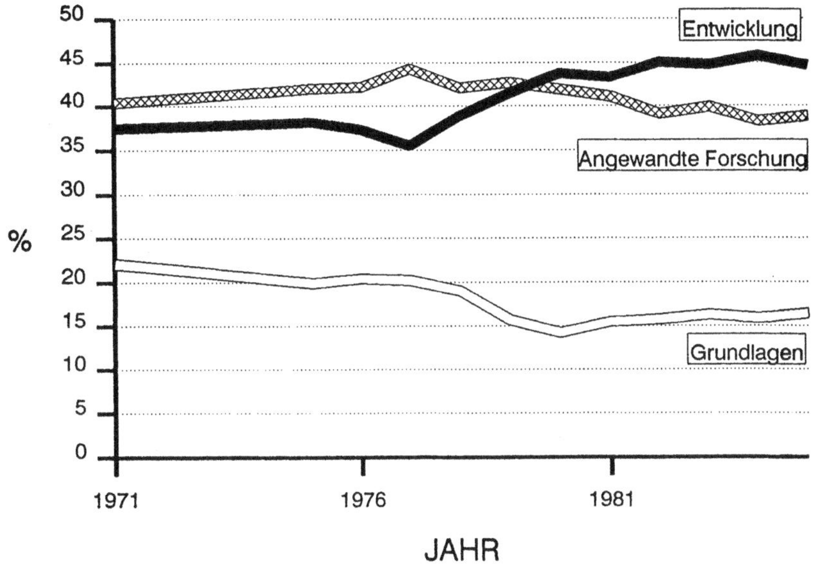

5.1.2 STRUKTUR DER TELEKOMMUNIKATIONSINDUSTRIE UND ORDNUNGSPOLITIK

Ordnungspolitik

In Italien sind die Zuständigkeiten für den Betrieb der Telekommunikationsnetze und für die Dienste auf mehrere Organisationen verteilt. Darüber hinaus gibt es eine Vielzahl von Kontroll- und Entscheidungsorganen, die die Entwicklung des Telekommunikationsbereichs bestimmen. Italien weist ein in Europa einzigartiges Telekommunikationssystem von fragmentierten und überlappenden Institutionen auf (Foreman-Peck, Manning 1988).

Schon seit Einführung des Telefons Ende des letzten Jahrhunderts gilt in Italien ein Gesetz, nach dem der Netzbetrieb und das Dienstangebot zwar ein Staatsmonopol sind, der Staat aber Konzessionen an Privatunternehmen vergeben kann. Zunächst gab es 24, später fünf solcher regionaler Betriebsgesellschaften. Den interurbanen Verkehr übernahm das Postministerium teilweise selbst durch die Einrichtung einer relativ autonomen Institution ASST (Azienda di Stato per i Servizi Telefonici) für den Telefondienst und einer Abteilung DCST (Direzione Centrale per i Servizi Telegrafici) für Telex und Telegraphie.

Tabelle 5.1-4: Organisation der Telekommunikationsdienste in Italien

Dienste	Gruppe IRI			Postministerium		Private
	SIP	Italcable	Telespazio	ASST	DCST	Anbieter
TELEFON						
Stadtgespräche	*					
Ferngespräche Inland	*			*		
Ferng. Europa, Mittelmeerraum				*		
Ferng. interkontinental		*				
Telekommunik. über Satellit			*			
TELEGRAPHIE (TELEX, TELEGRAMME)						
Inland					*	
Europa, Mittelmeerraum					*	
Interkontinental		*				
WEITERE DIENSTE						
Telefax	*					
Teletex					*	
Mobilfunk, Funkruf	*					
Datenübertragung Inland	*				*	
Datenübertragung Ausland		*				
Mehrwertdienste	*	*	*			*

1933 wurde die staatliche Holding IRI (Istituto per la Ricostruzione Industriale) gegründet; sie übernahm die privaten Telefongesellschaften, die 1964 zu einer einzigen Institution zusammengefaßt wurden (SIP, Società Italiana per l'Esercizio delle Telecomunicazioni). Für die interkontinentalen Verbindungen gibt es seit 1921 eine eigene Gesellschaft Italcable, die später ebenfalls der IRI unterstellt wurde.

Heute gibt es drei Betreiber, die zur IRI gehören - SIP, Italcable und Telespazio (Satellitenverbindungen) - und die beiden zum Ministerium für Post und Telekommunikation (MPT) gehörenden Institutionen (vgl. Tabelle 5.1-4). Die örtlichen Netze befinden sich im Eigentum der SIP; die interurbanen Netze und Schaltzentralen gehören zu 16 % der ASST, darunter aber die Verbindungen zwischen allen Großstädten, und zu 84 % der SIP. Das Datennetz (ITAPAC) gehört der SIP.

Die Unternehmen der Gruppe IRI arbeiten im Prinzip nach den Grundsätzen der Privatwirtschaft. In der Realität befinden sich jedoch insbesondere die Telekommunikationsanbieter in einer mehrfachen Abhängigkeit: vom MPT im Hinblick auf die Telekommunikationspolitik, vom Ministerium für Staatsholdings im Hinblick auf die Unternehmenstrategie der IRI-Gruppe, vom Industrieministerium, vom CIPE und - bei der Tarifgestaltung - von einem zentralen Preiskomitee und dem Finanzministerium.

Eine konsistente und gezielte Telekommunikationspolitik gibt es in Italien bis heute nicht. Dienstentwicklung und Netzausbau verliefen - unabhängig davon oder trotzdem - bis Anfang der 70er Jahre sehr positiv. Es gab bedeutende Investitionen, Telefon- und Telexdichte und -benutzung stiegen kräftig an. Auch konnten die Tarife zehn Jahre lang konstant gehalten werden. Mit der allgemeinen Wirtschaftsflaute nach 1973 (Ölpreiskrise, Inflation, Konjunktureinbrüche) setzte eine Betriebskostenexplosion für die SIP bei sinkenden Erträgen ein. Bis 1980 verschärften sich die Probleme weiter. Insbesondere stieg die Verschuldung der SIP an. 1980 machte die SIP mit 538 Mrd. Lire die höchsten Verluste in ihrer Geschichte. Die Regierung startete daraufhin einen Sanierungsplan für die SIP.

Inzwischen war jedoch das - noch 1970 sehr fortschrittliche - Telefonnetz veraltet, und Italien konnte hinsichtlich der Telefon- und Telexdichte nicht mehr mit anderen Industrieländern mithalten. Eine vom Ministerrat eingesetzte Kommission konstatierte drei wesentliche Mängel des italienischen Telekommunikationssystems (Morganti 1984):

- die inadäquate Befriedigung der Nachfrage bei Telefon und Telex (lange Wartezeiten, hohe Tarife) und die Rückständigkeit des öffentlichen Datennetzes,
- das Fehlen eines einheitlichen Betreibers und
- das Fehlen einer Telekommunikationspolitik, insbesondere für die neuen Dienste, die in Italien nicht sehr weit entwickelt sind.

In der Folge erstellte das MPT einen Zehnjahresplan für die Telekommunikationsentwicklung 1985-1994, der jedoch zur Zeit bereits wieder überarbeitet wird. Einschneidende Konsequenzen zeichnen sich bisher nicht ab. Nach wie vor ist heute der Zusammenschluß der Netzbetreiber zu einer einheitlichen Institution unter dem Dach der IRI im Gespräch; dem stehen jedoch politische und gewerkschaftliche Hemmnisse entgegen (Wegfall von Arbeitsplätzen, geringere Einflußmöglichkeiten des Staates und der Parteien, beamtenrechtlicher Status der ASST-Mitarbeiter).

Das Netzmonopol will Italien beibehalten. Gründe dafür sind die Vermeidung von doppelten Netzen, soziale Aspekte (Versorgung von Süditalien, Tarifgestaltung), Schutz des

Marktes für die italienische Vermittlungssystem-Industrie (mit der Digitalisierung wird auf die italienische Eigenentwicklung gewartet) und Beschäftigungsaspekte.

Der Endgerätemarkt ist größtenteils frei (siehe unten). Das "Istituto Superiore delle Poste e delle Telecomunicazioni (ISPT)" des MPT, eine dem Fernmeldetechnischen Zentralamt vergleichbare Institution, erstellt Spezifikationen für die Geräte und erteilt Genehmigungen. An der Standard-Setzung ist die SIP beratend beteiligt. Die Wartung und Instandhaltung der Endgeräte wurde im März 1987 liberalisiert. Vorher wurden die von den Netzbetreibern gemieteten Endgeräte von der zur IRI-Gruppe gehörenden Installations- und Wartungsfirma Sirti betreut.

Mehrwertdienste stehen auch privaten Anbietern offen. IRI hat für diesen Zweck unlängst zwei eigene Firmen gegründet: Televas (Konzeption, Management, Marketing) und Teleo (Angebot von Electronic Mail).

Tabelle 5.1-5: Nutzung der Telekommunikationsdienste und Entwicklungspläne der SIP (Quelle: SIP 1988)

Dienst	Anschlüsse 1987	Planzahl 1992
Telefonanschlüsse/100 Einw.	33	42
Öffentliche Fernsprechstellen	441000	441000
Mobilfunk	16500	249000
Funkruf	18500	111000
Telefax	47960	448000
Videotex	13000	342000
Datenübertragung	246000	476000*

* nicht direkt vergleichbar, da im Zuge der Liberalisierung des Modem-Marktes als Einheit künftig der "Zugang zum Netz" und nicht mehr das "installierte Endgerät" gilt.

Auch die SIP hat die Schwächen des Telekommunikationssystems erkannt und ein detailliertes Vierjahresprogramm 1989-1992 aufgestellt. Ziele sind die Steigerung der Anschlußzahlen (Telefon, Datenübertragung, Telefax, Mobilfunk), Qualitätsverbesserungen (schnellere Versorgung der Kunden mit Anschlüssen, bessere Qualität der Verbindungen), Verbesserung der Netze (Digitalisierung der Schaltzentralen zu 45 % bis 1992,

Entwicklung der Datennetze, ein ISDN- Pilotprojekt, Einsatz von Breitbandnetzen), Steigerung der unternehmerischen Effizienz der SIP und Angleichung der Normen an den europäischen Markt. Zur Verwirklichung dieses Programms sind 30 Bill. Lire vorgesehen.

1968 gab es 8 Mio. Telefonhauptanschlüsse, 1987 waren es 28 Mio., d. h. 33 je 100 Einwohner und 91 auf 100 Haushalte (SIP 1988). Dieser vergleichsweise niedrigen privaten Versorgung stehen 7,7 öffentliche Telefone auf 1000 Einwohner und damit europaweit die höchste Quote gegenüber.

Die Zahl der Telex-Anschlüsse stieg von 5900 im Jahr 1968 auf 65400 im Jahr 1985. Mit 1,15 Anschlüssen pro 100 Einwohner liegt Italien deutlich unter den vergleichbaren Industrieländern. Wartezeiten von sechs Monaten sind keine Seltenheit (Foremann-Peck, Manning 1988).

Die Telefax-Nutzung stieg - wie in anderen Ländern - rasch an (1983: 690, 1985: 16400, 1987: 47960 Anschlüsse). Teletex ist mit 200 Anschlüssen praktisch bedeutungslos. "Videotel" (Videotex) hat ebenfalls in Italien wenig Verbreitung wegen der teuren, aber qualitativ nicht hochwertigen speziellen Endgeräte. Seit einem Jahr bietet Teleo einen Mailbox-Dienst an, für den vorhandene PC verwendet werden können; dieser Dienst hat jetzt schon mehr Nutzer als Videotex (1987: 13000 Anschlüsse). Die Zahl der Mobilfunk-Teilnehmer betrug 1987 etwa 16500; Nutzer des "Teledrin"-Dienstes (Funkruf) gab es ca. 18500. Telekonferenzen bietet die SIP erst seit 1988 an. Der Datenübertragungsdienst hatte 1987 ca. 246000 Teilnehmer, davon waren 77 % Direktverbindungen und 23 % Paketvermittlungsanschlüsse. Tabelle 5.1-5 stellt die Bestandszahlen den Plänen der SIP gegenüber.

Telekommunikationsindustrie

Die Telekommunikationsindustrie in Italien konzentriert sich auf einige wenige Großunternehmen, vor allem im Bereich der Vermittlungs- und Übertragungssysteme. Etwas breiter ist die Palette der Hersteller auf dem Gebiet der Nebenstellenanlagen und der Endgeräte. Bis auf den ersten Fernsprechapparat pro Anschluß, der von der SIP gemietet werden muß, ist der Endgerätemarkt liberalisiert. Die SIP bietet ihren Kunden jedoch auch selbst alle Endgeräte zur Miete an.

Tabelle 5.1-6 gibt einen Überblick über die ungefähren Marktanteile der Hersteller in Italien. Bei den Vermittlungssystemen gibt es keinen harten Wettbewerb; Italtel, Siemens, Face und Fatme haben eine Vereinbarung abgeschlossen, bestimmte Regionen zu versorgen.

Tabelle 5.1-6: Marktanteile der wichtigsten Telekommunikationshersteller (Quelle: Firmeninterviews, ISI)

Unternehmen	Öffentliche Vermittlungstechnik %	Übertragung %	Nebenstellenanlagen %	Endgeräte %
Gruppe IRI				
Italtel	50	30	35	28
Selenia		5		
Italienische Firmen				
Telettra (Fiat-Gruppe)	1	30		2
Olivetti			10	15
Pirelli		5		
Ausländische Firmen				
Fatme (Ericsson-Gruppe)	20	5	5	12
Face (Alcatel-Gruppe)	15	5	10	10
GTE (Siemens-Gruppe)	10	10	5	4

Mit Abstand der größte Hersteller ist Italtel, eine Gruppe mit mehreren Einzelunternehmen, die wiederum zu der staatlichen Holding IRI gehören. Wegen der komplexen Firmenstruktur und der Bedeutung dieser Holding für den Telekommunikationssektor sind die einzelnen Unternehmen in Tabelle 5.1-7 zusammengestellt. Die Gruppe IRI besteht aus 13 Holdings (z. B mehrere Banken, Alitalia, RAI, Schiffbau, Feinmechanik, Energieversorgung, Rüstungsindustrie), darunter die Gruppe STET (Società Finanziaria Telefonica). STET ist eine Holding-Gesellschaft für Telekommunikation und Elektronik und umschließt 25 Einzelunternehmen, die Italtel-Gruppe mit sechs Einzelunternehmen und das Forschungslabor der STET-Gruppe CSELT (Centro Studi e Laboratori Telecomunicazioni). 1987 machten die STET-Unternehmen knapp 20 Bill. Lire Umsatz bei 124000 Beschäftigten.

Bei den digitalen Vermittlungsanlagen ist Italtel einer von neun europäischen Anbietern, die ein eigenes System entwickelt haben (UT 100). Der europäische Marktanteil von Italtel bei digitalen und analogen Vermittlungssystemen liegt bei gut 8 %. Italtel hatte aufgrund der Stagnation im Telekommunikationssektor Ende der 70er Jahre erhebliche Einbußen erlitten; Anfang der 80er Jahre wurde das Unternehmen finanziell saniert, die

Belegschaft wurde um fast die Hälfte reduziert, und es begann die Suche nach einem privaten Partner. Ein lange diskutierter Zusammenschluß von Italtel mit dem größten privaten Hersteller in Italien, Telettra, scheiterte aus personalpolitischen Gründen. Italiens Wettbewerbsposition auf dem internationalen Markt wäre dadurch entscheidend verbessert worden. Danach wurden Verhandlungen mit ausländischen Herstellern (Siemens, Alcatel, Ericsson, AT&T) geführt, wobei sich Italtel Anfang 1989 endgültig für AT&T entschied. Bis zur Realisierung dieser Kooperation sind allerdings noch einige bürokratische Hürden zu überwinden (z. B. Genehmigung durch den Minister für Staatsholdings).

Tabelle 5.1-7: Tochterunternehmen der staatlichen Holding IRI (Quelle: IRI 1988)

Unternehmen	Finanzielle Verflechtung	Gegründet	Mitarbeiter 1987	Umsatz 1987 (Mrd. Lire)	Arbeitsgebiete
STET (Società Finanziaria Telefonica)	IRI 79 % 21 % Kleinaktionäre	1933	2327	19513	finanzielle, technische und wirtschaftliche Koordination der Tochterunternehmen
SIP (Società Italiana per l'Esercizio delle Telecommunicazioni)	STET 64 % IRI 1 % 35 % Kleinaktionäre	1964	78074	14410	Netzbetreiber im Inland (innerstädtisch, z.T. überregional
Italcable	STET 49 % Italcable 2% 49 % Kleinaktionäre	1921	3346	549	Telekommunikationsdienste zwischen Italien und außereuropäischen Ländern
Telespazio	STET 33 % Italcable 33 % RAI 33 %	1961	682	118	Telekommunikationsdienste über Satelliten
Italtel (SIT, Società Italiana Telecommunicazioni)	STET 74 % IRI 26 %	1965	17037	1267	alle Arten von Telekommunikationssystemen und -endgeräten
Italtel Telematica	Italtel SIT 100 %	1982	3805	316	Nebenstellenanlagen, Endgeräte
Selenia	STET 50 % IRI 32 % Aeritalia 18 %	1960	6850	795	Elektronik für Verteidigungszwecke, Radar, spezielle Telekommunikationssysteme
Sirti	STET 48 % andere IRI-Unt. 2% 50 % Kleinaktionäre	1921	7052	556	Installation und Wartung von Telekommunikations- u. Energieversorgungssystemen
CSELT (Centro Studi e Laboratori Telecommunicazioni)	STET 100 %	1964	753	74	FuE im Telekommunikations- und Elektronikbereich für die STET-Gruppe

Unter den privaten Firmen ist lediglich Telettra (90 %-Anteil bei Fiat, 10 % bei der spanischen Telefongesellschaft Telefonica) ausschließlich im Kommunikationssektor tätig. Fast die Hälfte des Umsatzes von 443 Mrd. Lire 1987 tätigte Telettra im Ausland. 80 % des Umsatzes entfallen auf Leitungssysteme, 20 % auf Vermittlungssysteme, Nebenstellenanlagen und Endgeräte (Fernsprechapparate, Mobilfunkgeräte, Datenendgeräte, Fernwirkanlagen).

Olivetti hat eine lange Tradition als Hersteller von Telexgeräten. Die Unternehmensstrategie läuft darauf hinaus, vom Bürogerätebedarf her Telekommunikationsprodukte zu entwickeln. 1980 wurde dazu ein Tochterunternehmen OLTECO gegründet. OLTECO hatte 1987 etwa 650 Beschäftigte und 115 Mrd. Lire Umsatz. Die wichtigsten Produkte sind Telex-, Telefax-, Teletex-, Videotex- und Datenendgeräte und lokale Netze. Vor drei Jahren wurden Nebenstellenanlagen als völlig neuer Geschäftszweig aufgenommen (in Zusammenarbeit mit AT&T, das seinerzeit an Olivetti mit 22 % beteiligt war).

Das Unternehmen Pirelli ist erst vor einigen Jahren in den Telekommunikationssektor eingestiegen. Inzwischen machen Telefonkabel etwa 18 % des Umsatzes von Pirelli aus. Etwa ein Fünftel davon entfällt auf Lichtleiterkabel, wobei Pirelli der größte Hersteller in Italien und einer der größten in Europa ist.

Italien hat nach neuesten Zahlen (Assinform 1988) inzwischen einen Marktanteil von 3,6 % weltweit am Telekommunikationsmarkt (internationaler Vergleich siehe Kapitel 11).

5.2 GRUNDSTRUKTUREN VON FORSCHUNG UND ENTWICKLUNG IN DER TELEKOMMUNIKATION

Budgetärer Umfang der Telekommunikations-FuE

In den Entwicklungsplänen des MPT und der SIP für den Telekommunikationsbereich wird neben den Investitionen in die Netze auch der FuE eine große Bedeutung zugemessen. Auch für die Telekommunikations-FuE gilt, was im Abschnitt 5.1.1 über die allgemeine FuE-Landschaft in Italien gesagt wurde: Es gibt kein übergeordnetes Telekommunikationsforschungsprogramm, sondern nur punktuelle Pläne und zahlreiche Überschneidungen, insbesondere zwischen staatlichen und privaten Unternehmen und zwischen Universitäten, CNR-Instituten und Großforschungseinrichtungen. (Die allgemeine Problematik der FuE-Statistik wird im Methodenteil erläutert, siehe Band I, Abschnitt O.3.)

Die staatlichen Institutionen spielen nur eine geringe Rolle bei der Telekommunkations-FuE. Wie Tabelle 5.2-1 zeigt, wird die Forschung fast ausschließlich in den staatlichen und privaten Unternehmen durchgeführt, wobei allerdings in den Forschungsstatistiken die Universitäten nicht enthalten sind, weil hierfür keine Aufschlüsselung für das Telekommunikationsgebiet vorliegt. Nach Aussagen von Fachleuten wird diese FuE in öffentlichen Einrichtungen fast nur im Rahmen der "Progetti finalizzati" betrieben (siehe Abschnitt 5.3.1), also im Umfang von ca. 15 Mrd. Lire jährlich.

Tabelle 5.2-1: FuE-Personal im Telekommunikationsbereich (Quelle: ISTAT 1987)

	Forscher	Assistenzpersonal	FuE-Personal insgesamt
Staat	135	65	200
Unternehmen	3983	4383	8366

Abbildung 5.2-1: FuE-Aufwendungen für Telekommunikation in konstanten Preisen von 1987 nach verausgabenden Sektoren (Quelle: ISTAT 1977 bis 1987)

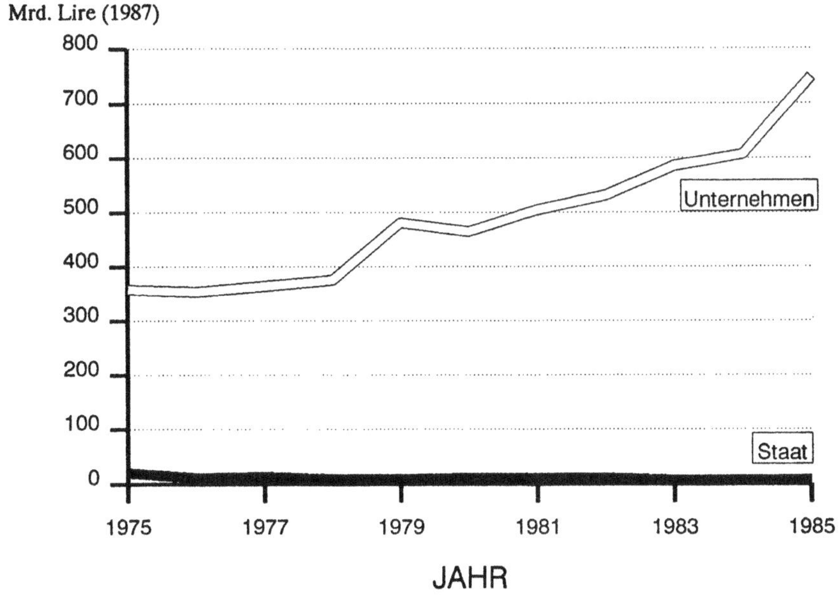

Die Aufwendungen für Telekommunkations-FuE sind nur geringfügig stärker angestiegen als die FuE-Ausgaben insgesamt: Sie haben sich von 1975 bis 1985 genau verdoppelt (in konstanten Preisen), während die gesamten FuE-Ausgaben in dieser Zeit um 93 %

angestiegen sind. Die Zuwächse in den einzelnen Jahren waren sehr unterschiedlich; bis 1978 stagnierten die Ausgaben fast, die größte Steigerung zeigt sich mit 23 % im Jahre 1985 (vgl. Abbildung 5.2.-1). Den Firmenangaben zufolge hielt dieser Trend auch in den folgenden Jahren an. Der Anteil der Telekommunikations-FuE an den gesamten FuE-Ausgaben schwankt zwischen 6,5 % und 7,9 % im Zeitraum 1975 bis 1985.

Abbildung 5.2-2: Finanzierung der Telekommunikations-FuE der staatlichen und privaten Unternehmen 1985 (Quelle: ISTAT 1987)

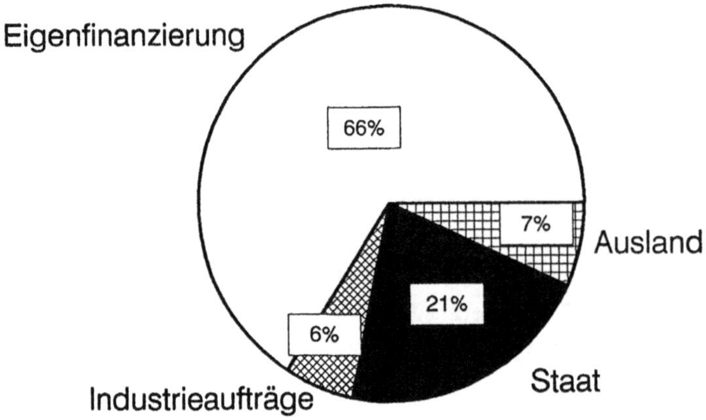

Die Ausgaben der Unternehmen für Telekommunikations-FuE wurden 1985 zu zwei Dritteln aus Eigenmitteln finanziert (vgl. Abbildung 5.2-2). 5,9 % des Budgets ist Auftragsforschung für andere (staatliche) Unternehmen, 6,8 % stammen aus dem Ausland (EG u.a.). Der Staat förderte die industrielle FuE mit 21,4 %. Insgesamt gaben die Unternehmen 1985 ca. 645 Mrd. Lire für Telekommunikations-FuE aus. Leider liegt keine Statistik für private und staatliche Unternehmen getrennt vor. Da jedoch im wesentlichen nur drei staatliche Firmen Telekommunikations-FuE betreiben - Italtel-SIT, Italtel-Telematica und Selenia -, die alle zur IRI/STET-Gruppe gehören wie auch das Forschungslabor CSELT, können die FuE-Ausgaben der Staatsunternehmen 1985 auf etwa 300 Mrd. Lire geschätzt werden, machen also fast die Hälfte im Unternehmenssektor aus.

Tabelle 5.2-2 gibt einen Überblick über die bedeutendsten Firmen für die Telekommunkations-FuE in Italien. Die Differenz der FuE-Summe laut Statistik, die 1985 etwa bei 100 Mrd. Lire liegt, dürfte auf weniger bedeutende Unternehmen entfallen, die im wesentlichen im Endgerätesektor tätig sind, einige auch im Bereich der Mehrwertdienste. Unklar ist, inwieweit die Kosten für Qualitätssicherung in die Statistik eingehen, die manche Unternehmen zu den FuE-Aufwendungen zählen.

Tabelle 5.2-2: Bedeutendste Unternehmen in der Telekommunikations-FuE und ihre FuE-Schwerpunkte

Organisation	FuE-Personal 1987	FuE-Budget 1987 Mrd. Lire	Finanzierung	FuE-Schwerpunkte im Telekommunikationsbereich
IRI/STET-Unternehmen/Institute				
Italtel	2440	183,0	ca. 15 % Staat	alle FuE-Felder außer Radar
Selenia	80	14,0	fast 100 % Eigenmittel auch STET	Radar, Überwachung und Wartung von Netzen, Mehrwertdienste, spezielle Endgeräte
CSELT	620	73,5	63 % SIP, 8 % Italtel 14 % STET	Netzüberwachung, Vermittlung, Übertragung, ISDN-Endgeräte, Mobilfunk, Bildtelefon
andere STET-Firmen	190	16,5	Eigenmittel und STET	Wartung, Instandhaltung u.a.
Fundazione Bordoni	100	11,0	0,1 % des SIP-Umsatzes	Dienstentwicklung
Private Unternehmen				
Olivetti/OLTECO	150	14,8	fast 100 % Eigenmittel	Telefax, LAN
Pirelli	500	40,0	5-10 % Staat und EG	Lichtwellenleiter
Telettra	1200	75,7	< 10 % Staat	Übertragungssysteme, Mikrowelle
Netzbetreiber				
SIP	160	67,0	Eigenmittel	Dienstentwicklung, Qualitätskontrolle
Italcable	(nur extern)	1,8		
Telespazio	25	2,2		
SUMME	5465	499,5		

FuE-Arbeitsteilung

Die FuE-Struktur im Telekommunikationsbereich kann durch patent- und literaturstatistische Analysen im Sinne von Indikatoren für den Ertrag von FuE weiter erhellt werden (siehe methodische Einleitung, Band I, Kapitel 0). Dabei ist die Patentstatistik besonders geeignet, Ergebnisse industrieller Entwicklungsarbeiten aufzuzeigen. Für die patentstatistische Analyse wird das Gesamtgebiet der Telekommunikation in neun technologische Felder aufgeteilt. Die im folgenden verwendeten Kurzbezeichnungen werden in Tabelle 5.2-3 erläutert (für die ausführliche Definition siehe Band I, Abschnitt 0.2). Ergänzend zur Patentstatistik wurde die Publikationsstatistik ausgewertet. Sie ist eher zur Identifikation von Forschungs- als von Entwicklungsergebnissen geeignet (siehe methodische Einführung, Band I, Abschnitt 0.5) und daher komplementär zur Patentstatistik. Die Erläuterungen der zusätzlich zur Patentanalyse verwendeten Kurzbezeichnungen gehen aus Tabelle 5.2-5 hervor.

Die Grundlagenforschung sowie die Forschung auf dem Gebiet der Informations- und Kommunikationstheorie werden im wesentlichen in Universitäten und CNR-Instituten betrieben. Staatliche Großforschungseinrichtungen, die speziell im Telekommunikationsbereich tätig sind oder entsprechende Abteilungen haben, gibt es in Italien nicht. Einige Grundlagen kommen aus der Mikroelektronik; auf diesem Gebiet sind die zur IRI/STET-Gruppe gehörenden Firmen SGS (mit 50 % Beteiligung von Thompson) und Elsag bedeutend.

Der Großteil der FuE im Telekommunikationssektor ist angewandte Forschung, wobei CSELT eher Grundlagenforschung und anwendungsorientierte FuE und die Unternehmen eher die industrielle Entwicklung durchführen. Hinsichtlich der bearbeiteten Technikfelder gibt es zahlreiche Überlappungen, nicht nur zwischen staatlichen und privaten Unternehmen, sondern sogar zwischen CSELT und Italtel. Seit kurzem hat CSELT allerdings weniger Selbständigkeit und mehr Kontrolle durch die STET-Gruppe.

Die Patentstatistik, die zur Analyse der FuE-Arbeitsteilung durchgeführt wurde, ist im Falle Italiens nicht sehr aussagekräftig. Italien verfügt im Inland nur über eine Statistik erteilter, nicht aber angemeldeter Patente. Wegen der sehr langsamen Arbeitsweise des personell in den 80er Jahren völlig unzureichend ausgestatteten Patentamtes hätten diese Daten einen jahrelangen Zeitverzug. (Beispielsweise hatte CSELT 1987 239 angemeldete und nur 18 erteilte Patente.) Für die Analyse der Auslandspatente italienischer Anmelder in der Bundesrepublik und in den USA wurden zunächst zwei Jahre exemplarisch ausgewählt, die jedoch relativ geringe Fallzahlen ergaben (Tabelle 5.2-3). Eindeutig läßt sich daraus für Italien insgesamt aber schon ersehen, daß mit Abstand am meisten im Bereich der leitungsgebundenen Kommunikation gearbeitet wird. Weitere Schwerpunkte sind Digitaltechnik und Lichtwellenleiter, wobei im ersteren Fall die staatlichen und im zweiten die privaten Unternehmen - vor allem wegen der Konzentration von Pirelli auf dieses Gebiet - dominieren.

Für die Patente auf dem US-Markt wurde in einigen Technikfeldern der Gesamtzeitraum zwischen 1968 und 1984 ausgewertet (Tabelle 5.2-4). Die oben genannten Verteilungen werden tendenziell bestätigt. Auffallend sind erneut folgende Schwerpunkte: Radar bei Selenia, Lichtwellenleiter bei CSELT und Pirelli, Digitaltechnik bei CSELT und Olivetti sowie die Fernwirktechnik ausschließlich bei den privaten Unternehmen. Diese Ergebnisse resultieren auch aus den Interviews. Dort kam zudem zum Ausdruck, daß die Neigung, Patente anzumelden, in Italien insgesamt offenbar nicht sehr hoch und in den einzelnen Firmen noch dazu völlig unterschiedlich ist. Die Patentzahlen für die USA und für die Bundesrepublik sind wegen der unterschiedlichen Zeiträume nicht vergleichbar.

Tabelle 5.2-3: Auslandspatente italienischer Firmen mit Wirkung in der Bundesrepublik

Patente in der Bundesrepublik 1980, 1985	LE	FU	BÜ	BK	DI	LL	HF	FS	SG
Staatliche Unternehmen/Forschungsinstitute (IRI/STET)									
CSELT	12	3	1	-	6	5	-	-	1
Italtel	50	2	-	-	11	-	-	2	-
Selenia	-	2	-	-	-	-	7	-	-
SGS, Elsag	2	-	-	1	1	-	-	-	-
Summe	64	7	1	1	18	5	7	2	1
Private Unternehmen									
Telettra	2	-	-	-	-	-	2	2	-
Olivetti	1	-	2	5	6	-	-	-	-
Pirelli	2	-	-	-	-	8	-	-	-
Siemens GTE	-	-	-	-	-	1	2	-	-
Sonstige	11	1	4	1	-	3	2	4	-
Summe	16	1	6	6	6	12	6	6	-
Sonstige									
CNR	-	-	-	-	-	-	-	2	-
Netzbetreiber SIP	5	-	-	-	1	-	-	-	1
Einzelerfinder	1	2	1	1	-	2	1	-	-
Gesamtsumme	86	10	8	8	25	19	14	10	2

Tabelle 5.2-4: Auslandspatente italienischer Firmen und Institute auf dem US-Markt

Patente in USA	LE	FU	BÜ	BK	DI	LL	HF	FS	SG
Zeitraum	1980, 1984			1968-1984					
Staatliche Unternehmen/Forschungsinstitute (IRI/STET)									
CSELT	10	3	-	2	41	22	1	-	10
Italtel	5	-	-	-	1	1	3	-	1
Selenia	1	-	-	-	1	1	17	-	-
SGS	2	-	-	-	-	-	-	-	-
Summe	18	3	-	2	43	24	21	-	11
Private Unternehmen									
Telettra	1	-	-	-	-	2	5	1	1
Olivetti	1	-	1	4	18	2	-	5	6
Pirelli	1	-	-	-	-	19	5	-	-
Siemens GTE	-	1	-	3	30	-	13	2	5
Sonstige	3	1	2	1	11	5	10	2	9
Summe	6	2	3	8	59	28	33	10	21
Sonstige									
CNR	2	-	-	-	2	7	-	-	1
Netzbetreiber SIP	1	-	1	-	3	-	-	-	-
Internationale Institutionen	-	-	-	-	1	-	-	-	2
Gesamtsumme	27	5	4	10	108	59	54	10	35

Im leitungsgebundenen Bereich, wo eine klare Patentierneigung zugunsten Europas besteht (jeweils zwei Jahre erhoben), sowie schätzungsweise auch im Lichtwellenleiterbereich (Zweijahreszeitraum versus 16 Jahre) und in der Digitaltechnik dürften jedoch vorrangig die europäischen Schutzrechtsmärkte angestrebt werden. Für die institutionellen Aktivitätsprofile im Abschnitt 5.3 werden daher die europäischen Daten zugrundegelegt.

Wegen des Fehlens der Inlandspatent-Statistik wurde eine Auswertung nach der Verteilungsbreite der Telekommunikations-FuE für Italien nicht vorgenommen.

Abbildung 5.2-3: Arbeitsteilung bei der Telekommunikations-FuE auf der Basis der Publikationsstatistik 1986

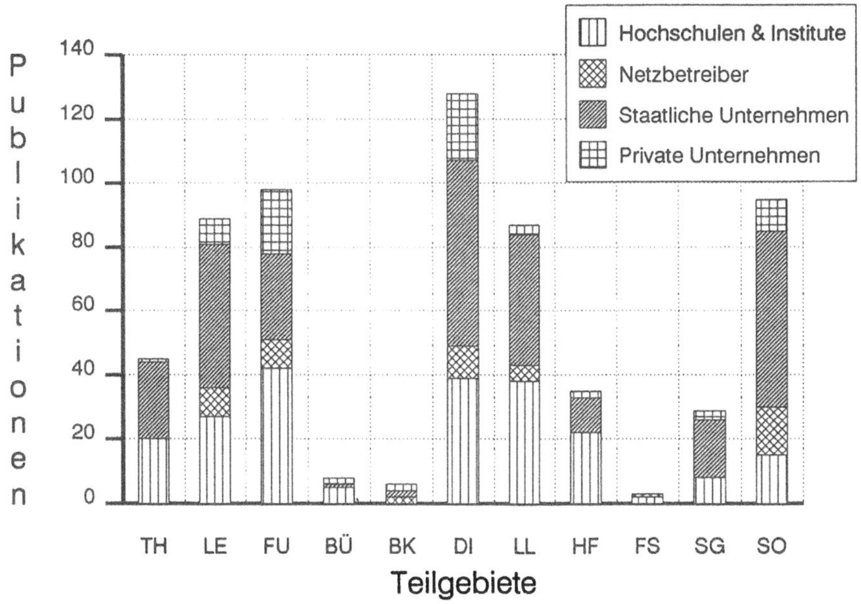

Ein Blick auf die Literaturstatistik, die für das Jahr 1986 erstellt wurde (Tabelle 5.2-5), zeigt naturgemäß die Dominanz der Universitäten und Forschungsinstitute (wie z. B CSELT) gegenüber den Unternehmen. Am meisten wird auf dem Gebiet der Digitaltechnik publiziert; schwach vertreten sind die Felder Fernwirktechnik und Bildkommunikation. Abbildung 5.2-3 zeigt die Arbeitsteilung zwischen den einzelnen Organisationen.

<u>FuE-Dynamik im internationalen Vergleich</u>

Auf der Basis der Literaturstatistik läßt sich auch der Indikator für die internationale Publikationsspezialisierung berechnen (siehe methodische Einleitung, Band I, Abschnitt

Tabelle 5.2-5: Publikationen in der Telekommunikationsforschung in Italien 1986

Publikationen 1986	TH	LE	FU	BÜ	BK	DI	LL	HF	FS	SG	SO
Staatliche Unternehmen/Forschungsinstitute											
CSELT	21	35	13	1	2	45	40	1	-	13	44
Italtel	1	8	-	-	-	9	1	-	-	3	9
Selenia	-	1	14	-	-	2	-	10	-	-	2
Elsag	2	-	-	-	-	1	-	-	-	1	-
SGS	-	1	-	-	-	1	-	-	-	1	-
Summe	24	45	27	1	2	58	41	11	-	18	55
Private Unternehmen											
Telettra	-	-	6	-	-	2	1	-	-	-	1
Olivetti	1	-	-	-	-	3	-	-	-	-	-
Pirelli	-	-	-	-	-	-	1	-	-	-	-
Siemens GTE	-	3	5	-	-	5	-	-	-	2	3
Fatme (Ericsson)	-	3	-	-	-	2	-	-	-	-	1
Face	-	2	-	-	-	2	1	-	-	-	2
Sonstige Unt.	-	-	9	2	2	7	1	2	-	1	3
Summe	1	8	20	2	2	21	3	2	-	3	10
Forschungsinstitute, Universitäten											
Fond. Bordoni	1	3	4	-	-	3	5	1	-	-	2
CNR	2	2	5	1	-	3	13	3	-	3	-
Universitäten	17	22	33	4	-	33	20	18	2	5	13
Summe	20	27	42	5	-	39	38	22	2	8	15
Netzbetreiber											
SIP, Italcable, Telespazio, ASST	-	9	9	-	2	10	5	-	1	-	15
Sonstige											
RAI, MPT	1	3	1	5	1	7	4	1	2	1	1
Gesamtsumme	46	92	99	13	7	135	91	36	5	30	96

0.5). Er zeigt, wie sich die Trends im nationalen Publikationsaufkommen im Verhältnis zum Weltdurchschnitt verhalten und gibt somit spezifische Stärken und Schwächen der gesamten italienischen Telekommunikations-FuE wieder. In drei zeitliche Blöcke zusammengefaßt läßt sich die Dynamik in den Teilgebieten erkennen (vgl. Abbildung 5.2-4).

Abbildung 5.2-4: Publikationen über Telekommunikation im internationalen Vergleich (RLA-Indikator)

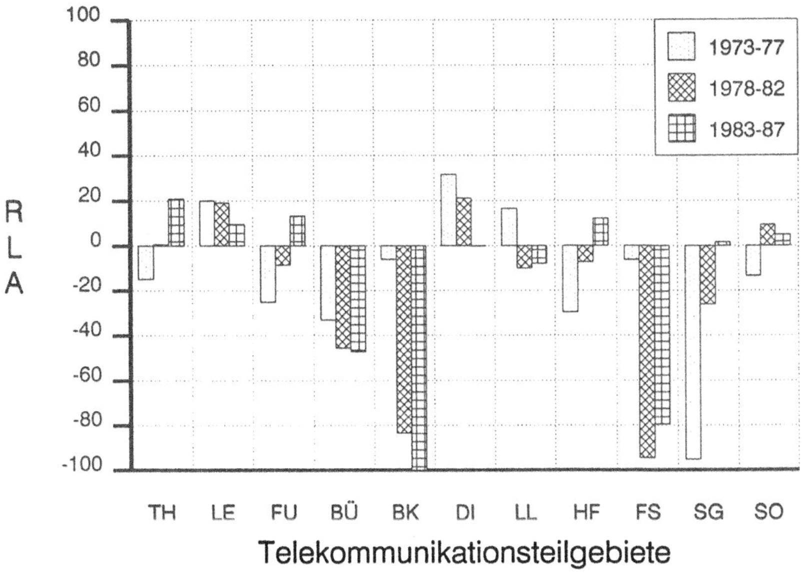

Gemessen am Weltmaßstab liegt Italien auf keinem der Teilgebiete deutlich über dem Durchschnitt. Am besten sind noch die Felder Theorie, Funk, Hochfrequenztelemetrie repräsentiert. Knapp über dem Durchschnitt liegen die leitungsgebundene Telekommunikation, die Software- und die Entwicklung sonstiger Geräte; letztere hat seit 1973 stark zugenommen. In der Lichtleitertechnik schneidet Italien trotz aller Bemühungen unterdurchschnittlich ab. Am geringsten ist es auf den Gebieten der Bildkommunikation und der Fernwirktechnik vertreten.

5.3 ROLLENVERTEILUNG IN DER TELEKOMMUNIKATIONS-FuE

5.3.1 ROLLE DES STAATES UND SEINER INSTITUTE

Wie bereits geschildert, liegen über die Telekommunikations-FuE in den Universitäten keine statistischen Zahlen vor. Das MPT gab unlängst eine empirische Untersuchung in Auftrag, in der die Aktivitäten und die Effizienz der Universitäten und der CNR-Institute analysiert wurden. Diese Studie war leider nicht zugänglich; von Gesprächspartner waren jedoch einzelne Ergebnisse zu erfahren, so etwa, daß es zu viele kleine Gruppen gebe, deren Arbeit vielfach zu wenig koordiniert und zu wenig effizient sei. Außerdem werde die mangelnde Kooperation mit der Industrie beklagt.

Universitäten

Es gibt nur einige wenige Universitäten und technische Hochschulen in Italien, die auf dem Telekommunikationssektor tätig sind und die für Kooperationen (z. B mit CSELT) herangezogen werden. Dies spiegelt sich auch in der Publikationsstatistik wider. Am bedeutendsten sind mit Abstand die technische Hochschule und die Universität in Turin, gefolgt von Mailand, Padua, Bologna, Pisa, Florenz und Neapel.

Abbildung 5.3-1 gibt das Spezialisierungsprofil der italienischen Hochschulen in der Telekommunikationsforschung wieder. Es sind Stärken bei der Funkforschung und auch der Hochfrequenztelekommunikation zu erkennen und - überraschend - auch im leitungsgebundenen Bereich. Die Akzentuierung auf theoretische Fragen ist naheliegend, während die partielle Vernachlässigung der Dienste- und Softwareforschung erstaunt. Außer der Bildkommunikation gibt es kein ganz defizitäres Teilgebiet, so daß dem Hochschulbereich eine breite Befassung im Bereich der Telekommunikation attestiert werden kann.

Kooperationen erfolgen häufig im Rahmen von EG-Projekten wie etwa ESPRIT oder RACE oder der "Progetti finalizzati". Für diese staatlichen Projekte sind innerhalb von fünf Jahren (1987 bis 1991) insgesamt 692 Mrd. Lire vorgesehen. Telekommunikation ist eines von zehn Themen, die Themen sind in der Reihenfolge ihrer finanziellen Ausstattung: neue Technologien im Bauwesen, Chemie, neue Materialien, Biotechnologie, Telekommunikation, Roboter, neue Rechner und Software, Elektrooptik, Supraleiter und Internationalisierung von Unternehmen. Für Telekommunikation sind insgesamt 78,5 Mrd. Lire vorgesehen. Ziele sind die Entwicklung der Breitbandkommunkation und die Verbesserung der Wettbewerbsfähigkeit der italienischen Herstellerindustrie. Als Unterprojekte sind vorgesehen:

- Struktur des Breitbandkommunikationsnetzes, Netzarchitektur
- Lichtwellenleiter als Technologie für Breitbandkommunikation
- Endgeräte für Telekonferenzen, Bildübertragung, multifunktionale Endgeräte
- Zugangstechniken zum Netz, Vermittlungstechnik, Satelliten
- Pilotversuche.

Nach Einschätzung von Gesprächspartnern fließt mehr als die Hälfte der Projektmittel in die Industrie. Den Rest teilen sich die Universitäten und die CNR-Institute.

Abbildung 5.3-1: Spezialisierungsprofil der italienischen Hochschulen in der Telekommunikationsforschung (Publikationsstatistik 1986)

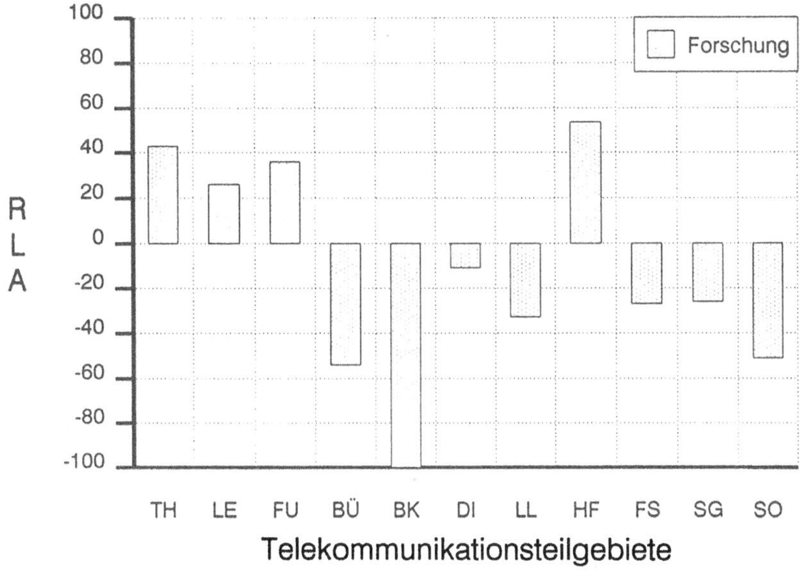

CNR-Institute

Das Spezialisierungsprofil der diversen CNR-Institute gibt Abbildung 5.3-2 wieder. Die CNR-Aktivitäten sind erstaunlich klar in drei Gruppen gegliedert: Stärken liegen in der Lichtleiter- und Hochfrequenztechnik und - überraschend - bei den sonstigen Geräten, während weltdurchschnittliche Teilnahme bei theoretischen Fragen, in der Funktechnik und auch noch bezüglich der allgemeinen Bildübertragungstechnik vorliegt. Defizitär sind Bildkommunikation, Digitaltechnik, Fernsignaltechnik und verblüffenderweise der Bereich Software und Dienste. Insgesamt verdeutlicht das Spezialisierungsprofil somit einen recht anwendungsorientierten, "apparativen" Bezug zur Telekommunikation.

Abbildung 5.3-2: Spezialisierungsprofil der CNR-Institute in der Telekommunikationsforschung (Publikationsstatistik 1986)

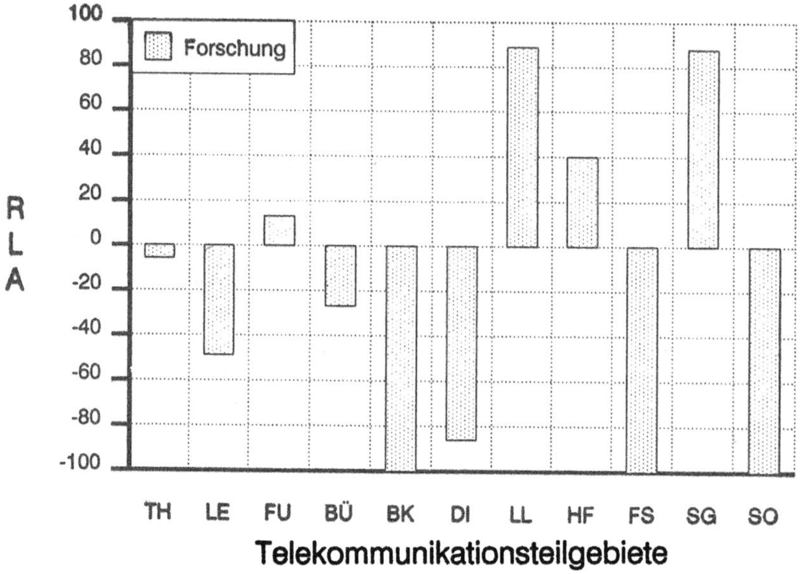

Istituto Superiore della Poste e Telecomunicazioni (ISPT)

Das ISPT ist die technisch-wissenschaftliche Abteilung des Postministeriums. Es befaßt sich mit "angewandter Forschung", allerdings nicht im Sinne eigener Entwicklung, sondern im Sinne der Koordination und Ausweitung von FuE in anderen Forschungseinrichtungen. In diesem Bereich sind etwa 100 Mitarbeiter beschäftigt. Die übrigen ca. 400 Mitarbeiter des ISPT gehören zu den Abteilungen Technische Standardisierung, Tests und Fortbildung.

Das Istituto Superiore fördert darüber hinaus FuE-Projekte von "nationaler Bedeutung" in vier FuE-Feldern:

- elektromagnetische Wellen mit 40-60 MHz, Problem atmosphärischer Einflüsse; Satelliten-Entwicklung OLYMPUS 1989, ITELSAT 1990
- OLYMPUS-Erdstationen für neue Telekommunikationsdienste, z. B Videokonferenzen und Hochgeschwindigkeits-Datenübertragung
- Arbeitsplätze mit Kommunikationseinrichtungen für Mehrfachbehinderte
- Vermittlungszentralen auf optoelektronischer Basis (in 10 bis 15 Jahren sollen diese flächendeckend eingesetzt werden).

Das Istituto Superiore vergibt dafür Aufträge an über 60 Labors in Italien. Insgesamt werden ca. 90 Mrd. Lire zur Verfügung gestellt.

Zur STET-Gruppe, einer Teilgesellschaft der staatlichen Holding IRI, gehören die Netzbetreiber SIP, Italcable und Telespazio, die Hersteller Italbel, Selenia u.a. sowie das Forschungsinstitut CSELT (vgl. Abbildung 5.3-3). Durch diese Konzentration hätte STET eine ausgezeichnete Möglichkeit, Dienstentwicklung und FuE zu koordinieren. Diese Chance bleibt bisher jedoch weitgehend ungenutzt. Eigene FuE und die Vergabe von Aufträgen verlaufen praktisch unabhängig. Ein Grund dafür ist, daß sich die STET als finanzielle Holding versteht und sich nicht um die Inhalte der FuE- und Geschäftspolitik ihrer Unternehmen kümmert.

5.3.2 ROLLE DER NETZBETREIBER

Abbildung 5.3-3: Gliederung der STET-Gruppe

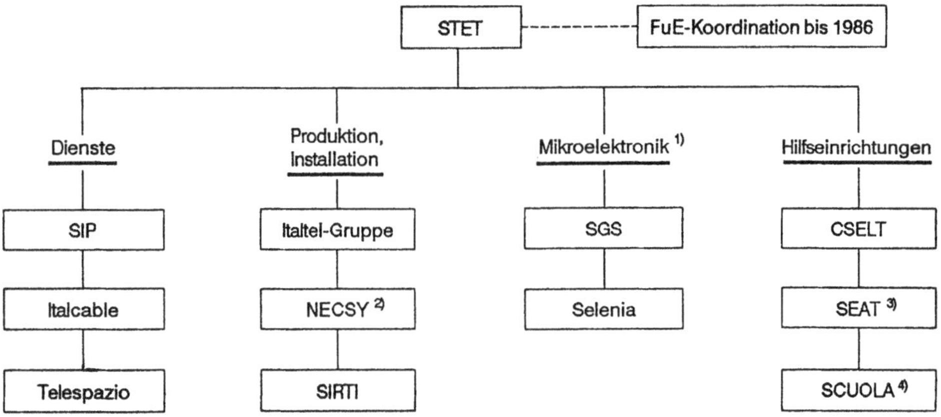

1) ab 1989 nicht mehr bei STET, sondern bei der IRI-Holding Finemecanica
2) Netzkontrollsysteme
3) Herstellung der Telefonbücher und der Gelben Seiten, jetzt auch elektronische Gelbe Seiten
4) Einrichtung zur Aus- und Weiterbildung von Mitarbeitern der STET-Firmen

Die Netzbetreiber sind in ihrer FuE nicht selbständig; sie hängen von der STET ab. Bis 1986 gab es eine zentrale Stabsabteilung für Forschungskoordination in der STET; der neue Präsident der STET befand jedoch, daß die FuE in den STET-Firmen näher am Markt sein sollte und integrierte die FuE-Koordination in die Fachabteilungen der STET (vgl. Abbildung 5.3-3). Insgesamt gab die STET-Gruppe für FuE im Telekommunikationssektor 1987 knapp 300 Mrd. Lire aus; davon entfielen etwa die Hälfte allein auf Italtel und ein Fünftel auf die Netzbetreiber.

Fondazione Ugo Bordoni

Seit 1952 unterhalten SIP, Italcable und Telespazio sowie RAI eine Stiftung zur FuE im Telekommunikationsbereich, die Fondazione Ugo Bordoni (FUB). SIP, Italcable und Telespazio bringen jeweils ein Tausendstel ihres Umsatzes in die Stiftung ein. Die Stiftung steht unter der Aufsicht des MPT, hat zur Zeit etwa 180 Mitarbeiter, davon 80 % Forscher und Techniker und ein jährliches Budget von ca. 10-12 Mrd. Lire. Sie soll in erster Linie dem ISPT zuarbeiten und Italien in internationalen wissenschaftlichen und beratenden Gremien vertreten; außerdem ist sie an den Nationalen Forschungsprojekten beteiligt.

Im Auftrag der Netzbetreiber befaßt sich die FuB mit ISDN, Funktechnik, Radiokommunikation, Optoelektronik, digitale Kommunikation und Videotex; gemeinsam mit CSELT arbeitet sie an internationalen FuE-Projekten mit (z. B ESA, COST). Insgesamt handelt es sich eher um Grundlagenforschung mit mittel- bis langfristigen Zielsetzungen als um anwendungsnahe Entwicklungen. Auch die privaten Firmen Pirelli, Face, Fatme, Olivetti, Siemens Italiana und Telettra sind fördernde Mitglieder der Stiftung.

Außerhalb der FUB betreiben die Dienstanbieter nur "Systemforschung", keine technische Entwicklung. Sie vergeben die entsprechenden Aufträge u.a. an CSELT (1987 für ca. 50 Mrd. Lire), in geringem Umfang auch an Italtel und andere STET-Firmen. In der SIP ist für die Budgetplanung und Kontrolle des CSELT die Abteilung "Strategische Planung" zuständig. Sie hat außerdem die Aufgabe, generelle Charakteristiken von Diensten und Netzen festzulegen und die technische Basis zu definieren, auf der Telekommunikationskomponenten weiterzuentwickeln sind. Ferner werden Evaluierungsstudien durchgeführt, z. B über die Anwendung von Lichtwellenleitern und ISDN-Versuche.

Italcable hat keine eigene FuE-Abteilung; es vergibt Aufträge an CSELT. Als Forschungsthemen sind für ITALCABLE interessant: Netzmanagement, "intelligente" Netze, neue Dienste wie Videokonferenzen, Mehrwertdienste sowie Datenübertragung. Telespazio ist lediglich Eigentümer der Satellitennetze; für die Dienste ist Italcable zuständig. Telespazio hat eine kleine FuE-Abteilung, die sich mit der Entwicklung von Antennen und mit Fernwirktechnik befaßt.

5.3.3 ROLLE DER HERSTELLER

CSELT

Das Forschungsinstitut der STET-Gruppe ist seit 1984 das CSELT in Turin. Es war anfangs sehr selbständig und setzte bis zu 70 % seines Budgets für Grundlagenforschung ein. Vor kurzem beschloß die STET, das Institut stärker zu kontrollieren. Heute besteht folgende Aufteilung der Mittel nach Forschungsarten:

- 30 % Grundlagenforschung
- 50 % Auftragsforschung für STET-Firmen, davon 70 % von der SIP, 10 % von Italtel
- 20 % technische Unterstützung (z. B Messungen zur Einhaltung von Standards, etwa für das Istituto Superiore des MPT), Patente, Veröffentlichungen.

Abbildung 5.3-4: Organigramm des CSELT

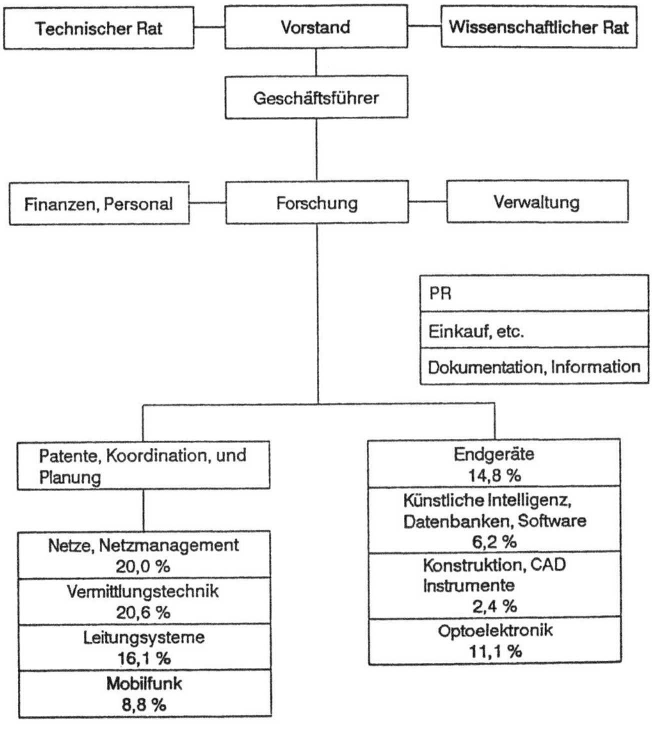

Abbildung 5.3.-4 zeigt die Organisationsstruktur des CSELT. Der Vorstand besteht aus sechs Direktoren; sie entscheiden letztlich über die Aktivitäten des CSELT, müssen jedoch vorher die Billigung der Pläne vom Technischen Rat einholen. Er besteht aus Vertretern, meist Präsidenten, von 18 STET-Firmen. Der Wissenschaftliche Rat besteht aus Universitätsvertretern und gibt Empfehlungen. Die Prozentangaben in den Forschungsabteilungen geben an, welche Anteile des Budgets auf die Abteilungen entfallen.

Der Haushalt des CSELT ist in den letzten Jahren stark angewachsen: von 1983 bis 1987 real um 46 %. Dabei ist insbesondere der Anteil der externen Aufträge von außerhalb der STET-Gruppe gestiegen, und zwar von 2 % auf 13 %. Tabelle 5.3-1 zeigt die Struktur der Auftraggeber. Das FuE-Personal wuchs in dieser Zeit von 661 auf 753 (+ 14 %); davon waren etwa die Hälfte Forscher.

Die wichtigsten FuE-Aktivitäten des CSELT können wie folgt kurz zusammengefaßt werden (CSELT 1988):

1. Netze und Dienste: Spezifikationen für Betriebs- und Wartungszentren, "intelligente" digitale Schaltzentralen, Entwicklung von Protokolldefinitionen für kompatible Mehrwertdienste, ISDN-Spezifikationen zur Vorbereitung des Modellversuchs.

2. Vermittlungstechnik: Weiterentwicklung des UT-Sytems zum ISDN Vermittlungssystem, synchrone und asynchrone Zeit-Multiplexsysteme.

3. Endgeräte: Audiokonferenzgeräte, Bildtelefone (unter anderem in Zusammenarbeit mit dem CNET, dem FTZ und dem holländischen PTT Research Center), Mehrzweck-Endgeräte für ISDN.

4. Mobilfunk: Funksignaltechnik, Modulationstechniken, Stimmvercodung, Schmalband-Multiplexsysteme, Entwicklung von Antennen für ITALSAT.

5. Leitungssysteme: Elektromagnetische Kompatibilität von Leitungssystemen und Geräten, Lichtwellenleiter.

6. Informatik, Konstruktionshilfen: Künstliche Intelligenz (Expertensysteme), Computer-Kommunikation mittels Sprache und Text, Selbstlernprozesse für Rechner, CAD für die Konstruktion von Netzen und Endgeräten.

Tabelle 5.3-1: Auftraggeberstruktur des CSELT 1987 (Quelle: CSELT 1988)

STET-Gruppe		Extern	
SIP	75,1 %	EG (ESPRIT, RACE)	69,6 %
Italcable	0,8 %	ESA	6,8 %
Telespatio	0,4 %	CNR	16,3 %
Italtel	11,4 %	IMI*	3,1 %
Selenia	5,8 %	Pirelli	2,6 %
Sonstige	6,5 %	Sonstige	1,6 %
Summe:	63,94 Mrd. Lire	Summe:	9,53 Mrd. Lire
* staatliches Industriekreditprogramm			

CSELT stellt für seine FuE-Aktivitäten jeweils Fünfjahrespläne auf, die vom Technischen Rat gebilligt werden müssen. Darüber hinaus erarbeitet CSELT auch Vorschläge für Forschungsinhalte anderer Institutionen, insbesondere hinsichtlich Grundlagenforschung, die von Universitäten oder CNR-Instituten übernommen werden soll.

Abbildung 5.3-5: Spezialisierungsprofil des CSELT in Forschung und Technologie (Auslandspatentstatistik 1980/85, Publikationsstatistik 1986)

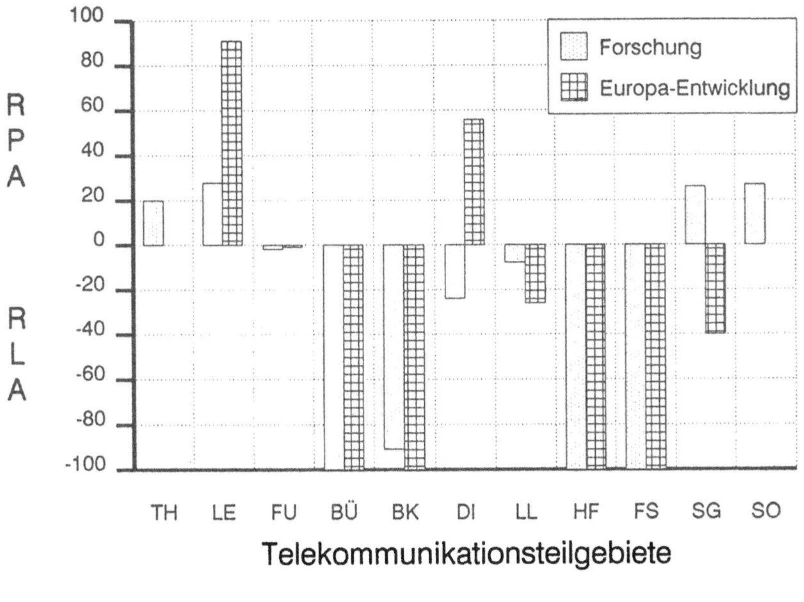

Abbildung 5.3-5 verdeutlicht die Aktivitäten der CSELT-FuE anhand der Patente und Publikationen. Sowohl in der marktvorgelagerten Forschung wie in der anwendungsnahen Technologie werden der Bildbereich und der Telemetriebereich (über Hochfrequenzen und konventionelle Signale) vernachlässigt. Die meisten anderen Teilgebiete sind duchschnittlich vertreten; es ragen dabei der leitungsgebundene Bereich und der digitale Bereich hervor. Auch theoretische und software- bzw. dienstbezogene Arbeiten werden mit dem weltüblichen Gewicht durchgeführt. Bei digitaler Technologie und in der Drahtnachrichtentechnik sind die FuE-Arbeiten als marktnah, bei den Geräten als marktferner einzuschätzen. Dies deutet auf eine Arbeitsteilung innerhalb der STET-Gruppe hin, die den Herstellern eher den apparativen Bereich überläßt. Die Profile passen sehr gut zur Aufgabenstellung des CSELT (siehe oben), so daß von gleichmäßiger Patent- bzw. Publizierneigung ausgegangen werden kann.

Italtel

Der größte Teil der Telekommunikations-FuE innerhalb der STET-Gruppe wird von Italtel betrieben, dem größten Hersteller im Telekommunikationssektor in Italien. Produktionsbetriebe mit jeweils eigenen Entwicklungslabors befinden sich in fünf Städten, verteilt über Italien, die FuE wird jedoch in der Hauptverwaltung in Mailand zentral koordiniert. Dort werden auch grundlegende Forschungsarbeiten durchgeführt, z. B über künstliche Intelligenz, Software, CAD/CAM für die Konstruktion von Telekommunikationskomponenten.

Italtel ist als Gruppe strukturiert, wobei die Muttergesellschaft Italtel SIT vier 100 %-Töchter hat:

- Italtel Telematica zur Herstellung von Nebenstellenanlagen, Fernsprechapparaten, Datenendgeräten, Modems, Komponenten für private Netze (LAN), Büroautomationssystemen, rechnergestützten Arbeitsplätzen und PC,
- Italtel Sistemi für Installation und Wartung von Telekommunikationssystemen,
- Italtel Tecnoelettronica zur Produktion von Telekommunikationsleitungen und
- Italtel Telesis, ein Unternehmen für spezielle Datenkommunikation, u.a. im Zusammenhang mit Kontrollsystemen.

Italtel SIT hat außerdem einige Tochterfirmen im Ausland (USA, Argentinien, Nigeria). Der Umsatz der Gruppe in Italien lag 1987 bei 1500 Mrd. Lire. Insgesamt hatte die Italtel-Gruppe 1987 ca. 17000 Mitarbeiter. Für FuE wurden 183 Mrd. Lire, d. h. 12,5 % des Umsatzes ausgegeben. Seit 1980 waren die FuE-Ausgaben erheblich angestiegen. Das

FuE-Personal nahm stark zu, während in der Produktion durch Rationalisierungsmaßnahmen die Belegschaft fast halbiert wurde. 1987 machte der Anteil der Elektronik in der Produktion 86 % aus, gegenüber noch 70 % zwei Jahre zuvor und nur 24 % im Jahr 1980. Der größte Erfolg der FuE bei Italtel war die Entwicklung des Vermittlungssystems UT 100 mit einer Kapazität von 100000 digitalen Verbindungen, das 1984 auf den Markt kam.

Kooperation bei der FuE bestehen mit Firmen in Europa und in den USA, wobei vor allem zu erwähnen sind: gemeinsame Projekte für die EG im Rahmen von RACE mit Alcatel, Plessey und Siemens (Vermittlungssysteme für Breitband ISDN), mit Bell Atlantic zur Entwicklung eines modularen digitalen Systems für die Verbindung von Nebenstellenanlagen mit LAN und mit Counterpoint (USA) für die Entwicklung von Mehrwertdienst-Netzen für Minicomputer (Italtel 1988). Italtel ist innerhalb seiner Gruppe sowie mit SIP, CSELT, Telettra und Siemens Telecomunicazioni durch ein Datennetzwerk verbunden (Direktverbindungen oder ITAPAC-Nutzung), das weltweit als eines der größten gilt.

Wichtigste FuE-Vorhaben bei Italtel waren in den vergangenen Jahren - außer den bereits genannten Projekten - Labortests des UT 100, Integration von ISDN-Anforderungen in dieses System, das Bildtelefon, Vorbereitung des ISDN- Pilotprojekts der SIP, Versuche mit Mobilfunk im 900 MHz-Bereich und Lichtwellenleiter. Künftige Schwerpunkte will Italtel außerdem auf Netzmanagement, automatische Produktion von Telekommunikationsausrüstungen, Verbindung von Stimmen- und Datenübertragung in einem Vermittlungssystem (Pilotprojekt in Mailand), Telekonferenzen und Fernwirktechnik (Pilotprojekt 1989) setzen.

Etwa 15 % der FuE-Aufwendungen von Italtel werden vom Staat finanziert, meist über Darlehen mit niedrigem Zins. Diese Mittel werden vor allem für Investitionen in Süditalien ausgegeben, wo sich Italtel sowohl mit seiner Produktion wie auch mit seiner FuE überdurchschnittlich intensiv engagiert.

Die Aktivitätsprofile in Abbildung 5.3-6 bestätigen die oben beschriebene Schwerpunktsetzung in der FuE. Insbesondere ragen die Bedeutung der Drahtnachrichten- und der Digitaltechnik heraus. Auch die softwarebezogenen FuE- Arbeiten werden deutlich. Überraschend ist das verschwindend geringe Aufkommen an Patenten und Publikationen im Bereich der Funk- und Lichtleitertechnik. Hier könnte sich das Bild nach 1986 sehr geändert haben.

Selenia

Das ebenfalls zur STET-Gruppe gehörende Unternehmen Selenia hat eine langjährige Tradition in der Verteidigungs-FuE, insbesondere im Bereich Radar. Selenia gilt als weltweit zweitgrößtes Unternehmen bei der Herstellung von Luftkontrollsystemen. Im Telekommunikationssektor baut Selenia den zivilen Bereich zunehmend aus. Grundlegende Telekommunikationsausrüstungen sollen nicht entwickelt und produziert werden. Vielmehr konzentriert sich Selenia auf ganz spezielle Netze, Dienste und Geräte.

Selenia hat vier Abteilungen:

- Sistemi Difesa (Raketentechnik, Luftverteidigung, terrestrische Kontrolle, Elektronik und Optoelektronik)
- Sistemi Navali (Aufklärungssysteme, Zielkontrolle, Unterwassersysteme)
- Radar e Sistemi (Luftkontrolle, Gewinnung meteorologischer Daten, Umweltkontrolle)
- Informatica e Telecomunicazioni (Informations- und Kontrollsysteme, Telekommunikation, Dienste).

Abbildung 5.3-6: Spezialisierungsprofil des staatlichen Herstellers Italtel in Forschung und Technologie (Auslandspatentstatistik 1980/85, Publikationsstatistik 1986)

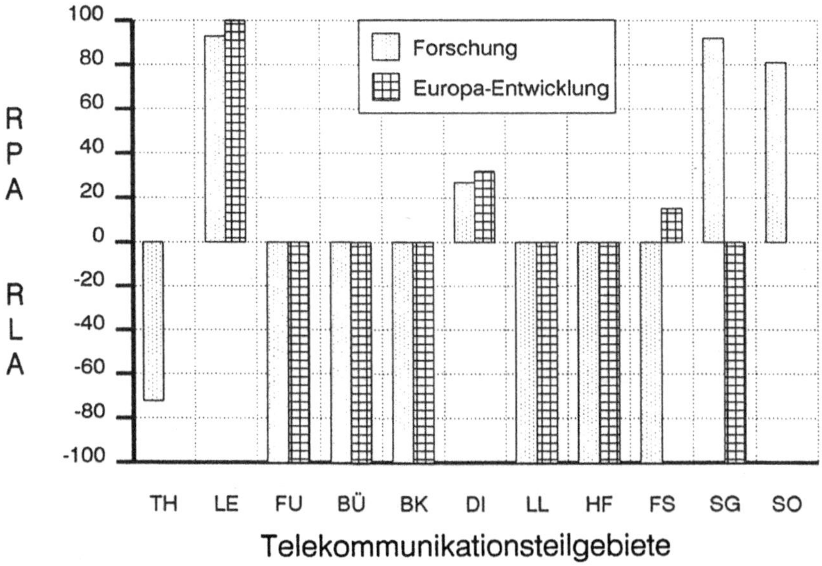

15-16 % des Umsatzes (1987 knapp 800 Mrd. Lire) werden für FuE ausgegeben. Die höchste FuE-Intensität hat die Abteilung Informatik und Telekommunikation. Sie arbeitet im Gerätebereich in Marktnischen und konkurriert hier nicht mit anderen Herstellern. Beispielsweise werden spezielle, auf den jeweiligen Kunden zugeschnittene integrierte Überwachungssysteme entwickelt (Telefonvermittlungssysteme, Verkehrskontrollsysteme, Zugangskontrollen u.ä.). Etwa 10 % des Umsatzes von Selenia entfällt auf diese Abteilung. Es gibt ferner ein Labor für künstliche Intelligenz, wo Expertensysteme und andere Software entwickelt werden. Ein FuE-Schwerpunkt ist die Standardisierung, um interne und externe Systeme (z. B Datenbanken) kompatibel zu machen.

Das Gebiet der Mehrwertdienste ist bei Selenia besonders forschungsintensiv. Die FuE-Schwerpunkte liegen hier auf ISO-Standards, Netzarchitektur (integriertes Netz-Management), optimale Nutzung von Datenbanken (Software) und neue Kategorien von Endgeräten (Arbeitsplatzsysteme).

Die Spezialisierung Selenias auf die militärnahen Bereiche Funk und Radar zeigt auch Abbildung 5.3-7. Es ist umgekehrt sogar zu konstatieren, daß Selenia in allen anderen Bereichen (außer der Software) praktisch überhaupt nicht publiziert (selektive Geheimhaltung ist dabei nie auszuschließen).

Abbildung 5.3-7: Spezialisierungsprofil von Selenia in der Telekommunikationsforschung (Publikationsstatistik 1986)

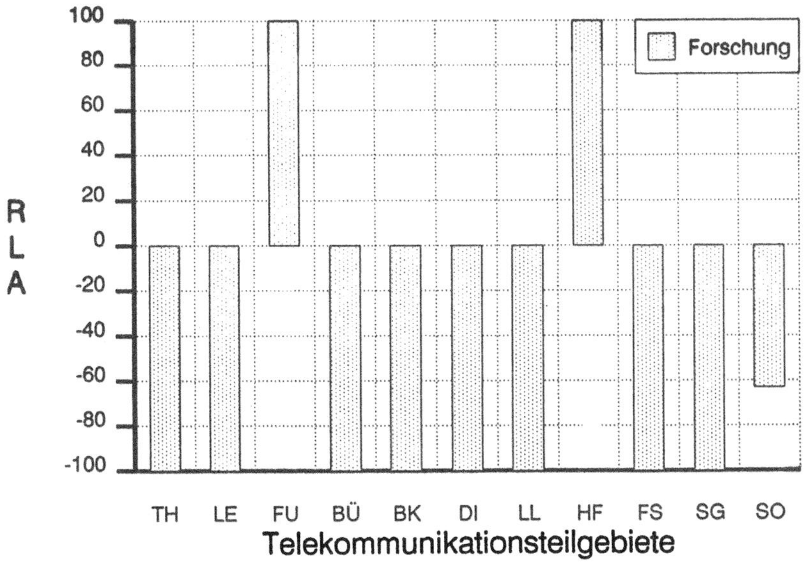

Kooperationen im FuE-Bereich gibt es nur innerhalb der STET-Gruppe, v.a. mit CSELT. Der Anteil staatlicher Förderung ist sehr gering. Einige Projekte laufen im Rahmen von ESPRIT und RACE für die EG.

Telettra

Das wichtigste private Unternehmen im Telekommunikationssektor in Italien ist Telettra, eine Tochter von Fiat (90 %) und der spanischen Telefonica (10 %). Telettra ist ein internationaler Konzern mit Tochterunternehmen und Beteiligungen in allen Erdteilen. Weltweit hatte Telettra Ende 1987 5361 Mitarbeiter (ohne die ausländischen Töchter) und 650 Mrd. Lire Umsatz, davon knapp 50 % im Ausland. 80 % des Umsatzes entfallen auf Leitungssysteme, 20 % auf Nebenstellenanlagen (Großanlagen) sowie Mobilfunk, Lichtwellenleiter, Fernwirktechnik und Endgeräte.

Für FuE wurden 1987 ca. 76 Mrd. Lire, bei einem FuE-Personal von 1200 in Italien ausgegeben. Die Aufwendungen sind seit 1983 nur geringfügig stärker gewachsen als der Umsatz (1983 bis 1987 um ca. 45 %); sie liegen jetzt bei etwa 12 % des Umsatzes. Staatliche Zuschüsse erhielt Telettra 1987 in Höhe von 21 Mrd. Lire (27 % der Aufwendungen).

Telettra hat drei Geschäftsbereiche: Öffentliche Telekommunikation (77 % Anteil am Umsatz), Private Netze (15 %) und Verteidigungssysteme (8 %). Das Schwergewicht der FuE liegt auf Leitungssystemen und Mikrowellen. Hier ist die FuE offenbar auch sehr effizient. Nach einer von den Gesprächspartnern bei Telettra zitierten Siemens-Studie liegt Telettra bei Leitungssystemen weltweit hinter AT&T, Alcatel, Siemens und NEC auf dem 5. Rang, bei Mikrowellen sogar auf dem 3. Rang (siehe im übrigen Kapitel 10).

Wichtige FuE-Themen in den einzelnen Geschäftsbereichen sind die folgenden:

Öffentliche Telekommunikation (Multiplex-, Daten- und Vermittlungssysteme, Mikrowellen): 2 Mbit/s und 64 kbit/s digitale Querverbindungen, 4x32 kbit/s Systeme für Teilnehmer-Netze, Mikrowellensysteme mit niedriger und hoher Kapazität.

Private Netze (Überwachungs- und Kontrollsysteme, Kommunikationssysteme, spezielle Leitungssysteme): Bankdienste, Tele-Medizin, Kontrollsysteme für die Energieversorgung, Überwachungssysteme technischer Anlagen, z. B in der Produktion, "intelligente" Kontrollsysteme für die Eisenbahn, Fernwirktechnik, Mobilfunk.

Verteidigungssysteme VMF-Anlagen mit ECCM-Schutz, rechnergesteuerte Version des 1 kW-HF-Systems, Funküberwachung, ESM-ECM-System für Abhör- und Störanlagen.

Die Zusammenarbeit von Telettra mit anderen Organisationen innerhalb Italiens ist gering; ein gemeinsames Projekt wird zusammen mit CSELT durchgeführt (kohärente Übertragung). Überlappende FuE gibt es insbesondere mit Siemens. Telettra orientiert sich mit seiner FuE stark am Ausland. Mit ausländischen Firmen bestehen auch mehrere Kooperationen, z. B mit ANT/Bosch (Mobilfunk).

Olivetti

Das ebenfalls weltweit tätige Unternehmen Olivetti mit 55000 Mitarbeitern in 28 Tochterfirmen und 7 Bio. Lire Umsatz gründete 1980 für den Geschäftsbereich Telekommunikation eine Tochter, die OLTECO Olivetti Telecomunicazioni. Ausgangspunkt der Geschäftsstrategie von OLTECO ist die Verbindung von Telekommunikation und Büroinformationstechnik. Zu den Informationssystemen, die Olivetti herstellt, gehören Bürotechnik und Datenverarbeitung; im Telekommunikationssektor befaßt sich OTELCO mit lokalen Netzen (Stimm- und Datenübertragung) sowie mit Endgeräten für Telefax, Teletex, Telefon, Videotex, Telex und Datenübertragung.

OLTECO konnte seinen Umsatz zwischen 1984 und 1988 erheblich steigern: real um etwa 80 %. Den höchsten Anteil am Umsatz hatten 1988 die Telefax-Endgeräte mit 45 %; Fernsprechapparate hatten 9 %, lokale Netze (Nebenstellenanlagen und Datennetze) 6 %, der Rest entfällt auf sonstige Endgeräte. Die Zahl der Mitarbeiter ist in den vergangenen fünf Jahren kaum angestiegen; sie lag 1988 bei 610. Die FuE-Ausgaben sind real etwas gesunken, obwohl nach Angaben des Unternehmens 1988 fast 24 % der Mitarbeiter in der FuE beschäftigt sind (145). Allerdings zählt OLTECO auch die Mitarbeiter in der Qualitätssicherung zum FuE-Personal.

Nebenstellenanlagen waren ein völlig neuer Bereich für Olivetti. In Zusammenarbeit mit AT&T wurde eine Anlage mittlerer Größe, mit Northern Telecom eine Großanlage entwickelt. Ein kleines System hat OLTECO alleine entwickelt, ebenso Direktverbindungen PC/Teletex, PC/Telefax und PC/Telex. Große private Datennetze auf X.25-Basis wurden in Zusammenarbeit mit einer amerikanischen Firma konstruiert.

Weitere FuE-Schwerpunkte sind die Entwicklung von OSI-Protokollen im Rahmen von ESPRIT (dabei ist eine Kooperation mit bundesdeutschen Unternehmen vorgesehen), die Beteiligung an den ISDN-Pilotprojekten in Italien und in der Bundesrepublik sowie Mehrwertdienste und Electronic Mail.

Die öffentlichen Zuschüsse sind minimal, so daß sich häufig der Antragsaufwand nicht lohnt. Allerdings sieht OLTECO seine Aufgabe auch nicht in Grundlagenforschung oder in der Entwicklung revolutionären Innovationen, sondern eher in sehr marktnaher Anpassungs-FuE. Grundlegende Ideen werden vielfach von Japan übernommen.

Pirelli

Auch die Gruppe Pirelli ist ein weltweit tätiges Unternehmen mit etwa 66000 Beschäftigten in 16 Ländern, davon in Italien 21000 mit ca. 1100 Mrd. Lire Umsatz 1987. Im Geschäftsbereich Kabelherstellung, der etwa denselben Umfang hat wie die Reifenproduktion, entfallen 18 % des Umsatzes auf Telekommunikationskabel einschließlich Lichtwellenleiter. Der letztere Zweig ist schnell gewachsen und macht jetzt 20 % der Telekommunikationskabel aus. Damit ist Pirelli der größte Produzent von Lichtleiterkabeln in Italien.

Für FuE im Kabelsektor gab Pirelli in Italien 1987 ca. 47 Mrd. Lire aus und beschäftigte dafür etwa 1000 Mitarbeiter. Die Hälfte der FuE-Ausgaben entfällt auf Telekommunikationskabel, davon das meiste auf die Lichtwellenleiter, die andere Hälfte wird für FuE im Bereich Energiekabel aufgewendet. Etwa 5 bis 10 % der Gelder stammen von der Regierung (vor allem zinsgünstige Darlehen) und von der EG (z. B im Rahmen von ESPRIT). Gelegentlich gibt es Kooperationen mit Universitäten.

5.4 FAZIT

Die Telekommunikations-FuE in Italien ist wesentlich durch drei Faktoren geprägt: die Fragmentierung der Zuständigkeiten im Dienstebereich, die geringe und schlecht koordinierte öffentliche Förderung und die Dominanz staatlicher Unternehmen im Telekommunikationssektor. Durch die Aufteilung der Netze und des Netzbetriebs auf mehrere teils staatliche, teils halbstaatliche Institutionen gibt es kein einheitliches Entwicklungs- und Investitionsprogramm, was sich insbesondere hinsichtlich der neuen Dienste negativ auswirkt. Aber auch bei den traditionellen Diensten und im technischen Zustand der Netze ist Italien seit Ende der 70er Jahre im europäischen Vergleich zurückgefallen.

Für die staatliche FuE-Förderung gibt es kein einheitliches Programm, sondern meist nur punktuelle Projekte. Die Nationalen Forschungsprojekte im Telekommunikationsbereich sind auf zahlreiche, oft sehr kleine Forschungsgruppen und einige Industriebetriebe verteilt. Die universitäre Grundlagenforschung für Telekommunikation konzentriert sich auf einige wenige technische Hochschulen und gilt wegen fehlender Zielgerichtetheit als wenig effizient.

Abbildung 5.4-1: Finanzierung und Durchführung von FuE im Telekommunikationsbereich nach Sektoren in Italien 1987 (in Mrd. US $; Beträge in Kästen beziffern die Durchführung von FuE, Beträge an den Pfeilen die Finanzierung)

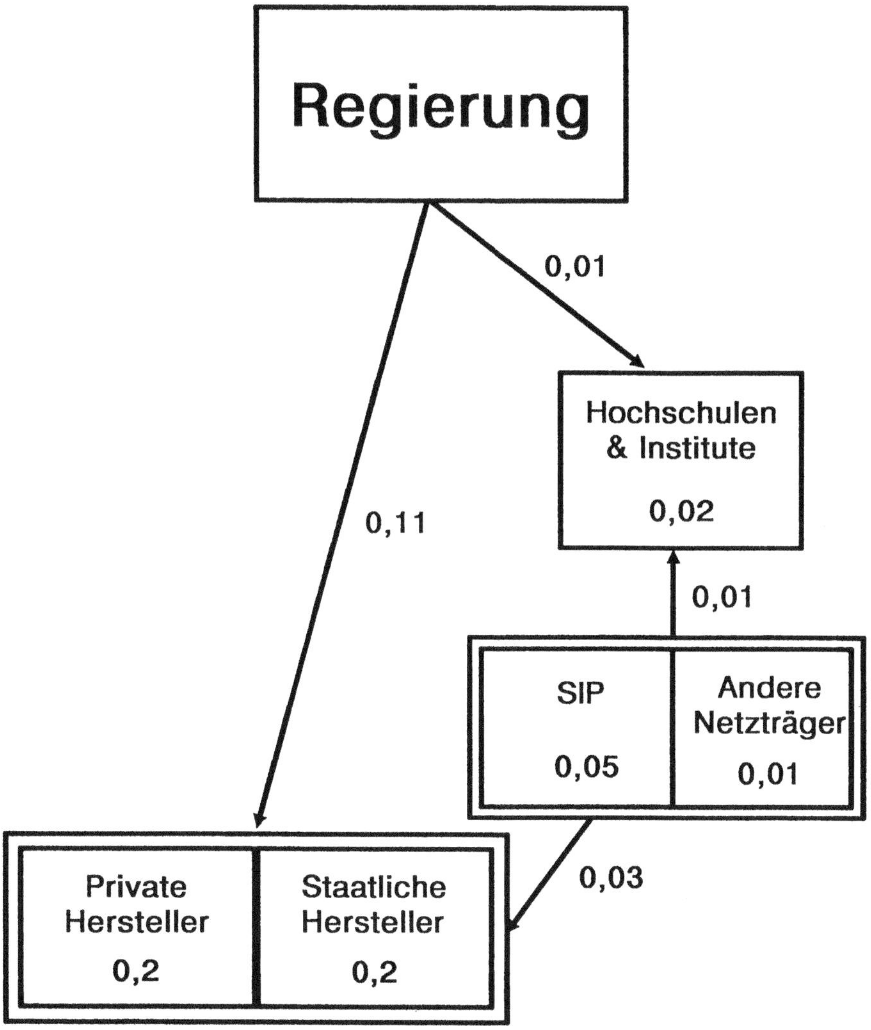

Eine Vereinheitlichung des Netzbetriebs wird immer wieder diskutiert, dürfte aber noch einige Jahre auf sich warten lassen. Auch eine Umstrukturierung der Ministerien ist im

Gespräch, z. B die Erweiterung des Forschungsministeriums oder die Verlagerung der Zuständigkeit für Telekommunikation vom Postministerium zur staatlichen Holding IRI-STET. Ein Monopol bei den Netzen und den Basisdiensten soll in jedem Fall bestehen bleiben. Für die Mehrwertdienste besteht ein freier Markt; sie sind jedoch in Italien noch unterentwickelt.

Die absoluten FuE-Aufwendungen im Telekommunikationsbereich sind im Vergleich zu anderen Industrieländern gering. Die relativen FuE-Ausgaben der Hersteller, gemessen am Umsatz, sind hoch. Alle großen privaten Unternehmen, die im Telekommunikationssektor arbeiten, sind international tätig und haben sich bei ihren Produkten weitgehend spezialisiert. Der größte inländische Hersteller von Telekommunikationsausrüstungen dagegen gehört - wie auch die wichtigsten Netzbetreiber - zur IRI. Diese Unternehmen orientieren sich noch kaum auf den internationalen Markt hin. Mit der Liberalisierung aller Endgeräte, die bald zu erwarten ist, steht die Wettbewerbsfähigkeit der staatlichen italienischen Industrie auf dem Spiel. Eine internationale Zusammenarbeit ist jedoch jetzt in Sicht.

Abbildung 5.4-1 zeigt die Mittelflüsse und die eigenfinanzierten Ausgaben der wichtigsten Akteure in der Telekommunikations-FuE Italiens. Das Schwergewicht liegt bei den Herstellern, wobei die privaten und die STET-Unternehmen jeweils etwa zur Hälfte beteiligt sind. Staatliche Gelder haben in Italien einen relativen hohen Anteil an den FuE-Ausgaben gegenüber anderen Ländern.

Ein Problem für die gesamte Industrie sind die steigenden FuE-Kosten für neue Technologien im Telekommunikationsbereich. Sie können nur bei großen Weltmarktanteilen finanziert werden, die die italienischen Firmen aber nicht haben. Erfolgsversprechend erscheint die Spezialisierungsstrategie in Verbindung mit einer engen Anknüpfung an traditionelle Geschäftszweige der Unternehmen, zum einen wegen der Marktnähe, zum anderen wegen des relativ geringen Mehraufwands für FuE.

Infolge der relativ großen Autonomie auch der staatlichen Unternehmen und Forschungseinrichtungen innerhalb der IRI und der mangelnden staatlichen Planung für Telekommunikation und Forschung gibt es zahlreiche Überlappungen in der Telekommunikations-FuE und nur in geringem Umfang Kooperationen im Inland. Die großen privaten Firmen arbeiten jedoch im Zuge ihrer Orientierung auf die internationalen Märkte schon lange mit ausländischen Partnern zusammen.

Die große Chance für Koordination der FuE, die darin liegt, daß sowohl die wichtigsten Netzbetreiber als auch der größte Hersteller und das bedeutendste Forschungsinstitut im

Telekommunikationsbereich unter dem Dach der STET-Holding arbeiten, wurde bisher nicht ausreichend genutzt. Stattdessen führten alle Akteure ihre Forschung weitgehend nach eigenem Gutdünken durch. Es bleibt abzuwarten, ob die geplanten Umstrukturierungen (insbesondere die Zusammenfassung aller Netzbetreiber in STET) und die verstärkte Kontrolle der Arbeit des CSELT Verbesserungen bringen.

Die Möglichkeit zur Kooperation staatlicher und privater Hersteller (Italtel und Telettra) wurde nicht realisiert, so daß nur die Wahl der Internationalisierung blieb.

Den europäischen Binnenmarkt sieht Italien als große Herausforderung und Chance an. Es gibt deshalb umfangreiche Pläne für vorbereitende Aktivitäten. Dies hat sich auch in der Steigerung der FuE-Aufwendungen im Telekommunikationsbereich bereits niedergeschlagen.

KAPITEL 6: SPANIEN

(Von Joachim Hemer, Klemens Gutmann und Hariolf Grupp)

Spanien hat eine sehr eigene, jahrhundertelang von Mitteleuropa unabhängige geschichtliche Entwicklung gehabt, ein Land, das sich - von wenigen, kurzen Intermezzi abgesehen - in politischer, sozialer und kultureller Hinsicht stets kontinuierlich und unter Wahrung seiner Traditionen weiterentwickelt hat. Heute muß es innerhalb weniger Jahrzehnte den Sprung von der Diktatur zur Demokratie, von der römisch-katholischen zur pluralistischen, von der bäuerlichen zur Industriegesellschaft bewältigen. Ein gewandeltes Gesellschafts- und Politikverständnis, neue Formen des kulturellen Ausdrucks, und nicht zuletzt neue Technologien treffen auf ein christliches, durch die Erfahrungen der Geschichte geprägtes Weltbild.

Ein tieferes Verständnis der jetzigen Situation Spaniens - gleich welchen Bereich es auch betreffen mag - setzt die Auseinandersetzung mit beiden Polen, dem historisch gewachsenen und dem dynamisch eindringenden voraus. Aus diesem Grunde gerät die Hinführung zum Thema umfangreicher, als sonst in diesem Buch üblich ist.

6.1 RAHMENBEDINGUNGEN

Historische Hintergründe: Spaniens Isolation

"Afrika beginnt hinter den Pyrenäen." Besser als jeder andere beschreibt dieser vielzitierte Ausspruch die kulturelle, politische und auch wirtschaftliche Isolation, in der sich die iberische Halbinsel in den vergangenen Jahrhunderten befunden hat. In Spanien hat sich ein auf sich selbst fixiertes Großmachtdenken bis weit ins neunzehnte Jahrhundert hinein, bis zum Verlust selbst der letzten Kolonien, halten können. Die jahrhundertealte Koalition von Monarchie und katholischer Kirche verhinderte erfolgreich das Eindringen aufklärerischen Gedankenguts. Mit starken wirtschaftlichen Autarkiebestrebungen, einem Phänomen, das Spanien bis in unser Jahrhundert begleitet hat, war man bemüht, diesen status quo zu erhalten. Bezeichnend für diese Situation ist beispielsweise die Tatsache, daß Spaniens Eisenbahn als einziges Land Europas neben der Sowjetunion eine um vierundzwanzig Zentimeter breitere Spur hat (um, so die damalige Argumentation, eine militärische Invasion auf dem Schienenweg auszuschließen).

Eine erste wirtschaftliche und geistige Öffnung gegen Ende des 18. Jahrhunderts wurde bereits nach wenigen Jahrzehnten durch die napoleonischen Kriege beendet. Auch die einseitige Nutzung spanischer Rohstoffvorkommen hauptsächlich durch Engländer, Franzosen und Belgier führte nicht zu einem wirklichen Austausch mit europäischen Kulturen. Institutionen mit mittelalterlichem Charakter, wie Inquisition und Ständeparlament, konnten sich bis 1830 bzw. 1977 halten.

Hinsichtlich der Isolation bilden die Basken und Katalanen eine Ausnahme, beides Völker mit eigener Sprache und Kulturtradition, deren Gebiete über die Landesgrenzen hinaus nach Frankreich hineinragen, und die sich schon Mitte des letzten Jahrhunderts mit dem Aufbau eigenen Schwer- und Textilindustrien der Entwicklung in Europa anschlossen.

Eine kurze wirtschaftliche und kulturelle Blüte nach dem Ende der Monarchie (1917) fand in der Weltwirtschaftskrise ein vorläufiges und 1936 mit dem Ausbruch des Bürgerkrieges ein endgültiges Ende. Die Kluft, die sich durch diesen Krieg in der Gesellschaft auftat, blieb jahrzehntelang erhalten. Die Versöhnung zwischen den gesellschaftlichen Gruppierungen wurde von der Diktatur zwar von oben her verordnet, kam unten jedoch nicht an. Die damals aufgerissenen Wunden sind in den vergangen fast fünfzig Jahren vernarbt, nicht aber verheilt. Eine öffentliche Diskussion, eine Aufarbeitung der Ereignisse hat unter Franco nicht stattgefunden.

Die vierziger und fünfziger Jahre lagen wiederum in der Tradition der wirtschaftlichen Autarkie und kulturellen Abschottung. Einzig Portugal und der Vatikan waren politische Verbündete des Diktators Franco. Erst eine umfassende Liberalisierung der Wirtschaft in den sechziger Jahren und der Rückzug des Staates aus dem Produktionssektor intensivierte zumindest den Handelsaustausch mit dem Ausland. Hinzu kamen der Massentourismus und die Abwanderung mehrerer Millionen Spanier als Gastarbeiter, Erscheinungen, welche die wirtschaftliche Entwicklung unterstützten, und die auch - durch den verstärkten Kontakt mit den westlichen Industrienationen - soziale und kulturelle Umwälzungen zur Folge hatten. So war denn auch nach dem Tode Francos der katholische Ständestaat nicht mehr aufrechtzuerhalten.

Der Übergang zur konstitutionellen Monarchie wurde zuerst unter der Leitung von König Juan Carlos, dann unter dem Übergangspräsidenten und Chef der ersten gewählten Regierung, dem Zentrumspolitiker Suárez, mit allgemein anerkannter Zielstrebigkeit vollzogen. Verschwörungen und Putschversuche aus Kreisen des Militärs, die in der Geiselnahme des gesamten Parlaments am 28.2.1982 gipfelten, konnten die junge Demokratie insofern nicht mehr ernsthaft gefährden, da der demokratische Konsens die politischen Klassen über alle Parteigrenzen hinweg einte und die Diktatur im Bewußtsein der Bevölkerung zum Anachronismus geworden war.

Mit dem Eintritt Spaniens in die NATO und der Übernahme der Regierung durch die Sozialisten in demselben Jahr, 1982, kann der Prozeß der inneren Stabilisierung der Demokratie als abgeschlossen bezeichnet werden. Seitdem widmet sich Spanien verstärkt seinen Aufgaben in Europa und seiner Vermittlerrolle zwischen Lateinamerika und der industrialisierten Welt.

Das wirtschaftliche und politische Gewicht, die Größe und Vielfalt des Landes sowie seine kulturelle und kulturgeschichtliche Bedeutung machten den EG-Beitritt Spaniens zu einem zwangsläufigen Ereignis, obwohl sich die Beitrittsverhandlungen bei der Aufteilung zukünftiger Agrarmärkte und Produktionsquoten sehr in die Länge zogen. Dies sicherlich nicht zuletzt deswegen, weil die Spanier sich hier als selbstbewußte Verhandlungspartner erwiesen, die den EG-Beitritt nicht als Gnade, sondern als ihr Recht betrachteten.

Als Folge der demokratischen Öffnung steht heutzutage dem traditionalistischen Bild der aus einer reichen christlichen Kulturgeschichte schöpfenden, "ruhmreichen" spanischen Nation ein neues Konzept gegenüber: Spanien als eine Gemeinschaft mehrerer Völker (Basken, Galizier, Katalanen und kastilisch sprechende Völker), die zurückblickt auf eine Geschichte der friedlichen und auch der kriegerischen Begegnung vieler Kulturen (Mauren, Juden, Christen, u.a.), und die heute den geistigen und kulturellen Austausch mit anderen Staaten und Kulturen, besonders aber mit Europa sucht. Vor allem jüngere Spanier, Vorkämpfer und erste Nutznießer der neuen "Freiheit", wünschen sich in ihrem Land eine pluralistische, multikulturelle Gesellschaft , die geprägt ist von geistiger Beweglichkeit, Kooperationsbereitschaft und Freiraum für den Einzelnen.

Die letzten Jahrzehnte: Das "spanische Wirtschaftswunder"

Der Wiederaufbau nach dem Bürgerkrieg (1936 bis 1939) hatte in Spanien - anders als vergleichbare Epochen in anderen europäischen Staaten - keine strukturelle Erneuerung zur Folge. Paternalistische Strukturen in den vielen nicht sehr innovationsfreudigen Traditionsfirmen und im Latifundienwesen behinderten die Konkurrenzfähigkeit auf dem Weltmarkt, die vom Staat durch starke Regulierung des Wirtschaftslebens, allseitigem Autarkiebestreben sowie durch die politische Isolation nicht gerade gefördert wurde. In vielen Sektoren, angefangen bei der Mineralölverarbeitung bis zur Herstellung von Bierzapfarmaturen, beherrschten Monopole oder Quasimonopole den Markt, und ein wucherndes Staatsholding (Instituto Nacional de Industria, INI) fing marode Privatfirmen auf und hielt sie mit öffentlichen Geldern am Leben. So erreichte die Produktion erst 1950, elf Jahre nach Ende des Bürgerkrieges, wieder dasselbe Niveau wie vor der Weltwirtschaftskrise (bei gestiegener Bevölkerungszahl!).

Die Aufnahme von ersten größeren Handels- und Industriekooperationen Anfang der fünfziger Jahre kurbelte die Produktion an (z. B. FIAT und SEAT, die den "spanischen Käfer", den SEAT 600, produzieren). Als Folge des Abkommens über die Errichtung von US-Militärstützpunkten (1953) kam Spanien in den Jahren zwischen 1951 und 1963 in den Genuß von US-Investitionen und -Krediten in Höhe von 1,2 Mrd. US $.

Die Vorraussetzung für das "spanische Wirtschaftswunder" wurde jedoch erst mit der Liberalisierung im Jahr 1959 geschaffen, als Franco in der Wirtschaftspolitik (aber auch nur dort) die rechtsextreme, patriotische Haltung ablegte, den Rückzug des Staates aus der Wirtschaft anordnete, Devisenfreiheit einführte sowie in- und ausländische Investitionen ermöglichte bzw. stimulierte. Parallel dazu stiegen die Deviseneinnahmen aus Emigrantenüberweisungen und dem Tourismusgeschäft sprunghaft an. Zwischen 1964 und 1972 betrug das jährliche Wirtschaftswachstum durchschnittlich etwa sechs Prozent. Das gesteigerte Konsumbedürfnis und die beschleunigte Modernisierung erlaubten zwischen 1960 und 1974 eine Steigerung der landwirtschaftlichen Produktion um 140 %, der Industrieproduktion sogar um 400 %. In weniger als zwanzig Jahren hatte Spanien den Sprung von der Stufe eines korporativen und autark orientierten Entwicklungslandes zur zehnten Industrienation der Erde geschafft.

Ererbte Strukturen

Traditionell korporative und patriarchalische Prinzipien haben in der spanischen Wirtschaft Spuren hinterlassen, welche die freie Konkurrenz mit ausländischen Firmen sowie im Land selbst behindert haben, und deren Folgen auch nach Jahrzehnten der Modernisierung noch immer deutlich zu erkennen sind.

Zum einen hatte die Industrie in Spanien den sozialen Konsens zum Teil aus dem Latifundienwesen übernommen: Der Arbeiter verzichtete auf bestimmte Rechte und Freiheiten gegenüber dem "Dueño", unterstand aber damit seiner umfassenden Fürsorge und war faktisch unkündbar, sofern er nicht gegen den dem System zugrundeliegenden Verhaltenskodex verstieß. In den vierziger und fünfziger Jahren wurde diese Fürsorgepflicht von Franco auf den Staat und sein Verhältnis zur Privatwirtschaft übertragen: Finanziell notleidende Firmen wurden vom Staat direkt oder indirekt durch dirigistische Maßnahmen am Markt gestützt oder gar in das sich aufblähende Staatsholding INI übernommen. Auf diese Weise konnten wiederum die Firmen ihrer Fürsorgepflicht (der Unkündbarkeit) leicht nachkommen, da das letztendliche unternehmerische Risiko von ihren Schultern genommen war. Heute, nach über zehn Jahren christdemokratischer und sozialistischer Regierungen, ist die spanische Arbeitsgesetzgebung in diesem Punkt nach wie vor sehr strikt, obwohl inzwischen ein in Ansätzen funktionierendes soziales Sicherungssystem existiert.

Zum zweiten haben die Autarkiebestrebungen vieler Herrscher und Regierungen den Blick der spanischen Wirtschaft nach innen gerichtet. Den Erfahrungsvorsprung in Sachen internationaler Handel, den sich viele mitteleuropäische Nationen über Jahrhunderte hinweg erarbeitet haben, konnten die Spanier nicht aufholen. Noch immer mangelt es an Erfahrung, an Sprachkenntnissen und - so sieht es die Süddeutsche Zeitung in einem Bericht vom 30.9.1988 - einfach auch an Wagemut, sich auf das Abenteuer Export einzulassen, auch wenn das Defizit in der Handelsbilanz von über 50 % (1975) auf etwa 20 % (1985) bzw. 28 % (1987) gesunken ist, und durch Deviseneinnahmen aus Tourismus und Gastarbeiterüberweisungen problemlos ausgeglichen werden kann. Viele Bereiche der Industrie konzentrieren sich auf die Abwehr der Konkurrenz aus dem Norden, anstatt offensiv in deren Märkte einzudringen.

Man kann allerdings feststellen, daß die schon zu Beginn der achziger Jahre begonnene und von der Regierung González ab 1982 konsequent durchgeführte Sanierung und Umstrukturierung von besonders ins Hintertreffen geratenen Teilen der Industrie die Grundlage für Spaniens Wettbewerbsfähigkeit gelegt hat. Besonders die Schwerindustrie wurde mit milliardenschweren Programmen modernisiert. In den Automobilwerken SEAT, jahrelang Inbegriff einer "wasserköpfigen" Staatsfirma, wurde umfassend rationalisiert, und die Firma konnte durch eine Verbindung mit Volkswagen den Anschluß an den Stand der Technik bekommen bzw. behalten. Kooperationen mit ausländischen Firmen scheinen sich immer mehr durchzusetzen, sei es, um Zugang zur entsprechenden Technologie zu bekommen, oder aber um mit Hilfe des Partners im jeweiligen Land Fuß zu fassen. Auch im Bereich des Management scheint sich der Wandel durchzusetzen. Die Geschäftsführerin einer Gesellschaft, die europaweit Seminarveranstaltungen für Führungskräfte durchführt (der Management Forum España S.A.), hält die Zeiten des patriarchalischen Führungsystems für endgültig der Vergangenheit angehörig. Nach allen Kräften sei man bestrebt - so die Geschäftsführerin - moderne Methoden des Management nach internationalen Modellen einzuführen.

Die Verjüngung der spanischen Industrie war von Anfang an mit Massenentlassungen verbunden. Erstaunlicherweise liessen sich vor allem zu Beginn dieser Periode viele Rationalisierungsvorhaben ohne wirklich ernsthaften Widerstand der Gewerkschaften durchsetzen, trotz einer schon damals mit fast 20 % äußerst hohen Arbeitslosenquote. Dies wird dem Staat u.a. mit gestiegener Produktivität und größerer Konkurrenzfähigkeit gedankt.

Trotz aller wirtschaftlichen Erfolge ist 1988 die Arbeitlosigkeit mit 20,6 % unverändert hoch. Vor allem die Jugendlichen, deren Start ins Berufsleben nicht durch ein leistungsfähiges gemeinsames staatlich-privates Ausbildungswesen erleichtert wird, sind überproportional in der Statistik vertreten. Angesichts der deutlichen Zunahme von Kriminalität, Drogenproblemen und -delikten wird deutlich: die Arbeitslosigkeit ist im Spanien der achtziger Jahre - im Gegensatz zu früheren Jahrzehnten - das dominierende soziale Problem.

6.1.1 ALLGEMEINE NATIONALE FuE-POLITIK

Trotz der Erfolge im internationalen Handel hat Spanien zu Beginn der achtziger Jahre bezüglich der FuE-Aufwendungen mehr Gemeinsamkeiten mit einem lateinamerikanischen Land als beispielsweise mit der Bundesrepublik. Im Jahr 1979 lagen Spaniens Aufwendungen für FuE mit 20 US $ pro Einwohner niedriger als die Argentiniens (Bundesrepublik im gleichen Jahr: 291 US $) (Ros, Barberá 1986). Es wurde mehr Geld in Lizenzen für ausländische Technologie investiert als in die eigene Forschung und Entwicklung. Bis 1984 hatte sich das Forschungsniveau, nachdem es Anfang der siebziger Jahre bei etwa 0,3 % des Bruttoinlandsprodukts lag, nur auf einen Anteil von 0,48 % erhöht (vgl. Abbildung 6.1-1). Es wuchs stärker als die Wirtschaftskraft, beschleunigende Trends sind trotz des politischen Umbruchs jedoch nicht zu erkennen.

Weniger als ein Fünftel aller FuE-Aufwendungen werden vom privaten Sektor getätigt, ein weiteres Fünftel von den Staatsbetrieben. Im Jahr 1983 wurden über 61 % der FuE-Gelder, von denen etwa 70 % aller in Forschung und Entwicklung Tätigen leben, von der öffentlichen Verwaltung aufgebracht. Die restlichen 39 % sind zu praktisch gleichen Teilen den privaten und den staatlichen Unternehmen zuzuordnen (OECD 1987). Die Gelder zur Finanzierung dieses achtzigprozentigen staatlichen Anteils kommen fast ausschließlich aus Mitteln der einzelnen Ministerien bzw. ihrer jeweiligen Abteilungen

("Direcciones Generales"), die nach relativ freiem und eigenem Ermessen Forschung fördern bzw. veranlassen können.

Abbildung 6.1-1: Gesamtaufwendungen für FuE in Prozent des Bruttoinlandsprodukts 1969 bis 1988 (Quelle: OECD, verschiedene Statistiken)

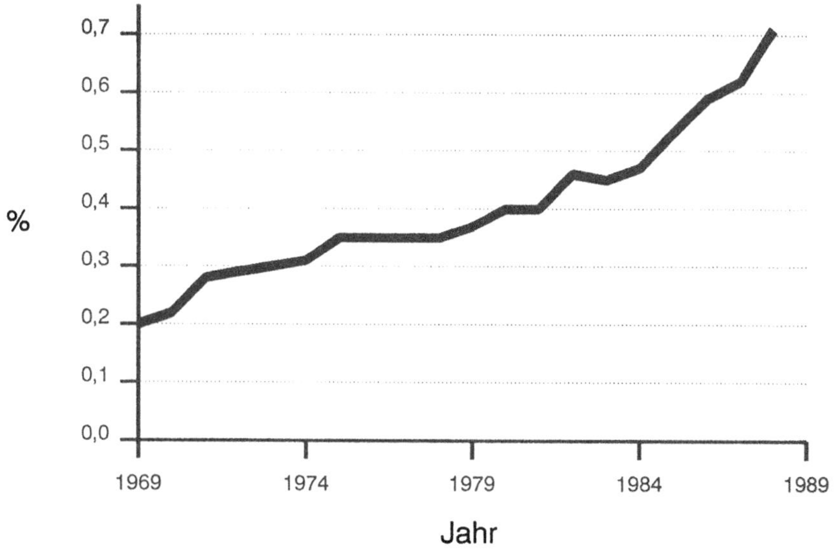

Die Anfänge einer als solche erkennbaren Forschungspolitik der noch jungen Demokratie lassen sich auf die Jahre 1978/79 datieren. Zu diesem Zeitpunkt versuchte man, Strukturen zu schaffen, die in alle Sektoren hineinreichen und FuE koordiniert fördern können. 1978 wurde mit Hilfe von Weltbankkrediten das CDTI (Centro para el Desarrollo Tecnológico Industrial) geschaffen, eine Anstalt für "weiche" Kredite und verlorene Zuschüsse für FuE-Projekte aus allen Bereichen und Sektoren, die der kommerziellen Verwertung von Technologien dienen (MINER/CDTI 1988). Ein Jahr später überstieg das Förderungsvolumen der CAICYT (Comisión Asesora de Investigación y Técnica), einer interministeriellen Kommission zur Koordinierung staatlicher Forschung bzw. Forschungsförderung, zum erstenmal die Grenzen von 1 Milliarde Peseten (damals etwa 25 Millionen DM) (Ros, Barberá 1986). Eine Regierungskommission (die Comisión Delegada del Gobierno de Política Educativa, Cultural y Científica) mit der ihr direkt unterstellten CAICYT, hatten die Aufgabe, Forschung zu planen, zu fördern und zu koordinieren.

Der Erfolg dieser Koordinierungsversuche blieb jedoch aus (CICYT 1988a). Die Situation wurde selbst vom Erziehungs- und Wissenschaftsministerium (MEC) als prekär eingeschätzt: Die Kompetenzverteilung zwischen CAICYT und den jeweiligen Ministerien war nicht klar geregelt (MEC/CAICYT 1985), der Umfang der sektorübergreifenden Programme (CAICYT, CDTI und FIS, ein kleinerer Fonds aus dem Gesundheitsbereich) waren nicht über einen 15 %-Anteil an den öffentlichen FuE-Aufwendungen hinausgekommen. Doch immer wurden 85 % der Gelder ohne zentrale Koordination von den jeweiligen Ministerien angegeben. Auch hatten die FuE ausführenden Stellen in den Ministerien - die Direcciones Generales - gleichzeitig eine wichtige Funktion als Berater der für die Verteilung der Gelder zuständigen Planungsbehörde, der Comisión de Planificación Económica. Eine neutrale Entscheidung hinsichtlich der Verteilung der Gelder war somit nicht unbedingt garantiert.

Auch im Bereich der industriellen FuE wurden Defizite geortet. Spanien befand sich im Jahr 1984 - so das Ministerium - in einer Phase der industriellen Expansion, gekennzeichnet durch einen harten Konkurrenzkampf, der jedoch keineswegs durch die entsprechende eigene Forschung und Entwicklung "abgedeckt" war.

Weitaus schärfer, stellenweise geradezu vernichtend, ist die Kritik zweier Telekommunikations-Ingenieure des Instituts für Kommunikationsforschung,

- FUNDESCO, in der Verbandszeitschrift ihrer Standesorganisation, BIT. Sie greifen den Begriff des "spontanen Organisationsmodells in der FuE-Politik", vom damaligen Generaldirektor der Abteilung Forschungspolitik und Innovation stammend, auf und sprechen von der "Nicht-Koordinierung" und "Nicht-Zusammenarbeit" der Bereiche Wissenschaft, Technologie und Industrie ("no-sistema ciencia-tecnología-indústria"). Der Artikel schildert ein trauriges Bild der spanischen FuE-Landschaft und kritisiert im Detail (BIT 1986; siehe in gemäßigterem Ton aber auch OECD 1987)
- die Universitäten: eigene, spärliche Mittel werden ohne Prioritäten vergeben. Die Mittel von CAICYT, der Förderkommission für die universitäre Forschung, unterliegen durchschnittlich einjährigen Genehmigungsprozeduren. Außerdem gibt es zu wenige angewandte FuE-Projekte und diese sind dann von zu kurzer Dauer;
- die öffentlichen FuE-Einrichtungen des CSIC (Consejo Superior de Investigaciones Científicas, eine der Max-Planck-Gesellschaft vergleichbaren Organisation): die ehemals 185, nach Zusammenlegungen noch 85 Institute dieser Forschungseinrichtung arbeiten unabhängig voneinander "vor sich hin", mit wenig oder keinem Kontakt zur Industrie oder zur Landwirtschaft. Ihr Personal ist wegen jahrelangem Einstellungsstopp (1973 bis 1985) überaltert (Durchschnittsalter 1985: 47 Jahre);
- die Firmen: kleiner Umfang der FuE, "völliges Fehlen irgendwelcher übergeordneter Planung". In den wenigen Labors werden praktisch nur Vorhaben durchgeführt, die kurzfristig Rendite bringen. Die Entwicklungsabteilungen sind oft isoliert vom Rest

der Firma, ihre Leistung wird unterbewertet, nicht selten wurden sie eher aus Prestigegründen, denn aus Überzeugung gegründet.

Das neue Wissenschaftsgesetz vom 14. April 1986 reagiert auf diese Misere (CICYT 1988a). Ein neues koordinierendes Organ, die CICYT (Comisión Interministerial de Ciencia y Tecnología) wird gegründet, die gegenüber ihrer Vorgängerin CAICYT über mehr Kompetenzen, mehr Infrastruktur sowie über einen Status als permanente Einrichtung verfügt. Zwei weitere Ausschüsse sind der CICYT beigeordnet, von denen einer die Kontakte zur Industrie sowie den öffentlichen und universitären Forschungseinrichtungen unterhält. Der zweite Ausschuß hat die Aufgabe, einen Modus zur Verständigung und Zusammenarbeit mit den autonomen Regionalregierungen, den Autonomías, zu finden; ein Problem, das erst mit dem politischen und finanziellen Erstarken der Regionalregierungen in den letzten Jahren entstanden ist. Hier ist ein besonderes Maß an Aufmerksamkeit gefordert, da die Regionalregierungen - oft von anderer politischer Couleur als die Zentralregierung - auch in der Forschungspolitik ihren neugewonnenen Spielraum gerne ausnutzen.

Zentraler Punkt des Gesetzes ist der Plan Nacional de Investigación Científica y Desarrollo Tecnológico (PLANICYT), der - verglichen mit früheren Förderprogrammen - erst einmal durch seine schiere Größe beeindruckt. Im Rahmen des Plans sollen in den vier Jahren zwischen 1988 bis 1991 über 260 Mrd. Peseten (entspricht etwa 4 Mrd. DM) für die Forschung und Entwicklung in Bereichen von volkswirtschaftlicher und politischer Bedeutung aufgewendet werden. Zur Veranschaulichung: Diese Summe entspricht in etwa den Gesamtausgaben für FuE in Spanien im Jahr 1987 (geschätzt ca. 253 Mrd. Peseten).

Neben diesen Mitteln, deren Vergabe der Koordinierung durch die CICYT unterliegt, existieren nach wie vor FuE-Programme und -Vorhaben anderer regierungsabhängiger Stellen. Durch verbesserte Infrastruktur, Kontinuität der Arbeit (permanente Kommission) und erweiterte Kompetenzen ist auch hier eine verstärkte Einflußnahme der CICYT möglich. Somit sind die Vorraussetzungen geschaffen, den ursprünglichen 15 %-Anteil des "koordinierten Bereiches" an der staatlichen FuE quantitativ wie auch qualitativ zu verbessern.

Wie Gespräche mit Mitarbeitern des Sekretariats der CICYT ergaben, werden verstärkt Anstrengungen unternommen, weitere Bereiche öffentlicher FuE in diese Koordinierung einzugliedern, ganz besonders auch die Aktivitäten der autonomen Regionalregierungen (siehe oben).

Abgesehen von den strukturellen und finanziellen Schwierigkeiten im Bereich FuE weisen Fachleute immer wieder darauf hin, - so z. B. der Leiter der FuE-Tochtergesellschaft TID des Netzbetreibers Telefónica - daß Spaniens Rückstand auch damit zusammenhängt, daß die Forschung in weiten Teilen der Gesellschaft bis in die jüngste Zeit hinein nur wenig soziales Ansehen und eine geringe Wertschätzung genossen hat.

Anders als in Mitteleuropa haben sich in Spanien wissenschaftlich-technische Aktivitäten - unter anderem bedingt durch die kulturelle Isolation - zu keiner Zeit zur "Ingenieurskunst" aufschwingen können. In den großen Jahren der Bauingenieure mit ihren Glaspalästen, stählernen Türmen und Schienenkonstruktionen, blieben in Spanien spektakuläre Brückenschläge zwischen Ästhetik, Wissenschaft und Technik praktisch aus. Die "wahren" Wissenschaften blieben für weite Teile der Bevölkerung weiterhin die "letras", die Geisteswissenschaften. Wer will, kann diese Haltung bis zur Figur des Don Quijote zurückverfolgen, Cervantes' Spiegelbild der Spanier, die - ganz das Gegenteil des Schöpfergeistes Faust - die Arbeit für das tägliche Brot aufgibt und sein Leben im Ruhm, in der Ehre und der Schöngeistigkeit zu erfüllen sucht.

Hemmend für diesen möglichen Brückenschlag zwischen Wissenschaft und Technik mag sich auch das völlige Fehlen eines dualen Ausbildungsprinzips ausgewirkt haben, das weder im handwerklich-technischen noch im akademischen Bereich vorhanden war: Entweder bildeten Betriebe ihre Mitarbeiter praktisch vollständig selbst aus, oder aber die Berufsausbildung fand in einer Akademie oder einer Hochschule statt - ebenfalls so gut wie ohne Kontakt zur Außenwelt, weder in Form von Praktika noch in Projekten der sowieso spärlichen Drittmittelforschung. Erst mit der Bildungsreform 1970 und verstärkt seit etwa 1982 ergriff der Staat die Initiative in Richtung dualer Konzepte in der Berufsausbildung (Miclescu 1982). Jedoch müssen die Erfolge dieser Initiative, allein aufgrund ihrer zahlenmäßigen Beschränkung und bisher kurzen Laufzeit, als bescheiden eingeschätzt werden.

Abbildung 6.1-2 gibt einen schematischen Überblick über das spanische FuE-System. Die noch nicht erläuterten Institutionen werden in den Abschnitten 6.2 und 6.3.1 dargestellt. Deutlich zu erkennen ist die Vielfalt von ressortbezogenen FuE-Zentren, die vor dem Entstehen der mit erweiterten Kompetenzen ausgestatteten CICYT ausschließlich ihrem jeweiligen Ministerium verantwortlich waren. Eine Ausnahme bildet der CSIC, der als fachlich breit gefächerte Einrichtung selbst über die Verteilung seiner Mittel entscheidet. Zu beachten ist auch die Einbindung der Regionen (der Comunidades Autónomas) in den Prozess der Koordinierung von FuE. Eine Kommission (der Consejo General de Ciencia y Tecnología) ist dafür zuständig, die Vorschläge der Regionalregierungen zu

Abbildung 6.1-2: Überblick über das spanische FuE-System

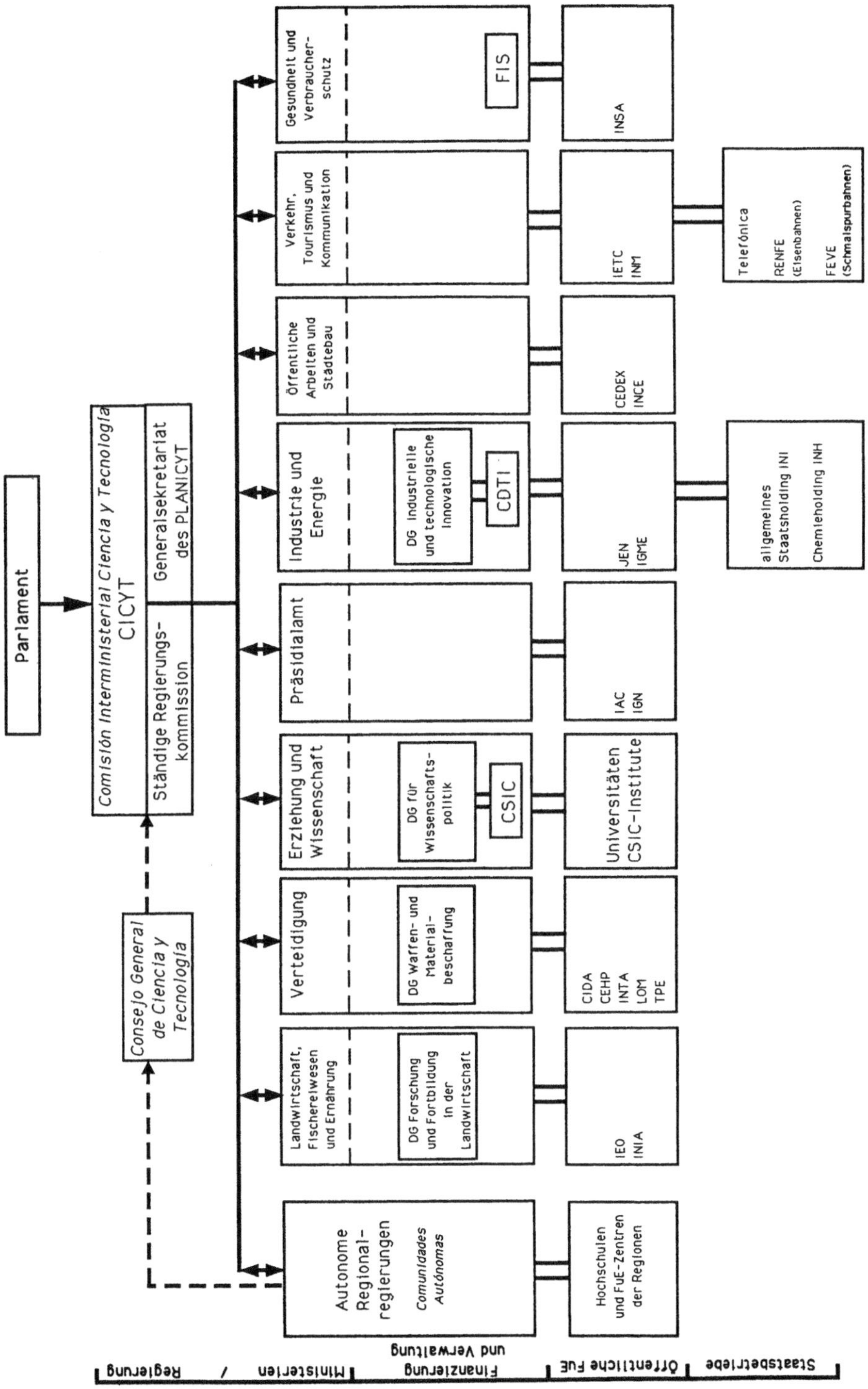

sammeln und sie an die CICYT weiterzuleiten. Die Abbildung erwähnt bei weitem nicht alle Einrichtungen und ihre Zusammenhänge. Eine inhaltlich genauere und auf die Telekommunikation zugeschnittene Ausarbeitung findet sich in Abschnitt 6.3.1.

6.1.2 STRUKTUR DER NATIONALEN TELEKOMMUNIKATIONSINDUSTRIE

Das Zentrum der spanischen Telekommunikationsherstellerindustrie ist Madrid. Einer Erhebung im Bereich der Telematik-Unternehmen zufolge (sie beinhaltet Hersteller der Bereiche Informatik und Telekommunikation) arbeiten 79 % aller in der Branche Tätigen in Madrid, weitere gut 10 % in Barcelona. Die restlichen weniger als 10 % der Produktivkräfte sind in mehreren, über das ganze Land verteilten Zentren zu finden (Malaga, Zaragoza, Santiago de Compostela, Sevilla, Almería, San Sebastian) (ANIEL 1987).

Abbildung 6.1-3: Verteilung der Produktivkräfte im Informations- und Telekommunikationssektor in Spanien (Quelle: nach ANIEL 1987)

Ebenfalls in der Hauptstadt angesiedelt ist der spanische Netzbetreiber Compañía Telefónica Nacional de España (CTNE oder Telefónica), der 1924 von ITT gegründet und 1946 in eine Publikumsgesellschaft umgewandelt wurde (Kalin 1985, 133). Die Telefónica ist auch heute noch der alleinige Betreiber von öffentlichen Telefonnetzen. Größter Aktionär ist mit über 40 % der spanische Staat, die übrigen ca. 60 % befinden sich im Streubesitz, davon 15 % in ausländischer Hand. Aufgrund dieser Konzentration von Aktien in der Hand des Staates sowie wegen der staatlichen Einflußnahme auf verschiedenen administrativen Ebenen wird die Telefónica als quasi-staatliches Unternehmen betrachtet. Telefónica ist mit über 10 Millionen Linien und 15 Millionen Endgeräten der zehntgrößte Netzbetreiber der Welt.

Durch seine frühzeitige Etablierung im Fernmeldewesen Spaniens erwarb sich ITT bzw. seine Tochter Standard Eléctrica (auch kurz: SESA) bis in dieses Jahrzehnt hinein eine zentrale Rolle als Hauptlieferant für Telefónica. Die Vermittlungstechnik des Fernmeldenetzes beispielsweise blieb bis Anfang der siebziger Jahre exklusive Domäne von Standard Eléctrica.

Tabelle 6.1-1: Wichtigste Produzenten im Bereich Telekommunikation 1980 (Quelle: BIT)

Unternehmen	Umsatz (in Mio. Pts.)	Beschäftigte
Standard Eléctrica	36248	17044
INTELSA	7800	3200
CITESA	6776	3100
MARCONI	7003	3063
TELETTRA	3700	1340
AMPER	2083	869

Im Zuge einer Umstrukturierung im Jahr 1968 wählte die Telefónica den Weg der "second source policy". Dadurch wurde in verschiedenen technischen Bereichen nach und nach das de-facto-Monopol der ITT-Gruppe (Standard Eléctrica, CITESA, MARCONI) gebrochen. So hielt INTELSA (Tochter von Telefónica und Ericsson) Einzug im Bereich Vermittlungstechnik. Ericsson, Know-How-Lieferant für INTELSA, hatte sich bereits 1922 mit Fertigungsstätten in Spanien niedergelassen. Sein Zugang zum Markt für Fernmeldetechnik blieb jedoch auf private Anlagen und das bis in die siebziger Jahre unabhängige städtische Telefonnetz von San Sebastian beschränkt. In der Übertragungstechnik erhielt die italienische Telettra-Gruppe, in der Kabeltechnik die Firma Cables de Comunicación Zugang zum Markt. Im Endgerätebereich öffnete man sich für entsprechende einheimische Firmen.

Ungeachtet aller Neuordnungen zeigt sich noch in der Firmenübersicht von 1980 (Tabelle 6.1-1) deutlich das Übergewicht der ITT-Gruppe innerhalb der Branche: hinsichtlich Personalstärke und Umsatzvolumen deckte der Konzern zu dieser Zeit etwa 72 % der Branche ab (BIT 1981).

Charakteristisch für die damalige wie auch heutige Situation ist auch die starke Ausrichtung aller großen Firmen auf den Bedarf des Netzbetreibers: Durchschnittlich etwa 75 % der Gesamtproduktion der Firmen gingen im Jahr 1980 (lt. BIT) an Telefónica, ein Prozentsatz, der sich bis heute nicht nennenswert verändert hat (vgl. 6.1.3).

Erst in den letzten Jahren haben sich grundlegende Verschiebungen ergeben. Während die Gesamtzahl der Beschäftigten in der Branche auf über 30000 gestiegen ist (ANIEL 1988), ist sie bei Standard Eléctrica auf unter 12000 gesunken (Alcatel 1987). INTELSA, die gemeinsame Tochter von Ericsson und Telefónica, hat Standard Eléctrica von ihrem Spitzenplatz verdrängt und ist nun u.a. Hauptlieferant für Vermittlungstechnik. AMPER, die erste originär spanische Firma in der Branche, hat sich inzwischen auf Platz vier der Liste der Umsatzstärksten aufgeschwungen und wird offensiver in seinen Exportbemühungen (vgl. Tabelle 6.1-2).

Tabelle 6.1-2: Rangliste nach Umsätzen 1987 in der Telekommunikation (Quelle: Electrónica Hoy)

Unternehmen	Umsatz 1987 (in Mio. Pts.)
Alcatel-Standard Eléctrica	68276
INTELSA	21738
TELETTRA	19839
AMPER	17387
Cables de communicaciones	6620

Diese fünf großen Firmen, die - in jeweils anderer Konstellation und mit anderen Beteiligungsverhältnissen - aus der Substanz der sechs größten Firmen von 1980 hervorgegangen sind, decken hinsichtlich Personal den größten Teil der Branche ab. Dies wird aus den Daten der Nationalen Statistikbehörde (Instituto Nacional de Estadística, INE; Tabelle 6.1-3) deutlich, welche die Dominanz der großen Firmen vor allem unter dem Blickwinkel der FuE-Aktivitäten deutlich werden lassen. Ein Umfeld kleiner und mittlerer Betriebe existiert zwar, aber nicht in nennenswertem Umfang.

Tabelle 6.1-3: Anzahl der spanischen Telekommunikationsunternehmen nach Firmengröße und ihre internen FuE-Aufwendungen 1986 (Quelle: INE)

Unternehmensgrößenklasse	Anzahl	interne FuE-Aufwendungen (Mio. Pts.)	Anteil (%)
bis 100 Personen*	10	429	3,7
100 bis 249 Personen*	6	970	8,4
250 bis 999 Personen**	5	663	5,7
1000 und mehr Personen**	6	9470	82,1

* Zum Bereich kleinerer und mittlerer Betriebe zählen mehrere größere private Forschungsinstitute, die ihrem Charakter entsprechend jedoch nicht als Industriebetriebe betrachtet werden können, da sie quasi-öffentlich sind. Somit ist der Bereich kleiner Betriebe faktisch noch dünner besiedelt als diese Statistik glauben macht.

** Hinter diesen Zahlen können sich auch große Elektronik- und Computerfirmen verbergen, die FuE im Bereich Telekommunikation betreiben.

Der Eindruck der geschlossenen Struktur der Spitze der spanischen Kommunikationsindustrie verstärkt sich angesichts der einseitigen Ausrichtung der Großfirmen auf den Bedarf von Telefónica. Die Statistik (siehe Tabelle 6.1-4) zeigt, wie kleine und mittlere Firmen deutlich unter der Quote bleiben, die von den Mitgliedern des "Zuliefererzirkels" erreicht wird.

Die daraus entstehende Abhängigkeit besonders der größeren Hersteller vom Netzbetreiber schildert eine Analyse des Berufsverbandes der Telekommunikationsingenieure (C.O.I.T.) aus dem Jahr 1981 mit deutlichen Worten: "Das jeweilige Verhalten von Telefónica ist absolut entscheidend für die Telekommunikationsindustrie." Auch heute, zum Zeitpunkt des Entstehens eines freieren Marktes für Endgeräte, behält diese Aussage prinzipiell ihre Gültigkeit.

Tabelle 6.1-4: Telefónicas Verflechtung mit den Herstellern 1987 (Quelle: ANIEL)

	Kapital-beteiligung	Anteil der Umsätze mit Telefónica an den gesamten Umsätzen
Standard Eléctrica	20	79
INTELSA	49 (ab 1987: 0%)	ca. 90
TELETTRA	51	sehr hoch
AMPER	12	87
Cables de communicaciones	49	sehr hoch

Reregulierung des Fernmeldewesens

Der Telefónica-Gruppe fällt in diesem Szenario eine besondere, multifunktionale Rolle zu: Sie ist einerseits der wohl größte Financier, andererseits aber auch der wichtigste Ausführende von FuE (vgl. Abschnitt 6.2) und stellt - als mit Abstand größter Abnehmer von Telekommunikationstechnik - gleichzeitig "den Markt" dar. Zu guter Letzt ist sie auch noch die wichtigste zulassende und typprüfende Instanz (Stand 1987). Die zwei anderen, zur Normierung und Typprüfung berechtigten Institutionen, die Normierungsanstalt AENOR (Asociación Española de Normalización) und die DGT, ließen die Telekommunikation entweder fast völlig unangetastet (so die AENOR) oder gaben ihre Aufgaben an die Telefónica ab, die über größere technische und finanzielle Ressourcen verfügte. Erleichtert wurde diese Entwicklung u.a. durch das umfassende Monopol der Telefónica im Netz- wie im Endgerätebereich (nur der Telexdienst steht bis heute unter der Verwaltung des Ministeriums für Verkehr, Tourismus und Kommunikation, MTTC) sowie das Fehlen praktisch jeglicher gesetzlichen Verankerung des Fernmeldewesens. Einige verstreute Paragraphen und ein Vertrag zwischen dem spanischen Staat und dem Netzbetreiber aus dem Jahr 1946 waren die einzige rechtliche Grundlage.

Umso verständlicher war die Kritik an der "nicht vorhandenen Telekommunikationspolitik" (BIT 1981) und der Ruf nach einem modernen Gesetzeswerk, der - vor fast zehn Jahren bereits ertönt - im "Gesetz zur Ordnung der Telekommunikation" (Ley de Ordenación de las Telecomunicaciones, LOT) vom Dezember 1987 seine Erhörung fand. Eineinhalb Jahre nach der Verabschiedung des Wissenschaftsgesetzes (April 1986) und der Einrichtung der Koordinierungs- und Förderstelle CICYT wird durch das LOT nun auch der Telekommunikationsmarkt neu strukturiert.

Wichtigste Neuerung ist die grundsätzliche Freigabe aller Endgeräte (ab einem vom Netzbetreiber zu definierenden Endpunkt des Netzes), die jedoch selbstverständlich den Spezifikationen der Normungsbehörde (jetzt ausdrücklich DGT) entsprechen müssen (MTTC 1987). Basisdienste ("servicios terminales") werden weiterhin durch das Telefoníca-Monopol bereitgestellt. Als weitere Neuerung läßt das Gesetz mit gewissen Auflagen (siehe Abschnitt 6.3.1) die Errichtung von Mehrwertdiensten auf öffentlichen Netzen zu.

Durchgeführt werden soll diese Liberalisierung des Endgerätemarktes nach einem Zeitplan, der mit der DG XIII der EG-Kommission abgesprochen wird und (wie im Gesetz vermerkt) bereits am 18. Dezember 1988 zur Verabschiedung hätte vorliegen sollen. Vorraussichtlich verschiebt sich dieser Termin jedoch auf das Frühjahr 1989.

Die Richtlinien für Normung und Typprüfung werden zur Zeit bereits in Zusammenarbeit mit den entsprechenden EG-Behörden erarbeitet, und große Laboratorien für die zukünftige Durchführung dieser Aufgaben sind zur Zeit im Bau (u.a. mit Unterstützung aus dem EG-Programm STAR).

6.2 INSTITUTIONELLE UND TECHNOLOGISCHE STRUKTUR DER NATIONALEN FuE IM BEREICH TELEKOMMUNIKATION

Vorausgeschickt werden muß, daß in Spanien - vor allem bei makroökonomischen Betrachtungen - der oft gebrauchte Begriff "Telematik" die Gesamtheit von Telekommunikation und Informatik bezeichnet (also "IuK"), und nicht etwa ein Teilgebiet der beiden. An anderen Stellen wird wiederum eine Einheit von "Produktions- und Kommunikationstechnologien" betrachtet (sozusagen "PuK"). Nur selten findet sich in Branchenstatistiken und Fachveröffentlichungen die Herausarbeitung des Bereichs Telekommunikation. Diese Tatsache erschwert die Erstellung einer lückenlosen Quantifizierung und sauberen Abgrenzung der FuE-Aktivitäten im Bereich Telekommunikation.

Auch muß erwähnt werden, daß die Erstellung von FuE-Statistiken in Spanien keine lange Tradition hat. Staatliche FuE-Gesamtstatistiken existieren seit 1969 mit einer konsistenten Herausarbeitung der Telekommunikation seit 1976. Der Dachverband der Elektronikindustrie hingegen erstellte 1987 erstmals eine FuE-Statistik für alle Verbandsmitglieder (und auch diese beschränkt sich auf den Sammelbegriff Telematik).

Institutionelle Struktur

Die jüngste forschungspolitische Initiative des spanischen Staates, der Plan Nacional de Investigación Científica y Desarrollo Tecnológico (PLANICYT) betont in seiner Situationsanalyse den extrem hohen öffentlichen Anteil an den nationalen FuE-Aufwendungen in der Größenordnung von 80 % (CICYT 1988a). Die niedrigen FuE-Aufwendungen der sechs größten Telekommunikationsunternehmen aus dem Jahr 1978 bestätigen diesen Eindruck. In diesem Jahr fiel einzig das größte nationale Unternehmen, Amper, mit einem FuE-Aufwand von 10 % des Umsatzes auf. Alle anderen Firmen wiesen sich als verlängerte Werkbänke einer multinationalen Konzernmutter aus (Telettra 2.8 %, Standard Eléctrica 3.25 %, andere ± 0).

Abbildung 6.2-1: Reale FuE-Aufwendungen der Unternehmen im Telekommunikationsbereich 1979 bis 1986 (Quellen: OECD, INE)

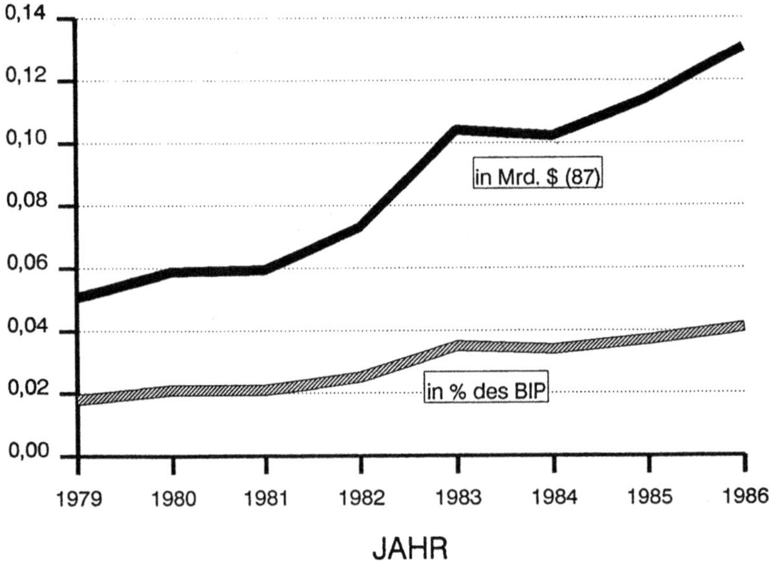

Neuere Statistiken zeigen jedoch ein bemerkenswertes Ansteigen dieser Zahlen. Die alten, die wirtschaftliche und technologische Beweglichkeit hemmenden Strukturen scheinen durchbrochen zu sein. Auch die Zahlen der Nationalen Statistikbehörde INE (Instituto Nacional de Estadística) wie auch des Dachverbandes der Elektronikindustrie, ANIEL (Asociación Nacional de la Indústria Electrónica), weisen auf das Vorhandensein von FuE-Kapazitäten sowie ein starkes Anwachsen der FuE-Aktivitäten im Bereich Telekommunikation hin. Die Behörde hat für das Jahr 1986 FuE-Aktivitäten der Industrie in Höhe von 11532 Mpts. erfaßt, was eine Steigerung gegenüber dem Vorjahr um

23 % bedeutet. Diese Aktivitäten wurden - laut Angaben der Betriebe - zu 87 % aus Eigenmitteln finanziert. Die Steigerungen sind allerdings teils inflationsbedingt. Aber auch die realen Zuwächse zumindest seit 1984 nehmen sich noch stattlich aus (Abbildung 6.2-1).

Der Industrieverband ANIEL, der nach eigenen Angaben praktisch die gesamte Branche vertritt, registrierte für 1987 im Bereich Telematik (entspricht IuK-Technologien, s.o.) FuE-Aufwendungen von etwa 14500 Mpts., was einem FuE-Anteil von 6 % vom Wert der Produktion entspricht. Da sich diese Summe auf die produzierenden Bereiche der Informatik (Produktion 1987: 112000 Mpts.) und der Telekommunikation (Produktion 1987: 131000 Mpts) bezieht, dürfte der auf die Telekommunikation entfallende Betrag nicht im Widerspruch zu den Zahlen der Statistikbehörde stehen, welche auch FuE der Netzbetreiber und Diensteanbieter sowie einiger unabhängiger Forschungsinstitute beinhalten.

Demgegenüber nimmt sich die bisherige direkte staatliche Förderung für FuE in der Telekommunikation im Vergleich zu anderen FuE-Bereichen geradezu bescheiden aus: Abgesehen von Aktivitäten staatlicher Einrichtungen im Rahmen der Grundförderung und Grundausstattung sind an reinen Zuschüssen für das Jahr 1986 nur jeweils 200 Mpts. für Industrie und Universitäten nachzuweisen (siehe Abbildung 6.2-4). Seit 1987 ist hier jedoch ein starker Anstieg zu verzeichnen (siehe Abbildung 6.2-2).

Zur Durchführung eines neuen, offensiven Forschungsförderungskonzeptes und zur Verteilung der Gelder bedient sich der Staat vier spezialisierter Institutionen:

- Ministerio de Educación y Ciencia (MEC): Das Ministerium ist in erster Linie für die Ausbildung im universitären Bereich zuständig, stellt jedoch Gehälter für Hochschulpersonal sowie eine Grundausstattung zur Verfügung, die direkt oder indirekt auch der FuE zugute kommt.
- Dirección General de Electrónica e Informática (DGEI): Eine Abteilung des Ministeriums für Industrie und Energie (Ministerio de Indústria y Energía, MINER) ist verantwortlich für die Durchführung des Plan Electrónico e Informático Nacional, PEIN, der im kleineren Umfang direkt FuE fördert, jedoch hauptsächlich ein ausführendes Organ der Industrie- und Technologiepolitik ist (Industrieansiedlung, Realisierung neuer Produktionstechniken, Technologietransfer). Die im Jahr 1986 ausdrücklich für Telekommunikations-FuE ausgewiesenen Felder der DGEI belaufen sich auf 200 Mpts.

- Comisión Interministerial de Ciencia y Tecnología (CICYT): Auch auf dem Gebiet der Telekommunikation ist der PLANICYT (siehe oben) ein wichtiges Förderinstrument der Regierung. Für sein Unterprogramm "IuK-Technologien" werden allein im Jahr 1988 über 1400 Mpts. bereitgestellt, die in die Stärkung der universitären Forschung sowie in Gemeinschaftsprojekte zwischen Industrie und Universitäten fließen sollen. Insgesamt hat dieses Unterprogramm für die Jahre 1988 bis 1992 einen Umfang von 12400 Mpts. Das gesamte, in sechs Unterthemen unterteilte Programm "Produktions- und Kommunikationstechnologien" (u.a. Mikroelektronik, IuK-Technologien, Photonik, Raumfahrttechnik etc., Bereiche, die alle für die Telekommunikation relevant sein können) hat in diesem Zeitraum ein Volumen von über 55000 Mpts.
- Centro para el Desarrollo Tecnológico Industrial (CDTI): Eine Einrichtung, die zinsgünstige und zinslose Kredite und Risikokapital für die Entwicklung "innovativer" Produkte zur Verfügung stellt. Parallel dazu wird Beratung bei der Durchführung der Projekte angeboten. Außerdem übernimmt diese - der bundesdeutschen Kreditanstalt für Wiederaufbau vergleichbare - Einrichtung die Kofinanzierung und Verwaltung bestimmter Projekte des PLANICYT wahr. Die speziell für FuE im Bereich Telekommunikation bereitgestellten Mittel - teils als erfolgsabhängiger Kredit, teils als normaler zinsgünstiger Kredit - beliefen sich 1986 auf 400 Mpts.

Abbildung 6.2-2: Finanzierung der Telekommunikations-FuE 1988 (teilweise hochgerechnet)

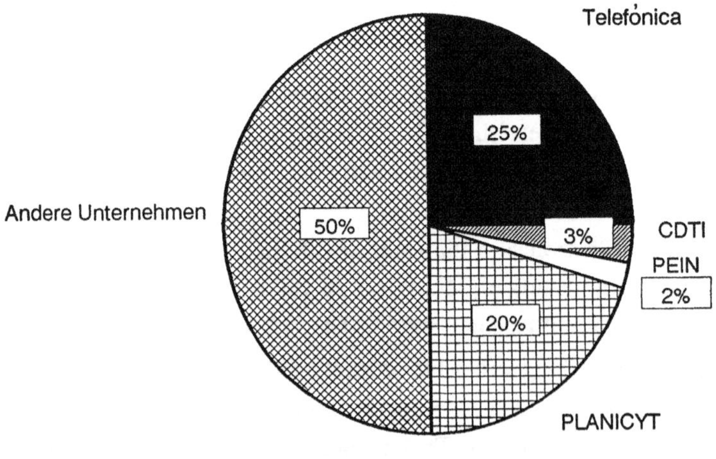

Einen Überblick über die teilweise hochgerechneten Finanzierungsanteile an der gesamtstaatlichen telekommunikationsbezogenen FuE gibt Abbildung 6.2-2 wieder.

Neben dieser direkten Förderung von FuE sind noch drei indirekte Formen der Unterstützung von FuE privater wie auch staatlicher Unternehmen zu nennen:

- Die Möglichkeit des Abzugs von 15 % aller FuE-Aufwendungen von der Steuerschuld,
- Fördermittel des Plans PEIN, der aufgrund seines industrie- und technologiepolitischen Auftrags besonders innovationsträchtige und somit vermeintlich FuE-intensive Unternehmungen unterstützt. Da hier die Trennlinie zwischen der Schaffung von Infrastuktur und FuE besonders schmal ist, kann ein Teil der hier vergebenen Gelder der Förderung von FuE zugerechnet werden. So wurden 1988 3548 Mpts. für alle Bereiche der Elektronik und Informatik zur Verfügung gestellt. Konkret werden aus Planmitteln des PEIN Anreize zur Industrieansiedlung finanziert, Technologieparks geschaffen, und dadurch auch indirekt FuE-Projekte gefördert. Die besondere Aufmerksamkeit des Planes PEIN gilt der Schaffung und dem Ausbau von FuE-Kapazitäten bei kleinen und mittleren Unternehmen.

Abbildung 6.2-3: Telekommunikationsbezogene FuE-Aufwendungen 1986 nach durchführender Institution

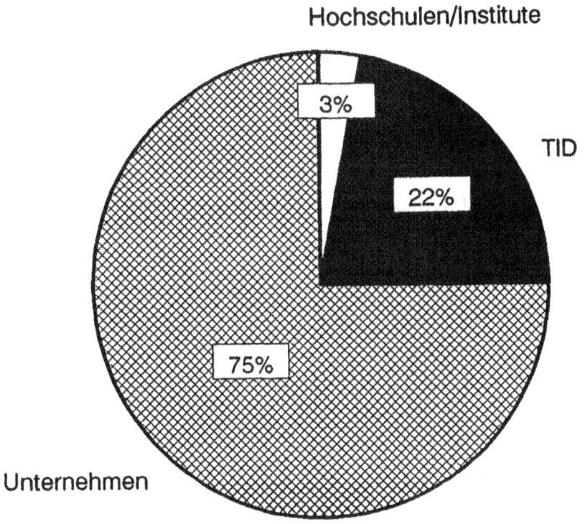

Wichtige Institutionen, die auf dem Gebiet Telekommunikation FuE treiben, sind neben den privaten Unternehmen (Abbildung 6.2-3)

- die Universitäten, die in den letzten Jahren verstärkt ihre Rolle als rein akademische Lehr- und Forschungsanstalten erweitern und FuE-Kooperationen mit der Industrie eingehen. Aufgrund institutioneller Hemmnisse übernehmen speziell dafür eingerichtete Stiftungen (z. B. SICUEMA) eine Vermittlerfunktion und stellen den rechtlichen und organisatorischen Rahmen für solche Kooperationen (siehe auch Abschnitt 6.3.4).

- Unabhängige Forschungsinstitute (z. B. IKERLAN, LABEIN, CEIT), welche, formal unter privater Trägerschaft (oft mit einer Mehrheitskapitalbeteiligung der öffentlichen Hand), eine wichtige Rolle als Nahtstelle zwischen öffentlicher Förderung und industriellen FuE-Bedürfnissen spielen.
- die Telefónica-Gruppe, d. h. die Muttergesellschaft einschließlich ihrer Tochterunternehmen Telefónica Investigación y Desarrollo (TID), Telefónica Sistemas, SINTEL, ENTEL, etc.

Die Abbildung 6.2-4 stellt noch einmal die wichtigsten institutionellen Bereiche der Telekommunikations-FuE in ihren jeweiligen Erscheinungsformen dar, nämlich

- den Staat als Förderer von FuE,
- die Universitäten und andere öffentliche FuE-Einrichtungen als Ausführende,
- die private und staatliche Industrie als vielschichtiger Financier und Ausführender von FuE und
- zusätzliche Fördermittel regionaler und internationaler Institutionen.

Dargestellt werden die wichtigsten Ströme von Fördermitteln für Industrie und öffentliche FuE-Einrichtungen. Die (an den Pfeilen) angegebenen Zahlen beziffern eine untere Abschätzung für die öffentliche Förderung von FuE auf dem Gebiet der Telekommunikation (falls nicht anders angegeben). Art und Umfang der Zusammenarbeit zwischen Universitäten und Industrie, die ihren organisatorischen Rahmen innerhalb spezieller Stiftungen findet (hier SICUEMA), wird in Abschnitt 6.3.4 näher beschrieben.

Einander gegenübergestellt werden auch die wichtigsten Zahlenangaben für FuE-Aufwendungen und ihre Durchführung, die sich auf nicht immer deckungsgleiche bzw. komplementäre Bereiche beziehen (die Bezugsgröße ist angegeben oder geht aus der Zeichnung hervor). Die Größenverhältnisse der graphischen Darstellung folgen keinem festen Maßstab, sollen jedoch einen ungefähren Eindruck von der zahlenmäßigen Bedeutung der jeweiligen Institutionen bzw. Unternehmen vermitteln. Die Zahlenangaben in Abbildung 6.2-4 stellen die Grundlage der Abschätzungen und Hochrechnungen gemäß den Abbildungen 6.2-2 und 6.2-3 dar.

Technologische Struktur

Die Beschaffungspolitik des Netzbetreibers hat jedem Unternehmen im Land einen relativ festen technologischen Platz zugeordnet, der sich in den jeweiligen FuE-Aktivitäten widerspiegelt.

Abbildung 6.2-4: Institutionelle Struktur der spanischen Telekommunikations-FuE im Überblick

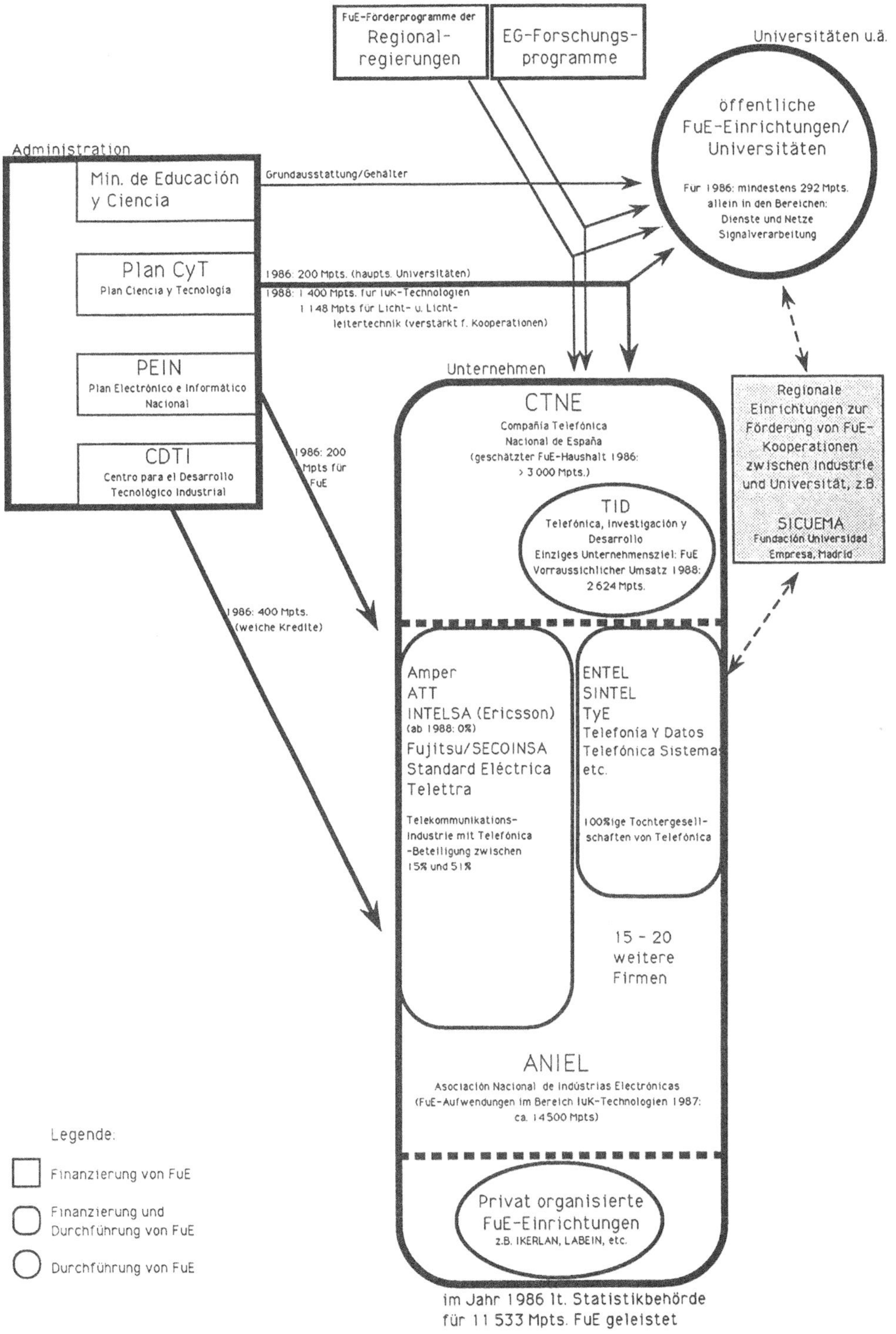

Der alteingesessene Universalzulieferer Standard Eléctrica ist seit langem mit eigenen FuE-Einrichtungen vertreten und ist auf einem relativ breiten Spektrum aktiv. INTELSA, der Hauptkonkurrent auf dem Gebiet der Vermittlungstechnik, der praktisch ausschließlich auf der Basis von Ericsson-Lizenzen arbeitet, hat erst 1986 ein eigenes, großes Labor in Spanien eröffnet und befaßt sich dort nach eigenen Angaben hauptsächlich mit der Anpassung seiner Anlagen an das spanische Netz. Die "second source policy" von Telefónica (siehe Abschnitt 6.1.2) ordnet außerdem Telettra den Bereich Funkübertragung, und den nationalen Firmen (besonders AMPER) den Bereich Endgeräte zu.

Tabelle 6.2-1: Spezialisierung in der industriellen Telekommunikationsentwicklung (Inlandsanmeldungen aus Spanien im Erfindungszeitraum 1982 bis 1985; Aufteilung auf die Institutionen im Falle der leitungsgebundenen Telekommunikation aus einer Stichprobe der Jahre 1984 und 1985 hochgerechnet)

Unternehmen	LE	FU	BÖ	BK	DI	LL	HF	FS	SG	AL
Hersteller										
Standard Eléctrica	38	1		1	6	2				48
Telettra Española	8	2			1		3			14
Andere	17	19	12	2	9	7	14	12	14	106
Netzbetreiber										
Telefónica (CTNE)	9	1	1						2	13
Summe geschäftlicher Bereich	72	23	13	3	16	9	17	12	16	181
Andere (überwiegend Einzelerfinder)	26	18	11	0	4	2	3	18	10	92
Summe aller Anmeldungen	98	41	24	3	20	11	20	30	26	273

In der patentstatistischen Analyse spiegelt sich diese Aufteilung nur teilweise wider (Tabelle 6.2-1). Da das zur Verfügung stehende Datenmaterial auf eine offensichtlich unterschiedlich starke Patentierneigung verweist, kann ein Versuch, die nachweisbaren Inlandspatentanmeldungen den jeweiligen Inhaberfirmen zuzuordnen und daraus Schlüsse auf die Unternehmensaktivitäten zu ziehen, bestenfalls zu einer groben Klassifizierung der jeweiligen Unternehmen dienen. Die 273, aus der WPIL-Datenbank nachgewiesenen spanischen Patentanmeldungen stammen aus den Jahren 1982 bis 1985. Auffallend ist mit 92 die hohe Anzahl der unter privatem Namen angemeldeten Patente.

Erwartungsgemäß ist Standard Eléctrica als einziges Unternehmen in allen für die Netztechnik relevanten Bereichen vertreten: Ein Schwerpunkt liegt auf der leitungsgebundenen Kommunikation (enthält Vermittlungstechnik und Fernsprechendgeräte), erkennbare Präsenz aber auch in der Digitaltechnik (6 Patente von insgesamt 20) und der Glasfasertechnik (2 von 11). Telettra, "zweite Quelle" für Übertragungstechnik, ist mit insgesamt 14 Patenten in den seiner Rolle entsprechenden Bereichen vertreten: Leitungsgebundene Kommunikation, Funktechnik und Telemetrie. Ansonsten gibt es kein weiteres, kleines oder großes Unternehmen, das auf mindestens zwei Gebieten mit jeweils mindestens drei Patenten vertreten wäre.

Die größte Konzentration von Patentanmeldungen findet sich - landesweit betrachtet - im Bereich der leitungsgebundenen Kommunikation (vgl. Abbildung 6.2-5) und in der Funktechnik, einem Sektor, der von der Rundfunkseite her in Spanien eine gewisse Tradition hat. Weltweit betrachtet fallen noch überproportionale Aktivitäten in den beiden - bezüglich des Patentvolumens kleinen - Teilgebieten der Telemetrie auf.

Im Ganzen erweist sich die Patentstatistik im Fall Spanien nur als begrenzt aussagekräftig. Mitbedingt durch die fehlenden Exportchancen für inländische Entwicklungen fehlte es - so die Aussage des Leiters von TID - schlichtweg am "Bewußtsein" für die Bedeutung von Patenten. Auslandspatente kommen praktisch nicht vor. In diesem Zusammenhang fällt es besonders auf, daß der Netzbetreiber und seine FuE-treibenden Tochterfirmen bzw. Beteiligungsgesellschaften (AMPER, ENTEL, etc.) äußerst spärlich in der Patentstatistik vertreten sind. Der Grund dafür ist - so der TID-Leiter - in der Tatsache zu suchen, daß Telefónica seit jeher der einzig mögliche Kunde für selbstentwickelte Produkte ist. Da keine Exportabsichten bzw. -möglichkeiten bestanden, und Telefónica sowieso über die Zulassung eines Produkts zum Markt entschied, erübrigte sich eine Patentierung zum Schutz des entwickelten Produkts.

Während der letzten Jahre hat der Konzern seine 1968 gegründete FuE-Abteilung zielstrebig ausgebaut und will sie nun als eigenes Tochterunternehmens TID zum "Centre of Excellence" der spanischen Telekommunikationsforschung weiterentwickeln. Mit über 200 Personenjahren (1988) werden einerseits Telefónica-spezifische Aufgaben (Spezifikation neuer Produkte für die Zulieferer) erledigt. Andererseits widmet man mehr als die Hälfte der zur Verfügung stehenden Resourcen der Entwicklung strategisch wichtiger Projekte (Glasfaserbreitbandnetz, neue Netzwerkmanagement-Systeme, ISDN-Anwendungen etc.) und neuer Dienste auf bestehender Technologie (siehe auch Abschnitt 6.3.2).

Abbildung 6.2-5: Spezialisierungsprofil der Telekommunikations-FuE Spaniens auf der Basis von Inlandspatentanmeldungen aus dem Erfindungszeitraum 1982 bis 1985

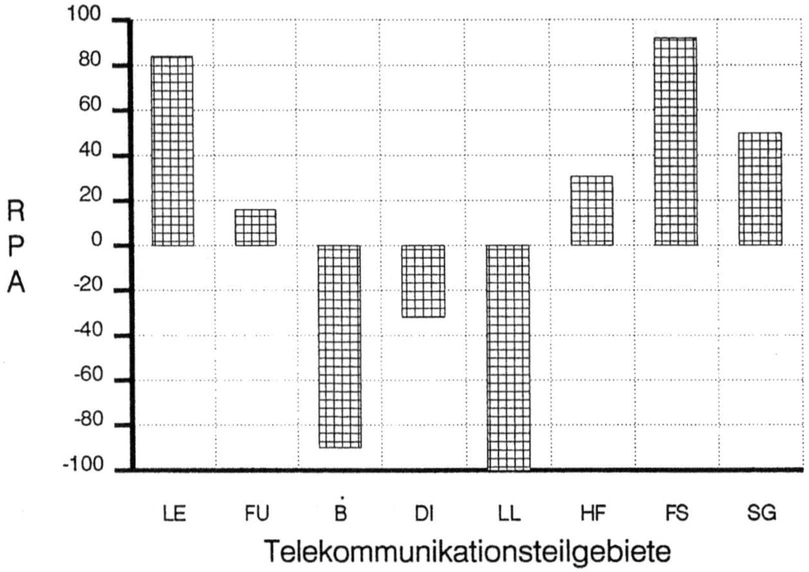

Erwähnt werden muß auch die wohl erfolgreichste spanische Eigenentwicklung im Bereich Telekommunikation: Das paketvermittelte Datenübertragungsnetz IBERPAC mit seiner Vermittlungsanlage TESYS. Im Zuge der Reorganisation des Netzbetreibers im Jahr 1968 wagte man hier als erstes Land in Europa den Sprung in die eigene Technologie. 1971 nahm dieses Netz auf Honeywell-Rechnern und mit eigener Software den Betrieb auf, und als der Hersteller die Produktion der Rechner einstellte, mußte der Vermittlungrechner TESYS entwickelt werden. Dieses System ist bereits mehrfach exportiert worden (u.a. nach Kanada). In seine Weiterentwicklung wird allein TID in den kommenden Jahren 230 Personenjahre investieren, um sicherzustellen, daß die neue Version TESYS B den Erfordernissen der neunziger Jahre gerecht wird.

Nicht zuletzt müssen Geräteentwicklungen im Netz- wie im Endgerätebereich auch den natürlichen Gegebenheiten Spaniens Rechnung tragen. Wegen der oft großen Entfernungen, der schlechten Verkehrsverbindungen sowie der niedrigen Bevölkerungsdichte vieler Regionen spielen Fernwartung, Fernabfrage und Funkübertragung, sowie Kriterien wie Wartungsarmut und Robustheit gegenüber Umwelteinflüssen bei den entsprechenden Geräten (z. B. öffentliche Telefonzellen, Konzentratoren in abgelegenen Gebieten, etc.) oft eine wichtige Rolle.

Forschungsstruktur und Arbeitsteilung

Die Publikationsstatistik ist - in komplemetärer Ergänzug zur Patentstatistik - eher bei der Identifikation der Forschungsergebnisse hilfreich (siehe methodische Einleitung, Band I, Kapitel 0.5). Wie Tabelle 6.2-2 und Abbildung 6.2-6 zeigen, findet die telekommunikationsbezogene und publikationsrelevante Grundlagenforschung in Spanien weit überwiegend in den Hochschulen des Landes statt. Der Netzträger wie auch einige Unternehmen beteiligen sich in begrenztem Umfang in der Funk- und Digitaltechnik sowie bei den sonstigen Geräten. Die wenigen Publikationen im leitungsgebundenen Bereich stammen von Standard Eléctrica und Telefónica. Unter den Hochschulen dominieren Madrid und Barcelona. Andere Forschungsinstitute spielen kaum eine Rolle.

Tabelle 6.2-2: Spezialisierung in der Telekommunikationsforschung in Spanien im Jahr 1986 auf der Basis der Publikationsstatistik

Institution	TH	LE	FU	BÜ+K	DI	LL	HF	FS	SG	SO	AL
Standard Eléctrica		3			3		1			3	10
Telefónica		2	1		3	1				1	8
Hochschulen	17	2	26		14	12	18	1	3	6	99
Madrid	10	2	18		5	6	8	1	2	2	53
Barcelona	3		4		7	4	3			2	23
Andere	4		4		2	2	7		1	1	21
Andere	1		7		4	1					13
Summe	**18**	**7**	**34**	**0**	**24**	**14**	**19**	**1**	**3**	**10**	**130**

Auf der Basis der Literaturstatistik läßt sich auch der RLA-Spezialisierungsindikator für Spanien bestimmen (siehe methodische Einleitung, Band I, Abschnitt 0.5.2). Er zeigt, wie sich die Trends im nationalen Publikationsaufkommen zum Weltdurchschnitt verhalten und gibt damit landesspezifische Stärken und Schwächen wieder. Abbildung 6.2-7 verweist auf ein deutliches Aufholen im Bereich der Theorie und bei Funk- und HF-Kommunikation, während die meisten anderen Telekommunikationsaktivitäten noch stark unterdurchschnittlich oder zurückgehend sind. Die von 1976 bis 1981 überdurchschnittliche Position in der Leitungstechnik ist fast völlig verloren gegangen, während die lichtleiterbezogene Forschung nach wie vor keine Rolle spielt.

Abbildung 6.2-6: Arbeitsteilung in telekommunikationsbezogener Forschung zwischen Industrie und Hochschulen im Jahr 1986 auf der Basis der Publikationsstatistik

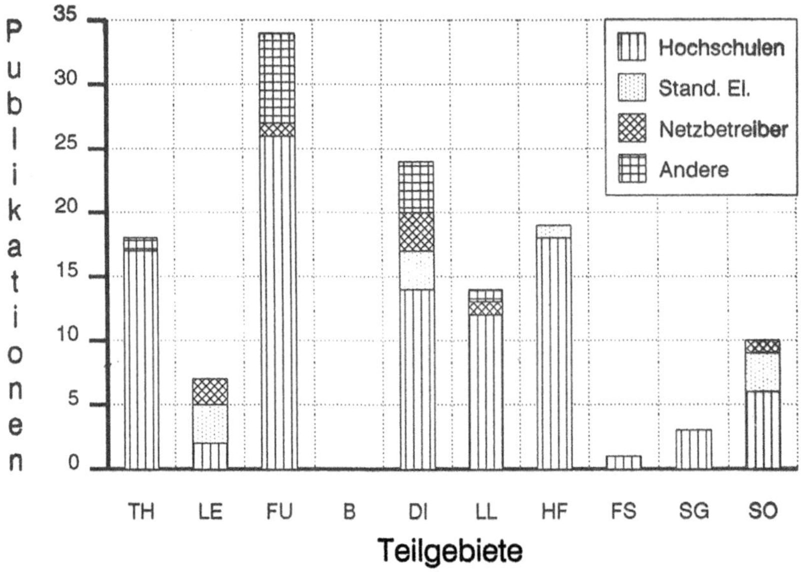

Abbildung 6.2-7: Forschungsdynamik (RLA-Indikator) in Spanien im internationalen Vergleich 1973 bis 1987

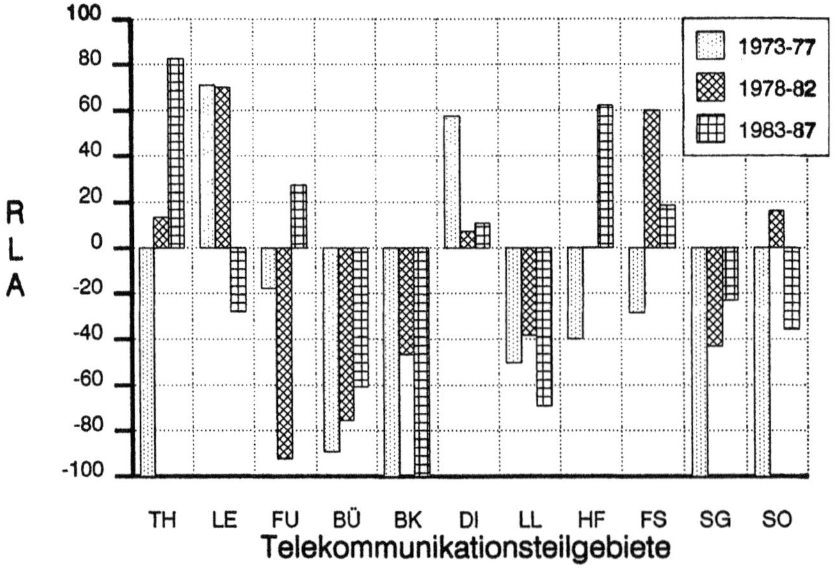

6.3 ROLLENVERTEILUNG IN DER TELEKOMMUNIKATIONS-FuE

6.3.1 ROLLE DES STAATES

Der Grund für die verstärkten forschungs- und technologiepolitische Aktivität des Staates während der letzten Jahre ist in dem - von FUNDESCO diagnostizierten - Defiziten im wissenschaftlich-technologisch-industriellen Komplex zu suchen, bzw. in der schwachen Interaktion der Teilbereiche untereinander. Wie schon in Abschnitt 6.1.1 erwähnt sind dies in erster Linie:

- die Isoliertheit der (Grundlagen-)Forschung in staatlichen bzw. universitären Forschungsstätten und der Mangel an Einrichtungen für Technologietransfer;
- die erst seit wenigen Jahren sich verstärkenden FuE-Anstrengungen in der Industrie, die quantitativ wie auch qualitativ deutlich unter dem Niveau der übrigen Industrieländer liegt;
- das Defizit in der Technologiebilanz, das seit 1981 praktisch ständig zugenommen hat.

Zum Hintergrund der staatlichen Initiativen gehört auch eine jahrzehntealte Diskussion, die mit dem Schlagwort "nationale Technologie versus importierte Technologie" umrissen werden kann, in der weit auseinanderstehende Positionen den Rahmen markieren. Als eine Extremposition kann der Ausspruch eines ehemaligen Leiters der Dirección General de Indústria angeführt werden: Angesichts der relativ geringen Ressourcen Spaniens (in der FuE) sei es doch unnützer Zeitverlust, "zu versuchen, all das wiederzuerfinden, was andere bereits erfunden haben, wenn doch diese uns die Frucht langer Jahre zu einem vernünftigen Preis anbieten." (BIT 1988 b).

Die Gegenposition hierzu nimmt das Konzept der "nationalen Technologie" ein. Dieses Konzept wird verständlich, wenn man beachtet, daß durch die hohen ausländischen Investitionen in den Schlüsselindustrien - besonders während der fünfziger und sechziger Jahre (siehe auch die Einführung in Abschnitt 6.1) - immer wieder das Gefühl aufkam, Spanien werde industriell und auch technologisch "kolonisiert".

Mit seinem Beitritt zur EG, der damit verbundenen Deregulierung und Aufhebung der Handelsbeschränkungen und somit der Aussicht auf die Bloßlegung der obengenannten Defizite setzte sich Spanien selbst einem Zwang zur Erneuerung aus. Als Reaktion darauf hat der Staat innerhalb von nur drei Jahren, zwischen 1985 und 1987, in den verschiedensten Bereichen tiefgreifende Reformen durchgeführt.

Die wichtigsten die Telekommunikation berührenden Neuerungen sind:

- im industriellen Bereich: der Plan PEIN, der - nun in seiner 2. Auflage seit dem Jahr 1987 - FuE in der Industrie, besonders auch in kleinen und mittleren Unternehmen sowie die Ansiedlung innovativer Industrien fördert (siehe Abschnitt 6.2);
- im Bereich universitärer-industrieller Kooperation: der PLANICYT, der massiv die Kontaktaufnahme zwischen Universitäten und Industrie sowie den Ausbau von FuE-Kapazitäten fördert (siehe Abschnitt 6.2);
- im universitären Bereich: das Gesetz zur Reform der Universitäten (Ley de Reforma Universitaria) aus dem Jahr 1985 erlaubt erstmals (!) Kooperationen zwischen Universitäten und der Industrie;
- im Fernmeldebereich: mit dem LOT erhält Spaniens Fernmeldewesen erstmals eine gesetzliche Basis und kann auf die Anforderungen der modernen Telekommunikation (hinsichtlich der Liberalisierung des Endgerätemarktes, Typprüfung, Mehrwertdiensten, etc.) reagieren;
- im Bereich ausländischer Lizenzen: der Erwerb von Lizenzen für ausländische Patente wird liberalisiert (keine Devisenbeschränkungen mehr);
- im regionalen Bereich: fast alle autonomen Regionalregierungen machen von dem Recht einer selbstständigen Forschungs- und Technologieförderung Gebrauch und fördern FuE vor allem zur Unterstützung ihrer industriepolitischen Ziele.

Offensichtlich hat Spanien in der Frage "nationale oder importierte Technologie" eine Antwort gefunden, nämlich beides zu verfolgen - die Dezentralisierung und Erhöhung der eigenen Forschungsleistung (PLANICYT, PEIN) und gleichzeitig die Intensivierung des internationalen Austauschs (freie Technologieimporte, EG-Forschungsprogramme).

All diesen Initiativen ist gemein, daß sie auf die Verbesserung des technologischen Niveaus der spanischen FuE-Akteure und die Entwicklung anwendbarer Technologien abzielen, sei es im universitären Bereich durch Förderung von Kooperationen mit der Industrie, sei es im industriellen Bereich durch Stärkung der industriellen FuE allgemein. Insofern ist diesen Inititiativen - ungeachtet ihres Ursprungs- und Aktionsbereiches - eine deutliche technologiepolitische Komponente zu eigen.

Technologiepolitik durch Förderung

Die FuE-Förderung des Staates läßt sich auf zwei Prinzipien zurückführen: die sektororientierte Förderung (also IuK-Technologien, Energie, Medizin etc.) und die bereichsorientierte (Universitäten, Industrie, gemeinnützige bzw. öffentlich-rechtliche Einrichtungen etc.).

Zentrales Anliegen bei der sektororientierten Förderung ist die Entwicklung und Verankerung neuer Technologien bzw. neuen Wissens in einem bestimmten Sektor. Dies wird im Falle der IuK-Technologien u.a. angestrebt durch

- die Förderung von FuE-Vorhaben,
- die Unterstützung von Firmenansiedlungen, durch welche die technologische Landkarte vervollständigt wird (Beispiel: AT&T-Niederlassung; vgl. Abschnitt 6.3.3),
- den erklärten Willen zur "Pflege der Industrielandschaft" durch besondere Aufmerksamkeit für kleine und mittlere Unternehmen (besondere Investitionshilfen bei der Einführung neuer Technologien),
- die Förderung der internationalen Präsenz spanischer Unternehmen (Joint Ventures, FuE-Kooperationen).

Tabelle 6.3-1: Aufwendungen im Rahmen des Planes PEIN 1984 bis 1990 (Planzahlen)

PEIN (Aufwendungen in Mpts.)	1984	1985	1986	1987	1988	1989	1990
Firmen	291	874	4939*)	2554	3548	3725	3912
Universitäten	531	454	407	196	0**)	0	0
Öffentlichkeitsarbeit, Seminare, etc.	321	554	402	165	100	105	110
Gesamt	1143	1882	5748	2915	2648	3830	4022

*) Deutlich erkennbar: die Auswirkungen der Subventionen für die Ansiedlung von AT&T

**) Die Finanzierung von universitären FuE bzw. von Kooperationen mit Universitäten wird ab 1988 vollständig von CICYT übernommen.

Tabelle 6.3-1 verdeutlicht die FuE-Förderung im Rahmen des Planes PEIN als sogenanntes sektororientiertes Förderprogramm. Was der Plan PEIN für die IuK-Technologien, ist (in unvollständiger Aufzählung)

- der Plan de Investigación Energética für den Energiesektor,
- der Plan de Investigación y Desarrollo Agrario y Alimentario für den Agrarsektor,
- das Programa de Promoción General del Conocimiento für das wissenschaftliche Bildungswesen (Unterstützung von Bibliotheken, Förderung des Wissenstransfers),
- die Mittel des CSIC als Förderprogramm für die Grundlagenforschung.

Die bereichsorientierte Förderung durch den PLANICYT hingegen hat einen weiter gefaßten Ansatz, nämlich die Stärkung des Komplexes "Wissenschaft-Technologie-Industrie" (vgl. Abschnitt 6.1.1). Dementsprechend liegt bei der Vergabe der PLANICYT-Gelder der Schwerpunkt bei Kooperationen zwischen Vertretern unterschiedlicher gesellschaftlicher Bereiche (in erster Linie Universitäten und öffentliche Forschungseinrichtungen, privater Sektor und staatliche Unternehmen). Des weiteren wird hier besonders darauf geachtet, daß geförderte Projekte sich inhaltlich in die als prioritär erkannten Arbeitslinien einfügen. Tabelle 6.3-2 verdeutlicht den Umfang der Mittel des PLANICYT, die sich im IuK-Bereich bei etwa 14 % aller Aufwendungen einpendeln.

Tabelle 6.3-2: Planzahlen der PLANICYT 1987 bis 1991 in Mpts. im Bereich der IuK-Technologie

Jahr	1987	1988	1989	1990	1991
CICYT/PLANICYT Eigenmittel	-	1400	2100	3800	5100
von CICYT verwaltete Mittel der öffentlichen Hand	6530	6940	6530	6530	6530
Gesamt-IuK	6530	8340	8630	10330	11630
Nachrichtlich: Anteil IuK an allen CICYT-PLANCICYT-Aufwendungen	20 %	17 %	14 %	14 %	14 %

Technologiepolitik durch Koordinierung

Sicherlich entscheidend für die Entwicklung des technologischen Niveaus in Spanien wird die Fähigkeit des Staates sein, einerseits Strukturen zur Meinungs- und Konsensbildung in der FuE zu schaffen und andererseits diesen Konsens in der FuE-Förderung und der Strukturpolitik umzusetzen.

Die Komplexität dieser Aufgabe - was die Konsensbildung betrifft - liegt in der angewachsenen Zahl administrativer Ebenen: Wo noch vor nicht mehr als vierzehn Jahren eine diktatorische Zentralregierung Forschungs- und Technologiepolitik betrieb, muß heutzutage auf die Bedürfnisse besonders der autonomen Regionalregierungen, oft aber auch der Provinz- und Kommunalverwaltungen eingegangen werden. Auf der anderen Seite entstehen Verpflichtungen durch die inzwischen zahlreichen Mitgliedschaften und

Einbindungen in internationalen Körperschaften. Die Aufgabe der Umsetzung forschungs- und technologiepolitischer Ziele wird erschwert durch die bisherige Verteilung der Kompetenzen auf Ministerien und Fachabteilungen unterschiedlichen Ranges.

Die CICYT übt ihre koordinierende Funktion entweder im Rahmen der ihr zugeordneten Kommissionen aus (in denen alle betroffenen Ministerien und andere Entscheidungsträger vertreten sind) oder aber indem sie die Durchführung von Teilen des PLANICYT den fachkundigen Abteilungen überträgt. So wurde der DGT im Ministerium für Verkehr, Tourismus und Kommunikation die Durchführung des PLANICYT-Unterprogrammes "IuK-Technologien" überlassen. Die Kreditanstalt CDTI erhielt die Aufgabe, Kontaktstelle zwischen dem Plan und der Industrie zu sein.

Abbildung 6.3-1 baut auf der Darstellung der administrativen Zusammenhänge (vgl. Abbildung 6.1-2) auf, berücksichtigt jedoch verstärkt telekommunikationsrelevante Bereiche.

Technologiepolitik durch Deregulierung

Das Gesetz zur Ordnung der Telekommunikation (Ley de Ordenación de las Telecomunicaciones, LOT) verfolgt, so der zuständige Minister für Verkehr, Tourismus und Kommunikation, die Absicht, durch die Liberalisierung der entsprechenden Sektoren (hier: Endgeräte) den Markt zu beleben. Schätzungen des Ministeriums sprechen von einem fünfzigprozentigen Wachstum innnerhalb weniger Jahre. Genauso deutlich wird die Hoffnung formuliert, daß die Liberalisierung auf dem gemeinsamen Markt den bestehenden (spanischen) Industrieunternehmen wettbewerbsfähige Strukturen und Technologien abverlangen wird.

Unter dem Aspekt der Technologieförderung (im eigenen Land) kann jedoch auch die folgende, ganz anders klingende ministerielle Verlautbarung gesehen werden, die auf seltsam verklausulierte Weise die Begriffe "Typprüfung" und "Strom von Importen" in einem Satz vereinigt: die im LOT verankerte Liberalisierung werde von einem "ernsthaften Prozeß (der Verbesserung) von Typprüfung und Normung begleitet, welcher die Vervielfachung der industriellen Aktivität" erlaube "angesichts eines möglichen Stroms von Importen, der sich (über Spanien) ergießen" könne! (BIT 1987).

Auch beinhaltet das hier interpretierte Gesetz Passagen, welche - streng ausgelegt - leicht in Widerspruch mit dem Gedanken der Deregulierung geraten können. So ist eine erfolgreiche Typprüfung nicht nur die Vorraussetzung für die Inbetriebnahme bzw. den Anschluß eines Gerätes, sondern ist auch Vorbedingung für den Import, die Serienfertigung, den Verkauf und die Austellung zum Verkauf. Auch hier kann das LOT zum Instrument der Technologiepolitik werden.

Technologiepolitik durch Dezentralisierung

Die Dezentralisierung von FuE ist ein wichtiges Anliegen des PEIN, der besonders FuE-Vorhaben und Infrastruktur bei kleinen und mittleren Unternehmen fördert, wie auch des PLANICYT, der sich - so die erklärte Absicht - beim Ausbau der universitären FuE-Kapazitäten besonders auf bisher benachteiligte Einrichtungen konzentrieren will.

Ihre deutlichste Ausprägung findet die Dezentralisierung jedoch in den Forschungs- und Technologiepolitiken der autonomen Regionalregierungen. Es darf nicht übersehen werden, daß Spaniens Landesfläche etwa doppelt so groß ist wie die der Bundesrepublik, das Land jedoch vergleichsweise dünn besiedelt ist (dreimal weniger Einwohner pro Fläche im Vergleich etwa zu Großbritannien) und mehr als 60000 Dörfer mit weniger als Hundert Bewohner umfaßt. Dadurch wird die Einführung einheitlicher Fernmeldedienste nicht gerade begünstigt (Manning u.a. 1988, 246).

So existieren in 16 der 17 Regionen Gesellschaften - meist mit staatlichem Kapital gegründet, aber privatwirtschaftlich organisiert - welche die Förderung und Modernisierung der regionalen Industrie zum Ziel haben. Diese Gesellschaften sind einerseits Vermittler für Risikokapital und für regionale und zentralstaatliche Fördergelder (u.a. auch für CDTI-Gelder). Andererseits sind sie jedoch auch Verbraucher von Strukturplanmitteln.

Ein Beispiel für die Verbindung von Vermittlerfunktion und Projektrealisierung und für die Vernetzung von FuE-Förderung, Technologie- und Strukturpolitik ist der Förderplan des Baskenlandes und die an seiner Umsetzung maßgeblich beteiligte Sociedad para la Promoción y la Reconversión Industrial, S.A. (S.P.R.I). Mit FuE-Aufwendungen in der Größenordnung von 0,5 % des BSP (1984) liegt das Baskenland deutlich über dem Landesdurchschnitt von 0,25 % im Vergleichsjahr. Zwischen den Jahren 1982 und 1986 hat die Regierung durchschnittlich etwa 15 % zum FuE-Budget der Industrie aus eigener Tasche beigesteuert (bei einer gleichzeitigen Steigerung der industriellen FuE von 1285 Mpts. auf 9500 Mpts.). Das Förderkonzept versteht jedoch seine FuE-Förderung nicht isoliert, sondern unterstützt ein weites Spektrum von Aktivitäten. Diese reichen von Kooperationen innerhalb der FuE-Bereichs über die Errichtung von Prototypen und Pilotanlagen und den Technologie- und Wissenstransfer bis hin zu Initiativen zur Qualitätssicherung und -verbesserung in der Produktion. Die Umsetzung des Konzeptes wird vom Unternehmen S.P.R.I. mitgetragen, welches Kapital für FuE-Vorhaben sowie allgemein für die Verankerung innovativer Techniken und Technologien im Lande bereitstellt.

Abbildung 6.3-1: Koordinationsfunktionen der CICYT im Telekommunikationsbereich

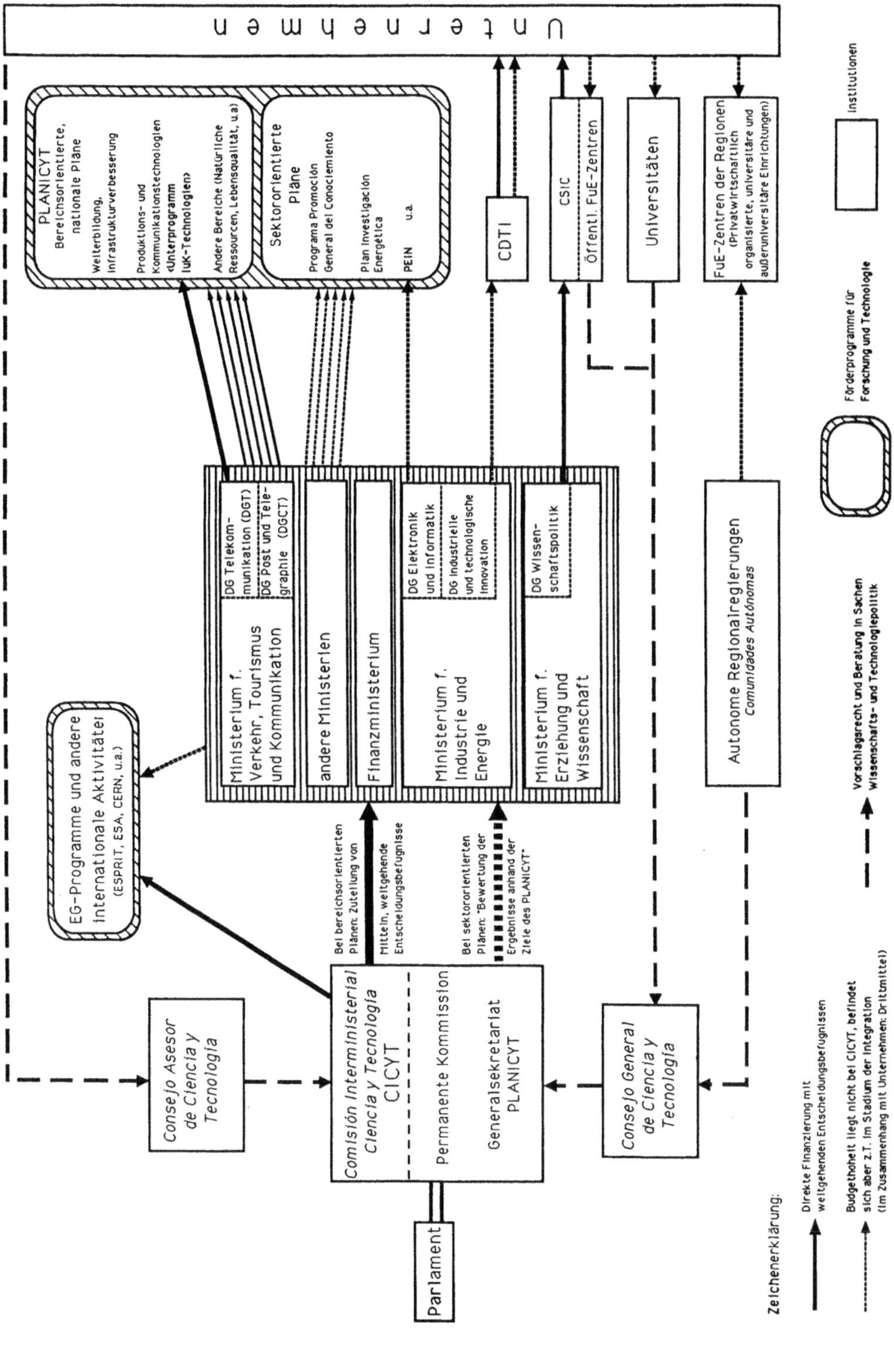

S.P.R.I. beteiligt sich auch aktiv an der Errichtung von Technologieparks und betreibt Beratungsstellen für die Einführung neuer Technologien. Im Bereich Telekommunikation fördert eine Tochtergesellschaft seit 1987 gezielt innovative Herstellerfirmen mit dem Schwerpunkt Fernsteuerung. Parallel dazu soll mit dem Angebot von Fachseminaren und dem Betrieb eines Beratungs- und Unterstützungszentrums für die traditionell relativ stark entwickelte Industrie der Markt belebt werden.

Speziell bezogen auf das Fernmeldewesen konfligieren die Interessen in der spanischen Technologiepolitik. Sie lassen sich deutlich an den verschiedenen Ansichten der Ministerien in bezug auf die Rolle Telefónicas bei der Dezentralisierung festmachen (Manning u.a. 1988, 240): dem Finanz- und Wirtschaftsministerium wären maximale Rentabilität und hohe Gewinnspannen recht, während das Industrieministerium im Rahmen der verfolgten Industriepolitik auf Investitionen zur Belebung regionaler Arbeitsmärkte erhofft.

6.3.2 ROLLE DER NETZBETREIBER

Der spanische Staat, vertreten durch das Ministerium für Verkehr, Tourismus und Kommunikation (MTTC) bzw. seine Fernmeldeabteilung DGT (Dirección de Telecomunicaciones), hat als einziger das Recht, öffentliche Telekommunikationsnetze zu betreiben. Er vergibt dieses Recht vertraglich an den aufgrund der historischen Entwicklung faktischen Netzbetreiber, die Compañía Telefónica Nacional de España (amtliche Akürzung: CTNE, im allgemeinen jedoch kurz Telefónica genannt; 1989 wurde der offizielle Firmennamen in "Telefónica de España" geändert).

Als einziger Fernmeldedienst bleibt die Telegraphie (Telex) im Zuständigkeitsbereich des Ministeriums bzw. seiner Abteilung für Post und Telegraphiewesen DGCT (Dirección General de Correos y Telégrafos). Dies hat seinen Ursprung in der traditionellen Anbindung der Telegraphie an das staatliche Postwesen, während die Vorgängerorganisation der Telefónica 1922 als Tochter von ITT gegründet wurde. Zusätzlich betreibt die DGCT einen Dienst namens Burofax (vergleichbar dem deutschen Telebrief), ein in Postämter stationierter internationaler Fernkopierdienst, der über das Telefonnetz mit allen Telefaxgeräten Verbindung aufnehmen kann.

Als Dritter im Bunde der Monopolisten betreibt das staatliche Fernsehen RTVE (Radio Televisión Española) ein Netz im Rahmen seiner Notwendigkeiten. Bei bestimmten

Übertragungsmedien (u.a. Satellitenübertragung) greift es jedoch wie auch der Telex- und Fernkopierdienst der DGCT - auf Einrichtungen der Telefónica zurück.

Telefónicas Stellung in der Volkswirtschaft

Der Netzbetreiber Telefónica ist mit seinen über 60000 Angestellten (entspricht etwa 0.8 % der arbeitenden Bevölkerung) das mit Abstand personalstärkste Unternehmen Spaniens. Hinsichtlich seines Umsatzvolumens nimmt es den ersten Platz nach den Unternehmen der erdölverarbeitenden Industrie ein. Neben seiner Eigenschaft als praktisch alleiniger Netzbetreiber ist die Telefónica auch zweitgrößter EDV-Anbieter im Land (jedoch mit einem sehr großen Abstand zum Branchenersten IBM). In der spanischen Volkswirtschaft nimmt das Unternehmen hinsichtlich Gewinn und Betriebsvermögen den ersten Rang ein. Sein Anteil an der nationalen Wertschöpfung betrug 1986 etwa 1,5 % und sein Anteil an der gesamten Kapitalbildung im Lande liegt bei über 3 %. Mit über 10 % (1986) war der Telefónica-Anteil am Umsatz der Madrider Wertpapierbörse überproportional hoch.

Die Telefónica ist Europas fünftgrößter Betreiber von Fernmeldenetzen, bei paketvermittelten Datennetzen liegt das Unternehmen sogar an zweiter Stelle. Die Bruttoeinnahmen aus Telekommunikationsdienstleistungen betrugen 1987 540000 Mpts., der Nettogewinn lag bei 53000 Mpts. Beide Größen weisen eine deutlich steigende Tendenz auf, denn im Vergleich zum Jahr 1986 waren die Bruttoeinnahmen um 15,5 % und die Gewinne sogar um 17,6 % gestiegen.

Die Aktien des 1946 in eine Publikumsgesellschaft umgewandelten Unternehmens befinden sich heute zu ca. 42 % in staatlichem Besitz, ca. 58 % sind gestreut (Tabelle 6.3-3).

Tabelle 6.3-3: Verteilung der Telefónica-Aktien 1986

Staat	30,43 %
Staatsbank (Banco de España)	10,18 %
Postsparkasse (Caja Postal)	1,06 %
Streubesitz im Ausland (lt. Außenhandelsregister)	15,05 %
Streubesitz im Inland	43,28 %

Dem Unternehmen ist kein weiterer Aktionär mit einem Anteil von mehr als 5 % der Aktien bekannt. Das Aktienkapital betrug 1987 415368 Mpts.

Bindung Telefónicas an den Staat

Trotz der privatwirtschaftlichen Organisationsform wird die Telefónica im allgemeinen als quasi-öffentliche Einrichtung betrachtet. Dies mag nicht nur an dem Erscheinungsbild als omnipräsenter Basisdienstanbieter mit einem gewissen Amtscharakter liegen, sondern auch an den vielfältigen Bindungen des Unternehmens an den Staat bzw. an seine Organe. Diese Bindungen und die staatliche Einflußnahme manifestieren sich auf verschiedenen Ebenen:

- Auf unternehmerischer Ebene: durch die mit Abstand größte Konzentration von Aktien in staatlicher Hand und durch die Mitgliedschaft des Leiters der DGT im Verwaltungsrat; faktisch wird auch der Präsident des Unternehmens immer von der Regierung bestimmt.
- Auf gesetzgeberischer Ebene: durch das Gesetz zur Ordnung der Telekomunikation (MTTC 1987) wurden 1987 erstmals die Kompetenzen von Telefónica festgelegt (und dadurch auch begrenzt) und die Monopolstellung bei den Basisdiensten bestätigt.
- Auf vertragspartnerschaftlicher Ebene: das Ministerium für Transport, Tourismus und Kommunikation vergibt die spezifischen Rechte des monopolistischen Netzbetriebs durch einen Vertrag an die Telefónica (der bestehende Vertrag stammt aus dem Jahr 1946 und steht in Kürze zur Neuverhandlung an).
- Auf steuerlicher Ebene: neben den Dividendeneinnahmen schöpfte der Staat 6 % der Bruttoeinnahmen aus Fernmeldedienstleistungen ab. Seit 1988 wird Telefónica jedoch wie ein normales Unternehmen besteuert.
- Und nicht zuletzt auf wirtschaftspolitischer Ebene: die Arbeit vieler Bereiche des Untenehmens muß mit den entsprechenden Behörden und Regierungsstellen abgestimmt werden, so besonders die Gebührenpolitik, Aufbau und Erweiterung von Netzen und die Beschaffungspolitik. Da Telefónicas Verhalten als entscheidend für die technologische Entwicklung des Telekommunikationssektors und damit für die Entwicklung des ganzen Landes angesehen wird, gerät dieser Bereich in letzter Zeit verstärkt in die öffentliche Diskussion.

Seine Entwicklung hin zum Quasi-Staatsorgan macht die Telefónica für die Politik zu einem wertvollen Instrument zur Durchsetzung staatlicher Interessen in verschiedenen Bereichen der Gesellschaft. Sie geht jedoch auch einher mit einem Verlust an unternehmerischer Beweglichkeit. Deutlicher Hinweis darauf ist vor allem die verstärkte Verlagerung von Unternehmensbereichen auf Tochtergesellschaften bzw. deren "Privatisierung".

Als jüngstes Ergebnis dieser Politik kann die Gründung des FuE-Unternehmens TID (Telefónica Investigación y Desarrollo) betrachtet werden, das - so der Direktor - flexibler auf technische Herausforderungen und auf die angespannte Arbeitsmarktlage (Fachkräftemangel) reagieren kann. Auch die Umwandlung der Endgeräte-Tochter AMPER in eine Publikumsgesellschaft im Jahr 1984/85 kann unter diesem Blickwinkel betrachtet werden. Zur Telefónica-Gruppe gehören mindestens 16 Unternehmen über eine Mehrheitsbeteiligung und weitere acht mit Minderheitsbeteiligung (Manning u.a. 1988, 243). Die Gruppe kann als vertikal integriert gelten.

Intern hat Telefónica Mitte der 80iger Jahre ein umfangreiches Dezentralisierungsprogrammm gestartet. Durch ein Netz von lokalen Dienststellen in 50 Provinzen, die in bisher ungekannter Eigenständigkeit agieren können, soll mehr Kundennähe geschaffen und der auch im Fernmeldewesen spürbare Madrider Zentralismus durchbrochen werden. Der damalige Präsident der Telefónica bekundet im Jahresbericht 1986 ausdrücklich seinen Optimismus hinsichtlich der Zukunft des Unternehmens und begründet diesen - neben den sehr guten Gewinnentwicklung - hauptsächlich mit den Chancen dieser Dezentralisierung.

<u>Telefónica als Netzbetreiber</u>

Spaniens Telefonnetz umfaßte Ende 1987 laut Jahresbericht der Telefónica mehr als 10 Mio. Linien mit mehr als 15 Millionen angeschlossenen Telefonen. Gekennzeichnet war dieses Jahr durch ein starkes Ansteigen des Bedarfs an Installationen und Dienstleistungen, wie er auch von der Herstellerindustrie verzeichnet wurde (siehe Abschnitt 6.3.3). Die Anzahl der neuinstallierten Linien stieg 1987 um 33 % auf 694000. Der Fernverkehr nahm um 7,6 %, der internationale Telefonverkehr um 14,6 % zu. Das reale Wachstum konnte jedoch mit der Nachfrage nicht Schritt halten. In der Jahresbilanz 1987 schiebt Telefónica einen Berg von über 600000 unerledigten Anträgen vor sich her. Für das Jahr 1989 wird ein Bedarf von 2 Millionen neuer Anschlüsse erwartet. Im Zuge dieser Entwicklung will Spanien den Rückstand in der Netzdichte aufholen. Mit einer Dichte von 24,6 Linien auf 100 Einwohner und 54 Telefonen auf 100 Haushalte wies Spanien 1986 im europäischen Vergleich relativ niedrige Werte auf.

Bei anderen Netzen und Dienstleistungen setzt Telefónica auf eine Politik der Expansion und Diversifikation. Zu nennen sind

- das paketvermittelte Datennetz IBERPAC mit 34000 Teilehmern 1987. 66000 Teilnehmer sind für 1990 geplant. Seit 1987 wird neben der gängigen X.25 auch eine X.28 Schnittstelle angeboten;
- das Mobiltelefon-Netz hatte 1987 eine Kapazität von 10500 Teilnehmern und erlebt zur Zeit Wachstumsraten von weit über 100 %. Zusätzlich das Funkrufsystem mit

einer zukünftigen Kapazität von 300000 Teilnehmern, das 35 % der Landesfläche erreicht;
- der Bildschirmtextdienst IBERTEX;
- das Breitbandnetz IBERMIC, das in sieben Städten Knotenpunkte mit 64kbit/s und 2Mbit/s anbietet. 1990 soll IBERMIC 340 Leitungen schalten können. Im Laufe des Jahres 1989 sollen in Teleports in Madrid und Barcelona 10 Leitungen mit 2Mbit/s zur Kommunikation mit Europa zur Verfügung stehen;
- ISDN-fähig sollen im Jahr 1992 fünf Prozent aller Linien sein.

Mit diesem Angebot an modernen Telekommunikationsdiensten und -dienstleistungen will Telefónica den Anforderungen einer Informationsgesellschaft gerecht werden.

Telefónicas FuE

Mit der Gründung einer Forschungsabteilung im Zuge der Umstrukturierung im Jahr 1986 nahm Telefónica einen Teil seiner technologischen Zukunft in die eigenen Hände, nachdem man sich jahrzehntelang voll auf die FuE des Universalzulieferers Standard Eléctrica (ITT) verlassen hatte. Diese Abteilung, in den ersten Jahren nur mit der Entwicklung strategischer Konzepte betraut, entwickelte ab 1975 auch eigene Produkte, insbesondere solche, die anderweitig nicht angeboten wurden. Selbst entwickelt wurden hauptsächlich marktreife Produkte, so z. B. ab 1982 alle Telefonprodukte. Grundlagenforschung blieb nach wie vor die Domäne der Universitäten. Erst mit der Gründung der FuE-Tochtergesellschaft TID rückt der Gedanke der strategischen Produkt- und Systementwicklung in den Vordergrund.

Die wohl wichtigste Veränderung der Konzeption liegt darin, daß sich TID eine Basis im Grundlagenbereich erarbeiten soll: das Unternehmen soll Methoden und Erfahrungen aus der Produktentwicklung in systematisierter Form dem Mutterkonzern zur Verfügung stellen können.

Explizit bezieht sich das auf die Bereiche der Telekommunikationsengineering, die Softwareentwicklung und das Beherrschen von Basistechnologien der Telekommunikation. Auch soll das Unternehmen Erfahrungen bei der Entwicklung neuer Dienste, neuer Netzarchitekturen und beim Netzwerkmanagement sammeln. Zur Durchführung seiner Aufgaben sind TID eine zweijährige Aufbauphase auf eine Personalstärke von etwa 300 und darauffolgende Wachstumsraten von jährlich 15 bis 20 % verordnet worden. Wegen der nicht abgeschlossenen Aufbauphase können die FuE-Ergebnisse (etwa über die Patentstatistik) derzeit nicht bewertet werden.

Wegen dieser Verbindung von Praxisnähe und Methodologie darf TID als ein neues Kapitel in der Geschichte der industriellen Telekommunikations-FuE in Spanien bezeichnet werden. TID ist in diesem Sinne Telefónicas Antwort auf die technologischen Herausforderung des kommenden Jahrzehnts.

Qualität, Standards und Beschaffung

Neben der technologischen besteht auch eine wirtschaftlich-technische Herausforderung. Die relativ erfolgreiche Umstrukturierung überalterter Industriezweige während der letzten Jahre und die bevorstehende Öffnung der Märkte haben zu der stark gewachsenen Nachfrage an Telekommunikationsdienstleistungen geführt. Zusätzlich wird Spaniens Fernmeldewesen durch Ereignisse wie die Olympischen Sommerspiele in Barcelona, das 500-jährige Jubiläum der Kolonisierung Amerikas und die Weltausstellung in Sevilla (alle 1992) einer Belastungsprobe ausgesetzt werden, die nur mit dem konsequenten Ausbau der Infrastruktur und der Anwendung modernster Technologien zu bestehen sein wird.

Offensichtlich konnte Telefónica dieser Herausforderung nicht so elegant begegnen. Die Qualität der Telefonübertragung läßt oftmals zu wünschen übrig und die Wartezeit bei Neuanschlüssen kann leicht ein halbes Jahr überschreiten. So wird dem Volksspott von "Unserer Lieben Frau von der Telekommunikation" immer wieder Nahrung gegeben ("Nuestra Señora de las Telecomunicaciones", zusätzlich eine Anspielung auf das kathedralenartige Hauptgebäude und Wahrzeichen der Telefónica in Madrid).

Die plötzliche Versetzung des Präsidenten der Telefónica Anfang 1989 auf den Direktorposten des staatlichen Fernsehens RTVE mag damit zusammenhängen. Der Süddeutschen Zeitung vom 14. Januar 1989 zufolge hat der bisherige Telefónica-Chef zwar die technologische Erneuerung erfolgreich durchgeführt, dabei aber "vergessen", die Kapazitäten des Unternehmens ausreichend zu erweitern, um der gestiegenen Nachfrage zu begegnen. Die Tatsache, daß eine für 1987 vorgesehene Kapitalerhöhung um 46 % auf 600882 Mpts. nicht durchgeführt wurde, wird sich auf den zügigen Ausbau der Infrastruktur hemmend ausgewirkt haben.

Die Beschaffungspolitik Telefónicas war in der Vergangenheit sehr restriktiv und nur auf nationale Hersteller begrenzt. Obwohl nach Standard Eléctrica (SESA) ab den sechziger Jahren die Ericsson-Tochter INTELSA hinzukam, ist heute der Kreis der Hersteller immer noch geschlossen (Manning u.a. 1988, 244). SESA, INTELSA und die FIAT-Tochter TELETTRA liefern etwa zwei Drittel der Telefónica-Nachfrage. Der unvorhergesehene starke Anstieg der Nachfrage nach neuen Linien hat bei den Lieferanten von Vermittlungs- und Übertragungstechnik zu Lieferengpässen geführt. Ein konkretes Problem ergab sich dadurch, daß das bereits fest eingeplante digitale Vermittlungssystem 1240 von ITT aufgrund von Problemen in der Entwicklung erst sehr viel später verfügbar war, als ursprünglich vorgesehen. So mußte Telefónica noch in jüngster Zeit technisch überholte elektromechanische Vermittlungstechnik kaufen.

Im Bereich der Standardsetzung hat sich hingegen die Ausdehnung der eigenen FuE-Kapazitäten eher bemerkbar gemacht. Während das Unternehmen ehedem von den Herstellerspezifikationen abhing, arbeitet es sie nunmehr in größerem Umfang selbständig aus. So beteiligte sich Telefónica personell an der Entwicklung des Vermittlungssystems 1240 von ITT (Manning u.a. 1988, 245).

6.3.3 ROLLE DER HERSTELLERINDUSTRIE

Im Zuge des Erstarkens der spanischen Wirtschaft während der letzten Jahre verzeichnete der Markt für Telekommunikation zweistellige Zuwachsraten. Dem Dachverband der Elektronikindustrie ANIEL zufolge lag die Produktion 1987 mit einem Volumen von 131444 Mpts. um 26 % über dem Niveau des Vorjahres. Das Anwachsen der Importe war mit 55 % (34289 Mpts.) über doppelt so hoch wie das der nationalen Produktion. Gleichzeitig gingen die Exportziffern um 13 % auf 13559 Mpts. zurück. Verglichen mit anderen Zweigen der Elektronikbranche gibt die Telekommunikation mit einem Importanteil von nur 23 % vom Umfang des nationalen Marktes (zum Vergleich: EDV-Hardware 89 %), und immerhin erreichen die Exporte eine Höhe von 40 % der Importe (zum Vergleich: EDV-Hardware nur ca. 20 %). Diese Stabilität ist selbstverständlich auf die national ausgerichtete Beschaffungspolitik des Hauptkunden Telefónica zurückzuführen.

Ein anderer Aspekt trübt das Erscheinungsbild der elektrotechnischen Industrie bzw. der gesamten spanischen Industrie weit mehr: das hohe Defizit in der Technologiebilanz. Die Schere zwischen Einnahmen und Ausgaben für Lizenzgebühren für ausländische Technologie hat sich in den letzten Jahren geöffnet. Während 1981 noch im Umfang von etwa 32 % des für ausländische Lizenzen aufgewendeten Betrags von 52382 Mpts. Lizenzen exportiert werden konnten, betrug dieser Deckungsgrad im Jahr 1986 nur noch 24 % (von 107800 Mpts.). Der in der Statistik erfasste Anteil der Elektroindustrie an den Importen lag bei 28 % (29923 Mpts.). Eine Lizenzbilanz nur für den Telekommunikationssektor existiert wie in fast allen Ländern nicht.

In der Vergangenheit war in Spanien das Einführen neuer Technologien praktisch ausschließlich eine Domäne ausländischer Firmen bzw. ihrer Tochtergesellschaften. So errichtet der lange Zeit allgegenwärtige Zulieferer Standard Eléctrica als erster in Spanien ein Zentrum für das Design von integrierten Schaltkreisen. Auch die ersten Entwicklungen und Patente auf dem Gebiet der Glasfasertechnik und die ersten kommerziellen Glasfaserinstallationen stammen von ihm. In der industriellen Massenfertigung von integrierten Schaltkreisen hat AT&T mit dem Aufbau einer Fabrik in der Nähe Madrids einen Meilenstein gesetzt. Auf dem Gebiet der Vermittlungstechnik beherrschen Alcatel/Standard Eléctrica und Ericsson (noch, s.u.) das Feld und sind mit eigenen Entwicklungslabors vertreten.

Keineswegs waren die großen multinationalen Unternehmen immer schon mit eigenen FuE-Einrichtungen präsent. AT&T ließ sich sein Kommen mit über dreitausend Mpts. aus Planmitteln des PEIN versüßen. Das auf Ericsson-Technologie angewiesene Unternehmen INTELSA errichtete erst 1986, sechzehn Jahre nach seiner Zulassung zum Kreis der Telefónica-Zulieferer, ein seinen Aufgaben entsprechend großes, eigenes Entwicklungszentrum.

Inzwischen wird es auch für kleine und mittlerer Unternehmen - so der Grundton vieler Selbstdarstellungen wie auch neutraler Berichte - angesichts zunehmender Deregulierung immer mehr zur Notwendigkeit, eigene FuE-Kapazitäten aufzubauen bzw. vorhandene zu erweitern, um sich mit Eigenentwicklungen ein stärkeres Profil zu erarbeiten und in bestimmten Nischen ein Spezialistentum auszubilden. Angesichts der technologischen Übermacht der internationalen Konkurrenz und der immer größeren Konzentration in der Branche sieht ein ehemaliger Abteilungsleiter der Dirección General de Electrónica e Informática für die kleinen und mittleren Firmen in dieser Spezialisierung und in der Stärkung der FuE mit staatlicher Hilfe die einzige mittelfristige Überlebenschance für zumindest einen Teil der ohnehin nicht zahlreichen kleineren Unternehmen (siehe Abschnitt 6.1.2).

Die spanische Endgeräteindustrie fühlt sich offensichtlich für die freie Konkurrenz auf dem gemeinsamen Markt gerüstet. Ein Forderungskatalog des Industrieverbandes ANIEL sieht jedenfalls eine zügige und umfassende Liberalisierung praktisch des vollständigen Endgerätemarktes vor. Nach (baldigst möglicher) Veröffentlichung eines Vorschlags für ein Regel- und Normenwerk sollen - in Abstimmung mit den europäischen Normen für die Telekommunikation (soweit diese bereits existieren) - die entsprechenden Endgerätebereiche innerhalb einer Frist von 3 bis 18 Monaten liberalisiert werden. Diese kurze Schonzeit - so die Vorstellung von ANIEL - soll der heimischen Industrie noch einmal Zeit geben, Produktpallette, Fertigung und Vertriebsnetz den neuen Bedingungen anzupassen. Nur wenige Basisendgeräte wie der Telefon-Erstanschluß, die Gebührenzähler und die Netzschnittstellen sollen weiterhin das Monopol von Telefónica bleiben.

Bei ANIEL gibt man sich optimistisch. Das mit der Liberalisierung zu erwartende Wachstum des Marktes sei vorteilhaft, spanische Endgeräte seien auch in einem nach Europa hin offenen Markt konkurrenzfähig. Auch sei es für die spanische Industrie deswegen nicht unbedingt notwendig, jetzt eine FuE-Offensive im Endgerätebereich zu starten, um dem zu erwartenden erweiterten Gesamtangebot mit einer eigenen Produktpalette entgegentreten zu können. Diese sei im Prinzip schon vorhanden.

Tatsächlich verzeichnet beispielsweise die Firma AMPER, größter originär spanischer Hersteller im Bereich Telekommunikation, eine günstige Geschäftsentwicklung und gewisse Exporterfolge. So besitzt das Unternehmen Handelsniederlassungen in Frankreich, Großbritannien, der Bundesrepublik und in den USA, und konnte jüngst eine Kooperation in der UdSSR eingehen, in deren Rahmen jährlich 500000 (nach zwei Jahren Laufzeit 1 Million) Telefonendgeräte spanischer Bauart gefertigt werden sollen (BIT 1988a). Das Unternehmen exportiert etwa 15 % seiner Produktion und liegt damit über dem Branchendurchschnitt von ziemlich genau 10 %.

Auch aus dem Bereich Vermittlungstechnik gibt es eine spanische Initiative zu vermelden. Mit einer 49 %-Beteiligung engagierte sich AMPER - nach Vermittlung und Wegbereitung durch Regierung und Telefónica - 1987 bei APT España (einer Gründung von AT&T und Philips; jetzt AT&T-NSI, vgl. Kapitel 8). Aufgabe dieses Unternehmens wird es sein, in einer Rolle als "third source" ein neues digitales Vermittlungssystem für das spanische Netz zu liefern. Für den Aufbau eines 140 Mbit/s Glasfasernetzes liefert das Unternehmen Übertragungseinrichtungen an Telefónica. Die FuE vor Ort wird sich jedoch - so eine Pressemitteilung von APT - auf die Entwicklung von ISDN-Endgeräten beschränken. Die Kooperation AMPERS mit AT&T-NSI soll - so der zuständige Leiter für internationale Aktivitäten - dem Unternehmen den Einstieg in die Vermittlungstechnik ermöglichen. Dies gibt der AMPER-Minderheitsbeteiligung einen deutlich anderen Charakter als die üblichen Formen der Telefónica-Beteiligungen an Standard Eléctrica (20 %) und INTELSA (49 %, seit 1987: 0 %).

Der bislang Branchenerste Standard Eléctrica gerät, nachdem er den Stammplatz als Lieferant für Vermittlungstechnik mit INTELSA teilen mußte, durch diesen weiteren Konkurrenten zusehends in die Defensive. In einer Selbstdarstellung aus dem Jahr 1987 pflegt das Unternehmen das Image des Branchenprimus und behauptet, 9 von 11 Millionen der installierten Telefonlinien stammten von ihm. Zur gleichen Zeit kann jedoch INTELSA exakt 2845935 Linien nachweisen, wodurch ein Rest von nur etwa 8.2 Millionen Linien für andere Unternehmen übrigbleibt. Auch die Behauptung, vier von fünf Telefonen in Spanien stammten von Standard Eléctrica muß angesichts der starken spanischen Konkurrenz auf diesem Gebiet kritisch betrachtet werden, und zwar durch die vielen Grauimporte sowie durch spanische Fabrikate.

Abbildung 6.3-2: Spezialisierungsprofil von Standard Eléctrica (SESA) im Bereich der Telekommunikationstechnik (auf der Basis von Auslandspatenten 1985)

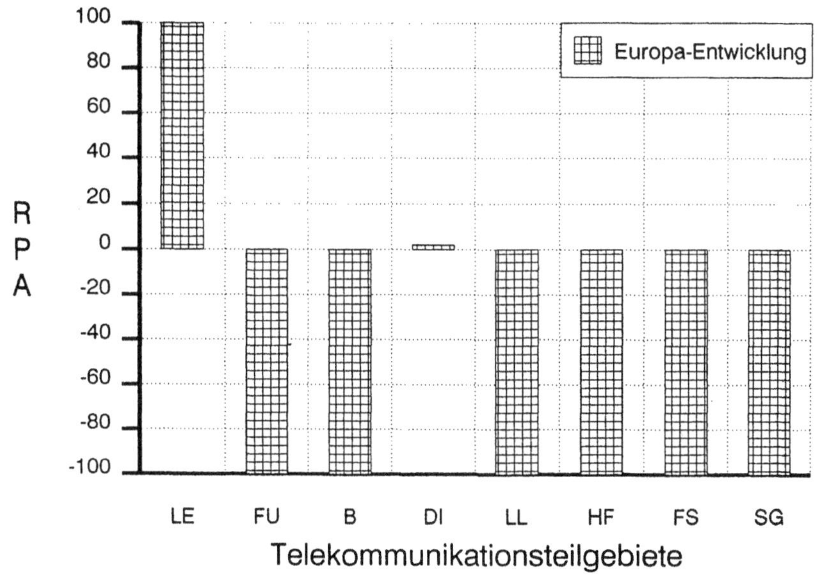

Abbildung 6.3-2 verdeutlicht anhand des Patentprofils, daß SESA praktisch nur im Bereich der leitungsgebundenen Telekommunikation herausragende FuE-Eigenleistungen in den achtziger Jahren vorzuweisen hat (vergleiche im übrigen Tabelle 6.2-2 und Abbildung 6.2-5 für ganz Spanien). Weltdurchschnittlich ist das Unternehmen noch in FuE für die Digitaltechnik engagiert, was angesichts der Bedeutung der Digitalisierung in der leitungsgebundenen Fernmeldetechnik nicht erstaunt. Alle übrigen Teilgebiete sind - bezüglich eigener FuE-Leistungen - defizitär.

Nicht zuletzt hat die Auflösung von Marconi dem Image des Unternehmens geschadet. Die in den sechziger Jahren der Gruppe einverleibte Firma erlitt wegen mangelnder Rentabilität in den vergangenen Jahren Massenentlassungen und einen Totalausverkauf. Reste von Marconi dienten als Grundstock für AT&T-NSI España.

Tabelle 6.3-4: Wichtigste Beteiligungen von Telefónica in der herstellenden Industrie im Jahr 1986 (ohne Alleinbeteiligungen)

Unternehmen mit CTNE-Beteiligung	Anteil (in %)
Standard Eléctrica	21
INTELSA (ab 1987: keine Beteiligung)	49 (0)
Telettra Española	51
AMPER (um 1984 noch Mehrheitsbeteiligung)	15,63
Cables de Communicación	49
nicht telekommunikationsspezifisch:	
ATT Microelectrónica	20
Fujitsu España	40

Keine der oben erwähnten Niederlassungen, Einrichtungen von FuE-Zentren und Verschiebungen von Marktanteilen ging ohne die Beteiligung von Telefónica vonstatten (vgl. Tabelle 6.3-4). Meistgebrauchte Form der Teilnahme an einer Unternehmensgründung ist die (Minderheits-)Beteiligung (die zahlreichen alleinigen Tochterunternehmen sind hier nicht enthalten; siehe Tabelle 6.3-5).

Im Falle der Gründung des gemeinsamen Tochterunternehmens von APT N.V. und AMPER, AT&T-NSI España, engagierte sich Telefónica zwar nicht direkt, war jedoch dem Fachblatt BIT zufolge - die treibende Kraft beim Zustandekommen dieser Kooperation. Dies geschah als Folge "der Analyse des Bedarfs (...) angesichts der Nachfrage nach hochwertigen Diensten und Endgeräten sowie der notwendigen Modernisierung des Netzes", so Telefónicas offizielle Lesart für Spaniens Defizite besonders im Breich Dienste und Vermittlungstechnik .

Schließlich ist der Netzbetreiber - vertreten durch hundertprozentige Tochterfirmen - selbst ein wichtiges Unternehmen im Bereich Herstellung, Engineering und technischen Dienstleistungen in der Telekommunikation. Die wichtigsten Firmen sind in Tabelle 6.3-5 zusammengestellt.

Der Buchwert der Tochterunternehmen macht mit insgesamt 10546 Mpts. am Jahresende 1986 nur einen Bruchteil der Gruppe aus.

Unter dem Titel "Technologie im angemessenen Rahmen" umreißt der damalige Präsident der Telefónica präzise Arbeitsfelder für FuE der spanischen Telekommunikationsindustrie. Aktivitäten im Bereich Vermittlungstechnik "müsse man entsagen". Hinsichtlich des Entwurfs komplexer Rechnerarchitekturen, der Mikroelektronik sowie der Glasfasertechnik, Gebiete, auf denen Spanien auf ausländische Unterstützung angewiesen ist, fordert der Präsident eine enge Verbindung und einen permanenten Technologie- und Wissenstransfer zwischen multinationalen Unternehmen und ihren spanischen Ablegern. Ansonsten sei der notwendige technologische Höchststand im Land nicht garantiert und FuE auf diesen Gebieten sinnlos. Er sieht ein "schier endloses" Feld mittlerer Technologien, auf denen die spanischen Firmen ihre Aktivitäten entfalten und Patente erwerben sollen. Dadurch könne sich Spanien einen Platz unter denjenigen Ländern erarbeiten, die auf eigene Technologie bauen können.

Tabelle 6.3-5: Auswahl technisch und technologisch wichtiger Tochterunternehmen von Telefónica (1986) mit einem Telefónica-Anteil von mehr als 97 %

Name	Arbeitsgebiet
ENTEL S.A.	Entwicklung und Realisierung von DV-Projekten
Electrónica Aragones	Telefonbau und -wartung (ab 1987 bei AMPER)
SINTEL S.A.	Installierung von Linien- und Schalttechnik
Telefónica Sistemas	Systemstechnik
Telefona y Datos	Wartung von Telefonen
Telefona Y Electrónica	Endgeräte, Nebenstellenanlagen
Telecomunicaciones Marítimas (TEMASA)	Installierung und Wartung von Unterseekabeln
TID (seit 1987)	FuE
Weitere 9 Unternehmen	Finanzierung, Werbung, Spezialanwendungen

Angesichts des Gewichts von Telefónica einerseits als Industrieunternehmen, andererseits als "der Markt" und als Wahrnehmer staatlicher Funktionen geht sein Einfluß auf die Telekommunikationsindustrie über das Maß hinaus, das mit dem Verfolgen einer "Sicherung der Beschaffung" in Verbindung gebracht werden kann. Telefónica nimmt aktiv an der Verwirklichung industriepolitischer und technologiepolitischer Aufgaben teil. Unter diesem Gesichtspunkt betrachtet bekommen die Worte des Telefónica-Präsidenten beinahe den Rang eines FuE-Programms für die spanische Herstellerindustrie im kommenden Jahrzehnt.

6.3.4 UNIVERSITÄRE UND ANDERE AUSSERINDUSTRIELLE FORSCHUNGSEINRICHTUNGEN

Dank einer Erhebung von FUNDESCO/CSIC aus den Jahren 1985/86 sind die Aktivitäten der öffentlichen Forschungseinrichtungen im Bereich IuK-Technologien relativ gut dokumentiert (FUNDESCO/CSIC 1987). Erleichtert wird dies durch die vergleichsweise geringe Anzahl der Akteure. Die Studie liefert nicht nur Zahlenmaterial, sondern geht auch den strukturellen Problemen der öffentlichen Forschung auf den Grund.

FuE ist im spanischen Hochschulwesen nicht besonders tief verwurzelt (Ros, Barberá 1986). Besondere Schwachpunkte (siehe auch Abschnitt 6.2) sind der geringe Praxisbezug und die mangelnde Zusammenarbeit mit anderen gesellschaftlichen Bereichen (besonders der Industrie), aber auch die schlechte Koordination der öffentlichen Forschungszentren und -projekte untereinander. Telekommunikations-FuE wird zum einen in Zentren der universitären Grundlagenforschung (Physik, Psychologie u.a.) betrieben sowie in Informatik- und elektrotechnischen Fakultäten. Zweites Standbein der Telekommunikation im Hochschulbereich sind die Escuelas Técnicas Superiores de Ingenieros de Telecomunicación (Technische Hochschulen für Telekommunikationsingenieure, kurz: ETSITs). Nur drei von ihnen, die Hochschulen in Madrid, Barcelona und Santiago de Compostela, bieten einen sechsjährigen, wissenschaftlichen Studiengang an, während die kürzeren Studiengänge an den anderen Schulen eher einem Fachhochschulstudium vergleichbar sind. Die beiden großen ETSITs in Madrid und Barcelona wiederum sind die mit Abstand größten Akteure in der Telekommunikations-FuE (s.u.), wobei die ETSIT Madrid (gegenüber der jüngeren ETSIT Barcelona) für sich beansprucht, das "Centre of Excellence" zumindest der öffentlichen Forschung zu sein.

Im Bereich der nichtuniversitären öffentlichen Forschungseinrichtungen findet sich ein thematisch breit gefächertes Spektrum von Zentren, die keiner übergeordneten wissenschaftlichen Organisationsstruktur angehören, sondern ausschließlich dem für ihren Fachbereich zuständigen Ministerium verantwortlich sind. Der daraus resultierenden Isoliertheit der wissenschaftlichen Arbeit versuchte man mit der CAICYT und - nach deren Erfolglosigkeit - ab 1987 mit Hilfe des CICYT zu begegnen; vgl. Abschnitt 6.1.2).

Die einzige sektorübergreifende Einrichtung ist der Consejo Superior de Investigaciones Científicas (CSIC). Der CSIC ist eine Art staatliche Max-Planck-Gesellschaft und hat sich auch an der Durchführung der obengenannten Studie beteiligt. In seinen Reihen finden sich die einzigen im Bereich Telekommunikation arbeitenden außeruniversitären Institute. Der CSIC verwaltet seine Mittel weitgehendst eigenverantwortlich. Trotzdem fehlte - zumindest in der Vergangenheit - auch hier eine sektorübergreifende forschungspolitische Linie. Ebenso wie im universitären Bereich fand bestenfalls eine ad-hoc-Koordination (z. B. auf Fachtagungen) durch die an den jeweiligen Projekten beteiligten Wissenschaftler selbst statt (Ros, Barberá 1986 und FUNDESCO/CSIC 1987a). Und wie dort mangelte es auch an Praxisbezug.

Die oben zitierte Erhebung von FUNDESCO/CSIC nennt als weitere institutionelle Schwächen der öffentlichen Forschung im Bereich Telekommunikation:

- die extrem langsame und steife Bürokratie, hemmend bei notwendigen Anschaffungen, Einstellung von Personal, Spesenwirtschaft etc.; allein schon wegen dem mit dem Amtsweg verbundenen Zeitverlust und Kräfteverschleiß werden notwendige Infrastrukturverbesserungen oft aus Projektmitteln finanziert;
- administrative Strukturen gehen oft völlig an den realen Bedürfnissen vorbei; (beispielsweise klagt ein Wissenschaftler darüber, daß für Wartung und Unterhalt von technischem Gerät überhaupt kein Haushaltsposten existiert;)
- keine ausreichenden Mittel für Arbeitsraum und Servicepersonal;
- Bewertung der Forschungsleistung an der Zahl der Veröffentlichungen, nicht am Grad ihres Nutzens für die Gesellschaft, ihrer Verwertbarkeit;
- die Schwierigkeit, eine Forschungsgruppe personell ausreichend auszustatten, d. h. die "kritische Masse" zu überschreiten bzw. halten zu können; Doktorandenstipendien sind rar und niedrig dotiert (65000 Pts./Monat, gegenüber einem Anfangsgehalt in der Industrie von ca. 140000 Pts./Monat), so daß es an Doktoranden als Mitarbeiter und an Doktoren als Gruppenleiter fehlt.

Als besonders bedauerlich wird bezeichnet, daß sich diese Hemmnisse auch in einem so dynamischen Sektor wie der Telekommunikation bemerkbar machen, in einem Bereich, der sich rapide weiterentwickelt und in dem (auch internationale) Kooperationsfähigkeit notwendig ist.

Das gute Klima für privatwirtschaftlich organisierte Institute (IKERLAN, LABEIN u.a.) wurde durch die starren Strukturen in öffentlichen Forschungseinrichtungen sicherlich begünstigt. Da diese Zentren im allgemeinen von öffentlichen Körperschaften getragen werden und in der Praxis wichtige Aktiva in der Technologie und Forschungspolitik sind, haben sie einen öffentlichen Status (obwohl die staatliche Statistikbehörde ihr FuE-Aufkommen - also einen Großteil des Umsatzes - der industriellen FuE zuordnet).

Die oben erwähnte Untersuchung von FUNDESCO/CSIC ordnet zusammenfassend die Aktivitäten von insgesamt 133 Forscherungsgruppen und 1795 ihnen zur Verfügung stehenden Personenjahre neun Tätigkeitsfeldern zu.

Die Abbildung 6.3-3 umfaßt die FuE-Statistik öffentlicher Institute jeglicher Art, also Hochschulen und öffentlich sowie privat organisierte Institutionen. Im folgenden soll die Betrachtung auf die am ehesten telekommunikationsrelevanten Felder beschränkt werden, nämlich die Funkkommunikation, die Fernmeldenetze und -dienste und die Signalverarbeitung (siehe Abbildung 6.3-3). Der Studie zufolge wird im Bereich der Mikro- und Optoelektronik, der auch in Frage käme, nur in sehr geringem Maß mit Bezug zu Telekommunikation gearbeitet.

Abbildung 6.3-3: Aktivitätsprofil von außerindustriellen Forschungsinstitutionen im Bereich der Informationstechnologie (Quelle: FUNDESCO/CSIC 1987)

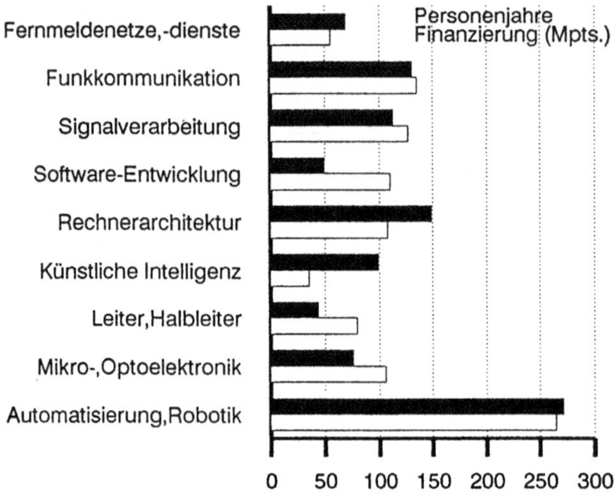

Die finanziellen Aufwendungen für die Forschungsaktivitäten in den am ehesten telekommunikationsrelevanten Bereichen addieren sich auf 317,5 Mpts., eine Ziffer, die als unterer Grenzwert für die Telekommunikations-FuE in öffentlichen Zentren angesehen werden kann. Hierbei muß bedacht werden, daß den öffentlichen Zentren und Hochschulen vom Ministerium für Wissenschaft und Kultur eine Grundfinanzierung (Planstellen, Grundausstattung) zur Verfügung gestellt wird. In welchem Maße diese Mittel der FuE zugute kommen, ist jedoch nicht beziffert. Angesichts des geringen finanziellen Anteils der öffentlichen Einrichtungen an Spaniens Telekommunikations-FuE ist die genaue Erfassung der finanziellen Seite zweitrangig. Die Erhebung (FUNDESCO/CSIC 1987) versucht statt dessen, die Arbeitsfelder der jeweiligen Forschungsgruppen so genau wie möglich zu spezifizieren. In den telekommunikationsrelevanten Bereichen ergibt sich folgende Aufschlüsselung:

Im Bereich der Funkkommunikation beschäftigen sich 13 (von insgesamt 15) forschende Gruppen mit Mikrowellensystemen (bes. Mikrowellenverstärker, mobile und statio-näre Satellitenempfangseinrichtungen im GHz-Bereich, speziell TV), während jeweils drei oder vier Gruppen sich auch der FuE für Antennen und Wellen (Reflektorantennen, Satelliten-Bordantennen, Antennenkopplung, Feldtheorie), der Hochfrequenz-Datenübertragung, der Bildkommunikation (140 Mb/s - Terminals, TV-Glasfaserübertragung), dem Radar (3-D-Radar, Funkmeßtechnik im Millimeterwellenbereich) sowie nicht direkt telekommunikationsrelevanten Bereichen (Radioastronomie, biomedizinische Anwendungen, etc.) widmen.

Zum Thema "Telematiknetze und -dienste" ist eine genauere Aufschlüsselung nicht verfügbar. Es geht dabei um Entwicklungsumgebungen für Protokolle, Telekommunikation in LANs, Elektronische Post, Architektur offener Systeme, Integration von Daten und Sprache und die Kryptographie. Insgesamt sind acht Gruppen prioritär und zwei weitere Gruppen teilweise beteiligt.

Im Bereich der Signalverarbeitung beschäftigen sich prioritär sieben Gruppen mit eindimensionalen Signalen, drei Gruppen mit zweidimensionalen Signalen, und zwei mit der Biotechnologie. Insgesamt sind an diesem Thema zwölf Gruppen und mit teilweisen Aktivitäten sechzehn weitere Gruppen beschäftigt.

Die zitierte Übersicht beinhaltet Aktivitäten jeder Art: Projekte aus öffentlichen Fonds, Drittmittelprojekte, eigene Mittel, Grundfinanzierung. Berücksichtigt sind öffentliche und gemeinnützige Institute jeder Art, auch Hochschulen.

Eine ähnliche Aufteilung der Aktivitäten wird durch eine weitere Quelle belegt, in der ausschließlich Drittmittelprojekte berücksichtigt sind. Die Fundación Universidad-Empresa (eine Stiftung zur Förderung der Beziehungen zwischen Wirtschaft und Universitäten in Madrid) hat alle zwischen 1979 und 1986 von Madrider Firmen oder Universitäten geschlossenen FuE-Kooperationsverträge dokumentiert. Von insgesamt 558 Verträgen werden 190 dem Bereich "Elektronik, Informatik, Telekommunikation" zugeordnet, welche sich wiederum gemäß Tabelle 6.3-5 aufteilen lassen.

Unter dem Blickwinkel der Tabelle 6.3-6 können Kooperationen mit Partnern aus dem zivilen Bereich, deren Inhalt jedoch militärischer Natur ist, nicht immer eindeutig erkannt werden, wenngleich die Beteiligung von stark in der Rüstungsforschung engagierten Unternehmen wie Marconi oder CESELSA oftmals ein Indiz für eine solche Natur ist. Deshalb sind nur die Projekte mit Partnern aus eindeutig militärischen Bereichen gesondert aufgeführt. Überhaupt läßt sich wehrtechnische FuE vielfältig wiederfinden: auch im Bereich der Netzträger findet sich wehrtechnische Entwicklung, nämlich beim Tochterunternehmen Telefónica Sistemas.

Tabelle 6.3-6: Zahl der Kooperationsverträge zwischen Hochschulen und Unternehmen in Madrid im Bereich "Elektronik, Informatik, Telekommunikation" zwischen 1979 und 1986 (Quelle: SICUEMA 1987)

Gegenstandsbereich der Kooperation	Anzahl
Radar	10
Funktechnik	43
Andere Themen aus der Telekommunikation (Nebenstellenanlagen, Netzkontrollen und -wartung, Endgeräte, Modems, Signalverarbeitung, Schalttechnik, etc.)	32
Andere Gebiete (Informatik, Elektronik)	40
Fortbildungskurse oder Beratung (keine FuE)	47
Aufträge des Verteidigungsministeriums	18
Summe	190

Abbildung 6.3-4 gibt unabhängig von der Herkunft und Zweckbindung der Mittel einen Überblick über die Forschungstätigkeit der Hochschulen gemessen an der Publikationstätigkeit 1986. Demnach liegen die Stärken im theoretischen Bereich sowie in der Funkkommunikation und der Hochfrequenzkommunikation. Die beiden letztgenannten Teilgebiete kommen gerade auch in Tabelle 6.3-6 prominent vor, so daß die Bedeutung der Kooperationsverträge für die universitäre Forschung nicht hoch genug eingeschätzt werden kann.

Die Drittmittelforschung in Spaniens öffentlichen Forschungseinrichtungen spielt sich in einem besonderen Rahmen ab. Generell ist es für ein öffentliches Forschungszentrum schwer, ein Projekt im Rahmen und mit Hilfe der öffentlichen Verwaltung kurzfristig finanziell und personell auszustatten. Schwieriger noch: bis 1985 war es nicht einmal erlaubt, direkte Forschungsaufträge von nichtöffentlichen Körperschaften anzunehmen. Deshalb bietet die Madrider Fundación Universidad-Empresa einen "Forschungs- und Koordinationsdienst Universität-Industrie" (Servicio de Investigación y Coordinación Universidad-Empresa Madrid, kurz: SICUEMA) an. Diese Serviceeinrichtung ist für den organisatorischen und rechtlichen Rahmen der Drittmittelprojekte verantwortlich, kann also juristischer Vertreter eines Projektes bei Personaleinstellungen und Materialbeschaffung sein und ist zusätzlich in der Lage, Projektgelder in kürzester Zeit verfügbar zu machen. Des weiteren fördert SICUEMA - so der Direktor der Einrichtung - das "Wissens-Recycling" und bietet (hauptsächlich für die Industrie) Spezialisierungskurse in High-Tech-Bereichen an. Die SICUEMA ist für die Region Madrid zuständig, wobei allerdings regionsfremde Partner auch zugelassen werden. Vergleichbare Einrichtungen existieren in fast allen autonomen Regionen, so z. B. in Barcelona die Oficina de Convenios.

Abbildung 6.3-4: Spezialisierungsprofil der spanischen Hochschulen in der Telekommunikationsforschung aufgrund der Publikationsstatistik 1986

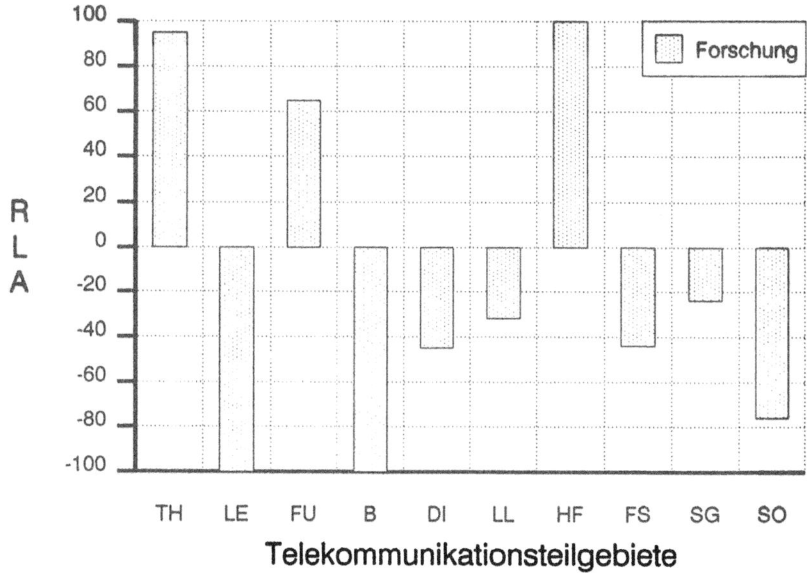

Auch nach der Liberalisierung der Auftragsforschung durch das Ley de Reforma Universitaria, das Gesetz zu Reform der Universitäten, wird der Service der SICUEMA intensiv genutzt. Der starke Anstieg von Zahl und Finanzvolumen der Kooperationsverträge zeigt deutlich, daß die Industrie den Zugang zur universitären FuE sucht. Dies kann am Beispiel Madrids stellvertretend für andere bedeutende Wirtschaftszentren nachgewiesen werden (vgl. Abbildung 6.3-5).

Trotz verstärkter Auftrags-FuE sind viele Forschungsgruppen unterfinanziert, wie die Daten aus den drei telekommunikationsrelevanten Arbeitsgebieten zeigen (siehe Tabelle 6.3-7).

Abbildung 6.3-5: Zeitliche Entwicklung der Drittmittelforschung in Madrid 1980 bis 1988

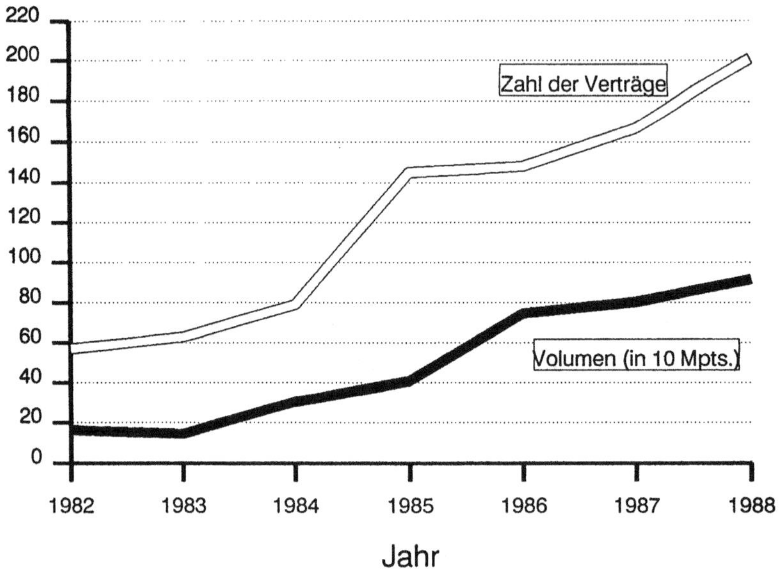

Tabelle 6.3-7: Pro-Kopf-Ausstattung der nicht-industriellen FuE-Zentren

Forschungsgebiet	Jährliche Projektfinanzierung pro Personenjahr	Wert der Geräteausstattung pro Gruppenmitglied
Funkkommunikation	1,03 Mpts.	3,7 Mpts.
Fernmeldenetze u. -dienste	0,78 Mpts.	1,7 Mpts.
Signalverarbeitung	1,12 Mpts.	1,7 Mpts.

Wünschenswert - so die vor allem für Funkkommunikation geäußerte Meinung - wäre eine Ausstattung im Durchschnittswert von 6 Mpts. pro Wissenschaftler bei einer Gruppenstärke von 10 Personenjahren, gegenüber einem tatsächlichen Mittelwert von 3,7 Mpts. Bedenklich ist ebenfalls, daß von den durchschnittlich kaum mehr als 1 Mpts. pro Personenjahr nicht nur Gehälter für außerplanmäßig eingestelltes Personal und Projektaufwendungen, sondern oft auch Service und Wartung der Geräte bezahlt werden müssen.

Besonders deutlich treten Infrastrukturschwächen und Geldknappheit bei der lokalen Zuordnung zutage. Deutlich zeichnet sich ein örtliches Ungleichgewicht zwischen den Metropolen und der Peripherie ab. Abbildung 6.3-6 veranschaulicht die Mittelverteilung.

Abbildung 6.3-6: Verteilung der Projektmittel der außerindustriellen FuE-Institute auf die spanischen Zentren (in Mpts.)

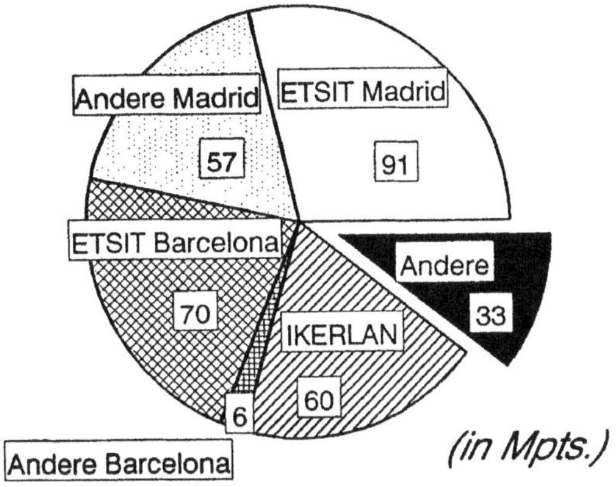

Die Aufschlüsselung in Abbildung 6.3-6 zeigt auch die Führungsposition der beiden großen ETSITs in Madrid und Barcelona und des bedeutendsten privatwirtschaftlich organisierten IuK-Instituts, des IKERLAN (Baskenland).

Besonders deutliche Worte spricht die Vorliebe der Madrider Telekommunikationsindustrie für die ETSIT Madrid. IuK-Forschungsgruppen aus der "Provinz" klagen demgegenüber darüber, daß sie praktisch jeden der wenigen Forschungsaufträge annehmen müßten, während die kooperationswillige Industrie vor den Türen der beiden großen ETSITs bereits "Schlange stehe". Die Verteilung des FuE-Personal nach den gleichen Kategorien wie in Abbildung 6.3-6 zeigt Abbildung 6.3-7.

Abbildung 6.3-7: Verteilung des FuE-Personals der außerindustriellen FuE-Institute auf die drei größten Einrichtungen sowie die beiden Zentren Madrid und Barcelona in Vollzeitäquivalenten (Personenjahre)

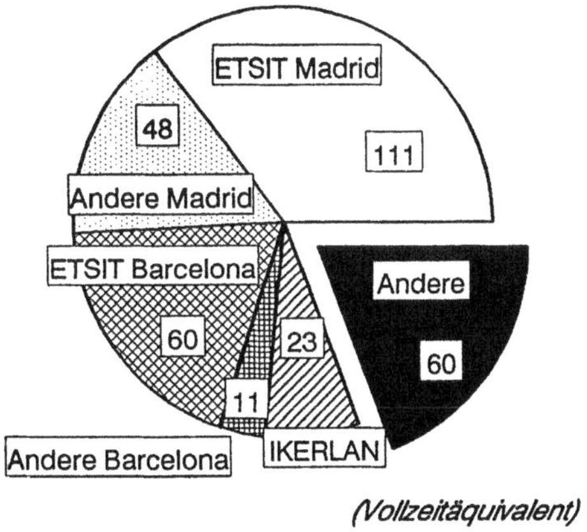

Die Tabelle 6.3-8 gibt einen Überblick über die Hochschulpartner der in Madrid geschlossenen Kooperationsverträge 1979 bis 1986.

Tabelle 6.3-8: Kooperationsverträge von Madrider Unternehmen mit Hochschulen 1979 bis 1986 (Quelle: SICUEMA 1987)

Hochschule oder Institut	Anzahl
ETSIT Madrid	192
ETSIT Barcelona	11
Informatik- und Telekommunikationsabteilungen anderer Madrider Hochschulen	29
Andere technische und naturwissenschaftliche Fakultäten	185
Human-, wirtschafts-, sozial- und geisteswissenschaftliche Fakultäten u.a.	89
Verträge mit anderen Hochschulkonsortien	52
Gesamt	558

Die ETSITs fassen den Begriff "Telekommunikation" sehr weit: selbst Abteilungen wie z. B. Kybernetik, industrielle Organisation, biomedizinische Technik und Solarenergie haben an der ETSIT Madrid ihren Platz. Das erklärt auch, wieso die Zahl der Kooperationen der ETSIT Madrid (192) größer ist als die in der Rubrik "Elektronik, Informatik, Telekommunikation" erfaßten (vgl. Tabelle 6.3-6). Viele Verträge der ETSIT können Rubriken wie Energiewirtschaft, Robotik, Luftfahrt etc. zugerechnet werden.

An diesem Punkt - so die Aussage der zuständigen Referentin für den Hochschulbereich - setzt der PLANICYT an. Das Kapitel IuK-Technologien des PLANICYT sieht für 1988 immerhin 387 Mpts., für 1989 sogar 692 Mpts. für Infrastruktur vor. Diese Mittel sollen nach Aussage der Referentin besonders den bisher benachteiligten Zentren in schwächer entwickelten Regionen zugute kommen. Mit Hilfe anderer Haushaltspostens scheinen in der Praxis auch materielle Anreize geschaffen zu werden. Dies betrifft besonders Doktoranden und andere Stipendiaten. Zum anderen wird aber auch eine Verbesserung der Situation festangestellter Wissenschaftler im Zusammenhang mit PLANICYT-finanzierter Projektarbeit möglich.

Erstaunlicherweise können sich gerade durch starke Aufstockung der Forschungsmittel im öffentlichen Bereich wiederum Probleme bzw. Verzerrungen ergeben. Ein Insider der öffentlichen Forschungsszene äußerte privat die Befürchtung, daß das "viele neue Geld" nicht vollständig in sinnvolle Projekte umgesetzt werden könne. Eine praktisch "ungehemmte" Expanison sei der Qualität der Arbeit sicherlich nicht zuträglich. Einerseits sind mit Projektgeldern keine festen Planstellen zu finanzieren. Jedoch nur diese können die Kontinuität der Arbeit sichern. Ein noch größeres Dilemma stellt der Mangel an Fachkräften dar: selbst wenn die öffentlichen Zentren ihre Position verbessern können, so ist die Zahl der ausgebildeten Telekommunikationsingenieure längst nicht groß genug. Für den Zeitraum zwischen 1987 und 1991 prognostiziert die FUNDESCO/CSIC-Studie einen Bedarf von jährlich 6000 ETSIT-Telekommunikationsingenieuren - vorraussichtlich werden aber jedes Jahr nur 2000 die Hochschulen verlassen.

6.4 FAZIT

Der spanische Telekommunikationssektor ist starken strukturellen und qualitativen Veränderungen ausgesetzt. Die besondere historische und politische Situation Spaniens in Europa, die bis in die siebziger Jahre anhielt, hat die Erhaltung ererbter Industrie- und Sozialstrukturen zwar begünstigt, andererseits verliefen viele demokratische Normalisierungsprozesse aber schneller ab als anderswo. Das hat zunächst einmal mit den internen Notwendigkeiten des Telekommunikationssektors nichts zu tun, wirkt sich aber dennoch auf sie aus. Umgekehrt hat die Entwicklung der Informationstechnologie als Ausdruck einer modernen, postindustriellen Gesellschaft diesen Wandel auch beflügelt.

Hauptakteur (vgl. Abbildung 6.4-1) im Fernmeldewesen ist der bedeutendste der drei Netzträger, die "Telefónica", ein Unternehmen, das über ein kleines Firmenimperium verfügt, das vertikal integriert ist und auch die Klaviatur der Minderheitsbeteiligungen spielt. Im Bereich der eigenständigen FuE spielte Telefónica jahrzehntelang eine passive Rolle - das technologische Modernisierungsgeschäft wurde von ausländischen Unternehmen besorgt, allen voran Standard Eléctrica (ITT). Telefónica hat seit kurzem ein eigenes FuE-Tochterunternehmen, TID, und spielt unter den FuE-Akteuren zunehmend eine aktivere Rolle. Da das neue Telekommunikationsgesetz vom Dezember 1987 die gegenwärtigen faktischen Netzmonopolstrukturen fortschreibt, sind die mit FuE verbundenen Risiken Telefónicas wirtschaftlich abgesichert.

Das staatliche FuE-System litt bisher unter der Abwesenheit von Konzepten und Koordination und hat nicht zuletzt deswegen in den letzten Jahren eine Reihe von Umorganisationen erlebt. Erstmals wird nun eine gezielte Stimulierung und sektor- bzw. themenübergreifende Koordinierung angestrebt. Diese Förderpläne, wiewohl von bisher nie gekanntem Umfang und begleitet von einer wachsenden Innovations- und Kooperationsfreudigkeit von Industrie und öffentlichen Forschungseinrichtungen, haben mit einer Reihe von Schwierigkeiten zu kämpfen: Die starken Autonomiebestrebungen der Regionen, eine teilweise unklare Kompetenzverteilung in der Zentralregierung, die regional stark unterschiedliche Verteilung der verfügbaren Ressourcen und der vorhandenen Infrastruktur, die oft geringe Erfahrung und Infrastruktur für die Begleitung und Evaluie-

Abbildung 6.4-1: Finanzierung und Durchführung von FuE im Telekommunikationsbereich nach Sektoren in Spanien 1987 (in Mrd. US $; Beträge in Kästen beziffern die Durchführung in FuE, Beträge an den Pfeilen die Finanzierung)

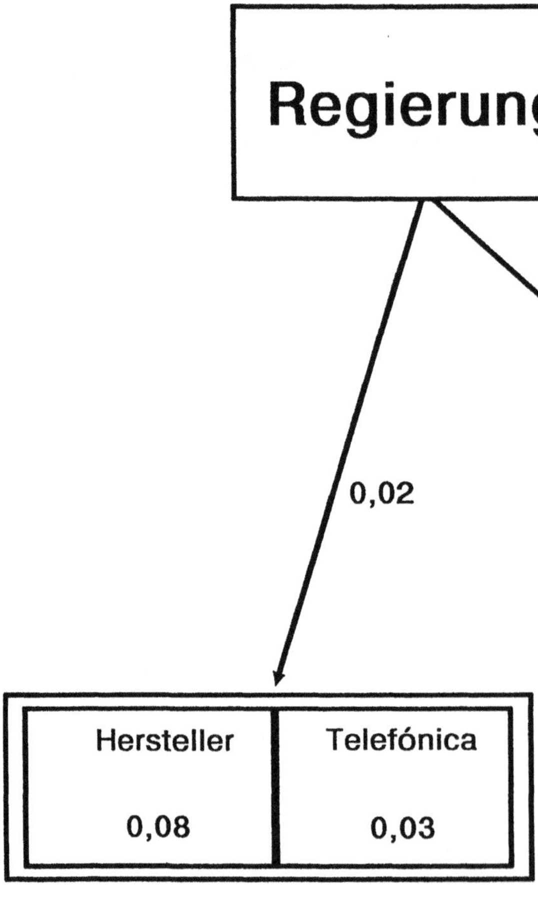

rung der geförderten Projekte, sowie die generell nicht einfache Umsetzung von quantitativem Wachstum in ein qualitatives, stehen ihrem Erfolg entgegen.

Den Technologieindikatoren zufolge liegen im internationalen Vergleich Spaniens bedeutendste Beiträge zur Weiterentwicklung der Telekommunikationstechnologie im leitungsgebundenen Bereich (durch Standard Eléctrica) sowie im Funk- und Radarbereich. Alle Anzeichen deuten darauf hin, daß dies - von Ausnahmen abgesehen (z. B. bei TID) - auch mittelfristig so bleiben wird. Die Akzentsetzung auch auf militärnahe Telekommunikationsgebiete in FuE ist quantitativ unübersehbar und in den verfügbaren Quellen teilweise überraschend deutlich ausgewiesen.

Die Aufholbemühungen Spaniens im Bereich FuE sind trotz aller zu beobachtenden Mängel bemerkenswert. Die Dynamik der ersten Öffnung (1977-1982) und der Orientierung am europäischen Standard setzte sich fort und schuf sich durch die in der EG eingegangenen Verpflichtungen feste und auch selbsterhaltende Strukturen, z. B. durch langfristige industrielle Kooperationsprojekte oder gemeinsame Forschungsvorhaben mit europäischen Partnern. Ein weiteres wichtiges Element in diesem dynamischen Prozess ist das Jahr 1992, das mit mehreren Großereignissen die Leistungsfähigkeit der spanischen Gesellschaft außerordentlich herausfordert:

- Öffnung des europäischen Binnenmarktes
- Olympische Spiele in Barcelona
- Weltausstellung in Sevilla
- Internationale Veranstaltungen anläßlich des Kolumbusjahres
- Madrid als Kulturhauptstadt Europas.

Spanien hat sich hier selbst Aufgaben gestellt, die gewaltige Anstrengungen im industriellen Bereich, darunter besonders auch im Fernmeldewesen erfordern. Die Telekommunikationsindustrie, allen voran Telefónica, stellt sich dieser Herausforderung. Die daraus resultierenden Aktivitäten münden zwangsläufig in erhöhten FuE-Anstrengungen. Dies wird zum einen durch den Ausbau der industriellen FuE-Kapazitäten, zum anderen durch Auftragsvergabe an inländische öffentliche Forschungseinrichtungen oder aber durch vermehrte internationale Forschungskooperationen geleistet. Trotz dieser Bemühungen darf man aber die geschilderten, relativ schlechten Ausgangsbedingungen in Spanien nicht vergessen: das Land und die beteiligten Institutionen finden nicht die erforderlichen personellen und finanziellen Ressourcen und Infrastrukturmerkmale vor, um einen solchen "Sprung" ohne Rückschläge zu bewältigen, so daß man Zweifel haben muß, ob die Anstrengungen kurzfristig erfolgreich sein können.

KAPITEL 7: REPUBLIK KOREA

(Von Edelgard Gruber und Hariolf Grupp)

7.1 RAHMENBEDINGUNGEN

7.1.1 WIRTSCHAFTLICHE RAHMENBEDINGUNGEN UND ALLGEMEINE FuE-POLITIK

Forschung und Entwicklung im Telekommunikationsbereich sind in Korea unter drei Rahmenbedingungen zu sehen:
- der rasanten wirtschaftlichen Entwicklung,
- des erheblichen Einflusses des Staates auf die Wirtschaft und
- der besonderen Förderung des Telekommunikationssektors.

Zum Verständnis der Situation der Telekommunikationsforschung in Korea ist es dehalb erforderlich, die Forschungspolitik im Rahmen der allgemeinen Wirtschafts- und Landesentwicklungspolitik zu sehen.

Wirtschaftliche Entwicklung

Korea ist innerhalb von drei Jahrzehnten von einem armen Entwicklungsland zu einem Industriestaat geworden. Nach dem Ende des Koreakrieges war das Land größtenteils zerstört, und Südkorea wurde durch die Demarkationslinie am 38. Breitengrad von den Bodenschätzen des Nordens abgeschnitten. Der Kultur- und Bildungssektor konnte sich nur langsam von der japanischen Kolonialherrschaft, die bis 1945 dauerte, erholen.

Die Entwicklung Koreas vollzog sich bisher in drei Phasen: In den 60er Jahren wurden arbeitsintensive Industrien aufgebaut, zunächst zur Importsubstitution, dann schon bald mit starker Exportorientierung (v.a. Textilien). Seit Mitte der 70er Jahre lag der Schwerpunkt auf der Förderung der Schwerindustrie (Stahl, Schiffbau, Maschinenbau, Automobilbau) und der Chemischen Industrie. Schließlich folgte nach einem Konjunktureinbruch 1980, der vor allem auf die Ölpreissteigerung und die weltweite Rezession zurückging, in den 80er Jahren ein Aufschwung der Hochtechnologie-Industrien; dazu gehören insbesondere die Sektoren Elektrotechnik, Elektronik und Telekommunikation.

In den 50er Jahren kam fast die Hälfte des Bruttosozialprodukts aus der Landwirtschaft; die Industrie trug nur 15 % bei. Eine rigorose staatliche Planung seit 1962 führte in Verbindung mit der Tatkraft der Bevölkerung zu einem wirtschaftlichen Aufschwung, der sonst allenfalls in rohstoffreichen Ländern zu finden ist.

Tabelle 7.1-1 zeigt einige Indikatoren, welche die Entwicklung Koreas seit Anfang der 70er Jahre verdeutlichen.

Tabelle 7.1-1: Wirtschaftliche Entwicklung in Korea
(Quelle: Economic Planning Board 1988)

	1971	1976	1981	1987
Bevölkerung (Mio.)	31,5	35,8	37,4	42,1
Bruttosozialprodukt (Mrd. Won, Preise von 1980)	18.600	29.300	39.100	66.300
Wirtschaftswachstum (Durchschnitt der letzten 5 Jahre)	8,3 %	9,2 %	5,9 %	10,0 %
Anteile der Sektoren am BSP				
- Landwirtschaft	28 %	24 %	17 %	12 %
- Industrie	19 %	27 %	32 %	36 %
- Sonstiges	54 %	50 %	51 %	52 %
Exportanteil am BSP	13 %	29 %	38 %	48 %
Handelsbilanz (Mio. $)	-848	-314	-4.646	+9.854
Auslandsschulden (Mrd. Won)	187	1.522	10.220	14.370
Preissteigerung (1971=100)	100	246	594	633
Arbeitslosenquote	5 %	4,7 %	3,9 %	3,1 %

Heute leben in Südkorea auf einer Fläche von knapp 100.000 km^2 gut 42 Millionen Einwohner; das Land ist somit dichter besiedelt als die Bundesrepublik, jedoch mit stärkerer regionaler Konzentration. So hat allein Seoul 10 Millionen und die südliche Hafenstadt Pusan 3,5 Millionen Einwohner. Die Bevölkerung wächst jährlich um etwa 1 %. Knapp 17 Millionen sind berufstätig.

Das Bruttosozialprodukt stieg von 1986 auf 1987 um 12 % an; dasselbe Ergebnis wird auch für 1988 erwartet. Die Zahlungsbilanz ist erst seit 1986 positiv und betrug 1987 etwa 8 % des Bruttosozialprodukts. Heute ist Korea weltweit die zwölftgrößte Handelsnation (Küchle 1988). Gemessen am Exportüberschuß liegt es nach Japan, der Bundesrepublik und Taiwan weltweit an vierter Stelle.

Die wesentliche Stütze der Wirtschaft ist denn auch der Export. Die Exportabhängigkeit stellt jedoch eine große Gefahr für das Land dar. Schon Anfang der 80er Jahre gab es Exportunternehmen mit Überkapazitäten von 50 %, die vom Staat saniert werden mußten. Heute nimmt der Protektionismus in den Importländern zu; der Binnenmarkt kann freiwerdende Kapazitäten nur zum Teil auffangen. 38 % aller Exporte gingen 1987 in die USA, 18 % nach Japan. Betrachtet man nur die FuE-intensiven Waren, dann wurden 1986 sogar fast zwei Drittel in die USA exportiert, obwohl nur 23 % derartiger Waren aus den USA, aber 57 % aus Japan stammen (Grupp, Legler 1989). Allein Fernmeldegeräte wurden 1987 im Wert von 1,4 Mrd. $ ausgeführt (5 % des Exports). Der Außenhandel Koreas mit FuE-intensiven Waren, zu denen die Telekommunikationsgüter ausnahmslos gehören, muß als labil eingeschätzt werden. Der Produktionszuwachs betrug 1988 im Vergleich zu 1987 insgesamt 24 %, bei Kraftfahrzeugen 40 %, in der Chemischen Industrie 38 %. Die Binnennachfrage stieg bei Elektronik-Produkten um 20 %, bei Kraftfahrzeugen um 78 % an. Die Auslandsverschuldung konnte 1988 um 20 % gesenkt werden.

Einige Schlüsselfragen, z. B. patentrechtlicher Art, sind noch ungelöst (Lessmann 1988). Erforderliche Technologien wurden bisher meistens eingeführt, Kredite dafür weitgehend im Ausland beschafft. Heute findet man in Korea zum Teil modernste Technik, die jedoch in der Regel nur importiert, imitiert, modifiziert und für die Massenproduktion weiterentwickelt wurde. Eigenständige FuE ist selten, Grundlagenforschung fehlt fast völlig.

Die Industrielandschaft Koreas wird von einigen wenigen Großunternehmen geprägt. Die "Chaebol" sind stark diversifizierte Firmenkonglomerate. Sie stellen vom Radiogerät bis zum Kampfflugzeug fast alles her, haben auch Textil-, Chemie- und Stahlproduktionen, betreiben Kraftwerke und Hotels und haben eigene Handels-, Bank- und Versicherungsgesellschaften.

Die vier größten Konzerne erzielten allein 1987 etwa 80 Mrd. $ Umsatz, das sind etwa zwei Drittel des Bruttosozialproduktes (die Gruppe Samsung 24 Mrd. $ bei 150.000 Beschäftigten in 37 Tochterunternehmen, Gruppe Hyundai 23 Mrd. $, Gruppe Goldstar 18 Mrd. $, Gruppe Daewoo 16 Mrd. $). Die zehn größten Unternehmen beanspruchten 40 % aller Bankkredite, trugen 30 % zur Wertschöpfung der Industrie bei und waren zu zwei Dritteln an den gesamten koreanischen Exporterlösen beteiligt (Neue Züricher Zeitung, 21.9.1988).

Meist werden die "Chaebol" noch von den Gründerfamilien kontrolliert. Kleine und mittlere Unternehmen haben in Korea wenig Chancen; die Großkonzerne gründeten sich eigene Tochtergesellschaften als Zulieferer. Zwar legt das Industry Promotion Law fest, daß bestimmte Produkte nur von der mittelständischen Industrie hergestellt werden dürfen; sie erhalten dafür besondere Kredite. Jedoch kommt diese Förderung häufig wieder den "Chaebol" zugute, deren Mitarbeiter in 50 % der Fälle die Gründer der kleinen Unternehmen sind.

Seit 1988 zeichnet sich eine Demokratisierung in Korea ab. Allerdings gibt es seitdem auch einen merklichen Lohnkostenanstieg, die Arbeiterbewegung wird stärker, und die Streiks mehren sich. Die Opposition und die Forderungen des Mittelstandes, der Bauern und des Kleingewerbes werden lauter. Der Wettbewerb im Hochtechnologiebereich ist schwierig und kostspielig. Die Großkonzerne sind jedoch kapitalschwach. Zur Zeit sind die weltwirtschaftlichen Rahmenbedingungen für Exporte noch günstig. Dem zunehmenden Protektionismus der Abnehmerländer versuchen die Unternehmen mit zwei Strategien zu begegnen:

- Gründung von Joint-Ventures mit ausländischen Firmen, u.a. der USA, und
- Erstellung von Montagebetrieben im Ausland, die koreanische Vorprodukte verwenden (z. B. Lucky Goldstar in Rheinland-Pfalz).

Bisher hat Korea vor allem Billigprodukte exportiert (z. B. Textilien, einfache elektronische Produkte); dabei erhielt es inzwischen Konkurrenz aus anderen asiatischen Ländern wie Taiwan, Singapur, China und Indien. Die Zukunft liegt für Korea im Export technisch hochwertiger Produkte. Auch der verstärkte Schutz ausländischer Patente aufgrund des neuen koreanischen, an das internationale Patentrecht angeglichenen Patentgesetzes vom 1. Juli 1987 veranlaßt Korea zur Entwicklung eigener Technologien.

In der Elektro- und Elektronikindustrie, zu der auch die Telekommunikation gehört, zählt Korea zu den zehn größten Herstellern der Welt. Allein Elektronik-Produkte (Telefonanlagen, Computerteile, Unterhaltungselektronik) wurden 1987 im Wert von 17 Mrd. $ hergestellt und im Wert von 11 Mrd. $ exportiert (eine Steigerung von 52 % im Vergleich zum Vorjahr).

Staatliche Planung und Intervention

Die wirtschaftliche Entwicklung Koreas wurde stark von der dirigistischen Wirtschaftspolitik des Militärdiktators Chung-Hee Park in den 60er und 70er Jahren beeinflußt. Im Jahr 1962 wurde eine rigorose Fünf-Jahres-Planung eingeführt. In den Plänen werden die Rahmendaten der Wirtschaftsentwicklung als Soll für die jeweils folgenden Jahre festgelegt. Diese Zahlen wurden in der Vergangenheit fast immer erreicht, meist sogar übertroffen. Zur Zeit gilt der 6. Fünfjahresplan 1987-1991, der 1988 revidiert und um ein Jahr verlängert wurde. Er legt die Sollzahlen gemäß Tabelle 7.1-2 fest (Economic Planning Board 1988).

Tabelle 7.1-2: Planzahlen des 6. Fünfjahresplans

	1987	1988	1989	1990	1991	1992
Wirtschaftswachstum (%)	12,0	8,0	7,0	7,0	7,5	7,5
Handelsbilanz-Überschuß (Mrd. $)	77	50	52	50	60	65
Wirtschaftsstruktur:						
Landwirtschaft (%)	11,4	11,4	11,1	10,8	10,5	10,2
Industrie (%)	31,5	32,0	32,3	32,7	32,9	33,0
Dienstleistung (%)	57,1	56,6	56,6	56,6	56,6	56,8
Bevölkerungswachstum (%)	1,2	1,2	1,2	1,2	1,1	1,1
Arbeitslosenquote (%)	3,1	3,7	3,8	3,8	3,7	3,6

Die Regierung legt nicht nur diese Globaldaten fest, sondern kontrolliert auch die Branchenentwicklung hinsichtlich Produktion, Verteilung und Export. Der Staatsanteil an Investitionen lag 1981 bei 25 % in privaten Firmen, in der Industrie einschließlich der staatlich kontrollierten Unternehmen bei 42 % (Ahn 1985).

Die wichtigsten staatlichen Instrumente zur Regelung der Wirtschaft sind "strategische Kredite", Steuerpolitik, Geldpolitik, Subventionen, öffentliche Abnahmegarantien, Produktionsvorgaben und Importbeschränkungen.

Das Bank- und Kreditwesen wurde 1961 verstaatlicht. Die "Chaebol" erhielten Kredite zu Vorzugszinsen, da der Regierung einige wenige Großunternehmen leichter kontrollierbar erschienen als viele mittelständische Betriebe. Dies führte zwar zu der gewünschten Konzentration auf einige wenige Branchen, aber auch zur völligen Abhängigkeit der Konzerne vom Staat. In Krisensituationen sind sie auf Gedeih und Verderb auf den Staat angewiesen; so wurde beispielsweise Daewoo 1984/85 von der Regierung saniert, ein anderes Unternehmen hingegen wurde nicht mehr unterstützt und ging in Konkurs. Die Eigenkapitalquote der Großunternehmen lag 1981 bei 16,5 % (Ahn 1985). Mitte 1988 lag sie bei der Hälfte aller Aktiengesellschaften in Korea unter 16 % in einem Fall sogar nur bei 4 %. Bei Samsung waren es 11 %, bei Daewoo 16 %. Anfang der 80er Jahre wurde ein Teil der Banken wieder privatisiert; die Regierung legt aber weiterhin fest, wer Kredite erhält und wie hoch die Zinsen sind und vermittelt ausländische Kredite. Das ausländische Kapital hat einen großen Beitrag zur Industrialisierung Koreas geleistet. 1981 machten die "strategischen Bankkredite" 54 % aller Kredite aus.

Weitere Interventionen erfolgen durch die Steuerpolitik. Die Steuerquote am Bruttosozialprodukt liegt bei etwa 15 %. Die Regierung gibt gezielt erhebliche Steuervergünstigungen für Großunternehmen bestimmter Branchen und vor allem für die Exportwirtschaft. In den letzten Jahren werden durch Steuerermäßigungen vor allem die FuE-Aktivitäten gefördert (siehe unten).

Die Geldpolitik Koreas beinhaltet insbesondere gelegentliche Abwertungen des Won zur Förderung des Exports. Auslandsinvestitionen und Importe werden bis ins Detail vom Staat geregelt. Es gibt eine Negativliste von Wirtschaftsbereichen, die für Auslandsbeteiligungen gesperrt sind. 1984 wurde mit dem "Foreign Capital Inducement Act" beschlossen, die damals noch negative Zahlungsbilanz und die Wettbewerbsfähigkeit einheimischer Produkte durch Auslandsinvestitionen zu verbessern. Dadurch sollen internationale Spitzentechnologien ins Land geholt werden. 1987 waren im Zuge der - noch andauernden - Liberalisierung 791 von 999 Wirtschaftsbereichen von der Negativliste gestrichen, darunter fast die gesamte Verarbeitende Industrie (Liberalisierungsquote 79 %).

Alle Importe unterliegen einer staatlichen Genehmigungspflicht. Auch hier zeigen sich Liberalisierungstendenzen: Mitte 1988 waren von insgesamt 7.911 Warengruppen 7.550 zum Import freigegeben (95 %). Bei den übrigen ist von Fall zu Fall die Entscheidung der zuständigen Ministerien einzuholen. Die numerische Quote spiegelt jedoch nicht die Bedeutung der einzelnen Warengruppe wider. Für Telekommunikationsgüter ist die Electronic Industries Association of Korea (EIAK) zuständig, die für jeden Einzelfall Importgenehmigungen vornimmt (Kalin 1985, 97 und 103). Außerdem werden Einfuhrzölle, die bei Konsumgütern bis zu 50 % ausmachen, sowie weitere Sondersteuern erhoben, die bis zu 200 % des Warenwerts betragen. Auch hier werden Exportunternehmen wieder bevorzugt behandelt: Sie unterliegen weniger Importrestriktionen für Technologie und Komponenten. Dies führt jedoch zu einer Importabhängigkeit in einigen Fällen und hemmt die Entwicklung der Zulieferindustrie im Inland.

Die drei Phasen der koreanischen Wirtschaft - generelle Exportorientierung in den 60er Jahren, Wachstum der Chemie und der Schwerindustrie in den 70er Jahren und Wachstum der Hochtechnologie-Industrien seit 1980 - sind unmittelbare Ergebnisse der Wirtschaftspolitik. Tabelle 7.1-3 zeigt die Politik dieser drei Phasen.

Tabelle 7.1-3: Förderschwerpunkte in der Industrie- und Technologiepolitik (Quelle: Ministry of Science and Technology)

Zeitraum	Industriepolitik	Technologiepolitik
60er Jahre	Importsubstitutionsindustrie Exportorientierte Leichtindustrie	Wissenschaftliche Ausbildung Wissenschaftliche und technologische Infrastruktur
70er Jahre	Schwer- und Chemische Industrie Mehr Technologie-, weniger Kapitalimport Wettbewerbsfähige exportorientierte Industrie	Technische Aus- und Weiterbildung Institutioneller Rahmen für Technologieimport Anwendungsorientierte FuE
80er Jahre	Industriestruktur mit Wettbewerbsvorteil Technologieintensive Industrie Bessere Ausbildung und Produktivität	Hochqualifizierte Forscher und Ingenieure Effiziente nationale FuE-Projekte Industrielle FuE

Tabelle 7.1-3 zeigt die zentrale Rolle, die der FuE in Korea heute zugewiesen wird (siehe unten). Für den Bereich der Telekommunikation ist von besonderer Bedeutung, daß dieser Sektor zusammen mit der übrigen elektrotechnischen und elektronischen Industrie derzeit im Zentrum der Wirtschaftspolitik steht.

Allgemeine Forschungspolitik

Die koreanische Regierung will das Schwergewicht der Wirtschaft künftig stärker auf die Hochtechnologie-Industrie legen. Kauf und Imitation von ausländischen Produkten wird immer weniger möglich sein, so daß eigene FuE-Aktivitäten in Korea von ausschlaggebender Bedeutung für das weitere Wachstum sind.

Doch schon in den vergangenen Jahren sind die Forschungsanstrengungen stark angestiegen, wie Tabelle 7.1-4 zeigt; insbesondere der Anteil der privaten Unternehmen an den Gesamtaufwendungen ist gewachsen.

Tabelle 7.1-4: Entwicklung der FuE-Aktivitäten in Korea
(Quelle: Ministry of Science and Technology 1987a)

	1970	1975	1980	1985
FuE-Ausgaben (Mrd. Won)	11	43	212	1.155
Anteil der Industrie	29 %	33 %	48 %	81 %
Anteil am BSP	0,4 %	0,4 %	0,6 %	1,6 %
Forscher (ohne Hilfspersonal)	5.095	19.331	25.851	59.622
Forscher pro 10.000 Einw.	1,6	5,5	6,8	14,5

Von den FuE-Ausgaben entfielen 1985 - nach Zuordnung durch das Ministry of Science and Technology (MOST)

- 17 % auf Grundlagenforschung,
- 29 % auf angewandte Forschung und
- 54 % auf "experimentelle" Entwicklung.

Auf einzelne Forschungsbereiche teilten sich 1985 die FuE-Ausgaben wie folgt auf (Tabellen 7.1-5 und 7.1-6):

Tabelle 7.1-5: Wissenschaftliche Disziplinen in Instituten und Universitäten 1985
(Quelle: MOST 1987a)

	FuE-Ausgaben (Mrd. Won)	
	Forschungsinstitute*	Universitäten
Naturwissenschaft	25	26
Technik	195	38
Landwirtschaft	48	10
Medizin	6	39
Sonstiges	6	6
Insgesamt	280	119

*z. B. ETRI (Electronics and Telecommunications Research Institute), KAIST (Korea Advanced Institute for Science and Technology)

Für den Telekommunikationsbereich sind in Korea keine separaten Daten verfügbar; es liegen nur Aufgliederungen nach allgemeineren Gebieten vor.

Tabelle 7.1-6: FuE-Intensität der Industrie 1985 nach Wirtschaftszweigen (Quelle: MOST 1987a)

	FuE-Ausgaben (Mrd. Won)	Anteil am Umsatz
Landwirtschaft	3	1,54 %
Bergbau	2	0,59 %
Verarbeitendes Gewerbe insg.	689	1,51 %
- davon Elektrotechnik	292	4,12 %
Elektrizität, Gas, Wasser	7	0,21 %
Baugewerbe	16	0,23 %
Transport, Kommunikation	16	0,56 %
Sonstiges	18	0,94 %
Insgesamt	751	1,23 %

Bei den industriellen Forschungsgebieten ist die Telekommunikation im wesentlichen im Bereich "Elektrotechnik" enthalten. Dies ist die Branche mit der höchsten Forschungsintensität.

Rolle der Regierung in der FuE-Politik

Auch für die Forschung spielt der Staat in Korea eine entscheidende Rolle. Die Formulierung der FuE-Politik obliegt dem MOST; sie ist Teil der Fünfjahrespläne.

Die eigenständige koreanische Forschung wurde wesentlich durch die Gründung nationaler Forschungsinstitute durch das MOST gefördert. 1985 bestanden 15 solcher Institute (MOST 1987a); vier davon wurden in den 70er Jahren, vier in den Jahren 1980/81 und sieben in den Jahren 1984 bis 1986 eingerichtet. Am bedeutendsten sind:
- Korea Advanced Energy Research Institute (1.191 Mitarbeiter, Budget von 15 Mrd. Won 1986),
- ETRI (1159 Mitarbeiter, 51 Mrd. Won),
- KAIST (1123 Mitarbeiter, 59 Mrd. Won).

Die übrigen Institute des MOST haben zwischen 37 und 602 Mitarbeiter und insgesamt ein Budget von 69 Mrd. Won. Den größten Teil der FuE-Aufwendungen der staatlichen Forschungsinstitute finanziert die Regierung (durchschnittlich etwa 90 %). Geldgeber des ETRI ist die Korea Telecommunications Authority (KTA), Koreas größter Netzbetreiber, zu zwei Dritteln, der übrigen das MOST. Die restlichen Mittel kommen aus Industrieaufträgen.

Die meisten der staatlichen Forschungsinstitute befinden sich in der "Daeduk Science Town", einem von der Regierung angelegten Areal etwa 150 km südlich von Seoul. Dort soll sich in den kommenden Jahren ein Landeszentrum für Wissenschaft, Forschung und Hochtechnologie ansiedeln. Auch einige private Unternehmen haben dort Labors.

Eine Maßnahme der Regierung zur Förderung der Kooperation zwischen staatlichen Instituten und der Industrie sind die "nationalen Forschungsprojekte" nach japanischem Vorbild, die seit 1982 vom MOST in Auftrag gegeben werden. Die Verbundprojekte konzentrieren sich auf Mikroelektronik und Telekommunikation; dazu gehört z. B. die Entwicklung eines digitalen Vermittlungssystems (TDX), eines 4-Mega-DRAM-Chip und eines Supermini-Computers. An der Finanzierung der nationalen Forschungsprojekte beteiligt sich die Industrie mit etwa 40 bis 50 %.

Der Anstieg der FuE-Bemühungen der Industrie zeigt sich an der Zunahme eigener Entwicklungslabors, die in Korea ebenfalls als "Forschungsinstitute" bezeichnet werden. Von diesen privaten Instituten gab es 1979 nur 46, 1985 dagegen 183 und 1988 über 500; die größten Institute finden sich in der Branche "Elektrotechnik und Elektronik".

Die FuE-Aktivitäten der Industrie werden von der Regierung stark gefördert und zwar außer mit direkten Zuschüssen im Rahmen der nationalen Forschungsprojekte noch durch folgende Maßnahmen ("Technology Development Promotion Law" von 1972):
- Befreiung der FuE-Rücklagen von der Körperschaftssteuer,
- Steuerbefreiung für 10 % und Sonderabschreibungen für die übrigen 90 % der FuE-Investitionen sowie
- langfristige Sonderkredite mit niedrigen Zinsen für FuE-Aufwendungen.

Die Universitäten spielen in Korea für FuE keine wichtige Rolle. Sie sind vor allem auf die Lehre ausgerichtet. Lediglich in der bedeutendsten Universität des Landes, der Seoul National University besteht ein "Semiconductor Research Center", das mit merklichen Laborkapazitäten ausgestattet ist.

Geplante FuE-Zukunftsentwicklung

Die koreanische Regierung hat sich für die kommenden Jahre ehrgeizige Ziele gesetzt. Den FuE-Anstrengungen wird bei ihrer Verwirklichung erhebliche Bedeutung zugemessen.

Bis spätestens zum Jahr 2000 will Korea zu den vollentwickelten Ländern gehören. Als naheliegende Ziele nennt der 6. Wirtschaftsplan (1987 bis 1991):
- soziale Entwicklung (Gleichheit, Wohlstand, Föderung des Mittelstands)
- Regionalisierung
- Steigerung der Industrieffizienz durch Umstrukturierung und FuE
- Ausgewogenheit der Sektoren, Autonomie und internationale Kooperation.

Das seit 1984 bestehende "Science and Technology Advisory Committee" mit Vertretern aus Industrie und Wissenschaft erarbeitet Vorschläge für die FuE-Politik. Bis zum Jahr 1991 soll es statt der jetzt 13 Wissenschaftler je 10000 Einwohner etwa 18 geben, bis 2001 etwa 30. Die gesamten FuE-Ausgaben sollen 1991 etwa 3 % und 2001 etwa 5 % des Bruttosozialprodukts ausmachen.

"Nationale Projekte" sollen stärker als bisher gefördert werden, insbesondere auch solche mit internationalen Kooperationen. Kontrollen und Restriktionen für die Industrie sollen minimiert werden. Die FuE soll stärker als bisher regionalisiert werden. Eine wesentliche Strategie soll die Spezialisierung auf einzelne Gebiete bleiben.

Die Forschungsschwerpunkte sollen künftig in folgenden Bereichen liegen (MOST 1988):
- Informationstechnologie einschließlich Telekommunikation, Mikroelektronik, Chemie, Präzisionsmaschinen,
- Biotechnologie, neue Rohstoffe,
- Umweltschutz, Gesundheit, Wohlfahrt,
- Ozeanographie, Aeronautik,
- Grundlagenforschung.

Eine Strategie zur Intensivierung und Verbesserung der FuE wird die Qualifizierung des FuE-Personals sein. Mittel dazu sind eine bessere Ausbildung in Korea, die Repatriierung von Wissenschaftlern und die Förderung der Ausbildung im Ausland, u.a. durch die KOSEF (Korea Science and Engineering Foundation). Die Unternehmen, die Joint-Ventures mit ausländischen Firmen eingegangen sind (z. B. OTELCO) praktizieren bereits die Ausbildung im Ausland.

7.1.2 STRUKTUR DES TELEKOMMUNIKATIONSSEKTORS UND ORDNUNGSPOLITIK

Durch Gespräche in Korea und durch Recherchen in der koreanischen Fachpresse, Tagespresse und Literatur konnten zwar die wichtigsten Strukturen des Telekommunikationssektor und der FuE ermittelt werden. Zum gegenwärtigen Stand der Forschung und zu FuE-Budgets waren aber nur spärliche und oft widersprüchliche Informationen zu erhalten. Dies hat mehrere Gründe:

- der berechtigte Stolz auf die Entwicklung der eigenen Leistungen, aber fehlende Einordnung im internationalen Vergleich und daher Überschätzung der eigenen FuE-Leistung,
- der Wunsch, von der bisherigen Imitationsstrategie wegzukommen und zu den führenden Industrienationen zu gehören,
- rasche Veränderungen innerhalb von Firmen, Instituten, Institutionen und von organisatorischen Verflechtungen,
- bisher mangelnde Zusammenstellung statistischer Daten über den noch jungen Telekommunikationssektor und fehlende eindeutige Kriterien für Zuordnungen,
- die Bemühungen der Firmen und Institutionen, die Pläne der Regierung (zumindest auf dem Papier) zu erfüllen oder zu übertreffen.

Ausländische Beschreibungen und Analysen befassen sich fast ausschließlich mit der allgemeinen wirtschaftlichen Situation und sind, wenn sie ins Detail gehen, wegen der raschen Entwicklung des Landes schnell veraltet. Korea ist das einzige Land innerhalb der vorliegenden Untersuchung, das nicht der OECD angehört, so daß auch keine Vergleichszahlen dieser supranationalen Organisation vorliegen.

<u>Entwicklung der Telekommunikation</u>

Auch die Entwicklung der Telekommunikation verlief in Korea rasant. Beispielsweise war Korea bei der Verbreitung von Telefon- und Telexanschlüssen vor 20 Jahren noch absolut rückständig, wie Tabelle 7.1-7 zeigt. 1987 kamen dann 20,5 Telefonanschlüsse auf 100 Einwohner, das heißt, es gab rechnerisch mehr als einen Telefonanschluß pro Haushalt.

Korea verfügt heute über moderne Kommunikationsnetze und einen guten Service (z. B. Angebot des "same-day-service" der KTA bei der Installation eines neuen Telefonanschlusses). Die wesentlichen Ursachen für den Aufschwung der Telekommunikation liegen in folgenden Faktoren (Korea Business World, September 1988):

- langfristige Investitionsprogramme im Telekommunikationssektor,
- Konzentration der Politik auf diesen Sektor,
- später Beginn der Entwicklung und dann rasche Verbreitung moderner Technik,
- früher Einsatz elektronischer Vermittlungstechnik,
- Kooperation der Regierung mit der Industrie,
- kultureller Hintergrund (hoher Wert der Bildung in der Bevölkerung, einfache Umsetzbarkeit des koreanischen Alphabeths im Vergleich zu anderen asiatischen Ländern),
- starke Förderung der Telekommunikationsentwicklung durch die Olympischen Spiele (z. B. Lichtleitkabel, Mehrwertdienste).

Tabelle 7.1-7: Telefon- und Telex-Dichte in Korea
(Quelle: Economic Planning Board 1988)

Jahr	Telefonanschlüsse		Telexanschlüsse
	geschäftlich	privat	
1968	198000	183000	244
1971	274000	281000	519
1976	621000	649000	1947
1981	1060000	2203000	5201
1987	1619000	7007000	10304

Ordnungspolitik

Die Formulierung der Telekommunikationspolitik obliegt dem Ministry of Communications (MOC), das seit 1948 besteht und alle regulativen Funktionen über Post- und Telekommunikationsdienste innehat. 1982 wurde die KTA als ausführende Organisation vom MOC abgetrennt. Das staatliche Unternehmen KTA wird Anfang der 90er Jahre privatisiert, wobei stufenweise bis zu 49 % der Anteile an ausschließlich einheimische Aktionäre zum Verkauf kommen und nicht mehr als 3 % in einer Hand konzentriert werden sollen.

In seinem "Mid/long Term Communications Development Plan (1985-2001)" vom Dezember 1984 legte das MOC seine Politik für die kommenden Jahre dar. Danach soll die Industriegesellschaft in eine "Informationsgesellschaft" übergehen. Dabei wird Information als eine Ressource verstanden, die wichtig ist, um die Produktivität zu steigern und weil andere Ressourcen erschöpflich sind. Die Informatisierung soll sich auf alle

gesellschaftlichen Bereiche erstrecken:
- "Home Automatization": Fernwirktechnik, Heimarbeit, Erledigungen per Bildschirm,
- im Geschäftsleben zur Steigerung der Produktivität: Automatisierung des Büros und der Produktion, Schaffung von Informationsnetzen,
- in der öffentlichen Verwaltung: Regionalisierung, Verbesserungen in der Medizin, im Verkehr, im Umweltschutz und im Bildungswesen,
- auf internationaler Ebene: Kooperation, Zugang zu ausländischen Datenbanken (Märkte, Patente, Technologien), Übersetzungen.

Das MOC setzte sich mit dem Plan von 1984 folgende Ziele:
- mehr Telefonanschlüsse,
- neue Dienste wie Mobilfunk, Telefonkonferenzen, Videotex, Teletex, Bildtelefon, Mehrkanalfernsehen,
- direkte Fernwahl im ganzen Land bis 1987,
- elektronische Vermittlungssysteme bis 1987, alle alten Systeme sollen bis 1996 ersetzt werden,
- digitale Übertragungssysteme bis 1987,
- Lichtleiter- und Satellitenübertragung in den frühen 90er Jahren,
- vollständiges ISDN-Netz bis 2006,
- Integration des Fernsprech- und Datennetzes nach der Digitalisierung des Fernsprechnetzes,
- Verbesserung der Aus- und Weiterbildung,
- Teilnahme an internationalen Gremien (z. B. UPU, ITU),
- verstärkte FuE:
  - o mehr als 3 % der Erträge aus den Kommunikationsdiensten sollen für FuE verwendet werden,
  - o intensive Kooperation bei FuE zwischen MOC, KTA, Universitäten, industriellen und öffentlichen FuE-Instituten,
  - o Bildung einer Forschungsgruppe, die sich mit CCITT befaßt.

Die grundlegenden Entscheidungen fällt allerdings nicht das MOC, sondern allein der Staatspräsident. Dazu gehört auch die in Korea für den Telekommunikationssektor bedeutendste Frage der Digitalisierung der Netze. In diesem Punkt wurden die Entwicklungspläne des MOC bisher nicht eingehalten, weil noch keine Entscheidung über das einzusetzende Vermittlungssystem gefallen ist. Die Kapazität des vorhandenen Systems TDX-1 ist zu klein, das größere TDX-10 ist noch nicht funktionsfähig, so daß einige Jahre die Übernahme eines ausländischen Systems (z. B. S1240 von Alcatel und ESS-5 von AT&T) zur Diskussion stand. Seit 1989 installiert KTA nun aber zügig eine verbesserte Version des Systems aus einheimischer Produktion, TDX-1B.

Netzbetreiber

Es gibt in Korea zwei exklusive Anbieter von Telekommunikationsdiensten: die KTA und DACOM (Data Communications Corporation of Korea). Die KTA ist für herkömmliche Postdienste und Telefon ("voice technology") zuständig. Ihre Aufgabe ist es, die Pläne des MOC hinsichtlich der Netztechnologien und des Telefondienstes in die Praxis umzusetzen. Derzeit ist sie mit 53000 Beschäftigten noch die größte staatliche Gesellschaft. Anfang der 90er Jahre soll die KTA zu 49 % privatisiert werden.

Die KTA wies 1988 folgende Organisation auf:

1. Hauptquartier mit den Abteilungen
   - Planung, Koordination, Strategien
   - FuE, Netze, Standards, Kooperation mit dem Ausland
   - Projektentwicklungszentrum
   - Telefon
   - Betrieb und Wartung
   - temporäre Aufgaben (z. B. Olympische Spiele)
2. Qualitätssicherung
3. KTA Research Center (KTARC): FuE, Aus- und Weiterbildung
4. Regionale Betriebs- und Planungsbüros

Entwicklungsaufgaben der KTA sind beispielsweise

- Erhöhung der Zahl der Telefonverbindungen im Inland,
- Erhöhung der Zahl der Fernverbindungen,
- vermehrter Einsatz von elektronischen Vermittlungsstellen,
- Einsatz von Satelliten,
- Schaffung von Grundlagen für das ISDN.

DACOM wurde 1982 als Joint-Venture zwischen der KTA (33,5 %) und privaten Investoren (mehrere Großunternehmen mit jeweils kleinen Anteilen) gegründet. DACOM hatte im Jahr 1988 etwa 930 Angestellte. Beide öffentlichen Netze, das Fernsprech- und das Datennetz gehören der KTA. DACOM nutzt die Netze und bietet alle Telekommunikationsdienste außer Telefon an. Der Datenübertragungsdienst "DACOMNET" besteht seit 1984. Die Nutzung des DACOMNET steigt stark an: 1986 gab es 19000, 1987 bereits 25000 Teilnehmer. Die Kunden haben zwei Möglichkeiten:

- Wählverbindungen (niedrige Geschwindigkeit, asynchron, preiswert, Nutzung des Fernsprechnetzes),

- Mietleitungen (Direktverbindungen, hohe Geschwindigkeit, synchron, teuer, Mehrfachnutzung war bis 1987 untersagt).

Neben paketvermittelter Übertragung und Direktverbindungen bietet DACOM auch Mehrwertdienste an:
- Videotex (Hotel-Reservierungen u.ä., allgemeine Information, 1988 ca. 6000 Seiten, nur wenige Teilnehmer), "Chollian" (geschäftliche Information),
- "National Administrative Information System" (Versorgung öffentlicher Stellen mit statistischen Daten),
- "Wide Information Network Service WINS", für die Olympischen Spiele entwickelt, soll nach Barcelona verkauft und später als Business-Service weiterentwickelt werden (Datenbankdienst, electronic mail).
- "DACOM Computer Service" (Vermittlung von Computerdiensten zwischen Firmen).

Mit Mehrwertdiensten will DACOM auch auf ausländischen Märkten aktiv werden.

Telekommunikationsindustrie

Bis 1980 gab es eine "Korea Telecommunications Company", die alle Kommunikationsgeräte herstellte. Telekommunikation war bis dahin in Korea gleichbedeutend mit Telefondienst. 1980 wurde die Firma von Samsung gekauft und in die Samsung G.T.E. Telecommunications Co. eingegliedert. Goldstar trat als zweiter großer Hersteller auf. Heute besteht bei den Endgeräten ein freier Markt, ebenso bei Nebenstellenanlagen. Bei Fernsprechgeräten und Nebenstellenanlagen sind ausländische Anbieter wegen mangelnder preislicher Konkurrenzfähigkeit nicht vertreten.

Auch an der Produktion der Telekommunikationsausrüstungen sind nur die "Chaebol" beteiligt und zwar mit folgenden Schwerpunkten:

Telefon-Endgeräte:	Samsung, Goldstar
Vermittlungssysteme:	Goldstar, Daewoo
Übertragungskabel:	Taihan.

Bis vor kurzem waren für den Import von Telekommunikationsausrüstungen Importlizenzen des Ministeriums für Handel und Industrie erforderlich. Die ausführende Institution EIAK (Electronic Industries Association of Korea) traf Fall-zu-Fall-Entscheidungen; es mußte sichergestellt werden, daß die Produkte nicht in Korea selbst hergestellt werden konnten. Jedoch war Korea auch schon während dieser Importbeschränkungen ein

Netto-Importeur von Telekommunikationsausrüstung, vor allem aus den USA und Japan. Viele Unternehmen der Telekommunikationsindustrie haben Joint-Ventures oder Technologietransferabkommen mit ausländischen Firmen abgeschlossen. Tabelle 7.1-8 gibt einen Überblick über die Struktur der Telekommunikationsindustrie.

Beispiel: Telefax-Hersteller

1982 beschloß das MOC, den Fernkopierdienst einzuführen. Die KTA entschied, dazu das öffentliche Telefonnetz zu benutzen. Fünf Unternehmen wurden aufgefordert, Faksimile-Geräte herzustellen. Sie trafen dazu Technologietransfer-Abkommen mit japanischen Firmen, die bis dahin den Telefax-Weltmarkt kontrollierten:

- Samsung/Toshiba
- Goldstar/NEC, 1987 auch Matsushita
- Daewoo/Sanyo
- Lotte/Canon
- Hyundai/Fuji

Tabelle 7.1-8: Struktur der Telekommunikationsindustrie in Korea (Quelle: Business Korea Yearbook 1988/89)

Unternehmen	Größte Anteilseigner	Mitarbeiter	Technologietransfer von	Produkte im Telekommunikationsbereich
Goldstar Telecommunication	Siemens, Deutsche Entwicklungs-Gesellschaft Lucky-Goldstar, Fuji	3070	Siemens, AT&T, Western Electric	alle Telekommunikationsausrüstungen (60 % des einheimischen Marktes)
Samsung Semiconductor and Telecommunications	Samsung-Gruppe	12150	ITT	alle Telekommunikationsausrüstungen
Daewoo Telecom	Daewoo-Gruppe	2770	Northern Telecom	alle Telekommunikationsausrüstungen
OTELCO	Oriental Precision Ericsson	1300	Ericsson	Telefon-Endgeräte, Vermittlungssysteme
Taihan	Privatpersonen	2660	--	Übertragungskabel
Hyundai Electronic Industries	Hyundai-Gruppe	9000	--	Telefon- und Telex-Endgeräte Autotelefone

Die Telefax-Nutzung verbreitete sich rasch: 1982 gab es erst 200 Anschlüsse, 1985 schon 4300 und 1988 ca. 38000. Bis 1990 werden 80000 Anschlüsse erwartet.

Die Regierung begrenzt jetzt den Import japanischer Geräte. Die Unternehmen werden angehalten, Niedrig-Preis-Modelle zu entwickeln, die sich auch zum Export eignen. Die Technologie hinkt jedoch dem internationalen Standard noch hinterher.

7.2 GRUNDSTRUKTUREN VON FORSCHUNG UND ENTWICKLUNG IN DER TELEKOMMUNIKATION

Telekommunikation ist in Korea eines der wichtigsten Forschungsgebiete. Dies hat im wesentlichen drei Gründe:

- In diesem Gebiet werden große Exportchancen gesehen, insbesondere in die Länder der Dritten Welt.
- Infolge des Wirtschaftswachstums und des relativen Rückstands in der Verbreitung von Telekommunikationsdiensten wird noch ein erhebliches Wachstum des einheimischen Marktes erwartet.
- Auf dem Gebiet der elektronischen Vermittlungssysteme reiht sich Korea aufgrund seiner FuE-Erfolge in die weltweit auf diesem Gebiet führenden Länder ein.

Die Inhalte der FuE werden - wie in der sonstigen FuE - in starkem Maße von der Regierung bestimmt. Sie übt direkte und indirekte Einflüsse aus. Direkte Beeinflussung erfolgt durch die Finanzierung der FuE durch die KTA, deren Planung und Budget vom MOC festgelegt werden, und die Beauftragung von FuE-Einrichtungen mit den "nationalen Forschungsprojekten", die Verbundprojekte (Industrie, Hochschulen, Großforschungszentren, Netzträger) sind.

Indirekte Einflußnahme auf die Unternehmen erfolgt durch die nicht FuE-bezogene Kreditvergabepolitik der Regierung, durch Steuererleichterungen und Kredite zur Forschungsförderung und durch die Importbestimmungen, die z. B. den Zukauf von Technik oder von entsprechenden Komponenten bevorzugen können.

<u>Wichtigste FuE-Einrichtungen</u>

Im folgenden wird zunächst ein Überblick über die Einrichtungen und ihre Zusammenhänge gegeben (Tabelle 7.2-1); Einzelheiten, insbesondere über FuE-Inhalte, finden sich in Abschnitt 7.3.

Es gibt drei wichtige <u>staatliche Forschungseinrichtungen</u> im Telekommunikationsbereich:

- ETRI, das zu zwei Dritteln von der KTA finanziert wird,

- KAIST, das Grundlagenforschung betreibt, und
- KISDI (Korea Information and Society Development Institute), ein erst 1988 eingerichtetes Institut, das umsetzungsorientierte Studien auf dem Gebiet der Telekommunikationspolitik durchführt (einziges Institut dieser Art in Korea, für koreanische Verhältnisse im internationalen Vergleich recht groß).

Der Netzbetreiber KTA, der (noch) zu 100 % staatlich ist, hat eine eigene FuE-Einrichtung (KTARC), die sich noch in einer Aufbau- und Umstrukturierungsphase befindet. Der zu zwei Dritteln private Netzbetreiber für die Datenkommunikation DACOM hat ebenfalls ein Forschungslabor. Es betreibt eigenständige FuE auf ausgewählten Gebieten.

Die industrielle FuE wird im wesentlichen von den vier koreanischen Großkonzernen Daewoo, Goldstar, Samsung und - in geringerem Maße - Hyundai durchgeführt. Die FuE im Telekommunikationsbereich ist dabei einzelnen Töchtern dieser Konzerne nicht immer eindeutig zuzuordnen. Es gibt zwei weitere Unternehmen, die zwar in der Größenordnung ihrer FuE-Aufwendungen nicht an die "Chaebol" heranreichen, aber dennoch von Bedeutung sind: Taihan als traditioneller Produzent von Telekommunikationskabeln in Korea und OTELCO wegen seiner Beteiligung an der Entwicklung des TDX.

Im "Business Korea Handbook" der 450 größten Unternehmen (wobei die Töchter der Konzerne einzeln gezählt werden) können Hinweise auf weitere Hersteller im Telekommunikationsbereich gefunden werden; sie werden jedoch von den koreanischen Sachkennern im Hinblick auf ihre FuE als unbedeutend eingeschätzt. Dasselbe gilt auch für kleinere industrielle Forschungsinstitute, die im Katalog des MOST von 1987 (MOST 1987b) aufgeführt sind.

Bei der universitären Forschung wäre allenfalls die Seoul National University zu nennen. Wegen der Geringfügigkeit der akademischen Telekommunikations-FuE wird ein entsprechend detaillierter Abschnitt im Kapitel 7.3 weggelassen. Im übrigen siehe Tabelle 7.2-3 unten.

Budgetärer Umfang der Telekommunikations-FuE

Wie in Abschnitt 7.2.1 dargelegt, sind die Angaben für FuE-Aufwendungen in Korea problematisch, vor allem wegen unklarer Zuordnungen innerhalb der Unternehmen, widersprüchlicher Daten in verschiedenen Quellen und der Überhöhung der FuE-Angaben, um den staatlichen Plänen gerecht zu werden und (kleinere) Konkurrenten abzuschrecken.

Tabelle 7.2-1: Bedeutendste FuE-Einrichtungen im Telekommunikationssektor in Korea und geschätzte FuE-Aufwendungen 1986 (Quellen: Persönliche Mitteilungen, MOST 1987b, Jahresberichte; die Angaben beziehen sich auf die Telekommunikation und sind überwiegend - zum Teil grob - geschätzt)

Organisation	Forscher 1986	FuE-Budget 1986 (Mrd. Won)	Finanzierung	FuE-Schwerpunkte im Telekommunikationsbereich
Staatliche Institute				
ETRI	400	17	70 % KTA 25 % Industrieaufträge 5 % MOC und MOST	TDX, ISDN, Lichtleiter, Btx Teletex
KAIST	80	10	85 % MOST 15 % Aufträge	Grundlagen (Lichtleiter, integrierte Sprach-Daten-Übertr.)
KISDI	50	1,5	100 % KTA und MOST	Telekommunikationspolitik, sozio-ökonomische Aspekte
Netzbetreiber				
KTARC	180	7,2	100 % KTA	Netze, Dienste, Standards, Betriebsmanagement
DACOM Laboratory	30	14	100 % Dacom (33 % KTA, 66 % privat)	ISDN, Netzplanung, Schnittstellen, Standards, VAN
Industrie				
Samsung	540	42	privat, staatlich geförderte Einzelprojekte	Vermittlung (TDX), Lichtleiter Fernwirktechnik, Endgeräte
Goldstar	400	30	privat, staatlich geförderte Einzelprojekte	TDX, ISS-5, Übertragung, Lichtleiter, Mikrowelle
Daewoo	80	15	privat, staatlich geförderte Einzelprojekte	digitale Übertragung, TDX, opt. Kommunikation, Funk, neue Medien
Taihan	50	1	privat	Lichtwellenleitersysteme, ISDN-Endgeräte
OTELCO	60	1,5	privat, staatlich geförderte Einzelprojekte	TDX, ISDN, Nebenstellenanlagen
Summe (aufgerundet)	1900	140		

Aus diesen Gründen ist es aussichtslos, einigermaßen zutreffende Zeitreihen zur telekommunikationsbezogenen FuE aufzustellen. Die amtliche Statistik erlaubt in ihrer größtmöglichen Zerlegungsstufe lediglich Angaben zu den in allen Unternehmen des Elektro- und Elektroniksektors verausgabten FuE-Aufwendungen (unabhängig von ihrer Finanzierung) seit 1979. Wegen der erheblichen Entwertung des Won sind in Abbildung 7.2-1 die realen Mittel bezogen auf US $ (1987) sowie bezogen auf das Bruttoinlandsprodukt (in laufenden Won) angegeben worden.

Abbildung 7.2-1: Reale industrielle FuE-Aufwendungen für Elektrotechnik und Elektronik (inklusive Telekommunikation) in der Republik Korea 1979 bis 1986 (Quelle: MOST)

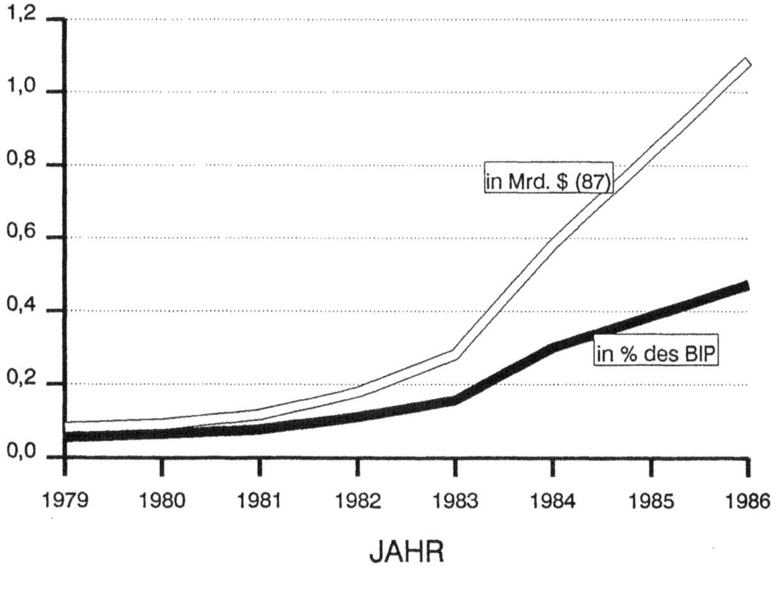

Es zeigt sich sehr Erstaunliches: Die realen Aufwendungen haben sich seit 1979 mehr als verzehnfacht. Da einerseits der Won keine völlig frei konvertierbare Währung darstellt, also in US $ überbewertet sein könnte, und andererseits die koreanische Volkswirtschaft stark gewachsen ist, spricht der Anteil der Elektronik-FuE am Bruttoinlandsprodukt möglicherweise eine noch deutlichere Sprache: Elektronik-FuE ist seit 1979 um mehr als das achtfache stärker gewachsen als das BIP. Südkoreas Elektronik-FuE legte wesentlich stärker zu als die Gesamtwirtschaft. Weicht man auf nichtamtliche Angaben (Firmenprospekte, Gespräche) und eigene Abschätzungen (gesprächsweise erhobene grobe Aufteilung auf Telekommunikation und anderes) aus und nimmt die dadurch entstehenden Fehler in Kauf, dann läßt sich auch die darin enthaltene telekommunikationsbezogene FuE zumindest überschlagsmäßig abschätzen (siehe Tabelle 7.2-1). Allerdings ist nurmehr ein Querschnitt um das Jahr 1986 herum möglich, aber keine Zeitreihe. Mit diesen Annahmen beläuft sich das monetäre Volumen der telekommunikationsbezogenen FuE in Südkorea auf etwa 140 Mrd. Won (0,35 Mrd. US $), wobei 1900 Personen diese ausführen (ca. 1986). Bezieht man die Angaben auf die obengenannte Elektronik-FuE, so erkennt man, daß Telekommunikation etwa ein Drittel der industrieseitigen Elektronik-FuE ausmacht. Da die reale Steigerung pro Jahr etwa 20 % beträgt (Abbildung 7.2-1), wird die Telekommunikations-FuE im Jahr 1987 auf 0,41 Mrd. US $ abgeschätzt.

Abbildung 7.2-2: Telekommunikationsbezogene FuE-Aufwendungen um 1986 nach durchführenden Institutionen (Quellen: Persönliche Mitteilungen, MOST 1987b, Jahresberichte; die Angaben beziehen sich nur auf die Telekommunikation und sind überwiegend - zum Teil grob - geschätzt)

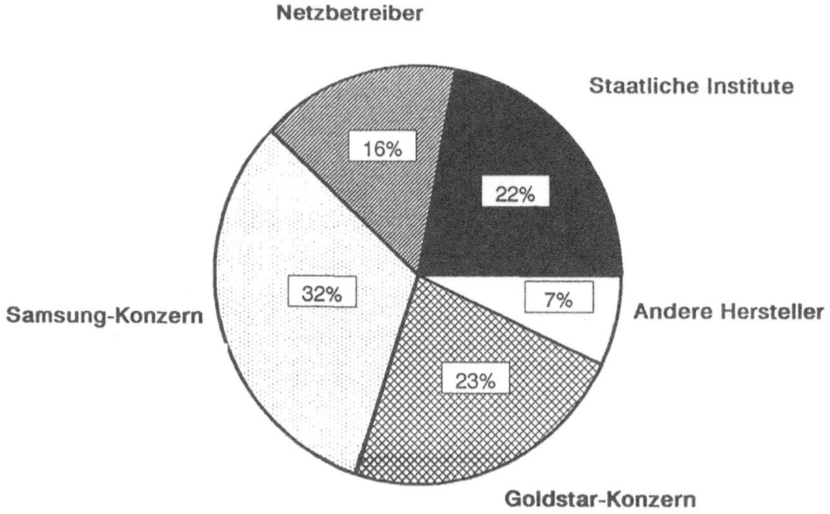

Abbildung 7.2-2 verdeutlicht die Aufteilung der FuE-Aufwendungen auf die durchführenden Institutionen um das Jahr 1986. Bei Zurechnung der KTA kontrolliert die öffentliche Hand auf der Durchführungsseite knapp ein Drittel der FuE direkt, die Herstellerindustrie etwa zwei Drittel. Der Samsung-Konzern engagiert sich stärker als die Goldstar-Gruppe.

Aufgrund der vorliegenden Daten läßt sich der direkte staatliche Finanzierungsanteil an der gesamten Telekommunikations-FuE nur näherungsweise um das Jahr 1986 auf etwa 30 % abschätzen. Unabhängig von der Richtigkeit des Zahlenwerts ist aber ohnehin fraglich, was diese Zahl angesichts der vielfältigen indirekten FuE-Subventionen (siehe oben im Abschnitt 7.1.1) besagt. Jedenfalls unterliegt mehr als ein Drittel des FuE-Personals in der Telekommunikation staatlicher Aufsicht - vor allem wegen der bedeutenden Rolle von ETRI. Die Staatseingriffsquote in die Telekommunikations-FuE ist somit hoch.

Exkurs: Besonderheiten der Patentanalyse in einem Schwellenland

In Ländern mit nachholender Entwicklung besteht kein Bedarf für ein in der Rechtswirklichkeit bedeutsames Patentgesetz, soweit die technologische Lücke zu den Industrieländern groß ist. Denn nach internationalen Maßstäben ist das wichtigste Kriterium für die Erteilung eines Patentes die weltweite Neuheit; Erfindungen aus den Entwicklungsländern müssen sich also am Standard der Industrieländer messen lassen. Aus der Gruppe der sog. Less bzw. Least Developed Countries gibt es daher aufgrund fehlender eigener Forschungskapazitäten nur sehr wenige Patentanmeldungen, die schon aufgrund ihres zufälligen Charakters nicht für eine Beurteilung der jeweiligen nationalen Situation geeignet sind. Entwicklungsländer sind auch deshalb wenig an einem nationalen Patentrecht interessiert, weil die meisten Patentrechte an Ausländer vergeben würden und somit die Gefahr einer Einschränkung der nationalen Handlungsfähigkeit bestünde. Infolgedessen gibt es in vielen Entwicklungsländern zwar rein formal ein Patentgesetz; doch ist es in der Praxis kaum möglich, Ansprüche aus gewerblichen Schutzrechten tatsächlich durchzusetzen.

Sobald es einem Land gelungen ist, die technische Lücke soweit zu schließen, daß es der Kategorie der Schwellenländer zuzurechnen ist, treten neue Bedingungen ein. Die nationalen Unternehmen sind zwar nach wie vor daran interessiert, ausländische Technologie möglichst ungehindert kopieren zu können. Gleichzeitig wächst aber das Interesse, eigene Neuentwicklungen, die nunmehr an den Weltstandard heranreichen, vor dem Nachbau durch die Konkurrenz schützen zu können. Darüber hinaus haben auch die großen Industrieländer ein stärkeres Interesse an einem ausgebildeten System des gewerblichen Rechtsschutzes, da die Schwellenländer einerseits als Absatzmarkt, andererseits als Quelle technologischer Konkurrenz eine größere Bedeutung erlangen. Außerdem sind Industrieländer nur dann zu einem stärkeren Technologietransfer, z. B. im Rahmen von Joint Ventures, bereit, wenn die Zielländer genügend Sicherheiten im Patent- und Lizenzbereich bieten. In Schwellenländern erhält daher das Patentrecht mit dem Fortschreiten der technologischen Entwicklung eine zunehmende Bedeutung in der Rechtswirklichkeit. (Vertiefungen zu dieser Problematik finden sich in der sehr umfangreichen diesbezüglichen Literatur; vgl. z. B. Mangalo 1977, Stumpf 1977, Greif 1976, Greif 1981.)

Die oben skizzierte Situation für Schwellenländer trifft auch auf den Fall von Südkorea zu, wo im Jahre 1973 ein Patentgesetz eingeführt wurde, das über einen rein formalen Charakter hinausging. Verschiedene Gesetzesänderungen aus den Jahren 1979, 1980, 1982 und 1986 zeigen, daß der gewerbliche Rechtsschutz in den 80er Jahren eine zunehmende Bedeutung erlangte und immer wieder den sich schnell verändernden Bedingungen angepaßt wurde. Im Patentrecht wird dabei einerseits versucht, In- und Ausländern die Möglichkeit zu einer Absicherung ihrer Erfindungen zu geben; doch soll gleichzeitig der Mißbrauch von Patentrechten verhindert werden. Die Änderungen zielen daher wesentlich auf Fragen des Ausübungszwangs und vor allem des Lizenzrechtes.

FuE-Arbeitsteilung in den Unternehmen

Bei einer Analyse des Patentierverhaltens südkoreanischer Erfinder und Anmelder ist generell festzustellen, daß im Ausland nur wenige Patentanmeldungen getätigt werden. Infolgedessen finden sich bei einer Analyse des deutschen oder amerikanischen Marktes im Bereich der Telekommunikation nur vereinzelt Patentanmeldungen, deren eher zufälliger Charakter keine Aussage über die Struktur von Forschung und Entwicklung zuläßt. Aus dieser Situation läßt sich aber immerhin schließen, daß das technologische Niveau nur in wenigen Einzelfällen so hoch ist, daß sich der Kostenaufwand von Auslandsanmeldungen lohnt und eine dezidierte technologische Konkurrenz mit Herstellern aus Industrieländern möglich ist. Auch die Publikationstätigkeit koreanischer Autoren in international renommierten Zeitschriften ist für statistische Auswertungen nicht sehr gut geeignet.

Rückschlüsse auf die Situation von Forschung und Entwicklung in Südkorea anhand von Patenten sind lediglich auf der Basis von Inlandsanmeldungen möglich, wobei im Bereich der Telekommunikation in den 80er Jahren ein stark ansteigender Trend zu beobachten ist. Es muß dabei allerdings offen bleiben, inwieweit dieses Wachstum auf einen größeren FuE-Output oder aber eine zunehmende Patentierneigung zurückzuführen sind. Denn aufgrund der verschiedenen Gesetzesänderungen ist es wahrscheinlich, daß für die Unternehmen erst in den letzten Jahren Patentanmeldungen überhaupt sinnvoll geworden sind. Da aber für alle koreanischen Unternehmen prinzipiell dieselben Ausgangsbedingungen gelten, ist zumindest für die 80er Jahre ein Vergleich der Anmeldezahlen im Bereich der "Elektrischen Nachrichtentechnik" (Patentklasse H04) mit Hilfe der internationalen Datenbank INPADOC aussagefähig. Danach erweisen sich die Unternehmen Samsung und Goldstar mit 265 bzw. 193 Anmeldungen als die bedeutendsten Unternehmen. Es folgen mit 29 Anmeldungen Oriental Precision und mit 25 Anmeldungen Daewoo. Lediglich acht Anmeldungen stammen jeweils von den Instituten ETRI und

KAIST. Angesichts der Tatsache, daß das ETRI erst im Jahre 1985 diesen Namen annahm, dürften diese Aktivitäten aber höher liegen, als sie zum Zeitpunkt der Datenerhebung in den Patenten erscheinen (siehe Abschnitt 7.3.1).

Tabelle 7.2-2: Spezialisierungsprofil Koreas in der industriellen Telekommunikationsentwicklung (Südkoreanische Patentanmeldungen im In- und Ausland)

Firmen/Institutionen	Leitungsgebundene Kommunik.	Radiotechnik	Bildübertragung (TV)	Telefax, Bildtelefon	Digitale Übertragung	Lichtwellenleiter	Radar	Fernwirktechnik	Endgeräte
Patentmarkt: Korea (1984/85)									
Samsung	35	13	105	2	21	5			12
Goldstar	35	15	50	2	12	23	3	3	19
Oriental Precision	16	5	3		2				1
Daewoo	3	2	13				1		
Patentmarkt: USA (1970-1986)									
Samsung	2		1	1					
Goldstar			2		1	1			
KAIST	1				1		1		
Patentmarkt: Bundesrepublik Deutschland (1970-1986)									
Samsung			2						
Goldstar			4		1				

Für die vier genannten Unternehmen wurde zusätzlich für die Prioritätsjahre 1984 und 1985 eine Profilanalyse vorgenommen, um Schwerpunktsetzungen erfassen zu können. Dabei wurde ein Zweijahres-Zeitraum gewählt, um einen ausreichend hohen Stichprobenumfang zu erhalten. Mit Hilfe der Datenbank INPADOC gelingt allerdings eine Zuordnung zu den neun Technologiefeldern, die eingangs definiert wurden, nicht immer vollständig, da eine Begrenzung von Patentsymbolen mit Stichworten nicht möglich ist. (Dies ist der Grund, weshalb die Datenbank außer für Korea in diesem Bericht nicht verwendet wird.) Von daher mußten insbesondere bei den Feldern der Digitaltechnik und der sonstigen Endgeräte für Südkorea zum Teil Schätzungen vorgenommen werden. Generell bestätigt sich auch in dieser breiteren Profilanalyse die Rangfolge, die nur für die gesamte elektrische Nachrichtentechnik gefunden wurde. Die Überlegenheit von Samsung gegenüber Goldstar beruht allerdings im wesentlichen auf Aktivitäten im Bereich der allgemeinen Bildübertragung, wo Samsung 105 gegenüber 50 Anmeldungen von Goldstar zu verzeichnen hat. In der leitungsgebundenen Telekommunikation liegen beide Unternehmen mit 35 Anmeldungen auf gleicher Höhe. Im Bereich fortgeschrittener Technologien hat Samsung seinen Schwerpunkt in der Digitaltechnik, während sich Goldstar auf die Lichtwellenleiter-Kommunikation konzentriert (vgl. Tabelle 7.2-2).

Insgesamt weisen die Patentindikatoren darauf hin, daß die Forschungs- und Entwicklungsaktivitäten - mit Ausnahme von Oriental Precision - sich vorwiegend auf den Bereich der allgemeinen Bildübertragung, also auf die Konsumelektronik konzentrieren. Auch im Bereich der klassischen leitungsgebundenen Kommunikation sind deutliche Aktivitäten zu verzeichnen, während die Bemühungen im Bereich der neuen Technologien, der Digitaltechnik und der Lichtwellenleiter-Kommunikation, gemessen am internationalen Standard noch gering sind. Dieses Ergebnis wurde durch die Interviews bestätigt.

Abbildung 7.2-3: Gleichmäßigkeit der Beteiligung an Telekommunikations-FuE in der Republik Korea nach durchführenden Unternehmen auf der Basis von Inlandspatenten aus dem Erfindungszeitraum 1984 und 1985

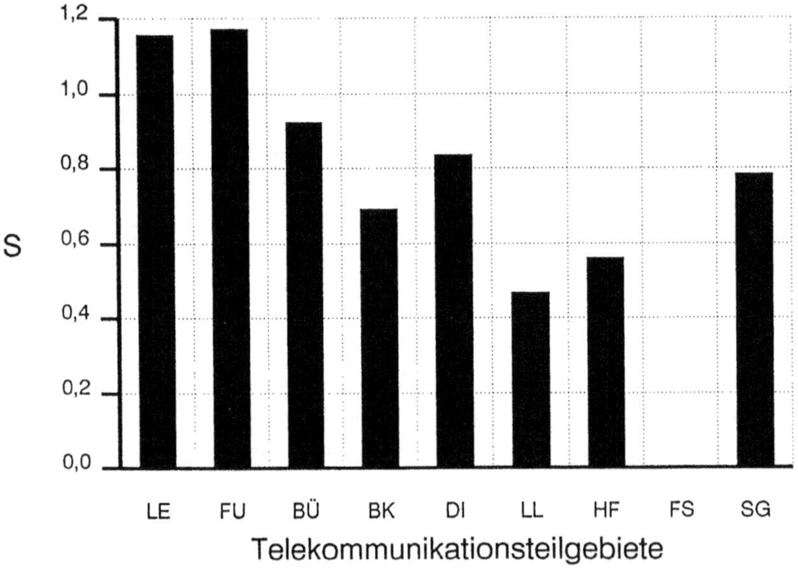

Die Konkurrenz zwischen den Unternehmen bzw. die Gleichmäßigkeit der Beteiligung am FuE-Geschehen läßt sich gemäß Abbildung 7.2-3 sehr anschaulich aus dem Gleichmäßigkeitsmaß (oder Entropiemaß) ablesen, das die Breite der Verteilung der feldspezifischen Aktivitäten in Südkorea mißt (vgl. methodische Einleitung, Abschnitt 0.4.3; bei seiner Berechnung wurden andere als die in Tabelle 7.2-2 enthaltenen Institutionen wegen ihrer geringen Bedeutung weggelassen, es handelt sich also um N=4 Institutionen). Demnach ist die Konzentration in Südkoreas Telekommunikations-FuE in der Fernsignaltechnik am höchsten (d. h. die Verteilungsbreite oder Entropie am niedrigsten, weil nur ein Unternehmen - Goldstar - FuE hierzu durchführt). Hohe FuE-Konzentration liegt auch bei Lichtwellenleitern und Hochfrequenz-Kommunikation sowie in der Bildkommunikation vor. Die größte Gleichmäßigkeit der Aktivitäten finden sich bei der leitungsgebundenen und der Funkkommunikation. Auch hier reichen die Maßzahlen jedoch an die in anderen kleineren Ländern nicht heran.

Arbeitsteilung zwischen Industrie, Hochschulen und sonstigen Forschungseinrichtungen im Bereich der angewandten Forschung

Die Publikationsstatistik ist - in komplementärer Ergänzung zur Patentstatistik - bei der Identifikation der Forschungsergebnisse hilfreich und weniger für eine Beobachtung der Entwicklungsergebnisse geeignet (siehe methodische Einleitung). Telekommunikationsbezogene Forschung findet - wenn überhaupt - in Südkoreas öffentlichen Instituten und Universitäten statt. Die Unternehmen publizieren ihre Entwicklungsarbeiten nur selten im wissenschaftlichen Raum. Abbildung 7.2-4 verdeutlicht das Ausmaß und die Arbeitsteilung bei den FuE-Arbeiten im gesamten Zeitraum 1973 bis 1987. Es wurden 285 Publikationen gezählt (vgl. Tabelle 7.2-3). Schwerpunkte koreanischer FuE sind Theorie,

Abbildung 7.2-4: Arbeitsteilung in telekommunikationsbezogener FuE zwischen Instituten und Hochschulen im Zeitraum 1973 bis 1987 auf der Basis der Publikationsstatistik (teilweise aus Stichproben hochgerechnet; siehe Tabelle 7.2-3)

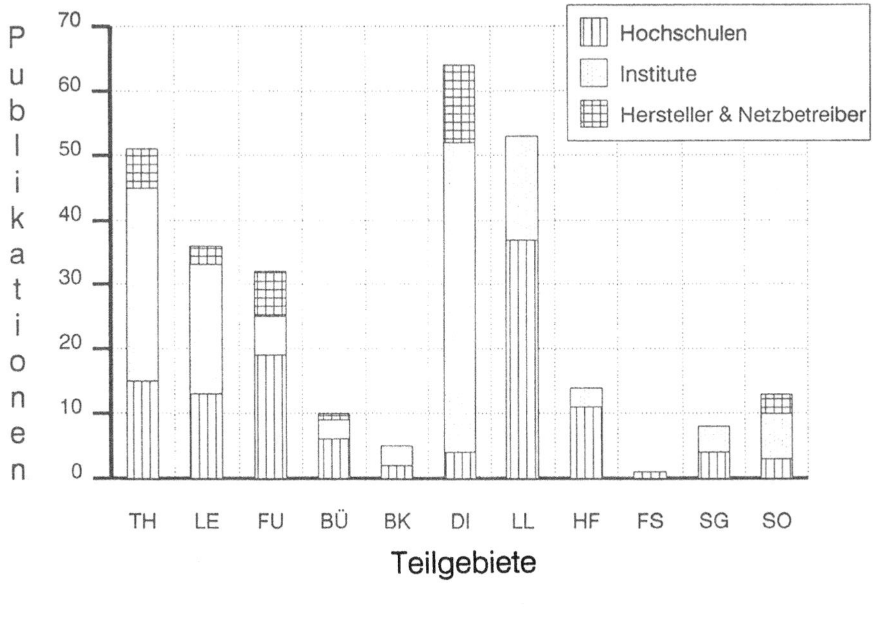

Tabelle 7.2-3: Weltweite Spezialisierung in der Telekommunikationsforschung in Südkorea

Firmen/Institute Jahre	TH 80, 86	LE 75, 80, 86	FU 75, 80, 86	BÜ 73-87	BK 73-87	DI 75, 80, 86	LL 75, 80, 87	HF 73-87	FS 1978	SG 73-87	SO 73-87
Industrie											
Goldstar	-	1	1	1	-	-	-	-	-	-	1
Institute											
KAIST	6	4	-	3	2	7	1	1	-	-	3
Daejon Tech.Coll	1	-	-	-	-	-	-	-	-	-	
ETRI	5	-	-	-	1	1	1	1	-	1	3
Inst.Elec.Eng.	-	1	-	-	-	4	1	1	-	2	1
KUM OH Inst.	-	-	-	-	-	-	-	-	-	1	-
Regierung											
MOC	-	1	-	-	-	-	-	-	-	-	-
Agency for Defence	-	-	-	-	-	-	-	-	-	-	-
Netzbetreiber											
KTA	-	-	-	-	-	3	-	-	-	-	2
Universitäten											
Seoul National	2	1	2	3	-	1	-	2	-	4	1
Yonsei	2	-	1	-	-	-	2	1	-	-	-
Hanyang	-	-	-	-	-	-	-	-	-	-	2
Maritime Seoul Uni	-	2	-	1	-	-	2	-	-	-	-
Kyung Pook Taequ	-	-	-	2	-	-	1	1	1	-	-
Sons. Univ.	1	-	-	-	2	-	-	5	-	-	-
Summe im jeweiligen Zeitr.	17	10	4	10	5	16	8	12	1	8	13
Summe im Gesamtzeitraum 1973-1987	51	36	32	10	5	64	53	12	1	8	13

Digitaltechnik und Lichtleiter-FuE, Schwachpunkte sind Funknachrichtentechnik und Bildkommunikation. Die Lichtleiterforschung findet überwiegend in Universitäten, die Arbeiten über Digitaltechnik in den Instituten statt.

FuE-Dynamik im internationalen Vergleich

Abbildung 7.2-5: FuE-Dynamik (RLA-Indikator) Südkoreas im internationalen Vergleich 1973 bis 1987

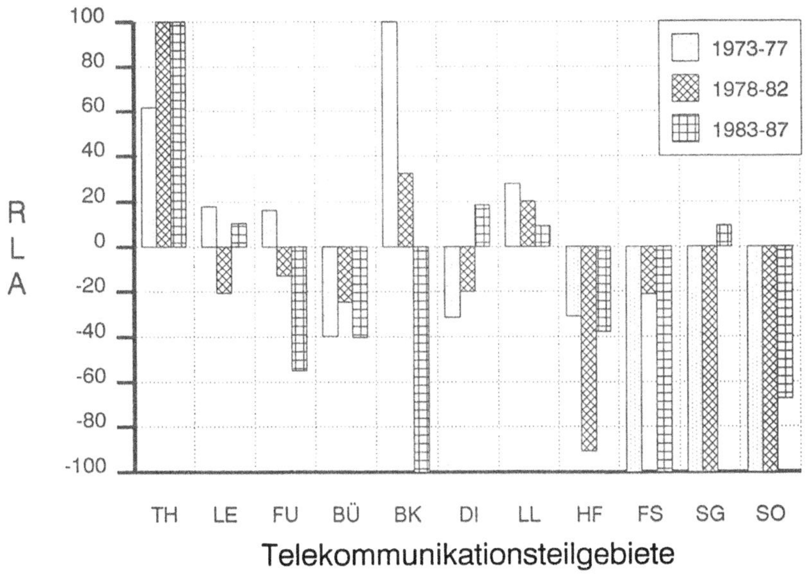

Auf der Basis der Literaturstatistik läßt sich der Indikator für die internationale Publikationsspezialisierung berechnen (siehe methodische Einleitung, Abschnitt 0.5). Er zeigt, wie sich die Trends im nationalen Publikationsaufkommen im Verhältnis zum Weltdurchschnitt entwickeln. Abbildung 7.2-5 gibt die Trends seit 1973 wieder. Eine starke Forschungsaktivität gibt es im Theoriebereich, die jedoch nur zum kleineren Teil auf die Universitäten zurückgeht. Um den Weltdurchschnitt bewegen sich die Aktivitäten bezüglich der leitungsgebundenen Telekommunikation in Draht und Lichtleitern sowie die Digitaltechnik. Die Aktivitäten auf dem Gebiet der Bildkommunikation sind im Verlauf der betrachteten Jahre extrem stark zurückgegangen, während die Funktechnik ebenfalls abnimmt und die Bildübertragung nie stark war. Alle übrigen Gebiete sind stark unterdurchschnittlich vertreten. Eine andere Einschätzung ergibt sich aber aufgrund der Patentstatistik (siehe oben). Offenbar publizieren koreanische Unternehmen nicht in wissenschaftlichen Zeitschriften, weil sie zwar Entwicklungsarbeiten, aber keine Forschung durchführen.

7.3 ROLLENVERTEILUNG IN DER TELEKOMMUNIKATIONS-FuE

7.3.1 ROLLE DES STAATES UND SEINER INSTITUTE

Neben den Staatsinstituten spielt das Office of Supply der Republik Korea (OSROK) ein Rolle in der telekommunikationsbezogenen FuE. Es ist die zentrale Beschaffungsagentur der Regierung und stellt "den bedeutendsten Kanal für den Verkauf von Telekommunikationsgeräten" dar (Kalin 1985, 96). Soweit das Beschaffungswesen sich nicht auf Käufe "aus dem Regal" richtet, werden hierdurch entscheidende Weichen für die FuE gestellt.

Normen für die Telekommunikationstechnik werden vom ETRI ausgearbeitet und von der KTA festgelegt.

Electronics and Telecommunication Research Institut (ETRI)

Das wichtigste Forschungsinstitut auf dem Gebiet der Telekommunikation in Korea ist das ETRI. Es besteht unter diesem Namen seit 1985. Damals wurden zwei Institute zusammengeschlossen:

- das KETRI (Korea Electrotechnology and Telecommunications Research Institute), das 1981 seinerseits aus zwei anderen Instituten zusammengesetzt wurde, mit ca. 350 Mitarbeitern und
- das KIET (Korea Institute of Electronics Technology), das Ende 1976 gegründet worden war, sich mit Halbleitertechnologie und Automation befaßte und zuletzt etwa 300 Mitarbeiter hatte.

1989 hatte das ETRI ca. 1500 Beschäftigte, davon 1100 Forscher und Ingenieure. Im Telekommunikationsbereich sind ca. 400 FuE-Mitarbeiter tätig. Das gesamte FuE-Budget betrug 1986 ca. 46 Mrd. Won. 70 % der Mittel kommen von der KTA, 5 % von MOC und MOST, 25 % werden durch Industrieaufträge finanziert. 24 % der Mittel sind eine Grundfinanzierung. Die KTA gab 1989 3,2 % ihres Umsatzes für FuE sowie für Aus- und Weiterbildung aus, die Hälfte davon erhielt das ETRI. Das ETRI betreibt sowohl Vorlaufforschung bis hin zur Entwicklung als auch Grundlagenforschung.

Das ETRI expandiert zur Zeit immer noch stark. Es liegt in der Daeduk Science Town und unterhält ein Forschungslabor in den USA. Kontakte bestehen zu AT&T, Alcatel, dem Heinrich-Hertz-Institut und zu Taiwan. Es handelt sich dabei um Informationsaustausch, gegenseitige Teilnahme an Seminaren, Austausch von Personal und kleinere gemeinsame Projekte.

Das ETRI ist bei der Anmeldung von Patenten sehr aktiv: 1987 erhielt es 92 Patente, 1988 wurden 130 Patente angemeldet. Insgesamt wurden bisher sechs Patente in den USA und sechs in Japan angemeldet.

MOC und KTA planen den Ausbau der Netze und Dienste und beauftragen das ETRI, entsprechende Technologien zu entwickeln. Schwerpunkte der FuE des ETRI sind

- ISDN, "Systemarchitektur": Standardisierung von Protokollen, Verbindung von PSTN und PSDN, intelligente Prozessoren, Subscriber-Digitalisierung, Implementierung von OSI-Protokollen.
- Lichtwellenleiter: 1,3 mm-Fasern, Photonen, Hochgeschwindigkeitsfasern, optische Subscriber-Netze.
- Endgeräte: "Mixed-Mode"-Terminal, Telex-Teletex-Konvertierung, ISO-Stationen, Stimmenerkennung, "Voice-Mail"-System.
- Radiotechnologie: Mikrowellen, Satelliten.

In der Computer-Abteilung wird unter anderem auf dem Gebiet der künstlichen Intelligenz gearbeitet. Außerdem führt das ETRI Planungsstudien für das MOC durch.

Das ETRI und sein Vorgänger KETRI haben einen erheblichen Beitrag zur Entwicklung von Vermittlungssystemen (TDX) geleistet. Das ETRI arbeitet heute an Verbesserungen für TDX-1 und an der Entwicklung von TDX-10 einschließlich Software.

Insgesamt wurden für die Entwicklung von TDX-1 zwischen 1978 und 1986 durchschnittlich 1300 Personenmonate pro Jahr investiert. Die Regierung unterstützte das Projekt mit insgesamt ca. 13 Mio. $.

ETRI übernahm 1982 die vermittelnde Funktion zwischen Industrie, Hochschulen und Netzträger bei der Durchführung mehrerer nationaler Verbundprojekte:
- Submikron-Prozeßtechnologie im Hinblick auf den 4 MB DRAM (seit 1986),
- Kundenspezifische Chipentwicklung (1985 bis 1990, finanziert von KTA),
- Digitale Vermittlung im Hinblick auf die Entwicklung von TDX-1 (1982 bis 1986; Phase I),
- Digitale Vermittlung und TDX-1B (1987 bis 1992, Phase II),
- Optische und schnelle Halbleiter (Galliumarsenid, Optoelektronik) im Hinblick auf die Entwicklung von TDX-10 (seit 1985, finanziert vom MOST).

Diese Vermittlerrolle soll am Beispiel der Entwicklung des TDX-1 verdeutlicht werden (Seo, 1989). ETRI führte die Entwicklungsarbeiten durch, wobei vier Unternehmen FuE-

Personal an das ETRI abordneten. Zunächst beteiligte es sich als integraler Teil der FuE-Teams und sorgte sodann für einen effektiven Technologietransfer in sein Unternehmen hinein. Das KTA-finanzierte Verbundprojekt wurde von einem "TDX Development Program Office" der KTA koordiniert.

Korea Advanced Institute for Science and Technology (KAIST)

Das KAIST, das im wesentlichen Grundlagenforschung betreibt, hatte im Jahr 1986 ein größeres Budget als das ETRI (59 Mrd. Won) und ca. 1200 Mitarbeiter, davon 466 Forscher. In seinen Abteilungen für "Electrical Engineering" und "Computer Science" gibt es ein "Telecommunications System Laboratory". Dort werden die integrierte Voice/Data-Paketübermittlung, die Sprachkodierung und -verarbeitung und die digitale Signalverarbeitung entwickelt. 1987 wurde an einem paketvermittelten Computer-Kommunikationsnetz, an einem automatischen Spracherkennungssystem und an einem "linear prediction vocoder" gearbeitet.

Das KAIST hat seinen Sitz in Seoul. Die Mittel kommen zu 85 % von der Regierung; der Rest resultiert aus Industrieaufträgen. Wichtig ist das KAIST vor allem für die Ausbildung von Nachwuchs-Wissenschaftlern im naturwissenschaftlichen Fach. Es wurde häufig umorganisiert und ist nunmehr in die zwei Bestandteile KAIS und KIST zerlegt worden, aus denen es sich ursprünglich bildete.

Korea Information and Society Development Institute (KISDI)

Das einzige Institut, das sich in Korea mit Studien auf dem Gebiet der Telekommunikationspolitik befaßt, ist das KISDI. Es wurde 1985 als privates Institut unter dem Namen "Institute for Communications Research (ICR)" gegründet. Aufgrund eines Parlamentsbeschlusses vom November 1987 wird es seit Februar 1988 von KTA und MOC voll finanziert. Es hat jetzt ca. 100 Mitarbeiter, davon etwa die Hälfte Wissenschaftler. Das Budget betrug 1988 ca. 3 Mrd. Won.

Das KISDI bearbeitet zur Zeit in sechs Abteilungen die sozio-ökonomische und politische Seite der Telekommunikation. Bisher wurden und werden Forschungsprojekte in folgenden Gebieten durchgeführt:
- Bedeutung der Telekommunikation für die wirtschaftliche Entwicklung,
- Förderpolitik für Informations- und Kommunikationsindustrien,
- Marktliberalisierung, Privatisierungspolitik (z. B. der KTA),
- Dienstangebot,

- "Informationskultur",
- Internationalisierung im Telekommunikationssektor.

Außerdem legt das KISDI regelmäßig Trendanalysen im Informations- und Kommunikationssektors vor, z. B. zur Abschätzung des zukünftigen Telekommunikationsbedarfs.

7.3.2 ROLLE DER NETZBETREIBER

Forschung und Entwicklung in der KTA

Die FuE-Ausgaben der KTA sind von etwa 60 Mio. US $ (1987) auf ca. 145 Mio. $ (1989) in zwei Jahren fast verdoppelt worden und sollen 1990 190 Mio. US $ betragen. Die KTA finanziert neben der DACOM im wesentlichen das eigene Labor (KTARC) und ETRI. ETRI kann zu zwei Dritteln als das "2. Labor der KTA" verstanden werden. Im Sinne einer Aufgabenteilung ist ETRI für vorwettbewerbliche, gerätebezogene FuE und den Technologietransfer an die KTA-Zulieferer verantwortlich, während KTARC Entwicklung im Bereich der Netzwerke betreibt, überwiegend Software-Entwicklung.

Das 1984 gegründete KTARC als eine Abteilung der KTA ist derzeit im Aufbau. Im Jahr 1989 beschäftigte es 375 Mitarbeiter, darunter 300 Forscher. Es ist auf dem Gebiet der Dienste-Entwicklung, des Dienste-Managements, des Netzbetriebs und der Qualitätskontrolle tätig. Es führt Feasibility-Studien durch und entwickelt grundlegende Konzepte für die Dienste entsprechend den Plänen des MOC. Für 1996 wird ein Ausbau auf 1600 Mitarbeiter angestrebt.

Während die FuE-Intensität der KTA 1989 3,2 % betrug und 1990 3,8 % betragen soll, sind für 1996 5 % und für das Jahr 2001 6 % im Visier. Die erheblichen FuE-Mittel (1991 bis 2001 zusammen 4,5 Mrd. US $) werden den Plänen entsprechend nicht nur dem weiteren Ausbau der bestehenden FuE-Infrastruktur dienen, sondern es sollen bis dahin

- ein externes Technikentwicklungszentrum,
- ein Softwareentwicklungszentrum und
- ein Grundlagenforschungszentrum

errichtet werden.

Das KTA-Beschaffungswesen kündigt die Mengen und Typen von Gerät, die es zu beschaffen beabsichtigt, einige Jahre im voraus an. Dies dient vor allem der heimischen Industrie, damit sie genügend Zeit hat, ihre Anlagen dementsprechend zu optimieren (Seo, 1989, 18). Die Industrieangebote von Systemen, die eine erfolgreiche Fertigstellung der Entwicklung versprechen lassen, werden mit "angemessenen Marktanteilen" garantiert.

Forschung und Entwicklung bei DACOM

Der Datennetzbetreiber DACOM hat ein Entwicklungslabor (DACOMLAB) mit 100 Mitarbeitern und einem Budget von 14300 Mio. Won im Jahr 1986. DACOM gibt 4,3 % seines Umsatzes für FuE aus. Das DACOMLAB hat vier Abteilungen mit folgenden Aufgaben:

Netzwerkkonstruktion
- Netzplanung für das DACOMNET (digitaler Mietleitungs-Service, paketvermitteltes, öffentliches Datennetz),
- Entwicklung eines Kontrollzentrums für das Netz,
- Telefax-Schnittstelle,
- Qualität der Dienste.

Anwendungen der Datenkommunikation
- Mehrwertdienste,
- Datenbanken,
- Datenbank-Management-Systeme,
- PC-Netze,
- Standards (OSI, CCITT).

Software-Entwicklung
- Instrumente zur Software-Entwicklung,
- künstliche Intelligenz,
- Weiterbildung.

Das DACOM-Labor wurde 1985 eingerichtet. Aufgabe war zunächst die Entwicklung von Btx und "H-Mail" (Hangul-Mail unter Verwendung des koreanischen Alphabeths Hangul). Wichtigstes Gebiet ist heute die Entwicklung von Mehrwertdiensten.

7.3.3 ROLLE DER HERSTELLER

Als führende Unternehmen bei FuE im Bereich der Telekommunikation in Korea gelten nach Einschätzung aller Gesprächspartner die Konzerne Samsung, Goldstar und Daewoo. Von Interesse sind außerdem die - wesentlich kleineren - Unternehmen OTELCO und Taihan, jeweils wegen ihrer spezialisierten Forschungsfelder (TDX, Lichtwellenleiter).

Samsung

Der Konzern Samsung hat etwa 150000 Mitarbeiter in 40 Tochterfirmen. Telekommunikationsforschung wird in mehreren Tochterfirmen betrieben; die wichtigste davon ist "Samsung Semiconductor and Telecommunications". Sie besteht seit 1980, als Samsung die staatseigene Korea Telecommunications Co. übernahm, und trägt den jetzigen Namen seit 1982. Sie hat derzeit ca. 12000 Mitarbeiter, davon im Telekommunikationsbereich 5912. 1986 wurde das Kapital durch Aktienverkauf aufgestockt. Die Hälfte des Umsatzes kommt aus dem Export, vor allem in die USA.

Die Firma unterhält drei verarbeitende Betriebe mit Forschungslabors in Korea: in Seoul, im Süden und in der Landesmitte. Sie beschäftigt an FuE-Personal 538 Personen, das sind 9,1 % des Personals im Telekommunikationsbereich. 1987 wurden 3,4 % des Umsatzes (99 Mrd. Won von insgesamt 2898 Mrd. Won) für FuE ausgegeben. Einige Projekte, z. B. die Entwicklung von TDX, werden direkt von der Regierung finanziert; Samsung führt sie in Zusammenarbeit mit dem ETRI durch.

Die FuE-Schwerpunkte von Samsung liegen nach eigenen Angaben auf den Gebieten Vermittlungstechnik und Lichtwellenleiter. Auch im Bereich der Fernwirktechnik und der Entwicklung von Endgeräten (Telefon, Computer für Datenkommunikation, Entwicklung von Speichern) wird gearbeitet. Das Spezialisierungsprofil des gesamten Konzern auf der Grundlage von Inlandspatenten aus den Jahren 1984 und 1985 (vgl. Tabelle 7.2-2 und Abbildung 7.3-1) steht damit nur scheinbar im Widerspruch, denn die Bildübertragung wird als nicht zur Telekommunikation im engeren Sinn gehörig angesehen. Auf den nächsten Plätzen im Patentprofil folgen in der Tat die sonstigen Endgeräte und die leitungsgebundene Kommunikation mit etwas über dem Weltdurchschnitt liegenden Aktivitäten. Bei Lichtleiter- und Fernsignaltechnik wird aber offensichtlich (noch) nicht patentiert.

Abbildung 7.3-1: Spezialisierungsprofil der FuE-Tätigkeit des Samsung-Konzerns auf der Basis koreanischer Inlandsanmeldungen im Erfindungszeitraum 1984 bis 1985 (RPA-Indikator)

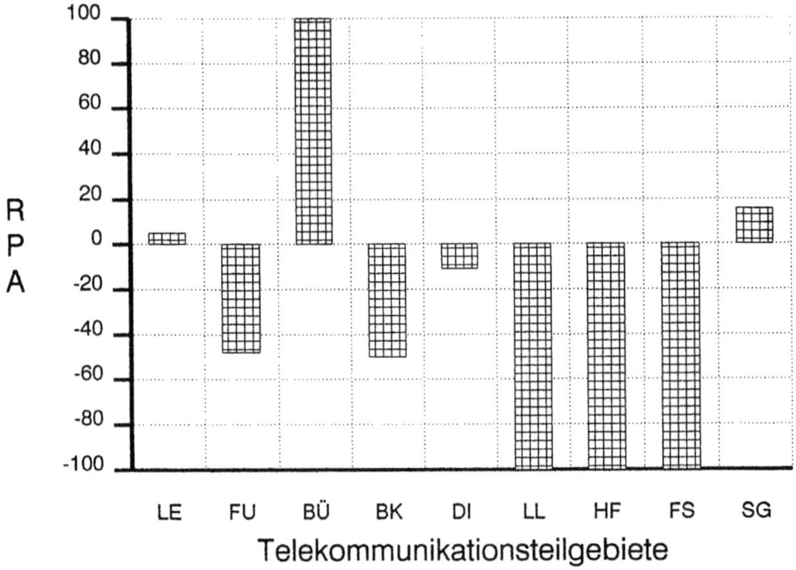

Samsung produziert seit 1987 in den USA Halbleiter. In den USA wird auch ein Forschungslabor betrieben, das sich mit Entwicklungen auf den Gebieten Telefax, Lichtwellenleiter, Vermittlungssysteme und Funkrufsysteme befaßt.

Samsung hat kein internationales Joint-Venture; es gibt jedoch einige technologische Kooperationen, z. B. mit Alcatel.

Goldstar

Der Konzern hatte 1987 ca. 80000 Mitarbeiter und machte einen Umsatz von ca. 4 Bio. Won. Etwa 10000 Mitarbeiter sind im Telekommunikationsbereich beschäftigt und zwar in acht der ca. 30 Tochterfirmen.

Die Organisation der FuE im Telekommunikationsbereich ist bei Goldstar schwer zu durchschauen, weil gerade Umstrukturierungen stattfinden. Beispielsweise gibt es jetzt ein zentrales "Electronic and Telecommunication Research Center", in dem die gesamte FuE auf diesem Gebiet bald konzentriert werden soll. Die wichtigste Tochterfirma für Telekommunikation ist Goldstar Semiconductor, 1979 gegründet, mit einem Umsatz von 172 Mrd. Won 1986 (20 % mehr als 1985), die der führende Hersteller von Vermittlungssystemen in Korea ist. Auf diesem Gebiet hatte das Unternehmen 1979 im Rahmen eines Joint-Venture mit AT&T auch begonnen.

Für Telekommunikations-FuE arbeiteten 1987 ca. 400 Personen (insgesamt im Goldstar-Konzern ca. 3000). Etwa 4 % des Umsatzes wird für FuE ausgegeben. Direkte Fördermittel der Regierung werden von Goldstar als gering bezeichnet; im wesentlichen wurde nur die Entwicklung von TDX unterstützt. Goldstar erhält jedoch regelmäßig technologische Hilfestellung vom ETRI.

Seit vielen Jahren besteht ein Joint-Venture der Tochterfirma Goldstar Telecommunications mit Siemens (25 % der Anteile) und der Deutschen Entwicklungsgesellschaft (8,5 %), seit einigen Jahren auch mit AT&T. Das Unternehmen produziert vor allem Endgeräte (etwa 60 % des einheimischen Marktes). Die FuE- Schwerpunkte liegen auf Vermittlungs- und Übertragungssystemen: TDX-10, Lichtleiter und Mikrowellen. Zusammen mit AT&T arbeitet Goldstar am System ESS-5.

Abbildung 7.3-2 verweist dementsprechend auf ein - gegenüber Samsung - relativ ausgeglichenes Spezialisierungsprofil mit Stärken bei den sonstigen Endgeräten, der Bildübertragung und der Drahtnachrichtentechnik. Lichtleiter-FuE, Digital- und Fernsignaltechnik liegen nur wenig unter dem Weltdurchschnitt.

Goldstar hat im Telekommunikationsbereich zwei Forschungslabors im Ausland: eines in den USA und eines in Japan.

Daewoo

Daewoo Telecom wurde 1983 als Tochter des Daewoo-Konzerns (36,7 % Anteile) gegründet. 1987 wurde das Unternehmen in eine Aktiengesellschaft umgewandelt. 1976 hatte es Teile des Kabelherstellers Taihan übernommen (Joint-Venture mit 50 % Beteiligung). Daewoo Telecom hat kein Joint-Venture mit ausländischen Firmen; seit 1982 bestehen technische Kooperationen, z. B. mit Northern Telecom und Sanyo (Tabelle 7.3-1).

Der Umsatz betrug 1987 knapp 200 Mio. $ (160 Mrd. Won; beide Angaben im Jahresbericht 1988 von Daewoo); etwa 10 % davon werden für FuE ausgegeben. Es wird jedoch ein noch wesentlich höherer Anteil der FuE-Mitarbeiter im Jahresbericht ausgewiesen, der von 26 % (654 Personen) 1986 über 28 % (795 Personen) 1987 auf nunmehr 29 % (849 Personen) angestiegen sein soll.

Abbildung 7.3-2: Spezialisierungsprofil der FuE-Tätigkeit des Goldstar- Konzerns auf der Basis koreanischer Inlandsanmeldungen im Erfindungszeitraum 1984 bis 1985 (RPA-Indikator)

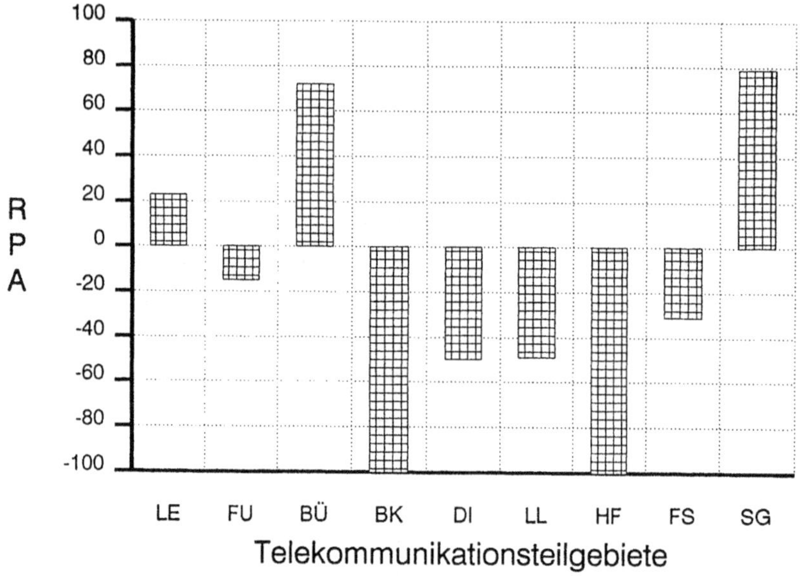

Tabelle 7.3-1: Technologische Kooperationen von Daewoo mit dem Ausland Mitte der achtziger Jahre
(Quelle: Daewoo, Jahresbericht 1988)

Unternehmen	Land	Produkte
Northern Telecom	Kanada	Nebenstellenanlagen, Datenübertragung, Lichtleiter-Übertragungssystem
General Datacomm	USA	Datenservicestationen (Endgeräte)
Sanyo	Japan	Telefax
Fujitsu	Japan	Übertragungssysteme, PCs, EDV-gestützte Arbeitsplätze
Microsoft	USA	Software für PCs
Phoenix	USA	Software für PCs
Zymos	USA	Halbleiter

FuE-Schwerpunkte von Daewoo sind:

- digitale Übertragung (Entwicklung des KD-4 PCM-Systems mit staatlicher Förderung), ISDN,
- Vermittlungssysteme (Beteiligung am TDX-Prototyp und Anpassungsentwicklung für die Philippinen; Nebenstellenanlagen),
- optische Kommunikationssysteme,
- drahtlose Kommunikation und Neue Medien (Integrated Voice Message System, Videokonferenz, Videotex, Teletex, Electronic Mail),
- Datenübertragung (Modem, Datenservicestationen).

Die entsprechende Patentstatistik (siehe Tabelle 7.2-2) ist statistisch nicht einschlägig. Von den nur 19 Inlandspatenten aus den Erfindungsjahren 1984 und 1985 entfällt der Großteil (13) - wie bei Samsung und Goldstar - auf die Bildübertragung, so daß man sich des Eindrucks nicht erwehren kann, daß auf diesem Teilgebiet eine Schutzrechtsauseinandersetzung um die technologische Vorherrschaft stattfindet.

Alle FuE-Arbeiten werden in einem zentralen Forschungslabor in der Hafenstadt Inch'on, etwa 30 km westlich von Seoul durchgeführt. Für die nächste Zukunft plant Daewoo die Einrichtung eines Software-Hauses zur Entwicklung von Mehrwertdiensten.

Taihan

Taihan Electric Wire Co. wurde 1955 als Familienbetrieb gegründet und 1968 in eine Aktiengesellschaft umgewandelt. Seit 1961 werden Telefonkabel hergestellt. Taihan kontrolliert knapp die Hälfte des gesamten einheimischen Kabelmarktes (Elektrokabel, Kommunikationskabel). Bis Ende der 70er Jahre befaßte sich Taihan nicht mit FuE-intensiven Produkten. Der Bedarf an herkömmlichen Kabeln für Telekommunikation geht jedoch zurück; deshalb wurden FuE- Kapazitäten zur Entwicklung auf dem Gebiet der Lichtleiterkabel aufgebaut.

Taihan hat derzeit etwa 2700 Mitarbeiter. In vier Produktionsbetrieben im Raum Seoul werden herkömmliche Kabel, Endgeräte, PC und Lichtleitkabel hergestellt. In der Forschung sind insgesamt 150 Mitarbeiter beschäftigt, davon 50 im Telekommunikationsbereich. Das FuE-Budget beträgt 1987 wie 1988 insgesamt ca. 5 Mio. $; FuE für Telekommunikation wird nicht einzeln ausgewiesen (Taihan: Jahresbericht 1988; Angaben dort in US $). Der FuE-Anteil am Umsatz ist mit 1,4 % sehr niedrig. Für den Telekommunikationsbereich allein ist er vermutlich höher, da auf die Elektrokabel nur wenig FuE entfällt.

Der Umsatz entwickelte sich von 215 Mio. $ (1985), 288 Mio. $ (1986) auf 355 Mio. $ (im Jahr 1987). Die FuE-Investitionen ohne Personalkosten werden nur für 1987 ausgewiesen (123000 $). Zusätzlich betreibt Taihan ein Forschungslabor in Japan.

Forschungsschwerpunkte sind Lichtleitersysteme und ISDN-Endgeräte. Im erstgenannten Gebiet arbeitet Taihan mit ETRI zusammen und betreibt ein Joint-Venture mit Sumitomo Electric in Japan. Bei der Entwicklung von ISDN-Endgeräten nach CCITT-Standardisierung ist eine Kooperation geplant. Außerdem plant Taihan die Entwicklung von Mehrwertdiensten ab Ende 1988. Direkte Fördermittel der Regierung für FuE-Projekte stehen Taihan nicht zur Verfügung.

OTELCO

OTELCO wurde 1983 von dem seit 1953 bestehenden Unternehmen Oriental Precision als Joint-Venture mit Ericsson (50 % der Anteile) gegründet.

Oriental Precision hatte selbst ein automatisches Wartungssystem für Fernleitungen entwickelt. Die Kooperation mit Ericsson erfolgte, weil die Weiterentwicklung dieses Systems teuer ist und viele FuE-Anstrengungen verlangt. Das FuE-Zentrum umfaßt an FuE-Personal ca. 150 Personen bei einem Budget von 2600 Mio. Won (1986). Der telekommunikationsbezogene Anteil ist gering. Von den 27 Inlandspatenten aus den Jahren 1984 und 1985 entfallen 60 % auf die Drahtnachrichtentechnik und 20 % (5) auf den Funkbereich.

Sonstige Unternehmen

Hyundai ist einer der größten Konzerne in Korea. Bedeutend ist er vor allem auf dem Gebiet der Schwerindustrie und - auch im Ausland - als Hersteller von Kraftfahrzeugen und im Schiffbau.

Hyundai Electronics Industries Co. wurde 1983 als Tochterunternehmen gegründet und stellt Halbleiter, nichtindustrielle Elektronik, Telekommunikations-Endgeräte (20 % des Umsatzes) und Informationssysteme her. 1987 waren ca. 9000 Mitarbeiter beschäftigt. Im Telekommunikationsbereich wurden 1987 92 % des Umsatzes durch Exporte erzielt, vor allem in die USA. Es handelt sich dabei im wesentlichen um Autotelefone, Fernsprechapparate und Telexgeräte. Im FuE-Bereich bei Telekommunikationsausrüstungen gilt Hyundai auch für koreanische Verhältnisse als nicht bedeutend.

Maxon Electronics Co. wurde 1974 gegründet. Auf dem Telekommunikationsgebiet produziert Maxon CB-Radios (weltweit einer der größten Hersteller), schnurlose Telefone, Mobilfunk und Radar-Detektoren. Das Unternehmen hatte 1987 ca. 4260 Mitarbeiter und einen Umsatz von 116 Mrd. Won.

1984 wurde ein Tochterunternehmen in den USA gegründet. Dort wird der Großteil der FuE betrieben. Auch die koreanische Mutterfirma produziert fast ausschließlich für den Export (98 % des Umsatzes, bei CB-Geräten 100 %), vor allem in die USA.

7.3.4 ZUSAMMENSPIEL VERSCHIEDENER FuE-TRÄGER AM BEISPIEL DER LICHTWELLENLEITER

Es gibt in Korea vier Hersteller von Lichtwellenleitern: die drei großen Konzerne Goldstar (Fiber Optics Division), Daewoo und Samsung sowie der Kabelproduzent Taihan. Größter Abnehmer ist die KTA, die ihre Aufträge gleichmäßig unter den vier Firmen verteilt. Die Produktionskapazitäten sind zur Zeit nur zur Hälfte ausgeschöpft. Man wartet auf die Realisierung der Pläne des MOC zum Aufbau des ISDN-Netzes sowie auf den verstärkten Einsatz von LAN.

Die Technologien sind teilweise importiert, so etwa von AT&T (Goldstar) oder von Northern Telecom (Taihan und Daewoo); Exporte in westliche Länder werden in der Regel von den Partnern unterbunden. Die Unternehmen verfolgen eine Strategie in drei Schritten: Sie importieren Basistechnologien durch Technologietransfer-Vereinbarungen mit ausländischen Firmen, betreiben Anpassungsentwicklung von Produkten und der Produktionstechnologie und suchen danach weitere Kooperationen mit ausländischen Partnern.

1982 wurde von Goldstar Cable, Taihan und KAIST eine "Korea Fiber Optics Communication Company" gegründet, die FuE als Schwerpunkt hatte. Ziel war die eigenständige einheimische Weiterentwicklung der Lichtwellenleiter. Nachdem 1984 die Regierung jedoch Technologietransfer-Vereinbarungen mit ausländischen Firmen zuließ, wurde die inländische Entwicklungsgesellschaft wieder aufgegeben. Heute kann Korea bei der FuE zwar nicht mit den USA (z. B. Bell) und Japan (z. B. NTT) konkurrieren, es ist aber weltweit eines von zehn Ländern, die überhaupt Lichtwellenleiter entwickelt haben (Business Korea Electronics, Mai 1988).

Goldstar Fiber Optics

Das Unternehmen wurde 1984 mit 50 % Beteiligung von AT&T gegründet. 1987 hatte es 68 Mitarbeiter, darunter 15 Personen im Entwicklungspersonal. Das jährliche FuE-Budget für die Entwicklung von Lichtwellenleitern beträgt ca. 300000 Won. Forschungsschwerpunkte sind Dispersionsfasern, polarisationserhaltende Fasern, Qualitätssensoren sowie Fasern mit hoher Apertur, dichter Beschichtung und Kunststoffplattierung.

Daewoo Telecom

Auch Daewoo begann 1984 nach einer Technologietransfer-Vereinbarung mit Northern Telecom mit der Produktion von Lichtleiterkabeln. Zuvor hatte Daewoo keine Erfahrung auf diesem Gebiet. Die Basistechnologie wurde von Northern Telecom auf Lizenzbasis übernommen (single-mode Fasern). Multi-mode Fasern wurden danach eigenständig entwickelt. Heute sind 110 Mitarbeiter auf dem Gebiet der Lichtwellenleiter beschäftigt, darunter 6 Entwicklungsingenieure. Forschungsschwerpunkt ist die Minimierung von Übertragungsverlusten bei Lichtleiterkabeln.

Samsung

Samsung schloß 1984 eine Technologietransfer-Vereinbarung mit ITT zur Einfuhr von Basistechnologien ab. Der Telekommunikationszweig von ITT wurde 1987 von Alcatel übernommen. Samsung zahlt heute an Lizenzgebühren 4 % des Inlandsumsatzes incl. 5 % des Auslandsumsatzes an Alcatel. Forschungsschwerpunkt sind Dispersionsfasern. Ziel ist die Erschließung neuer Exportmärkte, da der einheimische Markt noch nicht weit genug entwickelt ist.

Taihan

Die Aktivitäten des bedeutendsten koreanischen Kabelherstellers auf dem Gebiet der Lichtwellenleiter begannen 1984 aufgrund eines Technologietransfer-Abkommens mit der japanischen Firma Sumitomo. In einer neuen Produktionsstätte mit 150 Mitarbeitern sind 30 Entwicklungsingenieure beschäftigt. Forschungsschwerpunkte sind die Reduzierung von Übertragungsverlusten, UV-behandelte Acrylfasern und Unterwasser-Lichtleiterkabel (im Inland für die Inselverbindungen im Süden interessant, außerdem hohes Exportpotential in Ostasien) sowie Wellenlängen-Multiplexsysteme.

ETRI

Die Forschung über Lichtwellenleiter begann im ETRI 1978 mit fünf Personen und einem Budget von 13 bis 15 Mio. Won jährlich. 1988 sind 40 Forscher auf diesem Gebiet tätig, und es stehen etwa 1,5 Mrd. Won zur Verfügung.

Schwerpunkte der FuE des ETRI sind die Entwicklung schnellerer Systeme (Hochgeschwindigkeitsleiter, Feldversuch mit 565 Mb/s in Zusammarbeit mit dem KTA geplant), neue optische Übertragungssysteme (z. B. 1,3 mm-Faser) und die Implementierung eines Breitband-Netzes.

Der internationale Austausch des ETRI beschränkt sich auf gelegentliche Auslandaufenthalte und die Veröffentlichung von Zeitschriftartikeln im Ausland. ETRI beklagt die Zurückhaltung ausländischer FuE-Einrichtungen bei der Weitergabe von Wissen. Eine engere Kooperation besteht mit dem Heinrich-Hertz-Institut in Berlin (Austausch von Wissenschaftlern, Übernahme von Grundlagenerkenntnissen, z. B. über Breitbandsysteme, optische Verstärker). Nach Einschätzung des ETRI sind die Forschungsaktivitäten in Korea noch schwach, v.a. was die Grundlagenforschung anbetrifft. Das ETRI will künftig mehr Gewicht darauf legen.

KAIST

Im KAIST begannen erste Überlegungen zur FuE auf dem Gebiet der Lichtwellenleiter schon 1974; sie fanden jedoch bei der damaligen Regierung keine Resonanz. Erst 1978 konnte KAIST FuE-Aktivitäten im Auftrag von Goldstar und Taihan starten; das Budget betrug damals ca. 60 Mio. Won jährlich. Seit der Schließung der "Korea Fiber Optics Communication Company" betreibt KAIST jetzt Grundlagenforschung auf dem Gebiet der weiteren Nutzung von Eigenschaften der Lichtwellenleiter (z. B. der Polarisation). Dafür stehen jährlich ca. 0,3 Mrd. Won zur Verfügung.

7.4 FAZIT

Die FuE-Aktivitäten im Telekommunikationssektor nehmen in der Republik Korea aus mehreren Gründen seit einigen Jahren stark zu:

- Die Regierung fördert den Aufbau der Hochtechnologie-Industrien, wozu auch die Telekommunikation zählt.

- Eigenständige inländische FuE wird immer wichtiger, weil dem Import und der Imitation ausländischer Technologien Grenzen gesetzt sind.

- Korea hat einen erheblichen Nachholbedarf in der Forschung. Bisher gibt es im Telekommunikationssektor eine bedeutende Entwicklung: das Vermittlungssystem TDX.

- Die Telekommunikationssysteme entwickelten sich in Korea ebenso rasant wie die gesamte Wirtschaft; vor gut 30 Jahren zählte Korea noch zu den ärmsten Entwicklungsländern.

Struktur und Inhalte der FuE sind in hohem Ausmaß vom Staat geprägt. Die Regierung legt die Entwicklung der Telekommunikationsdienste und der einzusetzenden Basistechnologien fest, ebenso die Richtwerte für Produktion und Export. Die staatlichen und industriellen Forschungseinrichtungen müssen ihre FuE-Aktivitäten an diesen Plänen orientieren. Der größte Teil der FuE besteht aus Weiterentwicklungen ausländischer Technologien hin zu preiswerten Endgeräten oder aus Anpassungsentwicklungen an den inländischen Bedarf oder den Export nach anderen ostasiatischen Ländern. Grundlagenforschung fehlt fast ganz.

Abbildung 7.4-1 zeigt die wesentlichen Akteure der Telekommunikations-FuE in Korea. Das Schwergewicht liegt auf der eigenfinanzierten Forschung der Unternehmen, wobei diese jedoch durch indirekte Finanzierung der Unternehmen als Ganzes stark von der Regierung beeinflußt wird.

FuE im Telekommunikationssektor wird im wesentlichen von dem staatlichen Institut ETRI, den Großkonzernen Goldstar und Samsung und von OTELCO, einem Joint-Venture zwischen dem koreanischen Unternehmen Oriental Precision und der schwedischen Firma Ericsson, betrieben. Intensive, von KTA koordinierte Zusammenarbeit zwischen Industrie und Netzbetreiber findet statt, wobei dem ETRI die Vermittlerrolle im Technologietransfer zukommt. Die Verbundprojekte im Bereich der Telekommunikation passen nahtlos in die eindeutig industriepolitisch ausgerichtete FuE-Strategie des koreanischen Staats.

Abbildung 7.4-1: Finanzierung und Durchführung von FuE im Telekommunikationsbereich nach Sektoren in Korea 1986 (in Mrd. US $; Beträge in Kästen beziffern die Durchführung von FuE, Beträge an den Pfeilen die Finanzierung)

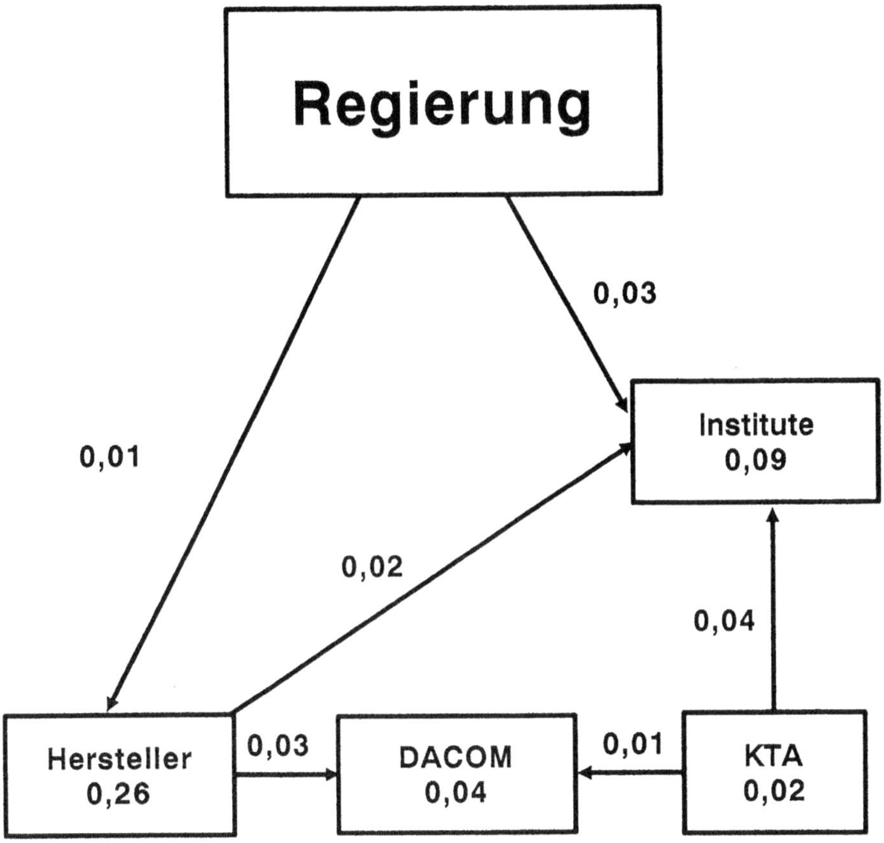

Die Netzbetreiber KTA ist neben dem teilweise privaten DACOM der zentrale Akteur im Bereich der Telekommunikationsindustrie. Die Forschungseinrichtungen der Netzbetreiber befassen sich vor allem mit dem Diensteangebot, während KTA daneben ETRI überwiegend finanziert und damit den Technologietransfer und das Zusammenspiel der übrigen Akteure in FuE kontrolliert.

Technologische Kooperationen mit dem Ausland werden von Korea gesucht, können aber oft nicht im gewünschten Ausmaß realisiert werden, da der Entwicklungsstand in

Korea nicht ausreicht. Joint-Ventures bestehen im Telekommunikationssektor nur in Einzelfällen.

Eine Liberalisierung hat in Korea insofern stattgefunden, als Restriktionen von Importen und Auslandsbeteiligungen in den vergangenen Jahren gelockert wurden. Im Telekommunikationssektor gibt es nur bei den Endgeräten einen freien Markt. Alle übrigen Gebiete sind vom Staat reguliert. Es ist noch unklar, was die geplante Teilprivatisierung des Netzbetreibers KTA bringen wird. Die Hälfte der Anteile werden in der Hand des Staates bleiben, die übrigen werden in kleinen Teilen gestreut.

Die künftige Entwicklung Koreas ist heute schwer abzusehen. Mit den relativ hohen FuE-Ausgaben, der interventionistischen Politik und dem Fleiß der Bevölkerung wird es wahrscheinlich gelingen, ein hohes technologisches Niveau und Konkurrenzfähigkeit zu Hochindustrieländern zu erreichen. Das Land steht aber auch vor schwerwiegenden politischen, wirtschaftlichen und sozialen Problemen, die gleichzeitig gelöst werden müssen.

Kapitel 8: NIEDERLANDE

(Von Beatrix Schwitalla)

8.1 RAHMENBEDINGUNGEN

8.1.1 NATIONALE RAHMENBEDINGUNGEN DER ALLGEMEINEN FuE-POLITIK

Wirtschaftliche Situation

Die Niederlande sind eines der kleinsten Länder des OECD-Gebiets. Mit ca. 14,5 Mio. Einwohnern, die auf einer Fläche von 41500 km^2 leben, ist es eines der dichtbesiedeltsten Länder der Welt. Aufgrund ihrer geographischen Lage und ihres weit verzweigten Wasserwegenetzes spielen die Niederlande eine wichtige Rolle im internationalen Handel und Verkehr. Außerdem sind die Niederlande auch bekannt für ihren hochentwickelten Agrarsektor, der einen weitaus größeren Anteil am Sozialprodukt als in den anderen OECD-Ländern einnimmt. Die niederländische Volkswirtschaft ist stark handels- und dienstleistungsorientiert. Dem industriellen Sektor kommt daher nicht die Schlüsselrolle zu wie in anderen Industriestaaten. Die niederländische Industrie wird durch die fünf internationalen Konzerne Philips, Dutch State Mines, Akzo, Shell und Unilever dominiert. Daneben gibt es nur noch eine Reihe kleinerer Unternehmen und einige wenige mittlere.

Da die Niederlande selbst nur über einen kleinen Binnenmarkt verfügen, sind sie im besonderen Maße auf den internationalen Handel ausgerichtet. Die Exportquote lag bei einem Bruttosozialprodukt von 429,2 Mrd. hfl im Jahr 1986 bei ca. 46 %. Die ökonomische Situation ist gekennzeichnet durch eine langsame Erholung von den niedrigen, zum Teil negativen Wachstumsraten, und den Handelsbilanz- und Haushaltsdefiziten Anfang der 80er Jahre. Inzwischen liegt die Wachstumsrate des Bruttosozialprodukts bei ca. 2 %, die Preise sind stabil und die Handelsbilanz weist wieder Überschüsse auf. Allerdings liegt die Arbeitslosenquote immer noch bei ca. 12 %.

Allgemeine FuE-Situation

Im Jahr 1986 betrugen die nationalen FuE-Ausgaben 9,5 Mrd. hfl bzw. 2,2 % vom Bruttoinlandsprodukt. Damit liegen die Niederlande verglichen mit anderen OECD-Ländern ähnlicher Größe einigermaßen im Durchschnitt, allerdings können sie mit den großen Industriestaaten (USA, Bundesrepublik Deutschland, Japan) nicht ganz mithalten. Berücksichtigt man jedoch, daß nur 3 % des gesamten FuE-Aufwandes für militärische Forschung bestimmt sind, so ist die relative Stellung der Niederlande in bezug auf die zivile FuE erheblich besser. Der staatlich finanzierte FuE-Aufwand lag mit ca. 4360 Mio. hfl etwas niedriger als der vom Unternehmenssektor erbrachte FuE-Aufwand von ca. 5080 Mio. hfl. Das Ausland brachte FuE-Mittel in Höhe von ca. 210 Mio. hfl auf. Damit liegt der staatliche Finanzierungsanteil bei etwa 45 %, einer im Ländervergleich gesehen relativ hohen Quote.

Abbildung 8.1-1: FuE-Finanzierung und -Durchführung in den Niederlanden 1986 (Quelle: CBS 1989)

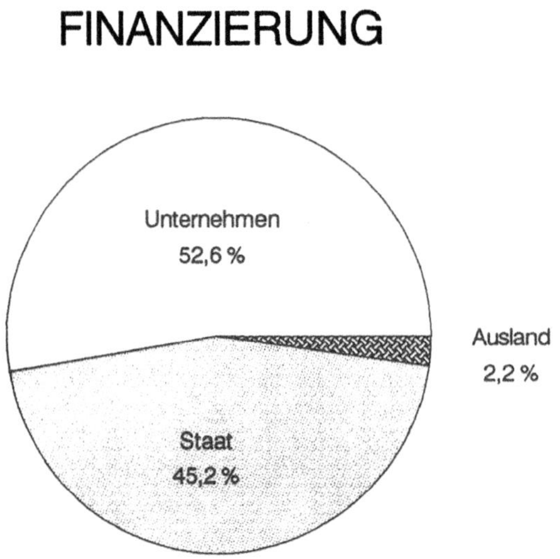

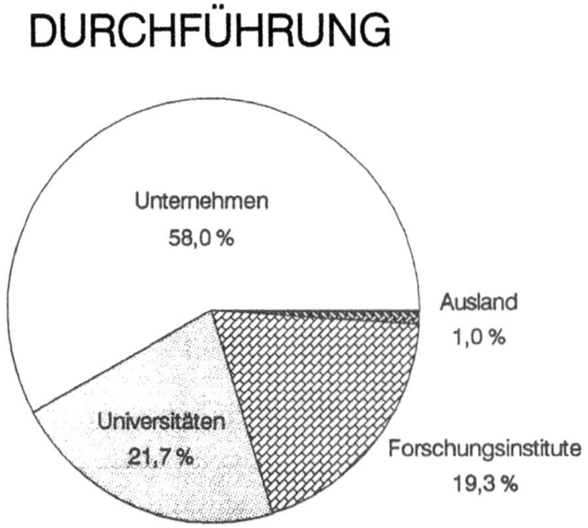

Die staatlichen Forschungsgelder gehen in erster Linie an die Universitäten und staatlichen Forschungsinstitute, und zwar fast zu ähnlich großen Teilen, wobei bei den Forschungsinstituten die Organisation für angewandte wissenschaftliche Forschung (TNO) mit 478 Mio. hfl den größten Anteil hat. Von den FuE-Arbeiten in Höhe von 5600 Mio. hfl, die vom privaten Sektor durchgeführt werden, entfallen ca. zwei Drittel alleine auf die fünf großen multinationalen Unternehmen. Abbildung 8.1-1 zeigt in einer Gegenüberstellung FuE-Mittelherkunft und die Aufteilung der FuE-Durchführung auf die Sektoren.

Der öffentliche Sektor hat seine FuE-Ausgaben sowohl absolut von 3106 Mio. hfl im Jahr 1980 auf 4360 Mio. hfl im Jahr 1986 als auch im Verhältnis zum Bruttosozialprodukt von 0,93 % im Jahr 1980 auf 1,02 % im Jahr 1986 gesteigert. Noch stärker war der Anstieg der industriellen FuE von 2964 Mio. hfl bzw. 0,88 % vom Bruttosozialprodukt auf 5080 Mio. hfl bzw. 1,18 % im gleichen Zeitraum. Die Ursache des allgemeinen Anstiegs von FuE-Ausgaben liegt einerseits in verstärkten FuE-Anstrengungen in industrieller Technologie und andererseits bei den ausgedehnten Forschungsaktivitäten im Umweltbereich und in der Raumfahrt.

Im Jahr 1986 waren 62880 Personen (Vollzeitäquivalent) in Forschung und Entwicklung beschäftigt, 48 % in den Unternehmen, 27 % bei den Forschungsinstituten und 25 % an Universitäten und Hochschulen. Von den 62880 FuE-Personen befassen sich 7180 mit Sozial- und Geisteswissenschaften, die übrigen 55700 entfallen auf die Ingenieur- und Naturwissenschaften und die Mathematik.

Grundlagen der niederländischen FuE-Politik

Die niederländische FuE-Politik ist durch die Bereitstellung einer differenzierten staatlichen Forschungsinfrastruktur geprägt. Neben den 13 Universitäten existiert ein weites Netz von unabhängigen Forschungsinstituten. Die Verantwortung hierfür liegt beim Erziehungs- und Wissenschaftsministerium. Der niederländische Staat ist relativ zurückhaltend mit technologiepolitischen Maßnahmen wie der FuE-Subventionierung des privaten Sektors. So liegt die staatliche Finanzierungsquote der privaten FuE bei nur 7 %. Die Akzente der staatlichen Technologiepolitik, die in die Zuständigkeit des Wirtschaftsministeriums fällt, liegen mehr bei strukturellen Maßnahmen, wie dem Ausbau und der Verbesserung technologischer Infrastruktur. Außerdem orientiert sie sich stark an den Belangen der neben den fünf multinationalen Unternehmen bestehenden kleineren und mittleren Unternehmen.

Die Verteilung der FuE-Ausgaben der Regierung nach Ministerien verdeutlicht das Schwergewicht der staatlichen FuE-Politik im Forschungsinfrastrukturbereich. Das Erziehungs- und Wissenschaftsministerium verausgabte im Jahr 1986 ca. 56 % des gesamten staatlichen FuE-Etats, während das Wirtschaftsministerium nur für ca. 20 % verantwortlich zeichnete. Ein eigenes Forschungsministerium existiert nicht. Auffallend sind mit nur 2,7 % der geringe Anteil des Verteidigungsministeriums und mit 8,5 % das starke Gewicht des Agrar- und Fischereiministeriums. Tabelle 8.1-1 zeigt die Allokation der staatlichen FuE-Mittel nach Ministerien und deren Anteil an den gesamten staatlichen FuE-Ausgaben.

Tabelle 8.1-1: Finanzierung staatlicher FuE nach Ministerien (Quelle: CBS 1989)

Ministerium	FuE-Mittel (Mio. hfl) 1986	Anteile (%) 1986
Bildung und Wissenschaft	2451	56,2
Wirtschaft	866	19,9
Landwirtschaft und Fischerei	369	8,5
Verkehr und Wasserwirtschaft	216	4,9
Wohnungswesen, Raumordnung und Umwelt	166	3,8
Öffentliche Wohlfahrt, Gesundheit und Kultur	91	2,1
Verteidigung	117	2,7
Sonstige	82	1,9
Gesamt	4358	100,0

Die Zuständigkeiten für FuE-Politik innerhalb der Regierung sind seit 1982 neu geregelt. Das Erziehungs- und Wissenschaftsministerium trägt die Koordinationsverantwortung für die Wissenschaftspolitik inklusive der Verantwortung für TNO, während dem Wirtschaftsministerium die Koordinationsverantwortung für die Technologiepolitik, insbesondere für die industrielle FuE und für die FuE-Bereiche Energie und Raumfahrt und für die Meeresforschung, obliegt. Beide Ministerien koordinieren jeweils die FuE-Aktivitäten der übrigen Ministerien, die im Prinzip eigenverantwortlich über die FuE-Politik ihrer Ressorts entscheiden, sich aber mit den jeweiligen koordinierenden Ministern beraten.

Minister-Entscheidungen über Wissenschafts- und Technologiepolitik werden auf der Grundlage eines Netzes von Beratungsgremien gefällt. Die Aufgabe, Grundlagen der allgemeinen Wissenschafts- und Technologiepolitik zu erarbeiten, liegt beim Rat für Wissenschafts- und Technologiepolitik (RWT), in dem der Minister für Erziehung und Wissenschaft und der Wirtschaftsminister jeweils ihren Koordinationsaufgaben nachkommen. Der Rat ist eine Art Kabinettsunterausschuß, in dem alle Minister, deren Ministerien sich mit FuE-Angelegenheiten befassen, vertreten sind. Wie bei allen Kabinettsunterausschüssen hat der Premierminister den Vorsitz inne.

Die interministerielle Kommission für Technologiepolitik arbeitet Vorschläge für den RWT aus, die ihm über die interministerielle Kommission für Wissenschaftspolitik zugeleitet werden. Dadurch wird schon im Vorfeld der Entscheidungen eine Koordination zwischen Wissenschafts- und Technologiepolitik erreicht. Vorsitzende der beiden Kommissionen sind jeweils die Staatssekretäre für Erziehung und Wissenschaft und für Wirtschaft. Im Rahmen der 1982 erfolgten Neuregelung der Zuständigkeiten wurde ebenfalls auf Ministerebene der Rat für Informationspolitik mit dem Minister für Erziehung und Wissenschaft als Vorsitzenden ins Leben gerufen. Dieser wird auch durch eine interministerielle Kommission für Informationspolitik vorbereitend und beratend unterstützt.

Neben den FuE-Trägern auf Regierungsebene, die über FuE-Mitteleinsatz und Verwendung entscheiden, gibt es noch eine Reihe von wissenschaftlichen Beratungsgremien. Ein Beispiel ist der Beirat für Wissenschaftspolitik (RAWB), der auf dem Gebiet der nationalen allgemeinen Wissenschafts- und Technologiepolitik beratend tätig ist. Außerdem gibt es noch einige sektorale FuE-Beiräte, z. B. für Forschung im Bereich der Landwirtschaft, des Umweltschutzes, des Städtebaus und im Gesundheitsbereich.

Zwischen Regierung und den Ausführenden staatlich finanzierter FuE stehen vermittelnde Institutionen wie z. B. die niederländische Organisation für den Fortschritt der reinen wissenschaftlichen Forschung (ZWO), die die Grundlagenforschung an den Universitäten finanziell unterstützt, aber auch Forschung in eigenen Instituten betreibt. Eine andere vermittelnde Institution ist die Projektgruppe für die Stimulation informationstechnologischer Forschung (SPIN), die sich ausschließlich Planungs- und Finanzierungsfragen des 1984 begonnenen Informatikprogramms widmet.

Bei den ausführenden FuE-Organisationen sind Universitäten und unabhängige Forschungsinstitute gleich stark vertreten. In den Niederlanden gibt es 13 Universitäten, davon vier technische und eine für Landwirtschaft. Die größte nicht-universitäre Forschungsorganisation ist die Organisation für Angewandte Wissenschaftliche Forschung

(TNO) mit den Forschungsgebieten industrielle Technologie, Verteidigung, Gesundheit, Lebensmitteltechnologie, Technik und Gesellschaft. Insgesamt wird außeruniversitäre Forschung in ca. 180 Instituten betrieben, die sich in vielerlei organisatorischen Aspekten unterscheiden.

Der private Sektor führt den überwiegenden Teil seiner FuE-Aktivitäten (88 %) in eigenen Unternehmen durch, wobei die Forschungslabors der fünf multinationalen Unternehmen eine bedeutende Rolle spielen. Abbildung 8.1-2 gibt einen Überblick über die oben erwähnten Akteure des niederländischen FuE-Prozesses.

Abbildung 8.1-2: Das niederländische FuE-System (ähnlich in: OECD 1987a)

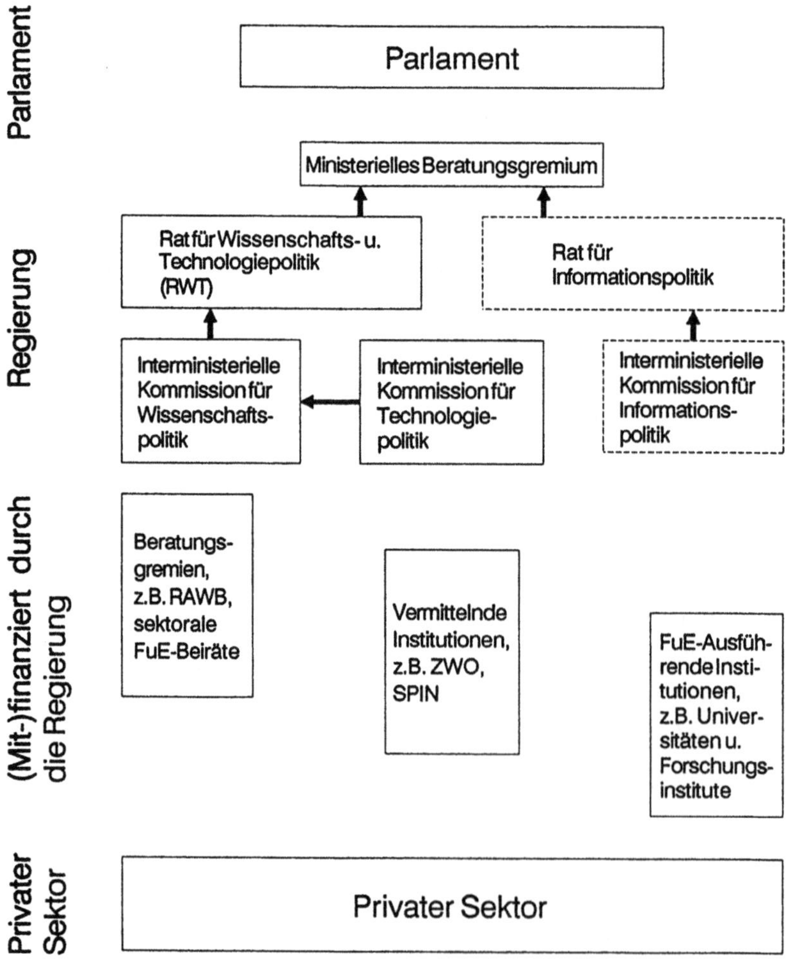

Maßnahmen der nationalen Forschungs- und Technologiepolitik

Seit Anfang der 70er Jahre besteht in den Niederlanden ein verstärktes Interesse an gezielter Forschungs- und Technologiepolitik. Die geschlossene Forschungsgemeinschaft, die sich in erster Linie auf disziplinäre Fragestellungen konzentrierte, sollte für aktuelle Problemfelder geöffnet werden. Man begann damit, Forschungsprogramme auf dem Energie- und Umweltsektor aufzustellen. Ende der 70er Jahre wollte man die drängenden sozialen, wirtschaftlichen und ökologischen Probleme sowie die neu aufgeworfenen Forschungs- und Entwicklungsfragen in der Mikroelektronik, Biotechnologie und Informationstechnologie stärker im nationalen FuE-System berücksichtigt wissen. Hierzu wurden innovationsorientierte Forschungsprogramme verabschiedet. Anfang der 80er Jahre wurde eine aktive Politik der Forschungsstimulierung auf Gebieten der Mikroelektronik, Sozialwisssenschaften, Informationstechnologie, Biotechnologie und Raumfahrt betrieben. Durch die klare Aufteilung der Zuständigkeiten zwischen Erziehungs- und Wissenschaftsministerium und Wirtschaftsministerium im Jahr 1982 und der Einrichtung des sich in Fragen der Forschungs- und Technologiepolitik beratenden Ministerausschusses (s. o.) wurde der Weg für weitere zielorientierte Forschungs- und Technologiestimulierungspolitik geebnet. Ein Beispiel dafür ist der von 1984 bis 1988 reichende Plan zur Stimulierung der Informationstechnologie (INSP), der mit einem Gesamtförderungsvolumen von ca. 1,6 Mrd. hfl das zur Zeit bedeutendste Forschungs- und Technologieförderprogramm in den Niederlanden darstellt. Kleinere Programme gibt es zur Zeit beispielsweise auf den Gebieten der medizinischen Forschung, des Bodenschutzes und der Meeresforschung.

Der Einfluß staatlicher Beschaffungspolitik auf die technologische Entwicklung, insbesondere bei den Käufen hochentwickelter Produkte, gewann in letzter Zeit stärker an Bedeutung. Das Wirtschaftsministerium spielt eine vermittelnde Rolle zwischen den verschiedenen Ministerien, die technologisch hochstehende Güter zu beschaffen beabsichtigen, und künftigen privaten Verkäufern, um schon rechtzeitig bei den Herstellern Produktinnovationen anzuregen. Z. B. werden derzeit vom Wirtschaftsministerium Bemühungen, den öffentlichen Sektor mit neuer informationstechnologischer Ausrüstung auszustatten, koordiniert.

Um die internationale Wettbewerbsfähigkeit der holländischen Industrie zu stärken, orientiert sich die niederländische Technologiepolitik stark am internationalen FuE-Geschehen, ohne dabei freilich die eigenen Stärken, wie z. B. bei der Wasser- und Meerestechnologie oder in der bio- und agroindustriellen Technologie, durch nationale Schwerpunktsetzung zu vernachlässigen. Insbesondere die großen Unternehmen werden in der internationalen Forschungszusammenarbeit bestärkt und zur Teilnahme an den EG-FuE-Förderprogrammen wie ESPRIT oder RACE angeregt.

8.1.2 STRUKTUR DES TELEKOMMUNIKATIONSSEKTORS

Liberalisierung und Neustrukturierung der Netzträgerorganisation

Mit dem 1988 verabschiedeten Gesetzespaket, dem Ermächtigungs-, dem Post- und dem Fernmeldegesetz, wurde die Ordnungsstruktur des niederländischen Post- und Fernmeldewesens für die Zeit ab Januar 1989 neu festgelegt. Bisher war die niederländische PTT ein öffentliches Unternehmen im Verantwortungsbereich des Ministers für Verkehr und Wasserwirtschaft. Darüber hinaus übten auch noch andere Ministerien Einfluß auf sie aus. Das Finanzministerium hatte ein Mitspracherecht bei der Aufstellung des Jahresbudgets der PTT, denn dieses war bisher ein Teil des Staatshaushaltes. Das Wirtschaftsministerium kontrollierte die Gebührenregelung. Das Ministerium für Wohlfahrt, Gesundheit und Kultur machte seinen Einfluß im Bereich des Kabelfernsehens geltend, und das Innenministerium wirkte über die Beamtenbesoldung auf den Geschäftsgang der niederländischen PTT ein (s. z. B. Wieland 1986).

Die PTT wurde von einem Generaldirektor geleitet, der dem Minister für Verkehr und Wasserwirtschaft unterstellt war. Beide wurden bei ihren Entscheidungen vom PTT-Beirat beratend unterstützt. Die PTT gliederte sich in fünf Abteilungen, und zwar in Postdienste, Fernmeldedienste, Finanz- und Wirtschaftsangelegenheiten, Personalwesen, Technik und in die Stabsabteilung Zentrale Dienste. Die Postbank ist schon seit fünf Jahren privatisiert, ist aber mit der PTT noch in einigen organisatorischen Angelegenheiten verbunden. Abbildung 8.1-3 zeigt die Einbindung der Fernmeldeabteilung in die Organisation der niederländischen PTT und die Beziehung der PTT zu den Regierungsorganen nach der bis Ende 1988 gültigen Regelung.

Die Vorgeschichte der im Januar 1989 erfolgten Umstrukturierung des Fernmeldewesens reicht bis in die 50er Jahre hinein. Schon 1958 forderte die Kommission Goedhart größere Unabhängigkeit für die PTT in finanziellen und geschäftlichen Angelegenheiten. Als Ende der 70er Jahre die Nutzer mit den angebotenen Dienstleistungen und dem stark reglementierten Endgeräteangebot der PTT immer unzufriedener wurden, wurde die Kommission Swarttouw eingesetzt. In ihrem Untersuchungsbericht an die Regierung empfahl sie, der PTT größere unternehmerische Freiheit zuzugestehen, z. B. die Auf-

Abbildung 8.1-3: Organisation der niederländischen PTT bis Ende 1988 (Quellen: PTT)

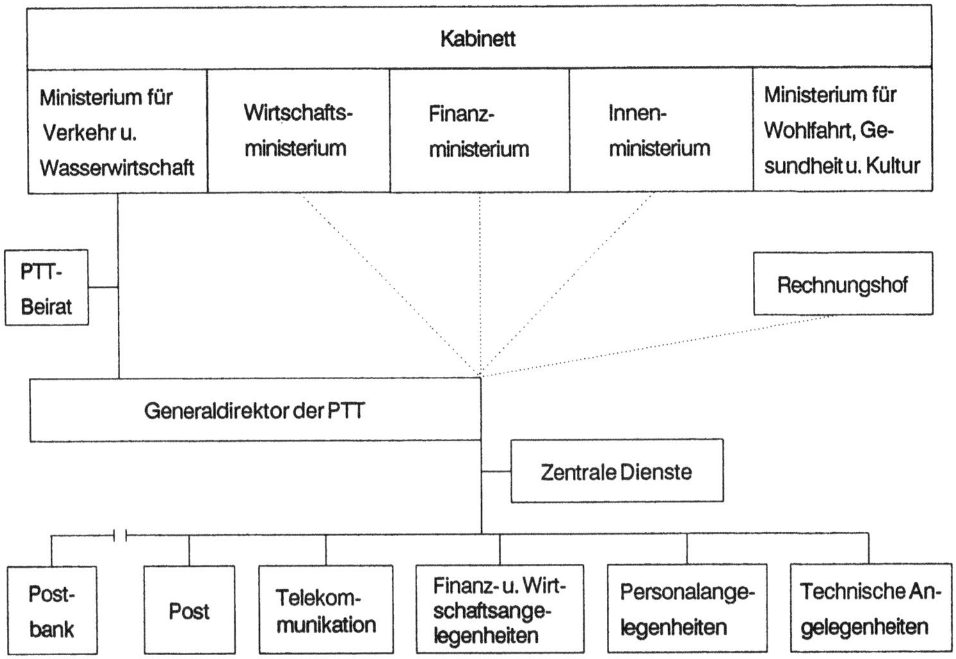

nahme von Krediten am Kapitalmarkt, außerdem den Endgerätemarkt und Mehrwertsdienste für den Wettbewerb freizugeben. Dieser Bericht veranlaßte die Regierung zur Einsetzung einer weiteren Kommission unter Vorsitz von Dr. Th. Steenbergen zur Ermittlung der am besten geeigneten Rechtsform der PTT unter veränderten Wettbewerbsbedingungen. Der Abschlußbericht lag im Juli 1985 vor. Die entsprechenden Gesetze wurden Mitte 1988 verabschiedet. Die Empfehlung der Steenbergen-Kommission stellt einen Kompromiß dar, der bei Regierungs- und Oppositionsparteien, den Gewerkschaften und der PTT selbst Zustimmung fand (Wieland 1986).

Seit Januar 1989 ist die PTT auf der Grundlage des Ermächtigungsgesetzes eine Aktiengesellschaft im 100 %igen Staatsbesitz. Das Gesetz beinhaltet auch die Vergabe von zwei Konzessionen an die PTT, eine für den Bereich Post und eine für den Bereich Telekommunikation, die zunächst zwei selbständigen Tochterunternehmen jeweils in der Rechtsform einer GmbH übertragen werden. Das Ermächtigungsgesetz sieht vor, nach einer Übergangszeit von fünf Jahren die konzessionierten und die nicht-konzessionierten, also wettbewerblichen, Fernmeldeaktivitäten in zwei separate Unternehmen aufzuspalten. Allerdings ist vor der Aufspaltung der PTT Telecom BV noch einmal eine Evaluierung dieser Maßnahme vorgesehen. Die Exklusivkonzession erstreckt sich auf die Einrichtung, die Instandhaltung und das Betreiben der Telekommunikationsinfrastruktur, außerdem auf die Bereitstellung verschiedener Dienste der direkten Informationsübermittlung wie Fernsprechen, Telex-, Daten- und Telegrafendienste.

Nach der expliziten gesetzlichen Verankerung des Aktivitätsbereiches der neuen PTT gründet sich die Beziehung zum verantwortlichen Ministerium einerseits auf das Aktienrecht, d. h. das Ministerium für Verkehr und Wasserwirtschaft nimmt über den Aufsichtsrat Einfluß, und andererseits auf die Festlegung von "Spielregeln", innerhalb derer die PTT und deren Tochtergesellschaften unternehmerisch handeln. Z. B. ist im Ministerium für Verkehr und Wasserwirtschaft eine spezielle Abteilung für Vorschriften und Zulassungen eingerichtet worden. Diese ist unter anderem für die Erteilung von Zulassungen für Dienste und Netzbetrieb zuständig, auch für die Vergabe der Exklusivkonzession an die PTT Nederland NV.

Die Vielzahl sonstiger ministerieller Zuständigkeiten ist aufgrund der neuen Rechtsform als Unternehmen eingeschränkt worden. Lediglich für das Wirtschaftsministerium ergeben sich neue Möglichkeiten, das Unternehmen PTT bei der technologiepolitischen Planung einzubeziehen. Denn nach der alten Gesetzeslage war die PTT Teil eines anderen Ministeriums und war dadurch einem nennenswerten Einfluß des Wirtschaftsministeriums (Ausnahme: Gebührenregelung) entzogen. Insbesondere die Bereiche europäische Integration, Standardisierung, die der Telekommunikation zukommende Schlüsselfunktion für die industrielle Entwicklung und die Ordnungspolitik waren nach der alten Regelung konfliktträchtig. Abbildung 8.1-4 zeigt die Stellung der PTT-Telecom BV im Gesamtkonzern PTT sowie die Beziehung zu den Regierungsorganen.

Neben den Bereichen Telekommunikation und Post gibt es noch drei weitere, kleinere Tochtergesellschaften, eine für die Automobilverwaltung (RAC), das Prüflabor (Contest) und eine für Antennenanlagen für Kabelfernsehen (Casema). Direkt bei der Konzernmutter sind verschiedene Stabs- und Unternehmensinfrastrukturabteilungen sowie die beiden Forschungslabors, Dr. Neher Laboratorium (DNL) und PTT Telematics Labor (PTL) (s. Abschnitt 8.3.2) organisatorisch angesiedelt.

Die Veränderungen aufgrund der Post- und Telekommunikationsreform für den Wettbewerb betreffen insbesondere den Bereich der Endgeräte und der Telekommunikationsdienste. Netzwettbewerb ist auch künftig nicht zugelassen. Lediglich geschlossene Mobilfunknetze sind wie vorher auch schon auf privater Basis gestattet.

Abbildung 8.1-4: Organisation der niederländischen PTT ab Januar 1989

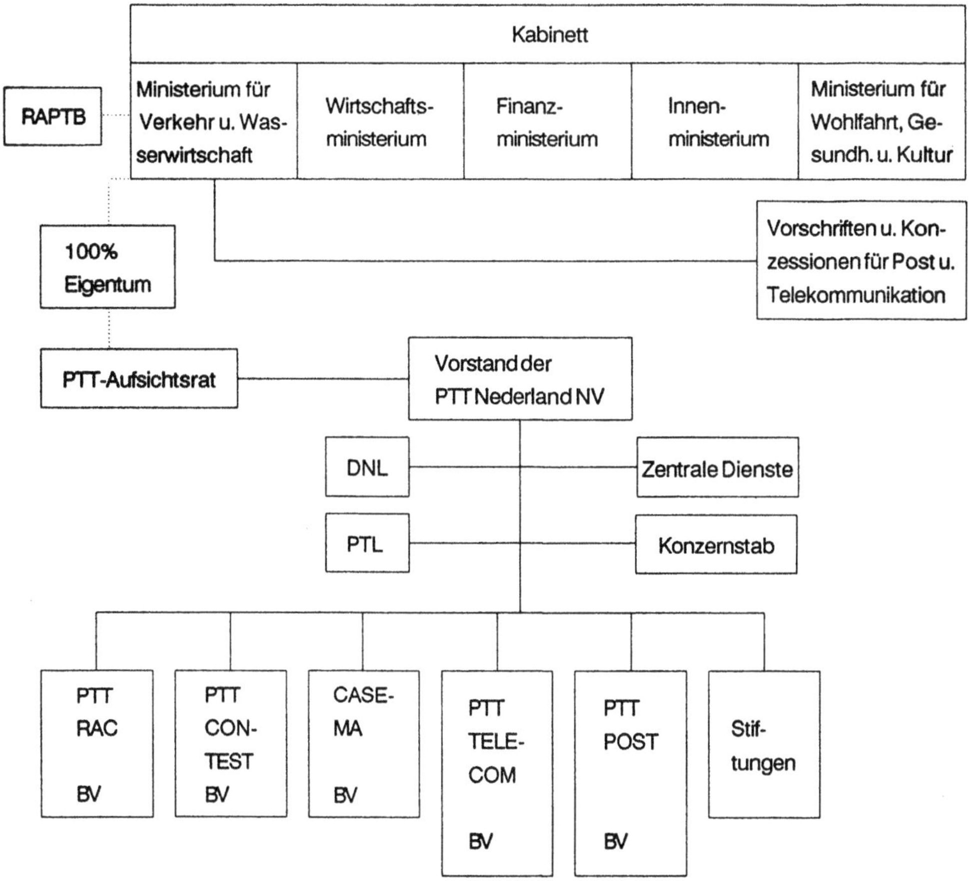

Im Endgerätebereich war die Unzufriedenheit der Telekommunikationsnutzer mit dem Angebot der PTT, die ein Monopol für die Bereitstellung und den Vertrieb von Endgeräten für den Hauptanschluß, Nebenstellenanlagen und Telexgeräten besaß und überdies diese Geräte nur von zwei Herstellern, Philips und Ericsson, anfangs nur von Philips, bezog, am gravierendsten. Bereits im Vorfeld der Reform wurde dieses Monopol durch die Nutzer aufgebrochen, indem Telefonapparate und Telefonanlagen anderer Hersteller von privater Seite illegal ans Netz angeschlossen wurden. Seit dem 1.1.1989 ist Wettbewerb im Endgerätebereich inklusive Vertrieb, Installation und Wartung offiziell gestattet, wobei die PTT Telecom BV als Mitbewerber auftritt. In diesem Zusammenhang ist zu erwähnen, daß Geräte für den Anschluß ans Netz generell zugelassen sind, wenn sie einer technischen Überprüfung in einem staatlich autorisierten Prüflabor standgehalten haben. Im Zuge der Umstrukturierungen wurden auch private Prüflabors zugelassen. Derzeit gibt es neben dem Prüflabor der PTT noch ein privates Prüflabor, das unter Mitverwaltung sämtlicher niederländischen Elektrizitätsgesellschaften betrieben wird.

Im Dienstebereich waren bisher private Mehrwertdienste nur auf der Basis von Wählleistungen möglich. Nach der neuen Regelung besitzt die PTT Telecom NV nur die exklusive Konzession für die Telekommunikationsinfrastruktur (Netz). Teleinformationsdienste (ISO 4-7) können auch von privater Seite unter Mitbewerb der PTT angeboten werden. Reiner Wiederverkauf von Mietleitungen und Basisdienste auf der Grundlage von Mietleistungen sind ausgeschlossen.

Tätigkeit des Netzträgers

Die PTT ist der größte Arbeitgeber der Niederlande. Im Jahr 1987 beschäftigte sie knapp 96000 Personen, davon 31700 im Telekommunikationsbereich, und erzielte einen Gesamtumsatz von 10,3 Mrd. hfl. Der Bereich Telekommunikation konnte im Jahr 1987 den Umsatz um ca. 6 % auf ca. 6,6 Mrd. hfl steigern, was hauptsächlich auf die gestiegenen Umsätze mit der Geschäftswelt zurückgeht. Der Telefonverkehr wuchs um 3 %, wobei der internationale Telefonverkehr überproportional zunahm. Ein rückläufiger Telexverkehr wurde durch die zunehmende Nutzung des neuen Telefaxdienstes mehr als kompensiert. Auch in der mobilen Telekommunikation konnten starke Zuwächse sowohl beim Autotelefon als auch beim Funkruf verbucht werden. Eine Steigerung der Inanspruchnahme ergab sich auch für den neuen Datanet-Dienst. Als Folge der starken Nachfrage nach Telekommunikationsdienstleistungen wurde die von der PTT bereitgestellte Infrastruktur in starkem Maße beansprucht, so daß Kapazitätserweiterungen dringend erforderlich sind. Die Beschaffung von Telekommunikationsgütern durch die PTT machte vor 1988 etwa 90 % des gesamten Marktes aus, war also marktbeherrschend (Kalin 1985).

Herstellerindustrie

Die niederländische Telekommunikationsherstellerindustrie wird auf der Seite der Geschäfts- und Privatkundentelekommunikation durch den Elektrokonzern Philips und im Telekommunikationsinfrastrukturbereich durch AT&T Network Systems International (AT&T-NSI) dominiert. Weitere Lieferanten für den PTT-Infrastrukturbereich, allerdings nicht mit nennenswerter FuE-Kapazität auf niederländischem Boden, sind die multinationalen Telekommunikationskonzerne Alcatel und Ericsson. Außerdem ist Siemens Nederland NV als Hersteller von Geschäfts- und Privatkunden-Telekommunikationsausrüstung am niederländischen Markt vertreten. Die entsprechenden FuE-Aktivitäten erfolgen jedoch überwiegend außerhalb der Niederlande.

Im Bereich Fernmeldekabel spielt die NKF-Kabel BV, eine frühere Philips- Tochter, als Hauptlieferant der niederländischen PTT eine wichtige Rolle. Die NKF-Kabel BV, die außer Fernmelde- auch Stromkabel herstellt, produziert drei Arten von Fernmeldekabeln, symmetrische, Koaxial- und Glasfaserkabel. Neben der Belieferung der niederländischen PTT ist die Produktion auf die europäischen und außereuropäischen Absatzmärkte gerichtet.

In der Bildkommunikation ist die Océ-Gruppe tätig, ein international operierendes Unternehmen mit Konzernsitz in den Niederlanden. Unternehmensschwerpunkt ist die Herstellung von Kopiersystemen für Büro und Konstruktion. Die Telekommunikation ist dabei kein Unternehmensschwerpunkt, vielmehr stehen Systemlösungen für Text- und Graphikverarbeitung, angefangen von Computern, Scannern bis hin zu Druckern, Plottern und Fotokopierern, im Vordergrund.

In der militärischen Telekommunikation dominiert die Hollandse Signaalapparaten B.V., eine zum Zeitpunkt der Datenerhebung für diese Studie 99 %ige Tochter von Philips, und zwar hauptsächlich auf den Gebieten Radar- und Feuerleitsysteme, militärische Nachrichtenübermittlungssysteme und Führungs- und Einsatzsysteme für Marine, Heer und Luftwaffe. Für Ende 1989 ist eine Ausgliederung der Verteidigungsaktivitäten aus dem Philips-Konzern vorgesehen. Nachdem die militärischen Teile von Philips Norden schon an Bofors verkauft wurden (vgl. Kapitel 9), ist auch der Verkauf der Hollandse Signaalapparaten vorgesehen, und zwar an die französische Thomson-CSF. Ebenso auf militärische, aber auch auf medizintechnische und industrielle Anwendungen ist das Unternehmen Oldelft ausgerichtet, das sich in den Technologien Optik, Elektronik, Feinmechanik und Computer engagiert. In der Sensorik und allgemeinen Bildübertragung ergeben sich von der Technologie her zwar Anknüpfungspunkte für Telekommunikationsanwendungen, allerdings sind die Produkte von Oldelft nicht für Telekommunikationsanwendungen im engeren Sinne bestimmt. Tabelle 8.1-2 gibt einen Überblick über die in der Telekommunikations-FuE im engeren und weiteren Sinne engagierte niederländische Herstellerindustrie.

Im folgenden werden die Philips-Konzerndaten soweit möglich nach den einzelnen Geschäftssparten weiter aufgeschlüsselt und die Telekommunikationsstrategie des Konzerns näher untersucht. Dabei ist das Verhältnis zu AT&T-NSI von besonderem Interesse. Die übrigen Hersteller werden nicht näher analysiert, da sie von den Unternehmensdaten her nicht das Gewicht wie Philips bzw. AT&T-NSI haben oder nur am Rande ihres Tätigkeitsfeldes im Telekommunikationsbereich agieren.

Philips ist ein multinationaler, diversifizierter Elektronikkonzern mit Geschäftsstätten in über 60 Ländern. Gegenüber dem Vorjahr mußten 1987 Gewinn- und Umsatzrückgänge verzeichnet werden, die zu einem großen Teil dem niedrigen Dollarwechselkurs zuzuschreiben waren. Der Jahresumsatz fiel 1987 um 4 % auf 52,7 Mrd. hfl. Auch war die Zahl der Konzernbeschäftigten leicht rückläufig, so daß 1987 die Beschäftigtenzahl bei 337000 lag. Der Philips-Konzern ist aufgrund seiner vielfältigen Produktbereiche, die zudem noch regional über viele Länder verstreut sind, ein schwer zu lenkendes Unternehmen. Um die Effektivität von Forschung, Entwicklung und Produktion zu erhöhen, sind seit etwa zwei Jahren Umstrukturierungen im Gange mit dem Ziel, die vielen nationalen Philips-Gesellschaften in ihrer Selbständigkeit zu beschneiden und dafür den Managern der einzelnen Produktsparten (international) mehr Einfluß auf die Unternehmenspolitik zu geben.

Tabelle 8.1-2: Die in den Niederlanden FuE-betreibende Telekommunikationsherstellerindustrie im Jahr 1987
(Quelle: Geschäftsberichte 1987)

Unternehmen	Beschäftigte	Umsatz in Mio. hfl	Tätigkeitsbereich
Philips weltweit Niederlande	 336700 69700	 52715 k.A.	Licht, Konsumelektronik, Hausgeräte, industrielle, militärische Systeme und Produkte, Informations- und Kommunikationstechnik, Bauelemente, Medizintechnik
AT&T Network Systems International	4543	895	Vermittlungs- und Übertragungssysteme
Océ-Gruppe	11492	1828	Kopiersysteme für Büro und Konstruktion, Büroautomation
NKF-Kabel B.V. Unternehmensbereich Fernmeldekabel	1479 k.A.	441 261	Strom- und Fernmeldekabel
Oldelft Gruppe	ca. 1300	ca. 200	Optik, Elektronik, Feinmechanik für medizinische, industrielle und Verteidigungssysteme
k.A. = keine Angabe			

Im Jahr 1987 setzten sich die Konzernaktivitäten aus den Geschäftsbereichen Unterhaltungselektronik, professionelle Produkte und Systeme, Bauelemente, Licht und Hausgeräte zusammen. Der Bereich "Professionelle Produkte und Systeme", der 1987 mit 25,7 % zum gesamten Konzernumsatz beitrug, umfaßt die Aktivitäten Informations- und Kommunikationssysteme, Verteidigungssysteme und Medizintechnik. Im Jahr 1988 wurde die Entscheidungs- und Kompetenzstruktur umgebildet und die materielle Unternehmensstruktur in eine straffere Form gebracht. Dabei sollten die Bereiche Mikroelektronik, Telekommunikations- und Datensysteme und Unterhaltungselektronik das Kerngeschäft bilden. Die Unternehmensbereiche, die nicht dazu gehörten, wurden in selbständige Tochtergesellschaften eingebracht, wie z. B. die Medizintechnik und der Bereich Licht, oder verkauft. Im August 1988 verkaufte Philips 53 % seines Hausgerätegeschäfts an den US-Konzern Whirlpool (manager magazin, 1988). Auch der 1989 erfolgte Verkauf der Verteidigungsaktivitäten - Philips Elektronik-Industrier an Bofors, Hollandse Signaalapparaten an Thomson-CSF - ist vor dem Hintergrund einer unternehmenspolitischen Rückkehr zu Kernbereichen zu sehen.

Die Umstrukturierungsmaßnahmen im Telekommunikationsbereich sind derzeit noch im vollen Gange. In den Niederlanden wurde hier bereits 1984 eine Umorientierung der Geschäftstätigkeit eingeleitet, als der Geschäftsbereich "Öffentliche Telekommunikation", der die Vermittlungs- und Übertragungssysteme für öffentliche Fernmeldenetze umfaßt, in ein Gemeinschaftsunternehmen mit AT&T, AT&T and Philips Telecommunications (APT), gebracht wurde. Diese Maßnahme muß man vor dem Hintergrund der starken Konkurrenz durch die großen europäischen Telekommunikationskonzerne Ericsson und Alcatel, die in den Niederlanden operieren, verstehen. Die anfängliche 50 %ige Beteiligung von Philips wurde Anfang 1988 auf nur noch 40 % ermäßigt. Damit ging auch eine Umbenennung des Unternehmens in AT&T Netzwerk Systems International einher. Anfang 1989 zog sich Philips bis auf einen 15%-Anteil aus dem Unternehmen zurück. Neben AT&T (65 %) ist die italienische STET (20 %) als neuer Anteilseigner hinzugekommen. Somit ergibt sich in den Niederlanden eine Marktaufteilung in der Telekommunikation, nach der AT&T-NSI den öffentlichen Telekommunikationsmarkt versorgt, aus dem sich Philips sukzessive zurückzieht, und die 100 %ige Philips-Tochter, Philips Telecommunicatie en Data Systemen Nederland B.V. (PTDSN), sich auf die geschäftliche Telekommunikation inklusive angrenzender Geschäftsbereiche wie Datenverarbeitungssysteme beschränkt.

Die Stellung der Sparte Telekommunikation und Datensysteme innerhalb des Gesamtkonzerns sowie die regionalen Aktivitätsschwerpunkte zeigt Abbildung 8.1-5. Mit einem Umsatz von weniger als 8 Mrd. hfl im Jahr 1987 trägt dieser Bereich maximal 15 % zum

Konzernumsatz bei. Die niederländische PTDSN hat sich hauptsächlich auf die Bereiche Bürokommunikationssysteme, insbesondere PABX, und Datenverarbeitungssysteme spezialisiert. Z. B. werden dort private digitale Vermittlungsanlagen (Sopho-S) gefertigt. Die Devise des PTDSN-Produktangebots ist die Integration von Daten, Text, Bildern und Sprache. Auch gibt es Aktivitäten in der Funkkommunikation. Die Bürokommunikations- und Datenverarbeitungssysteme verzeichneten im Jahr 1987 Umsätze in Höhe von ca. 2,5 Mio. hfl, was einen Anteil von ca. 5 % am Konzernumsatz entspricht. Im Bereich der öffentlichen Telekommunikation ist der Philips-Konzern nur noch mit seinen Niederlassungen in der Bundesrepublik Deutschland und in Frankreich engagiert.

Abbildung 8.1-5: Telekommunikation im Philips-Konzern (Umsätze 1987)

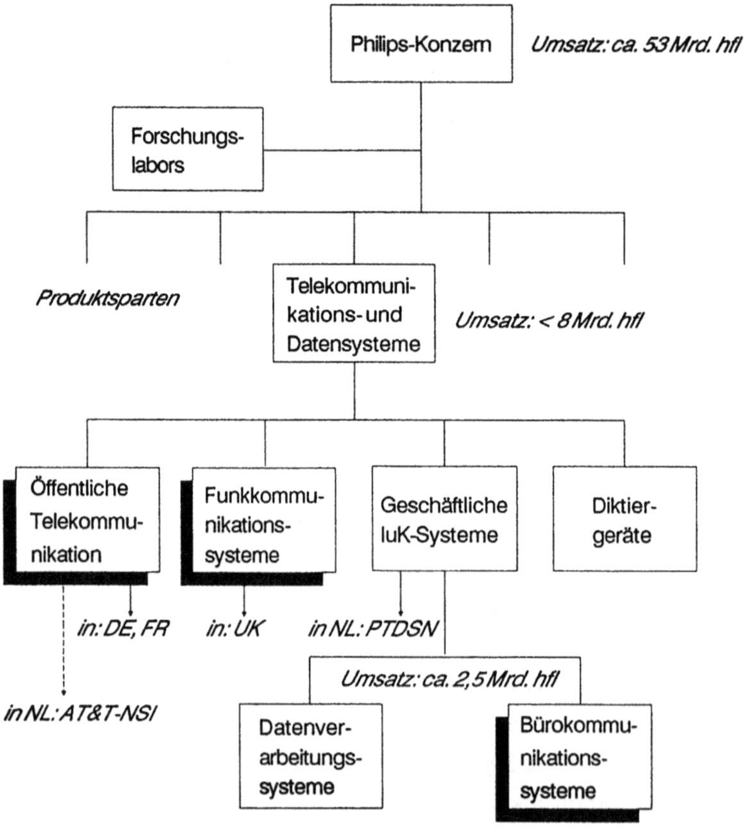

Erst Anfang 1990 wurde erneut eine Umorientierung in der Konzernstrategie in Form der organisatorischen Trennung der bisherigen gemeinsamen Produktsparte Telekommunikations- und Datensysteme in zwei selbständige Sparten eingeleitet. Die Telekommunikation ist demnach der neuen "Communications Systems" Division zugeordnet.

Diese Sparte umfaßt die vier Tochtergesellschaften TRT in Frankreich, PKI in Deutschland, PRCS in Großbritannien und schließlich PTDSN in Holland. Entgegen der ursprünglich strafferen und zentralisierten Konzernstrategie sollen die nationalen Konzerngesellschaften größere Eigenständigkeit erhalten. Jedes Land soll innerhalb des Gesamtkonzerns ein Kompetenzzentrum für einen bestimmten Bereich werden, Frankreich für Funkübertragung, Deutschland für Kabelübertragung, Großbritannien für mobile Funkkommunikation und kleinere Nebenstellenanlagen und die Niederlande für PABX.

AT&T-NSI ist eine 65%-Beteiligung von AT&T. Weitere 20 % hält die italienische Telefongesellschaft STET. Die restlichen 15 % sind im Besitz des Philips-Konzerns, nachdem dieser Anfang 1988 noch einen 50%-Anteil hatte. AT&T-NSI ist eine Holding-Gesellschaft mit Tochtergesellschaften in den Niederlanden (AT&T en Philips Telecommunicatie Bedrijven B.V.), in der Schweiz, Italien, Großbritannien, Belgien und Frankreich. In Spanien wurde 1988 ein gemeinsames Unternehmen zusammen mit der spanischen Gesellschaft Amper geschaffen. Der Sitz des Konzerns sowie der größten Tochtergesellschaft ist in den Niederlanden. Wie bereits oben erwähnt, ist AT&T-NSI in der öffentlichen Telekommunikation tätig. Die Produkte entstammen den Bereichen digitale Vermittlungssysteme (5ESS-PRX), analoge Vermittlungssysteme (PRX-A) und Übertragungssysteme.

Die Zusammenarbeit von Philips und AT&T zunächst in APT, später dann in AT&T-NSI wurde von den beiden Kapitaleignern ursprünglich technologisch begründet. Die technologische Kompetenz von AT&T, der größten Telefonbetreibergesellschaft der Welt, vereint mit den Erfahrungen des Philips-Konzerns in der Elektronik und seiner Kompetenz in den Basistechnologien auf den Gebieten der Physik und Elektronik, wäre die solide Grundlage für die Entwicklung qualitativ hochstehender, hocheffizienter Telefonnetze. Allerdings hatte sich diese Strategie der vereinten Kräfte für das Gemeinschaftsunternehmen nicht entsprechend auf die Gewinnsituation ausgewirkt. Auch 1987 waren trotz einer etwa 20 %igen Umsatzsteigerung auf 895 Mio. hfl. noch Verluste zu verzeichnen. Für 1989 ist weiteres Umsatzwachstum auf ca. 1,2 Mrd. hfl geplant. Auch die Zahl der Beschäftigten soll sich 1989 von 4543 im Jahr 1987 auf ca. 5500 erhöhen.

Daß die Gründung von APT nicht allein aus technologischer Sicht bedeutsam war, zeigen die jüngsten Entwicklungen in der Unternehmenspolitik der Anteilseigner. Philips zieht sich aus der öffentlichen Vermittlungstechnik mehr und mehr zurück. Inzwischen hält Philips nur noch 15 % der Anteile an dem jetzt in AT&T-NSI umbenannten Unternehmen. Das AT&T-Engagement ist im Zusammenhang mit der AT&T-Entflechtung in den USA zu sehen, die es AT&T erlaubte, seine Produkte zu exportieren und ausländische

Niederlassungen zu gründen. AT&T-NSI kam zunächst die Aufgabe zu, die AT&T-Systeme den jeweiligen nationalen Standards anzupassen. Inzwischen stellt AT&T-NSI eine Art europäischer Brückenkopf für die Europa-Strategie von AT&T dar. Z. B. ist die 20%-Beteiligung der italienischen STET an AT&T-NSI eine wechselseitige Verflechtung der beiden Konzerne AT&T und STET. Im Gegenzug zur STET-Beteiligung hat AT&T Mitte 1989 eine ebenfalls 20%-Beteiligung an der STET-Tochter Italtel übernommen (highTech 8/89).

In den Niederlanden hat AT&T-NSI einen 60 %igen Marktanteil für den öffentlichen Netzbereich. Den Rest teilen sich Ericsson und seit kurzem wieder Alcatel (früher ITT). Im Jahr 1984 benannte die niederländische PTT AT&T-NSI bis 1992 als den Hauptlieferanten für die Digitalisierung des holländischen Telefonnetzes. Dieses Projekt wird etwa 15 bis 20 Jahre dauern, und es beinhaltet die Umstellung des jetzigen analogen Systems auf ein vollständig digitalisiertes.

8.2 INSTITUTIONELLE UND TECHNOLOGISCHE STRUKTUR DER NATIONALEN TELEKOMMUNIKATIONS-FuE

Umfang der Telekommunikations-FuE

Die amtliche FuE-Statistik läßt präzise Zahlenangaben zum Umfang der nationalen Telekommunikations-FuE-Aufwendungen nicht zu. Da die niederländische Industriestruktur durch eine hohe Konzentration - Dominanz der fünf multinationalen Konzerne - gekennzeichnet ist, würde ein disaggregierter Ausweis der Telekommunikations-FuE des Unternehmenssektors firmenspezifisches strategisches Verhalten offenbaren. Der Datenschutz im Bereich der Statistik läßt dies nicht zu. Deshalb sind Sektoren und Produkte in der Statistik hochaggregiert zusammengefaßt, z. B. verbirgt sich die Telekommunikations-FuE in der sektoralen Angrenzung in den FuE-Ausgaben der Metallindustrie, die auch die gesamte Elektronik enthält, und der Transport-, Kommunikations- sowie anderer Dienstleistungsbereiche. Die in dieser weiten Abgrenzung ermittelten FuE-Ausgaben erreichten 1987 eine Höhe von 3565 Mio. hfl, die 61 % der FuE-Ausgaben des gesamten niederländischen Unternehmenssektors entsprechen. Ähnliches gilt für die FuE-Personalstatistik. Mit 17170 Personen (Vollzeitäquivalent) stellen die Branchen Metallindustrie und Transport-, Kommunikations- und andere Dienstleistungen 57 % des im Unternehmenssektor beschäftigten FuE-Personals. Etwas enger, aber zur Beschreibung der

Telekommunikations-FuE immer noch viel zu weit, ist die Abgrenzung nach Produktgruppen. Hier sind die Bereiche Maschinen, elektrische und elektronische Produkte sowie Datenverarbeitungsausrüstung zusammengefaßt. Die ausgewiesenen FuE-Ausgaben für 1986 betrugen 1844 Mio. hfl bzw. 42 % der gesamten industriellen FuE. Diese Zahlen mögen als obere Grenzen des industriellen Telekommunikations-FuE-Aufwandes dienen.

Zur Einschätzung des staatlichen Aufwandes für Telekommunikations-FuE auf der Basis der amtlichen Statistik eignen sich am besten die FuE-Ausgaben des Ministeriums für Verkehr und Wasserwirtschaft, dem die Verantwortung für die niederländische PTT zukommt. Im Jahr 1986 betrugen diese 216 Mio. hfl. Diese Zahl ist wiederum als Obergrenze der staatlichen Telekommunikations-FuE zu interpretieren, da das Ministerium nicht nur für die PTT mit ihren Post- und Fernmeldediensten zuständig ist, sondern auch für andere öffentliche Dienste wie z. B. Transport und Verkehr. Die vom Bildungsministerium für die Universitäten und Institute bereitgestellten staatlichen Mittel lassen sich schwerlich so eingrenzen, daß daraus ein Beitrag zur Telekommunikations-FuE zu ermitteln wäre. Dieser dürfte ohnehin gering sein, da die für die Telekommunikation relevante Hochschulforschung eher einen allgemeinen natur- und ingenieurwissenschaftlichen Charakter hat und nur wenig in die eher anwendungsorientierte industrielle Forschung eingebunden ist. Außerdem fehlt bei den unabhängigen Forschungsinstituten ein entsprechendes Institut für Telekommunikations-FuE.

Berücksichtigt man ergänzend die Angaben aus Unternehmensquellen wie Geschäftsberichte, persönliche Gespräche und Einschätzungen, so ergibt sich eine FuE-Arbeitsteilung in der Telekommunikation zwischen Industrie und Netzträger gemäß Abbildung 8.2-1.

Die Aufwendungen für FuE im Bereich der öffentlichen und der geschäftlichen Telekommunikationsausrüstung (AT&T-NSI und PTDSN) sowie der Fernmeldekabel (NKF) liegen im Jahr 1987 bei etwa 260 Mio. hfl, die des Netzträgers bei etwa 110 Mio. hfl. Aufgrund der zurückhaltenden staatlichen FuE-Subventionierung, insbesondere bei den großen Konzernen, und der geringen Beteiligung der Universitäten und Institute an der Telekommunikationsforschung, spiegelt das Verhältnis von FuE-Aufwand der Industrie zu FuE-Aufwand beim Netzträger auch das Verhältnis von privatem zu staatlichem Sektor wider. Dieses liegt damit bei einem geschätzten gesamten Telekommunikations-FuE-Aufwand von 370 Mio. hfl bei fünf zu zwei. Nach 1988 allerdings, wenn der Netzträger dem Unternehmenssektor zugerechnet wird, dürfte die "Staatsquote" nur bei wenigen Prozenten liegen.

Abbildung 8.2-1: Arbeitsteilige FuE-Aufwendungen für Telekommunikation in den Niederlanden im Jahr 1987

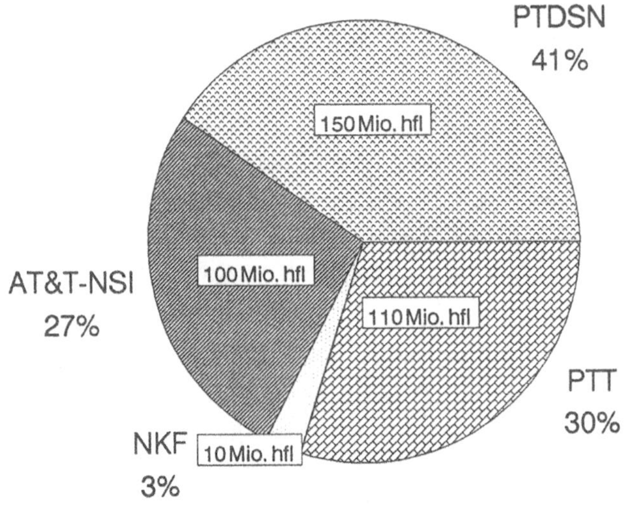

Aus der Summe der nichtamtlichen Angaben läßt sich die Untergrenze der nationalen FuE-Aufwendungen mithin auf 370 Mio. hfl beziffern. Der wahre Wert läßt sich nicht angeben, dürfte aber näher an der Unter- als an der Obergrenze liegen und - bezogen auf 1987 - wohl eine halbe Mrd. hfl nicht wesentlich übersteigen, auch wenn man diverse, nicht ausschließlich auf Telekommunikation bezogene Förderprogramme (Abschnitt 8.3.1) berücksichtigt. Geht man von grob 500 Mio. hfl. aus, so bedeutet dies produktbezogen, daß 1987 knapp 30 % der FuE-Ausgaben für die Produktgruppen Maschinen, elektrische und elektronische Geräte sowie Datenverarbeitung auf Telekommunikationsgüter entfallen, was nicht unplausibel ist. Jedenfalls ist es wohl kaum vorstellbar, daß telekommunikationsbezogene Güter einen Anteil von 50 % an dieser heterogenen Warengruppe (neben EDV-Anlagen, dem ganzen Maschinenbau, der konventionellen Elektrotechnik inklusive der Nukleartechnik und der elektronischen Medizintechnik) einnehmen oder gar überschreiten können (50 % daran betrüge etwa 900 Mio. hfl). Klammert man den Netzträger aus der Betrachtung als staatliches Organ aus, so liegt der staatliche Finanzierungsanteil an der gesamten Telekommunikations-FuE etwa bei 5 %. Davon sind etwa 3%-Punkte zivilen Ursprungs, etwa 2%-Punkte entfallen auf das Verteidigungsministerium. Was die Abschätzung des FuE-Personals angeht, so ist die Zurechnung der weitverzweigten Philips-FuE-Stätten zum Telekommunikationsbereich ein zusätzliches Problem (s. Abschnitt 8.3.3). Eine sehr grobe Abschätzung der Einzelangaben aus Abschnitt 8.3 läuft auf einen nationalen FuE-Personalbestand von rund 3000 Personen - jedenfalls sicher mehr als 2000 - in der Telekommunikation um das Jahr 1987 hinaus.

Zusammenspiel der FuE-Träger im Telekommunikationssektor

Da die obigen Zahlenangaben mit Unsicherheiten behaftet sind und auch keine aussagekräftigen Zeitreihen vorliegen, soll an dieser Stelle der nur grobe quantitative Eindruck durch eine qualitative Analyse ergänzt werden. Tabelle 8.2-1 weist die niederländischen Telekommunikations-FuE-Träger und deren Zusammenspiel hinsichtlich Durchführung und Finanzierung bzw. Planung aus.

Die technischen Universitäten Delft, Eindhoven und Twente/Enschede bilden die Basis für die in der Telekommunikation benötigte natur- und ingenieurwissenschaftlichen Grundlagenforschung. Allerdings besteht keine starke Ausrichtung der Universitäten an den langfristigen FuE-Zielen der Industrie bzw. des Netzträgers. Finanziert werden die Universitäten aus dem Etat des Bildungsministeriums. Die langfristige strategische Telekommunikationsforschung spielt sich in den Niederlanden hauptsächlich im Zentrallabor des Philips-Konzerns in Eindhoven und in den beiden Forschungslabors der PTT, im Dr. Neher Laboratorium (DNL) und im PTT Telematics Laboratorium (PTL) ab. Über die Inhalte der langfristigen Forschung entscheiden die oben genannten Labors relativ autonom. AT&T-NSI kann zusätzlich auf Ergebnisse der Grundlagenforschung der AT&T Bell Labs in den USA zurückgreifen. Ebenso stehen die Forschungsergebnisse der ausländischen Philips-Laboratorien den niederländischen Philips-Abteilungen zur Verfügung.

Für die angewandte mittelfristige Forschung bis hin zur Prototypentwicklung zeichnen ebenfalls die oben genannten Labors des Philips-Konzerns und der niederländischen PTT verantwortlich.

Die Produktentwicklung bleibt weitgehend den einzelnen Abteilungen bzw. Konzerntöchtern überlassen, wobei die Übergänge von der angewandten Forschung zur Produktentwicklung fließend sind. In der geschäftlichen bzw. in der öffentlichen Telekommunikationsentwicklung sind insbesondere die 100 %ige Philips-Tochter PTDSN sowie AT&T-NSI aktiv. Die zum schwedischen Ericsson-Konzern gehörende Ericsson Paging Systems entwickelt in den Niederlanden Funkrufsysteme. Militärische Telekommunikations-FuE betreibt die zum Zeitpunkt der Datenerhebung noch 99 %ige Philips-Tochter Hollandse Signaalapparaten. Schließlich verfügen die technischen Abteilungen des Netzträgers auch über Entwicklungskapazitäten.

Heimische Arbeitsteilung in der Industrie

Die FuE-Struktur im Telekommunikationssektor kann durch patent- und literaturstatisti-

Tabelle 8.2-1: Zusammenspiel der niederländischen Telekommunikations-FuE-Träger

Ausführung		Planung/Finanzierung	
Überwiegend Grundlagen- und strategische Forschung:			
Staat/ Unter-nehmens-sektor*/ Ausland	Universitäten: Universität Delft Universität Eindhoven Twente Universität, Enschede	Bildungsministerium	Staat/ Unter-nehmens-sektor*/ Ausland/ EG
	Philips Zentrallabor, Eindhoven, und ausländische Philips-Labors	Philips, insbesondere PTDSN, und ausländische Philips-Töchter EG (RACE, ESPRIT)	
	AT&T Bell Labs, USA	AT&T-NSI	
	PTT-Labors: Dr. Neher Laboratorium PTT Telematics Labor.	PTT Telecom BV	
Überwiegend angewandte Forschung:			
Unter-nehmens-sektor*/ Ausland	Philips Zentrallabor, Eindhoven, und ausländische Philips-Labors	Philips, insbesondere PTDSN, und ausländische Philips-Töchter EG (RACE, ESPRIT)	Unter-nehmens-sektor*/ Ausland/ EG
	AT&T Bell Labs, USA	AT&T-NSI	
	PTT-Labors: Dr. Neher Laboratorium PTT Telematics Labor.	PTT Telecom BV	
Überwiegend industrielle Entwicklung:			
Unter-nehmens-sektor*	PTDSN	PTDSN EG (RACE, ESPRIT)	Unter-nehmens-sektor*/ EG
	AT&T-NSI	AT&T-NSI EG (RACE, ESPRIT)	
	NKF	NKF	
	Ericsson Paging Systems	Ericsson Paging Systems	
	Hollandse Signaalapparaten	Hollandse Signaalapparaten	
	PTT Telecom BV	PTT Telecom BV	

*Unternehmenssektor = Netzträger und Hersteller

sche Analysen im Sinne von Indikatoren für den Ertrag von FuE weiter aufgeklärt werden (s. methodische Einführung, Kapitel 0). Dabei ist die Patentstatistik besonders geeignet, Ergebnisse industrieller Entwicklungsarbeiten aufzuzeigen. Die Publikationsstatistik (Näheres s. u.) erweist sich als hilfreich bei der Identifikation von Ergebnissen der Forschung (weniger der Entwicklung) und somit der universitären Forschungsschwerpunkte, die im Abschnitt 8.3.4 ausführlicher behandelt werden. Da im Telekommunikationsbereich das Schwergewicht des FuE-Engagements im allgemeinen eher bei der industriellen Entwicklung als bei der Forschung liegt, kann an dieser Stelle eine Beschreibung der niederländischen Spezialisierungstendenzen im Gesamtspektrum der Telekommunikationstechnologien anhand der Ergebnisse der Patentstatistik genügen.

Für die patentstatistische Analyse wurde das Gesamtgebiet der Telekommunikation auf der Grundlage der internationalen Patenklassifikation (IPC) in neun technologische Felder aufgeteilt, deren Bezeichnungen der Kopfzeile von Tabelle 8.2-2 entnommen werden können und deren Inhalt in der methodischen Einführung (Kapitel 0) näher bestimmt ist. Während es bei internationalen Technologievergleichen sinnvoll ist, Auslandspatentanmeldungen heranzuziehen, ist die Betrachtung des heimischen Patentmarktes, in diesem Falle des niederländischen, angebracht, um die technologische Spezialisierung der einheimischen Unternehmen zu erforschen. Außerdem ist die Zahl der niederländischen Patentanmeldungen am Heimpatentamt beträchtlich höher als an Auslandspatentämtern, so daß auch bei Disaggregierung auf einzelne anmeldende Unternehmen noch statistisch aussagefähige Stichproben vorliegen. Somit gibt Tabelle 8.2-2 anhand der niederländischen Inlandspatentanmeldungen einen Überblick über die FuE-Arbeitsteilung in der Telekommunikation des Unternehmenssektors. In diesem Überblick wurden nicht alle Anmelder einzeln aufgeführt, sondern nur die im Durchschnitt der neun Felder am häufigsten vorkommenden.

Die Dominanz von Philips in fast allen Bereichen außer der Bildkommunikation und seiner Tochtergesellschaft Hollandse Signaalapparaten in der Hochfrequenz-Kommunikation ist überwältigend. AT&T-NSI ist in Tabelle 8.2-2 noch etwas schwach vertreten, da der Patentanmeldezeitraum längstens bis 1985 reicht und das Unternehmen erst 1984 gegründet wurde. Inzwischen liegt die Zahl der Patentanmeldungen von AT&T-NSI etwa bei 10 bis 15 Anmeldungen pro Jahr. Die technologische Spezialisierung von AT&T-NSI in der leitungsgebundenen Kommunikation und in der Digitalübertragungstechnik gemäß Tabelle 8.2-2 ist jedoch trotz volumenmäßiger Unterrepräsentierung korrekt wiedergegeben. Philips Telecommunicatie en Data Systemen Nederland (PTDSN) meldet in der Regel seine Patente über die Konzern-Mutter an und ist daher nicht separat aufgeführt. Die Océ-Gruppe, Hersteller von Kopiersystemen, verzeichnet in der Bildkommu-

Tabelle 8.2-2: Inländische Spezialisierung in der industriellen Telekommunikationsentwicklung (niederländische Patentanmeldungen am niederländischen Patentamt)

Unternehmen	LE	FU	BÜ	BK	DI	LL	HF	FS	SG
Hersteller Philips Gloeilampen NV	27	26	60	9	55	60	4	7	29
Hollandse Signaalapparaten		5			1		16		
AT&T-NSI	1				1				
Océ-Gruppe				10	1	2			2
Oldelft			4	1					
NKF-Gruppe	2					3			
Ericsson Paging Systems		1						1	1
Netzbetreiber Niederl. PTT	4	3		1	2	1	1		1
Summe der Hersteller und des Netzbetreibers	34	35	64	21	60	66	21	8	33
Andere (überwiegend Einzelerfinder)	8	15	7	5	9	16	5	10	11
Summe aller niederländischen Anmeldungen	42	50	71	26	69	82	26	18	44
Anmeldezeitraum	1985	1984-1985	1984-1985	1982-1985	1984-1985	1984-1985	1982-1985	1982-1985	1983-1985

nikation die meisten Patentanmeldungen. In der allgemeinen Bildübertragung ist außer dem Philips-Konzern noch das in der Optoelektronik tätige Unternehmen Oldelft vertreten. Der Kabelhersteller NKF hat erwartungsgemäß Patente im Bereich leitungsgebundener Kommunikation und in der Lichtwellenleiter-Kommunikation angemeldet. Ericsson Paging Systems verzeichnet Patentanmeldungen in der Funktechnik, der Fernsignaltechnik und bei den sonstigen Geräten.

Abbildung 8.2-2: Gleichmäßigkeit der Beteiligung an der niederländischen Telekommunikations-FuE von acht durchführenden Institutionen auf der Basis von Inlandspatenten aus dem Erfindungszeitraum 1982 bis 1985

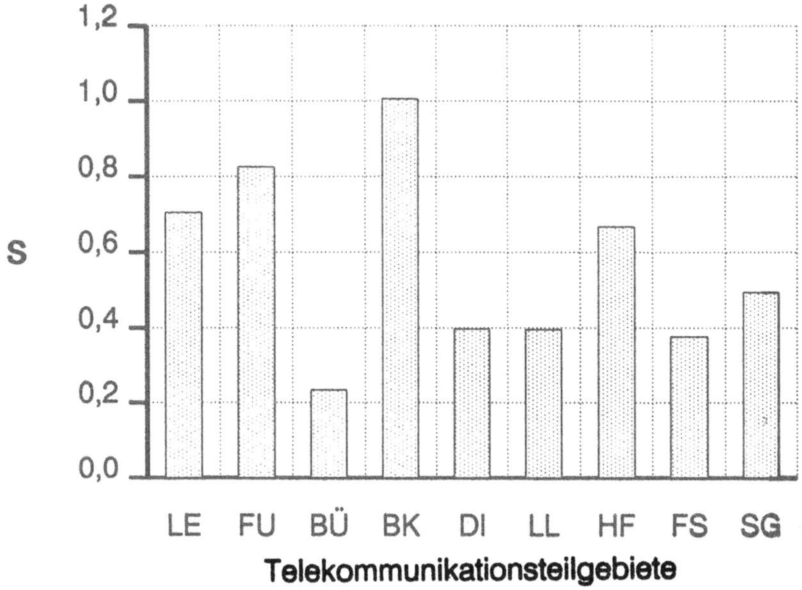

Die Konkurrenz zu Philips bzw. die Konzentration des FuE-Geschehens in nur wenigen Unternehmen läßt sich gemäß Abbildung 8.2-2 sehr anschaulich aus dem Gleichmäßigkeitsmaß (oder Entropiemaß) ablesen, das die Breite der Verteilung der feldspezifischen Aktivitäten in den Niederlanden auf die verschiedenen FuE-Stätten mißt (vgl. methodische Einführung, Kapitel 0). Bei seiner Berechnung wurden die anderen Patentanmelder - weit überwiegend Einzelerfinder außerhalb der professionellen FuE-Tätigkeit - weggelassen und nur die in Tabelle 8.2-2 aufgeführten sieben Herstellerunternehmen und der Netzbetreiber berücksichtigt. Demnach ist die Konzentration in der niederländischen Telekommunikation generell sehr hoch (d. h. die Verteilungsbreite oder Entropie sehr gering). Am höchsten ist sie in der allgemeinen Bildübertragung, in der Philips technologische Konkurrenz allenfalls von Oldelft in minimalem Umfang in Kauf nehmen muß.

Am niedrigsten ist die Konzentration in der Bildkommunikation, in der sich neben Philips die Océ-Gruppe behauptet. Diese ist allerdings kein Telekommunikationskonzern, sondern ist in der Büroautomatisierung und in Kopiersystemen engagiert. Insofern handelt es sich bei der Konkurrenz zu Philips nicht um Produktkonkurrenz, sondern um technologische. Die etwas höhere Verteilungsbreite in der leitungsgebundenen Kommunikation rührt von den Entwicklungsaktivitäten der PTT in diesem Gebiet her. Daß die Verteilungsbreite in den militärisch relevanten Feldern Funktechnik und Hochfrequenz-Kommunikation höher liegt, liegt an der konzerninternen Konkurrenz zwischen der Philips-Muttergesellschaft und der bis 1989 zum Philips-Konzern gehörenden Hollandse Signalapparaten.

Patentpositionen im internationalen Vergleich

Im internationalen Vergleich der Patentpositionen, bei dem die niederländische Wirtschaft als Ganzes betrachtet wird, liegen die Niederlande bei den untersuchten Ländern in der Regel an sechster Stelle nach den USA, Japan, der Bundesrepublik Deutschland, Frankreich und Großbritannien, also vor Italien, Schweden, Spanien und Südkorea (vgl. Kapitel 11). Ein technologisches Defizitgebiet ist für die Niederlande die Fernsignaltechnik. In der allgemeinen Bildübertragung dagegen liegen die Niederlande gleichauf mit Frankreich und reichen an Großbritannien heran. Es ist allerdings zu beachten, daß in die dargestellte internationale Rangfolge keinerlei Gewichtung für die Größe des Landes einging, so daß von daher ein überproportional starkes Entwickeln von patentfähigen Ergebnissen attestiert werden kann.

FuE-Dynamik im internationalen Vergleich

Auf der Basis der Literaturstatistik läßt sich der RLA-Indikator für die Niederlande berechnen (s. methodische Einführung, Kapitel 0), der zeigt, wie sich das nationale Publikationsaufkommen im Verhältnis zum Weltdurchschnitt verhält. Abbildung 8.2-3 verweist auf ein deutliches Aufholen im Bereich der IuK-Theorie. Im Bereich der leitungsgebundenen Kommunikation ist die Publikationsaktivität im internationalen Vergleich durchweg unterdurchschnittlich mit einem Tiefpunkt im Zeitraum 1978 bis 1982. Gerade das Umgekehrte gilt für die Funktechnik. Hier liegt die Aktivität meist über dem Durchschnitt, ist aber in jüngster Zeit wieder rückläufig. Die bei den Patenten festgestellte starke Stellung in der allgemeinen Bildübertragung ist in der Publikationsaktivität erst im Zeitraum 1983 bis 1987 erkennbar. In der Lichtwellenleitertechnik ist das Engagement über den ganzen Zeitraum von 1973 bis 1987 unterdurchschnittlich. Zwar sind vermehrte Anstrengungen 1978 bis 1982 festzustellen, die jedoch dann wieder nachlassen, so daß ein

Aufschließen zum internationalen Durchschnitt nicht gelang. Die übrigen Teilgebiete sind zwar in Abbildung 8.2-3 ausgewiesen, sie sind aber wegen eines zu kleinen Publikationsaufkommens bzw. einer zu geringen Stichprobengröße statistisch gesehen nicht mehr valide interpretierbar.

Abbildung 8.2-3: FuE-Dynamik (RLA-Indikator) der Niederlande im internationalen Vergleich 1973 bis 1987

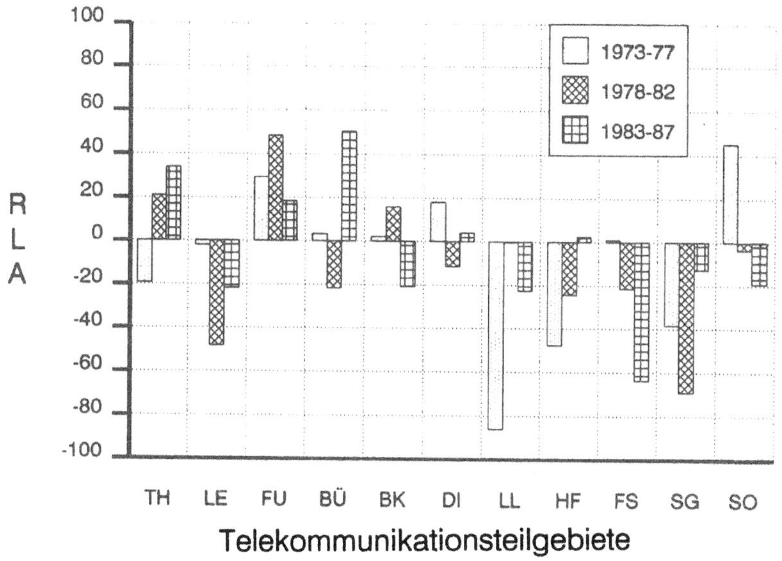

<u>FuE-Arbeitsteilung zwischen Industrie, Hochschulen und sonstigen Forschungseinrichtungen</u>

Die Publikationsstatistik ist - in komplementärer Ergänzung zur Patentstatistik - bei der Identifikation der Forschungsergebnisse hilfreich und weniger für eine Beobachtung der Entwicklungsergebnisse geeignet. Telekommunikationsbezogene Forschung findet in den Niederlanden vor allem in den Forschungslabors von Philips und der PTT und auch in den Universitäten statt - jedoch publizieren auch Unternehmen Teile von Entwicklungsarbeiten. Abbildung 8.2-4 verdeutlicht das Ausmaß und die Arbeitsteilung bei den FuE-Arbeiten im Jahr 1986, soweit sie veröffentlicht und in der Datenbank INSPEC erfaßt sind. Es wurden 272 Publikationen gezählt. Im Gegensatz zur Patentstatistik liegen die Niederlande, was die Anzahl der Publikationen angeht, fast in allen Gebieten außer der allgemeinen Bildübertragung und der Bildkommunikation deutlich hinter Italien. Ein nicht unerheblicher Anteil der niederländischen Publikationen geht auf die internationalen Organisationen European Space Agency (ESA) und Oberstes Hauptquartier der Alliierten Streitkräfte in Den Haag (SHAPE) zurück, insbesondere im Gebiet Funktechnik. Die Rolle der Universitäten ist - wie es zu erwarten war - in der IuK-Theorie stark, wesentliche Beiträge wurden jedoch auch zum Funkbereich und zur Digitaltechnik erbracht. Die unabhängigen Forschungsinstitute tragen nur wenig zur Telekommunikations-FuE bei, lediglich in der Hochfrequenz-Kommunikation fällt die Forschungsorganisation TNO durch entsprechende Aktivitäten auf.

Abbildung 8.2-4: Arbeitsteilung in telekommunikationsbezogener FuE zwischen Industrie, Hochschulen und sonstigen Forschungseinrichtungen im Jahr 1986 auf der Basis der Publikationsstatistik

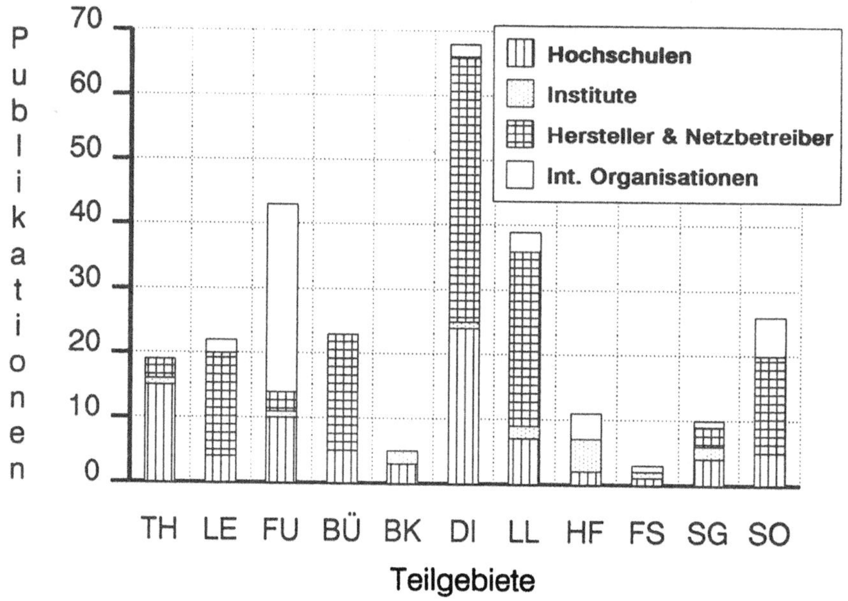

8.3 ROLLENVERTEILUNG IN DER TELEKOMMUNIKATIONS-FuE

In diesem Abschnitt werden die Aktivitäten der nationalen FuE-Träger in der Abgrenzung Staat, Netzbetreiber, Herstellerindustrie und Universitäten inklusive nichtkommerzieller Institute im Detail untersucht. Damit soll die im vorangegangenen Abschnitt dargestellte äußere Struktur des institutionellen Zusammenspiels der FuE-Träger sowie der technologischen Schwerpunktsetzung ergänzt werden durch die Einzelbetrachtung der FuE-Träger sowohl bezüglich ihrer internen FuE-Organisation als auch ihrer Strategien für die externe FuE-Zusammenarbeit.

8.3.1 ROLLE DES STAATES

Wie bereits in Abschnitt 8.1.1 erläutert, ist die Bereitstellung einer ausgedehnten Forschungsinfrastruktur ein wesentlicher Bestandteil der niederländischen FuE-Politik. Daneben gibt es einige innovationsorientierte Programme, die zu einem großen Teil auf die kleineren Unternehmen ausgerichtet sind. Im Telekommunikationsbereich haben sich bisher die staatlichen FuE-Aktivitäten in erster Linie auf die dem Ministerium für Verkehr und Wasserwirtschaft unterstehende PTT beschränkt. Angesichts der europäischen Forschungsprogramme ESPRIT und RACE wurden nationale FuE-Programme für die Telekommunikation in einem größeren Umfang nicht als notwendig erachtet. Wie in den vorhergehenden Abschnitten ausgeführt, liegen die Telekommunikations-FuE-Ausgaben des Netzträgers 1987 etwa bei 110 Mio. hfl, was etwa einem Anteil von 25 % an der gesamten niederländischen Telekommunikations-FuE entspricht. Rechnet man nach erfolgter Umstrukturierung die PTT Telecom BV zum Unternehmenssektor, so ergibt sich eine staatliche Finanzierungsquote an der gesamten Telekommunikations-FuE von nur wenigen Prozent.

Möglicherweise wird sich eine größere staatliche Aktivität in der Telekommunikations-FuE, evtl. vom Wirtschaftsministerium ausgehend, innerhalb des neuen Ordnungsrahmen ab 1989 zeigen. Bisher jedenfalls waren die technologiepolitischen Aktivitäten außerhalb der PTT sehr allgemein auf die Informationstechnologie als ganze ausgerichtet, auch war keine engere Zusammenarbeit des für die PTT zuständigen Ministeriums für Verkehr und Wasserwirtschaft mit dem für Technologiepolitik zuständigen Wirtschaftsministerium festzustellen.

Die Festlegung von Standards sowie das Beschaffungswesen - soweit es sich nicht auf Käufe "aus dem Regal" bezieht - können einen erheblich steuernden Einfluß auf FuE-Arbeiten haben. Im Rahmen der Neuorientierung wurde im Ministerium für Verkkehr- und Wasserwirtschaft eine Abteilung für Vorschriften und Zulassungen gegründet, die nicht nur für Endgeräte zuständig ist, sondern über Konzessionen auch die Qualitätsnormen der Netze definiert. Technologiebeschaffung erfolgt im Verteidigungssektor durch den Ausschuß für die Entwicklung von Verteidigungsausrüstung (CODEMA) in einem jährlichen Umfang von ca. 10 Mio. hfl. Eines der 1987 begonnenen Projekte betrifft ein automatisches Überwachungssystem für Telefonvermittlungsanlagen.

Informatikstimulierungsplan (INSP)

Der Informatikstimulierungsplan ist ein interministerielles Programm, das die Aktivitäten des Wirtschafts-, des Bildungs- und des Landwirtschafts- und Fischereiministeriums

Tabelle 8.3-1: Informatikstimulierungsplan (INSP) im Zeitraum 1984 bis 1988

Bereiche	Informationsbereitstellung	Ausbildung	Forschung	privater Sektor	öffentlicher Sektor
hauptsächliche Zuständigkeit	jeweiliges Ministerium	Bildungsministerium	größte Kooperation zwischen Ministerien für strategische Forschung: Projektgruppe SPIN	Wirtschaftsministerium	jeweiliges Ministerium
	landwirtschaftlicher Sektor: Landwirtschafts- und Fischereiministerium				
Aktivitäten		· Berufliche Aus- und Weiterbildung z. B. in - CAD/CAM - Telekommunikation - Kommunikation in der nautischen Ausbildung - Informatik in medizinischen Labors - Verkaufsschulung - Datenkommunikation	· Personalverstärkung und internationaler Austausch von Forschern: 25 Mio. hfl für 10 Jahre · Verstärkung der Forschungsinstitute (z. B. des Zentrums für Mathematik und Informatik, Amsterdam): 10 Mio. hfl · Strategische Forschung im Grenzbereich Informatik und andere Disziplinen: 92 Mio. hfl · Einrichtungen zur Informationsverarbeitung: 3,6 Mio. hfl	· FuE-Förderung: 700 Mio. hfl · Stärkung der Herstellerindustrie: 78 Mio. hfl · Anwendungsförderung: 200 Mio. hfl für: Büro- und Produktionsautomatisation, Dienste, Mikroelektronik, Telekommunikation und Software	· Beschaffung von informationstechnologischer Ausrüstung für den öffentlichen Sektor
Integration ressorteigener Programme in INSP			SURF-Plan = Stimulierung der univertären Zusammenarbeit bei Computer-Einrichtungen	PBTS = Programmatische betriebliche Technologiestimulierung	SPIN-OV = Stimulierung der Informatikanwendung im öffentlichen Sektor

im Informatik- und Informationstechnologiebereich koordiniert. Ziel des ursprünglich für 1984 bis 1988 angesetzten Plans ist es, die Position der Niederlande sowohl in der Anwendung als auch in der Entwicklung dieser neuen Technologie zu stärken. Das Programm umfaßt die Bereiche Informationsbereitstellung, Ausbildung, Forschung, öffentlicher und privater Sektor. Eine Verlängerung des Programms bis ins Jahr 1989 und später aufgrund haushaltsbedingter Verschiebungen hat sich inzwischen abgezeichnet. Bei einem Gesamtvolumen von ca. 1,6 Mrd. hfl trägt das Wirtschaftsministerium den größten Anteil mit ca. 1,2 Mrd. hfl. Das Bildungsministerium beteiligt sich mit ca. 240 Mio. hfl und das Landwirtschafts- und Fischereiministerium mit ca. 130 Mio. hfl. Außerdem stehen noch kleinere Beträge aus dem Unternehmenssektor zur Verfügung. Die Gesamtkoordination des INSP liegt bei einem hochrangigen interministeriellen Steuerungsgremium, in dem das Bildungs-, das Wirtschafts-, das Landwirtschafts- und Fischerei- und das Innenministerium sowie die niederländische PTT vertreten sind (OECD 1987). Einen Überblick über die einzelnen Programminhalte gibt Tabelle 8.3-1.

Der Schwerpunkt der Maßnahmen liegt in der FuE-Förderung des privaten Sektors. Die Telekommunikation ist dabei nur ein Feld neben anderen. Gleiches gilt für die Förderung der beruflichen Ausbildung in den neuen Informationstechnologien. Auch hier ist Telekommunikation nur ein Aspekt unter anderen. Da der INSP ein Programm zur Koordinierung jeweiliger Ressortaktivitäten im Informatik- und Informationstechnologiebereich ist, überschneidet es sich mit einzelnen Programmen der jeweiligen Ministerien, wie z. B. mit dem SURF-Plan, dem PBTS und dem SPIN-OV-Programm (s.u.).

Andere staatliche Programme zur Informationstechnologieförderung

Bei dem SURF-Plan (Stimulierung der universitären Zusammenarbeit im Bereich von Computer-Einrichtungen) handelt es sich um einen breit angelegten Plan zur Förderung des niederländischen Bildungs- und Forschungssystems auf dem Gebiet der Kommunikation und der Datenverarbeitung. Es umfaßt folgende Bereiche:

- Entwicklung von Netzeinrichtungen für Informationsdienste,
- fortgeschrittene informationstechnologische Hilfen für Ausbildung und Forschung,
- Expertenzentren,
- Software,
- lokale und zentrale Verarbeitungskapazitäten und
- Beschaffung von Computern und Terminals.

Für den Zeitraum von 1987 bis 1990 steht ein Budget von 451 Mio. hfl zur Verfügung. Davon entfallen 408 Mio. hfl auf das Bildungs-, 20 Mio. hfl auf das Wirtschafts- und 23 Mio. hfl auf das Landwirtschafts- und Fischereiministerium. Die am Programm beteiligten Institutionen, TNO, ZWO, Universitäten und die niederländische PTT, haben zur Durchführung des Plans als kooperative Einrichtung die SURF-Stiftung gegründet. Diese hat sich mit der niederländischen PTT auf die Gründung eines Unternehmens als Betreiber des nationalen Forschungsnetzes geeinigt.

Die seit 1987 bestehenden und 1988 verlängerten PBTS-Programme (programmatische betriebliche Technologiestimulierung) haben die Förderung ausgewählter Felder, wie der Informationstechnologie, der Biotechnologie, neuer Materialien und der Medizintechnologie, zum Ziel. Jedes Teilprogramm besteht auf der einen Seite aus Anreizen für den Unternehmenssektor und auf der anderen Seite aus staatlichen Aktivitäten, wie z. B. Information und Beratung, innovationsorientierte Forschungsprogramme oder Ausbildung. Unternehmen können Zuschüsse bis zu 45 % der Kosten für Feasibility-Studien, Pilot- und Demonstrationsprojekte und FuE erhalten. Im Jahr 1987 standen für das Gesamtprogramm 236 Mio. hfl zur Verfügung, davon 80,6 Mio. für den auf den Unternehmenssektor gerichteten Teil, der 1988 um 60 Mio. hfl erhöht werden sollte. Im PBTS-Teilprogramm zur Stimulierung der Informationstechnologie wurden 1987 ein Betrag von 41,1 Mio. hfl für die Förderung des Unternehmenssektors in folgenden Bereichen bereitgestellt:

- computergesteuerte Produktionssysteme,
- elektronische Dienste, wie z. B. Zahlungen, Information und Übertragung von Dokumenten,
- amtliche Daten- und Informationsdienste,
- Mikroelektronik, insbesondere kundenspezifische Chips und
- Herstellung von Software.

Das SPIN-OV-Programm umfaßt Projekte zur Stimulierung der Informatikanwendung im staatlichen Bereich. In einem Fünfjahreszeitraum von 1987 an stehen etwa 150 Mio. hfl für Zuschüsse bis zu 50 % für Pilotprojekte zur Verfügung. Im Jahr 1987 wurden allerdings wegen mangelnder Publizität des Programms nur 17,5 Mio. hfl vergeben. Beispiele ausgewählter Programme sind eine Forschungsstudie über ein Netzwerk für städtische Einwohnermelderegister im Innenministerium und eine Studie über Büroautomatisierung im Ministerium für Verkehr und Wasserwirtschaft.

Zwar bestehen vielerlei Aktivitäten des niederländischen Staates in der Förderung der Informationstechnologie mit Akzenten auch im akademischen und im Infrastrukturbereich, jedoch ist der Umfang der speziell auf die Telekommunikation gerichteten Maßnahme vergleichsweise gering. Die fehlende finanzielle Mitwirkung des Ministeriums für Verkehr und Wasserwirtschaft am INSP zeigt die isolierte Stellung der Telekommunikation im Gesamtrahmen der Technologiepolitik. Bisher jedenfalls handelte die niederländische PTT in telekommunikationstechnologischen Fragen relativ autonom und unbeeinflußt von industriepolitischen Aspekten. Innerhalb des neuen Ordnungsrahmens ab 1989 sind diesbezüglich Änderungen denkbar. Einen Überblick über die bisherigen bzw. künftig geplanten Aktivitäten und Strukturen der niederländischen PTT im Hinblick auf die Telekommunikationstechnologie gibt der folgende Abschnitt 8.3.2.

8.3.2 ROLLE DES NETZBETREIBERS (PTT Telecom BV)

Die niederländische PTT gab im Jahr 1988 ca. 110 Mio. hfl für Telekommunikations-FuE aus, davon etwa 85 Mio. hfl für in den beiden PTT-Forschungslabors, Dr. Neher Laboratorium (DNL) und PTT Telematics Laboratorium (PTL), und etwa 25 Mio. hfl für die in den technischen Abteilungen durchgeführte FuE. Dies entspricht bei einem für 1988 erwarteten Telekommunikationsumsatz von etwa 8 Mrd. hfl einer FuE-Intensität von ca. 1,4 %. Die Zahl der in den PTT-Forschungslabors mit Telekommunikations-FuE Beschäftigten inklusive der in den Laborverwaltungen tätigen Personen lag 1988 etwa bei 550 Personen. Hinzu kommen ca. 200 Personen, die in den technischen Abteilungen Entwicklungsaufgaben wahrnehmen.

Forschungslabors der PTT

Die PTT verfügt mit ihren beiden Laboratorien neben Philips über die größte Forschungseinrichtung im Telekommunikationsbereich in den Niederlanden. Vor der Umwandlung der PTT in ein Unternehmen und der Liberalisierung des niederländischen Fernmeldewesens (vgl. Abschnitt 8.1.2) galten die Forschungsergebnisse des DNL als eine Art allgemeine Wissensquelle für diesen Sektor, was sich in einer großzügigen Veröffentlichungspraxis der PTT bezüglich ihrer Forschung äußerte. Das DNL nahm sozusagen die Rolle eines TNO-Instituts für Telekommunikation ein, ohne jedoch wie die TNO-Institute in die Forschungskoordination, insbesondere des Bildungsministeriums und des Wirtschaftsministeriums, eingebunden zu sein. Inzwischen sind das DNL sowie das erst 1986 im Hinblick auf die Neuordnung gegründete PTL zumindestens formal als Laboratorien eines, wenn auch nur in Teilbereichen, in Wettbewerb stehenden Unternehmens zu betrachten. Möglicherweise wird zukünftig der Zugang zu PTT-Forschungsergebnissen vorsichtiger und zurückhaltender gehandhabt.

Abbildung 8.3-1: Forschungskoordination der niederländischen PTT

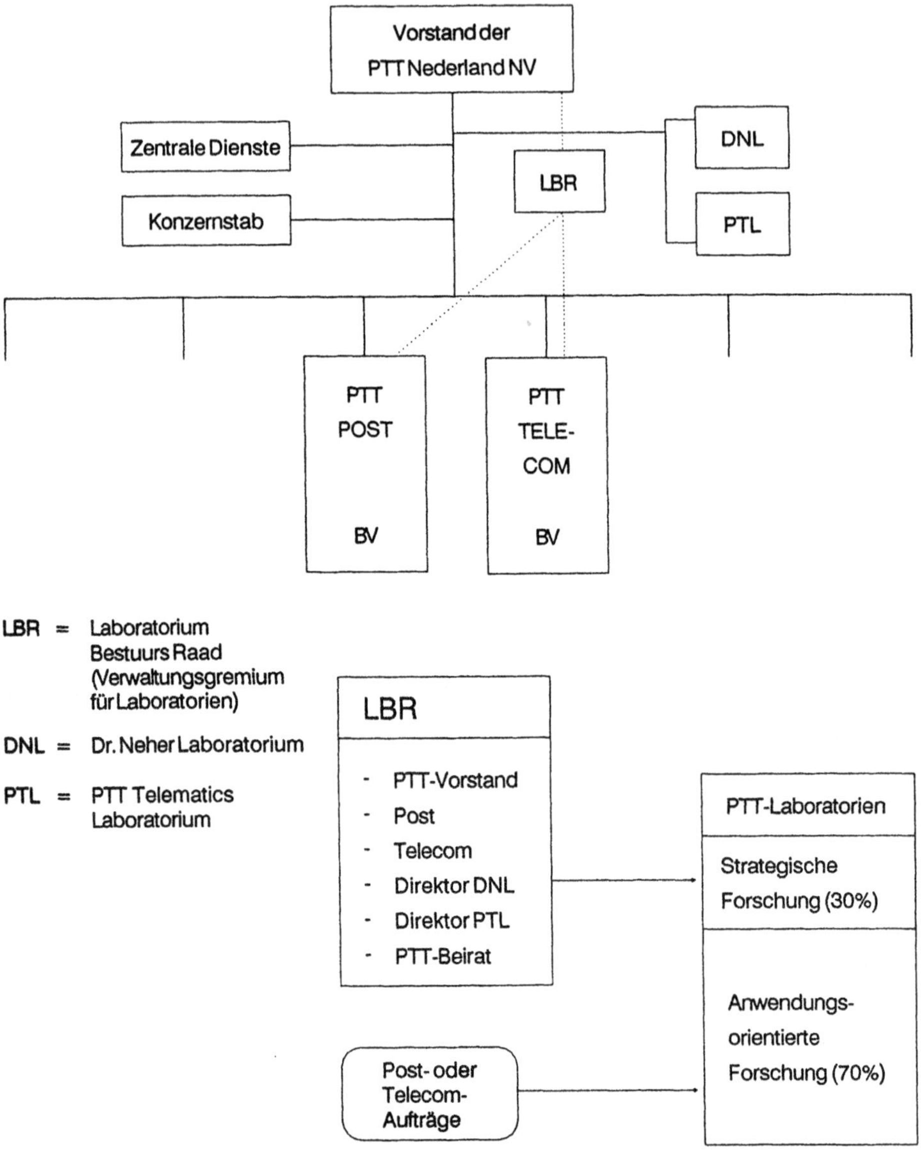

Organisatorisch sind die beiden Forschungslabors bei der PTT-Muttergesellschaft und nicht bei den Einzelgesellschaften, PTT-Post BV oder PTT-Telecom BV, angesiedelt, was eine gewisse Inkonsequenz in der Verselbständigung der einzelnen Unternehmensteile Post und Fernmeldewesen darstellt. Allerdings werden ohnehin 70 % der Arbeiten in den Labors über Aufträge der einzelnen PTT-Abteilungen bzw. Tochtergesellschaften abgerechnet. Nur 30 % der FuE-Arbeiten, die sogenannte strategische Forschung (mit

Forschungszielen in ca. 3 bis 10 Jahren), werden aufgrund eigener Anregungen der Forschungslabors bzw. in Abstimmung mit dem viermal im Jahr zusammenkommenden Verwaltungsgremium für die Laboratorien (LBR) durchgeführt. Theoretisch können auch FuE-Aufträge für Dritte ausgeführt werden - z. B. arbeitet das DNL in geringem Umfang auch für die inzwischen von der PTT unabhängige Postbank -, dies jedoch nur, wenn sich keine Interessenkonflikte zwischen PTT-eigenen Zielen und den Aufträgen von dritter Seite ergeben. Mangelnde FuE-Kapazitäten würden beispielsweise einen solchen Konflikt begründen. Eine Übersicht über die Organisation der Forschungskoordination (strategische Forschung) gibt Abbildung 8.3-1.

Dr. Neher Laboratorium (DNL)

Das DNL ist das traditionelle Forschungslabor der niederländischen PTT. Es besteht schon seit 1946 und wurde 1955 nach seinem Gründer Dr. L. Neher benannt. Während das PTL Aufgaben wahrnimmt, die eher aus den wettbewerblichen Aktivitäten der PTT im Grenzbereich zwischen Telekommunikation und Informatik herrühren, sind die Aufgaben des DNL eher im konzessionierten Infrastrukturbereich sowohl des Fernmelde- als auch zu einem kleinen Teil des Postwesens verwurzelt. Die Forschungsergebnisse des DNL bilden die Grundlage sowohl für PTT-interne Spezifikationen als auch für die Beurteilung der Spezifikationen der Ausrüstungsherstellerindustrie.

Das DNL besteht aus sieben nach unterschiedlichen technologischen Schwerpunkten ausgerichteten Forschungsabteilungen, aus vier mit Verwaltungs- und Unterstützungsaufgaben betrauten Abteilungen und aus einer Abteilung für den Schutz geistigen Eigentums, die Aufgaben für die gesamte PTT wahrnimmt. Insgesamt beschäftigt das DNL etwa 580 Personen, von denen 380 FuE-Arbeiten (inklusive 30 Beschäftigter in den Werkstätten) durchführen und 200 unterstützende oder verwaltende Funktionen innehaben. Die Forscher entstammen entweder den Naturwissenschaften inklusive der Mathematik oder den ingenieurwissenschaftlichen Disziplinen. Tabelle 8.3-2 zeigt die technologische Aufgabenstellung der sieben Forschungsabteilungen sowie deren Personalstärke.

Die technologische Ausrichtung der Forschungsabteilungen zeigt eindeutig die Schwerpunktsetzung bei der Telekommunikations-FuE. Rund 80 % der Auftragsforschung entstammen diesem Bereich, während sich die restlichen 20 % gleichmäßig auf Post und Postbank verteilen. Die Aufträge reichen von angewandter Forschung bis hin zur Prototypenentwicklung. Sie werden in z. T. interdisziplinären Projektgruppen durchgeführt, die nur für die Dauer des Projektes bestehen.

Tabelle 8.3-2: Technologische Schwerpunkte des Dr. Neher Laboratoriums

Abteilung und Mitarbeiterzahl	Fragestellungen
Kommunikationsforschung und -systeme 70	• Netze • Dienste • Verwaltung • Konformitätsprüfung • Spezielle Projekte
Übertragung und Kodierung 70	• Übertragungstechniken • Übertragungsqualität • Systeme • Sprach- und Musikodierung
Angewandte Mathematik und Signalverarbeitung 50	• Operations Research • Verschlüsselung • Automatisches Lesen • Sprachverarbeitungstechnologien • Mehrfachverarbeitungssysteme
Postsysteme 40	• Daten- und Materialeingabesysteme • Subsystemoptimierung • Flexible Automatisation • Postsysteme
Funkkommunikation und EMK 35	• Funksysteme • Verbreitungsaspekte • Satellitenverbindungen • Mobile Kommunikation • Elektromagnetische Kompatibilität (EMK) • Neue Technologien
Physik und Chemie 40	• Glasfasern und Glasfaserkabel • Koherente optische Kommunikations-systeme • Integrierte Optik • Qualität von Komponenten • Chemische Forschung
Angewandte Informatik 45	• Formale Spezifikationstechniken • Konformitätsprüfung • Software Engineering • Künstliche Intelligenz • Computersicherheit • Parallele und verteilte Systeme • Systemkonstruktion

Die strategische Forschung (30 %) entspricht langfristigen Zielsetzungen, d. h. in der Regel wird ein Zeithorizont von 3 bis 10 Jahren zugrunde gelegt. Echte Grundlagenforschung wird im DNL nicht verfolgt. Im Rahmen der strategischen Forschung beteiligt sich das DNL derzeit mit etwa 50 bis 60 Forschern pro Jahr an 18 europäischen Forschungsprojekten, und zwar an 14 RACE- und 4 ESPRIT-Projekten. Kooperationspartner in diesen Projekten sind Philips, IBM und andere europäische Postverwaltungen. Das DNL vertritt die niederländische PTT in einigen Kommissionen und Arbeitsgruppen der verschiedenen internationalen Standardisierungs- und Regulierungsgremien, wie CCITT und CCIR, ISO und IEC, außerdem auf europäischer Ebene in CEPT.

Die Zusammenarbeit mit den technischen Universitäten ist nicht sehr stark ausgeprägt. Es gibt zwar zur Zeit zwei oder drei Programme in den Bereichen integrierte Optik, Quellenkodierung und Ausbreitungsforschung, in denen die technischen Universitäten Auftragsforschung für das DNL durchführen, doch spielen sie eher eine Rolle für die Rekrutierung des eigenen FuE-Personals. Das Forschungspersonal von DNL hat ein Durchschnittsalter von 32 Jahren. Nach einer durchschnittlichen Verweildauer von fünf bis sieben Jahren wechseln die DNL-Forscher in der Regel in andere PTT-Abteilungen bzw. Tochtergesellschaften oder zum Philips-Konzern. Außerdem gibt es noch in geringem Umfang FuE-Zusammenarbeit mit der TNO-Abteilung Physikalische Dienste, Delft. Ansonsten bestehen kaum Berührungspunkte zwischen der TNO-Organisation und den FuE-Interessen von DNL. Mit Philips werden gemeinsame Projekte im Bereich experimenteller Glasfaserverbindungen und der Bildtelefonentwicklung durchgeführt.

Das DNL ist auch in der seit ca. 15 Jahren bestehenden informellen Kommission der niederländischen Telekommunikationsindustrie und der PTT vertreten, die zur Identifizierung langfristiger Forschungsfragen gebildet wurde. Weitere Mitglieder sind Vertreter von AT&T-NSI, PTDSN, des Philips-Zentrallabors, der niederländischen PTT und deren Telecom-Abteilung. Dieses Gremium tritt etwa vier- bis sechsmal im Jahr zusammen, um langfristige Forschungsvorhaben, die jedoch von jeder Partei selbst finanziert werden, zu besprechen. Ausländische Telekommunikationsunternehmen sind in dieser Gruppe nicht vertreten, was mit einer einfacheren Koordinierung der Interessen und Absichten begründet wird, wenn es sich um inländische Beteiligte handelt.

Das PTT Telematics Laboratorium (PTL)

Das PTL wurde im Jahr 1986 aufgrund technologischer und wirtschaftlicher Faktoren gegründet. Die technologischen Entwicklungen im Bereich der PTT-Aktivitäten zeigten in jüngster Zeit ein zunehmendes Zusammenwachsen der Telekommunikation und der Informatik, d. h. es kristallisierte sich ein neues Aktivitätsfeld, die sogenannte Telematik, heraus. Außerdem erlaubte die sich bereits 1986 abzeichnende Neuordnung der PTT die Verstärkung des Engagements in zukünftsträchtigen, wettbewerblichen Marktsegmenten, insbesondere bei den Informationsdiensten. Die Rolle des PTL liegt demnach hauptsächlich bei der Erforschung der Netze und ihrer Möglichkeiten aus der Sicht der Anwender, um neue Dienste zu entwickeln und dezentrale Computeranwendungen zu ermöglichen. Dabei ist die physische Gestalt der Netze und ihrer Peripherie, also die Hardware, nicht Forschungsgegenstand, sondern der Gebrauch der vorhandenen bzw. in der Entwicklung befindlichen Hardware.

Das PTL arbeitet derzeit ausschließlich für den Telekommunikationsbereich der PTT. Theoretisch sind bei ausreichender Kapazität Aufträge von Dritten möglich, jedoch ergeben sich daraus sehr leicht Konflikte mit PTT-Interessen, da die PTT-Aktivitäten, für die das PTL FuE durchführt, im Wettbewerbsbereich liegen. Das neue Laboratorium wurde unter anderem aus regionalpolitischen Erwägungen im Norden der Niederlande in Groningen angesiedelt und nicht etwa dem DNL, das in der Nähe von Den Haag liegt, angegliedert. Außerdem erleichtert die gewählte Konstruktion bei einer möglichen Aufspaltung der PTT Telecom in einen wettbewerblichen und einen nicht wettbewerblichen Teil (vgl. Abschnitt 8.1.2) die Zuordnung der entsprechenden Forschungskapazitäten.

Im Jahr 1988 wurde FuE im Wert von 17 Mio. hfl durchgeführt. Da sich das PTL immer noch im Aufbau befindet, ist für die kommenden Jahre bis 1992, das Jahr der geplanten Konsolidierung, noch ein erhebliches Wachstum zu erwarten. Ab diesem Zeitpunkt wird ein Budget von ca. 30 Mio. hfl pro Jahr angestrebt. Ähnliches gilt für die Personalstärke. Die Zahl der Beschäftigten soll von 95 Personen im Jahr 1988 auf ca. 160 Beschäftigte im Jahr 1992 wachsen. Von den 160 Beschäftigten werden 140 Personen FuE-Aufgaben und 20 Personen unterstützende und verwaltende Aufgaben durchführen. Das Verhältnis von Verwaltungspersonal zu FuE-Personal wird auch jetzt schon bewußt niedrig (1 : 7) gehalten, um die Effizienz und Flexibilität der Forschung zu erhöhen.

Die technologische Ausrichtung des PTL spiegelt sich in den Aufgabestellungen seiner fünf FuE-Abteilungen wider. Tabelle 8.3-3 gibt hierzu einen Überblick. Eine sechste Abteilung nimmt unterstützende und Verwaltungsaufgaben wahr. Ähnlich wie beim DNL wird die anwendungsorientierte Forschung (70 %) in interdisziplinären, nur temporär bestehenden Projektgruppen durchgeführt, während sich die strategische Forschung (30 %) in permanenten Forschungsgruppen vollzieht.

Die Forschungskooperation des PTL auf nationaler Ebene wird z. T. sehr vorsichtig gehandhabt, da die Forschung eine strategische Variable im Wettbewerbsprozeß darstellt. Eine Kooperation mit privaten Unternehmen besteht aus diesem Grunde derzeit nicht. Kontakte bestehen zu den Universitäten Groningen und Amsterdam sowie zur technischen Universität Twente in Enschede. Auf europäischer Ebene arbeitet das PTL im

Rahmen des WAN-CTS-Programms auf dem Gebiet der Konformitätsprüfung mit dem FTZ der Deutschen Bundespost zusammen und im Rahmen von ESPRIT mit dem französischen Forschungsinstitut INRIA. Außerdem wurden Projektvorschläge zur Teilnahme an RACE und DELTA eingereicht.

Tabelle 8.3-3: Forschungsabteilungen im PTT Telematics Laboratorium und ihre technologischen Schwerpunkte

Abteilung	Fragestellungen
Telematikarchitekturen	Synthese telematischer Systeme aus vorhandenen oder noch zu entwickelnden Komponenten unter Berücksichtigung der PTT-Unternehmensstrategie
Netzprotokolle	Forschung im Bereich von Netzprotokollen auf der Basis des OSI-Referenz-Modells, von ISDN und zukünftiger Infrastruktur
Software-Technologie	Werkzeuge und Methoden zur Software-Entwicklung, Qualität von Software, dezentrale Software
Datenstrukturen	(dezentrale) Datenbanken, Datenführer, Verzeichnissysteme, Speichermedien, Datenmanagement etc.
Interaktive Systeme	Interaktion zwischen telematischen Systemen und ihren Anwendern, Mensch-Maschinen-Dialog, Einfluß telematischer Systeme auf die Entwicklung von Organisationsstrukturen, hausinterne Systeme, Managementinformationssysteme, Informationszugang etc.

Patent-, Lizenz- und Beschaffungspolitik der niederländischen PTT

Die Verwaltung sämtlicher Schutzrechtsangelegenheiten innerhalb der niederländischen PTT ist der DNL-Abteilung zum Schutz geistigen Eigentums übertragen. Im Zeitraum von 1982 bis 1988 hat die niederländische PTT 15 Patente für den Bereich Post und 38 Patente für den Bereich Telekommunikation angemeldet, wobei die Mehrzahl der Anmeldungen im Bereich der leitungsgebundenen Kommunikation lag. Aber auch in der Funktechnik und der digitalen Übertragungstechnik ergaben sich mehrere Patentanmeldungen.

Mit dem Philips-Konzern bestand für einen Zeitraum von 10 Jahren bis 1988 eine Lizenzvereinbarung, nach der es Philips erlaubt war, generell die Patente der PTT in Lizenz zu nutzen. Da diese hauptsächlich im Telekommunikationsinfrastrukturbereich lagen, wird im Jahr 1989 eine ähnliche Vereinbarung mit AT&T-NSI angestrebt. Für die von dieser Regelung betroffenen Produkte des Endgerätebereichs ist wegen der 1989 erfolgten Liberalisierung des Endgerätemarktes geplant, ein exklusives Verkaufsrecht für die PTT für die entsprechenden Philips-Produkte durchzusetzen.

Die PTT hat bisher schon eine relativ weltoffene Beschaffungspolitik geübt. Durch genaue Detailvorgaben wurden die Diversifikationsmöglichkeiten niederländischer Geschäftskunden teilweise vermindert; allerdings kontrolliert die PTT den Endgerätemarkt nur zu etwa 60 %. Völlige Liberalisierung steht an. Wettbewerbliche Ausschreibungen stehen einheimischen und ausländischen Anbieter gleichermaßen offen. Lieferanten von Telefonen sind Ericsson, Alcatel, auch das bundesdeutsche Unternehmen Krone. Bei der öffentlichen Vermittlungstechnik plazierten sich neben dem "eigenen" AT&T-Philips-System auch Ericsson und Alcatel. Auch in der privaten Vermittlung wurde neben Philips erneut Ericsson berücksichtigt.

8.3.3 ROLLE DER HERSTELLERINDUSTRIE

Wie in Abschnitt 8.1.2 erläutert, sind als Hersteller von Telekommunikationsausrüstung i. e. S. mit FuE-Kapazitäten in den Niederlanden nur Philips bzw. dessen Tochtergesellschaft PTDSN in der Geschäftstelekommunikation und AT&T-NSI in der öffentlichen Telekommunikation von größerer Bedeutung. Ferner ist die NKF-Gruppe mit FuE-Aktivitäten im Fernmeldekabelbereich zu erwähnen. Die NKF-Gruppe gab im Jahr 1987 für ihre Unternehmensbereiche Strom- und Fernmeldekabel insgesamt knapp 18 Mio. hfl für Produkt- und Prozeßentwicklung aus, was etwa einem Anteil von 4 % am Gesamtumsatz entspricht. Die Entwicklungsausgaben nur für Fernmeldekabel dürften in der Größenordnung von etwa 10 Mio. hfl liegen. Schwerpunkte der Entwicklungsarbeiten im Jahr 1987 lagen u. a. bei optischen Kabeln für die Unterwasserverlegung und bei einer automatischen Prüfausrüstung für monomodale optische Fasern, welche insbesondere für die statistische Analyse von Meßdaten geeignet sind.

Telekommunikations-FuE bei Philips

Da Philips ein diversifizierter, weltweit operierender Elektronikkonzern ist (vgl. Abschnitt 8.1.2), fällt es schwer, das Ausmaß seines FuE-Engagements, begrenzt auf die

Telekommunikation und auf die Niederlande, zu bestimmen. Philips gibt jährlich etwa 7 % seines Umsatzes für FuE aus. Bei rückläufigen Umsätzen und bei Personalabbau in den vergangenen Jahren wurden auch die FuE-Ausgaben entsprechend gekürzt. Im Jahr 1987 betrugen sie etwa 3,7 Mrd. hfl. Die reinen Forschungsausgaben hatten daran einen vergleichsweise hohen Anteil. Sie lagen bei ca. 1,3 % vom Umsatz bzw. bei etwa 685 Mio. hfl. Im Jahr 1985 waren weltweit 22000 Personen mit FuE-Aufgaben beschäftigt, davon etwa die Hälfte in den Niederlanden. 4200 Beschäftigte nahmen Forschungsaufgaben in den acht Forschungslabors von Philips wahr, davon etwa die Hälfte im "Philips Nat Lab" ("Natuurkundig Laboratorium") in Eindhoven, Niederlande. Für 1986 wird das Forschungspersonal in den Niederlanden mit 2400, das Entwicklungspersonal mit 8000 Personen angegeben (vgl. Tabelle 8.3-4).

Tabelle 8.3-4: FuE-Personal des Philips-Konzerns für die Jahre 1985 und 1986 (Quelle: Philips)

Personal	1985	1986
FuE-Personal im Gesamtkonzern	22000	k.A.
FuE-Personal in den Niederlanden	11000	10400
Forschungspersonal im Gesamtkonzern	4200	k.A.
Forschungspersonal in den Niederlanden	2100	2400
k.A. = keine Angabe		

Der Umfang der Telekommunkations-FuE läßt sich aus der durchschnittlichen FuE-Intensität des Umsatzes in diesem Bereich von ca. 10 % nur grob schätzen, da Umsatzzahlen nur für die Gesamtsparte Telekommunikations- und Datensysteme vorliegen (vgl. Abbildung 8.1-5). Die in den Niederlanden von Philips durchgeführte Telekommunikations-FuE, welche hauptsächlich im Bereich der Grundlagenforschung (Philips Nat Lab) und der Produktentwicklung für die geschäftliche Telekommunikation (PTDSN) liegt, dürfte sich demnach in einer Größenordnung von ca. 150 Mio. hfl bewegen. Unterstellt man gleiche Kosten-Personal-Verhältnisse bei Philips, kann daraus eine Personalstärke von etwa 900 Personen in der Telekommunikations-FuE abgeschätzt werden. Der Anteil der Software an den Telekommunikations-FuE-Aufwendungen ist steigend. In der Entwicklung liegt er ca. bei zwei Dritteln, in der Forschung bei knapp der Hälfte des Gesamtaufwandes.

Die Stärke von Philips (Niederlande) auf dem Gebiet der Telekommunikation liegt bei der Bürokommunikation (digitales Sopho-S-Konzept) und bei der mobilen Telekommunikation, wobei die technologische Stärke auf dem Gebiet der digitalen Kodierung liegt. Der von Philips entwickelte Vocoder wurde als Basis für das Vocoder-System des neuen europäischen mobilen Telefonnetzes (GSM) gewählt. Im Zuge der jüngsten Neuordnung der Telekommunikationssparte sollen die Niederlande ein Kompetenzzentrum für PABX innerhalb des Konzerns werden (vgl. Abschnitt 8.1.2).

Abbildung 8.3-2: Spezialisierungsprofil der Telekommunikations-FuE-Tätigkeit von Philips (Niederlande) auf der Basis niederländischer Inlandspatente im Erfindungsjahr 1985 (RPA-Indikator)

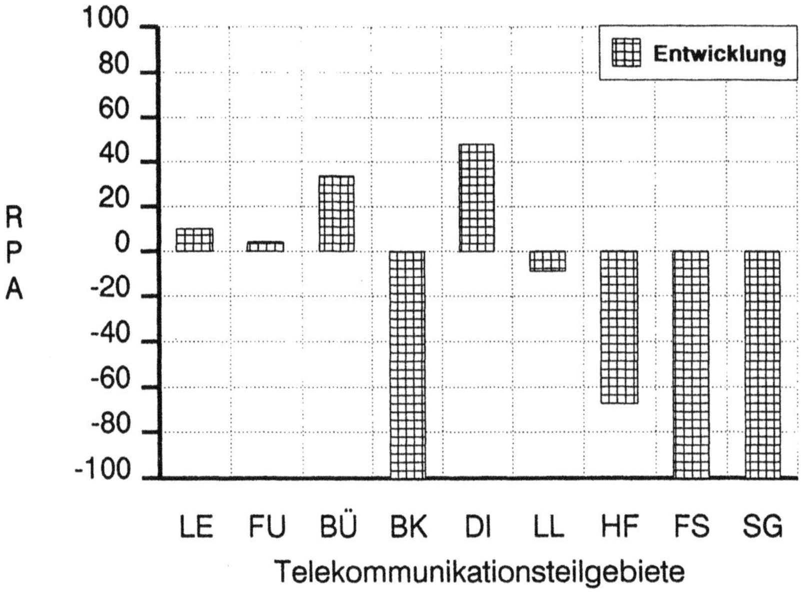

Abbildung 8.3-2 veranschaulicht die Schwerpunkte der Telekommunikations-FuE- Tätigkeit von Philips (inkl. Hollandse Signalapparaten, die damals noch zum Philips-Konzern gehörten) im Erfindungsjahr 1985 im internationalen Maßstab. Demnach liegt die hauptsächliche Spezialisierung in der allgemeinen Bildübertragung und in der digitalen Übertragungstechnik. In der leitungsgebundenen Kommunikation, in der Funktechnik und in der Lichtleitertechnik liegt die Patentieraktivität etwa im Weltdurchschnitt. Völlig defizitär - was Patente angeht - sind die Bildkommunikation, die Fernsignaltechnik und die sonstigen Endgeräte. Auch die Hochfrequenz-Kommunikation weist Defizite auf. Bei

der Interpretation dieser Ergebnisse ist zu beachten, daß sie auf in den Niederlanden erfundenen patentfähigen Entwicklungen beruhen und es sich insofern nicht um ein Spezialisierungsprofil der weltweiten Telekommunikationsaktivitäten des Philips-Konzerns, sondern nur der niederländischen handelt. International hätten sich für das Jahr 1985 durchaus größere Aktivitäten in der militärischen Telekommunikation ergeben können, wenn man berücksichtigt, daß Philips hierzu FuE z. B. in England oder auch in Schweden (Philips Norden) betrieben hat. Nach dem Verkauf der Verteidigungssparte im Jahr 1989 dürfte das Bild wieder anders aussehen. Auch die leitungsgebundene Kommunikation könnte stärker vertreten sein, wenn man zusätzlich die Philips FuE-Aktivitäten in Frankreich, England und der Bundesrepublik Deutschland in Betracht zieht. Generell gilt, daß Philips nach eigenen Angaben eine starke Patentierneigung hat, um durch die Patentanmeldungen Verhandlungspositionen gegenüber Konkurrenten aufzubauen bzw. zu schützen.

Die Forschungsorganisation von Philips

Philips ist bekannt für sein starkes Forschungsengagement, besonders in der Grundlagenforschung. Seine Forschungslaboratorien gelten als die "Bell Labs Europas" (Business Week, 1988). Sechs der acht Forschungslaboratorien befinden sich in Europa, davon das größte, das berühmte "Philips Nat Lab" (Naturkuundig Laboratorium), in den Niederlanden, und zwei in den USA. Tabelle 8.3-5 gibt einen Überblick über die Laboratorien und deren technologische Schwerpunktsetzung. Die für die Telekommunikation relevanten Forschungsgebiete sind in Tabelle 8.3-5 durch Unterstreichen besonders hervorgehoben.

Während die ausländischen Philips-Laboratorien eher anwendungsorientierte Forschung mit unterschiedlicher Schwerpunktsetzung betreiben, sind im "Philips Nat Lab" in Eindhoven neben der Grundlagenforschung alle Disziplinen mehr oder weniger stark vertreten. Man erhofft sich durch die Zusammenfassung der Disziplinen im "Nat Lab" eine größere Diffusion grundlegender Erkenntnisse in alle möglichen Anwendungsbereiche. Abgesehen davon hat die Forschung im Philips-Konzern eher dezentralen Charakter. Der Grund für die dezentrale Forschungsorganisation ist einerseits die historische Entwicklung, andererseits sollen die nationalen Philips-Labors die nationalen Philips-Niederlassungen in ihrem jeweiligen Tätigkeitsfeld durch Forschungsarbeiten unterstützen. Auch spielt die Rekrutierung des Forschungspersonals eine nicht unerhebliche Rolle. Die Philips-Laboratorien sind in der Regel in der Nähe von Hochschulen und Universitäten entsprechender Fachrichtungen angesiedelt. Schließlich ist noch der Finanzierungsaspekt zu berücksichtigen. Die Forschungsumlagen der jeweiligen nationalen Philips-

Niederlassungen können zu einem großen Teil im eigenen Land für Forschung verausgabt werden und brauchen nicht ins Ausland transferiert zu werden.

Tabelle 8.3-5: Die Philips-Laboratorien und ihre technologischen Schwerpunkte (Quelle: Philips)

Name des Forschungslabors und Zahl der Beschäftigten im Jahr 1988	Technologische Schwerpunkte
Natuurkundig Laboratorium, Eindhoven, Niederlande 2500	Grundlagenforschung in experimenteller Physik und Chemie, theoretischer Physik, Informatik, künstlicher Intelligenz, Mathematik; - - - - - - - - - - angewandte Forschung in magnetischer und optischer Aufzeichnung, konventioneller und elektronischer Optik, Maschinen- und Instrumentenbau, Materialkunde, Television, Vakuumvorrichtungen, Displays, elektronischer Instrumentierung, Silizium-IC-Technologie, IC-Design, Systemtechnologie, Software Engineering, Digitaltechnik, Kodierung und Modulation, Telekommunikationselektronik und -vorrichtungen, CIM
Philips Research Laboratories, Redhill, England 450	Festkörperelektronik, Silizium- und GaAs-Komponenten, Television, interaktive Systeme, künstliche Intelligenz und Expertensysteme, Radar und militärische Elektronik
Pilips GmbH Forschungslaboratorium Hamburg, Bundesrepublik Deutschland 400	Kommunikation und Büroautomation (Telematik), Spracherkennung, Sensoren, periphere Systeme, optische Systeme für die medizinische Diagnostik
Laboratoires d'Electronique et de Physique Appliquée, Limeil-Brévannes, Frankreich 350	IC-Technologie, III-V-Verbindungen, Mikroprozessoren- und VLSI-Architektur, optoelektronische Komponenten, digitale Signalverarbeitung (z. B. für Fernsehen), medizinische Ultraschalldiagnostik, Mikrowellenverbindungen
Philips Laboratories, North American Philips Cooperation Briarcliff Manor, USA 350	Optoelektronik, Television, interaktive Systeme, Forschung und Automatisierung im Bereich der Informationswissenschaften, Supraleitfähigkeit
Philips GmbH Forschungslaboratorium Aachen, Bundesrepublik Deutschland 300	Physik und Chemie im Zusammenhang mit Lichtquellen, Chemie und Materialtechnologie (z. B. für passive elektronische Komponenten), große Röntgengeräte für medizinische Anwendungen, Elektromotoren, Glasfasertechnologie
Philips Research Laboratories, Sunnyvale, USA 100	Silizium-IC-Technologie und -Design
Philips Research Laboratory Brüssel, Belgien 50	Informatik und Mathematik für Spracherkennung, System-Design, Bildanalyse und Expertensysteme

Die dezentrale Forschungsstruktur ist jedoch nicht unumstritten, da sie aufgrund möglicher Doppelforschung bzw. mangelnder Rationalisierungseffekte hohe Kosten verursacht. Die Forschungsorganisation innerhalb des Philips-Konzerns befindet sich derzeit in einem Umstrukturierungsprozeß, um eine größere Effizienz des Forschungsgeschehens zu erreichen. Generell ist der hohe Forschungsaufwand des Philips-Konzerns (1987 1,3 % des Umsatzes bzw. 19 % des gesamten FuE-Aufwandes) kritisiert worden. Es sind Bestrebungen im Gange, die Forschungsausgaben zugunsten der Entwicklungsausgaben spürbar zu kürzen, z. B. durch den Transfer der Forschungskapazität von 500 Personen, die derzeit noch für das Megabit-Projekt im "Nat Lab" zur Verfügung steht, nach Auslaufen des Projekts in die Produktabteilung. Dennoch soll ein Mindestmaß an international konkurrenzfähiger riskanter Forschung als Voraussetzung für technologische Durchbrüche aufrechterhalten werden. Eine Ursache für das Festhalten an ausreichenden Forschungskapazitäten, auch im Grundlagenbereich, liegt an dem europäischen Universitätsmodell, das es den Unternehmen nicht erlaubt, sich in ähnlich starkem Maße auf die der Freiheit der Forschung verpflichteten Universitäten, z. B. in Form von vertraulicher Auftragsforschung, zu verlassen, wie dies in den USA möglich ist.

Abbildung 8.3-3: Stellung von Forschung und Entwicklung im Philips-Konzern

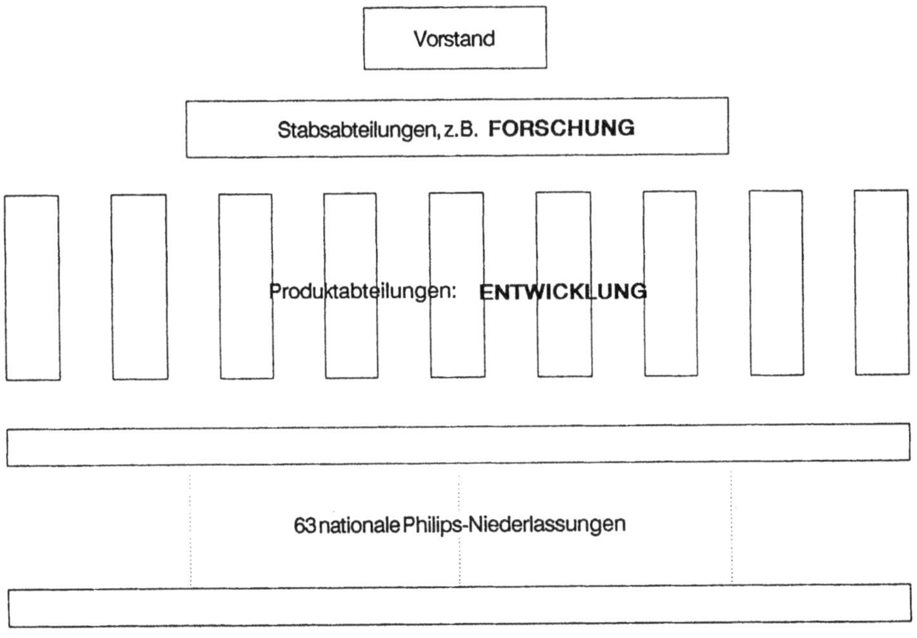

Diese Veränderungen in der FuE-Politik sind im Gesamtzusammenhang der Umstrukturierung von Philips (vgl. Abschnitt 8.1.2) zu sehen. Die Maßnahmen haben eine größere

Konzentration des Engagements auf die Unternehmenskernbereiche, größere Marktnähe und größere Rationalisierungseffekte zum Ziel. Mögliche Auswirkungen auf die Telekommunikationsaktivitäten, z. B. der Rückzug aus der öffentlichen Vermittlungstechnik, wurden in Abschnitt 8.1-2 bereits angedeutet.

Nicht nur das Ausmaß der Forschungsaufwendungen, sondern auch die isolierte Stellung der Forschung im gesamten FuE-Prozeß des Philips-Konzerns ist Gegenstand der Kritik. Organisatorisch nimmt die Forschung bei Philips eine Konzernstabsfunktion ein und ist direkt dem Vorstand unterstellt. Die Entwicklung dagegen bleibt den einzelnen Produktabteilungen überlassen. Aus dieser organisatorischen Trennung von Forschung und Entwicklung resultiert möglicherweise mangelnde Marktnähe der Forschung. Abbildung 8.3-3 zeigt die Stellung von Forschung und Entwicklung im Philips-Konzern.

Um die organisatorsiche Kluft zwischen Forschung und Entwicklung zu überbrücken, sind bei Philips folgende Maßnahmen vorgesehen:

- halbjährliche Treffen der Führungskräfte der Produktabteilungen und der Forschungsabteilungen,
- Zusammenkunft einzelner Forscher und einzelner Vertreter bestimmter Produktabteilungen in Lenkungsgruppen,
- Zusammenkunft von Experten aus Forschungs- und Produktabteilungen in Arbeitsgruppen,
- gemeinsame Projekte zwischen Forschungs- und Entwicklungspersonal, z. B. in dem Projektzentrum in Geldrop,
- Veranstaltung einer jährlichen "Forschungsausstellung" im "Nat Lab", Eindhoven,
- Information über Forschungstätigkeit in Rundbriefen und Veröffentlichungen,
- Transfer von Forschern in die Produktabteilungen nach vier- bis fünfjähriger Forschungstätigkeit.

Philips' externe Kooperationen in der Telekommunikations-FuE

Ein wichtiger Kooperationspartner in der Telekommunikations-FuE für Philips ist die niederländische PTT bzw. deren Telecom-Tochter. Hierzu ist einerseits die Teilnahme Philips in der informellen Kommission der niederländischen Fernmeldeindustrie und der niederländischen PTT zu erwähnen, in der Standardisierungs- und langfristige FuE-Fragen besprochen werden. Andererseits gibt es derzeit eine konkrete FuE-Zusammenarbeit in den europäischen Programmen RACE und ESPRIT. Gemeinsame Projekte der jüngsten Vergangenheit wurden auf den Gebieten Bildtelefon und lokale Glasfasernetze durchgeführt. Eine wichtige Komponente in der FuE-Arbeitsteilung zwischen Philips und der PTT ist die bis 1988 geltende Lizenzverabredung mit der PTT, nach der Philips generell die Patente der PTT in Lizenz nutzen kann. Eine Verlängerung dieser Vereinbarung wird sich zukünftig vermutlich auch auf AT&T-NSI erstrecken, nachdem AT&T-NSI im Jahr 1984 den Telekommunikationsinfrastrukturbereich übernommen hat (vgl. Abschnitt 8.3.2).

Die Kooperation mit den niederländischen Universitäten in der Telekommunikations-FuE ist, zumindestens was die Auftragsforschung angeht, nicht stark ausgeprägt. Kontakte zur akademischen Welt in der Grundlagenforschung bestehen über Konferenzen und Tagungen und den Austausch von Forschern. Z. B. gehen Philips-Angestellte als Gastprofessoren an die Universitäten und umgekehrt verbringen Professoren Gastaufenthalte in den Philips-Laboratorien. Ein Austausch von Forschungspersonal mit den AT&T Bell Labs dient ebenfalls dem Fortschritt in der Grundlagenforschung. Eine Gemeinschaftsforschungseinrichtung von Philips und der Technischen Universität Eindhoven ist das IPO (Institute of Perception) in Eindhoven, an dem etwa 100 Personen auf dem Gebiet der Mensch-Maschinen-Kommunikation arbeiten.

FuE bei AT&T Network Systems International (AT&T-NSI)

AT&T-NSI gibt jährlich je nach Produkt bzw. System etwa 10 bis 15 %, im Durchschnitt etwa 12 %, seines Umsatzes für FuE im Bereich digitaler und analoger Vermittlungssysteme und von Übertragungssystemen aus. Dies entspricht für 1987 etwa 100 Mio. hfl. Im Jahr 1987 waren 1224 Personen in der Entwicklung und in den der Produktion vorgelagerten Tätigkeiten beschäftigt. Da für die kommenden Jahre eine kräftige Expansion der Geschäftstätigkeit geplant ist, ist mit entsprechenden Steigerungen des FuE-Engagements auf ca. 140 Mio. hfl im Jahr 1989 zu rechnen. Der Anteil der Software an den Entwicklungskosten beträgt im Durchschnitt der Produktpalette etwa 60 %, wobei er bei der Vermittlungstechnik tendenziell höher und bei der Übertragungstechnik tendenziell niedriger ist.

In Forschungsangelegenheiten konnte sich AT&T-NSI auf die Zusammenarbeit mit den Philips-Laboratorien in Eindhoven, Limeil-Brévannes und Hamburg und mit den AT&T Bell Labs verlassen, wobei das Gewicht der Bell Labs nach der Erhöhung des AT&T-Anteils an AT&T-NSI Anfang 1988 verstärkt wurde. Es ist zu vermuten, daß der Zugang zur Philips-Forschung nach der Reduzierung des Philips-Engagements bis auf einen 15%-Anteil inzwischen stark eingeschränkt worden ist (vgl. auch Abschnitt 8.1.2).

Die Aufgabe von AT&T-NSI in der Konzernstrategie von AT&T ist u. a. die Anpassung der US-Systeme an europäische nationale Standards. Daher spielen die Entwicklungsaufgaben in den europäischen AT&T-NSI-Niederlassungen, allen voran die niederländische, ein große Rolle. Dabei sind die technologischen Schwerpunkte auf nationale Kompetenzzentren verstreut. Wichtige Entwicklungszentren, neben den niederländischen, existieren z. B. bei der britischen AT&T-NSI-Niederlassung für Multiplexverfahren und seit kurzem bei der spanischen Niederlassung für ISDN-Zugangsausrüstungen.

In der externen Forschungskooperation von AT&T-NSI nimmt die niederländische PTT eine wichtige Rolle ein. Z. B. ist AT&T-NSI, wie auch Philips bzw. PTDSN (s. o.), in der informellen Kommission der niederländischen Fernmeldeindustrie und der niederländischen PTT zur Abstimmung langfristiger Forschungs- und Standardisierungsfragen vertreten (vgl. Abschnitt 8.3.2). Vermutlich tritt AT&T-NSI ab 1989 ebenfalls in die Lizenzvereinbarung zwischen der niederländischen PTT und Philips ein (s. o.). Das jüngste gemeinsame Projekt mit der PTT war ein Projekt auf dem Gebiet der Breitbandforschung. Im Rahmen der europäischen Zusammenarbeit beteiligt sich AT&T-NSI derzeit (Stand: Oktober 1988) an sechs RACE- Projekten.

Insgesamt ist die Rolle der niederländischen Herstellerindustrie in der Telekommunikations-FuE durch ein hohes Maß an Eigenständigkeit, d. h. z. B. Aufbau von Forschungsressourcen im eigenen Unternehmen bzw. Konzern, gekennzeichnet. Auch nimmt die Zusammenarbeit mit der niederländischen PTT bzw. ihrer Telecom-Tochtergesellschaft im Ländervergleich einen verhältnismäßig moderaten Umfang ein. Zwischen den Herstellern besteht eine technologische Marktaufteilung, nach der Philips, d. h., PTDSN, für die geschäftliche und AT&T-NSI für die öffentliche Telekommunikation zuständig ist.

8.3.4 ROLLE DER UNABHÄNGIGEN FORSCHUNGSINSTITUTE

Die niederländischen Universitäten stehen in nur loser Beziehung zum heimischen Telekommunikations-FuE-System. Ihre Rolle besteht in erster Linie in der naturwissenschaftlichen und technischen sowie in der Mathematik- und Informatikausbildung des FuE-Personals des Netzträgers und der Herstellerindustrie. In der Telekommunikationsforschung sind die universitären Aktivitäten meist auf die Grundlagenforschung, selten auf zielorientierte Auftragsforschung, gerichtet. Überwiegend sind die technischen Universitäten Delft, Eindhoven und Twente/Enschede im Telekommunikationsbereich aktiv, doch fallen auch traditionelle Universitäten durch entsprechendes Engagement, z. B. in der Chemie, der Mathematik und Informatik oder durch Anwendungen (Universitätskliniken), auf. Abbildung 8.3-4 zeigt die Spezialisierung der Universitäten entsprechend der Anzahl ihrer Publikationen im Jahr 1986.

Abbildung 8.3-4: Schwerpunkte in telekommunikationsbezogener Forschung von niederländischen Universitäten und Instituten im Jahr 1986 auf der Basis der Publikationsstatistik

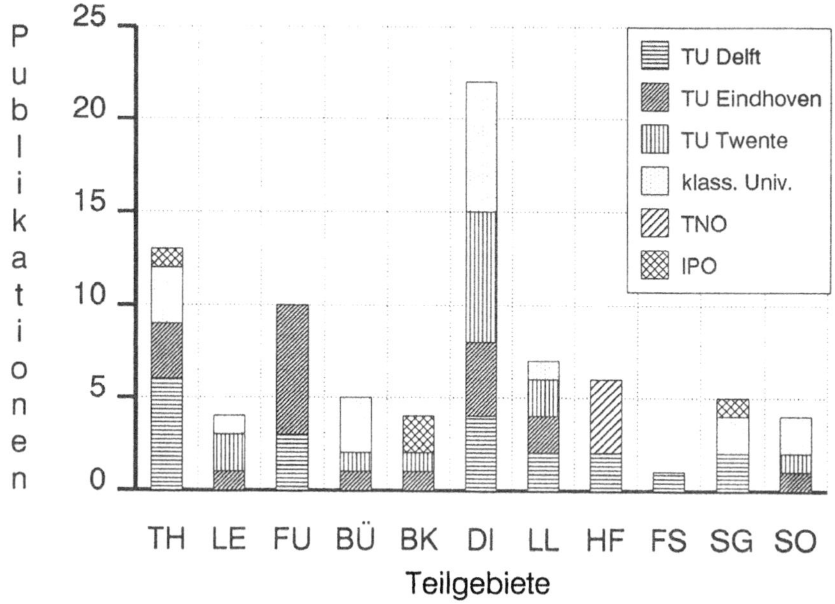

Die hohe Zahl von Publikationen der technischen Universität Delft in der IuK-Theorie deckt sich mit der Experteneinschätzung, wonach die Stärke der TU Delft in der Theorie der Bildverarbeitung liegt. Ähnliches gilt für die starke Stellung der TU Eindhoven in der Funktechnik, die vermutlich auf Forschungsaktivitäten zur Satellitenkommunikation zurückgehen. Die TU Twente in Enschede ist bei den Publikationen in der Digitaltechnik dominant. Für die Experten des Telekommunikationssektors liegt die Bedeutung der Twente-Universität insbesondere im Bereich der lokalen Netze. Die Publikationen zur allgemeinen Bildübertragung stammen überwiegend von den Universitätskliniken Leiden und Utrecht. Generell sind die Universitäten Amsterdam, Utrecht und Nijmegen für den Telekommunikationssektor auf dem Gebiet der Spracherkennung von Relevanz. Von den unabhängigen Forschungsinstituten ist lediglich die TNO-Organisation auf dem militärnahen Gebiet der Hochfrequenz-Kommunikation vertreten. Außerdem liegen Veröffentlichungen des Gemeinschaftsforschungsinstituts IPO (Institute of Perception) der Universität Eindhoven und Philips in der Theorie, der Bildkommunikation und bei den sonstigen Endgeräten vor.

8.4 FAZIT

Die FuE-Organisation des niederländischen Telekommunikationssektors ist durch eine im Ländervergleich hohe Eigenständigkeit der Institutionen Netzträger, Herstellerindustrie und Universitäten bzw. Forschungsinstitute gekennzeichnet, wobei letztere im Gesamtrahmen nur eine untergeordnete Rolle spielen. Dies wird auch aus Abbildung 8.4-1 deutlich, die in einer gerafften Skizze das Engagement dieser Institutionen in der Telekommunikations-FuE zeigt. Die Zahlen sind aus verschiedenen Quellen ermittelt und sind daher nur als Abschätzung für die Größenordnungen zu verstehen.

Abbildung 8.4-1: Finanzierung und Durchführung von FuE im Telekommunikationsbereich nach Sektoren in den Niederlanden 1987 (in US $; Beträge in den Kästen beziffern die Durchführung von FuE, Beträge an den Pfeilen die Finanzierung)

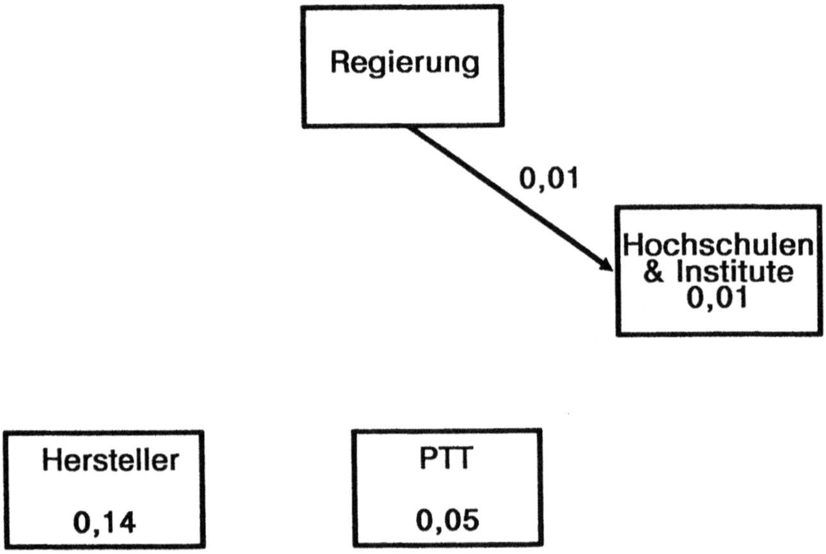

Der Staat als Träger der Technologiepolitik, d. h. insbesondere das Wirtschaftsministerium, hat sich bisher aus der Telekommunikations-FuE weitgehend herausgehalten, obwohl die Informationstechnologie im allgemeinen ein Prioritätsfeld entsprechender technologiepolitischer Maßnahmen darstellt. Eine staatliche Subventionierung der großen Telekommunikationshersteller in Form von FuE-Zuschüssen erfolgt nicht. Die Förderung von FuE bewegt sich in der Hauptsache auf der Ebene europäischer Forschungsprogramme. Solange die niederländische PTT bis Ende 1988 Teil des Ministeriums für

Verkehr und Wasserwirtschaft war, fiel die Telekommunikationspolitik inklusive der zugehörigen FuE-Politik auch nicht in den Zuständigkeitsbereich des Wirtschaftsministeriums. Hier sind allerdings Änderungen ab 1989 denkbar, wenn die PTT in der Rechtsform einer Aktiengesellschaft als Unternehmen auftritt.

Sowohl die niederländische PTT als auch die Herstellerindustrie unterhalten eigene Forschungszentren, in denen langfristige Forschungsfragen bis hin zur Grundlagenforschung behandelt werden. Das Dr. Neher Laboratorium, das Forschungslaboratorium der PTT im Infrastrukturbereich, galt bisher als das "TNO-Institut der Telekommunikation", d. h. es ersetzte fehlende TNO-Aktivitäten im Telekommunikationssektor. Nach der PTT-Umstrukturierung Anfang 1989 ist jedoch nicht mehr gewährleistet, daß das DNL diese Rolle weiter erfüllt. Denn mit der Liberalisierung der Märkte ist die PTT in verschiedenen Bereichen dem Wettbewerb ausgesetzt. Dies gilt besonders für den Dienstbereich. Im Hinblick auf die Neuordnung, aber auch aufgrund der neuen technologischen Entwicklungen, wurde 1986 ein neues Forschungsinstitut, das PTT Telematics Laboratorium, gegründet. Dieses forscht hauptsächlich im Überschneidungsbereich zwischen Telekommunikation und Informatik und soll die PTT Telecom im Wettbewerb mit privaten Diensteanbietern unterstützen. Eine Ausdehnung der FuE-Tätigkeit des neuen Laboratoriums ist bis zum Jahr 1992 geplant.

In der niederländischen Telekommunikationsherstellerindustrie sind es im wesentlichen Philips, insbesondere seine Tochtergesellschaft Philips Telecommunicatie en Datasystemen Nederland (PTDSN) und AT&T Network Systems International (AT&T-NSI) sowie in kleinerem Umfang die NKF-Gruppe, die FuE in den Niederlanden durchführen. Dabei besteht eine klare FuE-Arbeitsteilung: Philips forscht und entwickelt für den Bereich der geschäftlichen Telekommunikation, AT&T-NSI für den öffentlichen Bereich und NKF für den Fernmeldekabelsektor.

Philips verfügt über eine ausgedehnte Forschungsorganisation in Form von acht Laboratorien in sechs Ländern, wobei das größte, "Philips Nat Lab", ein breites Spektrum von technologischen Disziplinen und Gebieten der Grundlagenforschung abdeckt und in den Niederlanden liegt. Da Philips ein diversifizierter Elektronik-Konzern ist, ist technologische Breite in der Forschung bis zu einem gewissen Grad notwendig. Als Vorteile des Technologiemixes gelten die gegenseitige Befruchtung der Forschungsgebiete bei interdisziplinärer Forschung und die mögliche schnelle Diffusion technologischer Durchbrüche in mehrere Bereiche. Dennoch scheint diese Strategie auf Kosten einzelner Gebiete, die zudem stark von den Bedürfnissen der Anwender geprägt sind, wie z. B. der Telekommunikation, zu gehen. Eine Straffung der Konzernaktivitäten, auch in der Forschungsorganisation, die bei Philips zur Zeit spürbar ist, scheint diesem Gedanken Rechnung zu tragen. Die Zulassung eines stärkeren Einflusses des internationalen Konkurrenten AT&T, der seit Anfang 1988 die Mehrheit im gemeinsamen Unternehmen AT&T-NSI hält, auf die öffentliche Telekommunikation und die Konzentration auf die Büroautomatisation inklusive -telekommunikation sind Schritte in diese Richtung.

AT&T-NSI hat die Aufgabe die AT&T-Systeme für Vermittlung und Übertragung den europäischen Standards anzupassen und betreibt demgemäß in erster Linie Entwicklung. In der Forschung kann AT&T-NSI aufgrund der neuen Besitzverhältnisse verstärkt auf Ergebnisse der AT&T Bell Labs zurückgreifen.

Die Zusammenarbeit mit der niederländischen PTT nimmt im Ländervergleich einen relativ bescheidenen Umfang ein. Z. B. bezieht die PTT ca. knapp die Hälfte ihrer Telekommunikationsausrüstung aus dem Ausland (hauptsächlich von Ericsson und Alcatel). Wichtige Institutionen der FuE-Zusammenarbeit zwischen Netzträger und Herstellern ist die Kommission zur Abstimmung von Standardisierungs- und langfristiger Forschungsfragen sowie die Lizenzvereinbarung der PTT mit dem Philips-Konzern.

Aus technologischer Sicht gilt die allgemeine Bildübertragung als niederländisches Spezialgebiet. Ein FuE-Ausbau in der leitungsgebundenen Kommunikation sowie in der digitalen Übertragungstechnik ist mit dem verstärkten Engagement von AT&T-NSI in den kommenden Jahren zu erwarten. Generell gilt für die Stellung der Telekommunikationstechnologie in den Niederlanden, daß ihr zwar eine Schlüsselfunktion in vielen Anwendungsbereichen zukommt, daß sie jedoch keine Spitzenstellung unter den nationalen technologischen Schwerpunkten einnimmt.

KAPITEL 9: SCHWEDEN

(Von Beatrix Schwitalla und Hariolf Grupp)

9.1 RAHMENBEDINGUNGEN

9.1.1 NATIONALE RAHMENBEDINGUNGEN DER ALLGEMEINEN FuE-POLITIK

Wirtschaftliche Situation

Schweden ist mit 450.000 km^2 flächenmäßig das viertgrößte Land Europas, es rangiert aber, was die Bevölkerungszahl betrifft, mit etwas mehr als 8 Mio. Einwohnern unter den kleineren Ländern. Für die wirtschaftliche Situation ergeben sich daraus zweierlei Konsequenzen: Zum einen hat die geringe Besiedelungsdichte einen hohen Bedarf an Transport- und Kommunikationsgütern bzw. -dienstleistungen zur Folge. Daraus läßt sich u. a. die große Bedeutung der Automobilindustrie (Volvo, Saab-Scania) und der Telekommunikationsindustrie (Ericsson) für die schwedische Wirtschaft erklären. Zum anderen bewirkt das geringe Volumen des Binnenmarktes eine starke Außenhandelsorientierung der schwedischen Wirtschaft, um Spezialisierungsvorteile in Form von Skalenerträgen stärker nutzen zu können.

Im Jahr 1986 erreichten die Exporte ein Volumen von 80,5 Mrd. DM, was bei einem Bruttosozialprodukt von 279 Mrd. DM einer Exportquote von ca. 29 % entspricht. Betrachtet man die Industrie für sich alleine, so ist sogar knapp die Hälfte der Produktion für den Export bestimmt. Schwedens wichtigste Exportgüter sind Papier und Holz mit vergleichsweise niedriger FuE-Intensität sowie Güter mit höherer FuE-Intensität, nämlich Automobile, Maschinen, Elektronikgüter und Telekommunikationsausrüstung. In letzter Zeit hat sich auch die Ausfuhr der pharmazeutischen Industrie verbessert. Schweden verfügt zwar bei Gütern der Spitzentechnologie über ein Handelsdefizit, die diesbezügliche Importabhängigkeit gemessen an der Wertschöpfung des verarbeitenden Sektors ist jedoch gering (Grupp, Legler 1989). Für die Mikroelektronik gilt allerdings, daß 90 % aller Halbleiterkomponenten importiert werden. Lediglich bei den integrierten Schaltkreisen für spezielle Anwendungen zeigt die schwedische Industrie ein stärkeres Engagement. Seit 1980 ist die Lizenzbilanz infolge eines stärkeren Anwachsens des Verkaufs von Patenten und Lizenzen positiv. Der Erfolg der schwedischen Exportpalette erklärt sich einerseits aus der Existenz eines entwickelten, anspruchsvollen Binnenmarktes sowie aus einer guten technologischen Basis.

In den letzten 10 Jahren erforderten Weltmarktkrisen in Schwedens traditionell starken Branchen Eisen, Bergbau, Stahl und Schiffbau die Stärkung der Wettbewerbsfähigkeit anderer Industriezweige. Diese erfolgte durch die schnelle Einführung neuerer Technologien, wie z. B. der Industrieroboter und von computerunterstützten Systemen, in die Produktionsprozesse. Die Aufgeschlossenheit der schwedischen Gesellschaft für die Anwendung neuer Technologien sowie die technologiefreundliche Haltung der schwedischen Gewerkschaften haben diesen Prozeß sicher begünstigt. Aber auch der zurückhaltende Einsatz von Erhaltungssubventionen für schrumpfende Sektoren erleichterte den Strukturwandel.

Allgemeine FuE-Situation

Schweden steigerte seinen FuE-Anteil am Bruttoinlandsprodukt von 1,8 % im Jahre 1975 auf ca. 2,8 % im Jahre 1985 (Grupp, Legler 1989). Damit gehört Schweden zu den FuE-intensivsten Ländern der OECD. Die Zahlen wurden von der OECD hochgerechnet, da die schwedische Statistik nur die natur- und ingenieurwissenschaftlichen Gebiete, nicht aber die Sozial- und Geisteswissenschaften enthält. Die folgenden Zahlenangaben über den FuE-Umfang beziehen sich daher nur auf die natur- und ingenieurwissenschaftlichen Bereiche. Für 1985 wird ein gesamtes FuE-Volumen von 23368 Mio. SKr geschätzt, wobei mit 13783 Mio. SKr der überwiegende Teil durch den privaten Sektor finanziert wird. Dies entspricht einer privaten, in jüngster Zeit leicht ansteigenden Finanzierungsquote von ca. 59 %. Abbildung 9.1-1 zeigt die FuE-Mittelherkunft und die Verteilung der FuE-Aktivitäten auf die ausführenden Sektoren. Unter ihnen sind die Unternehmen mit einem FuE-Volumen von 12200 Mio. SKr und der Universitäts- und Hochschulsektor mit 6870 Mio. SKr die Hauptakteure.

Der öffentliche Sektor hat seine FuE-Ausgaben sowohl absolut von 4590 Mio. SKr im Haushaltsjahr 1977/78 auf 11350 Mio. SKr (vorläufige Zahl) im Haushaltsjahr 1986/87 als auch relativ von 3,5 % FuE-Anteil am Staatshaushalt auf 4,2 % gesteigert. Der FuE-Anteil am Staatshaushalt für zivile Zwecke betrug 1986/87 3,1 %.

Im Jahr 1983 waren 46059 Personen (FTE) in Forschung und Entwicklung beschäftigt, 65 % in den Unternehmen, 27 % im Universitäts- und Hochschulbereich und 7 % in der Administration, wobei diese Zahlen wiederum nur die natur- und ingenieurwissenschaftliche FuE berücksichtigen.

Abbildung 9.1-1: FuE-Finanzierung und -Durchführung in Schweden 1985 (nur Natur- und Ingenieurwissenschaften, Quelle: OECD 1987b)

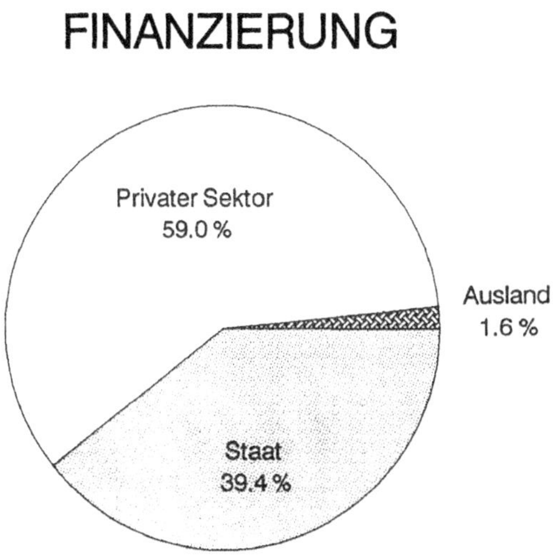

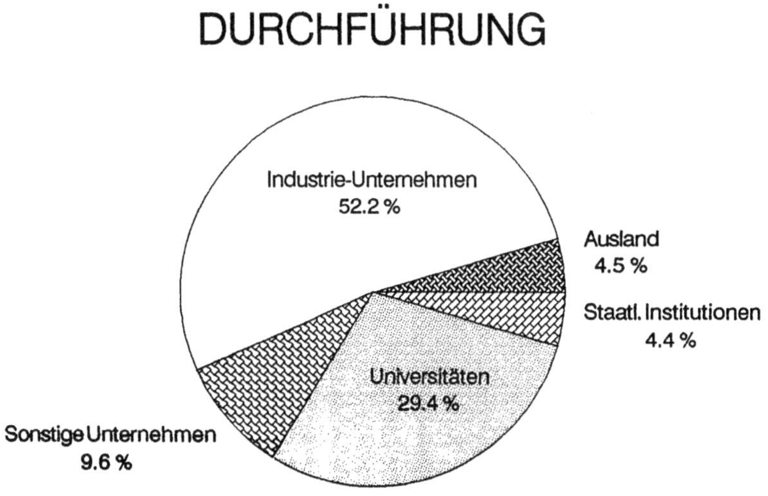

Grundlagen der schwedischen FuE-Politik

Das politische Umfeld, in dem sich die schwedische FuE-Politik abspielt, ist gekennzeichnet durch einen hohen Grad an Stabilität (nur sieben Ministerpräsidenten in den letzten 50 Jahren), die eine langfristige politische Planung erleichterte, und durch einen starken gesellschaftlichen Konsensus, der die Akzeptanz des strukturellen Wandels begünstigte. Die schwedische FuE-Politik steht unter den übergeordneten Zielen der Verbesserung bzw. Erhaltung der Lebens- und Arbeitsbedingungen sowie der Erhaltung einer eigenen Verteidigungsindustrie. Entsprechend dem in Schweden vorherrschenden sektoralen Forschungsmodell ist jeder gesellschaftliche Sektor für seine eigenen FuE-Anstrengungen verantwortlich; es gibt kein eigenes Forschungs- oder Technologieministerium. Demgemäß hat jedes Ministerium seinen eigenen FuE-Etat, jedoch werden ca. drei Viertel der staatlichen FuE-Mittel durch nur drei Ministerien verausgabt. Dabei entfallen auf das Bildungsministerium 30 %, auf das Industrieministerium 16,5 % und auf das Verteidigungsministerium 25,5 %. Die FuE-Mittel des Bildungsministeriums gehen im wesentlichen an den Hochschulsektor, die des Industrieministeriums werden vorrangig für Energieforschung, Raumfahrtaktivitäten, industrielle FuE und Regionalentwicklung verausgabt. Tabelle 9.1-1 zeigt die Allokation der staatlichen FuE-Mittel nach Ministerien und deren Anteil an den gesamten staatlichen FuE-Ausgaben.

Tabelle 9.1-1: Finanzierung staatlicher FuE nach Ministerien (Quelle: Statistics Sweden 1988)

Ministerium	FuE-Mittel (Mio. SKr) 1986/87	Anteile (%) 1986/87
Bildung	3404	30,0
Verteidigung	2900	25,5
Industrie	1868	16,5
Gesundheit und Soziales	883	7,8
Landwirtschaft	696	6,1
Außenministerium	541	4,8
Kommunikation	436	3,8
Arbeit	280	2,5
Wohnen	205	1,8
Andere	137	1,2
Gesamt	11350	100,0

Trotz der sektoral aufgeteilten FuE-Verantwortung läuft die staatliche FuE-Allokation nicht unkoordiniert ab. Abbildung 9.1-2 zeigt das Zusammenspiel der staatlichen und privaten Träger des schwedischen FuE-Systems.

Regierung und Reichstag haben dabei in erster Linie über die FuE-Mittelbereitstellung für Universitäten und Hochschulen zu befinden, wobei die Planung des Mitteleinsatzes von verschiedenen Ausschüssen und Forschungsräten übernommen wird. Daneben ver-

Abbildung 9.1-2: Das schwedische FuE-System (Quelle: STU 1986)

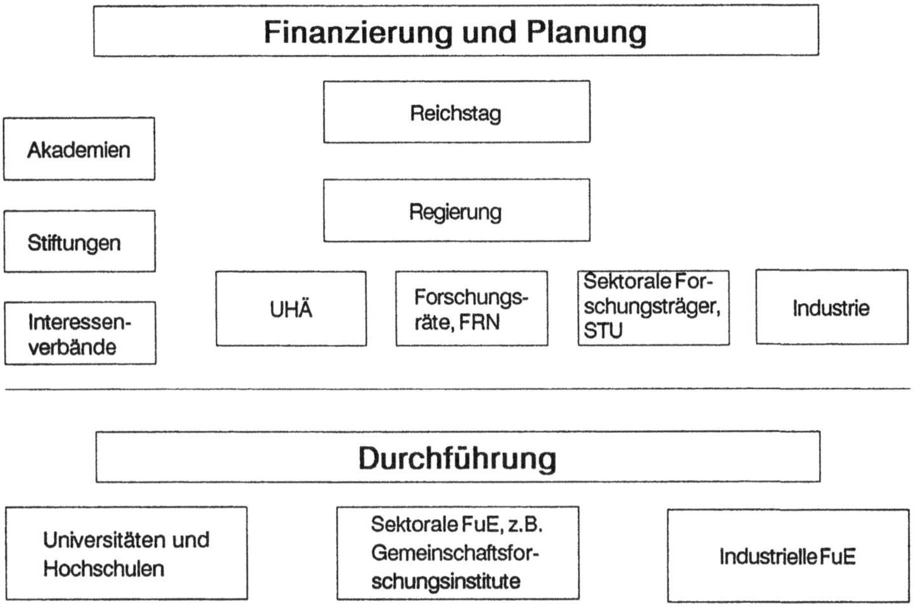

fügen Reichstag und Regierung über weitere permanente Steuerungsinstrumente wie die Errichtung neuer oder die Wiederbesetzung freigewordener Lehrstühle. Seit 1982 liegt die Verantwortung für die Koordination der Forschungs- und Technologiepolitik bei einem Kabinettsminister, damals dem stellvertretenden Premierminister, der 1986, als er Premierminister wurde, die FuE-Verantwortung beibehielt. Seit 1962 gibt es den Forschungsbeirat der Regierung, der als Informations- und Diskussionsforum für Forschungsfragen eine vermittelnde Rolle zwischen Politikern, Forschern und Gesellschaft spielt. In bezug auf die konkrete Forschungspolitik werden Regierung und Reichstag bei der Planung der Mittelbereitstellung für Universitäten und Hochschulen von dem nationalen Ausschuß der Universitäten und Hochschulen (UHÄ), einer Behörde, die dem Bildungsministerium untergeordnet ist, unterstützt. Die verschiedenen Forschungsräte beraten die Regierung bei der Allokation zusätzlicher Forschungsgelder sowohl in neuen als auch etablierten Forschungsgebieten, vielfach auch bei interdisziplinären Forschungsgebieten. Diese über die normalen Forschungszuwendungen der Hochschulen hinausgehenden Gelder sollen der Bereitstellung flexibler Forschungskapazitäten dienen. Unter diesen unterstützt der Beirat für Forschungsplanung und -koordination (FRN) die Regierung bei der Forschungsplanung, insbesondere in Zusammenarbeit mit den Forschungsräten, bei der Koordination größerer Forschungsprogramme.

Der Großteil der Forschung wird in den Universitäten und Hochschulen durchgeführt, und zwar in Stockholm, Uppsala, Linköping, Lund, Göteborg, Umeå und Luleå. Daneben gibt es nur wenige unabhängige Forschungsinstitute, die entweder interdisziplinäre Aufgaben wahrnehmen, spezielle Fragestellungen behandeln oder einer besonderen technischen Ausstattung bedürfen. Ein Beispiel dafür ist das Nationale Institut für Verteidigungsforschung (FOA). Auch die verschiedenen Gemeinschaftsforschungsinstitute, die gemeinsam von Industrie und Regierung eingerichtet wurden, befassen sich mit speziellen Fragestellungen, hauptsächlich der angewandten Forschung. Derzeit gibt es etwa 30 solcher Institute. Ein Beispiel dafür ist das für die Telekommunikation wichtige Institut für optische Forschung in Stockholm.

Entsprechend dem schwedischen sektoralen Forschungskonzept hat jedes Ministerium, jede regionale Verwaltungseinheit oder sonstige gesellschaftliche Instanz selbst Zukunftsvorsorge durch Engagement in kurz- und langfristiger Forschung zu betreiben. Die sektoral initiierte Forschung wird dann von den Universitäten und den Instituten ausgeführt. Derartige sektorale Forschungsträger sind neben den Gebietskörperschaften z. B. der Ausschuß für Transportforschung (TFB) oder der Nationale Ausschuß für Umweltschutz (SNV). Problematisch an dem sektoralen Forschungskonzept ist möglicherweise das Vernachlässigen langfristig orientierter Grundlagenforschung zugunsten kurzfristiger problemorientierter Forschung mit geringem Forschungsrisiko. Allerdings stellt sich die Frage, ob sich ein bevölkerungsarmes Land wie Schweden überhaupt eine ausgedehnte Grundlagenforschung leisten kann, oder ob es nicht genügt, Kompetenz zu entwickeln, um an den internationalen Ergebnissen der Grundlagenforschung partizipieren zu können.

Eine Zwitterstellung zwischen sektoralem Forschungsträger, und zwar für die Belange der Industrie, und gleichzeitig Träger der staatlichen Technologiepolitik nimmt die Nationalbehörde für Technische Entwicklung (STU) ein. Die Hauptaufgabe von STU ist es, technische FuE-Arbeiten zu initiieren und zu planen, die für Schweden und seine Wirtschaft von strategischer Bedeutung sind. STU ist eine der Regierung nachgeordnete Behörde mit ca. 250 Beschäftigten, die in den Verantwortungsbereich des Industrieministeriums fällt. STU hat keine eigenen Forschungsinstitute. Seine Steuerungsinstrumente sind finanzielle Zuwendungen in Form von Zuschüssen oder Darlehen, die jedoch nur bei kommerziellem Erfolg zurückgezahlt werden müssen, oder auch beratende Unterstützung für die Industrie. Im Haushaltsjahr 1984/85 nahmen die von STU vergebenen Zuschüsse ein Volumen von 747 Mio. SKr an, deren Verteilung auf die verschiedenen Zuwendungsempfänger in Tabelle 9.1-2 angegeben ist. Den Hauptanteil der Zuschüsse erhalten die Universitäten, davon 90 % die technischen Universitäten, die sich zu 40 bis

60 % durch STU-Zuwendungen finanzieren, und die oben schon erwähnten Institute der Gemeinschaftsforschung. Die Forschungssubventionierung größerer Unternehmen wird bewußt zurückhaltend gehandhabt (wichtige Ausnahmen siehe Abschnitt 9.3.1).

Tabelle 9.1-2: STU-Zuschüsse nach Empfängern 1984/85
(Quelle: STU)

	Zuwendungen (Mio. SKr)	Anteile (%)
Universitäten und Hochschulen	239	32
Gemeinschaftsforschungsinstitute	172	23
Unternehmen (>5 Beschäftigte)	112	15
Kleine Unternehmen (<5 Beschäftigte) und Einzelerfinder	82	11
Öffentliche Stellen	60	8
Sektorale Organisationen	45	6
FuE-Unternehmen (>5 Beschäftigte)	37	5
Gesamt	747	100

Bei der inhaltlichen Planung der Forschungsziele muß berücksichtigt werden, daß Schweden als kleines Land nicht in allen Gebieten Forschung betreiben kann. Daher setzt STU Forschungsprioritäten, in deren Rahmen dann Programme und Projekte abgewickelt werden. Diese Prioritätsbereiche sind zur Zeit die Bereiche Informationstechnologie (Elektronik und Computer), neue Produktionstechnologien, Biotechnologie und biomedizinische Technologie, neue Energiequellen und Technologien zur Senkung des Energieverbrauchs. Dabei wird insbesondere die kooperative Forschung zwischen Universitäten, Industrie und Gemeinschaftsforschungsinstituten gefördert. Das jüngste größere Forschungsprogramm in diesem Zusammenhang ist das Nationale Informationstechnologieprogramm (Beginn 1987), in dessen Rahmen STU, was die anwendungsorientierte, vorwettbewerbliche Forschung betrifft, Steuerungs- und Koordinationsfunktionen wahrnimmt.

Auch einige private Stiftungen und Fonds sowie Wissenschaftsakademien erbringen FuE-Leistungen, sie sollen aber wegen ihres geringen Umfangs hier nicht erwähnt werden.

Schließlich ist der Unternehmenssektor sowohl als wichtigster Finanzier (59 %) als auch als wichtigster Betreiber (62 %) von FuE zu nennen. Der Forschungsanteil an der industriellen FuE beträgt nur 12 %.

Maßnahmen der nationalen Forschungs- und Technologiepolitik

Die Entwicklung der schwedischen Technologiepolitik bis zur heutigen Ausgestaltung ist maßgeblich geprägt durch den Übergang zu einer aktiven Industriepolitik in den 60er Jahren. Zuvor ging die staatliche Steuerung von FuE vornehmlich vom Verteidigungsministerium in Form von direkter Verteidigungsforschung oder durch Kauf von forschungsintensiven Rüstungsgütern und vom Bildungsministerium in Form der Einflußnahme auf die universitäre Forschung aus. Im Jahr 1967 wurde ein Industrieministerium gegründet und schließlich 1968 die Nationalbehörde für Technische Entwicklung (STU) mit der Aufgabe, technische Forschungsprojekte, die Gemeinschaftsforschung und die industrielle Entwicklung zu fördern. Im Jahr 1973 wurde ein System steuerlicher Anreize für FuE eingeführt, das allerdings 1982 wegen mangelnder Effizienz wieder abgeschafft wurde. Im Jahr 1977 wurde ein Netzwerk regionaler Entwicklungsfonds gegründet, deren Aufgabe die Betreuung von kleineren und mittleren Unternehmen in deren FuE-Angelegenheiten von der Beratung bis hin zur Bereitstellung von Risikokapital ist.

Neben dem Aufbau einer staatlichen Technologie-Infrastruktur wurde staatliche Technologiepolitik in Form von inhaltlichen oder zielgruppenorientierten Aktionsprogrammen ausgeübt. Zuletzt wurde 1983 das gemeinsam durch Staat und Industrie finanzierte nationale Mikroelektronikprogramm aufgelegt, das seit 1987 als umfassenderes Informationstechnologieprogramm weitergeführt wird. Neben diesen direkten Instrumenten der Technologiepolitik spielt die staatliche Beschaffungspolitik eine wichtige Rolle bei der Beeinflussung der industriellen FuE-Aktivitäten. Besonders im Verteidigungsbereich, bei der Eisenbahn, im Energie- und im Telekommunikationssektor spielen die staatlichen Abnehmer eine bedeutende Rolle bei der Realisierung technologisch anspruchsvoller Entwicklungen. Die stabile Käufer-Verkäufer-Kooperation vermindert dabei das FuE-Risiko der Herstellerunternehmen, allerdings ist der schwedische Binnenmarkt und damit das Beschaffungsvolumen im Vergleich zu anderen Ländern nicht groß.

9.1.2 STRUKTUR DES TELEKOMMUNIKATIONSSEKTORS

Ordnungspolitischer Rahmen

Auch in Schweden haben Liberalisierungsbestrebungen Spielraum für mehr Wettbewerb im Telekommunikationssektor geschaffen. Der Endgerätemarkt ist seit 1985 bis auf wenige Ausnahmen wie öffentliche Fernsprecher, schnelle Datenmodems und Nebenstellenanlagen liberalisiert. Schrittweise werden aber auch diese Ausnahmen aufgehoben, so daß ab Ende 1989 der Endgerätemarkt völlig liberalisiert ist. Neben privaten Herstellern ist der staatliche Netzbetreiber Televerket mit seinem Produktionsunternehmen Teli auch am Endgerätemarkt vertreten. Im Zuge der Aufhebung des Endgerätemonopols, insbesondere auch für die Nebenstellenanlagen, wird die bisher beim Netzträger liegende Zulassungsfunktion für Telekommunikationsendgeräte 1989 auf eine separate staatliche Behörde, das "Statens Telenämnd" übertragen, um Wettbewerbsvorteile für Teli aufgrund der bisherigen hoheitlichen Funktion der Muttergesellschaft nunmehr auszuschließen.

Im Dienstebereich gibt es keine Zulassungsbeschränkung für "Mehrwertdienste" auf der Basis von öffentlichen Wählnetzen. Bei Mietleitungen ist die gemeinsame Nutzung gestattet, vorausgesetzt, daß die Kunden einen gemeinsamen Vertrag mit Televerket haben. Der Wiederverkauf ist aber vorerst noch unzulässig. Aber auch hier bestehen von Regierungsseite Überlegungen, den "Third Party Traffic" ab Herbst 1989 zuzulassen.

Bei der Bereitstellung der Netze besteht ein de facto Monopol für das sich im Staatsbesitz befindliche Unternehmen Televerket. Derzeit gibt es nur im Mobilfunk Konkurrenz durch das Comvik-System. Comvik, Tochtergesellschaft der multinationalen Industrieholding Industriförvaltnings Kinnevik, verfügt dabei über einen Marktanteil von schätzungsweise 8 %. Mit einem Jahresumsatz von 106 Mio. SKr und 148 Beschäftigten (1987) hat Comvik verglichen mit Televerket ein bescheidenes Ausmaß, verfügt jedoch im Mobilfunkmarkt noch über enormes Wachstumspotential. Damit auch beim Funkverkehr Regulierungsfunktionen nicht als Wettbewerbsvorteile ausgenutzt werden können, ist geplant, die noch bei Televerket liegende Frequenzverwaltung einer unabhängigen Behörde zu übertragen. Des weiteren kommen die bisher nur intern genutzten Netze der staatlichen Eisenbahn und der staatlichen Energieversorgung als Basis für potentiellen Netzwettbewerb in Frage.

Netzträger (Televerket)

Wie in Kapitel 9.1.1 schon erwähnt, beschäftigt sich in Schweden die Regierung nur wenig mit Verwaltungsangelegenheiten. Diese werden von relativ autonomen Behörden durchgeführt. So hat das neben der Telekommunikation auch für Post- und Transportdienste zuständige Ministerium für Transport und Kommunikation nur ca. 80 Angestellte. Televerket ist ein "Affärsverk", d. h. eine staatliche Behörde, die geschäftlich tätig ist, und liegt somit "irgendwo zwischen einer staatlichen Behörde und einem Unternehmen" (Sandgren 1981, 56). Televerket beschäftigt über 43000 Mitarbeiter, die Televerket-Gruppe 49000. Postdienstleistungen wurden schon immer von einer separaten staatlichen Einrichtung angeboten. Abbildung 9.1-3 zeigt ein stark vereinfachtes Schema der Organisation des staatlichen Netzträgers.

Abbildung 9.1-3: Organisation des Netzträgers Televerket

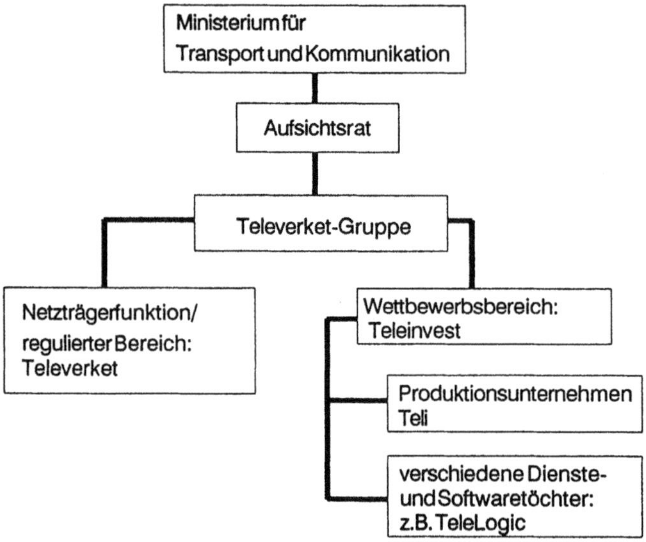

Die unmittelbare Kontrolle von Televerket erfolgt durch den Aufsichtsrat, der aus Vertretern der Industrie, der Wissenschaft, Mitgliedern des Parlaments, einem Arbeitnehmervertreter und durch durch den Generaldirektor als Aufsichtsratsvorsitzenden gebildet wird. Jedes Jahr legt Televerket der Regierung ein Dreijahresprogramm vor, das dann vom Parlament verabschiedet wird. Darin werden die Aktivitäten der nächsten drei Jahre, ein Investitionsplan, sowie Zielsetzungen für Dienstleistungen, Produktivität und Rendite festgelegt. Innerhalb dieses Rahmens ist Televerket relativ frei in der Wahl seiner Mittel, um diese Ziele zu erreichen. Die Televerket-Gruppe, die 1987 einen Jahresumsatz von 20,5 Mrd. SKr verzeichnete, der sich zu 40 % auf den Telekommunikationsverkehr gründete, präsentiert sich als vertikal integriertes Unternehmen mit Netzdienstleistungen als Hauptgeschäftsbereich und weiterem Engagement als Gerätehersteller sowie als Anbieter von Software und Diensten.

Um Wettbewerbsvorteile durch mögliche Quersubventionierung aus den Hoheitsbereichen zu verhindern, wurden die wettbewerblichen Aktivitäten in Tochtergesellschaften ausgelagert, die in der Holdinggesellschaft Teleinvest AB zusammengefaßt sind. Im Jahr 1987 erreichte die Teleinvest-Gruppe einen Umsatz von ca. 5,4 Mrd. SKr und trug somit zu 25 % zum Konzernumsatz bei. Die Zahl der Beschäftigten dieser Gruppe betrug 1987 ca. 5600. Die 1987 sprunghaft gestiegenen Umsatz- und Beschäftigtenzahlen für die Teleinvest-Gruppe beruhen im wesentlichen auf der 1987 erfolgten Eingliederung des bisher nur den Status einer Produktionsabteilung von Televerket innehabenden Unternehmenszweiges Teli als eigenständige Tochtergesellschaft. Teli beschäftigte 1987 ca. 4500 Personen und erreichte einen Umsatz von 2,2 Mrd. SKr. Die Produktionspalette reicht von AXE-Ausrüstungen (öffentliche Vermittlungsstellen) über Nebenstellenanlagen zu den für die diversen Dienste von Televerket benötigten Endgeräte.

Die Televerket-Gruppe wird weniger bürokratisch als vielmehr nach wirtschaftlichen Grundsätzen geführt. Die Organisation in Form von Profit-Centers soll die Transparenz über die Wirtschaftlichkeit der einzelnen Sparten erhöhen. Profit-Centers bestehen für die Bereiche Kunden, Netze, Funk, interne EDV- Dienstleistungen und Kabelfernsehen. Daneben soll die starke Dezentralisierung in 20 regionale Telecom-Gebiete für eine größere Kundennähe und damit bessere Servicequalitäten sorgen. In Abbildung 9.1-4 ist das Netz- und Diensteangebot von Televerket dargestellt.

Jüngste Entwicklungen sind durch ein Anwachsen des Telefonverkehrs um 9 % (1987) gekennzeichnet, einerseits bedingt durch das von Unternehmen verstärkt praktizierte Telefonmarketing, aber noch viel mehr durch die über das Telefonnetz geleiteten Telefax- und Datenübertragungsdienste. Ein Geschäftsbereich mit enormen Zuwachsraten ist der mobile Zellularfunk. Im Zusammenschluß mit den anderen nordischen Ländern wurde 1981 das Nordische Mobile Telefonsystem (NMT) eingeführt. Im August 1985 gab es 66000 NMT-Kunden in Schweden, Ende 1987 schon 160000 bei einer Gesamtzahl von 175000 schwedischen Mobiltelefonkunden. Der einzige Konkurrenzanbieter ist das Unternehmen Comvik. Der Televerket-Umsatz im Bereich Mobilfunk stieg gegenüber dem Vorjahr um 54 % auf 1,2 Mrd. SKr im Jahr 1987. Eine neuere Serviceentwicklung im Mobilfunk ist der mobile Datenkommunikationsdienst Mobitex.

Die technologische Netzentwicklung erreichte im November 1987 einen Höhepunkt mit der Inbetriebnahme des ersten landesweiten digitalen Fernverkehrsnetzes der industrialisierten Welt. Die in den letzten fünf Jahren durch Digitalisierung erreichte Kapazitätserweiterung entspricht der des gesamten alten Netzes, dessen Aufbau sich in mehr als 100 Jahren vollzog. Ende 1987 war das Netz mit 84 AXE-Vermittlungsstellen ausgestattet, die 1,75 Mio. Telefonkunden versorgen können. Zur Übertragung finden Koaxial-, Glasfaserkabel und Funkverbindungen Verwendung. Glasfaserverbindungen werden zur Zeit hauptsächlich in den großen Zentren installiert mit einer Ausbaugeschwindigkeit von derzeit 2000 km im Jahr. Was die Entwicklung zum diensteintegrierten digitalen Netz (ISDN) betrifft, so ist die schwedische Entwicklung dadurch gekennzeichnet, daß die verschiedenen Daten- und mobilen Dienste für die Geschäftswelt zunächst Vorrang hatten. Bei Televerket steckt man jetzt in den Vorbereitungsarbeiten für die für 1988/89 geplanten ISDN-Pilotversuche.

Herstellerindustrie

Die schwedische Telekommunikationsausrüstungsindustrie wird dominiert durch Ericsson, einen weltweit führenden Hersteller von Telekommunikationsgütern. Auf dem schwedischen Markt spielt ferner die schon oben erwähnte Produktionstochter Teli des schwedischen Netzträgers Televerket eine Rolle. Daneben sind Philips Elektronikindustrier AB mit Schwerpunkt Verteidigungselektronik und Standard Radio & Telefon AB, eine ehemalige ITT-Tochter und seit 1988 der schwedischen European Business Systems zugehörig, als Hersteller in einem etwas weiter gefaßten Telekommunikationssektor zu nennen. Die Philips Elektronikindustrier AB war bis 1989 eine Tochtergesellschaft der skandinavischen Philips-Gruppe Philips Norden. Im Jahr 1989 wurde sie im Zuge der Umstrukturierungsmaßnahmen des Philips-Konzerns (vgl. hierzu Kapitel 8) an Bofors verkauft. In einer Marktnische des schwedischen Telekommunikationssektors, und zwar in der elektronischen Bildübertragung, mit Forschung und Entwicklung tätig ist das auf die Herstellung von Kameras spezialisierte Unternehmen Victor Hasselblad AB. In der 1985 gegründeten Tochtergesellschaft Hassselblad Electronic Imaging AB entwickelt und produziert sie hauptsächlich Produkte für die elektronische Bildübertragung per Telefonleitung. Von den Unternehmensdaten her reichen die oben genannten Unternehmen jedoch bei weitem nicht an die Rolle Ericssons heran, was Tabelle 9.1-3 zeigt. Deshalb konzentriert sich die Darstellung der Telekommunikationsherstellerstruktur im weiteren in erster Linie auf Ericsson.

Tabelle 9.1-3: Die schwedischen Telekommunikationsausrüstungshersteller (Quellen: Geschäftsberichte 1987)

Unternehmen	Beschäftigte	Umsatz in Mio. SKr	Tätigkeitsbereich
Telefonaktiebolaget LM Ericsson			
Konzern	70893 1)	32400	Ausrüstung für Telekommunikationsnetze (AXE-Systeme), Kabel, Verteidigung, Funkkommunikation, Bürokommunikationssysteme, Komponenten
Schwedische Mutterges.	14419	8120	
Schwedische Gruppe gesamt	37386		
Philips Norden AB	4772	4461	Verteidigungselektronik, Bankenterminals, Vertrieb
davon Philips Elektronikindustrier AB	2375	1379	Verteidigungselektronik
Teli	4559	2231	Endgeräte für Telekommunikationsdienste, Ausrüstung für AXE-Nebenstellenanlagen
Standard Radio & Telefon AB	550	ca. 300	Öffentliche und private Telekommunikationssysteme, Funkkommunikation, Verkehrselektronik, Leistungselektronik
Victor Hasselblad AB Konzern	678	451	Kameras
Hasselblad Electronic Imaging AB	10	11	Digitalisierung und Übertragung von Bildern

1) vermutlich ab 1988 ca. 10000 Beschäftigte weniger wegen Konzernumstrukturierung

<u>Ericsson</u> ist ein reiner Telekommunikationsausrüstungskonzern, der sich zwar in den letzten Jahren in den angrenzenden Gebieten Büroausrüstung, Datensysteme und Komponenten betätigt hatte, dies jedoch nur mit mäßigem Erfolg. Nach starken Gewinnrückgängen 1984 und 1985 verbesserte sich die Gewinnsituation 1986 leicht und 1987 um 22 %. Auch der Jahresumsatz verbesserte sich 1987 um 2 % auf 32,4 Mrd. SKr. Die stattgefundene Rückbesinnung auf die eigentliche Stärke bei den Telekommunikationssyste-

men, insbesondere in der digitalen Vermittlungstechnik, gipfelte 1988 in verschiedenen organisatorischen Maßnahmen. Es wurden Unternehmensteile verkauft und Kooperationen (teilweise mit Kapitalbeteiligung) mit ausländischen Unternehmen eingegangen.

Die Sparte Datensysteme, die bisher zu einem großen Teil zur Tochtergesellschaft Ericsson Information Systems gehörte, wurde an den finnischen Konzern Nokia verkauft, wobei Ericsson einen 20 %-Anteil an der auf diese Weise neu entstandenen Nokia-Tochter Oy Nokia Data AB behielt. Die Sparte Büroausrüstung wurde an das norwegische Unternehmen Design Function A/S verkauft, wobei dieser Verkauf neben Teilen von Ericsson Information Systems auch Ericssons Anteile an den Unternehmen Facit AB betraf. Aus dem ehemaligen Ericsson Information Systems-Komplex ist nur noch der Bereich Kommunikationssysteme mit großen (MD 110) und kleinen Nebenstellenanlagen, Datennetzen, Modems und Telefonapparaten verblieben, der ab April 1988 in "Business Communications" (1988 ca. 7000 Beschäftigte) umbenannt wurde.

Das Engagement in Speicherkomponenten wurde durch Verkauf an Oy Finvest, Finnland, ebenfalls aufgegeben. Auch der bisherige Firmennamen RIFA wurde verkauft. Die verbliebenen Mikroelektronik-Aktivitäten (Leistungselektronik, Komponenten für spezielle Telekommunikationsanwendungen) werden nunmehr unter dem neuen Namen Ericsson Components AB weitergeführt. In diesem Zusammenhang ist auch die 1988 getroffene Kooperationsvereinbarung mit Texas Instruments zu sehen, die Ericsson Zugang zu fortschrittlicher Technologie im Bereich von VLSI-Schaltungen verschafft und gleichzeitig die Stellung von Texas Instruments als Ericssons Lieferant hochwertiger Halbleiterkomponenten stärkt. Dies entspricht der neuen Linie Ericssons, sich in den Kernbereichen auf die eigene Stärke und eigene Anstrengungen zu verlassen und in den angrenzenden Gebieten Kooperationen mit kompetenteren Partnern einzugehen.

Tabelle 9.1-4 zeigt das Gewicht der einzelnen Unternehmensbereiche gemessen am Konzernumsatz und der Zahl der Beschäftigten 1987. Bis 1990 bleibt vermutlich der Bereich "Öffentliche Telekommunikation" größter Umsatzträger. Danach ist jedoch damit zu rechnen, daß der wachstumsstarke Bereich "Funkkommunikation", insbesondere der Mobilfunk, den ersten Platz einnehmen wird.

Der schwedische Markt ist durch eine enge Hersteller-Anwender- Zusammenarbeit gekennzeichnet, die sich im Falle Ericssons durch die technologische Kompetenz des inländischen Abnehmers Televerket als besonders fruchtbar erwies. Die Zusammenarbeit ist am stärksten in der gemeinsamen Entwicklungstochtergesellschaft Ellemtel institutionalisiert, an der Ericsson und Televerket jeweils einen 50 %-Anteil besitzen. Ellemtel, dessen

Tabelle 9.1-4: Ericssons Geschäftsbereiche 1987
(Quelle: Ericsson 1987)

Geschäftsbereich	Außen-umsatz 1987	Anteil am Konzern-umsatz	Beschäftigte 1987	Anteil an den Konzern-beschäft.
Öffentliche Telekommu-nikationssysteme	10901	34 %	29854	42 %
Informationssysteme[1]	9205	28 %	14481	20 %
Kabel	3206	10 %	4567	6 %
Verteidigungssysteme	3203	10 %	6874	10 %
Funkkommunikation	2839	9 %	4777	7 %
Konstruktion v. Netzen	2217	7 %	5531	8 %
Komponenten[2]	763	2 %	3578	5 %
Sonstige	66	<1 %	1231	2 %
Gesamt	32400	100 %	70893	100 %

1) seit April 1988 wegen Unternehmensumstrukturierung vermutlich nur noch halb so groß und unter neuer Bezeichnung "Business Communications"

2) seit März 1988 wegen Unternehmensumstrukturierung vermutlich Schrumpfung um 30 %

693 Beschäftigte sich, von den notwendigen administrativen Tätigkeiten einmal abgesehen, ausschließlich mit FuE befassen, war bei der Entwicklung der öffentlichen AXE-Systeme besonders erfolgreich. Dabei besteht zwischen Ericsson und Televerket eine Marktaufteilungsvereinbarung für gemeinsam entwickelte Produkte, gemäß der die Tochtergesellschaft von Televerket, Teli, für den schwedischen Markt produziert und Ericsson für die internationalen Märkte. Eine weitere Institutionalisierung der Zusammenarbeit erfolgte auf dem Gebiet der mobilen Datenkommunikation durch Gründung der gemeinsamen Tochtergesellschaft Eritel, die sich mit der Entwicklung des neuen Mobitex-Dienstes und der zugehörigen Ausrüstung befaßt. Dennoch hat die enge Zusammenarbeit mit Ericsson Televerket nicht gehindert, Produkte des kanadischen Herstellers Northern Telecom (Datenvermittlungsknoten und private Vermittlungssysteme) zu beziehen.

Die Bedeutung der Auslandsmärkte für einen derartig spezialisierten Konzern wie Ericsson äußert sich nicht nur in Exporten (Schwedens Außenhandelsstatistik verzeichnete

1986 einen Exportüberschuß für Telefonausrüstung von etwa 1 Mrd. DM), sondern auch in der Vielzahl ausländischer Produktions- und Vertriebsstätten. Im Jahr 1987 war Ericsson durch Tochtergesellschaften, Beteiligungen, Regionalvertretungen und technische Beratungsbüros in 60 Ländern vertreten. Ein wichtiges neues Abnehmerland für die AXE-Systeme bei einem Marktanteil von 16 % ist Frankreich nach dem Erwerb einer direkten und indirekten 26 %-Beteiligung an dem ehemals staatlichen Telekommunikationshersteller CGCT. Während Ericsson Anfang der 80er Jahre hauptsächlich in die sogenannten Schwellen- und Entwicklungsländer und nach Italien lieferte, stammte 1987 die Hälfte der Aufträge für AXE-Ausrüstungen aus Europa, wobei Großbritannien zum größten nationalen Absatzmarkt aufstieg (siehe Kapitel 4). Auf dem US-Markt hat man sich das Ziel gesetzt, mit bis zu 800.000 AXE-Verbindungen drittgrößter Anbieter nach AT&T und Northern Telecom zu werden. Erste Erfolge sind durch den Verkauf von AXE-Systemen an vier der sieben regionalen Bell Operating Companies zu verzeichnen. Die Erhöhung der Beteiligung an der spanischen Tochter Intelsa von 51 % auf 100 % ist ebenfalls unter marktstrategischen Gesichtspunkten zu sehen. Ericsson gilt als der sechstgrößte Telekommunikationshersteller der Welt (siehe Kapitel 11).

9.2 INSTITUTIONELLE UND TECHNOLOGISCHE STRUKTUR DER NATIONALEN TELEKOMMUNIKATIONS-FuE

Umfang der Telekommunikations-FuE

Die Telekommunikations-FuE ist einerseits in das allgemeine schwedische FuE-System eingebunden und andererseits durch die Akteure des Telekommunikationssektors geprägt. Das statistische Zahlenmaterial läßt leider eine genaue jährliche Zurechnung der FuE-Aktivitäten des Telekommunikationssektors auf die einzelnen Akteure Staat, Netzträger, Industrie, Universitäten/Institute nicht zu, da bei der sektoralen Abgrenzung nur Zahlen für die gesamte Elektroindustrie vorliegen und beim Ausweis der staatlichen FuE-Aktivität die Forschungsziele Transport und Telekommunikation zusammengefaßt werden. Auch liegen keine Zeitreihen für universitäre FuE-Aufwendungen vor, sondern lediglich Angaben für das Jahr 1984. Für die Produktgruppen Telekommunikationsausrüstung, TV, Radio etc. nach SNI 3832 (ISIC 3832) sind aber Angaben zu den laufenden FuE-Kosten erhältlich. Hier ergibt sich das Problem, daß die Fernsehgeräte eigentlich nicht zur Telekommunikation im engeren Sinne gehören, andererseits FuE-Kapitalkosten nur für ausgewählte Einzeljahre bekannt sind und für die dazwischenliegenden Perioden geschätzt werden müssen.

Abbildung 9.2.-1: Arbeitsteilige FuE-Aufwendungen für Telekommunikation in Schweden 1973 bis 1985

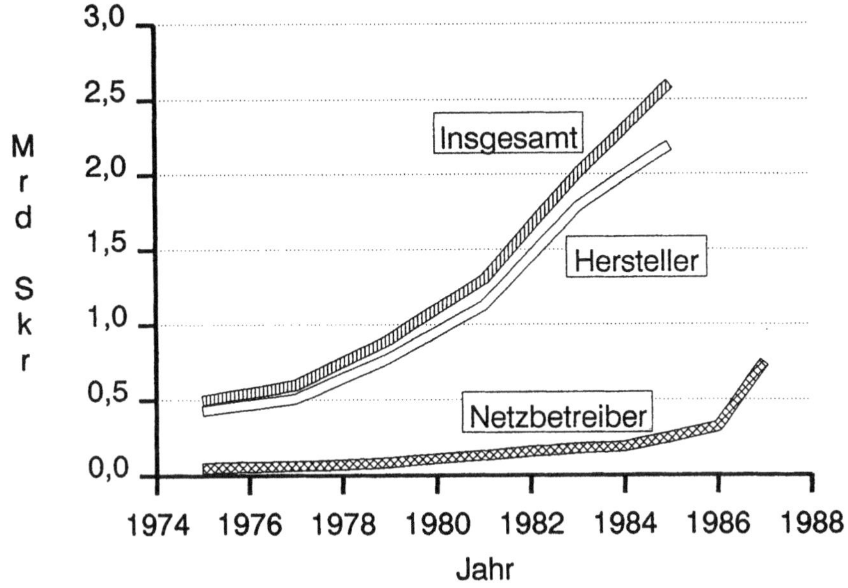

Abbildung 9.2-1 läßt die reale Intensivierung der schwedischen Telekommunikations-FuE nicht erkennen, jedoch werden die neuerlichen Anstrengungen von Televerket nach 1986 bereits aus den nichtbereinigten Beträgen deutlich. Abbildung 9.2-2 enthält hingegen eine Inflationsbereinigung und gibt die nämlichen Aufwendungen in konstanten US $ von 1987 wieder. Daneben ist der steigende Anteil der Telekommunikations-FuE am Bruttoinlandsprodukt ausgewiesen. Beide Kurven unterscheiden sich nicht sehr und belegen eine reale Verdopplung seit etwa 1973. In diesem Zeitraum wuchsen die FuE-Aufwendungen Schwedens um gut das eineinhalbfache (siehe Abschnitt 9.1.1), so daß klar hervortritt, daß Schwedens Telekommunikations-FuE stärker zulegte als andere Forschungsgebiete.

Rechnet man die Zahlenangaben aus Geschäfts- und Rechenschaftsberichten und aus Forschungs- und Technologieprogrammen hoch, so läßt sich für das Jahr 1987 ein Gesamtaufwand für Telekommunikations-FuE von ca. 4200 Mio. SKr bzw. 480 Mio. US$ ermitteln. Der staatliche Finanzierungsanteil an der gesamten Telekommunikations-FuE liegt seit Ende der 70er Jahre etwa bei 15 %, eine Einschätzung, die durch subjektives Expertenurteil bestätigt wurde. Möglicherweise dürfte sich dieser Anteil zukünftig durch das 1987 angelaufene Informationstechnologie-Regierungsprogramm erhöhen, dessen industriebezogener Teil (IT4) ein Volumen von ca. 1000 Mio. SKr für die Gesamtlaufzeit von 1987 bis 1989 bei jeweils hälftiger Finanzierung durch Regierung und Industrie ein-

Abbildung 9.2-2: Reale FuE-Aufwendungen für Telekommunikation in Schweden 1971 bis 1985

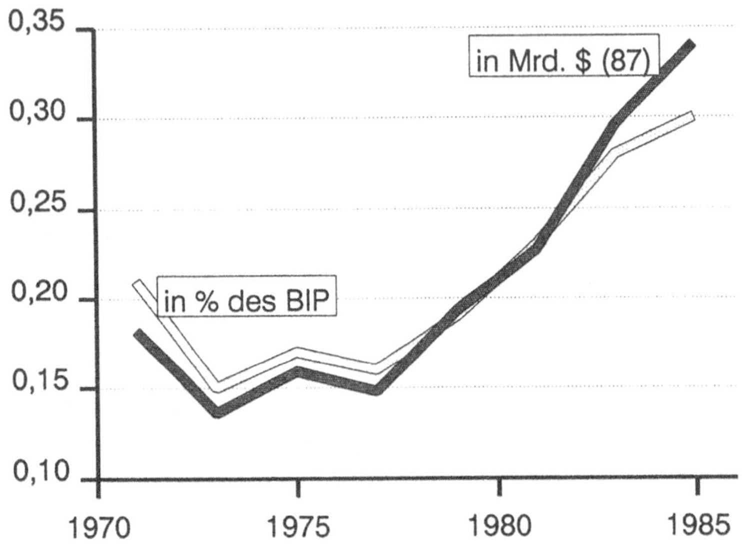

nimmt. Von dem 15 %-Anteil gehen ca. 12 %-Punkte auf das Konto ziviler staatlicher Einrichtungen und ca. 3 %-Punkte auf das des Verteidigungsministeriums. Gegenüber einer staatlichen Finanzierungsquote von 39 % im Mittel aller Sektoren ist der staatliche Finanzierungsanteil an der Telekommunikations-FuE gering. Nur ca. 3300 Mio. SKr bzw. 380 Mio US $ des gesamten Telekommunikations-FuE-Budgets werden für zivile Anwendungen ausgegeben, die restlichen 900 Mio. SKr betreffen Verteidigungs-FuE. Auch bei der zivilen Telekommunikations-FuE liegt der staatliche Finanzierungsanteil bei ca. 15 %.

Wegen der erwähnten Einschränkungen bezüglich der Verfügbarkeit von FuE-Daten ist eine genauere Sektoranalyse kaum möglich. Jedoch werden schätzungsweise zwei Drittel der telekommunikationsbezogenen FuE bei Ericsson durchgeführt. Zusammen mit anderen Herstellern dominiert die Industrie das Geschehen (zusammen 5/6 der FuE-Durchführung). Televerket ist für den Rest verantwortlich. Universitäten und nichtkommerzielle Forschungsinstitute sind marginal beteiligt. (Ellemtel wird anteilsmäßig bei den Mutterorganisationen ausgewiesen.)

Der Beitrag der anderen Unternehmen außer Ericsson tritt hervor, wenn wie in Abbildung 9.2-3 die industriellen FuE-Aufwendungen für Telekommunikation nach Wirtschaftszweigen zerlegt werden. Demgemäß spielen nur noch der Maschinen- und Instru-

Abbildung 9.2-3: Industrielle FuE-Aufwendungen für Telekommunikation 1985 nach Wirtschaftszweigen

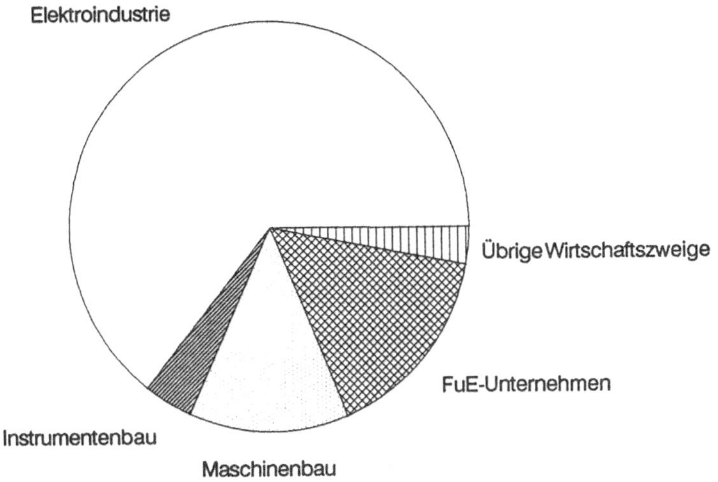

mentenbau eine Rolle mit zusammen etwa einem Sechstel. Ellemtel ist in dieser Abbildung - möglicherweise zusammen mit einigen kleineren Software-Häusern - im Dienstleistungsbereich, nämlich bei FuE-Unternehmen, ausgewiesen.

Abbildung 9.2-4: Schwedens FuE-Personal 1983 im Telekommunikationsbereich in Vollzeitäquivalenten

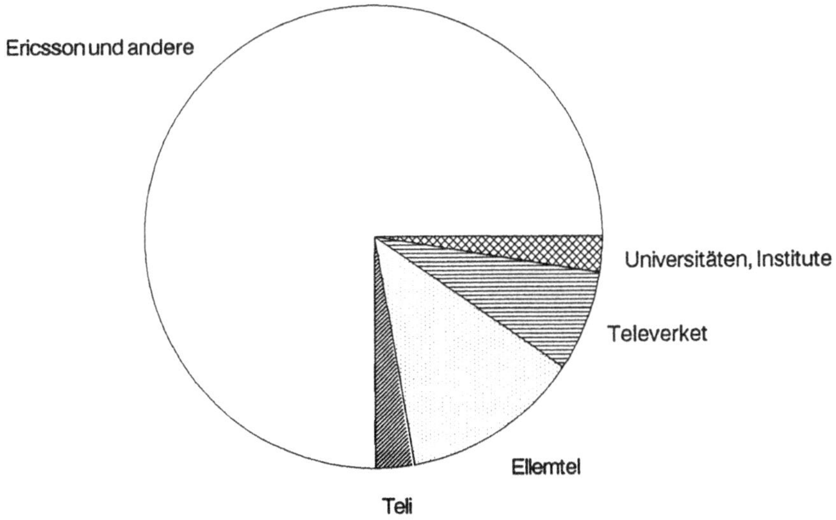

Noch wesentlich unzureichender als die monetären werden die personellen FuE-Ressourcen Schwedens erfaßt. Zeitreihen lassen sich nicht angeben, auch fehlen neuere

Zahlen. Einen groben Überblick über die FuE-Akteure gibt Abbildung 9.2-4 für das Jahr 1983. Bedenkt man, daß Ellemtel ca. 30 % seiner Aufträge für Televerket abwickelt und das Produktionsunternehmen Teli zur Televerketgruppe gehört, so bestätigt sich auch für das FuE-Personal die aufgrund der FuE-Ausgaben-Daten gewonnene Einschätzung einer FuE-Arbeitsteilung von ca. 5/6 der Arbeiten bei der Herstellerindustrie und ca. 1/6 beim Netzträger. Die Universitäten und Institute spielen hier zahlenmäßig ebenfalls eine geringe Rolle.

Zusammenspiel der FuE-Träger im Telekommunikationssektor

Da die Zahlenangaben mit Unsicherheiten behaftet sind, können sie nur einen groben quantitativen Eindruck vermitteln. Die weitere Darstellung konzentriert sich daher auf die qualitativen, strukturellen Aspekte. Tabelle 9.2-1 weist die schwedischen Telekommunikations-FuE-Träger und deren Zusammenspiel hinsichtlich Durchführung und Finanzierung bzw. Planung aus.

Die Hauptträger der Grundlagenforschung sind die technischen Fakultäten an folgenden Universitäten und Hochschulen: KTH Stockholm, Chalmers Universität in Göteborg, Universität Lund, Universität Linköping und Universität Uppsala. Diese erhalten regelmäßige Zuweisungen aus dem Bildungsministerium und von STU, können sich jedoch auch zusätzlich an den grundlagenforschungs- und programmorientierten Teilen (IT2 und IT3) des nationalen Informationstechnologieprogramms (IT) beteiligen, dessen Details in Abschnitt 9.3.1 näher erläutert sind.

Die Anwendungsforschung vollzieht sich hauptsächlich an den folgenden fünf spezialisierten Gemeinschaftsforschungsinstituten: Schwedisches Institut für Informatik (SICS), Schwedisches Institut für angewandte Mathematik (ITM), Schwedisches Institut für Systementwicklung (SISU), Institut für Mikroelektronik (IM) und Institut für optische Forschung, von denen die ersten drei auch am IT3-Programm teilnehmen. In der Regel werden diese Institute zu 40 % von STU und zu 60 % von der Industrie finanziert. In Tabelle 9.2-1 ist die Beteiligung von Ericsson oder Televerket auf der Industrieseite besonders vermerkt. Die sektorale Forschungsbehörde FOA ist für Planung und Koordination von FuE-Arbeiten im Verteidigungssektor und zu einem großen Teil auch für deren Durchführung verantwortlich. Die Mittel hierfür werden überwiegend vom Verteidigungsministerium zur Verfügung gestellt. Etwas mehr als ein Viertel der Arbeiten betreffen den Telekommunikationsbereich.

Der Unternehmenssektor betreibt in der Hauptsache industrielle Entwicklung, wobei Einzelheiten im nachfolgenden Abschnitt behandelt werden. Zum Unternehmensbereich

Tabelle 9.2-1: Zusammenspiel der schwedischen Telekommunikations-FuE-Träger

Ausführung		Planung/Finanzierung	
Überwiegend Grundlagenforschung:			
Staat	<u>Universitäten</u>: KTH Stockholm Chalmers Universität, Göteburg Universität Lund Universität Linköping Universität Uppsala	Regelfinanzierung durch Bildungsministerium und Industriemin. via STU IT2-Programm (Bildungsministerium) IT3-Programm (STU <= Industrieministerium)	Staat IT3: Industrie an Projektsteuerung beteiligt
Überwiegend anwendungsorientierte, vorwettbewerbliche Forschung:			
Staat/Industriestiftungen	Nationales Verteidigungsforschungsinstitut (FOA)	Verteidigungsministerium	Staat/Unternehmenssektor*
	<u>Gemeinschaftsforschungsinstitute</u>:	Regelfin.: 40 % Industriemin. via STU, 60 % Industrie wichtige Einzelbeteiligte des Telekommunikationssektors:	
	Schwedisches Institut für Informatik (SICS)	Ericsson, Televerket, IT3-Programm (STU <= Industrieministerium)	
	Schwedisches Institut für angewandte Mathematik (ITM)	Ericsson, IT3-Programm (STU <= Industriemin.)	
	Schwedisches Institut für Systementwicklung (SISU)	Ericsson, Televerket, IT3-Programm (STU <= Industrieministerium)	
	Institut für Mikroelektronik (IM)	Ericsson, Televerket	
	Institut für optische Forschung (IOF)	Ericsson	
Überwiegend industrielle Entwicklung:			
Unternehmenssektor*	Ericsson	Ericsson, IT4-Programm (IT-Amt <= Televerket, Industrieministerium, Verteidigungsministerium), Käufe von Televerket oder Verteidigungsmin.	Überwiegend Unternehmenssektor* (Staat nur über IT4-Programm bzw. staatliche Käufe)
	Televerket	Televerket	
	Ellemtel	Ericsson (70 %), Televerket (30 %)	
	Philips Norden (besonders: Philips Elektronikindustrier AB)	Philips Norden, IT4-Programm (IT-Amt <= Televerket, Industrieministerium, Verteidigungsministerium), Käufe Verteidigungsmin.	
*Unternehmenssektor = Netzträger und Hersteller			

wurde auch der Netzträger Televerket gerechnet. Im übrigen ist die Aufzählung der Unternehmen auf die in Schweden FuE-treibenden Unternehmen des Telekommunikationssektors i.e.S. beschränkt. Dazu sind Bereiche wie leitungsgebundene und Funkkommunikation sowie militärische Telekommunikation zu rechnen. Hauptakteure der industriellen Telekommunikationsentwicklung sind neben Ericsson und Televerket deren gemeinsame Entwicklungstochtergesellschaft Ellemtel sowie Philips Elektronik-Industrier, eine Tochtergesellschaft von Philips Norden. Da unmittelbare staatliche Forschungssubventionen für größere Unternehmen in Schweden nicht üblich sind, wurde mit dem der industriellen Entwicklung vorbehaltenen Teil des nationalen IT-Programms (IT4) speziell für den Informationstechnologiesektor ein Instrument der staatlichen Beteiligung an der industriellen FuE geschaffen. Die unmittelbare staatliche Finanzierung industrieller FuE ist jedoch volumenmäßig gering - Ericsson erhält nach eigenen Angaben nicht mehr als 30 Mio. SKr aus dem IT4-Programm bei FuE-Aufwendungen von insgesamt 3204 Mio. SKr im Jahr 1987. Inwiefern im Telekommunikationssektor <u>industrielle FuE durch Käufe des Netzträgers</u> oder durch das Verteidigungsministerium zu überhöhten Preisen, d. h. Nicht-Wettbewerbspreisen, <u>finanziert</u> wird, läßt sich quantitativ nicht erfassen. Trotzdem sollte dieses Finanzierungsinstrument bei der qualitativen Betrachtung berücksichtigt werden, zumal die staatlichen Käufe hochwertiger Technologie als ausdrückliches Instrument des schwedischen Industrie- bzw. Technologiepolitik gelten (vgl. ausführlich Granstrand, Sigurdson 1985).

<u>Heimische Arbeitsteilung in der Industrie</u>

Die FuE-Struktur im Telekommunikationssektor kann durch patent- und literaturstatistische Analysen im Sinne von Indikatoren für den Ertrag von FuE weiter aufgeklärt werden (siehe methodische Einführung, Kapitel 0). Dabei ist die Patentstatistik besonders geeignet, Ergebnisse industrieller Entwicklungsarbeiten aufzuzeigen. Die Publikationsstatistik (Näheres s. u.) erwies sich als hilfreich bei der Identifikation von Ergebnissen der Forschung (weniger der Entwicklung) und somit der universitären Forschungsschwerpunkte, die im Abschnitt 9.3.4 ausführlich behandelt werden. Da die industrielle Entwicklung maßgeblich zur gesamten Telekommunikations-FuE beiträgt, mag eine Beschränkung auf die Ergebnisse der Patentstatistik zur Beschreibung der schwedischen Spezialisierungstendenzen im Gesamtspektrum der Telekommunikationstechnologien an dieser Stelle gerechtfertigt sein.

Für die patentstatistische Analyse wurde das Gesamtgebiet der Telekommunikation auf der Grundlage der internationalen Patentklassifikation (IPC) in neun technologische Felder aufgeteilt, deren Bezeichnungen der Kopfzeile von Tabelle 9.2-2 entnommen

Tabelle 9.2-2: Inländische Spezialisierung in der industriellen Telekommunikationsentwicklung (Schwedische Patentanmeldungen am schwedischen Patentamt)

Unternehmen	Leitungsgebundene Kommunik.	Funktechnik	Allgem. Bildübertragung	Bildkommunikation	Digitaltechnik	Lichtwellenleiter-K.	Hochfrequenz-Kommunik.	Fernsignaltechnik	Sonstige Geräte
HERSTELLER									
Telefon AB LM Ericsson	33	24	3		26	25	4	2	10
Ellemtel Utveckling AB	3	1			4				1
Philips-Konzern		5			3		8	1	
(Philips Norden AB)		(5)			(2)		(6)		
Victor Hasselblad AB	2			9	1				
Standard Radio & Telephone					1				1
Asea AB		1	1			13	4	2	3
Saab-Konzern		1					6	1	
Bofors							4		
NETZBETREIBER									
Televerket	1				2				2
Comvik	1								
Summe der Hersteller u. Netzbetreiber	40	32	4	9	37	38	26	6	17
Andere (überwiegend Einzelerfinder)	79	42	21	12	49	42	51	27	41
Summe aller Anmeldungen	119	74	25	21	86	80	77	33	58
Anmeldezeitraum	1983-85	1983-85	1982-85	1982-85	1982-85	1982-85	1982-85	1982-85	1982-85

werden können und deren Inhalt in der methodischen Einführung (Kapitel 0) näher bestimmt ist. Während es bei internationalen Technologievergleichen sinnvoll ist, Auslandspatentanmeldungen heranzuziehen, ist die Betrachtung des heimischen Patentmarktes, in diesem Falle des schwedischen angebracht, um die technologische Spezialisierung der einheimischen Unternehmen zu erforschen. Außerdem ist die Zahl der schwedischen Patentanmeldungen am Heimpatentamt beträchtlich höher als an Auslandspatentämtern, so daß auch bei Disaggregierung auf einzelne anmeldende Unternehmen noch statistisch aussagefähige Stichproben vorliegen. Somit gibt Tabelle 9.2-2 anhand der schwedischen Inlandspatentanmeldungen einen Überblick über die FuE-Arbeitsteilung in der Telekommunikation des Unternehmenssektors. In diesem Überblick wurden nicht alle Anmelder einzeln aufgeführt, sondern nur die im Durchschnitt der neun Felder am häufigsten vorkommenden.

Trotz der Unsicherheiten infolge firmenspezifischen Patentierverhaltens ergibt sich ein recht klares Bild: Eindeutig dominiert Ericsson in der leitungsgebundenen Kommunikation (z. B. AXE-Systeme), in der Funktechnik (z. B. Mobilfunk), in der digitalen Übertragungstechnik und bei den sonstigen Geräten. Auffälligerweise ist in diesen Gebieten auch Ellemtel mit einigen wenigen Patentanmeldungen vertreten. In der Lichtwellenleiter-Kommunikation ist Ericsson zwar stark vertreten, jedoch ist das Patentpotential von ABB, damals noch Asea AB, nicht zu ignorieren. Die Präsenz von ABB in der Lichtwellenleiter-FuE zeigt, daß die Lichtwellenleiter-Kommunikation infolge ihrer Unempfindlichkeit gegenüber elektrischen Störeinflüssen gerade in der industriellen Anwendung, z. B. im Umfeld von Kraftwerken oder petrochemischen Anlagen, ihre Vorzüge hat. In der Bildkommunikation sind für Ericsson keine patentierten Entwicklungsaktivitäten abzulesen und im Bereich der allgemeinen Bildübertragung nur in geringem Umfang. Dagegen dominiert in der Bildkommunikation das Unternehmen Victor Hasselblad AB, ein Unternehmen, das auf die Herstellung von Kameras spezialisiert ist. Die verteidigungsbezogene Telekommunikations-FuE, die sich insbesondere in der Funktechnik und der Hochfrequenz-Kommunikation vollzieht, konzentriert sich erwartungsgemäß nicht auf den Telekommunikationskonzern Ericsson, sondern verteilt sich außerdem auf die Unternehmen Philips Norden, ABB (früher Asea), Saab und Bofors. In dem relativ kleinen Gebiet der Fernsignaltechnik (Fernkontrolle, Fernmessung) wird ähnlich wie schon bei der Lichtwellenleiter-Kommunikation durch die Präsenz von ABB (früher Asea) und Saab die Bedeutung dieses Gebietes auch für industrielle Anwendungen deutlich.

Die Konkurrenz zu Ericsson bzw. die Konzentration des FuE-Geschehens in nur wenigen Labors läßt sich gemäß Abbildung 9.2-5 sehr anschaulich aus dem Gleichmäßigkeitsmaß (oder Entropiemaß) ablesen, das die Breite der Verteilung der feldspezifischen Aktivitäten in Schweden mißt (vgl. methodische Einführung, Kapitel 0). Bei seiner Berechnung wurden die anderen Patentanmelder - weit überwiegend Einzelerfinder außerhalb der professionellen FuE-Tätigkeit - weggelassen und nur die in Tabelle 9.2-2 aufgeführten acht Herstellerunternehmen und die beiden Netzbetreiber Televerket und Comvik berücksichtigt. Demnach ist die Konzentration in Schwedens Telekommunikations-FuE in der Bildkommunikation am höchsten (d. h. die Verteilungsbreite oder Entropie am niedrigsten, weil nur ein Unternehmen - Victor Hasselblad AB - FuE hierzu durchführt). Geringe Verteilungsbreite, d. h. hohe Konzentration, liegt auch bei FuE für Bildübertragung sowie für Lichtleiter - und leitungsgebundene Kommunikation vor.

Abbildung 9.2-5: Gleichmäßigkeit der Beteiligung an Schwedens Telekommunikations-FuE von zehn durchführenden Institutionen auf der Basis von Inlandspatenten aus dem Erfindungszeitraum 1982 bis 1985

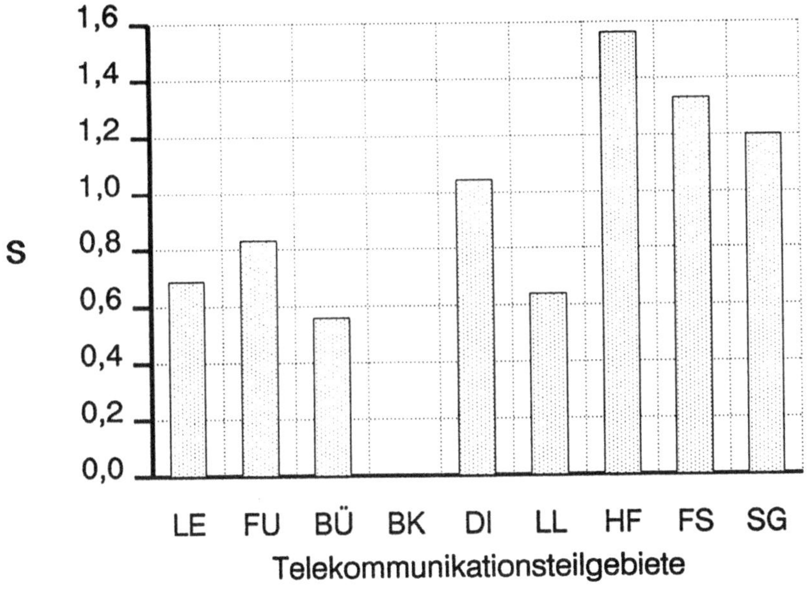

Patentpositionen im internationalen Vergleich

Im internationalen Vergleich der Patentpositionen, bei dem die schwedische Wirtschaft als Ganzes betrachtet wird, liegt Schweden bei den untersuchten Ländern in der Regel an achter Stelle nach den USA, Japan, der Bundesrepublik Deutschland, Frankreich, Großbritannien und Italien, aber vor Spanien und Südkorea (vgl. Kapitel 11). Besondere Defizite ergeben sich auf den Gebieten der allgemeinen Bildübertragung und der Bildkommunikation. Dieses Marktsegment wird auch in Schweden von japanischer Technologie dominiert. In dem kleinen Bereich der Fernsignaltechnik liegt Schweden noch vor den Niederlanden und Italien an sechster Stelle. Inwieweit allerdings hiermit die Relationen in bezug auf die einzelnen Länder korrekt erfaßt sind, ist ungewiß, da gerade in der schwedischen Telekommunikationsbranche Geheimhaltung und Frühstart beliebte Strategien sind. Es ist ferner zu beachten, daß in die dargestellte internationale Rangfolge keinerlei Gewichtung für die Größe des Landes einging, so daß schon von daher das überproportional starke Entwickeln von patentfähigen Ergebnissen - also technischen Weltneuheiten - belegt ist, das fast den Umfang Italiens oder der Niederlande erreicht.

FuE-Dynamik im internationalen Vergleich

Auf der Basis der Literaturstatistik läßt sich der RLA-Indikator für Schweden berechnen (s. methodische Einführung, Kapitel 0), der zeigt, wie sich das nationale Publikationsaufkommen im Verhältnis zum Weltdurchschnitt verhält. Abbildung 9.2-6 verdeutlicht die konstant starke Akzentsetzung bei der leitungsgebundenen Technik sowie starke Aufholbemühungen in der Glasfasertechnik und bei den theoretischen Arbeiten. Bildübertragung und -kommunikation verweisen auch bezüglich der Publikationstrends auf das schon erwähnte FuE-Defizit, während die FuE-Aktivitäten im Bereich der Hochfrequenz-Kommunikation im Mittel der betrachteten Jahre nur knapp unterdurchschnittlich erscheinen und dem Niveau etwa in der Bundesrepublik und Frankreich entsprechen.

Abbildung 9.2-6: FuE-Dynamik (RLA-Indikator) Schwedens im internationalen Vergleich 1973 bis 1987

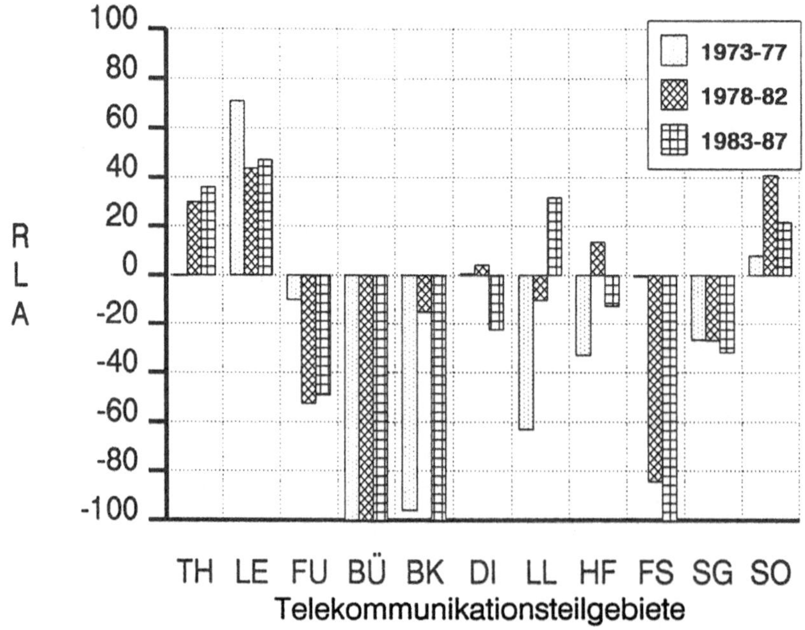

Auf etwa weltdurchschnittlichem Niveau mit rückläufigem Trend präsentiert sich die Digitaltechnik. Die übrigen Teilgebiete sind zwar in Abbildung 9.2.6 ausgewiesen, sie sind aber wegen eines zu kleinen Publikationsaufkommens bzw. einer zu geringen Stichprobengröße statistisch gesehen nicht mehr interpretierbar.

FuE-Arbeitsteilung zwischen Industrie und Hochschulen

Die Publikationsstatistik ist - in komplementärer Ergänzung zur Patentstatistik - bei der Identifikation der Forschungsergebnisse hilfreich und weniger für eine Beobachtung der Entwicklungsergebnisse geeignet. Telekommunikationsbezogene Forschung findet in Schwedens Universitäten statt - jedoch publizieren die Unternehmen auch Teile der Entwicklungsarbeiten. Abbildung 9.2-7 verdeutlicht das Ausmaß und die Arbeitsteilung bei den FuE-Arbeiten im Jahr 1986, soweit sie veröffentlicht und in der Datenbank INSPEC erfaßt sind. Es wurden 172 Publikationen gezählt. Schwer- und Schwachpunkte schwedischer FuE gemäß der Publikationsstatistik sind nicht anders verteilt als aus der Patentstatistik ersichtlich. Die Rolle der Universitäten ist - wie es zu erwarten war - in der IuK-Theorie stark, wesentliche Beiträge wurden jedoch auch zum Funkbereich und zur Digital- und Lichtleiterforschung erbracht.

Abbildung 9.2-7: Arbeitsteilung in telekommunikationsbezogener FuE zwischen Industrie und Hochschulen im Jahr 1986 auf der Basis der Publikationsstatistik

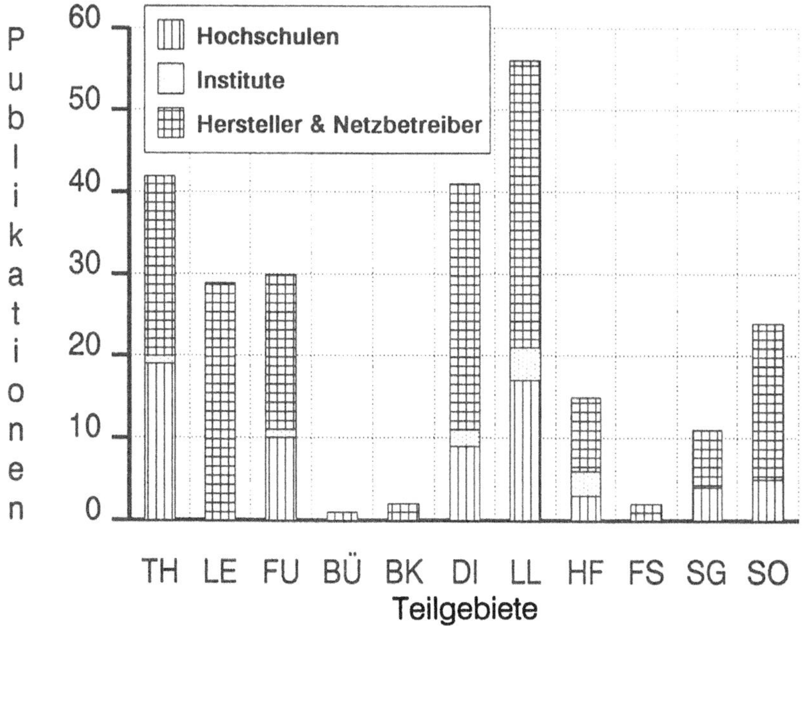

9.3 ROLLENVERTEILUNG IN DER TELEKOMMUNIKATIONS-FuE

In diesem Abschnitt werden die Aktivitäten der nationalen FuE-Träger in der Abgrenzung Staat, Netzbetreiber, Herstellerindustrie und Universitäten inklusive nichtkommerzieller Institute im Detail untersucht. Damit soll die im vorangegangenen Abschnitt dargestellte äußere Struktur des institutionellen Zusammenspiels der FuE-Träger sowie der technologischen Schwerpunktsetzung ergänzt werden durch die Einzelbetrachtung der FuE-Träger sowohl bezüglich ihrer internen FuE-Organisation als auch ihrer Strategien für die externe FuE-Zusammenarbeit.

9.3.1 ROLLE DES STAATES

Wie bereits in Abschnitt 9.2 erläutert, ist das offizielle statistische Material über das Volumen der staatlichen Ausgaben für die Telekommunikations-FuE und über die Verteilung auf die Zuwendungsempfänger unzureichend. Lediglich die FuE-Ausgaben mit dem Motiv der Förderung der Bereiche Transport und Kommunikation liegen in Zahlen vor (vgl. Tabelle 9.3-1).

Tabelle 9.3-1: Staatliche FuE-Mittel für Transport und Kommunikation in Mio. SKr (Quelle: OECD-STIIU)

Jahr	1977	1978	1979	1980	1981	1982	1983	1984	1985	1986
Bereich Transport und Kommunikation in Mio. SKr	156	166	166	149	211	246	329	387	408	427

Im Jahr 1986 machten die FuE-Ausgaben des Staates für Transport und Kommunikation 3,8 % des gesamten staatlichen Forschungshaushaltes aus, wobei allerdings der Titel "Allgemeine Wissensentwicklung" mit 43,1 % noch vor dem Motiv Verteidigung (25,9 %) den größten Anteil am staatlichen FuE-Budget erreichte. Mit einigen Plausibilitätsüberlegungen und nach Experteneinschätzung liegt der Anteil der staatlichen Finanzierung an der gesamten Telekommunikations-FuE bei ca. 15 %, was im Vergleich zum Durchschnitt der Sektoren (ca. 39 %) sehr gering ist. Davon sind ca. 3 %-Punkte für militärische Telekommunikationsanwendungen bestimmt. Die an den Universitäten durchge–

führte Grundlagenforschung muß jedoch wegen ihres zum Teil sektorübergreifenden Charakters außer Betracht bleiben. Statistisch gesehen ist sie zwar durch den Haushaltsposten "Allgemeine Wissensentwicklung" abgedeckt, die für die Telekommunikation relevante Grundlagenforschung läßt sich aus dieser Angabe jedoch nicht herausfiltern.

Klammert man die Finanzierung und Planung der allgemeinen universitären Forschung aus der Betrachtung aus, so ist nach dem schwedischen Prinzip der sektoralen Forschungsverantwortung der staatliche Netzbetreiber Televerket diejenige staatliche Einrichtung, bei der die Hauptverantwortung für die Schaffung günstiger FuE-Bedingungen für den Telekommunikationssektor liegt. Dieser Anforderung kommt Televerket einerseits durch seine Beteiligung an internationalen Forschungsprojekten wie z. B. RACE oder auch am nationalen Informationstechnologieprogramm und andererseits durch die enge Käufer-Hersteller-Kooperation mit Ericsson nach. Allerdings ist die FuE-Rolle Televerkets nicht allein auf die sektorale Forschungsverantwortung beschränkt, sondern sie ergibt sich auch aus der unternehmerischen Rolle, die Televerket als Netzträger, Gerätehersteller und Anbieter von Diensten und Software spielt. Daher werden die FuE-Aktivitäten Televerkets in Abschnitt 9.3.2 separat diskutiert.

Tabelle 9.3-2: Teilprogramme des nationalen Informationstechnologieprogramms (1987 bis 1989)

Teilprogramm	IT1	IT2	IT3	IT4
FuE-Phase	Hochschulausbildung	Grundlagenforschung	Zielorientierte Forschung	Industrielle Entwicklung
Ausgestaltung	Bündelung von Aktivitäten, keine zusätzlichen Mittel	Bündelung von Aktivitäten, einige zusätzliche Professorenstellen, 36 Mio. SKr für drei Jahre	Aufstockung des bestehenden STU-Konzepts um 85 Mio. SKr, für drei Jahre geschätztes Gesamtvolumen 300 Mio.	Staatliche FuE-Zuschüsse (bis 50 %) im Gesamtvolumen von 495 Mio. SKr für drei Jahre
Zielgruppe	Universitäten	Universitäten	Universitäten und Gemeinschaftsforschungsinstitute	Industrie
Koordinierende Behörde(n), Gremien	UHÄ	UHÄ, Forschungsräte	STU	IT-Amt

Das nationale Informationstechnologieprogramm

Das nationale IT-Programm umfaßt Maßnahmen zur Verstärkung der FuE-Anstrengungen in den Informationstechnologien, die insbesondere für die schwedische Industriestruktur mit Schwerpunkten in den Sektoren Telekommunikation, Maschinen- und Fahrzeugbau und Verteidigungselektronik den Charakter von Schlüsseltechnologien annehmen. Erklärtes Ziel der Maßnahmen ist es, Schwedens Kenntnisstand auf dem Gebiet der Informationstechnologie zu erhalten und zu verbessern und dadurch die technologische Abhängigkeit auf diesen Gebieten von anderen Ländern zu verringern. Außerdem soll ein sinnvoller Einsatz der Informationstechnologie ermöglicht werden. Das IT-Programm steht in der Nachfolge des 1983 begonnenen Mikroelektronik-Programms. Es wurde Anfang 1987 begonnen und soll in seiner Planungs- und Finanzierungsphase bis 1989 dauern. Die im Rahmen des Programms durchgeführten Projekte werden sich vermutlich noch bis 1992 hinziehen. Wie schon das Vorläuferprogramm ist das IT-Programm entsprechend der Phasen des FuE-Prozesses in vier Abschnitte gegliedert. Die einzelnen Programmteile zielen auf die Hochschulausbildung, die Grundlagenforschung, die zielorientierte Forschung und die industrielle Entwicklung. Tabelle 9.3-2 zeigt die organisatorischen Aspekte des IT-Programms. Als Nachfolgeprogramm ist ein FuE-Förderungsprogramm für die Anwendungen von Informationstechnologien (ITA) bereits in Vorbereitung.

Zielgruppe des IT3-Programms sind - mangels Alternativen zur akademischen Forschung - die Universitäten und die Gemeinschaftsforschungsinstitute. Dabei sind die Zuwendungen aus dem IT3-Programm für ziel- bzw. programmorientierte Forschung bestimmt. Das IT3-Programm überschneidet sich mit einem ursprünglich von STU entworfenen Konzept zur Förderung von FuE auf dem Gebiet der Informationstechnologie, insbesondere um die schwedischen Stärken auf dem Gebiet der Systemtechnologie weiterhin auszubauen. Denn gerade die Fähigkeit, neue Technologien in komplexe Systeme einzubinden, hat sich als Grundlage für den erfolgreichen technologischen Strukturwandel Anfang der 80er Jahre bewährt. Das ursprüngliche STU-Konzept wurde daher in das gesamte IT-Konzept eingepaßt und firmiert nun für die Dauer des IT-Programms als IT3. Es enthält aber auch Programmteile, die nach Ablauf des IT-Programms als STU-Programme noch bis 1992 budgetiert sind. Z. B. sind das Bildverarbeitungsprogramm und das Programm für digitale Kommunikationssysteme von STU auf einen Sechsjahreszeitraum ausgelegt. Tabelle 9.3-3 gibt einen Überblick über die Förderbereiche von IT3.

Tabelle 9.3-3: Förderungsschwerpunkte des IT3-Programms

IT3-Förderungsaktivitäten	jährliches Förderungsvolumen in Mio. SKr
Koordinierte Forschungsprogramme:	
Informatik	ca. 23
Bildverarbeitung	ca. 9
Signalverarbeitung bei digitalen Kommunikationssystemen	ca. 11
Einzelgebiete:	
Spracherkennung	ca. 3
Angewandte Mathematik	ca. 3
Meß- und Konstruktionstechnik	ca. 6
Gemeinschaftsforschungsprojekte an:	
Schwedisches Institut für Informatik (SICS)	ca. 10
Schwedisches Institut für Systementwicklung (SISU)	ca. 5
Schwedisches Institut für angewandte Mathematik (ITM)	ca. 1

Die Förderung von Universitäten und Gemeinschaftsforschungsinstituten im Rahmen des IT3-Programms erfolgt zu 100 % mit STU-Zuwendungen. Die Interessen der Industrie werden durch ihre Vertreter in den Projektbeiräten, die die eingereichten Projektvorschläge begutachten und laufende Projekte beratend begleiten, gewahrt. Z. B. ist der Projektbeirat zum digitalen Kommunikationsprogramm wie folgt besetzt: ein Vertreter von Televerket, zwei Vertreter von Ericsson, ein Universitätsprofessor, ein STU-Vertreter und ein Vertreter eines norwegischen Forschungsinstituts. Für die Projekte gilt eine strenge Qualitätskontrolle, d. h. die eingestellten Mittel werden nur dann vollständig verausgabt, wenn entsprechend anspruchsvolle Forschungsvorhaben vorhanden sind. Einmal im Jahr ist ein Seminar angesetzt, bei dem sich alle Beteiligten der jeweiligen Programme treffen, um über den Stand der Projekte zu berichten.

Einen mit 495 Mio. SKr sehr großem Umfang staatlicher Mittel für die industrielle Entwicklung in den Informationstechnologien nimmt das Teilprogramm IT4 ein. Für die technologische Planung, Strategienentwicklung und zur Überwachung der Aktivitäten im Rahmen des IT4-Programms wurde ein zehnköpfiger Ausschuß ins Leben gerufen, der je zur Hälfte von Vertretern des Staates (Industrieministerium, Verteidigungsministerium,

Televerket, STU und Staatskontor) und von Vertretern der betroffenen Industrien (Ericsson, Saab-Scania, Nobel Industrier Sverige, Asea, Mecan Verband) gebildet wird. Zur Koordination des IT4-Programms, d. h. zur Vorbereitung der Ausschußentscheidungen und deren Durchsetzung, war die Schaffung einer neuen temporären staatlichen Behörde, des IT-Amts, notwendig, da die Mittel für das Programm von drei verschiedenen Ministerien bzw. staatlichen Einrichtungen bereitgestellt werden. Es sind dies:

- Televerket mit 255 Mio. SKr,
- Verteidigungsministerium mit 150 Mio. SKr und
- Industrieministerium mit 90 Mio. SKr.

Das Besondere am IT4-Programm ist die direkte staatliche Förderung großer Unternehmen, die sonst in der schwedischen Technologiepolitik weniger üblich war. Zielgruppe des Programms sind in erster Linie die großen Unternehmen Asea, Ericsson, Teli, Saab und Volvo, die aber 50 % der entstehenden FuE-Aufwendungen selbst finanzieren müssen. Dabei ist die Kooperation mehrerer Unternehmen oder auch die von Unternehmen mit Universitäten oder Forschungsinstituten erwünscht. Interessant ist erneut die Zwitterstellung von Televerket zwischen einer Behörde und einem Unternehmen: Der Netzbetreiber tritt auf der Seite der staatlichen Förderung und über die produzierende Tochter Teli auch auf der Seite der geförderten Unternehmen auf. (Der Zusammenarbeitsvertrag Ende 1987 ist industrieseitig auch von Teli unterzeichnet worden.)

Eine wichtige Rolle des IT4-Programms liegt u. a. auch darin, die Standortnachteile der schwedischen Industrie, in bezug auf FuE-Fördersubventionen zu kompensieren. Wegen ihrer Nichtzugehörigkeit zur Europäischen Gemeinschaft ist es für schwedische Unternehmen nicht möglich, Fördermittel aus EG-Programmen zu erhalten. Zwar wirken schwedische Unternehmen in einzelnen EG-Programmen wie ESPRIT oder RACE mit, EG-Mittel können sie jedoch nicht beanspruchen, es sei denn, sie verlegten ihre FuE-Aktivitäten auf Tochtergesellschaften des EG-Bereichs. Um dadurch die Abwanderung in die Europäische Gemeinschaft zu verhindern, können schwedische Unternehmen für ihre Teilnahme an EG-Programmen begleitende Fördermittel aus dem IT4-Programm beantragen. Tabelle 9.3-4 gibt einen Überblick über die technologischen Schwerpunkte des IT4-Programms und die betreffende industrielle Zielgruppe, soweit diese eindeutig zuzuordnen ist.

Inwiefern das IT-Programm für die schwedische Wirtschaft ein Erfolg sein wird, bleibt abzuwarten. Derzeit ist eine offizielle Evaluierung des Vorgängerprogramms, des nationalen Mikroelektronikprogramms, in Arbeit. Das nationale Mikroelektronikprogramm wurde trotz Industriekritik nicht neu aufgelegt, aus der Einsicht, sich als kleines Land in der Mikroelektronik nicht an der Weltspitze halten zu können. Ziel des Folgeprogramms ITA ist es, sich in der Anwendung fortschrittlicher Technologien und deren Systemintegration zu qualifizieren.

Tabelle 9.3-4: Technologische Schwerpunkte des IT4-Programms

Schwerpunkte	Einzelaspekte	Zielgruppe
Mikroelektronik	Optoelektronische Komponenten und Systeme	Ericsson, Televerket
	Integrierte Leistungsschaltkreise	Asea
	Verschaltung und Kompaktbau	nicht eindeutig, Motiv: ausländische Entwicklungen (Megabit-Chip; Kapselung von Chips) nutzbringend einsetzen zu können
Software	Software Tools für VLSI-Design CAD/CAM-Anwendung	nicht eindeutig Motiv: Reaktion auf europäisches ESPRIT-Programm
RACE	ISDN-Techniken	Ericsson, Televerket

Bedeutung STUs für die Telekommunikations-FuE

Außerhalb des IT-Programms hat STU für die Telekommunikations-FuE eine ähnliche programmübergreifende Bedeutung wie für die FuE allgemein (vgl. Abschnitt 9.1.1). Es unterhält z. B. ein Referat für "technologische Beschaffung (Teknikupphandling)", das etwa die Finanzierung von Modifikationen an marktgängigen Produkten bei den Herstellern ermöglicht und somit die Spezifikationen technischer Produkte zu beeinflussen vermag (STU 1986, 93). Auf die dominierende Rolle, die STU bei der Organisation und Finanzierung von Gemeinschaftsforschung zwischen Herstellern und der akademischen Welt auch im Telekommunikationsbereich spielt, wird im Abschnitt 9.3.3 eingegangen.

Granberg (1988, 72) hat anhand der Glasfasertechnologie exemplarisch die wichtige Rolle von STU im Telekommunikations-FuE-System aufgezeigt. Durch geschickte Zuweisung von FuE-Mitteln erreichte STU, daß

- Hintergrundwissen in der neuen Technologie erzeugt wurde,
- die Aneignung der Teiltechnologien langfristig ausgerichtet war und daß

- andauernde Kontakte für die Zusammenarbeit zwischen Industrie und akademischer Welt gestiftet wurden.

9.3.2 ROLLE DES NETZBETREIBERS

Nahezu alleiniger Betreiber von Telefon- und Datennetzen ist der staatliche Telekommunikationskonzern Televerket mit der Hauptaktivität im staatlich regulierten Netzbetrieb und wettbewerblichen Aktivitäten in separaten Tochtergesellschaften, die in der Holding Teleinvest zusammengefaßt sind. Die Televerket-Gruppe präsentiert sich somit als vertikal integriertes Unternehmen, jedoch mit der staatlichen Auflage der getrennten Rechnungslegung für die regulierten und die Wettbewerbsbereiche, um Kreuzsubventionierungen der Wettbewerbsbereiche zu verhindern. Weitere Angaben über die Unternehmensstruktur sind in Abschnitt 9.1.2 zu finden. Lediglich beim mobilen Funktelefonnetz gibt es private Konkurrenz mit einem Marktanteil von ca. 8 % durch das Unternehmen Comvik, das jedoch aufgrund seiner geringen Größe mit FuE-Aktivitäten nicht besonders hervorgetreten ist. Daher werden in diesem Abschnitt lediglich die FuE-Aktivitäten der Televerket-Gruppe näher erläutert, und zwar unter dem quantitativen Aspekt, unter dem Aspekt der internen FuE-Organisation und der Zusammenarbeit mit externen Parteien.

<u>FuE der Televerket-Gruppe in Zahlen</u>

Üblicherweise wird das FuE-Engagement von Televerket damit begründet, technologische Kompetenz als Käufer von Telekommunikationsausrüstung erwerben zu müssen. Mit Hilfe dieser Kompetenz soll Televerket zum Vorteil der Netzkunden eine Art Qualitätsanspruch und -kontrolle den Herstellern gegenüber durchzusetzen und gleichzeitig die heimische Herstellerindustrie als technologisch anspruchsvoller Käufer soweit fördern, daß sie im internationalen Wettbewerb erfolgreich bestehen kann. Mit letzterem Argument in Einklang steht, daß Televerket als staatliche Einrichtung die von der Regierung übertragene sektorale FuE- Verantwortung für den gesamten Telekommunikationsbereich übernimmt, also auch für die in der Herstellerindustrie durchgeführte FuE. Die Beteiligung von Televerket an europäischen Forschungsprojekten wie z. B. RACE erfolgt u. a. auch im Sinne dieser sektoralen Verantwortung, um der schwedischen Telekommunikationsindustrie die Teilhabe am internationalen FuE-Geschehen zu ermöglichen.

Zu weiteren Interpretationen der FuE-Motive von Televerket geben allerdings die FuE-Zahlen der letzten Jahre Anlaß. Wie Tabelle 9.3-5 zeigt, lag das FuE- Volumen der Televerket-Gruppe 1987 bei 750 Mio. SKr oder bei 4 % gemessen am Jahresumsatz. Für 1988 ist mit 780 Mio. SKr eine ähnlich große Summe geplant.

Tabelle 9.3-5: FuE-Ausgaben der Televerket-Gruppe für 1984/85 bis 1988 (Quelle: Geschäftsberichte 1985/86, 1987; Gespräche bei Televerket)

Haushalts-jahr	FuE-Ausgaben in Mio. SKr	davon in Ellemtel ausgeführt	davon Forschung in Mio. SKr	FuE in % vom Umsatz
1984/85	331	k.A.	k.A.	2 %
1985/86*	483	121	k.A.	2 %
1987	750	k.A.	k.A.	4 %
1988	780**	k.A.	180**	4 %**

k.A. = keine Angaben
* Das Haushaltsjahr 1985/86 dauerte 18 Monate
** Planzahlen

Damit hat Televerket das Niveau seiner jährlichen Ausgaben für FuE gegenüber den beiden Haushaltsjahren 1984/85 und 1985/86 nominal um ca. 130 % nach oben geschraubt, was selbst bei schwedischen Inflationsraten erheblich ist. Diese Niveauverschiebung spiegelt sich auch in der Verdoppelung der FuE-Umsatz-Relation von 2 % auf 4 % wider. Es ist zu vermuten, daß dieser scharfe Anstieg mit den Liberalisierungstendenzen sowohl im Netz- und Dienstebereich als auch bei den Endgeräten zu tun hat. Während noch vor nicht allzu langer Zeit der Markt für Telefonanschlüsse und -verbindungen sehr langsam und kontinuierlich wuchs, kam es in jüngster Zeit bei steil anwachsender Nachfrage für neue Telekommunikationsdienste wie z. B. Telefax und Datenübertragung zu einer verstärkten Auslastung der bestehenden Netze. Um auch diesen wachsenden Markt zufriedenstellen zu können, ist die Entwicklung verbesserter Netzdienstleistungen unerläßlich, insbesondere angesichts der potentiellen Konkurrenz in Form der Rundfunkbetreiber, der Schwedischen Eisenbahn, der Satellitenbetreibern und der Energieversorgungsunternehmen. Außerdem erfordert ein erfolgreiches Engagement im Wettbewerbsbereich, d. h. in der Teleinvest-Gruppe, eine genügend große FuE-Basis, wie sie auch bei den privaten Konkurrenten üblich ist. FuE-intensive Tochtergesellschaften sind TeleLogic auf dem Gebiet der Softwareentwicklung, Infologics auf dem Gebiet der Entwicklung von Expertensystemen und TeleDelta auf dem Telekonferenz-

Tabelle 9.3-6: Aufgliederung des Forschungsbudgets 1988 von Televerket (in Tsd. SKr; Quelle: Televerket)

Forschungsgebiet	finanzierender Geschäftsbereich						Forschungsstätte
	Netz-bereich	Prüfen und Testen	Funk	EDV-Dienste	allgemeiner FuE-Fonds	Summe	
Bildkodierung		920			7090	8010	Tvt-Lab
Sprachtechnologie	2900	1600	560		8180	13240	Tvt-Lab
Informationsverarbeitung		2500		2000	2500	7000	SISU
Expertensysteme		9140			6380	15520	Infologics/TeleLogic
Informatik-Ada/SDL	6300				7800	14100	TeleLogic
Datenkommunikation/Protokolle	1300	14100	1100		7050	23550	TeleLogic/SICS
Verschlüsselung/Datenschutz					3250	3250	k.A.
Ergonomie/Mensch-Maschine	600	300			2260	3160	Tvt-Lab
Technologie für Behinderte					600	600	k.A.
Glasfaser-Kommunikation	5900	4500			4600	15000	Tvt-Lab
Bauelemente/Meßtechnik		3260			1350	4610	Tvt-Lab
Funktechnologie	1500		18340		4500	24340	Tvt-Lab
Ökonomie der Telekommunikation	1600				2050	3650	Wirtschaftshochschulen
Vermittlungstechnik	17500					17500	Ellemtel
Prüfen und Testen		18850				18850	Tvt-Lab
Verschiedenes im Netzbereich	6300					6300	Tvt-Lab
Summen	43900	55170	20000	2000	57610	178680	

Tvt-Lab = Forschungslabor innerhalb Televerkets
SISU = Swedish Institute for System Development
SICS = Swedish Institute of Computer Science
k.A. = keine Angabe

gebiet und beim elektronischen Briefkasten. Außerdem ist es erforderlich, daß die Produktionstochtergesellschaft Teli vor der völligen Liberalisierung des Endgerätemarktes Mitte 1989 eigene FuE-Ressourcen aufbaut, um mit Qualitätsprodukten in den neuen Märkten bestehen zu können.

Um sowohl der starken Nachfragedynamik als auch dem künftigen Wettbewerbsdruck begegnen zu können, setzt Televerket auf den Ausbau langfristig orientierter Forschung. Mit geplanten 180 Mio. SKr Forschungsausgaben für 1988 liegt der Forschungsanteil am gesamten FuE-Budget bei 23 %. Damit liegt er bei weitem über dem Industriedurchschnitt von 12 % und wohl erheblich über dem der Telekommunikationsherstellerindustrie. So betreibt Ericsson nach eigenem Bekunden hauptsächlich Entwicklung, aber kaum Forschung. Tabelle 9.3-6 zeigt die Aufteilung des Forschungsbudgets 1988 nach verschiedenen Forschungsgebieten, nach den finanzierenden Geschäftsbereichen und nach den Forschungsstätten.

Ebenso wie auch auf nationaler Ebene (sektorales FuE-Modell) gilt für Televerket das Prinzip der Divisionalisierung, d. h. jeder Geschäftsbereich ist für die benötigten FuE-Anstrengungen selbst verantwortlich. Lediglich für die das gesamte Unternehmen betreffenden Forschungsfragen gibt es einen gemeinsamen FuE-Fonds, der mit für 1988 geplanten 57,6 Mio. SKr knapp ein Drittel der gesamten Forschungsaufwendungen ausmacht. Televerkets Stärken in der Forschung liegen bei der mobilen Funkkommunikation, auf dem Datenkommunikations- und Protokollgebiet und auf dem Gebiet der Glasfaserkommunikation. Während die Forschung bisher eher technischen und naturwissenschaftlichen Charakter hatte, widmete Televerket sich in jüngster Zeit auch ökonomischen und arbeitswissenschaftlichen Fragestellungen.

Um die Zahlenangaben zum FuE-Engagement von Televerket zu vervollständigen, sei auch der Beitrag Televerkets in seiner Rolle als sektorale staatliche Einrichtung im Rahmen des nationalen Informationstechnologieprogramms erwähnt. Zusätzlich zu den eigenen FuE-Aufwendungen stellt Televerket im Zeitraum 1987 bis 1989 255 Mio. SKr für das IT4-Programm zur Verfügung (zum IT- Programm vgl. auch Abschnitt 9.3.1). Darüber hinaus wendet Televerket in Anbindung an das IT-Programm einen weiteren Beitrag in Höhe von 45 Mio. SKr für Pilot- und Demonstrationsprojekte zu neuen Informationsverarbeitungstechniken auf. Im Gegensatz zu den Mitteln für IT4 hat Televerket hierbei die alleinige Entscheidung über die Mittelverwendung.

Televerkets FuE-Organisation

Wie oben schon erwähnt, herrscht bei Televerket das Prinzip der Divisionalisierung von FuE vor. Diese Organisationsform hat durchaus ihre Vorteile, und zwar darin, daß FuE-Bedarf vor Ort erkannt und dort entsprechend angegangen wird. Bei Entwicklungsvorhaben ist daher jeder Geschäftsbereich eigenverantwortlich. Im Prinzip gilt dies auch für die notwendige (mittelfristige) Forschung. Um allerdings die negativen Nebenwirkungen dezentralisierter Forschung, wie z. B. das Fehlen von gebündelter Kompetenz bei interdisziplinären Fragestellungen, wieder aufzufangen, wurde der Forschungsfonds eingerichtet, der vom FuE-Ausschuß verwaltet wird. Der FuE-Ausschuß ist eine feste institutionelle Einrichtung innerhalb Televerkets. Wie Abbildung 9.3-1 zeigt, setzt er sich aus den Vertretern der zentralen Abteilungen und der einzelnen Geschäftsbereiche inklusive einiger forschungsintensiver Tochtergesellschaften zusammen und steht unter dem Vorsitz des Abteilungsleiters der zentralen Technologieabteilung. Die Einbeziehung der Manager erfolgt einerseits unter dem Finanzierungsaspekt, denn letztlich müssen die Abteilungen auch für den abteilungsübergreifenden Forschungsfonds aufkommen, und andererseits, um das Interesse der einzelnen Abteilungen an allgemeinen Forschungsfragen

Abbildung 9.3-1: Organisation übergreifender Forschungsangelegenheiten bei Televerket

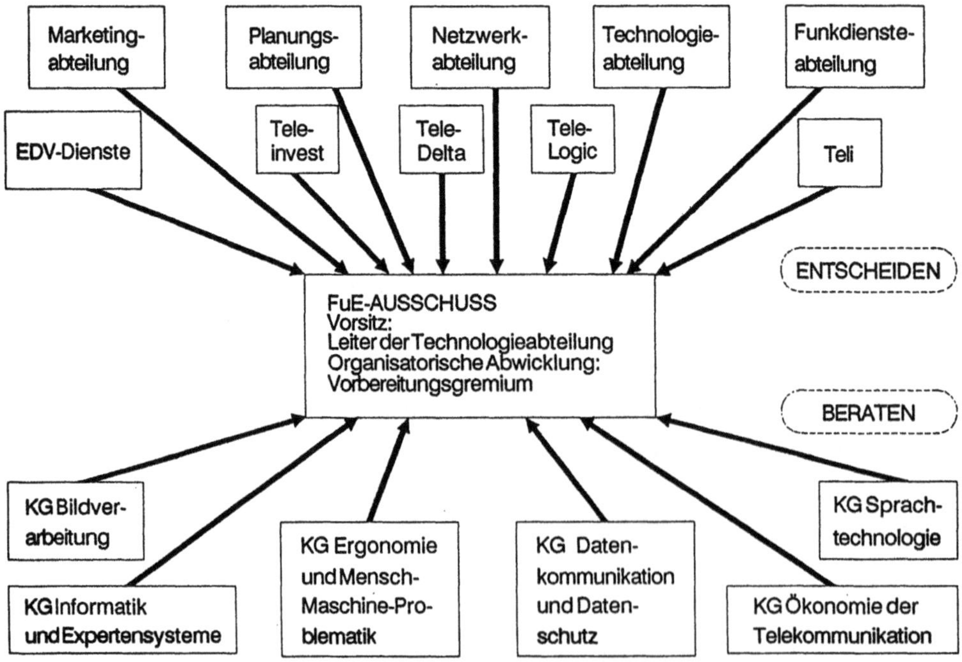

zu stärken. Innerhalb des FuE-Ausschusses ist ein vierköpfiges Gremium für das Projekt-Management zuständig (Vorbereitungsgremium). Dessen Hauptanliegen ist es, für eine angemessene Behandlung der Projekte in puncto Beurteilung, Berichterstattung und abschließender Bewertung zu sorgen. Zur Unterstützung seiner technologischen Kompetenz wird der FuE-Ausschuß von derzeit sechs Koordinationsgremien (KGs) beraten. Deren Aufgabe ist es, jeweils bestimmte Forschungsgebiete zu überwachen und Projekte vorzuschlagen, die aus dem FuE-Fonds finanziert werden sollen.

Televerkets externe FuE-Kooperationen

Als Träger sektoraler Forschungsverantwortung trägt Televerket zusätzlich zu seinen eigenen FuE-Ausgaben 255 Mio. SKr zum industriebezogenen Teil des nationalen IT-Programm (IT4) über einen Zeitraum von 1987 bis 1989 bei. Darüber hinaus hat Televerket für diesen Dreijahreszeitraum 45 Mio. SKr für Pilot- und Demonstrationsprojekte neuer Informationsverarbeitungstechniken bereitgestellt.

Televerket ist an mehreren internationalen Gemeinschaftsprojekten beteiligt, von denen das europäische RACE-Programm am wichtigsten ist. Televerket war von Anfang an als volles Mitglied in der Definitionsphase des Projektes Bildkodierung dabei und ist inzwischen Teilnehmer an dreizehn Projekten (Stand: September 1988). Über die Teilnahme an weiteren Projekten wird noch verhandelt. Televerkets Mitwirkung erstreckt sich insbesondere auf die Gebiete Bildkodierung, Glasfasersysteme und Softwarehilfen. An vier der dreizehn Projekte ist auch Ericsson beteiligt, wobei die FuE-Arbeiten in der gemeinsamen Entwicklungstochtergesellschaft Ellemtel durchgeführt werden. Einige Forschungsprojekte sind auch im Rahmen der nächsten Stufe des Informationstechnologieprogramms der EG, ESPRIT, geplant. In seiner Eigenschaft als sektorale staatliche Einrichtung hat Televerket auch die Verantwortung für die Beteiligung am COSINE-Projekt übernommen, dessen Anliegen die Schaffung eines europäischen Forschungsnetzwerks, das auf dem OSI-Modell basiert, ist.

Um für die eigenen FuE-Probleme sachkundige Unterstützung zu finden, finanziert Televerket zusammen mit anderen Unternehmen und Organisationen einige der Gemeinschaftsforschungsinstitute, wie das Institut für Mikroelektronik (IM), das Schwedische Institut für Informatik (SICS) und das Schwedische Institut für Systementwicklung (SISU). Bestimmte Projekte führen diese auch im alleinigen Auftrag von Televerket durch.

Im Rahmen der industriellen Kooperation ist besonders die Käufer-Hersteller- Kooperation mit Ericsson hervorzuheben. Innerhalb des IT4-Programms arbeitet Televerket mit

Ericsson auf den Gebieten

- digitale mobile Kommunikation entsprechend der GSM-Spezifikation,
- optoelektronische Komponenten und Systeme und
- Software-Tools

zusammen.

Auch auf dem Gebiet des Mobilfunks, und zwar in der mobilen Datenkommunikation, haben sich Televerket über die Produktionstochter Teli und Ericsson zur Kooperation zusammengefunden. Die gemeinsame Tochtergesellschaft Eritel hat die Entwicklung und den Verkauf des mobilen Datenkommunikationssystems Mobitex übernommen. Ebenso im Zusammenwirken mit Ericsson hat Televerket 1987 eine Sammlung aller für die Telekommunikation wichtigen schwedischen Standardisierungsvorschriften SIS ITS (Swedish Standards Institution, Information Technology Standard) zusammengestellt.

Die stärkste Form der FuE-Zusammenarbeit mit Ericsson ist die innerhalb der gemeinsamen (50/50) Tochter Ellemtel, die 1970 zum Zwecke der Entwicklung automatischer Vermittlungsstellen gegründet wurde. Die Entwicklungsarbeiten im Auftrage der beiden Kapitaleigner beziehen sich auch weiterhin auf das Gebiet der Vermittlungstechnik, insbesondere auf die Gebiete Fernsprechnetze, Datennetze und private Vermittlungsanlagen. Forschungsarbeiten werden im Rahmen des oben schon erwähnten RACE-Projekts durchgeführt. 70 % der Arbeiten in Ellemtel gehen auf das Konto von Ericsson, die restlichen 30 % auf das von Televerket. Eine detaillierte Beschreibung der Aktivitäten Ellemtels ist daher in Abschnitt 9.3.3 bei der Analyse der Rolle der Herstellerindustrie enthalten.

Televerkets Technologiebeschaffung

Bei der Beschaffung berücksichtigt Televerket nicht nur die eigene Tochter, obwohl diese dominiert. Teli liefert mehr als die Hälfte der beschafften Güter (Granstrand, Sigurdson 1985, 153), z. B. über 40 % der AXE-Vermittlungsstationen und 90 % der Telefone (zumindest Mitte der 80er Jahre). Bezüglich des Übergangs auf die Glasfasertechnik wurden ausbleibende Beschaffungsinitiativen und eine konservative Politik durch Televerket beklagt (Granberg 1988, 73), was jedoch durch die damaligen Überkapazitäten bei Koaxialleitungen ökonomisch gerechtfertigt werden kann. Auch kann die schwedische Binnenmarktbeschaffung durch Televerket für eine exportorientierte Herstellerindustrie nicht entscheidend sein, zumal die zentrale Beschaffungsstelle im Rüstungsbereich die Einführung der Glasfasertechnik unterstützte (ebenda, 74).

9.3.3 ROLLE DER HERSTELLERINDUSTRIE

Wie bereits in Abschnitt 9.1.2 erwähnt, ist neben dem dominierenden Ericsson-Konzern und der Televerket-Tochter Teli lediglich Standard Radio & Telefon AB als weiterer Hersteller von ziviler Telekommunikationsausrüstung mit FuE-Aktivitäten auf schwedischem Boden von Bedeutung. Zu den FuE-Aktivitäten von Teli liegen - außer, daß 1984 ca. 200 FuE-Personen beschäftigt wurden (Svensk Informationsteknologi 1985, 191) - keine genügenden Angaben vor, so daß die Beschreibung des FuE-Engagements der Televerket- Gruppe gemäß Abschnitt 9.3.2 im Zusammenhang mit der Rolle Televerkets als Netzträger für erste Anhaltspunkte genügen muß. Für Standard Radio & Telefon AB sei hier nur der Vollständigkeit halber die Zahl seiner Ingenieure und Techniker in den FuE-Abteilungen erwähnt. Von 550 Beschäftigten sind mehr als 40 mit FuE-Aufgaben betraut. Diese verteilen sich jedoch nicht nur auf die Entwicklung von Telekommunikationsausrüstung, sondern auch auf die von Verkehrs- und Leistungselektronik.

Außerdem ist noch die bis 1989 zu Philips Norden AB gehörende Philips Elektronikindustrier AB mit Entwicklungsaktivitäten in der Funkkommunikation und Hochfrequenztelemetrie, also vorwiegend in der militärischen Telekommunikation, zu erwähnen. Da die FuE-Organisation des Philips-Konzerns eingehend in Kapitel 8 beschrieben wird, sollen an dieser Stelle nur einige wichtige FuE-Zahlen für die skandinavische Konzerngruppierung Philips Norden AB genannt werden. Mit 795 Mio. SKr Entwicklungsausgaben bzw. einem FuE-Anteil am Umsatz von 17 % (1987) gehört Philips Norden AB zu den FuE-intensivsten Unternehmen Schwedens. Von dem gesamten Philips-FuE-Budget von ca. 12 Mrd. SKr entfallen damit ungefähr 6 % auf in Schweden ausgeführte FuE. Ca. 1200 von insgesamt 4800 Beschäftigten in den nordischen Philips-Betrieben arbeiten in der Produktentwicklung (Affärsvärlden 1988, 33). Die Philips Elektronikindustrier AB wurde 1989 an den Rüstungshersteller Bofors verkauft. Demnach haben die skandinavischen Philips-Betriebe in Bezug auf die Durchführung von Telekommunikations-FuE zukünftig keine so große Bedeutung mehr. Da für die militärische Telekommunikation aus Sicherheitsinteressen und Geheimhaltungsbedürfnissen der beteiligten Unternehmen und Staaten eine detailliertere Aufgliederung der FuE-Aktivitäten nicht durchführbar ist, wird im folgenden nur die FuE-Struktur des Großkonzerns Ericsson unter Einbeziehung der FuE-Aktivitäten in Ellemtel weitergehend analysiert.

FuE bei Ericsson im Überblick

Ericsson gab 1987 3,2 Mrd. SKr bzw. einen Anteil von 9,9 % am Umsatz für FuE aus. Damit steigerte Ericsson seine FuE-Aktivitäten gemessen im Verhältnis zum Umsatz gegenüber dem Durchschnitt der vergangenen Jahre (vgl. hierzu Tabelle 9.3-7) um ca. 1,5 Prozentpunkte. Weltweit arbeiten derzeit 10000 Ingenieure und Techniker in FuE-Programmen. Mit einem FuE-Anteil von mehr als 20 % am Umsatz, welcher in absoluten Zahlen einem FuE-Aufwand von ca. 640 Mio. SKr entspricht, ist der Bereich Verteidigungssysteme der FuE-intensivste Geschäftsbereich. Damit entfielen 1987 ca. 20 % des gesamten FuE-Budgets auf die militärische Telekommunikation, die gemessen am Umsatz nur 10 % der Geschäftstätigkeit Ericssons ausmacht. Für die restlichen Geschäftsbereiche (vgl. auch Abschnitt 9.1.2) öffentliche Telekommunikation, Geschäftskommunikation, Kabel, Funkkommunikation, Konstruktion von Netzen und Komponenten verbleiben nur noch etwa 80 % des gesamten FuE-Budgets.

Tabelle 9.3-7: FuE-Ausgaben und FuE-Intensitäten von Ericsson 1978 bis 1987 in Mio. SKr bzw. in % vom Umsatz (Quelle: Ericsson 1987)

Jahr	1978	1979	1980	1981	1982	1983	1984	1985	1986	1987
FuE-Ausgaben										
in Mio. SKr	746	817	1013	1359	1638	1973	2355	2798	3117	3204
in % vom Umsatz	8,3	8,8	8,3	8,4	8,4	7,8	8,0	8,6	9,9	9,9

Abbildung 9.3-2 veranschaulicht die Schwerpunkte der FuE-Tätigkeit von Ericsson im Erfindungszeitraum 1982 bis 1985 im internationalen Maßstab. Demnach liegt die hauptsächliche Spezialisierung in der leitungsgebundenen und Funkkommunikation sowie in der Digitaltechnik und bei den sonstigen Geräten. In der Lichtleitertechnik ist Ericsson knapp weltdurchschnittlich aktiv. Bildübertragung und -kommunikation sind - zumindest was Patente angeht - völlig defizitär.

Ein Teil der FuE-Arbeiten wird bei der Entwicklungstochter Ellemtel durchgeführt. daß Geht man von einem Jahresumsatz von 454 Mio. SKr (1987) für Ellemtel aus und davon, 70 % der Umsätze Ellemtels auf Ericsson zurückgehen, dann ergibt sich, daß Ericsson FuE-Arbeiten im Umfang von ca. 318 Mio. SKr bei Ellemtel durchführen läßt. Dies entspricht ca. 10 % des gesamten FuE-Engagements von Ericsson. Die Finanzierung des FuE-Budgets erfolgt überwiegend aus eigenen Mitteln. Aus dem nationalen IT4-Programm stehen Ericsson ca. 30 Mio. SKr jährlich für FuE zur Verfügung. Das sind knapp 1 % des gesamten FuE-Budgets. Weitere FuE-Zuschüsse erhält Ericsson im Rahmen der Beteiligung seiner Tochtergesellschaften des EG-Raums an insgesamt sieben RACE-Projekten.

Abbildung 9.3-2: Spezialisierungsprofil der FuE-Tätigkeit von Ericsson auf der Basis schwedischer Inlandspatente im Erfindungszeitraum 1982 bis 1985 (RPA-Indikator)

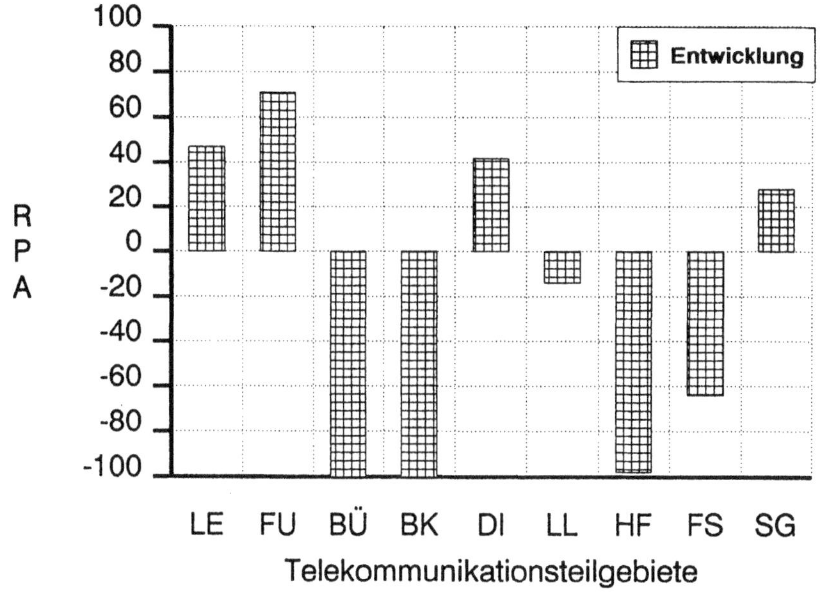

Ericssons interne FuE-Organisation

Prinzipiell findet die FuE-Durchführung bei Ericsson hauptsächlich auf schwedischem Boden statt, aber auch gerade aufgrund möglicher EG-FuE-Subventionen werden Entwicklungsarbeiten, wenn auch in bescheidenerem Umfang, in den Tochtergesellschaften bzw. Beteiligungen in Irland (Softwareentwicklung), Großbritannien (AXE), Holland (Funkrufsysteme) und Frankreich (öffentliche Telekommunikation - über die neue Beteiligung an MET S.A. -) durchgeführt.

Nach eigenen Aussagen ist der Grundlagenforschungsanteil an den FuE-Aktivitäten minimal. Ericsson betreibt in erster Linie Systemtechnologie und Produktentwicklung auf der Basis eines marktorientierten Ansatzes. Es fehlen zentrale Forschungslabors, in denen über mehrere Disziplinen hinweg Grundlagenforschung betrieben wird. Bei Forschungsfragen vertraut man auf die Arbeiten der Universitäts- und Forschungsinstitute, eine Strategie, die angesichts der dominierenden Marktstellung Ericssons in Schweden und seiner engen Kooperation mit dem Hauptabnehmer Televerket durchaus sinnvoll ist. Die Ergebnisse der Forschungstätigkeiten der Universitäten, sowohl in der Grundlagen- als auch in der angewandten Forschung kommen somit in erster Linie den marktführenden Unternehmen zugute und brauchen nicht mit Wettbewerbern geteilt zu werden. Innerhalb Ericssons versucht man, eine genügend große Kompetenz aufzubauen, um den internationalen Forschungsfortschritt überwachen und gegebenenfalls für sich nutzen zu können. Dies schließt allerdings eine technologische Spitzenreiterstellung in forschungsnahen Technologien aus.

Abbildung 9.3-3: Organisation zentraler FuE-Angelegenheiten bei Ericsson

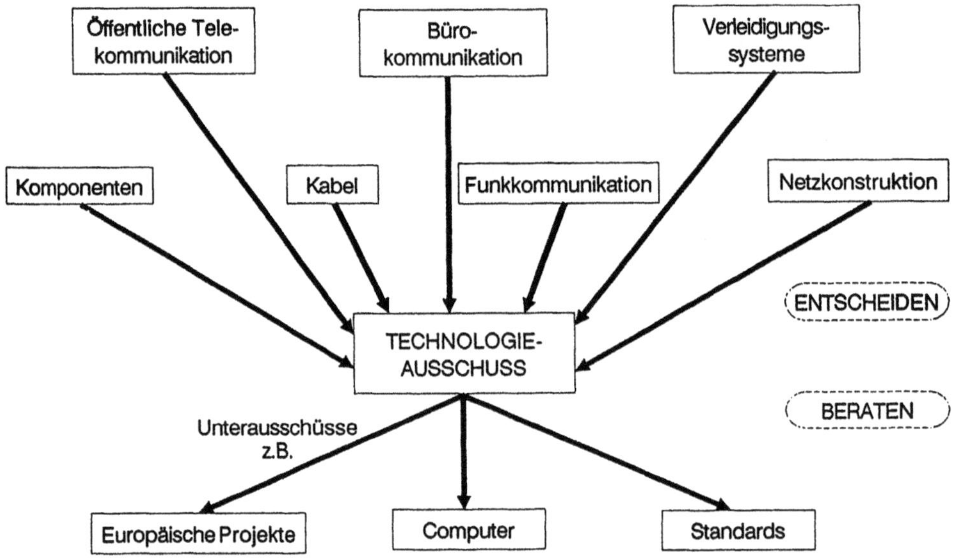

Die marktnahe Orientierung von FuE bei Ericsson spiegelt sich in der Divisionalisierung von FuE wider. Diese FuE-Organisationsform, die in etwas abgemilderter Form auch bei Televerket sowie in Schweden im nationalen Maßstab vorherrscht, macht die einzelnen Geschäftsbereiche für ihre notwendigen FuE-Anstrengungen selbst verantwortlich. Um technologische Fragen, die von abteilungsübergreifenden Interesse sind, zu diskutieren, tritt der Technologie-Ausschuß, ein Gremium, dem jeweils die technischen Direktoren der Geschäftsbereiche angehören, ca. alle zwei Monate zusammen. Für bestimmte Probleme, die für alle Geschäftsbereiche von Relevanz sind, werden kompetente Unterausschüsse gebildet. Die Organisationsstruktur weist Ähnlichkeiten zu der FuE-Organisation bei Televerket auf. Allerdings ist der Technologie-Ausschuß bei Ericsson nicht so stark institutionell verankert wie bei Televerket. Auch ist der zur gemeinsamen Disposition stehende FuE-Fonds bei Ericsson von minimalem Umfang.

Ericssons externe Kooperationen

Wichtigster Kooperationspartner Ericssons in der Produktentwicklung ist der Netzträger Televerket (s. auch Abschnitt 9.3.2), und zwar hauptsächlich in der öffentlichen und privaten Vermittlungstechnik sowohl für Telefon- als auch Datennetze. Für den Zweck der Zusammenarbeit in der Produktentwicklung wurde 1970 eigens die gemeinsame Entwicklungstochtergesellschaft Ellemtel gegründet. Bei Ellemtel betreiben Ericsson und Televerket außerdem gemeinsam Forschung im Rahmen von vier RACE-Projekten. Auf dem Gebiet des mobilen Datenfunks sind die gemeinsamen Aktivitäten von Ericsson und Televerket in der Tochtergesellschaft Eritel AB gebündelt. Innerhalb des IT4-Programms arbeiten Ericsson und Televerket auf folgenden Gebieten zusammen:
- digitale mobile Kommunikation entsprechend der GSM-Spezifikation,
- optoelektronische Komponenten und Systeme,
- Software-Tools.

Eine wichtige Kooperationsvereinbarung im Bereich von höchstintegrierten Schaltkreisen wurde 1987 mit Texas Instruments geschlossen, die Ericsson den Zugang zu fortgeschrittener Technologie im Zusammenhang mit Entwicklung und Produktion dieser Bauelemente ermöglicht. Hier wird die technologische Kooperation als strategische Alternative zu einer eigenen größeren FuE-Investition vorgezogen. Auch in der Entwicklung intelligenter Netze vertraut Ericsson auf die Kompetenz eines Kooperationspartners. Eine entsprechende Vereinbarung mit IBM bringt die Erfahrung IBMs auf dem Gebiet der Datenbanken und die Ericssons in der Telekommunikationstechnologie zusammen. Weitere internationale Kooperationen gehen von den Tochtergesellschaften Ericssons im EG-Raum über deren Teilnahme an sieben RACE-Projekten aus.

Wie oben schon erwähnt, spielt die Zusammenarbeit mit Universitäten und Forschungsinstituten in forschungsnahen Bereichen eine sehr wichtige Rolle in der FuE-Konzeption von Ericsson. Ein historisches Fallbeispiel der FuE-Strategie Ericssons im Bereich der Glasfasertechnologie (Granberg 1988) zeigt, wie es Ericsson nach anfangs passivem Beobachten der internationalen Entwicklung gelang, die nationale Forschungsinfrastruktur für die eigene marktorientierte FuE zu nutzen. Mitte der 70er Jahre begann Ericsson eigene FuE-Programme für Glasfasertechnologie zu entwickeln, nachdem klar war, daß ab Anfang der 80er Jahre ein Markt für Glasfasersysteme vorhanden sein würde. Um die Aktivitäten der nationalen akademischen Forschungsgemeinschaft auf die neue Technologie zu lenken, wurde 1976 von Ericsson, dem Mikrowelleninstitut und STU das sogenannte "Kooperative Projekt" (1976 bis 1978) ins Leben gerufen. Die Koordination und Managementverantwortung lag dabei allein bei Ericsson, die Finanzierung des Projekts wurde gemeinsam von Ericsson und STU getragen. Dadurch gewann Ericsson Zugang zu einem großen Teil des im nationalen Forschungssystem vorhandenen Wissens, das für die Glasfasertechnologie von Bedeutung war. Partner im "Kooperativen Projekt" waren neben Ericsson das erwähnte Institut für Mikrowellentechnologie (IM, heute: Institut für Mikroelektronik), das Institut für Optische Forschung (IOF) und der Fachbereich für Festkörperphysik, Universität Lund (FTF). Durch die Kombination der komplementären Interessen und Wissensgrundlagen gelang es, eine ausreichende technologische Kompetenz zu entwickeln, so daß in den 80er Jahren die Produktion auf der Komponentenseite in Ericssons Tochtergesellschaft Rifa und auf der Systemseite in der Muttergesellschaft aufgenommen werden konnte.

Die Zusammenarbeit Ericssons mit den Forschungsinstituten besteht auch nach Ende des "Kooperativen Forschungsprojektes" weiter, zum Teil durch sehr spezifische STU-Programme oder durch das nationale IT-Programm gefördert. Derzeit arbeitet Ericsson mit folgenden kooperativen Forschungsinstituten zusammen: Schwedisches Institut für Informatik (SICS), Schwedisches Institut für angewandte Mathematik (ITM), Institut für optische Forschung (IOF), Schwedisches Institut für Systementwicklung (SISU) und Institut für Mikroelektronik (IM). Ein anderes, 1976 gemeinsam mit STU initiiertes FuE-Programm zum digitalen mobilen Telefonsystem (1976 bis 1986) brachte Ericsson und die technischen Fakultäten der Universitäten Lund, Chalmers-Göteborg und Linköping zusammen. Mit zunehmender Anwendungsorientierung der FuE-Arbeiten im Laufe der Zeit steigerte sich der Finanzierungsanteil von Ericsson am Gesamtprogramm von 10 % auf 50 %.

Die obigen Beispiele für Ericssons Kooperationsverhalten zeigen, daß Ericsson das Fehlen eines eigenen zentralen Forschungsgroßlabors durch ein differenziertes Netz von Kooperationen ersetzt. In dem Maße, wie die Hersteller-Nutzer-Kooperation mit Televerket eine Säule innerhalb Ericssons FuE-Strategie im Bereich der Produktentwicklung ist, muß die Kooperation Ericssons mit dem nationalen Forschungssystem als tragende Säule auf der Forschungsseite angesehen werden.

Gemeinsames FuE-Unternehmen Ellemtel

Ellemtel befaßt sich mit der Entwicklung von öffentlichen Telefonnetzen (AXE), Datennetzen (AXB) und Nebenstellenanlagen (A335/MD 110 PABXs). Die Gesellschaft ist im gemeinsamen Besitz (50/50) von Televerket und Ericsson. Abweichend von den Besitzverhältnissen werden 70 % der FuE-Aufträge für Ericsson, 30 % für Televerket abgewickelt. Tabelle 9.3-8 zeigt, daß sich die Aktivitäten Ellemtels, die Ausdruck der starken Hersteller-Nutzer-Beziehung zwischen Ericsson und Televerket sind, trotz der Liberalisierung des Telekommunikationssektors im Hinblick auf die Zahl der Beschäftigten und der Umsatzentwicklung weiter ausdehnen. Die FuE-Schwerpunkte Ellemtels 1987 und ihre Gewichtung zeigt Tabelle 9.3-9.

Tabelle 9.3-8: Geschäftsentwicklung Ellemtels 1982 bis 1987 nach Umsatz und Beschäftigtenzahlen (Quelle: Televerket, Geschäftsberichte 1985/86, 1987)

Jahr	1982	1983	1984	1985	1986	1987
Umsatz in Mio. SKr	242,1	257,1	304,3	369,5	415	454
Beschäftige	656	654	664	652	681	693

Tabelle 9.3-9: FuE-Schwerpunkte von Ellemtel 1987 (Quelle: Televerket, Geschäftsbericht 1987)

Tätigkeitsbereich	Anteil am Umsatz in %
AXE Vermittlungstechnik, z. B. ISDN-Schnittstellen	46 %
Private Vermittlungstechnik, z. B. neue Funktionen und andere Verbesserungen für die A335/MD110-Systeme	21 %
AXB Datennetze, z. B. Paketvermittlungsknoten	13 %
Forschung, z. B. Breitbandtechnologie, fortgeschrittene Datenverarbeitung und Kommunikationstechnologie, RACE	10 %
Sonstiges	10 %

9.3.4 ROLLE DER UNABHÄNGIGEN FORSCHUNGSINSTITUTE

Im schwedischen Forschungssystem tragen in erster Linie die Universitäten und Hochschulen die Hauptverantwortung für die Durchführung von Grundlagenforschung und zum Teil auch angewandter Forschung. Daneben gibt es nur wenige unabhängige Forschungsinstitute, die entweder interdisziplinäre Aufgaben wahrnehmen, spezielle Fragestellungen behandeln oder einer besonderen technischen Ausstattung bedürfen. Wie die vorherigen Ausführungen (s. Abschnitt 9.3.3) zur Einbettung der Forschungsarbeiten von Universitäten und Instituten in die industrielle FuE-Strategie am Beispiel der Glasfasertechnologie und des mobilen Funktelefonnetzes gezeigt haben, füllen die technischen Fakultäten der Universitäten und die Institute für die Telekommunikationsindustrie und den Netzträger die Lücke in deren Forschungsorganisation, die sich aus dem Fehlen eines jeweils eigenen großen interdisziplinären Forschungslabors ergibt. Daß diese Rollenverteilung funktioniert, liegt an der Aufgeschlossenheit der Universitäten für industrienahe Forschung und an der mit entsprechenden Forschungsprogrammen lenkenden staatlichen Technologiebehörde STU. Ebenso ist die marktbeherrschende Stellung Ericssons im Inland eine wichtige Grundlage für das offene Klima der gegenwärtigen Universität-Industrie-Zusammenarbeit im Telekommunikationsbereich.

Inhaltliche Forschungsschwerpunkte der Universitäten bzw. Institute konnten anhand einer Literaturdatenbankauswertung identifiziert werden. Da die Datenbasis (siehe methodische Einführung, Kapital 0) nur einen Teil der tatsächlichen Publikationen der jeweiligen Institutionen enthält, ist die folgende Zuordnung von Universitäten nach Telekommunikationsfeldern nur als grobe Beschreibung der Forschungsspezialisierung in bezug auf einzelne Telekommunikationsfelder zu werten (vgl. im übrigen Abbildung 9.2-7 für die Schwerpunkte):

- Informations- und Kommunikationstheorie, künstliche Intelligenz:
  KTH Stockholm, Linköping (z. B. beide: Bildverarbeitung, -verdichtung, -erkennung),
- Funktechnik:
  Chalmers Göteborg (z. B. Mikrowellen, Antennen), Linköping (z. B. Paketkodierung, Verschlüsselung), Lund (z. B. Kanalkodierung),
- Digitale Übertragung:
  Lund, KTH Stockholm (z. B. beide: Modulation),
- Lichtwellenleiterkommunikation:
  Chalmers Göteborg, Lund, KTH Stockholm, Institut für Mikrowellentechnologie

(heute: Institut für Mikroelektronik), Institut für Nationale Verteidigungsforschung,

- Telekommunikationssoftware:
  KTH Stockholm.

Neben den oben durch entsprechende Spezialisierungen hervorgetretenen Universitäten KTH Stockholm, Chalmers Göteborg, Lund und Linköping und den Forschungsinstituten (Institut für Mikrowellentechnologie, Institut für Nationale Verteidigungsforschung) sind noch die Universität Uppsala sowie die Gemeinschaftsforschungseinrichtungen, die zu einem Teil durch STU und zu einem anderen Teil durch die Telekommunikationsindustrie (Ericsson, Televerket) finanziert werden, wie das Schwedische Institut für Informatik (SICS), das Schwedische Institut für angewandte Mathematik (ITM), das Schwedische Institut für Systementwicklung (SISU) und das Institut für optische Forschung (IOF) als Träger der Grundlagen- bzw. angewandten Forschung im Telekommunikationsbereich zu erwähnen. Das Institut für Nationale Verteidigungsforschung (FOA) spielt eine zentrale Rolle für die Forschung auf dem Gebiet der militärischen Telekommunikation. Es ist der sektorale Forschungsträger im Verteidigungsbereich. Es hat sowohl Planungs- und Koordinationsaufgaben als auch die Zuständigkeit für die Durchführung eines großen Teils der staatlichen Verteidigungsforschung. Von dem für das Haushaltsjahr 1988/89 geplanten Etat von ca. 385 Mio. SKr sind ca. 103 Mio. SKr für die Informationstechnologie bestimmt. Die Mittel hierfür stammen aus dem Verteidigungshaushalt.

Die Risiken einer starken Ausrichtung der universitären Forschung an den Interessen der Industrie, die noch Anfang der 70er Jahre mehr als umstritten war, liegen in einer möglicherweise zu kurzfristig orientierten und weniger für übergreifende Problemstellungen offenen Forschung. Die Betonung eher anwendungsnaher Forschungsziele bedeutet möglicherweise den Verzicht auf technologische Fortschritte auf der Basis eines "technology push". Allerdings ist im Falle Schwedens mit seiner geringen Einwohnerzahl und entsprechend begrenzten Forschungskapazitäten die Chance des "technology push" und einer damit verbundenen internationalen technologischen Spitzenreiterstellung ohnehin gering. Die Flexibilität des nationalen Forschungssystems dagegen erlaubt es, durch gemeinsame Anstrengung der Beteiligten am Forschungsprozeß internationale Entwicklungen nachzuvollziehen und den Transfer in den industriellen Sektor wirkungsvoll vorzubereiten, sobald dieser einen entsprechenden Bedarf signalisiert. Wie das Beispiel der Adaption der Glasfasertechnologie durch Ericsson im Verbund mit Hochschulen und Instituten (s. Abschnitt 9.3.3, vgl. auch Granberg 1988) gezeigt hat, kann diese Strategie durchaus Erfolg versprechen.

9.4 FAZIT

Die FuE-Organisation des schwedischen Telekommunikationssektors ist durch einen hohen Grad an Kooperationen zwischen den Beteiligten gekennzeichnet. Abbildung 9.4-1 zeigt in einer gerafften Skizze diese im internationalen Vergleich hohe Vernetzung der inländischen FuE-Ressourcen. Die Zahlen sind aus verschiedenen Quellen ermittelt und sind daher nur als Abschätzung für die Größenordnungen zu verstehen. In einzelnen Fällen, in denen keine Beträge ermittelt werden konnten, fehlen die entsprechenden Zahlen. Für die Berechnung der $-Beträge wurde die 1987er Kaufkraftparität von 8,69 SKr pro US $ zugrunde gelegt.

Technische Universitäten und Forschungsinstitute kompensieren mit ihrem Engagement im Bereich der Grundlagen- und angewandten Forschung das Fehlen zentraler interdisziplinärer Forschungslabors bei dem dominierenden Hersteller Ericsson und beim Netzträger Televerket. Von der staatlichen Technologiebehörde STU durch entsprechende Programme gefördert, führen die Universitäten und Institute Verbundforschung sowohl mit dem Hersteller Ericsson als auch mit dem Netzträger Televerket durch. Das Natio-

Abbildung 9.4-1: Finanzierung und Durchführung von FuE im Telekommunikationsbereich nach Sektoren in Schweden 1987 (in Mrd. US $; Beträge in den Kästen beziffern die Durchführung von FuE, Beträge an den Pfeilen die Finanzierung).

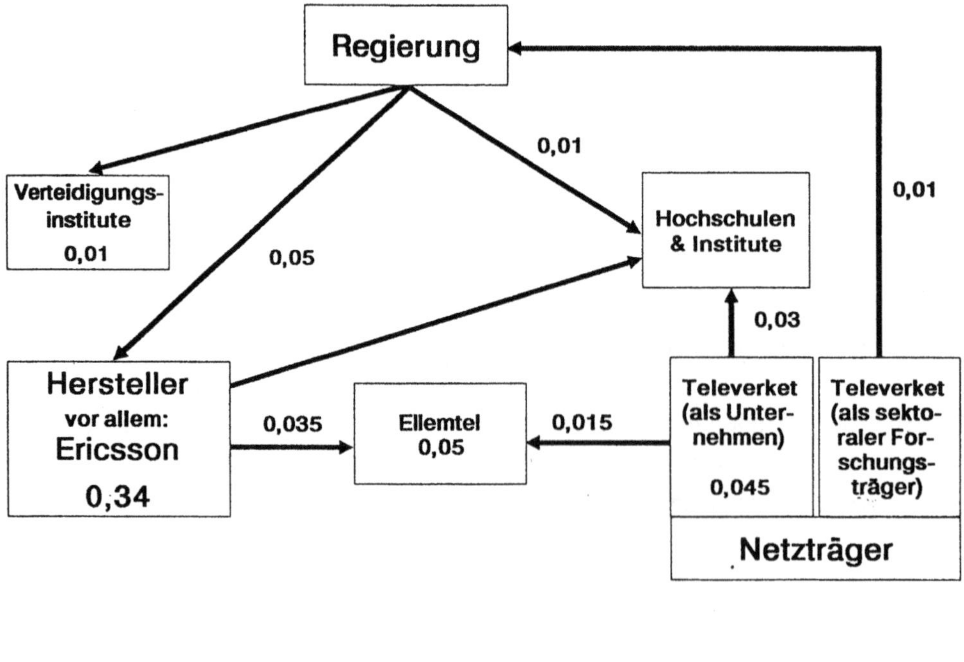

nale Institut für Verteidigungsforschung (FOA) plant und koordiniert die staatliche Forschung auf dem Gebiet der militärischen Telekommunikation und führt diese auch großteils selbst durch.

Im Bereich der öffentlichen Telefon- und Datennetze sowie der privaten Vermittlungstechnik besteht auch bei fortschreitender Liberalisierung nach wie vor eine enge Hersteller-Nutzer-FuE-Kooperation zwischen Ericsson und Televerket. Die 1970 gegründete gemeinsame Entwicklungstochtergesellschaft Ellemtel ist nur eine institutionalisierte Ausprägung der vielfältigen Zusammenarbeit zwischen Televerket und Ericsson. Andere Bereiche für die Kooperation ergeben sich aus staatlichen Programmen, die entweder von STU allein gefördert werden, wie z. B. das FuE-Programm im Bereich des Mobilfunks (s. Abschnitt 9.3.3), in das anfangs nur die Universitäten und Ericsson, später dann auch Televerket, einbezogen waren, oder das nationale Informationstechnologieprogramm, das von mehreren staatlichen Organen gleichzeitig getragen wird (s. Abschnitt 9.3.1).

Kooperationen zwischen Ericsson und ausländischen Konzernen gibt es in bestimmten Technikbereichen, wie z. B. bei Komponenten oder in der Datenverarbeitung, z. B. mit Texas Instruments oder IBM. Dies resultiert aus der Rückbesinnung der schwedischen Telekommunikationsindustrie auf ihre Stärken, die im Bereich der Systemtechnologie und Systemintegration liegen. In speziellen forschungsabhängigen Gebieten der Chip-Herstellung und der Datenverarbeitung verläßt man sich darauf, Anwendungskompetenz zu entwickeln, und verzichtet darauf, eine technologische Spitzenreiterstellung zu erwerben. Das in anderen Ländern beobachtete Zusammenwachsen von Datenverarbeitungs- und Telekommunikationsherstellerindustrie ist jedenfalls beim Ericsson-Konzern nicht festzustellen. Hier scheint die Spezialisierung eher in Richtung öffentliche Telekommunikation und mobiler Zellularfunk zu gehen. Das Gebiet der Bildkommunikation und -übertragung muß als schwedisches FuE- Defizitgebiet betrachtet werden. Hier dominiert eindeutig die japanische Importkonkurrenz. Lediglich das Unternehmen Viktor Hasselblad AB, dessen Hauptgeschäftsbereich die Herstellung von Kameras ist, zeigt entsprechendes FuE- Engagement.

Sowohl bei Televerket als auch in noch viel größerem Maße bei Ericsson ist die interne FuE-Struktur durch Divisionalisierung charakterisiert. Dies ist einerseits die Reflektion des schwedischen sektoralen Forschungsmodells im kleinen, d. h. auf Unternehmensebene, andererseits resultiert diese FuE-Organisationsform, zumindest was Ericsson betrifft, aus dem überwiegenden Anteil von konkreter Produktentwicklung gegenüber einem nur minimalen Anteil von übergreifender Forschung am gesamten FuE-Volumen.

Die Vorteile dieser Organisationsform liegen in der großen Marktnähe der Produktentwicklung, die aus der Eigenverantwortung der einzelnen Abteilungen für ihre Produktentwicklung resultiert. Nachteile ergeben sich bei der Bewältigung interdisziplinärer Aufgaben, da die entsprechende Kompetenz über das Unternehmen nur zerstreut vorhanden ist.

Die Rolle Televerkets im Telekommunikations-FuE-Prozeß wird im neuen, d. h. liberalisierten, Ordnungsrahmen nicht ganz unproblematisch sein. Einerseits trägt Televerket als staatliche Einrichtung die sektorale Forschungsverantwortung für den gesamten Telekommunikationssektor, also auch für die Herstellerindustrie und sonstigen Netzträger (derzeit nur Comvik), andererseits ist Televerket, insbesondere die Produktionstochter Teli sowie die diversen Software- und Dienstetöchter, selbst dem Wettbewerb ausgesetzt. Dies bedeutet, daß die Ergebnisse der von Televerket initiierten und finanzierten Telekommunikations-FuE dem gesamten Telekommunikationssektor zugänglich gemacht werden sollten. Aber gerade im Wettbewerb ist (geheime) FuE eine strategische Entscheidungsvariable für ein Unternehmen. Sollte sich an der bestehenden Marktstruktur, d. h. der generellen Dominanz Ericssons und dem Verzicht Ericssons auf bestimmte Marktsegmente des schwedischen Binnenmarktes zugunsten von Teli, trotz der Liberalisierungsgesetze und -verordnungen de facto nichts ändern, muß der konzeptionelle Widerspruch zwischen sektoraler FuE-Verantwortung und wettbewerblichen Tätigkeiten Televerkets auf pragmatischem Wege gelöst werden. Der nationale Konsensus über die wichtige Rolle der heimischen Telekommunikationsindustrie für die internationale Wettbewerbsfähigkeit der schwedischen Wirtschaft, der auch im nationalen Informationstechnologieprogramm (1987 bis 1989) zum Ausdruck kommt, wird dabei eine entscheidende Rolle spielen.

KAPITEL 10: BUNDESREPUBLIK DEUTSCHLAND

(Von Thomas Schnöring und Werner Neu)

10.1 RAHMENBEDINGUNGEN

10.1.1 ALLGEMEINE FORSCHUNGS- UND ENTWICKLUNGSPOLITIK

Die Bundesrepublik Deutschland hat eine stark exportorientierte Wirtschaft. Der Anteil der Bundesrepublik an den Weltausfuhren war 1986, 1987 und 1988 größer als der aller anderen Länder und betrug zuletzt 11,4 %. Der internationale Wettbewerb der Industrieländer ist vor allem ein technologischer Wettbewerb, bei dem der Einsatz und die Effizienz von Forschung und Entwicklung eines Landes sowie der Ausbildungsstand aller Beschäftigten (das Humankapital) von entscheidender Bedeutung sind. Die nationale FuE-Politik wird damit zur wichtigen Variablen der allgemeinen Wirtschaftspolitik.

Die FuE-Politik der Bundesrepublik Deutschland wird bestimmt von den folgenden eng miteinander verbundenen Grundsätzen:

- Befolgung des Prinzips der "Freiheit der Forschung" und der Förderung der Eigeninitiative;
- Handeln nach dem Subsidiaritätsprinzip unter Zurückhaltung des Staates gegenüber der FuE in der Industrie und Bekenntnis zur "unternehmerischen Eigenverantwortung";
- Positive Bewertung von technologischem Fortschritt und Wirtschaftswachstum.

Die Bruttoinlandsausgaben für FuE belaufen sich auf 2,8 % des Bruttosozialprodukts. Dieser Wert deckt sich annähernd mit vergleichbaren Indikatoren der wichtigsten Wettbewerber Deutschlands auf dem Weltmarkt, nämlich USA und Japan, und räumen Deutschland unter den EG-Ländern die Spitzenposition ein.

Abbildung 10.1-1 zeigt die Finanzierungs- und Durchführungsstruktur des nationalen FuE-Budgets für 1987. Der Wirtschaftssektor finanziert 61 % des Budgets und in den FuE-Einrichtungen des Sektors werden 71 % des Budgets verausgabt.

Abbildung 10.1-1: FuE-Aufwendungen der Bundesrepublik Deutschland 1987 - in Mrd. DM (Schätzung)

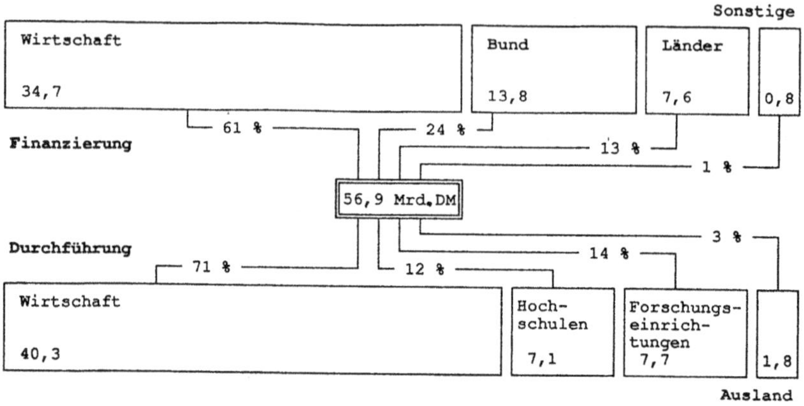

Die FuE-Aufwendungen der Bundesrepublik Deutschland sind in den letzten Jahren erheblich angestiegen; dies gilt vor allem für den Wirtschaftssektor (Tabelle 10.1-1).

Tabelle 10.1-1: FuE-Aufwendungen der Bundesrepublik Deutschland 1980 und 1987
Quelle: BMFT (1989), S. 61f.

	Finanzierung				Durchführung			
	Index		in % der gesamten FuE		Index		in % der gesamten FuE	
	1980	1987	1980	1987	1980	1987	1980	1987
Bund	100	133	26,3	24,3				
Länder	100	119	16,2	13,4				
Wirtschaft	100	157	56,1	61,0	100	151	67,6	70,8
Ausland und Sonstiges			1,3	1,4				
Hochschulen					100	121	14,9	12,5
Staatliche und private Forschungseinrichtungen					100	133	14,7	13,5
Ausland					100	168	2,7	3,1
							100	100

Die Zuständigkeit für die Wissenschafts- und Technologiepolitik liegt in Deutschland zum Teil bei den Länderregierungen, die für die Universitäten und deren FuE-Aktivitäten verantwortlich sind, und zum Teil bei der Bundesregierung, hauptsächlich beim Bundesministerium für Forschung und Technologie (BMFT), das die nicht-universitäre FuE verwaltet. Bei der Festlegung ihrer politischen Leitlinien wird die Bundesregierung durch unabhängige Einrichtungen, wie beispielsweise die Deutsche Forschungsgesellschaft (DFG) und die Max-Planck-Gesellschaft (MPG) unterstützt. Die Verbindung zwischen Wissenschaft und Industrie soll insbesondere von der Fraunhofer-Gesellschaft (FhG) geleistet werden.

Forschung, Entwicklung und Innovation werden als wesentliche und notwendige Aufgaben der Unternehmen betrachtet. Zwischen der Regierung und der Industrie herrscht Einvernehmen, daß Nachteile im internationalen Wettbewerb nicht durch staatliche Finanzierung überwunden werden können. Die Firmen müssen selbst geeignete Anstrengungen unternehmen. Die FuE-Politik der Regierung ist darauf ausgerichtet, Rahmenbedingungen für private Innovationen zu schaffen, die Leistung und Wirtschaftswachstum begünstigen. Spezielle Aufmerksamkeit wird jedoch den kleinen und mittleren Unternehmen geschenkt, die nach Auffassung der Regierung einen wichtigen Faktor für die Leistungsfähigkeit und Wettbewerbsfähigkeit der Deutschen Industrie darstellen.

Das Verhältnis von indirekten zu den direkten Fördermaßnahmen des Bundes zur Förderung ziviler FuE in der gewerblichen Wirtschaft (einschließlich der Steuermindereinnahmen von Ländern und Gemeinden) hat sich während der letzten Jahre kontinuierlich zugunsten der indirekten Maßnahmen verschoben, von 1:10 im Jahr 1978 auf etwa 1:2 ab 1983. Diese Entwicklung unterstreicht die führende Rolle der Unternehmen bei Entscheidungen über das FuE-Budget.

Der BMFT stellt 55 % der FuE-Aufwendungen des Bundes bereit, der Bundesminister der Verteidigung 20 %. Der Anteil der staatlichen FuE-Aufwendungen für Rüstung an den gesamten FuE-Aufwendungen lag 1986 in der Bundesrepublik Deutschland bei 6 % und damit deutlich niedriger als in Frankreich (20 %), Großbritannien (24 %) und den USA (38 %).

In der Bundesrepublik Deutschland hat sich nach dem Zweiten Weltkrieg ein komplexes arbeitsteiliges System von FuE-Einrichtungen entwickelt, die das gesamte Spektrum der FuE-Prozesse von der Grundlagenforschung bis zur Erprobung und Prototypentwicklung abdecken.

Während in den Universitäten und in der Max-Planck-Gesellschaft vor allem Grundlagenforschung und langfristig anwendungsorientierte Forschung im vorwettbewerblichen Bereich betrieben wird, stellen insbesondere die in der Arbeitsgemeinschaft industrieller Forschungsvereinigungen e.V. (AIF) zusammengeschlossenen branchenorientierten Forschungseinrichtungen und die Institute der Fraunhofer-Gesellschaft zur Förderung der angewandten Forschung e.V. das Bindeglied zwischen anwendungsorientierter Grundlagenforschung und den industriellen Erfordernissen nach wettbewerblicher Produkt- und Verfahrensentwicklung dar. Abbildung 10.1-2 zeigt, wie die Arbeit der verschiedenen Einrichtungen und Sektoren innerhalb der FuE-Prozesse angesiedelt sind; dabei gibt die Größe der Flächen Anhaltspunkte für den Umfang der FuE-Tätigkeit.

Abbildung 10.1-2: Forschungssystem der Bundesrepublik Deutschland 1987 (FuE-Ausgaben in Mrd. DM)

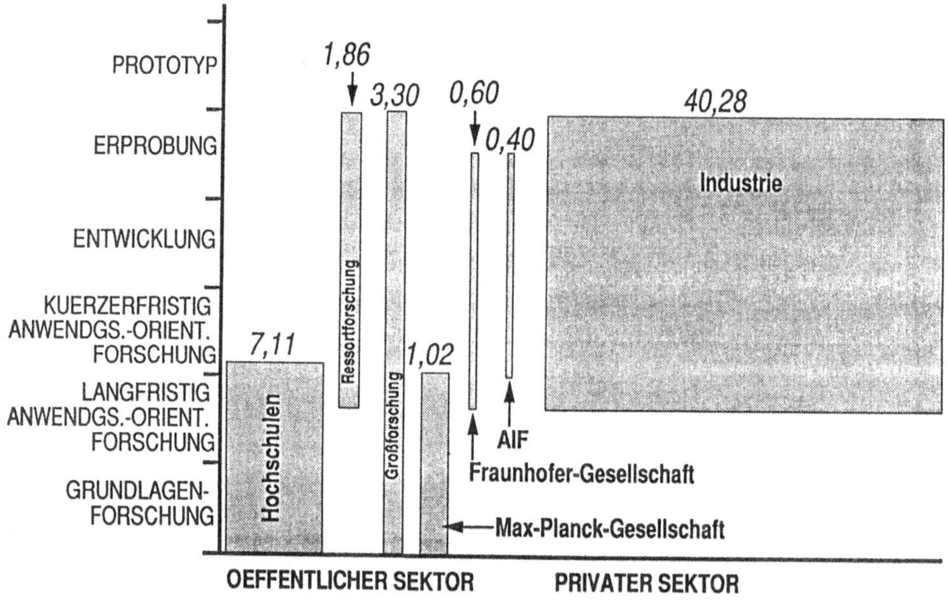

10.1.2 STRUKTUR DES TELEKOMMUNIKATONSSEKTORS

Die ordnungspolitischen Strukturen des Telekommunikationssektors in der Bundesrepublik Deutschland haben sich während der letzten Jahre deutlich verändert. Die Veränderungen sind eingebettet in die europäische und die weltweite Entwicklung zu mehr Wettbewerb auf den Telekommunikationsmärkten. Nach einer sich über mehrere Jahre erstreckenden Diskussion über eine Postreform wurde diese im Frühsommer 1989 im Parlament verabschiedet und trat zum 1. Juli desselben Jahres in Kraft. Es gab Übergangsfristen für einzelne Regelungen und die angestrebte Entwicklung der traditionsreichen öffentlichen Verwaltung Deutsche Bundespost (DBP) zu einem marktorientierten öffentlichen Dienstleistungsunternehmen DBP wird ebenfalls einige Zeit dauern. Ausgangspunkt der Reform war eine Situation, in der die DBP als Sondervermögen des Bundes über weitgehende Monopolrechte im Bereich der Telekommunikationsdienste verfügte, während der Bereich der Endgeräte mit Ausnahme des einfachen Telefonhauptanschlusses und (bis vor kurzem) von Modems für die Datenübertragung dem Wettbewerb zugänglich waren. Die DBP nahm die Zulassungsfunktion für die Geräte wahr, und sie trat in einigen Marktsegmenten als Mitanbieter ohne eigene Geräteproduktion auf. Eine Trennung zwischen politischen und hoheitlichen Funktionen auf der einen Seite sowie betrieblichen und unternehmerischen Funktionen auf der anderen gab es bis zur Postreform nicht. Der Deutsche Bundestag und die Bundesländer waren über einen Postverwaltungsrat an der Entwicklung des Fernmeldewesens beteiligt und in bestimmte Entscheidungen der DBP eingebunden.

Die Postreform hat zwei große Bereiche: Die Schaffung neuer ordnungspolitischer Strukturen und die Neustrukturierung der DBP selbst zur Stärkung ihrer Konkurrenzfähigkeit auf den Wettbewerbsmärkten bei Wahrung ihrer infrastrukturellen Aufgaben.

Neuer ordnungspolitischer Rahmen

Die Leitlinie des neuen ordnungspolitischen Rahmens für den Telekommunikationsmarkt lautet: Wettbewerb bei Wahrung der infrastrukturellen Verantwortung der DBP. Dazu wurde für die drei Ebenen des Telekommunikationssystems - Netze, Dienste und Endgeräte - ein jeweils unterschiedliches ordnungspolitisches Modell geschaffen. Bei den Telekommunikationsnetzen gilt der Grundsatz: Das Netzmonopol verbleibt bei der DBP, wobei es ein Übertragungswegemonopol ist, das die Vermittlungsstellen des Netzes nicht mit einschließt. Das Netzmonopol der DBP soll einen Kostenausgleich in der Fläche und eine Gleichbehandlung der Fläche ermöglichen sowie das

Telefondienstmonopol sichern. Es soll zu einem chancengleichen Wettbewerb bei der Nutzung der Telekommunikationsnetze und zur Integrität des Fernmeldewesens beitragen. Von dem Netzmonopol sind zwei "Randbereiche", die Satellitenkommunikation und die Mobilfunkkommunikation, ausgenommen. In beiden Fällen handelt es sich um sehr innovative Bereiche, bei denen man sich aus der Einführung von Wettbewerb beträchtliche Vorteile für die gesamte Entwicklung der Bereiche verspricht. Ende 1989 hat der neue Bundesminister für Post und Telekommunikation (BMPT) nach einem international offenen Wettbewerbsverfahren die Lizenz zur Errichtung und zum Betrieb eines zweiten Mobilfunknetzes auf der Basis des GSM-Standards an ein von Mannesmann geführtes privates Konsortium vergeben. An diesem Konsortium sind auch ausländische Netzbetreiber beteiligt.

Auf der Ebene der Telekommunikationsdienste sieht das ordnungspolitische Modell folgendermaßen aus:

- Wettbewerb bei allen Diensten mit Ausnahme des Telefondienstes.
- Der Telefondienst verbleibt im Monopol der DBP.
- Vorgabe von Pflichtdiensten für die DBP zur Sicherung der Infrastruktur.

Auf der Diensteebene kann es damit zu einem asymmetrischen Wettbewerb zwischen der DBP und privaten Unternehmen kommen, bei dem die DBP Infrastrukturaufgaben zu erfüllen hat. Diese Auflagen können Wettbewerbsnachteile für die DBP bedeuten. Es ist deshalb notwendig und vorgesehen, daß die DBP einen Finanzausgleich aus den Monopoldiensten zum Ausgleich der Wettbewerbsnachteile bei Pflichtleistungen vornehmen darf. In Ausnahmefällen kann der Minister auch Auflagen für private Diensteanbieter verordnen. Die Überwachung des Finanzausgleiches innerhalb der DBP zwischen Monopol- und Wettbewerbsbereich wird eine der Aufgaben des BMPT sein. Der Finanzausgleich muß einerseits die Wettbewerbsnachteile ausgleichen, er darf aber andererseits nicht zum Verdrängungswettbewerb privater Mitbewerber mißbraucht werden.

Das ordnungspolitische Modell sieht für die DBP damit drei Dienstekategorien vor: Monopolleistungen, Pflichtleistungen und freie Leistungen. Monopolleistungen im Telekommunikationsbereich sind die Vermietung von Übertragungswegen und der Telefondienst. Sie sind gesetzlich festgelegt. Pflichtleistungen sind Infrastrukturdienstleistungen, die die DBP im besonderen öffentlichen Interesse, vor allem aus Gründen der Daseinsvorsorge, erbringen muß. Sie werden als politische Zielvorgaben durch Rechtsverordnung des BMPT bestimmt. Dabei können die wesentlichen Strukturen der Pflichtleistungen und der Entgeltregelungen festgelegt werden. Es gibt einen Infrastrukturrat, der sich je zur Hälfte aus Vertretern des Deutschen Bundestages und des Bundesrates zusammensetzt. Er wird über Vorlagen des BMPT zur Festlegung von Pflichtleistungen beschließen. Damit haben die Bundesländer wesentlichen Einfluß auf die Festlegung von Infrastrukturauflagen, die die DBP zu erfüllen hat. Als dritten Bereich gibt es die freien Leistungen. Hier kann die DBP Telekom nach eigener unternehmerischer Entscheidung im Rahmen ihrer allgemeinen Aufgabenstellung tätig werden.

Neue Unternehmensverfassung der DBP

Die neue Unternehmensverfassung der DBP sieht eine Trennung der politischen und hoheitlichen Aufgaben von den unternehmerischen und betrieblichen Aufgaben vor. Die Wahrnehmung der politischen und hoheitlichen Aufgaben erfolgt durch den BMPT, der dabei mit dem Infrastrukturrat zusammenarbeitet. Die Wahrnehmung der unternehmerischen und betrieblichen Aufgaben liegt bei den drei öffentlichen Unternehmen: DBP POSTDIENST, DBP POSTBANK und DBP TELEKOM. Das Sondervermögen DBP gliedert sich in die Teilsondervermögen der drei Unternehmen. Es gibt ein Direktorium, das bestimmte im Gesetz festgelegte Koordinationsaufgaben wahrnimmt (vgl. Abbildung 10.1-3).

Abbildung 10.1-3: Neue Struktur der DBP

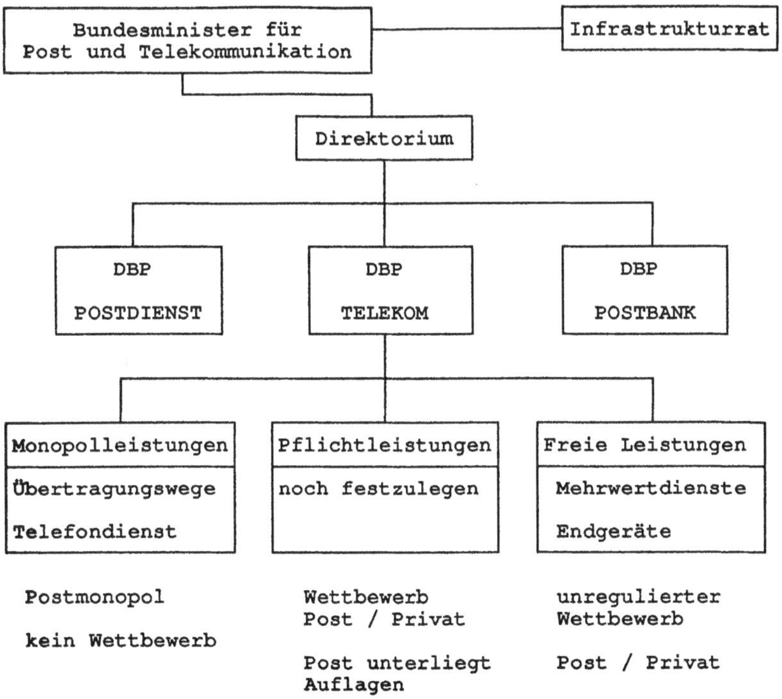

Die neue Unternehmensverfassung zielt darauf ab, die DBP aus dem unmittelbaren politischen Bereich herauszulösen. So soll einerseits eine größere Unabhängigkeit von der Politik erlangt werden und andererseits sollen die politischen und unternehmerischen Vorgaben, die das Handeln der DBP-Unternehmen als Rahmen bestimmen, offen gelegt werden. Darüber hinaus sollen die DBP-Unternehmen größere Freiräume für ein Handeln nach marktwirtschaftlichen Prinzipien erhalten, inklusive einer größeren Beweglichkeit im finanziellen und personellen Bereich. Hier ist die DBP durch die enge Einbindung in den öffentlichen Dienst bisher stark benachteiligt im Wettbewerb mit privaten Unternehmen, z. B. bei der Gewinnung von knappen, hoch qualifizierten Mitarbeitern.

Aufgaben des Bundesministers für Post und Telekommunikation

Der BMPT nimmt die politisch-parlamentarische Verantwortlichkeit für die DBP wahr. Er legt die mittel- und langfristigen Ziele gegenüber den DBP-Unternehmen fest. Er bestimmt nach Anhörung der Unternehmen die Pflichtleistungen im Zusammenwirken mit dem Infrastrukturrat, und er nimmt die Rechtsaufsicht gegenüber den Unternehmen wahr. Der BMPT hat eine Reihe von Genehmigungsrechten bei wichtigen Beschlüssen der Organe der Unternehmen. Dazu gehören die Feststellung der Wirtschaftspläne, der Jahresabschlüsse und der Leistungsentgelte in den Monopolbereichen. Der BMPT hat ein Widerspruchsrecht bei der Festlegung von für die wirtschaftliche Entwicklung der Unternehmen wesentlichen Leistungsentgelten für Pflichtleistungen. Mit diesen Rechten und Pflichten hat der BMPT auch in Zukunft einen großen Einfluß auf die DBP. Er kann und wird das Verhalten der DBP-Unternehmen regulieren und auf diesem Wege die politische Verantwortung für die Entwicklung des Sektors tragen.

Der BMPT wird darüber hinaus Regulierungsaufgaben für den gesamten Telekommunikationsmarkt übernehmen. Zu diesen Aufgaben gehört die Festlegung nationaler und internationaler Standards, die Zulassung von Telekommunikationseinrichtungen, die Frequenzverwaltung und die Vertretung der Bundesrepublik Deutschland in internationalen Gremien.

Infrastrukturrat

Mit der Postreform wird ein Infrastrukturrat beim BMPT gebildet, der aus je elf Vertretern des Deutschen Bundestages und des Bundesrates besteht. Der Infrastrukturrat wird bei Entscheidungen des BMPT, die von infrastruktureller Bedeutung sind und die wesentliche Belange der Länder tangieren, mitwirken. Für diese Mitwirkung steckt das Gesetz einen Rahmen ab, und es räumt dem Infrastrukturrat Beschlußrechte zu bestimmten Fragen ein. Dazu gehören beabsichtigte Entscheidungen des BMPT zu Leistungsentgelten bei Monopol- und Pflichtleistungen sowie Vorlagen des BMPT zur Festlegung von

Pflichtleistungen und Datenschutzvorschriften. Der Infrastrukturrat nimmt darüber hinaus zu bestimmten Entscheidungen des BMPT Stellung, und er hat Informationsrechte in Angelegenheiten, die von infrastruktureller Bedeutung sind und die wesentliche Belange der Länder berühren. Die Stellung des Infrastrukturrates gegenüber dem BMPT ist relativ stark. Der BMPT kann im Falle eines nicht auszuräumenden Auffassungsunterschiedes die Angelegenheit nur der Bundesregierung zur Entscheidung vorlegen. Diese Regelung ist derjenigen im alten Postverwaltungsgesetz zu den Beschlüssen des Verwaltungsrates nachgebildet. Damit besteht ein erheblicher Einigungszwang zwischen BMPT und Infrastrukturrat in Regulierungsfragen, die die wesentlichen Belange der Länder berühren und die für die Infrastruktur von Bedeutung sind.

Netzträger Deutsche Bundespost

Der Netzträger DBP ist ein Sondervermögen des Bundes mit über einer halben Million Beschäftigten. Die DBP bietet neben den Telekommunikationsdiensten auch Post- und Postbankdienste an. Der Telekommunikationsbereich, der seit 1990 DBP Telekom heißt, erzielte 1988 ein Umsatzvolumen von rund 37 Mrd. DM bei etwa 220 000 Beschäftigten. Hauptumsatzträger ist der Telefondienst mit knapp 90 % der Umsatzerlöse, aber andere Dienste weisen sehr viel höhere Wachstumsraten auf. Die DBP Telekom investiert gegenwärtig etwa 15 Mrd. DM pro Jahr. Schwerpunkt der Investitionen sind die Digitalisierung des Telefonnetzes, ISDN und neue Dienste inklusive Breitbandkommunikation. Die Telekom bleibt auch nach der Postreform eine öffentliche Verwaltung, sie soll sich allerdings am Markt wie ein öffentliches Unternehmen verhalten. Die Telekom entwickelt und produziert keine Telekommunikationsgeräte oder -systeme, diese werden ausschließlich von der Herstellerindustrie beschafft. Nach der Postreform befindet sich die Telekom in einer Phase der Anpassung an die neuen Gegebenheiten. Dies gilt für die internen Strukturen ebenso wie für das Verhalten der DBP auf den in- und den ausländischen Märkten. So ist ein wachsendes Engagement in Joint-Ventures zum Angebot internationaler Telekommunikationsdienste und generell auf ausländischen Märkten zu beobachten.

Die DBP Telekom ist gemessen am Umsatz der größte Telekommunikationsdiensteanbieter in Europa mit einem Umsatzvolumen von 1987 über 17 Mrd. ECU. France Télécom und British Telecom haben ein Umsatzvolumen von knapp 14 Mrd. ECU, während AT&T mit einem Diensteumsatz von über 20 Mrd. ECU und die japanische NTT mit 34 Mrd. ECU deutlich größer sind (siehe auch Abschnitt 11.2.2).

Herstellerindustrie

Die Bundesrepublik Deutschland hat eine umfangreiche und diffenzierte Herstellerindustrie. Die traditionsreiche Siemens AG, der nach AT&T und Alcatel NV weltweit drittgrößte Anbieter von Telekommunikationsgeräten und -systemen, ist das dominierende inländische Unternehmen mit einem Telekommunikationsumsatz von etwa 12,5 Mrd. DM im Jahr 1987. Siemens gehört zu den Universalanbietern im Telekommunikationssektor. Daneben gibt es eine Reihe anderer großer und mittlerer Unternehmen in der Bundesrepublik Deutschland sowie eine Anzahl kleiner Nischenproduzenten.

Der Bosch-Konzern hat sich seit Anfang der 80er Jahre durch externes und internes Wachstum stärker in der Telekommunikation engagiert und ist inzwischen mit einem Telekommunikationsgeräteumsatz von etwa 6 Mrd. DM an die zweite Stelle vorgerückt. Der Telekommunikationsbereich von Bosch ist im Unterschied zu Siemens bisher aber noch überwiegend auf das Inland orientiert. Änderungen zeichnen sich ab.

Die Standard Elektrik Lorenz AG (SEL) ist der drittgrößte Anbieter mit 4 Mrd. DM Umsatz. SEL gehörte bis 1988 zu ITT und ist inzwischen Teil von Alcatel NV. In der Vergangenheit hatten die nationalen Tochterunternehmen des ITT-Konzerns immer eine relativ große Eigenständigkeit gegenüber der Zentrale und den anderen ausländischen Tochtergesellschaften, wobei gerade im FuE-Bereich auch damals schon arbeitsteilig vorgegangen wurde. Mit dem Aufkauf der europäischen ITT-Tochtergesellschaften durch den französischen Alcatel-Konzern ist diese Selbständigkeit in Frage gestellt. Man wird SEL in Zukunft stärker als in der Vergangenheit als Teil eines ausländischen multinationalen Konzerns ansehen müssen.

Das Unternehmen Philips Kommunikations Industrie (PKI) ist in vielen Belangen mit SEL vergleichbar. Es gehört zu dem niederländischen multinationalen Philips-Konzern, der neben PKI über weitere europäische Tochtergesellschaften im Telekommunikationsbereich verfügt und der große FuE-Labors in mehreren Ländern hat. Philips selbst ist seit einigen Jahren kein Universalanbieter im Telekommunikationsbereich mehr. Bei der Vermittlungstechnik arbeitet der Konzern mit AT&T zusammen. Die ehemaligen Philips-Ingenieure, die in der gemeinsamen Tochtergesellschaft Network System International (NSI) arbeiten, sind überwiegend mit der Anpassung der amerikanischen Vermittlungstechnik an die Erfordernisse des europäischen Marktes beschäftigt. PKI (Umsatz ca. 1,7 Mrd. DM 1987) betont wie SEL, das seine Telekommunikationsaktivitäten in der Bundesrepublik auf den nationalen Markt ausgerichtet sind.

AEG-Telefunken war seit Beginn der modernen Nachrichtentechnik neben Siemens der zweite große deutsche Anbieter. Mit dem Beinahe-Zusammenbruch des Konzerns hat die Entwicklung des Telekommunikationsbereiches bei AEG erheblichen Schaden genommen. So wurden wichtige Unternehmensteile verkauft, die inzwischen zu Bosch gehören. AEG selbst gehört seitdem zum Daimler-Benz-Konzern und ist in der Telekommunikation auf die Bereiche Mobilfunk, Kabel, Bürotechnik, Weltraum- und Wehrtechnik spezialisiert.

Neben den genannten Unternehmen gibt es eine ganze Reihe weiterer Unternehmen, die in einzelnen Bereichen der Telekommunkationstechnik tätig sind: DeTeWe, Nixdorf, Krone, Rohde & Schwarz, Kolbe & Co., Quante etc.. Bei diesen Unternehmen ist ein Trend zur Zusammenarbeit mit anderen in- und ausländischen Herstellern festzustellen.

10.2 GRUNDSTRUKTUR DER TELEKOMMUNIKTIONS-FuE

Die erwähnten Grundsätze der FuE-Politik der Bundesrepublik Deutschland (Abschnitt 10.1.1) gelten auch für den Bereich der Telekommunikation. Die relative Zurückhaltung des Staates gegenüber der FuE in der Industrie (relativ zu der entsprechenden Politik in einigen anderen Ländern) drückt sich dabei insbesondere dadurch aus, daß die DBP, die als öffentliche Verwaltung ein Vehikel für staatliche FuE-Politik sein könnte, in dieser Hinsicht in der Vergangenheit keine oder kaum eine Rolle gespielt hat. Dies wird durch die in diesem Abschnitt vorgenomme Darstellung der Grundstruktur der Telekommunikations-FuE deutlich. Die Neustrukturierung des Telekommunikationsmarktes und die damit einhergehenden Änderungen in den ordnungspolitischen Rahmenbedingungen (siehe Abschnitt 10.1.2) werden in der Zukunft wahrscheinlich noch zu einer Akzentuierung dieser Politik führen. Eine detaillierte Diskussion dieses Aspektes erfolgt im nachfolgenden Abschnitt 10.3. Der vorliegende Abschnitt begnügt sich damit, beruhend auf Zahlen für das Jahr 1987, einen ersten Überblick über die Bedeutung der verschiedenen Akteure in der Telekommunikations-FuE in der Bundesrepublik Deutschland zu vermitteln.

Es gibt leider keine statistische Quelle, die umfassend und in der erforderlichen Disaggregation die entsprechenden Zahlen zur Verfügung stellen würde. Es war deshalb nötig, auf Daten aus verschiedenen Quellen zurückzugreifen und diese dem Zweck der Analyse entsprechend zusammenzustellen. Die benutzten Quellen sind dabei

- eine Sonderauswertung von Daten über FuE durch die SV-Gemeinnützige Gesellschaft für Wissenschaftsstatistik des Stifterverbandes der Deutschen Wissenschaft;

- veröffentlichte und unveröffentliche Daten der DBP;

- Daten des BMFT; und
- qualitative Angaben des BMVg.

Abbildung 10.2-1: Finanzierung und Durchführung von FuE im Telekommunikationsbereich nach Sektoren in der Bundesrepublik Deutschland 1987 (in Mrd. US $; Beträge in Kästen beziffern die Durchführung von FuE, Beträge an Pfeilen die Finanzierung)

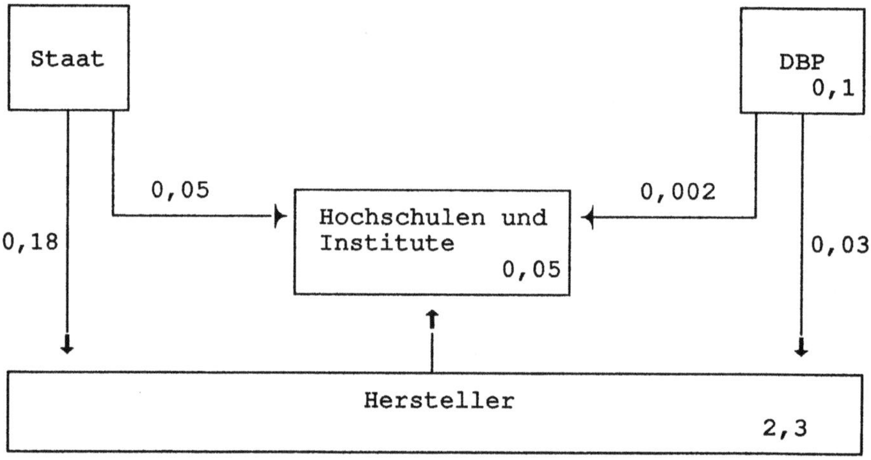

Wegen der Heterogenität der Quellen und der Annahmen, die an bestimmten Stellen, besonders bei der Einschätzung der Bedeutung der FuE für militärische Zwecke, gemacht werden mußten, dürfen einige der nachfolgenden Zahlenangaben nur als Schätzungen angesehen werden. Es kann jedoch davon ausgegangen werden, daß sie ein realistisches, konsistentes Bild der FuE-Struktur in der Telekommunikation wiedergeben.

Das nationale FuE-Budget in der Telekommunikation belief sich 1987 auf 6,3 Mrd. DM bzw. 2,5 Mrd. US $. Abbildung 10.2-1 zeigt die entsprechende Finanzierungs- und Durchführungsstruktur. Aus der Abbildung geht hervor, daß FuE in der Telekommunikation in ganz überwiegendem Maße von der Herstellerindustrie getragen wird. Dies ergibt sich aus der grundsätzlichen und seit langem bestehenden Politik der DBP, ausschließlich fertig entwickelte Telekommunikationsgeräte zu beschaffen und mit dem Preis für die Geräte auch alle entsprechenden Entwicklungsleistungen zu entgelten. Die DBP beteiligt sich somit unmittelbar weder an der Durchführung noch an der Finanzierung der Entwicklung von Telekommunikationsgeräten. Die daraus folgende Verlagerung der FuE fast ausschließlich auf die Herstellerindustrie ist international gesehen, im Vergleich zu den anderen Industrieländern mit einer umfangreichen Produktion von Telekommunikationsgeräten, als Ausnahme zu betrachten. (Daß die DBP jedoch einen starken Einfluß auf die FuE ausübt, wird dadurch nicht ausgeschlossen; siehe dazu nachfolgende Ausführungen in diesem Abschnitt.) In Übereinklang mit der hochkonzentrierten Struktur des Sektors wird der größte Teil der Telekommuniktations-FuE von Großunternehmen durchgeführt und finanziert; allerdings ist auch der Beitrag mittlerer und kleinerer Unternehmen beträchtlich.

Tabelle 10.2-1: Rollenverteilung bei der Telekommunikations-FuE 1987

	Anteile bei der Durchführung	Anteile bei der Finanzierung
Herstellende Industrie	93 %	85 %
Deutsche Bundespost	5 %	7 %
Hochschulen und sonstige Forschungseinrichtungen	2 %	--
Staat	--	9 %

Aus Tabelle 10.2-1, in der die Durchführungs- und Finanzierungsanteile der Akteure in der Telekommunikations-FuE ausgewiesen sind, geht hervor, daß bei der Durchführung die Herstellerindustrie mit über 90 % beteiligt ist, bei der Finanzierung mit einem um einige Prozentpunkte geringeren Anteil. Hierin drückt sich in erster Linie die Forschungsförderung aus, die Industrieunternehmen vom BMFT erhalten, und nur in einem sehr geringen Umfang die Finanzierung von FuE-Projekten, welche auch die DBP vergibt. Die Industrie vergibt ihrerseits auch FuE-Aufträge an Hochschulen und Forschungsinstitute, die nicht genau beziffert werden können, aber volumenmäßig kaum ins Gewicht fallen.

Trotz der Abstinenz der DBP bei der Entwicklung von Hardware ist die DBP nach der Herstellerindustrie der wichtigste Akteur in der Telekommunikations-FuE. Diese Rolle nimmt sie zum einen ein durch ihre eigenen FuE-Aktivitäten, die auf die Planung und Entwicklung von Netzen und Diensten ausgerichtet sind. Zum anderen ist sie dies dadurch, daß sie in der Bundesrepublik Deutschland den weitaus wichtigsten Nachfrager darstellt und durch ihren spezifischen Bedarf die Ausrichtung der FuE in der deutschen Industrie, die nach wie vor ihre bedeutendste Bezugsquelle ist, mitbestimmt. Den größten Teil der direkten FuE-Aufwendungen verwendet die DBP auf hausinterne FuE-Anstrengungen. Zusätzlich zu den bereits erwähnten, im Gesamtbild relativ gering zu Buche schlagenden FuE-Aufträgen an die Industrie vergibt die DBP auch FuE-Aufträge an Hochschulen und Forschungsinstitute und trägt damit dort hauptsächlich mit zur Finanzierung von Telekommunikations-Forschung bei.

Organisatorisch ist FuE bei der DBP im Fernmeldetechnischen Zentralamt (FTZ) und im Forschungsinstitut (FI), das dem FTZ zugeordnet ist, angesiedelt. Die Telekommunikations-Forschung nimmt innerhalb der FuE bei der DBP eine relativ große Bedeutung ein und wird ausschließlich vom FI wahrgenommen.

Staatliche Befassung mit Telekommunikations-FuE erfolgt im wesentlichen an zwei Stellen. Es sind dies das BMFT und das BMVg, wobei dem erstgenannten Ministerium das weitaus größere Gewicht zukommt. Die Förderung von Nachrichtentechnik wird im BMFT durch das Referat "Technische Kommunikation" wahrgenommen. Dieses Referat wurde Mitte der 70er Jahre geschaffen, nachdem einige Jahre zuvor das Ministerium begonnen hatte, sich gezielt diesem Gebiet zu widmen. Ein Ergebnis der zu dieser Zeit begonnenen intensiven Befassung mit Telekommunikations-FuE war die Gründung (zusammen mit dem Land Berlin) des Heinrich-Hertz-Instituts (HHI), das einmal als Forschung betreibende Stelle und zum anderen als Begleiter von Forschung in anderen Institutionen zentrale Aufgaben für das BMFT übernommen hat. Ein entsprechender Teil der Förderung, die das BMFT im Laufe der Jahre zur Verfügung gestellt hat, ist denn auch dem HHI zugeflossen.

Die FuE-Förderung des BMFT im Bereich der Kommunikationstechnik wird seit Ende der 70er Jahre im Rahmen von Programmen und Konzeptionen der Bundesregierung durchgeführt. Während von 1978 bis 1982 die Förderung mit dem Fachprogramm "Technische Kommunikation" vorgenommen wurde, erfolgte sie nach dem Regierungsbericht "Informationstechnik" von 1984 als Teil der Förderung des gesamten Bereichs der "Informationstechnik". Seit 1989 liegt ein "Zukunftskonzept Informationstechnik" der Bundesregierung vor, das die bisherige Ausrichtung der FuE-Förderung fortschreibt. In der von ihm verfolgten FuE-Förderung hat das BMFT immer mit anderen Bundesministerien zusammengearbeitet, insbesondere mit dem BMP und dem BMWi. Dies führte z. B. dazu, daß bei dem Programm "Technische Kommunikation" eine konkrete Aufgabenteilung zwischen BMFT und BPM bezüglich der Förderung von Projekten stattfand entsprechend der mit diesen verfolgten Zielsetzung. Das "Zukunftskonzept Informationstechnik" soll in gemeinsamer Federführung vom BMFT und dem BMWi umgesetzt werden.

Das BMVg ist in der Bundesrepublik Deutschland, anders als z. B. in Frankreich oder den U.S.A., kein bedeutender Finanzier von FuE in der Telekommunikation, die für zivile Anwendungen von Bedeutung wären. Es werden zwar FuE-Aktivitäten gefördert, die explizit auf die Entwicklung von militärischem Gerät (z. B. Radar) ausgerichtet sind, jedoch kaum solche, die absehbar im wesentlichen für den zivilen Sektor von Interesse wären. Die letzteren Vorhaben werden so gut wie ausschließlich vom BMFT unter vorrangiger Berücksichtigung der Anforderungen des zivilen Sektors gefördert. Für den militärischen Sektor werden dann gegebenenfalls Modifikationen an den für zivile Zwecke entwickelten Systemen vorgenommen. Gleichwohl sind die Aufwendungen für militärische Telekommunikations-FuE in die Angaben in Abbildung 10.2-1 und Tabelle 10.2-1 mit einbezogen worden. Diese FuE wird hauptsächlich von der Industrie durchgeführt und macht insgesamt einen Anteil von ungefähr 10 % aus. Die Hälfte davon wird vom Staat finanziert. Wegen der, relativ zu anderen Ländern, geringen Bedeutung der staatlichen FuE-Förderung im militärischen Bereich und der nur geringen damit verbundenen positiven Ausstrahlungseffekten in den Bereich der zivilen Telekommunikation ist die militärische FuE in diesem Kapitel nicht weiter verfolgt worden.

Die Hochschulen und sonstige Forschungseinrichtungen betreffenden Angaben in Abbildung 10.2-1 und Tabelle 10.2-1 reflektieren den Teil der FuE-Aktivitäten dieser Institutionen, die anhand der sie finanzierenden staatlichen Förderprogramme identifiziert werden konnten. Dies heißt, daß ihre Bedeutung in der obigen Abbildung bzw. Tabelle wahrscheinlich unterschätzt wird. Es muß nämlich davon ausgegangen werden, daß diese Einrichtungen auch im Rahmen ihrer institutionell geförderten Forschung Arbeiten durchführen, die der Telekommunikation zuzuordnen sind. Dieser letztere Teil kann jedoch nicht erfaßt werden, nicht zuletzt aufgrund der im universitären Bereich schwierigen Abgrenzung einzelner industrieller Sektoren. Die Bedeutung der Hochschulen und der sonstigen Forschungseinrichtungen liegt eindeutig in der Grundlagenforschung, insbesondere bei der Theorie, und gerade dort muß ihr Beitrag höher eingeschätzt werden, als er oben erfaßt werden konnte.

In Abbildung 10.2-2 werden die Spezialisierungsprofile bezüglich der Forschung (auf der Basis von Publikationen) und der Entwicklung (auf der Basis von Patentanmeldungen) für alle westdeutschen Akteure im Telekommunikationssektor Mitte der achtziger Jahre verglichen. (Für allgemeine Erläuterungen der Profilbildung siehe Band I, S. 28f und 35ff sowie Grupp 1990). Aus der Abbildung geht hervor, daß die Entwicklung (hauptsächlich in der Herstellerindustrie) vornehmlich auf die drahtgebundene und drahtlose Kommunikation und die hochfrequente (Radar) und niederfrequente Fernmeßtechnik gerichtet ist, während bei der Forschung sich die Schwerpunkte in den Bereichen der drahtgebundenen Kommunikation, digitalen Technik sowie Software und Dienste gebildet haben. Die dabei entstandenen Unterschiede in der Spezialisierung in der Entwicklung gegenüber der in der Forschung waren bereits Anfang der achtziger Jahre zu beobachten; sie waren zu der Zeit sogar so stark ausgeprägt, daß eine signifikant negative Korrelation bestand (Grupp 1990). Während sich dann bis Mitte der achtziger Jahre das Spezialisierungsmuster im Bereich der Entwicklung kaum verschob, traten auf der Seite der Forschung neue Gebiete verstärkt in Erscheinung, andere wurden weniger forciert. Dies führte dazu, daß Forschungsaktivitäten sich mehr dem Profil der Entwicklung anpaßten, und die negative Korrelation zwischen den beiden Aktivitäten aufgehoben wurde. Wenn man weiter unterstellt, daß die Patentspezialisierung im wesentlichen durch die industrielle Innovationsstrategien geprägt ist, kann man feststellen, daß das westdeutsche Forschungssystem inzwischen mehr als Anfang der achtziger Jahre durch industrielle Ziele beeinflußt wird.

Abbildung 10.2-2: Spezialisierung der telekommunikationsbezogenen FuE in der Bundesrepublik Deutschland Mitte der 80er Jahre auf der Grundlage von wissenschaftlichen Publikationen 1985-87 (Publikationsjahre) und von Patentanmeldungen 1984-86 (Prioritätsjahre) nach Teilgebieten

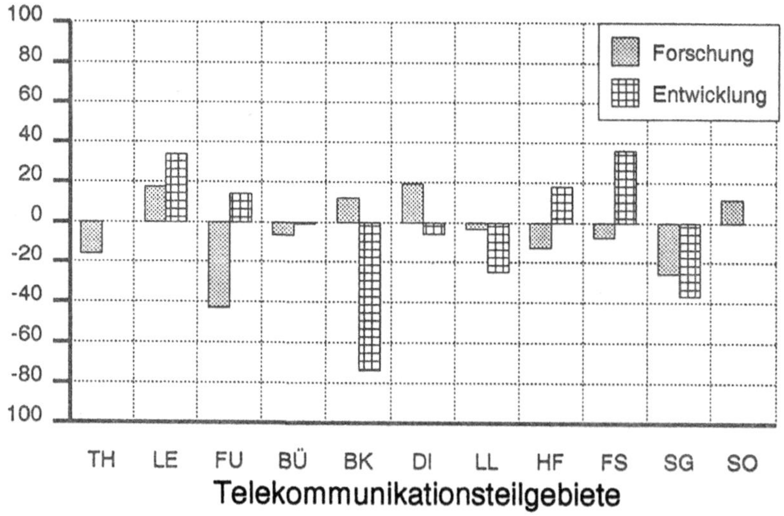

10.3 ROLLENVERTEILUNG BEI FORSCHUNG UND ENTWICKLUNG IN DER TELEKOMMUNIKATION

10.3.1 ROLLE DES STAATES

Das Bundesministerium für Forschung und Technologie (BMFT) hat FuE im Telekommunikationsbereich im Rahmen mehrerer Programme gefördert. Wichtig ist vor allem die Förderung im Bereich "Technische Kommunikation". Sie zielt unmittelbar auf den Telekommunikationssektor, während bei der Förderung in anderen Bereichen wie der "Weltraumforschung und Weltraumtechnik" der Telekommunikationssektor zwar am Rande betroffen ist, aber nicht im Zentrum steht. Im folgenden wird schwerpunktmäßig der Bereich "Technische Kommunikation" untersucht. Bei der Förderung dieses Bereiches kommt es zu einer Überschneidung der Aufgaben des BMFT mit den Aufgaben der DBP bzw. des Bundesministeriums für Post- und Fernmeldewesen (BMP), die eine Koordination und Abgrenzung der Aktivitäten erforderlich macht. Eingangs werden deshalb die Geschichte des BMFT-Engagements im Bereich der "Technischen Kommunikation" und die Zusammenarbeit von BMFT und DBP untersucht.

FUE-FÖRDERUNG IM BEREICH TECHNISCHE KOMMUNIKATION

Zur Geschichte und der Zusammenarbeit von BMFT und DBP

Zu Beginn der 70er Jahre hat der BMFT damit begonnen, FuE auf dem Gebiet der Nachrichtentechnik zu fördern. Mitte der 70er Jahre wurde im Ministerium ein eigenständiges Referat "Technische Kommunikation" zur Betreuung des Förderbereiches geschaffen, und der BMFT hat zusammen mit dem Land Berlin die Heinrich-Hertz-Institut GmbH (Gesellschafteranteile je 50 %) gegründet. Die Gründung des Heinrich-Hertz-Instituts (HHI) war ein zentrales Element der forschungs- und technologiepolitischen Initiative des BMFT auf dem Gebiet der Nachrichtentechnik. Tatsächlich handelte es sich um die Übernahme und den Ausbau eines zuvor in anderer Rechtsform arbeitenden Institutes.

In Abstimmung mit der DBP wurden dem HHI damals folgende wesentliche Aufgaben zugewiesen:

(1) Eigene Forschung auf bestimmten nachrichtentechnischen Gebieten (Allgemeine Grundlagen, Bild- und Tontechnik, Technologien der Nachrichtenübertragung und -vermittlung) in eigener Verantwortung zu betreiben,

(2) Auftragsforschung und -entwicklung für die öffentliche Hand (insbesondere das BMFT und das BMP) und für die Industrie durchzuführen,

(3) das BMFT bei der Durchführung von Demonstrationsprojekten zu unterstützen,

(4) die Projektbegleitung für nachrichtentechnologische Förderprojekte des BMFT zu übernehmen und

(5) Analysen und Prognosen auf dem Gebiet der technischen Kommunikation zu erstellen.

Das HHI hat für den BMFT in zweifacher Hinsicht eine zentrale Rolle gespielt. Es hat erstens einen großen Teil der Mittel des BMFT für nachrichtentechnische FuE im Wege der institutionellen und der Projektförderung erhalten, um Forschung selbst durchzuführen, und es hat zweitens bei Großprojekten des BMFT als Projektbegleiter fungiert. Insbesondere die Abteilung Planung des HHI hat das BMFT bei der Spezifikation und Abwicklung von FuE-Projekten unterstützt. Auf diese Weise hat das BMFT das technologische Know-how des HHI für seine Förderpolitik genutzt. Das bedeutet auf der anderen Seite, daß der Einfluß des HHI auf die BMFT-Förderung erheblich war und daß man die Bedeutung des HHI für die nachrichtentechnische FuE in Deutschland nicht alleine an der Größe und dem Etat des Instituts festmachen kann.

Das HHI beschäftigte 1974, vor der Übernahme durch den BMFT und das Land Berlin, 83 Mitarbeiter (47 Wissenschaftler) und hatte einen Etat von ca. 3 Mio. DM. 1975 waren es bereits 115 Mitarbeiter (78 Wissenschaftler) mit einem Etat von 8,2 Mio. DM und 1987 243 Mitarbeiter (128 Wissenschaftler) mit einem Etat von 45 Mio. DM.

Die DBP ist über Mitgliedschaften in dem Aufsichtsrat und im Wissenschaftlichen Beirat des HHI an der Steuerung der Arbeit des Instituts mit beteiligt. Auf diese Weise kann eine Abstimmung der Aktivitäten insbesondere mit dem Forschungsinstitut der DBP (FI) beim Fernmeldetechnischen Zentralamt erfolgen. In dem Forschungsrat des FI wiederum, der 1973 eingerichtet wurde, ist der BMFT mit zwei Vertretern präsent. Auf diese Weise gibt es eine wechselseitige Verflechtung der Träger von HHI und FI in den wissenschaftlichen Beratungsgremien der Institute und die Möglichkeit einer Abstimmung der Arbeit.

Das bereits erwähnte Referat Technische Kommunikation im BMFT leistete wesentliche Vorarbeiten zur Schaffung des Fachprogramms Technische Kommunikation der Bundesregierung, das im Jahr 1977 in Zusammenarbeit mit dem Bundesminister für das Post- und Fernmeldewesen (BMP) fertiggestellt und 1978 verabschiedet wurde. Das Programm war auf die Jahre 1978 bis 1982 befristet. Es ist zwar formal nicht fortgeschrieben worden. Der BMFT hat aber in den darauf folgenden Jahren den Bereich technische Kommunikation im wesentlichen auf der Grundlage des Programmes Technische Kommunikation weiter gefördert.

Im Jahr 1984 wurde die FuE-Förderung des BMFT mit dem Regierungsbericht "Informationstechnik" formal auf eine programmatisch neue Basis gestellt. Seitdem ist die Förderung des Bereiches der technischen Kommunikation formal eingebunden in eine Förderung des gesamten Bereiches der Informationstechnik. Diese programmatische Basis der FuE-Politik dieses Bereiches ist 1989 im Zukunftskonzept Informationstechnik der Bundesregierung fortgeschrieben worden.

Mit dem 1978 aufgelegten Programm der Bundesregierung zur Förderung von Forschung und Entwicklung im Bereich der Technischen Kommunikation 1978-1982 (TK-Programm) hat die FuE-Förderung erstmals eine programmatische Bündelung erfahren. Durch das Fachprogramm entstand eine gewisse Abstimmung und Koordination der klassischen staatlichen FuE-Förderung durch den BMFT einerseits und der FuE-Aktivitäten der DBP andererseits. Eine Zusammenarbeit ist insoweit sachlich geboten als die DBP der weitaus größte inländische Nachfrager nach neuen nachrichtentechnischen Produkten ist und neu entwickelte Produkte außerhalb der DBP keinen großen Inlandsmarkt haben.

Im Jahr 1974 hatte der damals gemeinsame Minister für das Post- und Fernmeldewesen und für Forschung und Technologie eine unabhängige Expertenkommission ("Kommission für den Ausbau des technischen Kommunikationssystems") unter Leitung von Professor Witte eingesetzt. Der 1976 vorgelegte Kommissionsbericht enthielt viele Feststellungen und Empfehlungen, die zur Entwicklung des TK-Programms beigetragen haben. 1977 kam es zu einer Vereinbarung zwischen den beiden inzwischen wieder getrennten Ministerien über die Erarbeitung und Durchführung eines gemeinsamen Programmes. In dieser Vereinbarung wurde die Aufgabenteilung und ein Verfahren zur Abstimmung der Aktivitäten festgelegt:

Der <u>BMP</u> sollte Projekte fördern, die der Erforschung und Anwendung von Systemen und Komponenten für Fernmeldenetze der DBP dienen. Produktentwicklungen sollten grundsätzlich nur im Rahmen von Anwendungsprojekten gefördert werden. Der BMP sollte also keine allgemeine Forschungsförderung auf dem Gebiet der Nachrichtentechnik betreiben, sondern relativ eng auf die Fortentwicklung der Netze und Dienste der DBP orientierte FuE-Projekte durchführen. Über die Beschaffung von Piloteinrichtungen im Wege der bei der DBP üblichen Beschaffungsverfahren sollten die FuE-Aktivitäten der Industrie und der DBP selbst intensiviert werden. Damit blieb die seit langem verfolgte Praxis der DBP im Bereich von FuE, keine Entwicklungsaufträge zu vergeben, auch im TK-Programm erhalten.

Der BMFT sollte im Rahmen des TK-Programms das Schwergewicht seiner Förderung auf die Entwicklung von Technologien und Endgeräten und auf die Entwicklung von Nutzungen der technischen Kommunikation legen. Bei den Projekten des BMFT handelte es sich also um klassische Forschungs- und Entwicklungsförderung des Staates bei Unternehmen und Forschungseinrichtungen.

Das TK-Programm wurde in Teilprogramme aufgeteilt, für die jeweils eines der Ministerien federführend verantwortlich zeichnete (Abbildung 10.3-1).

Die Ministerien haben sich darüber hinaus in einer Vereinbarung verpflichtet, ihre Aktivitäten im Rahmen des TK-Programmes abzustimmen. Die Zusammenarbeit der beiden Ministerien hat nach Aussagen von unmittelbar Beteiligten aus beiden Häusern im großen und ganzen gut funktioniert. Vor allem Ende der 70er und zu Beginn der 80er Jahre gab es einen "produktiven Wettbewerb". Dies ist keineswegs selbstverständlich und wesentlich auf die handelnden Personen in beiden Ministerien zurückzuführen. Aus ihren unterschiedlichen Aufgabenstellungen und Zielsetzungen lassen sich nämlich durchaus Interessengegensätze ableiten.

Aufgabe der DBP ist es, die Fernmeldeinfrastruktur fortzuentwickeln. Dafür entwickelt sie in Zusammenarbeit mit den Zulieferfirmen mittel- und langfristige Konzepte und Investitionspläne. Dementsprechend hat die DBP Interesse insbesondere an der Förderung von denjenigen technischen Entwicklungslinien, die in ihr mittel- und langfristiges Entwicklungskonzept passen. Es dürfte eine Neigung bestehen, FuE-Projekten, die das Konzept wesentlich modifizieren oder gar vollständig in Frage stellen könnten, eine geringere Priorität einzuräumen, obgleich eine solche Neigung nicht der objektiven Interessenlage zu entsprechen braucht. FuE-Projekte, welche die Grundlagen und Richtigkeit der Entwicklungskonzepte überprüfen, liegen zwar durchaus im objektiven Interesse der DBP, weil sich auf diese Weise Fehlinvestitionen vermeiden lassen. Aber das objektive Interesse bestimmt nicht immer das tatsächliche Handeln einer Organisation. Die Stärke der für den Betrieb der Netze und Dienste verantwortlichen Referate in der DBP, die technologischen Neuerungen nicht immer aufgeschlossen gegenüber gestanden haben, war und ist erheblich.

Abbildung 10.3-1: Teilprogramme des TK-Programms und federführende Zuständigkeit

1. Übermittlung von Informationen

1.1 Aktivität Systemstudien (BMP)

1.2 Aktivität Feldprojekte für öffentliche Netze (BMP)
- 1.2.1 Optische Übertragungssysteme
- 1.2.2 Digitalisierung von Übertragungssystemen
- 1.2.3 Vermittlungstechnik
- 1.2.4 Bildschirmtext (Btx)
- 1.2.5 Kabelfernseh-Netze
- 1.2.6 Videotext

1.3 Aktivität Feste und bewegliche Funkdienste (BMP, BMFT)
- 1.3.1 Öffentlicher beweglicher Landfunk
- 1.3.2 Nichtöffentlicher beweglicher Landfunk

1.4 Aktivität Forschung und Entwicklung neuer Technologien, Systeme für innerbetriebliche Netze (BMFT)
- 1.4.1 Komponenten und Systeme der optischen Nachrichtentechnik
- 1.4.2 Halbleiterschaltungen für Übertragungen und Vermittlung
- 1.4.3 Systemlösungen für innerbetriebliche Netze, Feldprojekte
- 1.4.4 Aufbau von Laborsystemen

2. Ein- und Ausgabe und Vervielfältigung von Text und Bild

2.1 Aktivität Teilnehmereinrichtungen (BMP)

2.2 Aktivität Neue Technologien für die Ein-Ausgabe von Text und Bild (BMFT)
- 2.2.1 Bildaufnahmen
- 2.2.2 Bildwiedergabe
- 2.2.3 Bildausgabe, Faksimiletechnik
- 2.2.4 Textausgabe, Schreibautomaten

2.3 Aktivität Druckereitechnik (BMFT)

3. Anwendung der Technischen Kommunikation

3.1 Aktivität Bildschirmtext- und Zweiwegkabelfernseh-Anwendungen (BMFT, BMP)
3.2 Aktivität Rettungswegen, Brand- und Katastrophenschutz (BMFT)
3.3 Aktivität Soziale Dienste (BMFT)
3.4 Aktivität Öffentliche Sicherheit und Ordnung (BMFT)
3.5 Aktivität Büro und Verwaltung (BMFT)

4. Soziale und wirtschaftliche Grundlagen der Technologieförderung

4.1 Aktivität Soziale Beziehungen und gesellschaftliche Strukturen (BMFT)
4.2 Aktivität Arbeitsplätze (BMFT)
4.3 Aktivität Wettbewerbsfähigkeit (BMFT)
4.4 Aktivität Wirtschaftsstruktur (BMFT)

5. Nachrichtentechnische Forschungsinstitute

5.1 Heinrich-Hertz-Institut für Nachrichtentechnik Berlin GmbH (HHI)
5.2 Forschungsinstitut der Deutschen Bundespost beim Fernmeldetechnischen Zentralamt Darmstadt (FI DBP)

Der BMFT hat demgegenüber die Aufgabe, FuE zu fördern. Er ist deshalb zunächst weniger an der unmittelbaren Umsetzung der FuE-Ergebnisse interessiert als die DBP. Er kann und soll ein relativ stärkeres Gewicht auf langfristig orientierte Grundlagenforschung legen. Gleichwohl hat der BMFT mittelbar ein starkes Interesse an einer Umsetzung der FuE-Ergebnisse in marktfähige Produkte, denn staatliche FuE-Förderung ist kein Selbstzweck. Damit gewinnen die Realisierungsmöglichkeiten von FuE-Ergebnissen im Netz der DBP mittelbar eine erhebliche Bedeutung. Dieses Faktum begrenzt die Unabhängigkeit der BMFT-Förderung und es begründet aus der Sicht des BMFT einen Abstimmungsbedarf seiner FuE-Politik mit den Vorstellungen und Konzepten zur Fortentwicklung der Fernmeldeinfrastruktur, die die DBP verfolgt. Der BMFT muß versuchen, Einfluß auf die Investitionspolitik der DBP zu gewinnen. Erst relativ konkrete Absatzerwartungen werden die Unternehmen dazu veranlassen, die erheblichen Mittel, die bei der Entwicklung neuer nachrichtentechnischer Systeme erforderlich sind, zu investieren.

In der praktischen Zusammenarbeit der beiden Ministerien während der letzten Jahrzehnte haben die skizzierten Verhaltensweisen tatsächlich alle eine gewisse Rolle gespielt:

So haben die Aktivitäten des BMFT im Glasfaserbereich seit Mitte der 70er Jahre mit dazu beigetragen, die zu dieser Zeit noch stark auf betriebliche Ziele ausgerichteten und wenig innovationsfreudigen Verhaltensweisen der DBP zu verändern. Das für Forschung zuständige Referat im BMP hat 1977 für das Projekt "Erstellung von Ortsverbindungsleitungen auf der Basis der optischen Übertragung" beim BMFT Mittel beantragt und bewilligt bekommen. Für dieses Referat war es damals leichter, die Mittel für ein solches Projekt vom BMFT zu bekommen als von der eigenen Organisation. Außerdem haben die beim HHI und in der Industrie mit BMFT-Förderung durchgeführten Projekte zur Glasfasertechnologie dazu beigetragen, ein Know-how aufzubauen, auf dem die Ausschreibungen der DBP im Glasfaserbereich dann aufsetzen konnten. Insofern hat der BMFT "Starthilfe" für die sich anschließenden sehr umfänglichen Aktivitäten der DBP im Bereich von Glasfasereinsatz und Breitbandkommunikation gegeben. Insgesamt haben die Aktivitäten des BMFT und das TK-Programm nach Aussagen des damals für Forschung zuständigen Referatsleiters im BMP mit dazu beigetragen, daß die DBP Ende der 70er Jahre begonnen hat, sich systematisch mit den neuen langfristigen technologischen Entwicklungstrends nachrichtentechnischer Systeme zu beschäftigen.

Beim digitalen Kleinzellenmobilfunk haben der BMFT und die DBP Anfang der 80er Jahre unterschiedliche Strategien verfolgt. Der BMFT hat sehr frühzeitig (1978) auf die Technologie des digitalen Kleinzellenmobilfunks gesetzt und entsprechende FuE-Projekte gefördert. Auf dieser Basis favorisierte der BMFT aus industriepolitischen

Gründen Anfang der 80er Jahre die Beschaffung und den Aufbau eines digitalen Kleinzellenmobilfunknetzes, während zu dieser Zeit die DBP eine solche Entscheidung noch für verfrüht hielt. Im Jahr 1983/84 kam es zu einer deutsch-französischen Absprache auf Regierungsebene über die gemeinsame Einführung eines Mobilfunksystems im Bereich 900 MHz. Im Dezember 1983 gab es eine entsprechende Ausschreibung und das System sollte 1988/89 in Betrieb gehen. Auf diese Ausschreibung hin bot SEL ein Mobilfunksystem mit digitaler Sprachübermittlung an, obgleich in der Ausschreibung von einem analogen System ausgegangen wurde. Das Angebot von SEL basierte auf den vom BMFT geförderten FuE-Aktivitäten. Die Ausschreibung wurde 1984 mit der Begründung aufgehoben, daß keine Firma die gesetzten Termine einhalten könne und daß das technische Risiko der Beschaffung eines digitalen Mobilfunksystems noch zu groß sei. Gleichwohl erschien die Technologie eines digitalen Mobilfunksystem damals zukunftsweisender als die eines analogen Systems. Man kann davon ausgehen, daß das Angebot von SEL mit zum Umdenken der DBP und zu einer Umorientierung der gesamten Standardisierungsarbeit in Europa beigetragen hat. In der CEPT wurde nämlich zeitlich weitgehend parallel zur deutsch-französichen Initiative seit 1982 in der Arbeitsgruppe Groupe Speciale Mobile (GSM) an einer europaweiten Standardisierung des Mobilfunks im 900 MHz-Bereich gearbeitet. Bis 1983 wurde an der Standardisierung eines analogen Systems gearbeitet. Erst später und abgestützt auch auf Drängen der DBP hat die GSM ihre Arbeit dann auf ein digitales System ausgerichtet. Zum Zeitpunkt der deutsch-französischen Initiative lagen in jedem Fall noch keine europaweiten Standards vor. Damit wäre ein europaweiter offener Standard bei einem deutsch-französischen Alleingang zumindest gefährdet, wenn nicht unmöglich gewesen.

In der damaligen Diskussion zwischen DBP und BMFT wurden von der DBP die Argumente der "europaweiten offenen Standards" und des "mangelnden Nachweises der technischen Realisierbarkeit" ins Feld geführt, die gegen eine positive Beschaffungsentscheidung zugunsten des digitalen Systems sprachen, während der BMFT industriepolitische Argumente für einen deutsch-französischen Alleingang vorgebracht hat. Der Aufgabenverteilung entsprechend setzte sich die Einschätzung der DBP durch, und es wurde zunächst die internationale Standardisierung der GSM weiter vorangetrieben. Ob dies für die Entwicklung des Telekommunikationssektors in Deutschland der richtige Weg war, soll und kann hier nicht untersucht werden. Die ausführliche Darstellung dieses Falles soll nur zeigen, daß der BMFT beim digitalen Mobilfunk seiner Rolle als Förderer neuer risikoreicher und zukunftsträchtiger technologischer Entwicklungstrends gerecht geworden ist und daß die Abstimmung seiner Förderpolitik mit der Investitionspolitik der DBP nicht immer konfliktfrei war.

Abbildung 10.3-2: Aktivitäten von BMFT und DBP in ausgewählten Gebieten

BMFT	DBP
(1) Optische Nachrichtentechnik	
1970 erste Projekte	1977 erste Versuche gefördert mit BMFT-Mitteln
1974 -1976 wesentliche Mittelerhöhung	1981 BIGFON
(2) Digitaler Kleinzellenmobilfunk	
1978 erste Projekte	1982 Arbeitsgruppe GSM der CEPT gegründet
1983 Beginn des letzten Projektes	1983 - 1984 Umorientierung der GSM Standardisierung auf digitale Systeme
1986 Auslaufen des letzten Projektes	1984 - 1985 Test von verschiedenen Übertragungsverfahren
	1988 Ausschreibung auf der Basis von GSM-Standards
(3) Digitalisierung der Fernsprechtechnik und ISDN	
1979 -1980 Projekte zur Digitalisierung von Nebenstellen-Anlagen	1979 Entscheid zugunsten von digitaler Vermittlungstechnik
1982 -1984 Projekte zu ISDN-Endgeräten und Nebenstellen-Anlagen	1980 Beginn der ISDN-Standardisierung im CCITT
	1980 - 1984 ISDN-Konzeptentwicklung
	1987 ISDN-Pilotprojekte
(4) Btx	
1978 -1984 Projekte für Btx	Mitte 70er Jahre Planungsbeginn
	1980 Betriebsversuch
	1983 Regelbetrieb
(5) B-ISDN	
1985 -1987 Projekte für Komponenten des B-ISDN	1984 Veröffentlichung der Konzept-Broschüre, die das B-ISDN skizziert
	1988 - 1989 Einsatz der mit BMFT-Mitteln entwickelten Technik bei BERKOM und im VBN

Es gibt weitere Beispiele für Versuche des BMFT, auf die Politik der DBP Einfluß zu nehmen mit dem Ziel, die Absatzerwartungen der deutschen Industrie für neue Technologien zu stabilisieren. So hat sich der BMFT für eine Offenlegung der mittel- und langfristigen Konzepte zur Fortentwicklung der Fernmeldeinfrastruktur durch die DBP eingesetzt. Dies ist Mitte der 80er Jahre in mehreren Publikationen geschehen. In dem Regierungsbericht Informationstechnik (1984) wollte der BMFT (nach Aussagen von Vertretern der BPM) noch weiter gehen und die DBP bindende Aussagen zum jährlichen Glasfasereinsatz festschreiben. Dies ist an dem Widerstand der DBP gescheitert. Wiederum standen den technologie- und industriepolitischen Argumenten des BMFT die betrieblichen Argumenten der DBP gegenüber.

Nach Aussagen der Beteiligten aus beiden Ministerien haben diese Interessenkonflikte zwar eine gewisse Rolle gespielt, sie haben die Zusammenarbeit aber nicht wesentlich behindert. Sie waren im Gegenteil zum Teil sogar hilfreich für die FuE-Aktivitäten im deutschen Telekommunikationssektor. Es gab einen "positiven Wettbewerb" der beiden Ministerien, besonders Ende der 70er und Anfang der 80er Jahre.

Es ist äußerst schwierig zu beurteilen, ob und inwieweit der BMFT seiner Rolle als Schrittmacher und frühzeitiger Förderer besonders risikoreicher FuE-Projekte auf zukunftsträchtigen Gebieten gerecht geworden ist. Eine solche Beurteilung setzt im Grunde genommen Einzelfallanalysen auf der Basis fundierten technischen Sachverstandes voraus, der den Autoren nicht zur Verfügung steht. Man kann aber zeigen, daß die BMFT-Förderung in einigen Fällen zeitlich eindeutig vor dem Aufgreifen der entsprechenden technologischen Entwicklung durch die DBP eingesetzt hat. Dies gilt für die optische Nachrichtentechnik und für den digitalen Kleinzellenmobilfunk. Auch die Förderung der Bereiche Btx, ISDN-Endgeräte und B-ISDN erscheint zeitlich gut abgestimmt mit entsprechenden Aktivitäten der DBP, wobei allerdings kein so deutlicher zeitlicher Vorlauf erkennbar ist (Abb. 10.3-2). Insoweit ist der BMFT zumindest teilweise seiner Rolle als Schrittmacher neuer technologischer Trends gerecht geworden.

Die allgemeinen Überlegungen zum Interessenkonflikt zwischen staatlicher FuE-Förderung einerseits und der FuE-Politik eines Fernmeldeunternehmens wie der DBP andererseits lassen sich zu folgender Feststellung verdichten:

Die Existenz einer vom Netzträger unabhängigen staatlichen FuE-Förderung wird sich in der Tendenz positiv auf die Vielfalt der grundlegenden technologischen Optionen auswirken, die von den Forschungseinrichtungen eines Landes verfolgt werden. Ein völlig unkoordiniertes Nebeneinander von staatlicher FuE-Förderung und FuE-Politik des nationalen Netzträgers birgt auf der anderen Seite die Gefahr, daß mit staatlicher Unterstützung technologische Entwicklungslinien verfolgt werden, die in der Entwicklungsplanung des Netzträgers keine Rolle spielen. Dies wird in der Regel die wirtschaftlichen Erfolgsaussichten von Produktentwicklungen, die auf den Forschungsergebnissen aufsetzen, negativ beeinflussen und auf diese Weise den Erfolg der staatlichen FuE-Förderung in Frage stellen. Die Organisation von FuE im Telekommunikationsbereich eines Landes sollte deshalb sowohl eine von der mittelfristigen Entwicklungsplanung des Netzträgers unabhängige Forschung ermöglichen, als auch dafür Sorge tragen, daß der Netzträger die Ergebnisse von FuE möglichst schnell in seiner Entwicklungsplanung berücksichtigt.

Bei einer getrennten Zuständigkeit für beide Bereiche, wie sie in der Bundesrepublik Deutschland bisher gegeben war, sind Koordinationsmechanismen erforderlich. Das TK-Programm der Bundesregierung aus dem Jahr 1978 und die anderen Regierungsprogramme zur IuK-Technologie sind in diesem Kontext zu sehen.

Ziele der FuE-Förderung im Bereich Technische Kommunikation

Im Jahr 1978 wurden folgende Ziele für die FuE-Förderung festgeschrieben (BMFT 1979, 52). Das TK-Programm sollte dazu beitragen:

(1) die fernmeldetechnische Infrastruktur durch Anwendung neuer Technologien zu verbessern,

(2) die Produktivität kommunikationsintensiver Tätigkeiten zu erhöhen und die Qualität dieser Arbeitsplätze zu verbessern,

(3) durch zukunftsweisende Modellvorhaben öffentliche Dienstleistungen zu modernisieren und

(4) die Wettbewerbsfähigkeit der kommunikationstechnischen Industrie zu sichern.

Die Ziele verdeutlichen, daß mit dem TK-Programm nicht ausschließlich die technologische Entwicklung im Bereich der Kommunikationstechnik und die internationale Wettbewerbsfähigkeit gefördert werden sollten, sondern daß auch die Anwendung und die Verbreitung der neuen Kommunikationstechnik beschleunigt werden sollten. Die Formulierung der Ziele läßt politische Akzentsetzungen der sozial-liberalen Koalition erkennen. Das TK-Programm war damit zunächst breit angelegt. In der späteren Umsetzung des Programms haben die Ziele (1) und (4) dann aber ein erheblich stärkeres Gewicht bekommen als die Ziele (2) und (3). Später sind Projekte zur Anwendungsentwicklung völlig aus der Förderung verschwunden.

Man kann diese Entwicklung an der veränderten Formulierung der Ziele des TK-Programms, wie sie in dem Faktenbericht 1981 zum Bundesbericht Forschung nachzulesen ist, erkennen (BMFT 1981, 79). Danach soll das TK-Programm dazu beitragen:

(1) die Wettbewerbsfähigkeit der kommunikationstechnischen Industrie zu sichern durch Förderung von Grundlagenforschung bei nachrichtentechnischen Basistechnologien,

(2) Innovationen im Nutzungsbereich zu unterstützen durch Förderung von Grundlagenarbeiten für neue Endgeräte und Systeme sowie diese im Rahmen von Feldversuchen zu erproben,

(3) die fernmeldetechnische Infrastruktur durch den Ausbau der öffentlichen Fernmeldenetze zu verbessern und die technischen Voraussetzungen für die Verbesserung der bestehenden und die Einführung neuartiger Dienste zu schaffen.

Das Ziel der Anwendungsförderung hat an Bedeutung verloren. Darüber hinaus fällt eine stärkere Betonung der Vokabeln Grundlagenforschung und Basistechnologien in den Zielformulierungen auf. Dem Selbstverständnis des zuständigen Referats entsprechend, sollte die Förderung forschungsorientiert sein. Der BMFT sollte sich aus der Förderung zurückziehen, sobald die DBP entsprechende Entwicklung aufgriff und Entwicklungsvorhaben anstanden. Leider war es im Rahmen dieser Untersuchung nur eingeschränkt möglich zu prüfen, ob es tatsächlich eine entsprechende Veränderung in der praktischen Förderpolitik des BMFT gegeben hat oder ob es sich nur um eine veränderte Formulierung handelt. Die FuE-Statistik des BMFT läßt eine genaue Prüfung dieses Sachverhaltes nicht zu, da eine Stichprobe ergeben hat, daß die Klassifikation der geförderten Projekte nach den Merkmalen Grundlagenforschung, angewandte Forschung und Entwicklung häufig nicht sachgerecht vorgenommen worden war.

Im Jahr 1984 hat die Bundesregierung den Regierungsbericht "Informationstechnik - Konzeption der Bundesregierung zur Förderung der Entwicklung der Mikroelektronik, der Informations- und Kommunikationstechniken" verabschiedet. Damit wurde die FuE-Förderung verschiedener Technikbereiche programmatisch zusammengefaßt und die Förderpolitik des BMFT im Bereich der Informationstechnik auf politisch breiter Ebene abgesichert. Für den Teilbereich der Technischen Kommunikation hat sich dadurch an den allgemeinen Zielsetzungen fast nichts geändert.

FuE-Förderung des BMFT zur technischen Kommunikation insgesamt

Die empirische Analyse bezieht sich auf die Ausgaben des BMFT für den Bereich "Technische Kommunikation" in der Abgrenzung der Forschungsstatistik des BMFT.

Die Forschungsstatistik faßt verschiedene Ausgabepositionen zum Bereich Technische Kommunikation zusammen. Es handelt sich dabei um Ausgaben nach dem Haushaltsplantitel für technische Kommunikation (Titel 683 41) und Ausgaben für die institutionelle Förderung des Heinrich-Hertz-Institutes in Berlin (Titel 685 59 und 893 59). Das BMFT schlägt ferner einen Teil der Ausgaben des von 1977 bis 1980 abgewickelten Sonderprogramms "Zukunftsinvestitionen" (Titel 892 70) und die Ausgaben eines von 1982 bis 1984 abgewickelten Sonderprogramms "Komponenten der optischen Nachrichtentechnik" (Titel 683 45) dem Bereich Technische Kommunikation in der Abgrenzung der Forschungsstatistik des BMFT zu.

Abbildung 10.3-3: Ausgaben des BMFT für den Bereich Technische Kommunikation nach Programmen und Haushaltstiteln

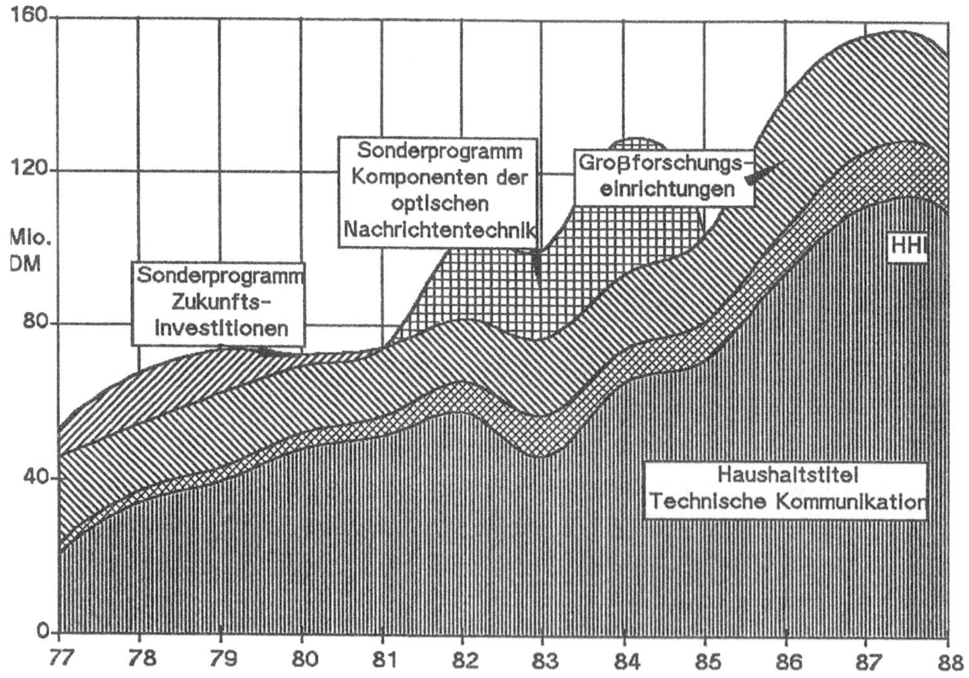

Hinzu kommen außerdem Teile der institutionellen Förderung der bundesdeutschen Großforschungseinrichtungen, von denen fünf auf dem Gebiet der Informations- und Kommunikationstechnik tätig sind. Es gehört zur Politik des BMFT, vorhandene Großforschungseinrichtungen auf neue Aufgabengebiete wie die IuK-Techniken umzuorientieren. In den im Rahmen dieser Untersuchung durchgeführten Firmeninterviews wurde der Beitrag der meisten Großforschungseinrichtungen auf dem Gebiet der Kommunikationstechnik nicht besonders hoch eingeschätzt, und diese Einschätzung wird durch die Publikations- und Patentanalysen weitgehend bestätigt. Hier treten nur die Deutsche Versuchsanstalt für Luft- und Raumfahrt (DFVLR; jetzt: DLR) und mit Abstrichen die Gesellschaft für Mathematik und Datenverarbeitung (GMD) hervor.

Abbildung 10.3-3 verdeutlicht die Entwicklung der Ausgaben und den Anteil, der auf die Großforschungseinrichtungen entfällt. Der absolute Betrag lag zunächst relativ konstant bei 20 Mio. DM und ist erst in den letzten Jahren angewachsen.

Abbildung 10.3-4: Ausgaben des BMFT für den Bereich Technische Kommunikation nach institutioneller Förderung und Projektförderung

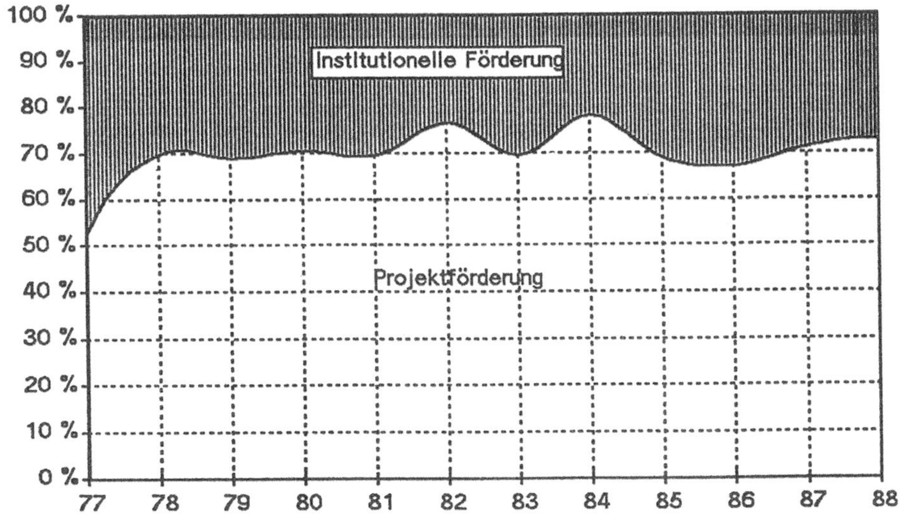

In der technologiepolitischen Diskussion spielt die Verteilung der staatlichen Förderung auf institutionelle Förderung und Projektförderung eine Rolle, nicht zuletzt deshalb, weil erstere hauptsächlich Forschungseinrichtungen außerhalb der Wirtschaft zugute kommt, während Projektförderung auch Unternehmen zufließen kann und damit politisch umstritten ist. Die Politik des BMFT während der letzten Jahre zielt auf eine Akzentverschiebung zugunsten der Forschungseinrichtungen und zu Lasten der Industrieförderung ab. Die staatlichen Großforschungeinrichtungen spielen dabei eine besondere Rolle, sie sollen verstärkt gefördert werden (BMFT 1985; BMFT, BMWi 1989, 78f).

Die Verteilung auf institutionelle Förderung (Heinrich-Hertz-Institut, Großforschungseinrichtungen) und Projektförderung war zwar nicht in allen Jahren gleich, es gibt aber keine trendmäßige Verschiebung zugunsten der einen oder anderen Form. Die Projektförderung war immer größer als die institutionelle Förderung. Seit 1978 pendelt ihr Anteil zwischen knapp 70 % und 80 % (Abbildung 10.3-4). Auf dieser Ebene hat sich die Akzentverschiebung bisher noch nicht bemerkbar gemacht.

Bei der Verteilung der Projektmittel auf Industrie und Forschungseinrichtungen ist seit 1985 zwar eine deutliche Verlagerung zugunsten der Forschungseinrichtungen festzustellen, aber diese Verteilung war auch in den Jahren zuvor starken Schwankungen unterworfen (Abbildung 10.3-5). Man wird deshalb abwarten müssen, ob es sich dabei um eine wirklich dauerhafte Akzentverschiebung zu Lasten der Industrieförderung und zugunsten der Förderung von Forschungseinrichtungen handelt.

Abbildung 10.3-5: Verteilung der Projektförderung auf Industrie und Forschungsinstitute (in den Zahlen ist die institutionelle Förderung des HHI mit enthalten)

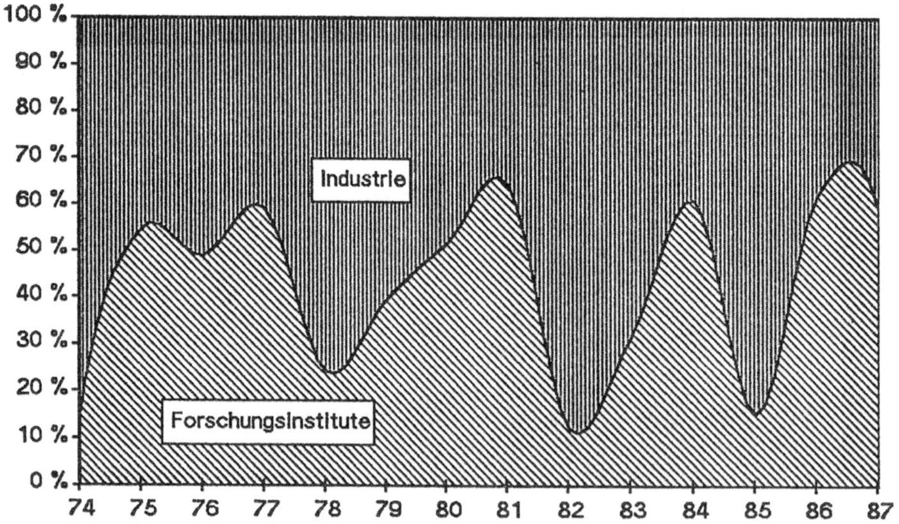

Die jährlichen Ausgaben für den Bereich Technische Kommunikation sind von 29 Mio. DM im Jahr 1974 auf 151 Mio. DM (Soll-Wert) im Jahr 1988 angewachsen (Tabelle 10.3-1). Im Durchschnitt der Jahre sind die Ausgaben um 13 % gewachsen. Der

Anteil der Ausgaben für den Bereich Technische Kommunikation an den gesamten Ausgaben des BMFT hat sich zwar kontinuierlich von 0,9 % im Jahr 1974 auf 2,1 % im Jahr 1987 erhöht, er ist aber immer relativ klein geblieben.

Mitte der 80er Jahre hat der BMFT damit begonnen, die Förderung der technischen Kommunikation drastisch zu reduzieren. Man erkennt dies deutlich an den für neue Projekte bewilligten Mitteln (Abbildung 10.3-6) und an den Ansätzen der mittelfristigen Finanzplanung. Nach einem Maximum von 173 Mio. DM im Jahr 1985 ist das Mittelvolumen für neue Projekte auf unter 40 Mio. DM im Jahr 1988 gefallen, und in der mittelfristigen Finanzplanung für den Haushalt 1989 gingen die Mittelansätze des Haushaltsplantitels Technische Kommunikation (Titel 68341) bis 1992 auf unter 40 Mio. DM zurück.

Tabelle 10.3-1: Ausgaben des BMFT für den Bereich Technische Kommunikation (Quelle: BMFT, Forschungsstatistik)

Jahr	in Mio. DM	in % der gesamten FuE-Ausgaben	bewilligte Mittel in Mio. DM für neue Projekte
1974	28,6	0,85	24
1975	40,4	0,99	23
1976	44,2	1,11	46
1977	53,4	1,29	72
1978	67,8	1,68	58
1979	73,9	1,36	76
1980	72,9	1,34	69
1981	74,6	1,27	40
1982	103,4	1,51	112
1983	100,4	1,55	110
1984	129,4	1,94	151
1985	104,1	1,50	173
1986	140,9	1,99	79
1987*	156,6	2,07	63
1988*	150,7	1,98	38
1974/88	1.445,3	---	---

* Soll-Werte

Die Förderpolitik des BMFT im Bereich Technische Kommunikation ist nach 1985 offensichtlich in eine Krise geraten. Das Ministerium hat über Jahre keine neuen Initiativen entfaltet, es hat im Gegenteil deutliche Signale gesetzt, daß es sich aus der bisherigen Förderung zurückzuziehen beabsichtigt. Mit der Verabschiedung des "Zukunftskonzept

Informationstechnik" der Bundesregierung (BMFT, BMWi 1989) im Jahr 1989 und dem Bundeshalt 1990 ist eine gewisse Konsolidierung und Umorientierung der Förderpolitik des BMFT in Bereich Technische Kommunikation eingetreten. Die Haushaltsansätze (Titel 68341) sind wieder nach oben korrigiert worden. Für Anfang der 90er Jahre wird ein Fördervolumen von rund 100 Mio. DM angestrebt, das dem alten Niveau entsprechen würde. Gleichzeitig soll sich aber der Inhalt der Förderung verändern. In Zukunft sollen für die Kommunikationstechnik verwendbare Basistechnologien stärker im Vordergrund stehen, während FuE bei Systemtechnik und Systemtechnikkomponenten nicht mehr gefördert werden sollen.

Abbildung 10.3-6: Förderung neuer Projekte

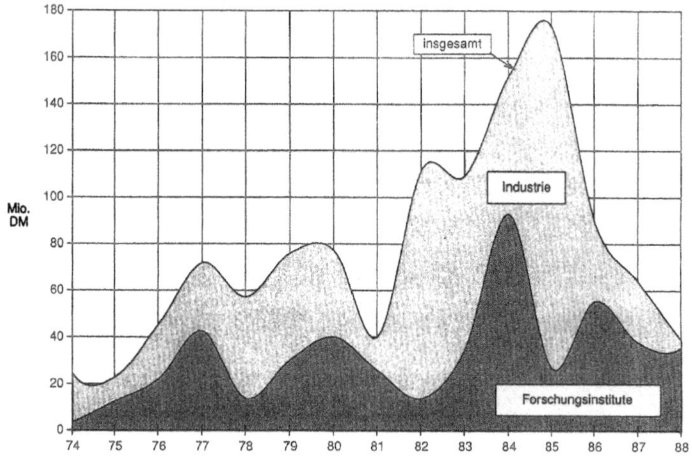

Der zeitweise Rückzug des BMFT hat einige Probleme verursacht. So hat er den Beginn eines noch vom BMFT selbst mit initiierten Verbundprojektes zur integrierten Optik, einem für die Zukunft der Telekommunkation ganz entscheidenden Gebiet, um mindestens eineinhalb Jahre verzögert hat. Das Konzept für das Verbundprojekt war 1987 von Fachleuten der nachrichtentechnischen Industrie, des Forschungsinstituts der DBP, des Heinrich-Hertz-Instituts und der Hochschulen erarbeitet worden. Dann hat der BMFT es aber abgelehnt, das Projekt selbst zu fördern, und die DBP bedrängt, das Vorhaben zu übernehmen. Letztlich ist dies gelungen, aber dabei ging Zeit verloren. Die DBP wird das Verbundprojekt für zunächst zwei Jahre (1990/91) in modifizierter Form mit einem Volumen von 34 Mio. DM finanzieren. Allerdings ist eine Zeitspanne von zwei Jahren für die Entwicklung neuer Technologien dieser Art zu kurz, so daß eine Unsicherheit über die gebotene Fortsetzung des Projektes nach den ersten zwei Jahren bestehen bleibt.

Man muß die Politik des BMFT der vergangenen Jahre im Zusammenhang mit der im Zuge der Postreform notwendigen Neuverteilung der technologiepolitischen Aufgaben zwischen BMPT, DBP Telekom und BMFT einerseits und den großen haushaltspolitischen Problemen des BMFT andererseits sehen. Der BMFT steht durch ein großes Engagement in anderen Technikbereichen (z. B. bei der Weltraumforschung) haushaltsmäßig erheblich unter Druck. Deshalb hat er die Mittel für die Technische Kommunikation zurückgefahren.

Gleichzeitig konnte er darauf verweisen, daß mit der Postreform das zukünftige BMPT und die DBP Telekom die entsprechenden Aufgaben übernehmen würden bzw. aus seiner Sicht sollten. Diese Politik stand in deutlichem Widerspruch zu den programmatischen Aussagen des Ministeriums, nach denen zur Bewältigung der wichtigen staatlichen Gestaltungsaufgaben im Telekommunikationssektor eine deutliche Verstärkung der Grundlagenforschung nötig sei (BMFT 1988, 151). Die Unterstützung der Grundlagenforschung gehört in der bisherigen Arbeitsteilung von BMFT und BMP zum Aufgabenbereich des BMFT und dies soll nach den vorliegenden programmatischen Aussagen auch in Zukunft so bleiben (BMP 1988, 38; BMFT, BMWi 1989, 102). Damit wird klar, daß die Politik des BMFT, sich faktisch aus der Förderung des Bereiches Technische Kommunikation über Jahre zurückzuziehen, im Widerspruch zu programmatischen Festlegungen der Bundesregierung gestanden hat. Die 1989 eingeleitete Kurskorrektur erscheint insoweit nur konsequent.

Man muß die Frage stellen, inwieweit diese Politik die Kontinuität und den Erfolg deutscher FuE-Aktivitäten im Bereich der Telekommunikation gefährdet hat? Dies wird von der Art der Forschungseinrichtung (Unternehmenslabor, Universitätseinrichtung etc.), der Existenz alternativer staatlicher FuE-Förderung auf europäischer Ebene (bei ESPRIT, RACE) und vielem mehr abhängen. Die Frage wurde zwar nicht detailliert untersucht, aber es gibt allgemeine Hinweise, daß bei sehr unsicheren Erwartungen über die zukünftige Nachfrage nach neuen Technologien (wie z. B. bei Optoelektronik für den Telekommunikationssektor und bei vermittelter Breitbandkommunikation) langfristig ausgerichtete Forschungsförderung eine wichtige Voraussetzung für erfolgreiche FuE-Aktivitäten ist (Freemann 1987). Deshalb muß man davon ausgehen, daß die inkonsistente Politik des BMFT und der über Jahre anhaltende Schwebezustand, in dem sich die deutsche FuE-Politik durch die ungeklärten Zuständigkeiten von BMFT, BMPT und DBP Telekom befindet, geeignet gewesen ist, technologiepolitisch negative Wirkungen auszulösen.

FuE-Förderung nach sachlichen Schwerpunkten

Zur Datenbasis

Anhand der zugänglichen Informationen aus der Datenbank DAVOR des BMFT kann man eine nähere Analyse der Förderpolitik vornehmen. In die Auswertung gehen die Projektförderung und die institutionelle Förderung des Heinrich-Hertz-Instituts (HHI) ein, die dem Aufgabenschwerpunkt des HHI entsprechend dem Bereich der optischen Nachrichtentechnik zugerechnet wurde. Damit werden gut 80 % der Ausgaben des BMFT für den Bereich Technische Kommunikation erfaßt. Die restlichen knapp 20 % haben die Großforschungseinrichtungen erhalten.

In der DAVOR-Datenbank sind alle seit 1974 begonnenen und die 1974 noch laufenden früher begonnenen Projekte enthalten. Letzter Stichtag ist der 30. November 1987. D.h., alle zu diesem Zeitpunkt begonnenen Projekte, deren Durchführung sich bis in die 90er Jahre hinziehen kann, gehen in die Analyse ein. Für die Jahre vor 1974 und nach 1987 wird damit ein Teil der vom BMFT unterstützten FuE-Projekte erfaßt, für die Jahre zwischen 1974 und 1987 ist der Datensatz vollständig.

Die Datei enthält Angaben zu folgenden Merkmalen:

- Forschungsart (Grundlagenforschung, angewandte Forschung, Entwicklung und Sonstiges),
- Thema des Vorhabens,
- Antragsteller, Empfänger, ausführende Stelle,
- Fördersumme,
- Anteil der Fördersumme an den Projektkosten sowie
- Beginn und Ende des Vorhabens.

Es werden für den genannten Untersuchungszeitraum 628 Vorhaben ausgewiesen. Bei einem Teil der Projekte handelt es sich um Anschluß- und keine neuen Projekte, so daß man von rund 550 verschiedenen Projekten sprechen kann.

Die Datenbank enthält unmittelbar keine Angaben über die Projektausgaben nach Jahren. Diese müssen geschätzt werden. Deswegen wurden die Angaben zu den tatsächlich geleisteten Zahlungen für jedes Projekt mit Hilfe des Indikators "Projektlaufzeit" - gemessen in Monaten - linear auf Jahre verteilt. Es gibt auch zwei Möglichkeiten, die sachliche Schwerpunktsetzung der FuE-Förderung und Akzentverschiebungen zu untersuchen. Zum einen können die gesamten Mittel dem Jahr des Projektbeginns zugeordnet und auf diese Weise Veränderungen in der Prioritätensetzung bei der Projektvergabe erkannt werden. Dies kann Anhaltspunkte für Veränderungen forschungspolitischer Akzente geben. Zum anderen können die Mittel nach Laufzeit verteilt untersucht und so Aufschlüsse über die tatsächliche Verteilung der staatlichen FuE-Förderung auf sachliche Schwerpunkte in den Jahren erhalten werden. Eine Verschiebung von Prioritäten bei der Projektvergabe wird sich erst nach einiger Zeit, in Abhängigkeit von der Laufzeit der Projekte, in einer Veränderung der tatsächlichen FuE-Aktivitäten niederschlagen.

Die Datenbank des BMFT ist nach der "Leistungsplansystematik" des Ministeriums gegliedert. Diese Sytematik ermöglicht prinzipiell eine inhaltliche Analyse der FuE-Förderung nach sachlichen Schwerpunkten. Die Abgrenzung der Positionen und vor allem die Zuordnung der Vorhaben zu den Positionen haben sich aber bei einer Überprüfung in vielen Fällen für die hier verfolgten Zwecke als ungeeignet und unzutreffend erwiesen. Darauf hin wurde in Anlehnung an die Leistungsplansystematik eine eigene sachliche Unterteilung entwickelt und alle Projekte neu zugeordnet. Diese Arbeiten hat das zuständige Fachreferat im BMFT unterstützt. Auf diese Weise ist eine Unterteilung des Bereiches Technische Kommunikation in neun Gebiete entstanden. Die fünf großen Gebiete sind noch einmal in mehrere Untergebiete unterteilt (Abbildung 10.3-7).

Sachliche Schwerpunktsetzung im Überblick

Zwischen 1970 und 1987 hat der BMFT - gemäß der DAVOR-Datenbank - knapp 1 Mrd. DM für die FuE-Förderung im Bereich Technische Kommunikation ausgegeben. Bezieht man die bis Ende 1987 bewilligten noch nicht verausgabten Mittel mit ein, dann erhöht sich die Summe auf 1,12 Mrd. DM.

Von diesen 1,12 Mrd. DM entfallen mehr als die Hälfte, nämlich 52 %, auf die optische Nachrichtentechnik. Dieser Bereich rangiert mit weitem Abstand vor allen anderen Bereichen und hat damit eindeutig die höchste Priorität (Tabelle 10.3-2). Bis 1990 wird der BMFT 583 Mio. DM in diesen Bereich investiert haben. Rechnet man die von den Zuwendungsempfängern selbst in den Projekten verausgabten Mittel hinzu, ergibt sich ein Volumen von 935 Mio. DM. Der Anteil des BMFT an den Projektmitteln belief sich im Durchschnitt auf knapp 63 %.

An zweiter Stelle steht, wenn auch mit weitem Abstand, das Gebiet der Datenkommunikation. Für diesen Bereich hat der BMFT bis 1987 139 Mio. DM verausgabt. Weitere 31 Mio. DM waren Ende 1987 für die kommenden Jahre bewilligt. Damit entfallen 15 % der BMFT-Förderung auf die Datenkommunikation. Der Anteil der Eigenmittel der

Projektträger fällt in diesem Bereich mit 10 % sehr niedrig aus, d. h. die Projekte werden fast ausschließlich vom Staat finanziert.

Abbildung 10.3-7: Sachliche Gliederung der BMFT-Förderung für den Bereich Technische Kommunikation

1. Optische Nachrichtentechnik
   - 1.1 Systemtechnik, Schaltkreistechnologien
   - 1.2 Breitband-ISDN-Komponenten
   - 1.3 Glasfasertechnologie
   - 1.4 Sende- und Empfangskomponenten
   - 1.5 Sonstige Komponenten
   - 1.6 Integrierte Optik
   - 1.7 Videokonferenz, Bildfernsprechen
   - 1.8 Projektbegleitung
   - 1.9 HHI (institutionelle Förderung)
2. Datenkommunikation
   - 2.1 Deutsche Forschungsnetz (DFN)
   - 2.2 Offene Netze, Standards
   - 2.3 Sonstiges
3. Video-, Bildtechnik, HDTV
   - 3.1 Videotechnik
   - 3.2 Bildtechnik
   - 3.3 HDTV
4. Endgeräte
   - 4.1 Endgeräte (ohne ISDN)
   - 4.2 ISDN-Endgeräte
5. Mobilfunk
   - 5.1 Öffentlicher Kleinzellenmobilfunk
   - 5.2 Nicht-öffentlicher Mobilfunk
   - 5.3 Sonstiges im Bereich Funktechnik
6. Anwendungen der drahtgebundenen Kommunikation
7. Text und Bild
8. Bedarfsanalysen, Begleitforschung
9. Btx

An dritter Stelle steht der sehr heterogene Bereich Video-, Bildtechnik und HDTV, für den der BMFT bis 1987 insgesamt 105 Mio. DM verausgabt hatte. Durch die umfangreichen Aktivitäten bei HDTV im Rahmen von EUREKA sind auch für die kommenden

Jahre bereits erhebliche Mittel, 65 Mio. DM bis 1990, bewilligt. In diesem Bereich liegt der Anteil der Eigenmittel der Projektträger wieder mit im Durchschnitt knapp 40 % sehr viel höher.

Tabelle 10.3-2: Verteilung der FuE-Förderung zwischen 1974 und 1987 nach Sachgebieten[a)]

Gebiet	Förderung		Förderung und Eigenmittel		Anteil der Förderung
	in Mio. DM	in %	in Mio. DM	in %	in %
Optische Nachrichten-technik	583	52	935	54	62
Datenkommunikation	170	15	189	11	90
Video-, Bild-technik, HDTV	136	12	224	13	61
Endgeräte	75	7	147	8	51
Mobilfunk	68	6	111	6	61
Anwendungen der drahtgebundenen Kommunikation	31	3	44	3	70
Text und Bild	25	2	49	3	52
Begleitforschung, Bedarfsanalysen	15	1	16	1	98
BTX	14	1	31	2	45
alle Projekte	1.116	100	1.742	100	64

a) Inklusive der gesamten Mittel für Projekte, die 1987 zwar begonnen, aber noch nicht beendet waren (im Durchschnitt aller Gebiete 11 % der Fördersumme), und inklusive der gesamten Mittel für 1974 noch laufende, aber bereits zuvor begonnene Projekte.

Auf die drei genannten Bereiche optische Nachrichtentechnik, Datenkommunikation und Video-, Bildtechnik und HDTV entfallen rund vier Fünftel der Förderung. Im Vergleich zu diesen Gebieten sind alle anderen Bereiche rein quantitativ unbedeutend (Abbildung 10.3-8).

Abbildung 10.3-8: Verteilung der FuE-Förderung nach Sachgebieten in Mio. DM 1974 - 1987

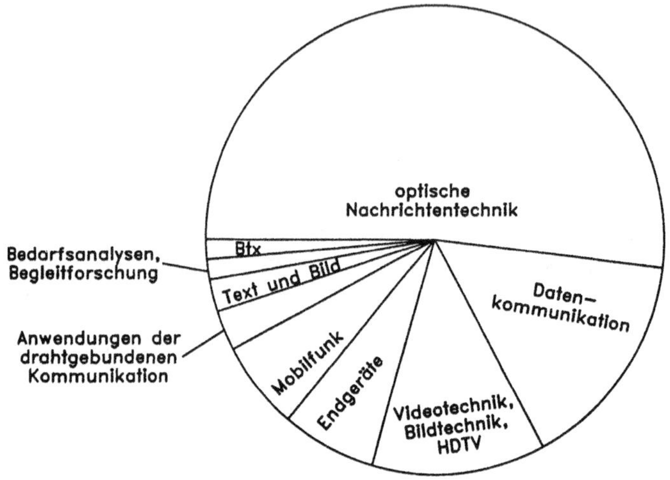

Abbildung 10.3-9: Entwicklung der FuE-Förderung nach Sachgebieten und Projektbeginn in Mio. DM

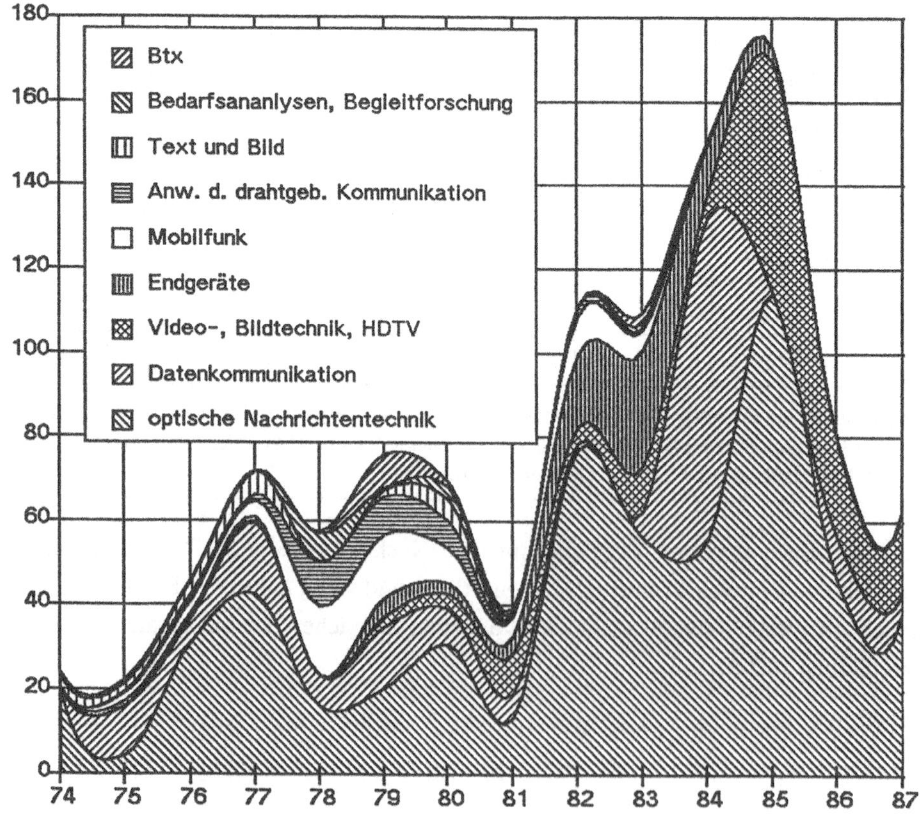

Abbildung 10.3-9 zeigt wie sich die Ausgaben des BMFT für die Bereiche im Zeitablauf entwickelt und wie sich die FuE-politischen Akzente verschoben haben. Zunächst erkennt man die schon beschriebene Dominanz der optischen Nachrichtentechnik und die relativ starken Positionen der Bereiche Datenkommunikation und Video-, Bildtechnik und HDTV gerade während der letzten Jahre. Förderbereiche wie Mobilfunk und Endgeräte hatten zwischenzeitlich ein gewisse Bedeutung, die sie inzwischen aber wieder verloren haben. Seit 1986/87 hat der BMFT seine Förderung vollständig auf die Bereiche optische Nachrichtentechnik, Datenkommunikation, Video-, Bildtechnik und HDTV sowie Bedarfs- und Begleituntersuchungen (in kleinem Umfang) beschränkt.

Entwicklung in den Teilgebieten

Optische Nachrichtentechnik

Das Schwergewicht der FuE-Förderung lag von Beginn an eindeutig bei der optischen Nachrichtentechnik. Das Gebiet der optischen Nachrichtentechnik zerfällt dabei selbst wieder in mehrere Teilbereiche. Tabelle 10.3-3 enthält Angaben zu den Mitteln, die zwischen 1974 und 1987 in die Teilbereiche geflossen sind. Abbildung 10.3-10 zeigt, welche Mittel in den Jahren von 1974 bis 1987 jeweils bewilligt wurden. An dieser Abbildung kann man die jeweilige forschungspolitische Prioritätensetzung ablesen. Abbildung 10.3-11 hingegen zeigt im Vergleich dazu die Entwicklung des Mittelabflusses für die Teilgebiete. Bei der Interpretation der Abbildungen ist darauf zu achten, daß die Skalierung des Graphen für das gesamte Gebiet der optischen Nachrichtentechnik von der Skalierung der Graphen für die Teilgebiete abweicht. Für die Graphen zu den Teilgebieten ist demgegenüber eine einheitliche Skalierung gewählt worden.

In das Gebiet Systemtechnik und Schaltkreistechnologien ist der größte Teil des Geldes geflossen, seit 1970 rund 146 Mio. DM bzw. ein Viertel der gesamten Mittel für die optische Nachrichtentechnik. Die Förderung des Bereiches hat sich nach einer Anlaufphase bis Mitte der 70er Jahre relativ kontinuierlich entwickelt.

Zeitlich parallel zur Systemtechnik wurden FuE-Vorhaben für Komponenten optischer Nachrichtennetze (Glasfasern, Sende- und Empfangskomponenten, sonstige Komponenten) mit zusammengenommen 192 Mio. DM gefördert. In diesen Projekten beträgt der Eigenanteil der Zuwendungsempfänger - in der Regel die Fernmeldeindustrie - knapp 50 %, während er bei Projekten der Systemtechnik nur bei einem Drittel liegt. Forschungspolitisch erscheinen die unterschiedlich hohen Eigenanteile vernünftig, wenn man davon ausgeht, daß die Vorhaben für Komponenten unmittelbar zur Entwicklung von marktfähigen Produkten beigetragen haben, während es bei der Systemtechnik häufig um den Aufbau von Versuchsnetzen oder Teilen davon ging.

Es wurden auch Projekte gefördert, die auf die Entwicklung von Telekommunikationsdiensten orientiert waren. In der Regel handelte es sich dabei um vermittelte Breitbanddienste. Der Bereich wurde beispielhaft mit Videokonferenz und Bildfernsprechen bezeichnet, weil für entsprechende Vorhaben der größte Teil des Geldes ausgegeben wurde, nämlich insgesamt 29 Mio. DM.

Tabelle 10.3-3: FuE-Förderung zwischen 1974 und 1987 nach Sachgebieten - *Optische Nachrichtentechnik*[a)]

Gebiet	Förderung in Mio. DM	Förderung und Eigenmittel in Mio. DM	Anteil der Förderung in %
Systemtechnik Schaltkreistechnologien	146	223	66
Breitband-ISDN-Komponenten	57	113	50
Glasfasertechnologie	63	117	53
Sende- und Empfangskomponenten	50	98	51
Sonstige Komponenten	79	156	51
Integrierte Optik	32	50	64
Videokonferenz, Bildfernsprechen	29	43	68
Projektbegleitung	7	7	100
Kabelfernsehtechnik	33	36	93
Heinrich-Hertz-Institut	87	92	94
Insgesamt	584	935	62

a) vgl. Fußnote Tabelle 10.3-2

Abbildung 10.3-10: Entwicklung der FuE-Förderung im Bereich optische Nachrichtentechnik in Mio. DM zugeordnet *nach Projektbeginn*

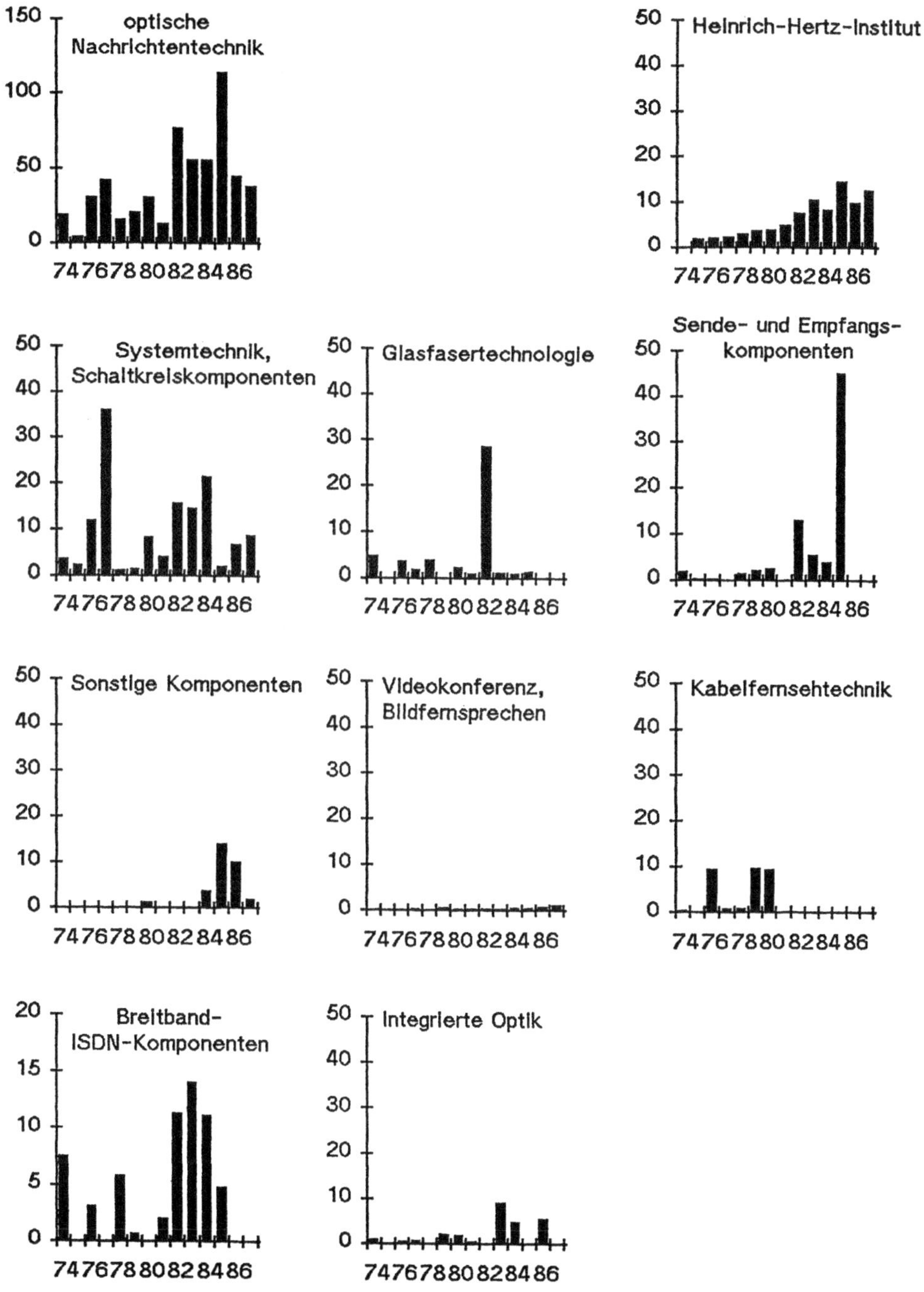

Abbildung 10.3-11: Entwicklung der FuE-Förderung im Bereich optische Nachrichtentechnik in Mio. DM zugeordnet *nach Laufzeit*

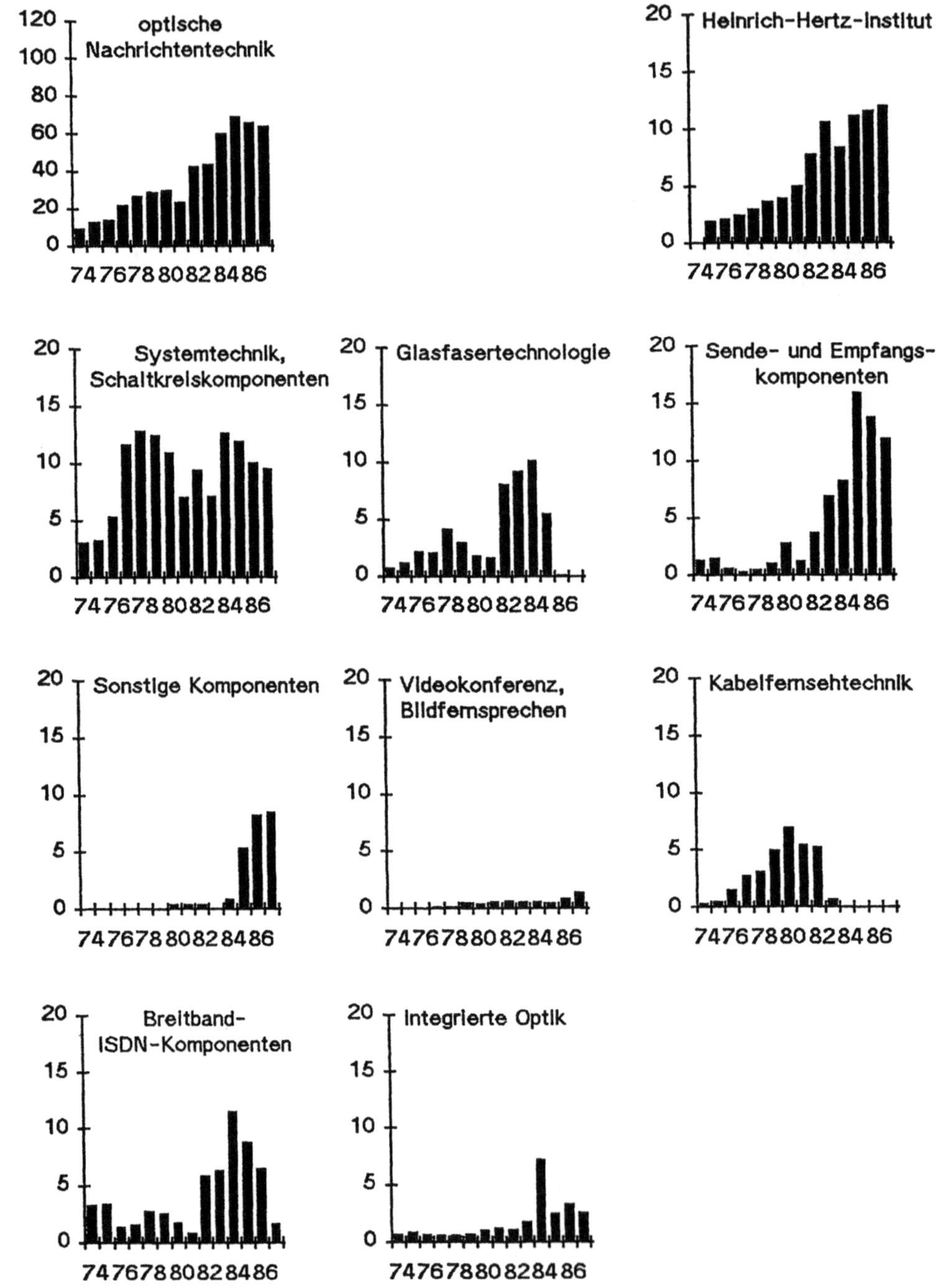

Mitte der 80er Jahre kamen zwei neue Teilgebiete hinzu, die integrierte Optik und der Bereich Breitband-ISDN-Komponenten. Die kostengünstige Integration optischer und elektronischer Komponenten ist für den Einsatz und die Durchsetzung der optischen Nachrichtentechnik am Markt von zentraler Bedeutung. Deshalb werden in den USA und Japan erhebliche Anstrengungen auf dem Gebiet der integrierten Optik unternommen und auch der BMFT hat im Jahr 1984 mit der Förderung entsprechnender Vorhaben begonnen. Bis 1987 wurden zehn Projekte mit einem Mittelvolumen von zusammen 32 Mio. DM bewilligt. Aber selbst in diesem wichtigen Bereich ist seit 1986 ein rückläufiges finanzielles Engagement des BMFT feststellbar. So wurden bereits 1987 für integrierte Optik fast keine zusätzlichen Mittel mehr vergeben. Im Ministerium zunächst verfolgte Ansätze, ein Verbundforschungsprogramm "Integrierte Optik: Optoelektronische integrierte Schaltungen auf InP-Basis" mit dem BMP, der Industrie und anderen Forschungseinrichtungen zusammen aufzulegen, wurden zurückgestellt. In veränderter Form ist dieses Vorhaben von der DBP Ende 1988 übernommen worden.

Der Bereich Breitband-ISDN-Komponenten steht in enger Verbindung zu den Planungen der DBP, ein Breitband-ISDN-Netz zu errichten: Die Planungen der DBP zur Errichtung eines solchen Netzes wurden erstmals 1984 in einem mit der nationalen Fernmeldeindustrie abgestimmten "Konzept der Deutschen Bundespost zur Weiterentwicklung der Fernmeldeinfrastruktur" vorläufig niedergelegt. Dieses Konzept wurde ein Jahr später in dem "Mittelfristigen Programm für den Ausbau der technischen Kommunikationssysteme" konkretisiert. Der BMFT hat 1985 begonnen, FuE-Projekte für Breitband-ISDN-Komponenten zu vergeben. Bis 1987 wurde sieben Projekte mit einem Mittelvolumen von 57 Mio. DM bewilligt. Das durchschnittliche Zuschußvolumen ist mit über 8 Mio. DM ungewöhnlich hoch. Die Fernmeldeindustrie beteiligt sich mit 50 % an den Projektkosten. Die geförderten Unternehmen sind wichtige Lieferanten der DBP für den Aufbau des Vorläuferbreitbandnetzes (VBN) und bei dem Berkom-Projekt in Berlin.

Während der zweiten Hälfte der 70er Jahre hat der BMFT auch FuE-Vorhaben im Bereich Kabelfernsehtechnik gefördert, einem Teilgebiet, welches hier der optischen Nachrichtentechnik zugerechnet wird, weil es sich um Projekte zur Breitbandkommunikation handelt, auch wenn die optische Nachrichtentechnik selber bei den Vorhaben von untergeordneter Bedeutung war. Dabei handelt es sich insbesondere um die Zweiwegkabelfernsehtechnik, die das Heinrich-Hertz-Institut (HHI) in mehreren Vorhaben mit einem Mittelaufwand von knapp 28 Mio. DM erforscht hat. Insgesamt hat der BMFT für Projekte in dem Bereich etwa 33 Mio. DM ausgegeben. Seit 1980 wurden für dieses Gebiet keine neuen Projekte mehr bewilligt.

Das BMFT hat sich zur Projektbegleitung und Programmbeobachtung externen Sachverstandes bei der Deutschen Forschungs- und Versuchsanstalt für Luft- und Raumfahrt (DFVLR) und bei anderen Einrichtungen bedient. Die Projektbegleitung war zwar nicht auf den Bereich der optischen Nachrichtentechnik beschränkt, hatte hier aber ein Schwergewicht. Die Mittel für Projektbegleitung werden deshalb vollständig dem Bereich der optischen Nachrichtentechnik zugerechnet. Der Ausgabeposten ist mit 7 Mio. DM seit 1970 und einem Anteil von weniger als 1 % an der gesamten Fördersumme finanziell gesehen vernachläßigbar.

Bei der Arbeit des Heinrich-Hertz-Institut (HHI) in Berlin spielt die optischen Nachrichtentechnik eine besonders wichtige Rolle, deshalb wurde auch die institutionelle Förderung des Institutes dem Bereich optische Nachrichtentechnik zugeschlagen.

Datenkommunikation

Im Bereich Datenkommunikation war der BMFT zwar bereits seit langem aktiv, aber mit der Errichtung des Deutschen Forschungsnetzes (DFN) hat die FuE-Förderung stark zugenommen. 1984 wurden die ersten Projekte im Rahmen des DFN begonnen. Inzwischen ist der Anteil der Ausgaben für DFN-Projekte auf fast 60 % der gesamten Förderung im Bereich der Datenkommunikation angewachsen.

Tabelle 10.3-4: FuE-Förderung zwischen 1974 und 1987 nach Sachgebieten - *Datenkommunikation*a)

Gebiet	Förderung in Mio. DM	Förderung und Eigenmittel in Mio. DM	Anteil der Förderung in %
Deutsches Forschungsnetz	97	98	100
Offene Netze, Standards	66	82	80
Sonstiges	7	9	78
Insgesamt	170	189	90

a) vgl. Fußnote Tabelle 10.3-2

Bei der Verteilung der Mittel für das DFN spielt der Verein zur Förderung des Deutschen Forschungsnetzes (DFN-Verein), der 1984 gegründet wurde, ein zentrale Rolle. Ziel des DFN-Vereins ist die Schaffung der wissenschaftlich-technischen Voraussetzungen für die Errichtung, den Betrieb und die Nutzung eines rechnergestützten Informations- und Kommunikationssystems für die öffentlich geförderte und die gemeinnützige Forschung auf der Basis öffentlicher Übertragungsnetze unter Beachtung der entsprechenden internationalen Standards und Normen. Mitglieder des Vereins sind fast alle bundesdeutschen Hochschulen und anderen Forschungseinrichtungen sowie sämtliche führenden Computerhersteller.

Abbildung 10.3-12: Entwicklung der FuE-Förderung im Bereich Datenkommunikation in Mio. DM

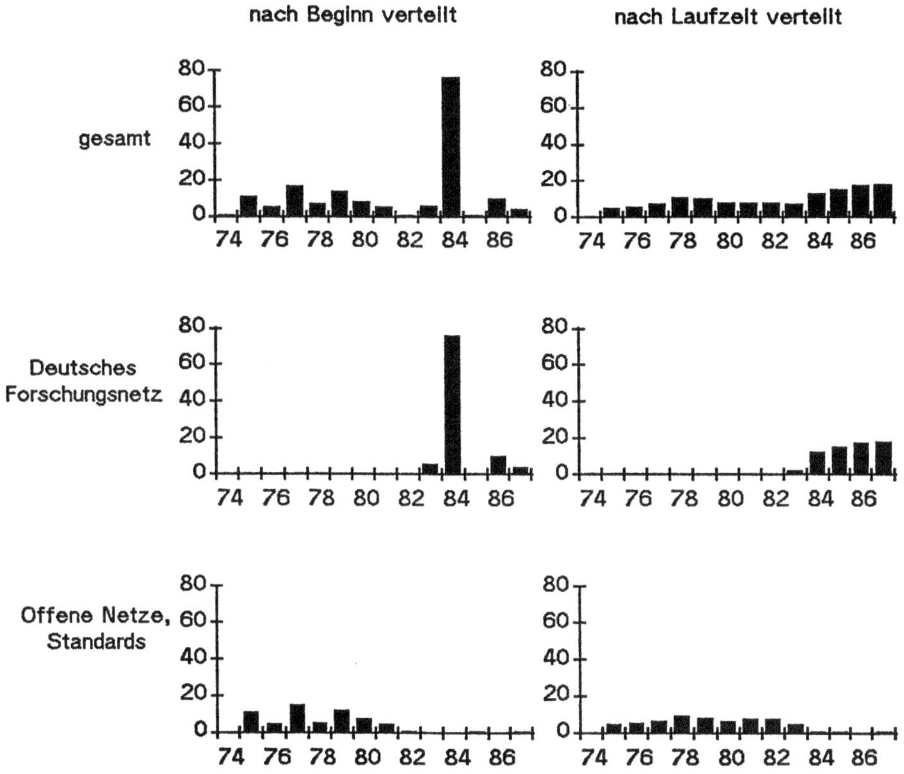

Der BMFT hat den überwiegenden Teil seiner Fördermittel für das DFN (89 Mio. DM von 97 Mio. DM) an den Verein gegeben, der die Mittel im Sinne der Ziele des Vereines verausgaben soll. Vor der Vereinsgründung gab es eine Reihe direkt geförderter FuE-

Vorhaben zum DFN. Der Verein hat dann wesentliche Teile der Projektsteuerungsfunktionen, die zuvor im Ministerium angesiedelt waren, übernommen.

Der BMFT hat daneben FuE-Projekte mit dem Themenschwerpunkt Offene Netze und Standards gefördert. Insgesamt sind im Laufe der Jahre 66 Mio. DM in entsprechende Vorhaben geflossen. Es gibt in der Leistungsplansystematik des BMFT dann noch den Bereich Sonstiges für den insgesamt 7 Mio. DM ausgegeben wurden. Seit Beginn der Förderung des DFN im Jahr 1983 wurden im Bereich der Datenkommunikation fast keine neuen Projekte außerhalb des DFNs mehr bewilligt (Abbildung 10.3-12).

Video-, Bildtechnik und HDTV

Die FuE-Förderung im Bereich Video-, Bildtechnik und HDTV zielt vor allem auf die technologische Entwicklung in der Unterhaltungselektronik ab. Während der 70er Jahren wurden vereinzelt Projekte in diesem Bereich gefördert, aber erst zu Beginn der 80er Jahre wurde die Förderung stark ausgebaut (Abbildung 10.3-13). Zwischen 1985 und 1987 sind jeweils rund 30 % der Mittel für neu begonnene Projekte in den Bereich Video-, Bildtechnik und HDTV geflossen. Dies zeigt, daß der BMFT diesem Technikbereich während der letzten Jahre eine relativ hohe Priorität eingeräumt hat. Aber auch hier waren die neu bewilligten Mittel 1986 und 1987 rückläufig.

Tabelle 10.3-5: FuE-Förderung zwischen 1974 und 1987 nach Sachgebieten - *Video-, Bildtechnik* und *HDTV*[a)]

Gebiet	Förderung in Mio. DM	Förderung und Eigenmittel in Mio. DM	Anteil der Förderung in %
Videotechnik	49	94	52
Bildtechnik	21	37	59
HDTV	65	92	71
Insgesamt	135	222	61

a) vgl. Fußnote Tabelle 10.3-2

Für die Videotechnik wurden in 20 Projekten 50 Mio. DM ausgeben. Dabei handelte es sich überwiegend um Entwicklungsvorhaben der Industrie. Dementsprechend lag der Finanzierungsanteil der Zuwendungsempfänger mit im Durchschnitt knapp 50 % auch relativ hoch (Tabelle 10.3-5). Die Bildtechnik wurde in 12 Projekten mit 21 Mio. DM unterstützt. Entwicklungsarbeiten für flache Bildschirme und der Aufbau eines Labors für Flüssigkristall-Displays an der Universität Stuttgart waren während der letzten Jahre die

Ausgabenschwerpunkte.

Im Bereich hochauflösendes Fernsehen (HDTV) hat der BMFT 40 Vorhaben mit einem Mittelaufwand von zusammen 65 Mio. DM gefördert. Einer frühzeitigen Beherrschung der Technik des HDTV wird für die zukünftige Marktstellung in der Unterhaltungselektronik allgemein eine große Bedeutung zugemessen. Dementsprechend wird in Japan und Europa intensiv an HDTV gearbeitet. Die japanische Industrie hatte zunächst bekanntermaßen einen Vorsprung, den die europäischen Unternehmen aufzuholen versuchen. Dabei werden sie im Rahmen von EUREKA-Projekten mit staatliche Mittel unterstützt. In jüngster Vergangenheit mehren sich die Hinweise dafür, daß die amerikanische Industrie mit Unterstützung der US-Regierung auch noch in den Wettbewerb um HDTV einsteigt.

Der BMFT hat bereits 1979 begonnen, sich des Themas HDTV anzunehmen. Man hatte damals die Vorstellung, über eine Verbreitung von HDTV eine Nachfrage nach Glasfaseranschlüssen im Haushaltsbereich zu schaffen. Insoweit gab es zunächst eine inhaltliche, strategische Verbindung zwischen der Förderung der optischen Nachrichtentechnik und der Förderung von HDTV. Inzwischen haben sich die europäischen Vorstellungen zum HDTV allerdings dahingehend weiterentwickelt, daß man bei der Übertragung nicht mehr auf die Glasfasertechnik angewiesen ist.

Nach Aussagen des BMFT hatte die nationale Industrie zunächst kein Interesse an HDTV und stand den Aktivitäten des Ministeriums ablehnend gegenüber. Deshalb wurden die 1979 bis 1981 vergebenen Projekte ganz überwiegend an Hochschulinstituten und am Heinrich-Hertz-Institut durchgeführt. Erst Mitte der 80er Jahre hat sich die Industrie dann in verstärktem Maße des Themas HDTV angenommen. Ihr Behauptungswille gegenüber der japanischen Konkurrenz war eine wesentliche Voraussetzung dafür, daß der BMFT in größerem Umfang Mittel zur Verfügung stellte. Die europäischen FuE-Aktivitäten zu HDTV sind in dem EUREKA 95 Projekt zusammengefaßt, koordiniert und einem straffen Management unterworfen (Dang Nguyen 1989). Angesichts des Systemcharakters der Technologie, die auf vielen Bereichen gleichzeitig Neuland betritt, und angesichts des Zeitvorsprunges der Japaner ist ein solches abgestimmtes Vorgehen der europäischen Industrie notwendig.

Die technologische und ökonomische Bedeutung von HDTV geht über den engen Bereich der Unterhaltungselektronik weit hinaus. Die Film- und Fernsehproduktionen sind ebenso betroffen. Es werden starke Impulse für die Halbleiter- und die Displaytechnologie erwartet. Der technolgischen Dominanz bei HDTV wird eine strategische Bedeutung für die Komponentenindustrie zugeschrieben. Deshalb hat der Förderbereich Video-, Bildtechnik und HDTV mit dem HDTV-Thema eine gemeinsame Ausrichtung erhalten.

Abbildung 10.3-13: Entwicklung der FuE-Förderung im Bereich *Video-*, *Bildtechnik*, *HDTV* in Mio. DM

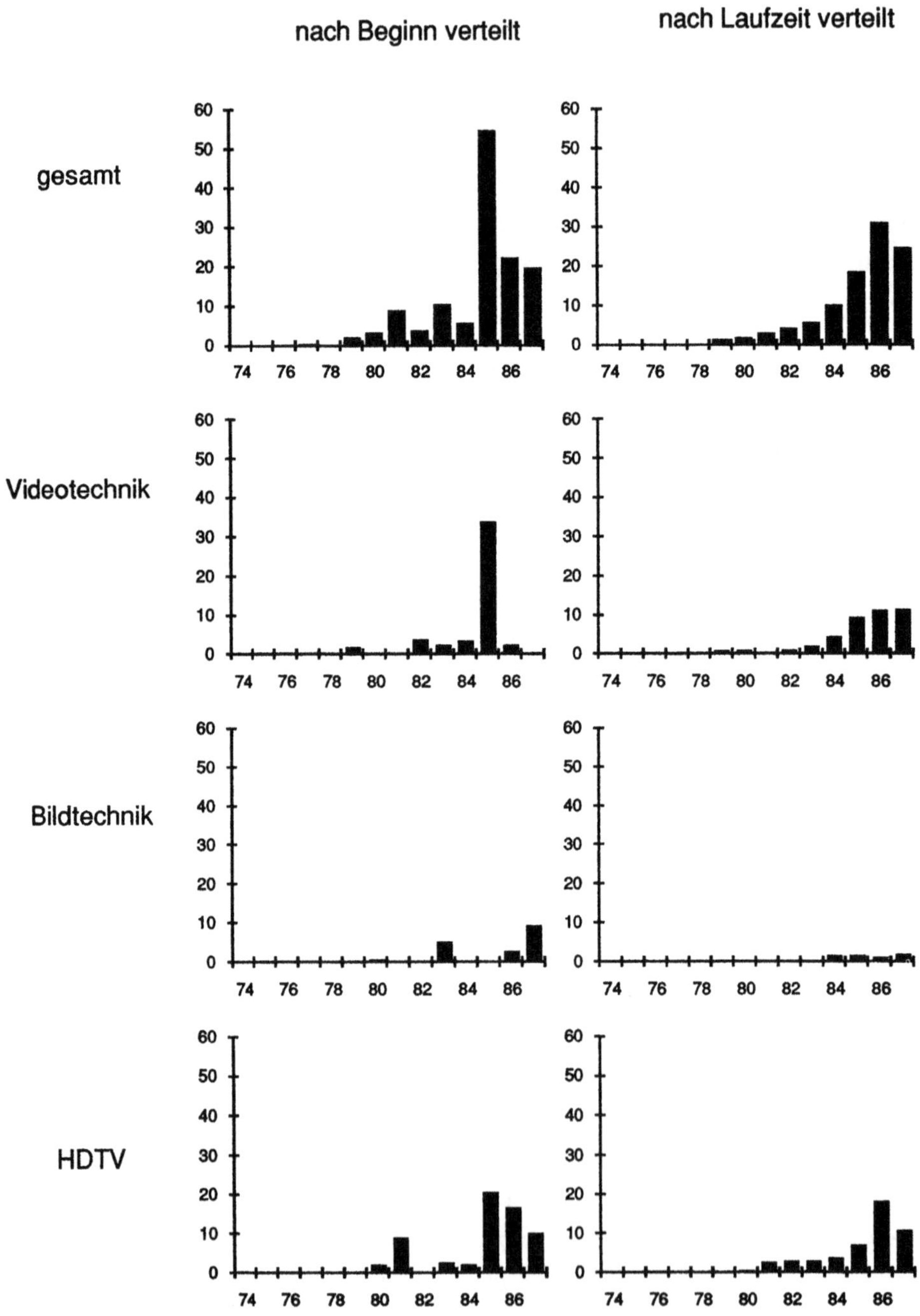

Die Förderung von HDTV ist eingebunden in eine industriepolitische Initiative der europäischen Länder und der Europäischen Kommission, deren zweites Ziel, nach der Entwicklung einer europäischen Norm, ihre internationale Durchsetzung ist. Auf der nächsten Plenartagung des Internationalen Beratenden Ausschusses für den Funkdienst (CCIR) im Jahr 1990 soll über die Standards entschieden werden, und es wird sich zeigen, ob es zu einem oder mehreren Standards kommen wird und ob die Europäer ihren Standard durchsetzen können.

Endgeräte

Der BMFT hat Mitte der 70er Jahre begonnen, FuE-Vorhaben zu Endgeräten zu vergeben. In den Jahren 1982 bis 1984 ist dieser Bereich mit der Vergabe von Projekten zur Entwicklung von ISDN-Endgeräten (inklusive Nebenstellenanlagen) stark ausgeweitet worden. 1986 und 1987 sind dann keine neuen Projekte mehr hinzugekommen, und im Jahr 1988 lief das letzte Projekt aus.

Abbildung 10.3-14: Entwicklung der FuE-Förderung im Bereich *Endgeräte* in Mio. DM

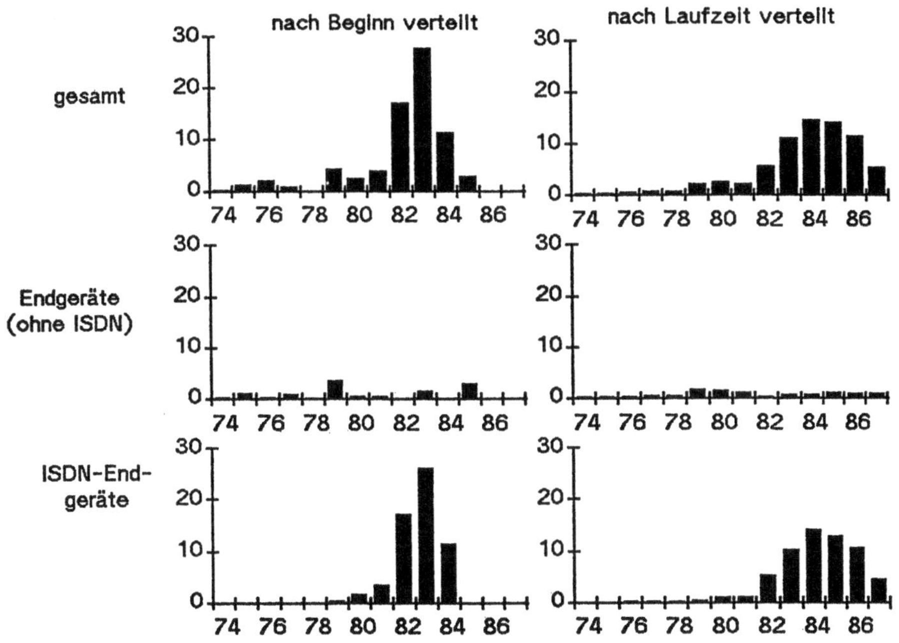

Einige der Vorhaben wurden von der mittelständischen Industrie durchgeführt. Die Förderung dieser Projekte hatte nicht zuletzt das Ziel, den Firmen die Entwicklung neuer Produkte und den Übergang von der Analog- zur Digitaltechnik zu ermöglichen. Technologiepolitische Ziele standen bei der Vergabe dieser Projekte im Hintergrund. Insgesamt gesehen ist der finanzielle Einsatz für solche Projekte aber nicht groß.

Der Einstieg des BMFT in Vorhaben zur Entwicklung von ISDN-Endgeräten verlief zeitlich abgestimmt mit den ISDN-Planungen der DBP. Im März 1982 hat die DBP ihre Absicht, ein ISDN einzuführen, kundgetan und entsprechende Aktivitäten eingeleitet. 1986 wurde in zwei Betriebsversuchen in Mannheim und Stuttgart mit der Einführung des ISDN begonnen. Spätestens zu diesem Zeitpunkt mußte die Industrie ISDN-Endgeräte entwickelt haben, wenn die Planungen für die Einführung des ISDN Aussichten auf Erfolg haben sollten. Die vom BMFT geförderten Projekt haben mit dazu beigetragen, daß für die Betriebsversuche Endgeräte zur Verfügung standen und daß sich ein entsprechendes Endgeräteangebot langsam zu entwickeln beginnt.

Man kann allerdings fragen, ob nicht die Aussichten auf den Markt für ISDN-Endgeräte, der sich damals durch die Einführungsentscheidung der DBP bereits relativ klar abzeichnete, von sich heraus ein ausreichenden Anreiz für Entwicklungsaktivitäten der Unternehmen gewesen wären. Die Förderung hat zwar vermutlich geholfen, einige Entwicklungsvorhaben etwas früher anzuschieben, aber für die Entscheidung von Unternehmen über Entwicklungsvorhaben sind Absatzerwartungen wesentlich wichtiger als staatliche Förderung. Deshalb hat der BMFT aus ökonomischer Sicht vernünftig gehandelt, wenn er sich nur kurze Zeit und frühzeitig in diesem Bereich engagiert hat. Staatliche Förderung von Entwicklungsvorhaben kann fehlende Absatzerwartungen auf Dauer nicht kompensieren.

Tabelle 10.3-6: FuE-Förderung zwischen 1974 und 1987 nach Sachgebieten - *Endgeräte*[a)]

Gebiet	Förderung in Mio. DM	Förderung und Eigenmittel in Mio. DM	Anteil der Förderung in %
Endgeräte (ohne ISDN)	13	24	56
ISDN-Endgeräte-	62	124	50
Insgesamt	75	147	51

a) vgl. Fußnote Tabelle 10.3-2

Abbildung 10.3-15: Entwicklung der FuE-Förderung im Bereich *Mobilfunk* in Mio. DM

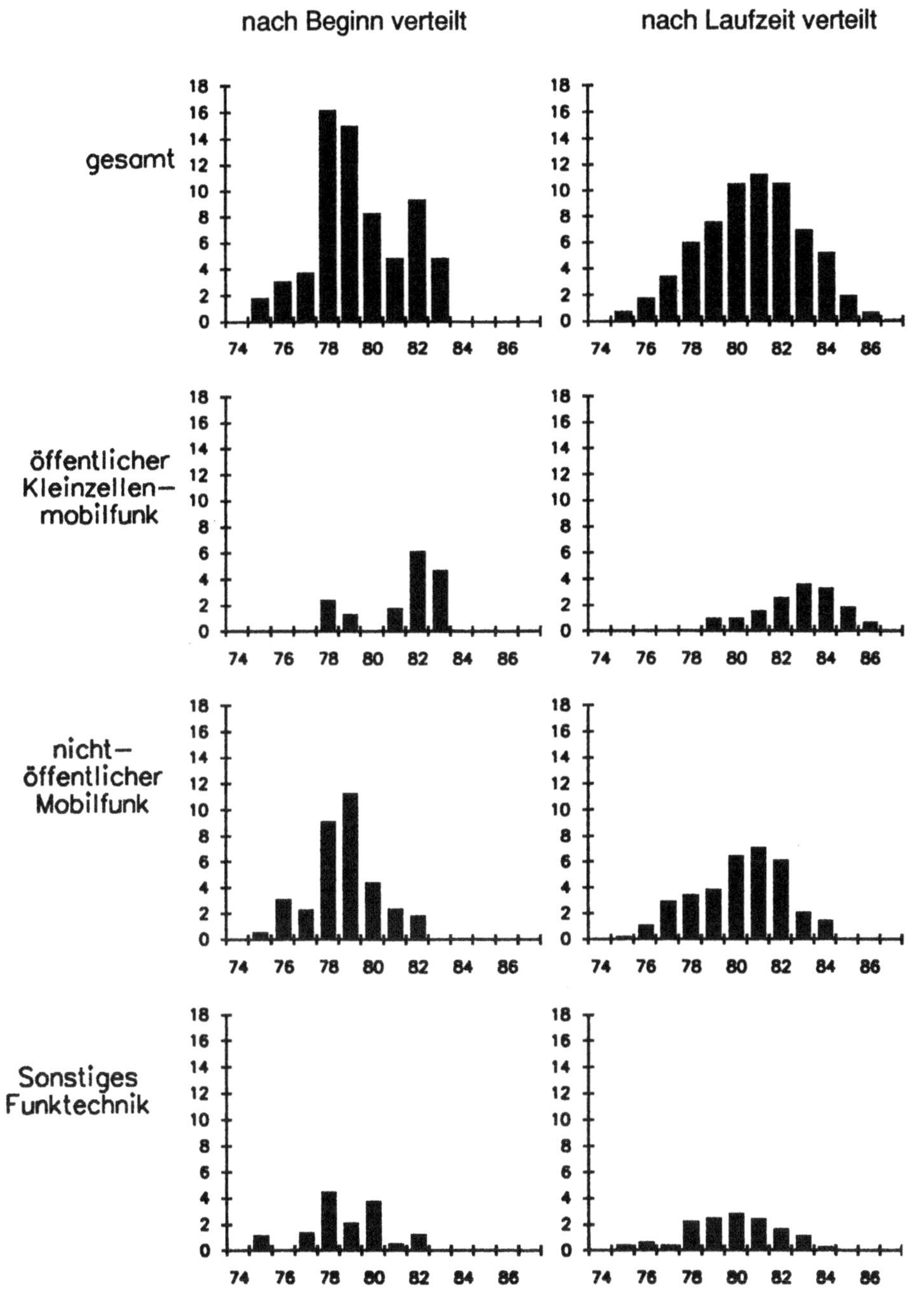

Tabelle 10.3-6 zeigt, daß der Eigenanteil der Unternehmen bei knapp 50 % lag. Es war damit der höchste von allen geförderten Teilgebieten. Angesichts der relativ großen Marktnähe der Vorhaben erscheint dies FuE-politisch nur vernünftig.

Mobilfunk

Der BMFT hat insgesamt 68 Mio. DM für Mobilfunk ausgegeben. Die meisten der Projekte wurden während der Laufzeit des TK-Programms begonnen. Seit 1984 sind keine neuen Projekte mehr vergeben worden, und 1987 waren alle Projekte beendet (Abbildung 10.3-15). Damit hatte der BMFT seine Förderung des Mobilfunkbereichs 1987 auch faktisch eingestellt.

Die Förderung der Mobilfunktechnik umfaßt verschiedene Teilgebiete, und sie zerfällt in zwei Phasen. Zu Beginn wurden vor allem Vorhaben aus dem Bereich des nicht-öffentlichen Mobilfunks und Vorhaben für spezielle Anwendungen des Mobilfunks gefördert. So wurden beispielsweise gefördert: die Entwicklung eines Autonotfunksystems, eines Systems zur Positionsbestimmung von Landfahrzeugen, die Entwicklung eines Bergfunksystems und eines Polizei- und Rettungsdiensteinsatzsystems. Die Förderung dieser Art von Projekten entsprach der ursprünglichen Zielsetzung des TK-Programms und ihr Auslaufen zu Beginn der 80er Jahre offenbart den bereits angesprochenen Wandel der Förderpolitik des BMFT.

Tabelle 10.3-7: FuE-Förderung zwischen 1974 und 1987 nach Sachgebieten - *Mobilfunk*[a)]

Gebiet	Förderung in Mio. DM	Förderung und Eigenmittel in Mio. DM	Anteil der Förderung in %
Öffentlicher Kleinzellenmobilfunk	17	33	50
Nicht-öffentlicher Mobilfunk-Spezielle Anwendung	36	49	72
Sonstiges im Bereich Funktechnik	15	28	55
Insgesamt	68	111	61

a) Vgl. Fußnote Tabelle 10.3-2

In den Jahren 1978 und 1979 hat der BMFT begonnen, FuE für einen öffentlichen digitalen Kleinzellenmobilfunk zu fördern. Es wurden zunächst zwei Projekte vergeben. Nach Aussagen des BMFT stand die DBP diesen Aktivitäten zunächst ablehnend gegenüber. AEG und PKI haben die beiden ersten Vorhaben durchgeführt. Zwischen 1981 und 1983 wurden sechs weitere Vorhaben bewilligt, an denen sich neben den zwei genannten Unternehmen auch SEL beteiligt hat. Siemens, der Systemführer im Mobilfunk-C-Netz der DBP, war an den Projekten nicht beteiligt.

Die Förderung hat mit dazu beigetragen, daß die deutsche Industrie technisches Know-how auf einem Gebiet erwerben konnte, das in den Planungen der DBP zunächst noch keine Rolle gespielt hat. Inzwischen erweist sich der Bereich des digitalen Mobilfunks mit dem europaweiten digitalen Mobilfunknetz auf Basis des GSM-Standards als einer der großen Wachstumsmärkte. Deshalb kann die Förderpolitik des BMFT zumindest der technologischen Richtung nach als erfolgreich angesehen werden. Man muß den Fall des digitalen Mobilfunks als ein Beispiel dafür werten, daß eine von den Planungen des Netzträgers unabhängige staatliche FuE-Förderung Vorteile haben kann.

Der BMFT hat die Funktechnik in einer Reihe von weiteren FuE-Vorhaben unterstützt, die man weder dem Bereich des digitalen Kleinzellenmobilfunks noch dem Bereich der speziellen Anwendungsförderung zurechnen kann. In 19 inhaltlich sehr verschiedenen Projekten wurden insgesamt 15 Mio. DM verausgabt. Es ging dabei beispielsweise um Bildübertragung über Funk-Schmalbandkanäle, Breitband-Richtfunksysteme und um energiesparende Rundfunksender.

Anwendungen der drahtgebundenen Kommunikation

Wie eingangs erwähnt hatte das TK-Programm ein Teilprogramm "Anwendung der Technischen Kommunikation", innerhalb dessen die Umsetzung von technischen Entwicklungen in praktische Problemlösungen gefördert werden sollte. Aus dem Teilprogramm ist eine relativ große Zahl von Projekten (34 Stück) entstanden: Pilotvorhaben für ein Bürgerinformations-, ein Hotelreservierungs-, ein Verbraucherinformations-, ein Hausnotruf-, ein Nachrichtenverteil- und ein Verkehrsleitsystem etc. Der Mittelumfang der Projekte war jeweils relativ klein (im Durchschnitt weniger als 1 Mio. DM). Empfänger der Förderung waren zum einen die Pilotanwender und zum anderen die herstellende Industrie (Tabelle 10.3-8).

Abbildung 10.3-16 zeigt, daß die Projekte ganz überwiegend in den Jahren 1978 bis 1980 begonnen wurden. Während der darauf folgenden Jahre wurden fast keine weiteren Projekte mehr bewilligt. Der BMFT hat diesen Richtungswechsel bewußt vollzogen, weil die Projekte nicht den gewünschten Erfolg brachten und relativ viele Ressourcen in der

Bearbeitung gebunden haben. Überdies waren sie nicht technologieorientiert und fielen damit nicht in den unmittelbaren Aufgabenbereich des Ministeriums.

Tabelle 10.3-8: FuE-Förderung zwischen 1974 und 1987 nach Sachgebieten - *Sonstige Gebiete*[a)]

Gebiet	Förderung in Mio. DM	Förderung und Eigenmittel in Mio. DM	Anteil der Förderung in %
Anwendungen der drahtgegebundenen Kommunikation	31	44	70
Text und Bild	25	49	52
Bedarfsanalysen, Begleitforschung	15	16	98
BTX	14	31	45
Insgesamt	86	140	61

a) vgl. Fußnote Tabelle 10.3-2

Text und Bild

Der Bereich Text und Bild ist ein kleiner Bereich, dessen Förderung im wesentlichen auf Aktivitäten des BMFT vor und zu Beginn des TK-Programms zurückgeht. Knapp drei Viertel der insgesamt 25 Mio. DM wurden bis zum Jahr 1977 bewilligt. Anfang der 80er Jahre wurde die Förderung des Bereiches völlig eingestellt.

Bedarfsanalysen und Begleitforschung

Dem Bereich Bedarfsanalysen und Begleitforschung sind inhaltlich sehr unterschiedliche Vorhaben (37 Stück) zugeordnet, die zum großen Teil in den Sozialwissenschaften angesiedelt waren. Untersucht wurden beispielsweise die Auswirkungen neuer Kommunikationstechnologien im Büro auf Organisationsstruktur und Arbeitsinhalte, die Einsatzmöglichkeiten von Satelliten zur Datenkommunikation oder der Nutzen von Bewegtbildkommunikation für den Wissenserwerb. Außerdem sind in der Position Ausgaben zur Unterstützung von einschlägigen Kongressen und Veranstaltungen und ähnliches enthalten.

Abbildung 10.3-16: Entwicklung der FuE-Förderung in *sonstigen Bereichen* in Mio. DM

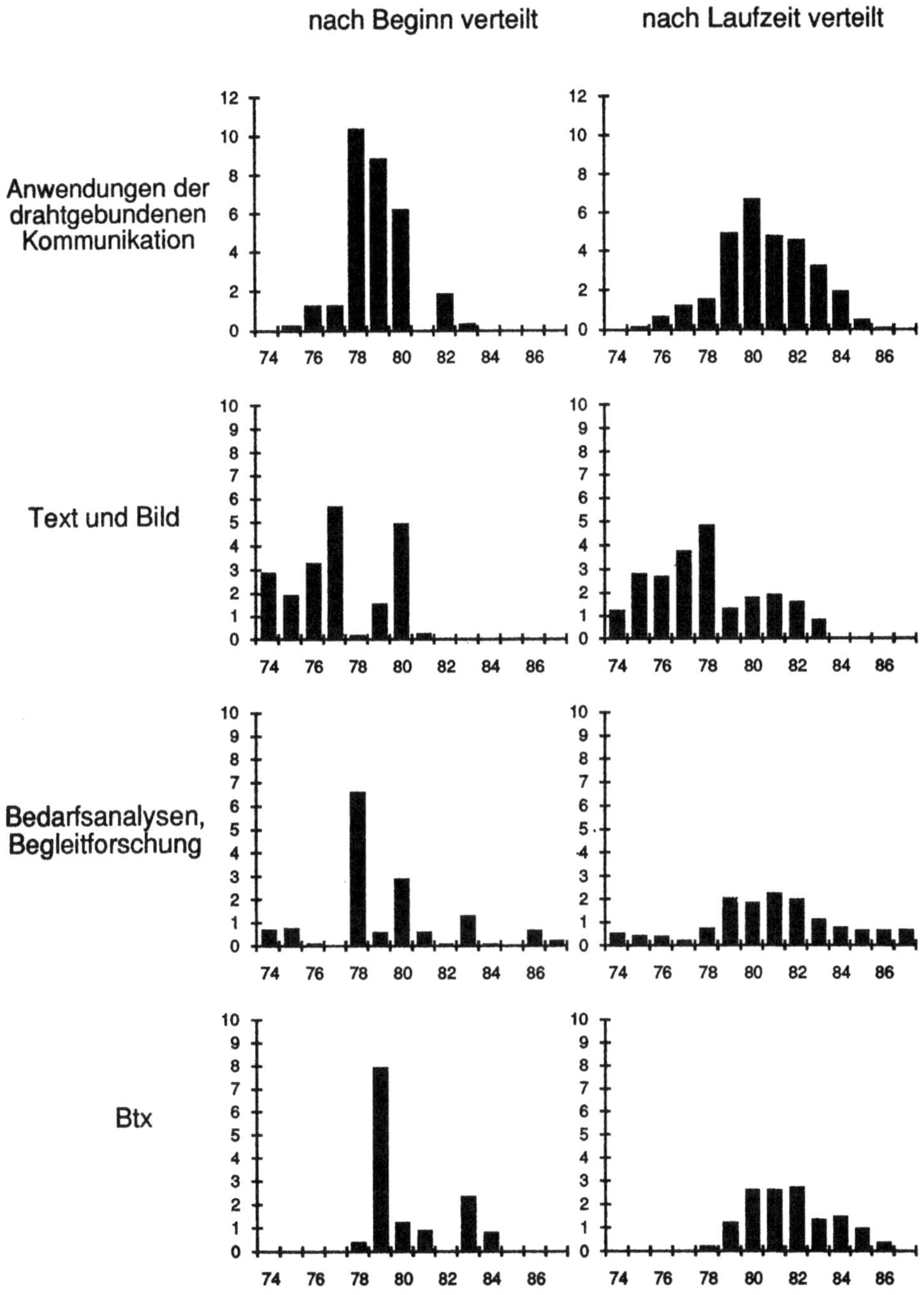

Insgesamt wurden rund 15 Mio. DM für diesen Bereich ausgegeben. Die stärksten Akzente wurden während der Laufzeit des TK-Programms gesetzt. Knapp drei Viertel der 15 Mio. DM wurden zwischen 1978 und 1982 bewilligt. Der Mittelumfang der Projekte war im Durchschnitt mit 400 000 DM relativ gering und der BMFT hat die allermeisten Vorhaben vollständig finanziert.

Btx

FuE für Bildschirmtext (Btx) hat das BMFT mit insgesamt knapp 14 Mio. DM in 10 Vorhaben unterstützt. Es handelte sich ausschließlich um Projekte der Herstellerindustrie. Der Anteil des BMFT an den Projektkosten lag jeweils unter 50 %. Der weitaus größte Teil des Geldes (9 Mio. DM) entfiel auf zwei Projekte zur Entwicklung spezieller großintegrierter Schaltungen. Außerdem hat das BMFT ein Vorhaben unterstützt, daß sich mit den Möglichkeiten von schneller Datenübertragung im Rahmen von Btx beschäftigte.

Es handelt sich bei den Projekten um eine gezielte Entwicklungsförderung, deshalb ist der relativ hohe Eigenfinanzierungsanteil der Unternehmen von 55 % verständlich. Die Förderung ist nach 1983 faktisch eingestellt worden, denn bei dem im Jahr 1984 begonnenen Projekt handelt es sich um ein Anschlußvorhaben.

FuE-Förderung nach Forschungsarten

Die FuE-Statistik des BMFT ist an den von der OECD entwickelten Verfahren zur statistischen Messung wissenschaftlicher und technischer Tätigkeiten orientiert (BMFT 1982). Danach wird zwischen drei Arten von FuE-Tätigkeit unterschieden: der Grundlagenforschung, der angewandten Forschung und der Entwicklung. In der DAVOR-Datenbank des BMFT sind die geförderten Vorhaben, soweit Angaben gemacht wurden, entsprechend dieser Dreiteilung und unter Hinzufügung einer vierten Kategorie "sonstiges" klassifiziert. Damit ist eine Untersuchung der Forschungsförderung nach Forschungsarten prinzipiell möglich. Man kann errechnen, welcher Anteil der Förderung in Entwicklungsprojekte geflossen ist und welchen Stellenwert die Grundlagenforschung hatte. Auf diese Weise ließe sich überprüfen, ob und in welchem Maße der BMFT sein erklärtes Ziel, die Grundlagenforschung in besonderem Maße zu fördern, in die Tat umgesetzt hat. Eine stichprobenartige Prüfung hat allerdings starke Zweifel an der Richtigkeit der Zuordnung der geförderten Projekte zu Forschungsarten ergeben. So waren viele Projekte, die das HHI durchgeführt hat, ursprünglich als Entwicklungsvorhaben klassifiziert. Angesicht des Charakters des HHIs und der dort durchgeführten Projekte vermag eine solche Zuordnung nicht zu überzeugen. Die entsprechenden Vorhaben wurden zwar pauschal als angewandte Forschungsprojekte umklassifiziert, aber es bleiben Zweifel an der Richtigkeit der übrigen Zuordnungen.

Tabelle 10.3-9 gibt einen Überblick über die FuE-Förderung nach Forschungsarten. Es zeigt sich, daß mehr als die Hälfte der Förderung in Entwicklungsvorhaben geflossen ist. In vielen Förderbereichen lag der Anteil der Entwicklungsprojekte sogar über 80 %. Dies Ergebnis spiegelt nach der Einschätzung der für die Förderung unmittelbar verantwortlichen Mitarbeiter im BMFT die Förderpolitik nicht richtig wieder. Sie führen an, daß das BMFT möglicherweise die Entwicklung von Komponenten für den Einsatz in reinen Forschungssystemen als Entwicklungsvorhaben klassifiziert hat, obgleich diese Komponenten selbst keinen darüber hinaus gehenden Markt hatten. Die quantitative Bedeutung solcher Fehlklassifikationen ließ sich nicht ermitteln.

Tabelle 10.3-9: FuE-Förderung nach Forschungsarten - Anteile in % der Förderung 1974 - 1987[a)]

	Grundlagen-forschung	Angewandte Forschung	Entwicklung	Sonstiges
Optische Nachrichten-technik	21	24	55	1
Datenkommunikation	4	9	87	0
Video-, Bildtechnik, HDTV	8	33	59	0
Endgeräte	4	3	94	-
Mobilfunk	0	18	81	1
Anwendung drahtgebundener Kabel	0	10	89	1
Text und Bild	11	3	86	0
Bedarfsanalysen, Begleitforschung	11	71	5	14
Btx	0	0	100	0
Insgesamt	13	20	66	1

a) vgl. Fußnote Tabelle 10.3-2

Selbst wenn man die Zuordnung der Projekte zu Forschungsarten insgesamt als wenig verläßlich ansehen muß, weisen die Zahlen doch auf eine Diskrepanz zwischen dem erklärten Ziel des BMFT, Grundlagenforschung und Basistechnologieentwicklung in besonderer Weise zu fördern einerseits und der tatsächlich verfolgten Förderpolitik andererseits hin. Staatliche Förderung von Entwicklungsaktivitäten privater Unternehmen ist aus wirtschaftswissenschaftlicher Sicht weniger gut begründbar als eine Förderung von Forschungsaktivitäten. Aus dieser Sicht bleiben Zweifel, ob der BMFT die staatliche

FuE-Förderung im Bereich der Technischen Kommunikation richtig, nämlich überwiegend forschungsorientiert eingesetzt hat.

FuE-Förderung nach institutionellen Sektoren

An der Förderung im Bereich Technische Kommunikation haben insgesamt 129 verschiedene Unternehmen und Forschungseinrichtungen partizipiert. Bei 628 geförderten Projekten ergibt sich ein Schnitt von knapp fünf Vorhaben je Zuwendungsempfänger. Tatsächlich streut die Zahl der Projekte und die Höhe der finanziellen Unterstützung je Zuwendungsempfänger aber ganz erheblich.

Tabelle 10.3-10 zeigt die Verteilung der Förderung nach Wirtschaftssektoren. Rund die Hälfte der Fördermittel ist an Unternehmen der Fernmeldeindustrie gegangen, weitere sechs Prozent an andere Industrieunternehmen z. B. aus der Unterhaltungselektronik. Etwa 40 % der Mittel ist Universitäten, Großforschungseinrichtungen und sonstigen wissenschaftlichen Einrichtungen zugeflossen, und ein kleiner Teil ist an Gebietskörperschaften und andere Wirtschaftszweige gegangen. Die Fernmeldeindustrie und Forschungseinrichtungen waren damit die bei weitem größten Zuwendungsempfänger.

Das Heinrich-Hertz-Institut (HHI) in Berlin hat alleine ein Fünftel (234 Mio. DM) der gesamten Fördermittel erhalten (Tabelle 10.3-11). Dies unterstreicht die besondere Rolle des HHI in der forschungspolitischen Strategie des BMFT für den Bereich der Kommunikationstechnik.

Tabelle 10.3-10: Förderung nach Sektoren

Sektor	Anzahl Firmen	Anzahl Projekte	Fördersumme in Mio.
Fernmeldeindustrie	35	275	570
übrige Industrie	28	68	64
Gebietskörperschaften und sonstige Wirtschaftszweige	18	23	28
Universitäten, Großforschungseinrichtungen und sonstige wissenschaftliche Anstalten	47	262	454
Insgesamt	129	628	1.116

Im Bereich der Industrie hat der Branchenführer Siemens die meisten Fördermittel erhalten. Vergleicht man die Verteilung der Förderung auf die fünf größten inländischen Herstellerfirmen mit der Höhe ihrer Telekommunikationsumsätze aus dem Jahr 1987, dann zeigt sich, daß Siemens unter- und ANT, SEL sowie PKI überproportional gefördert worden sind (Abbildung 10.3-17). Man kann dies als Beitrag des BMFT zum Erhalt von mehreren technologisch unabhängigen Herstellerfirmen und zur Stärkung des technologischen Wettbewerbs innerhalb der Bundesrepublik Deutschland ansehen.

Abbildung 10.3-17: Verteilung der FuE-Förderung und relative Umsatzgrößen

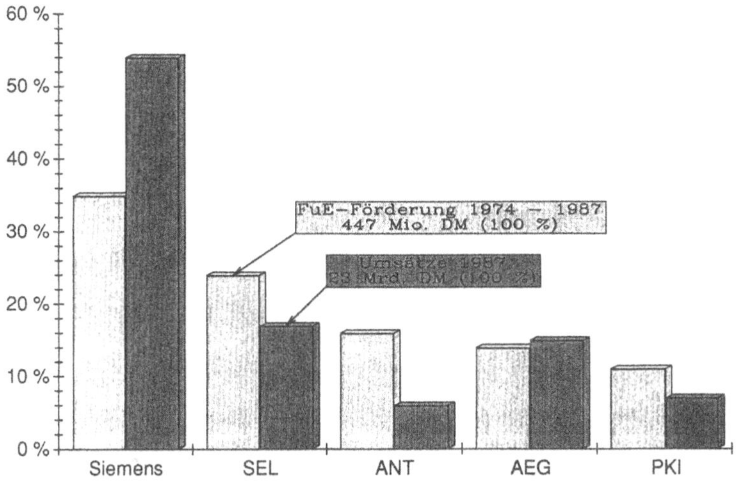

Der Verein zur Förderung des Deutschen Forschungsnetzes hat 89 Mio. DM erhalten und lag damit an vierter Position. Der Verein vergibt die Mittel aber fast ausschließlich weiter an Dritte, so daß er nicht als der letzte Empfänger der Förderung anzusehen ist. Das in der Glasfaserproduktion tätige Unternehmen Heraeus Quarzschmelze und das Unternehmen BTS Broadcast Television Systems, eine in der Unterhaltungselektronik tätigen Tochtergesellschaft der Robert Bosch GmbH, nehmen Rang 8 und 9 ein. Auf Platz zehn rangiert die erste Universität.

Wir beobachten insgesamt eine erhebliche Konzentration der Förderung auf wenige Unternehmen und Einrichtungen. Knapp drei Viertel der gesamten FuE-Förderung ist an nur zehn verschiedene Empfänger gegangen. Wenn man den DFN-Verein herausrechnet, entfallen auf die ersten zehn Zuwendungsempfänger immer noch mehr als zwei Drittel der gesamten Fördermittel.

Tabelle 10.3-11: Die größten Zuwendungsempfänger 1974 - 1987[a)]

	Zahl der Projekte	Födersumme in Mio. DM	in %
1. Heinrich Hertz-Institut	99	234	21
- Projektmittel	--	147	13
- Institutionelle Förderung	--	87	8
2. Siemens AG	48	158	14
3. Standard Elektrik Lorenz	41	107	10
4. Verein zur Förderung des DFN	3	89	8
5. ANT Nachrichtentechnik	44	70	6
6. AEG-Aktiengesellschaft	45	61	6
7. Philips Kommunikations Industrie	24	51	5
8. Heraeus Quarzschmelze	6	22	2
9. BTS Broadcast Television Systems	9	17	2
10. Uni Stuttgart	15	16	1
1 - 10328	812	73	

a) vgl. Fußnote Tabelle 10.3-2

Neben der relativ kleinen Zahl von Unternehmen und Einrichtungen, die an vielen Projekten beteiligt waren und einen großen Teil des Geldes erhalten haben, gibt es eine ganze Reihe von Unternehmen, die nur einmal mit einem kleinen Betrag gefördert wurden. Fast die Hälfte der geförderten Einrichtungen wurden nur mit einem Vorhaben gefördert, und der niedrigste Förderbetrag lag bei 6000 DM. Bei den kleinen Projekten handelt es sich häufig um Vorhaben aus den Bereichen Bedarfs- und Begleituntersuchungen sowie Anwendungsevaluation. Es gibt aber auch einige kleine Projekte im technischen Bereich. Bei diesen drängt sich die Frage nach der Effizienz der Förderung auf. Es ist schwer vorstellbar, daß man die technologische Entwicklung eines Landes im Bereich der Technischen Kommunikation mit solch kleinen vereinzelten Fördervorhaben wesentlich vorantreiben kann. Gleichwohl kann die staatliche FuE-Förderung für die Entwicklung der einzelnen mittelständischen Firma von großer Bedeutung sein, wenn damit beispielsweise der Übergang von analogen auf digitale Systeme erleichtert wird, den andere größere Unternehmen aus eigener Kraft bereits vollzogen haben. In diesen Fällen dient die FuE-Förderung des BMFT aber eher strukturpolitischen als technologiepolitischen Zielen.

FUE-FÖRDERUNG IN VERWANDTEN FACHPROGRAMMEN

Weltraumforschung und Weltraumtechnik

Seit 1962 fördert die Bundesregierung Weltraumforschung und Weltraumtechnik, und zwar ganz überwiegend durch das BMFT. Vier deutsche Weltraumprogramme hat es gegeben; mehr als 12 Mrd. DM sind aufgewendet worden (Tabelle 10.3-12).

Tabelle 10.3-12: FuE-Förderung des BMFT im Bereich *Weltraumforschung und Weltraumtechnik*

Jahr	Ausgaben für Weltraumforschung und -technik		Ausgaben für telekommunikations-relevante Teilgebiete	
	Mio. DM (1)	in % der Gesamt-ausgaben (2)	Mio. DM (3)	in % von (1)
1974	494	15 %	67	14 %
1978	590	13 %	65	11 %
1982	696	10 %	64	9 %
1987	1.124	15 %	63	6 %
1974-1987	9.683	-	943	-

Dieses Engagement wird von der Bundesregierung folgendermaßen begründet: "Für ein führendes Industrie- und Kulturland wie die Bundesreublik Deutschland ist es aus wissenschaftlichen, technologischen, wirtschaftlichen und gesellschaftlichen Gründen unerläßlich, an der Erschließung und Nutzung des Weltraums mitzuwirken" (Riesenhuber 1989). Der Forschungsminister führt weiter aus: "Noch ist Raumfahrt weitgehend Staatsaufgabe, doch befinden wir uns mitten in einem weltweiten Aufbruch zu neuen, großen Aufgaben und in einem Strukturwandel zu breiter Beteiligung und vielfältigem Engagement." Als Beispiel für eine bereits erfolgte weitgehende Kommerzialisierung der Weltraumtechnologie wird der Bereich Satellitenkommunikation angeführt. Hier haben sich die Bedingungen nach Einschätzung des BMFT inzwischen soweit verändert, daß es "nur noch in speziellen neuen technologischen Bereichen der staatlichen Hilfe bedarf. Allerdings erfordert die Besonderheit dieses Marktes bei Vermarktung von Produkten der Industrie staatliche Mitwirkung" (BMFT 1988).

Die hohen technischen und ökonomischen Risiken der Weltraumtechnik haben nicht nur in der Bundesrepublik Deutschland sondern in allen Staaten dazu geführt, daß sich die Regierungen in diesem Bereich engagiert haben. In Europa werden solche Projekte zu dem in der Regel als internationale Verbundprojekte angelegt, ein Ergebnis der Knappheit der Mittel, die in den einzelnen Ländern für diesen Zweck aufgebracht werden können. Deutsch-französische Gemeinschaftsprojekte spielen dabei eine besondere Rolle, auch und gerade bei den Kommunikationssatelliten, die für den Telekommunikationssektor relevant sind.

Der BMFT hat in der Vergangenheit eine Reihe von Satellitenprojekten finanziert. Die Forschungsstatistik weist innerhalb der Position "Weltraumforschung und Weltraumtechnik" einen Bereich "Anwendungssatelliten" aus, in dem die Förderung für Kommunikationssatelliten enthalten ist. Hierzu zählen die Entwicklung, die Herstellung und der Betrieb von Rundfunk-, Fernmelde-, Navigations- und Datenkommunikationssatelliten bis zur Demonstration der Anwendungsreife. In diesem Buch werden die unmittelbar telekommunikationsrelevanten Teile des Förderbereiches "Anwendungssatelliten" und die Teile, die einen direkten mittelbaren Bezug zum Telekommunikationsbereich aufweisen, identifiziert und untersucht (Tabelle 10.3-12).

Die Ausgaben des BMFT für die so abgegrenzten Teile der Weltraumforschung beliefen sich während des letzten Jahrzehnts relativ konstant auf gut 60 Mio. DM pro Jahr.

Dieser Betrag lag Mitte der 70er Jahre noch wesentlich über der FuE-Förderung des Bereiches Technische Kommunikation, und auch nach dem Zuwachs der Fördermittel für diesen Bereich bis Mitte der 80er Jahre war er immer noch etwa halb so groß. Gemessen an den eingesetzten Mitteln entfällt damit ein erheblicher Teil der staatlichen FuE-Förderung für den Telekommunikationsbereich auf Satelliten. Dies ist darauf zurückzuführen, daß Weltraumprojekte außerordentlich komplex und teuer sind und daß der BMFT bei den ersten Projekten die gesamten Kosten übernommen hat, für die Entwicklung, die Herstellung, den Transport in den Weltraum und den Betrieb der Satelliten einschließlich der Bodeneinrichtungen.

Das zweitgrößte Teilgebiet war "Satelliten für den Fernsprechverkehr und Fernsehverteilung". Für diesen Bereich hat der BMFT zwischen 1974 und 1987 391 Mio. DM ausgegeben, den weitaus größten Teil für das erste deutsch-französische Gemeinschaftsprojekt SYMPHONIE. Die im Regierungsabkommen von 1967 festgelegte Zielsetzung der gemeinsamen Bemühungen bestand vor allem in der Verbesserung der Konkurrenzfähigkeit der deutschen und französischen Industrie auf dem rasch wachsenden Gebiet der Weltraumtechnik.

Tabelle 10.3-13: FuE-Förderung in telekommunikationsrelevanten Teilgebieten der *Weltraumforschung und Weltraumtechnik*

Teilgebiete	Förderung[a] 1974-1987 in Mio. DM	Anteil an Gesamtsumme	Finanzierungsanteil des BMFT
Nachrichtenübertragung und Datenverarbeitung	90	8 %	90 %
Mobile Weltraumfunkdienste	58	5 %	86 %
Energieversorung und Wärmehaushalt von Satelliten	48	4 %	96 %
Satelliten für Fernsprechverkehr und Fernsehverteilung	391	33 %	95 %
Fernsehdirektempfangssatellitensysteme	574	49 %	97 %
Studien Anwendungssatelliten und Nutzlasten	17	1 %	99 %
telekommunikationsrelevante Bereiche	1.177	100 %	95 %

a) Vgl. Fußnote Tabelle 10.3-2

Ein deutsch-französisches Industriekonsortium, an dem auf deutscher Seite Siemens, MBB und AEG-Telefunken beteiligt waren, hat für die Entwicklung und Lieferung eines Prototyps und zweier Flugmodelle von SYMPHONIE 175 Mio. DM erhalten. Rund 90 Mio. DM wurden für den Transport der Satelliten ins All aufgewandt. Die Errichtung der notwendigen Erdfunkstellen und die Erweiterung von Bodenstationen hat der BMFT ebenfalls unterstützt. In diesem Zusammenhang hat die DBP vom BMFT rund 8 Mio. DM für die Errichtung von Erdfunkeinrichtungen erhalten. 1974 und 1975 wurden die beiden zum System gehörenden Satelliten gestartet und in Betrieb genommen. Sie wurden bis 1984 genutzt. Das Nutzungsprogramm enthielt eine Vielzahl wissenschaftlich technischer Experimente, aber auch ein Reihe von Versuchsanwendungen mit operationalem Charakter sowie eine große Zahl von Demonstrationen. Das Nutzungsprogramm wurde ebenfalls mit BMFT-Mitteln unterstützt.

Die DBP war an der Finanzierung des Satelliten nicht beteiligt. Sie hat an dem Projekt insoweit mitgewirkt, als sie im Direktionsrat von SYMPHONIE vertreten war und bestimmte experimentelle Anwendungen erprobt hat. Die französische Fernmeldeverwaltung hat SYMPHONIE für ausgewählte Verbindungen im Regelbetrieb eingesetzt und nicht nur für Versuchszwecke. Während dieser Jahre verfolgte die DBP die Politik, alle

Satellitenkommunikation über INTELSAT abzuwickeln und nicht über nationale Satellitensysteme. Diese Position änderte sich erst in den folgenden Jahren.

Die meisten BMFT-Mittel sind in den Bereich "direktstrahlende Fernsehsatelliten" geflossen. Für dieses Gebiet wurden seit 1974 574 Mio. DM aufgewandt, der ganz überwiegende Teil der Mittel für das deutsch-französische Gemeinschaftsprojekt TV-Sat/TDF.

Die Entwicklung des TV-Sat geht auf Überlegungen gegen Ende der 60er Jahre zurück, ein Satellitensystem mit einer begrenzten regionalen Ausleuchtung zur direkten Fernseh- und Rundfunkversorgung der Bundesrepublik Deutschland einzusetzen. Diese Vorstellungen wurden seit 1970 im Rahmen verschiedener geförderter Projekte konkretisiert. So wurde 1978 eine Definitionsstudie für einen europäischen direktstrahlenden Fernsehrundfunksatelliten an MBB vergeben. 1980 wurde ein deutsch-französisches Abkommen über die technisch-industrielle Zusammenarbeit auf dem Gebiet von Rundfunksatelliten unterzeichnet. Vereinbart wurden die gemeinsame Entwicklung, der Bau und der Start von zwei weitgehend baugleichen Satelliten mit der Trägerrakete ARIANE sowie ein gemeinsames Vorgehen bei der Herstellung und Vermarktung weiterer TV-Satelliten.

1981 wurde die Entwicklung und Herstellung des deutschen und französischen Rundfunksatelliten bei dem Industriekonsortium "EUROSATELLITE", bestehend aus den deutschen Unternehmen MBB-ERNO, AEG, ANT und den französischen Unternehmen SNIAS und ANTES in Auftrag gegeben. Der BMFT hat für diesen Auftrag 277 Mio. DM zur Verfügung gestellt. 84 Mio. DM wurden für einen ARIANE-Start veranschlagt. MBB hat für Projekte in Verbindung mit dem TV-Sat vom BMFT knapp 70 Mio. DM erhalten. Allein die Mittel für die genannten Projekte summieren sich auf rund 430 Mio. DM. Es gab noch eine Reihe weiterer Projekte in Verbindung mit dem TV-Sat. Der BMFT hat für den TV-Sat unmittelbar rund 480 Mio. DM aufgewandt, hinzu kommen weitere Mittel aus anderen für den Satelliten relevanten Projekten.

In der Anfangsphase wurde das TV-Sat Projekt als rein "präoperationell" bezeichnet. Dies hatte vor allem medienpolitische Gründe, und die DBP war an der Finanzierung nicht beteiligt. Dies änderte sich nach dem Regierungswechsel im Jahr 1982. Gespräche zwischen BMFT und BMP auf höchster Ebene haben zu einer finanziellen Beteiligung der DBP geführt. Das finanzielle Engagement der DBP blieb insgesamt aber wesentlich unter dem des BMFT; zwischen 1984 und 1987 wurden ca. 80 Mio. DM für terrestrische Einrichtungen und rund 140 Mio. DM für das Raumsegment auf dem Satelliten ausgegeben.

Insoweit sich das TV-Sat System - nach dem Totalverlust des TV-Sat 1 im Jahr 1988 - zu einem funktionsfähigen operationalen System entwickelt hat, kann man argumentieren, daß der BMFT einen Teil der Investitionen für die Telekommunikationsinfrastruktur übernommen habe. Eine solche Argumentation setzt allerdings voraus, daß die DBP auch unter rein betrieblichen Gesichtspunkten dieses Satellitensystem beschafft hätte. Tatsächlich sind die Entscheidungen zur Einrichtung nationaler Satellitensysteme aber stark von politischen Einflußnahmen und industriepolitischen Überlegungen geprägt gewesen. Insoweit verfängt eine solche Argumentation nur zum Teil.

Bereits Anfang der 80er Jahre war die DBP von ihrer Philosophie, keine nationalen Satellitensysteme einzusetzen, abgerückt und hat ohne Mitwirkung des BMFT ein weiteres nationales Satellitensystem in Angriff genommen, das deutsche Fernmeldesatellitensystem DFS-Kopernikus. Es entstand in enger Zusammenarbeit der DBP mit der Deutschen Telepost Consulting (DETECON), der DFVLR (jetzt: DLR) und der deutschen Fernmelde- und Raumfahrtindustrie (Hiergeist 1983). Das Konsortium, das 1983 den Auftrag zur Entwicklung und dem Bau von drei Flugkörpern und Teilen des Bodensegmentes im Wert von rund 850 Mio. DM erhalten hat, besteht aus Siemens, MBB-ERNO, ANT und SEL. Die beiden Satelliten des DFS-Kopernikus wurden 1989 gestartet. Es ist davon auszugehen, daß die Unternehmen und die DFVLR zum Teil auf Know-how aufbauen konnten, das in den vom BMFT finanzierten Satellitenprojekten entstanden war, wenngleich das Anforderungsprofil des DFS-Kopernikus wesentlich von dem der anderen Satelliten abweicht. Im Rahmen des Projektes haben die Unternehmen eine Satellitenvermarktungsgesellschaft, GESAT, gegründet, deren Aufgabe es ist, das Satellitensystem DFS-Kopernikus international zu vermarkten. Diese Bemühungen haben bisher aber noch nicht zu einem Verkauf des Systems ins Ausland geführt.

Der DFS ist ein Beispiel für eine Kommerzialisierung des Satellitengeschäftes, auch wenn die Vergabeentscheidung der DBP an das deutsche Industriekonsortium sicher nicht völlig frei von industriepolitischen Erwägungen erfolgt ist. Ein Rückgriff auf "Satelliten von der Stange", wie sie in den USA angeboten wurden, war angesichts der speziellen Anforderung an das zu beschaffende Satellitensystem aus der Sicht der DBP damals nicht möglich. Mit ihrem Auftrag hat die DBP in jedem Fall einen erheblichen Beitrag zur Finanzierung von FuE-Aktivitäten der deutschen Industrie im Satellitenbereich geleistet.

Man kann argumentieren, daß das Zusammenspiel von staatlicher FuE-Förderung und Markt sich im Bereich der Satelliten entlang klassischer ökonomischer Vorstellungen entwickelt hat: Der BMFT finanzierte in der Anfangsphase einer sehr komplexen, mit großen Risiko behafteten Technologie FuE-Aktivitäten und zog sich anschließend, als die Nachfrageimpulse stark genug wurden, zurück. Der Nachfrager DBP hat anschließend, angeregt durch die Demonstration der Leistungsfähigkeit der Produkte und der Hersteller, entsprechende Systeme bei deutschen Firmen erworben. Insoweit es sich dabei um eine im wesentlichen kommerzielle Entscheidung der DBP gehandelt hat, war die BMFT Förderung erfolgreich. Insoweit die Entscheidung der DBP technologie- und industriepolitisch geprägt war, wird man argumentieren müssen, daß nur der Financier der staatlichen FuE-Förderung gewechselt hat und der Erfolgsnachweis dieser Förderung noch aussteht. Der Verkauf entsprechender Systeme ins Ausland wäre ein ökonomisches Erfolgskriterium. Immerhin hat ANT 1989 von der Ford Aerospace (USA) im Rahmen des INTELSAT-VII-Programmes einen größeren Unterauftrag zur Lieferung von Subsystemen erhalten. Der Stellenwert industriepolitischer Argumente bei der Entscheidung der DBP für den DFS-Kopernikus ließe sich nur in einer sehr aufwendigen Fallstudie ermitteln, die den Rahmen dieses Buchs sprengen würde. Wir gehen deshalb dieser Frage nicht weiter nach. Es bleibt festzuhalten: Die DBP hat seit Anfang der 80er Jahre im Wege einer innovativen Beschaffungspolitik und durch ihre finanzielle Beteiligung an dem TV-Sat Projekt in erheblichen Maße zur Finanzierung von FuE-Aktivitäten deutscher Unternehmen im Bereich Satellitenkommunikation beigetragen. Insgesamt investiert die DBP seit einigen Jahren erhebliche Mittel für die Satellitenkommunikation. Für nationale Satellitenprojekte (TV-Sat, DFS) und Beteiligungen an internationalen Satellitensystemen einschließlich der dazugehörigen terrestrischen Einrichtungen wurden in den Rechnungsjahren 1985 und 1986 jeweils ca. 750 Mio. DM investiert (BMFT 1986, 1988).

Bei Satellitensystemen handelt sich um eine außerordentliche komplexe Technologie. Es kann deshalb nicht erstaunen, daß die Ausgaben des BMFT für FuE bei Anwendungssatelliten sich außerordentlich stark auf wenige große Unternehmen bzw. internationale Unternehmenskonsortien konzentrieren (Tabelle 10.3-14). Auf die zehn größten Zuwendungsempfänger entfielen 87 % der Mittel. Bei der Interpretation der Zahlen ist zu beachten, daß die einzeln genannten Unternehmen in der Regel auch Teil der Industriekonsortien sind und auf diesem Wege weitere Mittel erhalten haben.

Tabelle 10.3-14: Verteilung der FuE-Förderung im Bereich Anwendungssatelliten auf Unternehmen[a)]

Nr.	Name	Mio. DM	kummulierte Anteile in %
1	Eurosatellite mbH	277	24
2	Consortium Industriel Franco-Allemand Satellite	183	39
3	Messerschmitt-Boelkow-Blohm GmbH (MBB)	114	49
4	Societe Arianespace	84	56
5	ANT	82	63
6	AEG	60	68
7	Europäische Weltraumorg. (ESA)	59	73
8	DFVLR	58	78
9	Dornier System GmbH	53	82
10	Siemens	44	86
11	SEL	43	90
89	insgesamt	1.177	100

a) telekommunikationsrelevante Teile

Andere Fachprogramme

Der BMFT fördert seit langem in einer Reihe weiterer Fachprogramme und unter wechselnden Bezeichnungen FuE in technischen Bereichen, die für den Telekommunikationssektor zumindest indirekt von Bedeutung sind. Zu erwähnen sind die Förderung der Mikroelektronik (Bauelemente), der Informationstechnik (Datenverarbeitung) und der Fachinformationssysteme. Bauelemente sind als Vorprodukte für die Entwicklung der Nachrichtentechnik wichtig und mit dem Übergang zur Digitaltechnik ist die Entwicklung der Informationstechnik für den Telekommunikationsbereich von Bedeutung. Der Aufbau DV-gestützter Fachinformationssysteme für On-Line-Recherchen macht die Entwicklung auf dem Fachinformationssektor auf der Anwenderseite interessant. Gleichwohl bleiben die Zusammenhänge technologisch vergleichsweise mittelbar, und es ergibt wenig Sinn, die FuE-Förderung in diesen Bereichen unter dem Blickwinkel des Telekommunikationssektors tiefergehend zu untersuchen.

Tabelle 10.3-15 gibt einen Überblick über die jährliche FuE-Förderung in den drei genannten Bereichen. Mitte der 70er Jahre hat der BMFT die Informationstechnik im Rahmen von drei groß angelegten DV-Programmen gefördert. Die Förderung der Informationstechnik wurde Ende der 70er Jahre deutlich zurückgefahren. Vergleicht man die Förderung des Bereiches Technische Kommunikation mit den Bereichen Informationstechnik und Mikroelektronik, dann zeigt sich einerseits, daß der Kommunikationstechnik in den Jahren 1982 bis 1984 eine (gemessen an den Ausgaben des BMFT) in etwa gleich große Priorität zugemessen wurde wie den beiden anderen Bereichen, daß sich seitdem die Akzente allerdings eindeutig zu ungunsten der Kommunikationstechnik und zugunsten der Bauelemente- und der DV-Industrie verschoben haben.

Tabelle 10.3-15: FuE-Förderung des BMFT in den Förderbereichen Mikroelektrotechnik, Informationstechnik, Technische Kommunikation und Fachinformation in Mio. DM (Quelle: Bundesbericht Forschung versch. Jg.)

Jahr	Mikroelektronik	Informationstechnik	Technische Kommunikation	Fachinformation
1974	62	372	29	26
1975	57	400	40	39
1976	57	359	44	36
1977	69	283	53	42
1978	76	287	68	60
1979	100	271	74	67
1980	90	152	73	66
1981	109	133	75	55
1982	121	116	103	58
1983	124	108	100	50
1984	128	110	129	51
1985	168	152	104	69
1986*	239	186	141	95
1987*	235	223	157	90
1988*	225	232	151	90

* Sollwerte

10.3.2 ROLLE DES NETZBETREIBERS

Die <u>FuE-Aktivitäten der DBP</u> spielen im deutschen FuE-System für Nachrichtentechnik traditionell eine untergeordnete Rolle. Sie sind, dem Auftrag der Post entsprechend, ausschließlich auf die Planung und Entwicklung von Netzen und Diensten ausgerichtet und <u>nicht</u> auf die Entwicklung von Hard- und Software für Telekommunikationsgeräte und -

einrichtungen. Diese entwickelt die Zulieferindustrie seit jeher zunächst auf eigene Kosten, weil die DBP keine getrennten Entwicklungsaufträge vergibt. Die DBP beschafft die benötigten Einrichtungen im Wege öffentlicher Vergabeverfahren und bezahlt die FuE-Leistungen der Industrie (indirekt) über die Beschaffungspreise.

Aus diesem Grund müssen die Beschaffungsverfahren der DBP folgendes Problem lösen: Telekommunikationseinrichtungen gibt es, vor allem wenn die DBP innovativ sein will, nicht auf dem Weltmarkt von der Stange. Sie müssen auf die Gegebenheiten der vorhandenen nationalen Netze hin entwickelt und optimiert werden. Die DBP muß deshalb für Beschaffungsverfahren die zu beschaffenden technischen Systeme spezifizieren. Für diesen Zweck verfügt sie über eigene FuE-Kapazitäten, die bei komplexen Produkten aber nicht ausreichen. Deshalb gab und gibt es bei der Spezifikation von neu zu beschaffenden Einrichtungen zum einen Beteiligungsverfahren der Industrie und zum anderen besondere Beschaffungsverfahren. Diese sollen die Firmen dazu bewegen, bestimmte Entwicklungsleistungen für die DBP zu erbringen, ohne daß die DBP diese Leistungen getrennt entlohnt. Sie "bezahlt" Entwicklungsleistungen, indem sie den Kreis der Lieferfirmen für eine bestimmte Zeit auf die Entwicklerfirmen beschränkt. Die relativ kleinen eigenen FuE-Kapazitäten und der Grundsatz, keine Entwicklungsaufträge zu vergeben, gehen einher mit besonderen Beschaffungsverfahren. Deshalb sind die Rolle der DBP im FuE-System und ihre Beschaffungspolitik in einem engen Zusammenhang zu sehen und man muß die Beschaffungspolitik mit in die Untersuchung einbeziehen.

Diese grobe Skizze der Rolle, die die DBP im deutschen FuE-System spielt, ist zwar grundsätzlich richtig, sie muß aber ergänzt und modifiziert werden. So vergibt die DBP im engen Sinne zwar keine Entwicklungsaufträge, sie beschafft aber Piloteinrichtungen und entgilt auf diese Weise Entwicklungsleistungen. Dies Verfahren spielt besonders im Bereich von Glasfasertechnologie und vermittelter Breitbandkommunikation seit längerem eine Rolle, aber nicht nur dort. Auch die Aufwendungen der DBP für Entwicklung sind bei näherem Hinsehen größer als man gemeinhin annimmt.

Es ist weiterhin festzustellen, daß die DBP und ihr nachrichtentechnisches Forschungsinstitut ihren Einfluß auf die Forschungsaktivitäten in Deutschland während der letzten Jahre ausgeweitet haben. Diese Entwicklung ist nicht zuletzt auf den 1986 einsetzenden Rückzug des BMFT aus der Förderung des Bereiches "Technische Kommunikation" zurückzuführen (vgl. Abschnitt 10.3.1).

FuE BEI DER DEUTSCHEN BUNDESPOST

Forschungsinstitut der Deutschen Bundespost

Umfang, Ausrichtung und Stellung

Die "posteigene" Forschung im Forschungsinstitut der DBP (FI) hat eine lange Tradition. Sie ist geprägt von periodisch wiederkehrenden Diskussionen über das richtige Maß und die richtige Zielsetzung der eigenen Forschung. In diesen Diskussionen gibt es einige "klassische" Argumente:

- Warum soll die DBP überhaupt selbst forschen, wenn sie selbst keine Telekommunikationsgeräte entwickelt und herstellt?

- An den deutschen Hochschulen und Forschungsinstituten wird in ausreichendem Maße Forschung betrieben. Eine posteigene Forschung ist deshalb nicht notwendig, sie verdrängt nur Forschung an anderer Stelle. Im übrigen sollte Forschung von Verwertungsinteressen weitgehend unabhängig sein.

- Posteigene Forschung ist notwendig zur Erfüllung des Auftrages der DBP. Durch ihre Einbindung in die Post bietet sie gute Voraussetzungen für einen ungehinderten Informationsfluß über Probleme und Lösungen zwischen Netzbetrieb und Forschung. Unternehmensinterne Personalfluktuation von der Forschung in den Betrieb begünstigt den Know-how Transfer zusätzlich.

Mitte der 70er Jahre kam es zu einer Neustrukturierung der Forschung bei der DBP, die im wesentlichen bis heute Bestand hat. Programmatisch wurde damals festgelegt (Elias, Tietz 1974):

Die DBP soll auf ihre Aufgaben orientierte Forschung selbst betreiben. Sie soll weder Grundlagenforschung durchführen noch soll sie Entwicklungsaktivitäten aufbauen. Die posteigene Forschung soll anwendungsbezogen, d. h. relativ eng auf die Ziele und Probleme der DBP bezogen sein. Sie soll neue wissenschaftliche Erkenntnisse für Normung, Produktgestaltung und Entwicklung neuer Dienste im Telekommunkationssektor nutzbar machen und sich um die wachsenden internationalen Forschungs- und Standardisierungsaufgaben kümmern.

Trotz dieses damals eindeutigen Bekenntnisses hat die DBP der eigenen Forschung weiterhin zurückhaltend gegenüber gestanden. Dies läßt sich an verschiedenen Indizien ablesen. So wurden die Kapazitäten kaum erweitert und blieben im internationalen Vergleich recht bescheiden. Die Einbeziehung des FI in Entscheidungsprozesse des Ministeriums zu technologischen Fragen verlief in der Vergangenheit (zumindest aus Sicht des

Institutes) nicht immer optimal. Hier gibt es aber gerade aus den letzten Jahren Beispiele für eine Veränderung: Bei der Meinungsbildung der DBP über das Grundprinzip der zukünftigen Breitbandvermittlungstechnik (ATM oder STM) hat das FI zum Beispiel entscheidend mitgewirkt. Forschungsergebnisse des Institutes, die der zuvor bei der deutschen Industrie und der DBP vorherrschenden Auffassung in der Sache widersprachen, haben 1987 zu einer neuen Offenheit der DBP gegenüber ATM beigetragen. Das ATM-Prinzip wird inzwischen bei RACE und in der internationalen Standardisierung eindeutig favorisiert.

Als wesentliche Ziele der Arbeit des FI sind definiert:

- Gewinnen, Beurteilen und Verwerten neuer Erkenntnisse,
- Gewinnen eines unabhängigen Urteils,
- Schaffung von Voraussetzungen zur Einführung neuer Dienste,
- Senkung des Aufwandes für Fernmeldeeinrichtungen.

An diesen Zielen ist der unmittelbare Bezug zu den Aufgaben der DBP ablesbar.

Die Arbeit des FI ist i. d. R. auf kurz- und mittelfristig für die DBP verwertbare Ergebnisse ausgerichtet. Damit ist die Forschung des FI vom Zeithorizont der Verwertung der Ergebnisse her gesehen kurzfristiger angelegt als die überwiegend grundlagenorientierte Forschung der Hochschulen und des Heinrich-Hertz-Institutes (HHI). Die Arbeit des FI erstreckt sich bis zur Planung neuer Systeme und Geräte.

Der Personaleinsatz für die eigene Forschung ist bei der DBP relativ gering und während der letzten drei Jahrzehnte kaum gestiegen. In dieser Hinsicht unterscheidet sich die DBP deutlich von ausländischen Netzträgern und der Herstellerindustrie. Im Jahr 1963 waren im FI 316 Personen tätig, im Jahr 1988 335 (Mlecek 1989, 103). Darunter hat sich die Zahl der wissenschaftlichen Mitarbeiter allerdings von 66 auf 145 erhöht, ein Trend, der in allen Forschungslabors zu beobachten ist. Initiativen des FI zur Personalverstärkung wurden von den für den Personalhaushalt zuständigen Stellen des Ministeriums regelmäßig abgelehnt. Erst in allerletzter Zeit ist hier eine gewisse Veränderung eingetreten. So wurden dem FI 1989 erstmals seit Anfang der 80er Jahre neun zusätzliche Stellen für Wissenschaftler zugewiesen. Die Zuweisung der zusätzlichen Stellen steht in unmittelbarem Zusammenhang mit der Übernahme des ursprünglich vom BMFT geplanten Verbundprojektes Intergrierte Optik durch die DBP, das vom FI durchgeführt wird. Der Bericht einer internen Prüfgruppe der DBP aus dem Jahr 1987, der dem FI Effektivität bescheinigt, dürfte sich vermutlich ebenfalls positiv ausgewirkt haben. Insgesamt gesehen mußte das FI in der Vergangenheit seine Aufgaben mit einer nahezu gleichbleibenden Personalstärke erfüllen, angesichts des starken technologischen Wandels und der zunehmenden Breite des zu bearbeitenden Feldes eine vermutlich kaum lösbare Aufgabe.

Mit einer starken Ausweitung der Forschungsaufträge an Dritte hat sich das FI seit Anfang der 80er Jahre etwas Spielraum zur Ausweitung der Forschungskapazitäten geschaffen. Externe Forschungsaufträge werden dabei fast ausschließlich an Hochschulen vergeben. Ihr Volumen ist von weniger als 1 Mio. DM auf inzwischen über 6 Mio. DM jährlich angewachsen, was einem Anteil von rund 8 % der gesamten Aufwendungen für das FI entspricht. Nach einer Schätzung des FI arbeiten in den Hochschulinstituten etwa 50 Wissenschaftler im Auftrag des Institutes, bei einer eigenen Forscherkapazität von knapp 150.

Der Weg der Auftragsvergabe war für das FI ein Ventil, die einengenden Beschränkungen des eigenen Personalhaushaltes zu lockern. Er hat aber Grenzen. Die externen Forschungsprojekte müssen sich weitgehend in Vorhaben des Institutes einbetten, da ihre Ergebnisse ansonsten vom FI nicht aufgenommen und verarbeitet werden können. Dieses Argument des FI ist plausibel. Forschungsaufträge werden dort vor allem unter dem Aspekt der Ergänzung des eigenen Know-hows gesehen und nicht in erster Linie unter dem Aspekt der Kapazitätserweiterung. Gleichwohl ist das Institut, eigener Einschätzung zufolge, seit einigen Jahren bei den Forschungsverträgen an der Grenzen des sinnvoll Machbaren angelangt.

Die Ausgaben der DBP für das FI belaufen sich gegenwärtig auf insgesamt rund 70 Mio. DM. Bei den Aufwendungen für Sachmittel und Investitionen ist während des letzten Jahrzehntes eine Verdreifachung zu beobachten. Die Aufwendungen für Forschungsaufträge sind wie erwähnt seit 1980 ebenfalls stark gewachsen. Im Vergleich dazu haben sich die Personalkosten des FI infolge des weitgehend unveränderten Personalstandes kontinuierlich entwickelt.

Mit der Neuorganisation des FI 1974 wurde die inhaltliche Steuerung (Fachaufsicht) der Arbeit des Institutes neu geregelt. Eine neue und besondere Form der Fachaufsicht sollte einerseits dem Forschungscharakter der Arbeit Rechnung tragen, der eine relative Unabhängigkeit erfordert. Sie sollte andererseits sicherstellen, daß die Auftraggeberfunktion der Unternehmensleitung der DBP klar hervortritt. Sie sollte auch die Verpflichtung der DBP, die Forschungsergebnisse auszuwerten und in ihre Planungen einzubeziehen, herausstellen (Elias, Tietz 1974). Deshalb wurde für die Fachaufsicht ein sogenannter Forschungsrat eingerichtet, in dem das BPM eine starke Stellung hat.

Das Ministerium ist im Forschungsrat mit sieben stimmberechtigten Mitgliedern vertreten. Das FTZ, zu dem das FI verwaltungstechnisch gehört, entsendet zwei Personen, das FI selbst 4 Personen und der BMFT 2 Vertreter. Zu den Aufgaben des Forschungsrates gehört es, das Forschungsprogramm zu beraten, die Forschungsergebnisse zur Kenntnis zu nehmen, zu begutachten und eine Erfolgskontrolle auszuüben. Der Forschungsrat soll über seine unmittelbar auf das FI bezogenen Aufgaben hinaus die Unternehmensleitung der DBP auch ganz generell in Fragen der Forschung beraten. Seine Beschlüsse haben aber lediglich empfehlenden Charakter. Nur das Ministerium verfügt über Beschlußrechte bezüglich Forschungsprogramm, Personalkapazität und Budget.

Tatsächlich hat das FI selbst innerhalb der vorgegebenen Grenzen des Budgets (insbesondere des Stellenplans) einen großen Einfluß auf die inhaltliche Ausrichtung der Forschung. Dies ergibt sich natürlicherweise aus dem Charakter von Forschung und aus dem Vorschlagsrecht für neue Projekte. Diese werden in aller Regel vom FI selbst initiiert und entwickelt.

Über die Mitgliedschaft von zwei Personen aus dem BMFT wird eine inhaltliche Abstimmung zwischen staatlicher FuE-Förderung, die beim BMFT angesiedelt ist, und der Forschung bei der DBP ermöglicht. Sie hat eine gewisse Entsprechung in Mitgliedschaften von Angehörigen der DBP im Aufsichtrat und im wissenschaftlichen Beirat des überwiegend vom BMFT finanzierten HHI. Die wechselseitige Verflechtung der Träger von HHI und FI in den fachlichen Steuerungsgremien der beiden Forschungsinstitute wurde Mitte der 70er Jahre geschaffen. Sie ist mit ein Grund für die gute Zusammenarbeit von FI und HHI. Die Mitgliedschaft des BMFT im Forschungsrat des FI hat sich nach Aussagen des FI auch deshalb bewährt, weil sie zur Stärkung der Unabhängigkeit der posteigenen Forschung von kurz- und mittelfristigen Unternehmenszielen beigetragen hat.

Die Aufbauorganisation des FI ist Abbildung 10.3-18 zu entnehmen. Zur Zeit wird in folgenden neun Forschungsschwerpunkten gearbeitet: Nachrichtenverarbeitung, Vermittlung, Fernmeldenetze, Übertragungsverfahren, leitergebundene Übertragungsmedien, Antennen, Wellenausbreitung, Festkörperelektronik und Optoelektronik. In diesen Gebieten werden spezielle Untersuchungen durchgeführt.

Es wird deutlich, daß die Arbeit des FI auf grundlegende Technologien einerseits und die Netzinfrastruktur andererseits ausgerichtet ist. Gemittelt über die letzten Jahre machten Arbeiten im Bereich der Übertragungstechnik (Ü-Verfahren, Ü-Medien, Antennen und Wellenausbreitung) rund 37 % der Forschungsaufwendungen aus, gefolgt von Netzen und Vermittlung mit zusammen 25 %, der Nachrichtenverarbeitung mit ca. 20 % und den Bereichen Festkörperelektronik/Optoelektronik mit zusammen rund 18 %. Die Bereiche Endgeräte und Dienste stehen nicht im Vordergrund der Arbeiten des FI, wenngleich es auch Vorhaben in diesen Bereichen gibt (z. B. Bildfernsprechen im ISDN und digitaler Mobilfunk).

In einer Selbstdarstellung des FI werden aus den Arbeiten der jüngeren Vergangenheit folgende besonders hervorgehoben (Mlecek 1989, 103f):

- Erarbeitung eines eigenen Systemvorschlages DOTAN für ein digitales optisches Teilnehmeranschlußnetz mit Hardware-Modell parallel zum Projekt BIGFON der DBP,

- Mitgestaltung des paneuropäischen Projektes "Digitales Mobilfunknetz",

- Verbesserte Verfahren zur Nachrichtenübertragung auf leitergebundenen Übertragungswegen und über Funk,

- Vervollkommnung des Mensch-Maschine Dialogs,

- Nutzung moderner Halbleitertechnologien (für Komponenten der optischen Nachrichtentechnik),

- wesentliche Mitgestaltung der visuellen Kommunikation (Bildfernsprechen, HDTV) in internationalen Gremien

- neue Denkanstöße für die Gestaltung der Übertragung künftiger Breitbanddienste durch neue Übertragungsverfahren.

An dem Beispiel paneuropäisches digitales Mobilfunknetz wird deutlich, daß die Arbeit des FI zum Teil unmittelbar in Vorhaben der DBP zur Fortentwicklung ihrer Netze eingebunden ist.

Neben der Forschung nimmt das FI nach innen Beratungsfunktionen wahr. Insgesamt gesehen ist die Einbindung des FI in die Arbeit des FTZ, als der für die Entwicklungssteuerung in erster Linie verantwortlichen Einheit, aber relativ gering. Infolge der räum-

Abbildung 10.3-18: Gliederung des Forschungsinstituts der Deutschen Bundespost

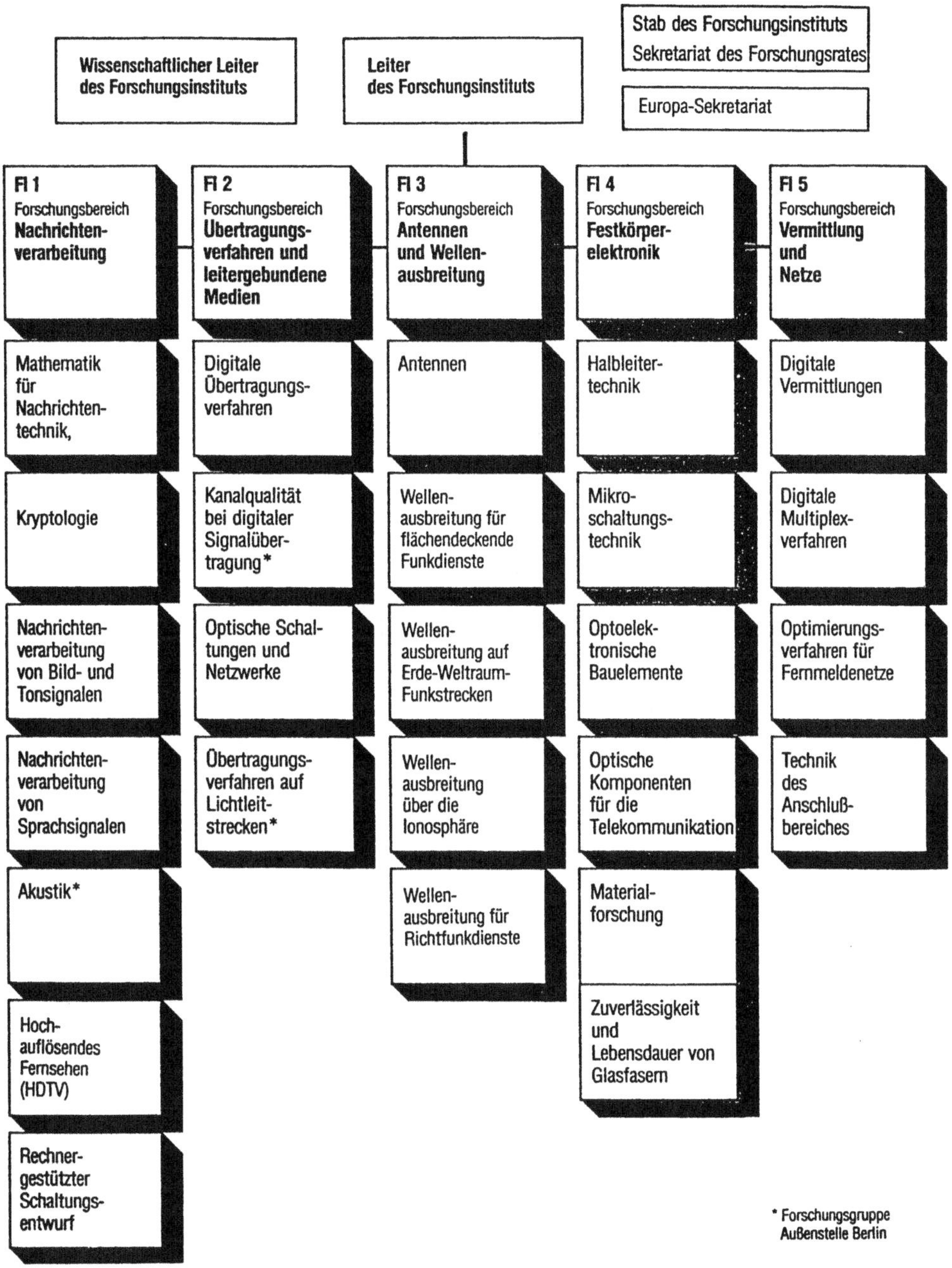

lichen Nähe von FTZ und FI bestehen gut informelle Kontakte zwischen beiden Einrichtungen, und man kann davon ausgehen, daß sich dies günstig auf die Arbeit beider Einrichtungen auswirkt. In Einzelfällen, wenn es um die Behandlung von technologisch weit in die Zukunft gerichteten Fragen geht, wird das FI formell in die Arbeit des FTZ einbezogen. Im übrigen arbeiten die beiden Einrichtungen weitgehend unabhängig voneinander.

In einzelnen Fällen übernimmt das FI für die DBP Funktionen in den internationalen Standardisierungsgremien CCITT, CCIR und CEPT. Beispiele sind das Bildtelefon und HDTV.

Eine Personalfluktuation vom FI zum FTZ oder zu anderen Einheiten der DBP gibt es quasi nicht. Dies hat nicht zuletzt dienstrechtliche Ursachen. Die Forscher des FI sind in der Regel Angestellte, während die Mitarbeiter des FTZ Beamte sind. Somit werden die Möglichkeiten eines Know-how Transfers über die Versetzung von Personal aus der Forschung in die Entwicklungssteuerung hinein nicht ausgeschöpft. Dies hat Nachteile für die DBP und für die Beschäftigten. Die DBP verzichtet auf ein geeignetes Instrument gegen die Überalterung des Mitarbeiterstabes des FI. (Das Durchschnittsalter der Wissenschaftler im FI liegt mit nahezu 50 Jahren erheblich über dem der Forscher beim Heinrich-Hertz-Institut (HHI) Berlin von etwa 35 Jahren.) Angesichts des schnellen und grundlegenden technologischen Wandels der Nachrichtentechnik, der sich gegenwärtig vollzieht, erscheint gerade das Gegenteil, eine relative große Fluktuation (zumindest eines Teils) der Forscher sinnvoll. Dies erleichtert das Aufgreifen neuer Themen und Methoden und würde dem FI neues Know-how von Universitäten und Forschungsinstituten zuführen. (Im HHI liegt die Fluktuationsrate der Wissenschaftler über 12 % pro Jahr. Beim FI ist die Fluktuationsrate sehr viel niedriger.)

In den Gesprächen mit der Industrie und mit öffentlichen Forschungsinstituten sind immer wieder die Vorteile einer vergleichsweise hohen Personalfluktuation im Forschungs- und Entwicklungsbereich für die Motivation und den Know-how Transfer betont worden. Die großen Firmen verfolgen deshalb eine Politik, Forscher und Entwickler mit "ihren Produkten" innerhalb der Organisation aus der Forschung und Entwicklung in die Fertigung wandern zu lassen. Man muß die geringe Personalfluktuation als weiteren Hinweis für die relativ isolierte Stellung der nachrichtentechnischen Forschung innerhalb der DBP ansehen.

Einbettung in die Forschungslandschaft

Es wurde bereits darauf verwiesen, daß das FI in erheblichem Umfang Forschungsaufträge an Universitäten vergibt. Auf diese Weise kommt es zu einer relativ engen Verzahnung von Teilen der Hochschulforschung mit der Forschung des FI. Die jährlichen

Ausgaben der Deutschen Forschungsgemeinschaft für nachrichtentechnische Forschung belaufen sich zum Vergleich auf rund 10 Mio. DM jährlich. Dies zeigt, daß die DBP mit ihren Forschungsaufträgen von inzwischen etwa 6 Mio. DM pro Jahr einen erheblichen Beitrag zur Finanzierung deutscher Hochschulforschung auf diesem Gebiet leistet.

Der Rückzug des BMFT aus der Förderung des Bereiches Technische Kommunikation zwischen 1986 und 1989 hat dazu geführt, daß das FI seinen Einfluß auf die nachrichtentechnische Forschung in Deutschland weiter ausbauen konnte. Diese Situation ist aus der Entwicklung eines 1986/87 vom BMFT entwickelten Verbundprojektes "Integrierte Optik" entstanden, das auf Drängen des BMFT 1988/89 in den Zuständigkeitsbereich der DBP übernommen und von ihr neu konzipiert wurde (vgl. Abschnitt 10.3-1). Das Projekt soll die nationalen Forschungsressourcen von Hochschulen, Forschungsinstituten und Industrie auf diesem für die weitere Entwicklung der optischen Nachrichtentechnik wichtigen Gebiet bündeln. Das FI hat das Konzept des Vorhabens aktualisiert und etwas stärker an die Bedürfnisse der DBP angepaßt, und es wird das Vorhaben von Seiten der DBP betreuen. Ansonsten ist für das Management ein sechsköpfiges Gremium (2 FI, 2 HHI, 2 Sachverständige) eingerichtet worden, an dessen Zusammensetzung einmal mehr die intensive Kooperation von FI und HHI zum Ausdruck kommt. Auch wenn der Finanzrahmen des Verbundprojektes zunächst nur auf zwei Jahre ausgelegt ist, gehen die Beteiligten von einer längeren Laufzeit des Vorhabens aus, allein deshalb, weil man auf diesem Gebiet in zwei Jahren keine entscheidenden Fortschritte erzielen kann. Für 1990 und 1991 ist das Verbundprojekt mit einem Finanzvolumen von 34 Mio. DM ausgestattet. Die Industrie erhält für ihre Projektteile Zuschüsse von bis zu 50 %. Bei Universitäten und Forschungsinstituten kann der Anteil höher liegen.

Das Verbundprojekt kann der Ausgangspunkt für eine neue und noch aktivere Rolle von DBP und FI in der deutschen nachrichtentechnischen Forschung sein. Es öffnet dem BMPT und der DBP Telekom zumindest Möglichkeiten in dieser Richtung. Die weitere Entwicklung des Projektes wird zeigen, ob es tatsächlich dazu kommt oder ob es sich nur um ein Intermezzo der DBP in der Wahrnehmung von Aufgaben aus der staatlichen Forschungspolitik handelt.

Die Arbeit des FI ist seit langem intensiv in die internationale und besonders die europäische Forschungslandschaft eingebunden. Dem internationalen Forscheraustausch, der in kleinerem Umfang durchgeführt wird, kommt dabei eine gewisse Bedeutung zu. Wesentlich wichtiger ist die Einbindung des FI in europäische FuE-Vorhaben im Rahmen von COST, RACE, ESPRIT und EUREKA. Diese Aktivitäten haben sich während der letzten Jahre stark ausgeweitet und inzwischen einen großen Umfang angenommen. Gegenwärtig ist das FI mit einer Kapazität von rund 80 Personen-Jahren, bei einer Jahreskapazität im Forschungsbereich von insgesamt etwa 200 Personen-Jahren, in internationalen Projekten engagiert. Mehr als ein Drittel der Forschungskapazität des FI fließt damit in internationale Verbundforschungsvorhaben ein.

Aus der Sicht des FI haben internationale Gemeinschaftsprojekte zwei Vorteile. Sie vergrößern indirekt die eigenen beschränkten Kapazitäten, weil man von den Ergebnissen anderer profitieren kann, und es kommt zu einer europäischen Abstimmung im "pränormativen" Bereich. Dies erleichtert die Arbeit bei der europäischen Standardisierung und es verstärkt das Gewicht Europas bei der Entwicklung weltweiter Standards. Auf der Ebene von Forschung sind internationale Einigungsprozesse relativ leicht zu erzielen, weil es weniger fest gefügte Interessenpositionen von Industrie und PTTn gibt. Da eine weitgehende internationale Standardisierung in der Zielhierarchie eines jeden Netzträgers weit oben rangiert, ist dieser zweite Aspekt der europäischen Verbundprojekte des FI für die DBP von großer Bedeutung.

Ein Beispiel für ein erfolgreiches Engagement des FI in diesem Bereich ist das Bildfernsprechen im ISDN. Das FI war frühzeitig mit eigener Forschung und in internationalen Projekten auf das Thema Bildfernsprechdienst mit niedrigen Bitraten eingestiegen. Bei der DBP und vielen deutschen Herstellern ist diese Aktivität zunächst auf Skepsis und Ablehnung gestoßen, wohl nicht zuletzt, weil man in einem solchen Dienst eine Konkurrenz für die Nachfrage nach vermittelter Breitbandkommunikation gesehen hat. Inzwischen hat sich die Situation gründlich verändert:

Die vom FI wesentlich mit initiierten und getragenen europäischen FuE-Aktivitäten haben zu einem Codierungsverfahren geführt, das sich in der internationalen Standardisierung im CCITT Ende 1988 vor allem gegen die japanische Konkurrenz durchgesetzt hat. Dies ist ein Beleg für die Leistungsfähigkeit des FI und für die Bedeutung europäischer FuE-Kooperationen bei der internationalen Standardisierung. Der Erfolg bei der Standardisierung schafft der deutschen und der europäischen Industrie (insoweit sie sich an den Aktivitäten beteiligt hat) einen gewissen Wettbewerbsvorsprung bei der Entwicklung von Endgeräten für den Bildfernsprechdienst. Ziel der Entwicklung ist es, das Codierverfahren schnell und kostengünstig auf einen oder wenige Chips zu integrieren. Wenn dies den europäischen Herstellern nicht gelingt, ist der bei Forschung und Standardisierung erzielte Vorsprung wieder verspielt und die Markterfolge fallen anderen zu.

Die DBP selbst bereitet inzwischen die Einführung eines Bildfernsprechdienstes im ISDN vor. Sie hat Funktionsmuster ausgeschrieben und beschafft. Für 1990 ist der Beginn eines Betriebsversuches geplant, der Regelbetrieb eines Bildfernsprechdienstes in ISDN ist für 1993/94 vorgesehen. Insoweit hat die Industrie bei ihren Entwicklungsaktivitäten seit einiger Zeit relativ klare Rahmenbedingungen. Der Bildfernsprechdienst kann für die weitere Entwicklung des ISDN von erheblicher Bedeutung sein. Das Beispiel

Bildfernsprechen zeigt, wie posteigene Forschung, europäische FuE-Kooperation und Standardisierungsaktivitäten erfolgreich ineinandergreifen und günstige Voraussetzungen für den auf der nächsten Stufe einsetzenden Entwicklungswettbewerb der Unternehmen schaffen können.

Angesichts dieser positiven Aspekte der europäischen FuE-Kooperationen sollen einige mit diesen Kooperationen verbundenen Probleme und Gefahren nicht unerwähnt bleiben (Dang Nguyen 1989). Die FuE-Programme der Kommission der Europäischen Gemeinschaft sind für alle Beteiligten mit einem hohen Koordinationsaufwand verbunden, und sie führen tendenziell zu einer Ausrichtung der europäischen FuE-Ressourcen auf wenige Ziele und Wege. Dies kann u. U. den Innovationswettbewerb beeinträchtigen. Darüber hinaus führen die Programme zu einem Aufbau und zur Konzentration von Know-how im Telekommunikationsbereich bei der EG-Kommission. Diese Entwicklung kann mittel- und langfristig zu einer erheblichen Veränderung des europäischen FuE-Systems im Telekommunikationssektor und der gesamten europäischen Telekommunikationspolitik führen.

Forschung beim FI im Vergleich

Das FI ist das größte dem öffentlichen Sektor zuzurechnende Forschungslabor auf dem Gebiet der Nachrichtentechnik in Deutschland (Tabelle 10.3-16).

Tabelle 10.3-16: Personal und Budget des FI, des Heinrich-Hertz-Instituts (HHI) und des Instituts für Rundfunktechnik (IRT) 1987-88

	Personal insgesamt	Personal wiss. Mitarbeiter[c)]	Budget Mio. DM
FI[a)]	330	146	68
HHI[b)]	264	148	45
IRT[b)]	187	95	29

a) 1988
b) 1987
c) inklusive Ingenieure

In der Industrie gibt es vergleichbar große und größere Forschungslabors. Das Forschungszentrum des Unternehmens SEL hatte 1987 340 Mitarbeiter; sieben Jahre zuvor war ihre Zahl gerade halb so groß. Siemens beschäftigt in seinem Zentralbereich "Forschung und Technik" eine etwa dreimal so große Zahl von Mitarbeitern im Bereich Informations- und Kommunikationstechnik, und die Firma verfügt außerdem im Geschäftsbereich Nachrichten- und Sicherungstechnik über einen Bereich "zentrale Forschung und Entwicklung", der sich mit der Vorentwicklung von Systemen beschäftigt. Die auf mittel- und langfristige Ziele ausgerichteten FuE-Kapazitäten von Siemens sind damit um ein Mehrfaches größer als die von SEL und des FI. Bei Vergleichen mit den Forschungslabors der Industrie ist zu beachten, daß es bei der Industrie im Grunde genommen nur angewandte Forschung gibt. Forschung in der Industrie ist in aller Regel immer auch auf den kurz- und mittelfristigen Geschäftserfolg und damit auf vermarktbare Erkenntnisse ausgerichtet.

An vielen deutschen Hochschulen wird ebenfalls im Telekommunikationsbereich geforscht. Über den Umfang des Personalinputs liegen keine Angaben vor.

So nimmt das FI der DBP zwar gemessen an der absoluten Größe des Forschungsinputs eine wichtige Position ein, es hat aber gemessen an dem gesamten inländischen Forschungsinput keine stark hervorgehobene oder gar dominante Stellung. Im Ausland ist dies häufig ganz anders. Dort verfügen viele Netzträger über große FuE-Einrichtungen, die im jeweiligen nationalen Forschungsbereich eine dominate Rolle einnehmen. Am stärksten ausgeprägt erscheint diese Situation in Frankreich. Hier nimmt das CNET mit 4300 Beschäftigten, davon etwa 1300 Wissenschaftlern und Ingenieuren, in der Forschung eine dominierende Stellung ein. Auch British Telecom (BT) verfügt traditionell über eine FuE-Abteilung mit insgesamt etwa 3500 Kräften. BT und France Télécom haben eine lange Tradition gemeinsamer Entwicklungsvorhaben mit der nationalen Fernmeldeindustrie, wobei BT sich seit Mitte der 80er Jahre aus derartigen Projekten zurückgezogen hat (siehe Band I, S. 361ff). Das gemeinsame Forschungslabor der Regional Bell Operating Companies in den USA, Bellcore, verfügt über fast 8000 Mitarbeiter und rund 15 % des Budgets wird für Grundlagen- und angewandte Forschung ausgegeben (siehe Band I, S. 105ff). Die japanische NTT beschäftigt rund 6000 Mitarbeiter mit FuE, davon sind 2000 bis 3000 im Bereich der Forschung und langfristige Entwicklung tätig (vgl. Band I, S. 201ff). Selbst die relativ kleine niederländische Fernmeldeverwaltung verfügt über zwei Forschungslabors mit einer Personalkapazität die zusammengenommen doppelt so groß ist wie die des FI der DBP (in diesem Band, Abschnitt 8.3.2). Die Beispiele zeigen, daß in vielen Industriestaaten auch die Netzträger, die keine Geräte produzieren, über erheblich größere Forschungskapazitäten verfügen als die DBP und deshalb in den jeweiligen nationalen Forschungssystemen eine wesentlich größere Rolle spielen als die DBP und das FI.

Dieser an Hand von Inputindikatoren gewonnene Eindruck bestätigt sich auf der Outputseite. Wissenschaftlich-technische Publikationen werden in der Innovationsforschung als ein Indikator für Forschungsergebnisse angesehen. Eine Publikationsanalyse für die Jahre 1975, 1980 und 1986 zeigt, daß konstant etwa 8 % der deutschen Publikationen im

Telekommunikationsbereich von der DBP kommen. Ein großer, wenn auch nicht genau quantifizierbarer Teil dieser Publikationen geht auf das FI zurück. Das FI ist in dem nationalen Publikationsgeschehen eine feste Größe in der Bundesrepublik Deutschland. In anderen Ländern sind die auf die Netzträger und ihre Forschungslabors zurückgehenden Anteile der Publikationen aber häufig sehr viel größer. In Japan liegt er über 30 %, in Frankreich bei 25 %, in Großbritannien und den USA bei etwa 20 %. Dies Ergebnis stützt die Einschätzung, daß die Forschung der DBP im internationalen Vergleich relativ schwach entwickelt ist (siehe auch Kapitel 11).

Entwicklung bei der Deutschen Bundespost

Die DBP verfügt über eigene Entwicklungskapazitäten, deren Einsatz aber immer eng auf die Aufgaben der DBP, Telekommunikationsnetze zu betreiben und Telekommunikationsdienste anzubieten, beschränkt geblieben ist. Die DBP unternimmt selbst keine Entwicklungsarbeiten, die auf eine Entwicklung und Fertigung von Fernmeldeeinrichtungen abzielen.

Der Inhalt der Entwicklungstätigkeiten, die die DBP selbst ausführt, hat sich im Laufe der letzten zwei Jahrzehnte deutlich verändert. Inzwischen handelt es sich im wesentlichen um Entwicklungsarbeiten für neue Netze und Dienste und für die internationale Standardisierung. Die unmittelbare Einflußnahme auf die Entwicklung von Fernmeldeeinrichtungen durch die inländische Industrie, die früher im Vordergrund stand, ist weitgehend verschwunden. Dieser Wandel ist auch an dem Wandel der Bezeichnung im Geschäftsbericht der Post abzulesen: "Entwicklungssteuerung" (1976/80), "Entwicklungsberatung" (1981/82), "Entwicklung und Entwicklungsberatung" (1983/87). Auch zu der Zeit, als die DBP (dem eigenen Selbstverständnis nach) die Entwicklungsarbeiten der nationalen Fernmeldeindustrie "gesteuert" hat, verfügte sie über keine eigenen Ressourcen zur Entwicklung von Fernmeldeeinrichtungen. Die eigentlichen Entwicklungskapazitäten für Fernmeldeeinrichtungen waren immer bei der Industrie angesiedelt.

Es gibt bei der DBP bisher keine umfassende kontinuierliche Erhebung der Personal-, Sach- und Investitionsmittel, die für Entwicklungsaktivitäten eingesetzt werden, sondern nur Ansätze in dieser Richtung. Die dazu in den Geschäftsberichten früherer Jahre veröffentlichten Daten müssen als unvollständig angesehen werden, weil sie wesentliche Teile der bei der DBP selbst durchgeführten Entwicklungsarbeiten nicht erfassen. Deshalb ist es nur mit Einschränkungen möglich, Angaben zum Umfang der Entwicklungsleistungen zu machen. Der größte Teil wird beim Fernmeldetechnischen Zentralamt (FTZ) in Darmstadt erbracht. Das FTZ hat gegenwärtig insgesamt rund 3000 Mitarbeiter. Diese nehmen aber viele andere Aufgaben wahr, wie den zentralen Einkauf der DBP im Telekommunikationsbereich und die Betreuung der Fernmeldebelange in den wissenschaftlich-technischen Gremien im In- und Ausland (Reuter, Eck 1989). Im FTZ wurde 1988 ein neues Erhebungssystem für den Personaleinsatz im Entwicklungsbereich eingeführt, das die Erfassung der Entwicklungsaktivitäten wesentlich verbessert. Die Erhebung geht davon aus, daß folgende Tätigkeiten dem Entwicklungsbereich zuzurechnen sind:

- Das Erarbeiten von neuen technischen Lieferbedingungen für Fernmeldeeinrichtungen,
- die Planung und Einführung neuer Netze und Dienste,
- die Entwicklung neuer Arbeitsverfahren und DV-Konzepte und
- das Erstellen von Studien zu verschiedenen Fragestellungen.

Diese Abgrenzung erscheint im Prinzip sinnvoll, wenn auch etwas weit gefaßt. Der ermittelte Personaleinsatz stellt deshalb eine Obergrenze des Entwicklungsaufwandes dar. Die Abgrenzung ist mit der in den Jahren zuvor verwendeten Abgrenzung nicht vergleichbar. Ein aussagefähiger Vergleich mit den Angaben aus früheren Jahren ist daher nicht möglich.

Nach dieser neuen Erhebung hat die DBP im Jahr 1988 1500 Personen-Jahre für Entwicklungsprojekte eingesetzt, davon entfallen 1100 Personen-Jahre auf das FTZ. Der Personaleinsatz der DBP für Entwicklung belief sich danach auf rund 1500 Personen bzw. knapp 160 Mio. DM. Frühere Schätzungen kamen für das FTZ zu einem etwas mehr als halb so großen Personaleinsatz für Entwicklung. Für 1987 wurde ein Personaleinsatz von 611 Kräften ermittelt.

Der Einsatz von Sach- und Investitionsmitteln für Entwicklung ist schwieriger zu ermitteln. Das FTZ schätzt seine Ausgaben für diesen Zweck aus dem Mittelabfluß bestimmter Haushaltstiteln. Sie beliefen sich 1988 auf knapp 160 Mio. DM. Nicht enthalten sind Ausgaben anderer Dienststellen für Entwicklungsvorhaben und Ausgaben des FTZ für Entwicklungsprojekte aus anderen Haushaltstiteln. Man kann davon ausgehen, daß die vernachlässigten Ausgaben zwar erheblich sein können, aber das Ergebnis der Schätzung nicht völlig verändern werden. Eine Schätzung der nicht erfaßten Entwicklungskosten auf der Basis von Kostenrechnungsdaten für ausgewählte Entwicklungsprojekte ergab für 1987 ein Volumen von 30 bis 40 Mio. DM. Die Autoren schätzen den Sach- und Investitionsmitteleinsatz der DBP für Entwicklung für 1988 demnach auf insgesamt rund 190 Mio. DM.

Die Entwicklungsaufwendungen der DBP liegen dieser Schätzung nach gegenwärtig bei etwa 350 Mio. DM. Bei einem Umsatzvolumen von etwa 37 Mrd. DM ergibt sich eine Quote von etwa 1 %. Auch wenn es keine genauen Angaben über die Veränderung der Entwicklungsaufwendungen im Zeitablauf gibt, so deutet alles darauf hin, daß die Entwicklungsaufwendungen der DBP stark zugenommen haben. Die gestiegene Innovationsrate bei den Telekommunikationsdiensten und die zahlreichen neuen Einrichtungen in den Telekommunikationsnetzen (Digitalisierung, ISDN, VBN etc.) belegen dies eindeutig.

Tabelle 10.3-17 gibt einen zusammenfassenden Überblick über die hier abgeschätzten FuE-Aufwendungen der DBP im Jahr 1988. Sie belaufen sich insgesamt auf rund eine halbe Milliarde DM bzw. 1,4 % vom Umsatz. Eine entsprechende Schätzung der FuE-Aufwendungen für 1987 ergibt mit etwa 420 Mio. DM einen deutlich niedrigeren Wert. Der Zuwachs geht auf größere Aufwendungen bei den Aufträgen an Dritte aus dem Forschungstitel und bei den Investitions- und Sachmitteln im Entwicklungsbereich zurück. Er belegt die wachsenden Innovationsanstrengungen der DBP.

Tabelle 10.3-17: FuE-Aufwendungen der DBP 1988[a)]

I. Forschung	
(1) FI Personalmittel (335 Pers.)	35 Mio. DM
Investitions- u. Sachmittel	30 Mio. DM
Forschungsaufträge	6 Mio. DM
(2) Verbundprojekt "Integrierte Optik" (1990/91)	(34 Mio.DM)
(3) Aufträge an Dritte aus dem Forschungstitel (inklusive BERKOM, VBN, Funktionsmuster Bildfernsprechen)[b)]	82 Mio. DM
	153 Mio. DM
II. Entwicklung	
(1) Personalmittel (ca. 1.500 Pers.)	160 Mio. DM
(2) Sach- und Investitionsmittel	190 Mio. DM
	350 Mio. DM
Forschung und Entwicklung	503 Mio. DM

a) Schätzung
b) Es handelt sich hierbei zum großen Teil um Entwicklung und nicht um Forschung

Patentpolitik der Deutschen Bundespost

In Zusammenhang mit der posteigenen FuE fallen Erfindungen an, die zum Patent angemeldet werden können. In der Vergangenheit war das Interesse der DBP an einem aktiven Patenterwerb gering. Ihre Politik zielte im wesentlichen auf eine Schutzrechtsverhinderung der Herstellerfirmen ab, da Patente in der Tendenz die Beschaffungspreise der DBP erhöhen. Die Politik der DBP war nicht darauf ausgerichtet, einen möglichst großen eigenen Schutzrechtsbestand aufzubauen. Deshalb eignen sich Patente im Falle der DBP auch nicht als Outputindikator für FuE.

Wenn die DBP Erfindungen zum Patent angemeldet hat, dann hat sie diese Anmeldungen der Industrie meistbietend zum Kauf angeboten, in der Regel mit der Auflage eines kostenlosen Mitbenutzungsrechtes. Das Mitbenutzungsrecht besteht darin, daß jeder Dritte im Auftrag der DBP Gegenstände unter Benutzung des Patentes herstellen und liefern darf, ohne eine Lizenz vom Patentinhaber zu benötigen. Eine solche Klausel mindert den ökonomischen Wert einer Patentanmeldung für die Erwerber erheblich und senkt den Preis, den die DBP beim Verkauf der Patentanmeldung erzielen kann.

In den vergangenen Jahren hat die DBP jährlich rund 20 Erfindungen zum Patent angemeldet. Die Erfindungen kamen ganz überwiegend von Mitarbeitern des FI. An erster Stelle stehen Erfindungen im Bereich Digitaltechnik, gefolgt von der leitungsgebundenen Kommunikationstechnik, der Funktechnik und der Lichtleitertechnik.

EXTERNE FuE UND BESCHAFFUNGSPOLITIK DER DEUTSCHEN BUNDESPOST

Externe Forschungsausgaben

Die DBP vergibt, wenn auch nicht in großem Umfang, Aufträge und Fördermittel für Forschungsprojekte an Hochschulen, Forschungsinstitute und die Industrie. Die Forschungsaufträge des FI wurden bereits erwähnt. Sie sind von weniger als 1 Mio. DM im Jahr 1980 auf etwa 6 Mio. DM im Jahr 1988 angestiegen und gehen fast ausschließlich an Hochschulen. Für die DBP ein Novum stellt die Vergabe von Zuwendungen zu Forschungsvorhaben dar wie es im Rahmen des Verbundprojektes "Integrierte Optik" für die Jahre 1990 und 1991 vorgesehen ist. Insgesamt werden die Ausgaben der DBP für externe Forschung Anfang der 90er Jahre voraussichtlich auf mehr als 20 Mio. DM im Jahr anwachsen.

Beschaffungspolitik

Jeder Netzträger muß in der einen oder anderen Weise für die Entwicklungsleistungen, die in den von ihm verwendeten Geräten und Einrichtungen inkorporiert sind, bezahlen.

Bei dieser Argumentation wird vereinfachend unterstellt, daß es keinen Hersteller gibt, der seine Entwicklungskosten aus anderen Geschäftsfeldern oder Märkten abdeckt und daß es keine Netzträger gibt, die als "Trittbrettfahrer" von der Entwicklung für andere Länder profitieren. Idealtypisch stehen einem nicht vertikal integrierten Netzträger wie der DBP drei Verfahren offen:

(1) Er kann die Entwicklung selbst durchführen und die Fertigung auf Basis der entwickelten Blaupausen unter Herstellerfirmen ausschreiben.

(2) Er kann Entwicklungsaufträge an Hersteller vergeben und die Fertigung auf der Basis der Entwicklungsergebnisse ausschreiben.

(3) Der Netzträger kann aber auch die Entwicklungsleistungen in den Beschaffungspreisen mit abgelten. In der Realität gibt es vor allem Mischformen der drei skizzierten Idealtypen, bei denen gemeinsame Entwicklungsprojekte von Netzträgern und Herstellern eine Rolle spielen. Das dritte Verfahren ist in den meisten anderen Wirtschaftsbereichen üblich. Es eignet sich dort besonders, wo es keine oder nur geringe spezifische Entwicklungsleistungen für einzelne Nachfrager gibt.

Damit wird offenkundig, daß der Umfang und die Ausgestaltung der eigenen FuE-Aktivitäten und das Verhalten eines Netzträgers gegenüber Entwicklungsaufträgen in einem engen Zusammenhang mit der Beschaffungspolitik stehen und vice versa. Aus diesem Grunde ist es bei einer Untersuchung der nationalen FuE-Systeme im Telekommunikationssektor notwendig, die Beschaffungspolitik mit in die Betrachtung einzubeziehen.

Es wurde bereits festgestellt, daß die DBP über relativ wenig eigene FuE-Ressourcen verfügt. Ihre Entwicklungsaktivitäten waren nie auf die Fertigung von Geräten und Einrichtungen ausgerichtet. Sie hat zwar in Arbeitskreisen mit Herstellern an der Entwicklung von Produkten mitgewirkt, sie hat aber keine darüber hinaus gehenden gemeinsamen Entwicklungsvorhaben mit der Industrie zusammen durchgeführt. In der Bundesrepublik Deutschland sind die FuE-Kapazitäten im Telekommunikationssektor traditionell (ganz überwiegend) bei den Herstellern angesiedelt. Das erste der drei Verfahren spielt hierzulande deshalb praktisch keine Rolle.

Bei der DBP gibt es einen Grundsatz, nach dem keine bezahlten Entwicklungsaufträge an Hersteller vergeben werden. Damit wird auch das zweite Verfahren von der DBP nur in geringem Umfang und indirekt im Wege der Beschaffung von Piloteinrichtungen angewandt.

Im Prinzip verfährt die DBP nach dem dritten Verfahren. Sie bezahlt die für sie erbrachten (speziellen) Entwicklungsleistungen in den Preisen der Produkte, die sie beschafft.

Damit wird die Beschaffungspolitik der DBP und ihre Wirkung auf die Innovationstätigkeit der Hersteller zu einer wichtigen Größe des deutschen FuE-Systems. Mit beidem werden sich die folgenden Abschnitte beschäftigen. Bei dieser Analyse werden die Beschaffungsverfahren unter dem Gesichtspunkt von FuE betrachtet, andere wichtige Aspekte, wie ihre Wirkungen auf Wettbewerb, Beschaffungspreise und Industriestruktur, sind hier nur mittelbar von Interesse.

Es sei vorausgeschickt, daß es "das" Beschaffungsverfahren der DBP nicht gibt. Es gibt je nach Art der zu beschaffenden Systeme und Geräten (Vermittlungstechnik, Übertragungstechnik, Endeinrichtungen etc.) verschiedene Verfahren. Diese unterscheiden sich gerade hinsichtlich des (speziellen) FuE-Aufwandes, der mit den zu beschaffenden Geräten und Einrichtungen jeweils verbunden ist. Es kommt hinzu, daß die Beschaffungsverfahren der DBP sich während der letzten zehn Jahre erheblich gewandelt haben. Auslöser war (interessanterweise) der Fehlschlag der alten Verfahren, eine wichtige Innovation in der Vermittlungstechnik hervorzubringen.

Beschaffungsverfahren vor 1979

Während der 50er und 60er Jahre haben sich die Telekommunikationsnetze und -dienste und die ihnen zugrundeliegenden Techniken über lange Zeiträume kaum verändert. In dieser Zeit standen bei der Ausgestaltung der Beschaffungsverfahren Gesichtspunkte der Bedarfsdeckung im Vordergrund des Interesses. Im Laufe der 70er und 80er Jahre veränderten sich die Gegebenheiten grundlegend. Auf technologischer Ebene vollzog sich ein Wechsel vom elektromechanischen zum elektronischen Paradigma und innerhalb des neuen Paradigmas gibt es weiterhin einen schnellen technologischen Wandel. Nahezu parallel dazu ist ein weiteres für die Telekommunikation interessantes technologisches Paradigma, die Optoelektronik, im Entstehen und tritt bereits in Konkurrenz zu dem elektronischen Paradigma (Dang Nguyen 1989, 6f). Der Absatzmarkt der DBP wie aller anderen Netzträger hat sich ebenfalls stark verändert. Die Nachfrage nach Telekommunikationsdiensten wächst relativ schnell bei gleichzeitiger Diversifikation der Nachfrage.

Beide Prozesse führen zu einer Beschleunigung der Innovationsrate bei den Geräten und Einrichtungen, die die Netzträger beschaffen und einsetzen müssen. Beide Entwicklungen haben die marktlichen Rahmenbedingungen, unter denen die DBP ihre Beschaffungspolitik gestaltet, während der letzten 10 bis 15 Jahre grundlegend verändert. Trotzdem ist ein Rückblick auf die alte Beschaffungspolitik wichtig für das Verständnis der gegenwärtig von der DBP verwendeten Verfahren.

Zur Charakterisierung der Verfahren ist der Begriff der sogenannte Einheitstechnik von Bedeutung. Aus betrieblichen Erwägungen heraus war und ist die DBP an einer weitgehenden Vereinheitlichung (Standardisierung) der in ihren Netzen zum Einsatz kommenden Bestandteile interessiert und deshalb bemüht, möglichst einheitliche Technik zu beschaffen. Der Begriff "Einheitstechnik" ist aber vielschichtig, weil Geräte und Einrichtungen in verschiedener Hinsicht "einheitlich" sein können. Deshalb unterscheidet die DBP seit langem drei Formen der Einheitstechnik:

- die Geräteeinheitstechnik,

- die "einheitliche Technik" und

- die funktionale Einheitstechnik.

Die Geräteeinheitstechnik ist die weitestgehende Form der Vereinheitlichung; bei ihr werden in allen Elementen identische Geräte verlangt. Die "einheitliche Technik" verlangt weniger; bei ihr müssen die Schnittstellen der kleinsten steckbaren Einheiten, nicht aber die innere Struktur dieser Einheiten selbst identisch sein. Die funktionale Einheitstechnik verlangt lediglich die Einhaltung von Schnittstellenbedingungen für größere Einheiten der Systeme und läßt ansonsten unterschiedliche Lösungen zu. Die funktionale Einheitstechnik läßt den größten Spielraum für technologischen Wettbewerb.

In der Vergangenheit hat die DBP das Prinzip der Einheitstechnik besonders strikt verfolgt. Sie hat in der Zeit vor 1979 den Weg der Beschränkung auf wenige Gerätetypen oder gar auf nur einen Standardtyp von allen westeuropäischen Fernmeldeverwaltungen am konsequentesten beschritten (Dingeldey 1979). Für die Geräteeinheitstechnik und die einheitliche Technik sprechen aus Sicht der Fernmeldeverwaltungen vor allem betriebliche Gesichtspunkte. Logistik- und Wartungskosten der Netze werden klein gehalten.

Eine starke Betonung der Einheitstechnik hat erheblichen Einfluß auf die FuE-Aktivitäten, weil sie den technologischen Innovationswettbewerb behindert. Auf der anderen Seite erleichtert sie prinzipiell eine zentrale Steuerung der Entwicklung neuer Geräte und Systeme nach den Anforderungen des Netzträgers. Vor 1979 führte die starke Betonung der Einheitstechnik in Verbindung mit gewerblichen Schutzrechten an dieser Technik, die bei den Entwicklerfirmen (vor allem bei Siemens) lagen, zu einer starken Abhängigkeit der DBP von einem Alleinlieferanten oder zumindest von einem kleinen Kreis von Firmen. Es gab zu dieser Zeit, nicht zuletzt bedingt durch die Einheitstechnik, einen nahezu geschlossenen Kreis von Anbieterfirmen, die sogenannten Amtsbaufirmen, und hohe Zutrittsschranken für Newcomer (Scherer 1985, 281f).

Man muß davon ausgehen, daß zu dieser Zeit die Amtsbaufirmen - und insbesondere Siemens - das deutsche nachrichtentechnische FuE-System dominierend beeinflußt haben. Bei ihnen waren die FuE-Kapazitäten konzentriert. Siemens verfügte einer Untersuchung der DBP zufolge Anfang der 60er Jahre allein über mehr als 70 % der gesamten deutschen Entwicklungskapazität für Fernmeldetechnik. (Scherer 1985, 285). Die DBP hatte sich selbst auf die strikten Formen der Einheitstechnik festgelegt und sie verfügte über keine größeren eigenen Entwicklungskapazitäten. Die Schutzrechte für die Einheitstechnik lagen bei den Herstellern und an die Hereinnahme weiterer ausländischer Herstellerfirmen wurde auf Seiten der DBP damals nicht gedacht.

Der Bundesrechnungshof hat damals zur Verringerung der Abhängigkeit der DBP von den Amtsbaufirmen und zur Intensivierung des Wettbewerbs von der DBP eine getrennte Vergabe von Entwicklungs- und Beschaffungsaufträgen gefordert. Dies war aus Sicht der DBP der Industrie gegenüber damals nicht durchsetzbar. In der Literatur wird dies als Indiz für die in dieser Zeit vorhandene Macht der Amtsbaufirmen und die "symbiotische" Verbindung von DBP und Amtsbaufirmen interpretiert (vgl. Scherer 1985, 284f).

Die damaligen Marktstrukturbedingungen und die sich daraus ergebende geringe Wettbewerbsintensität sprechen dafür, daß die Amtsbaufirmen trotz besonderer Verfahren der Preisfestsetzung damals erhebliche Spielräume zur Gewinnerzielung hatten. Auf die Ausgestaltung der technischen Systeme hatte die DBP als Hauptabnehmer der Firmen aber einen erheblichen Einfluß. Es lag im Interesse der Amtsbaufirmen, die Wünsche der DBP zu befriedigen. Man kann vermuten, daß die Wünsche der Postingenieure damals auf technisch elegante und lange haltbare Lösungen hinausliefen. So wird berichtet, daß die Postvertreter in den gemeinsamen Arbeitskreisen von DBP und Fernmeldeindustrie zur Entwicklung von EWS, dem damaligen Selbstverständis der DBP entsprechend, immer bestrebt waren, Lösungen zu fordern, die 20 bis 30 Jahre ohne Wartung halten und allen denkbaren Grenzbelastungen gewachsen sein würden.

In der Vermittlungstechnik hatte sich die DBP bei der EMD-Technik und auch bei der zur Entwicklung anstehenden EWSA-Technik auf das Prinzip der Geräteeinheitstechnik festgelegt, während bei der Übertragungstechnik das Prinzip der "einheitlichen Technik" verfolgt wurde.

Wie kamen Innovationen unter dem Regime der Geräteeinheitstechnik bei der EMD-Technik zustande? Siemens hatte die Systemführerschaft und es gab drei Nachbaufirmen

(SEL, DeTeWe und TuN), die über begrenzte eigene Entwicklungsressourcen verfügten. Initiativen zu Verbesserungen der EMD-Technik konnten von den vier Herstellern und von der DBP ausgehen. Sie wurden in der Regel in permanten Arbeitskreisen der fünf Akteure ("beratende Ausschüsse für Technik") diskutiert. Dabei wurde entschieden, ob eine Idee weiterverfolgt werden sollte und welche Firma die notwendigen Entwicklungsarbeiten durchzuführen hatte. Bei der Verteilung der Entwicklungsaufwendungen spielten die Marktanteile der Firmen bei EMD eine Rolle. Auch der "kurze Weg" zwischen Postingenieur und Firmenentwickler, unter Umgehung des Arbeitskreises, wurde damals beschritten. Zwei Merkmale dieses Systems sind für ein Verständnis der weiteren Entwicklung wichtig:

(1) Das Fehlen eines formalisierten, Prioritäten setzenden Entscheidungsverfahren über die Einführung von Verbesserungen auf Seiten der DBP und

(2) das Fehlen von konkurrierenden Entwicklungsaktivitäten auf Seiten der Industrie.

Bei der Preisbildung in der Regelbeschaffung von EMD-Technik spielten die Preise für die verwendeten Bausteine, die einmal ausgehandelt und mit der Inflationsrate fortgeschrieben wurden, ein zentrale Rolle. Man muß deshalb davon ausgehen, daß kaum ein Anreiz zu kostensparenden Innovationen vorhanden war.

Die Erfordernisse auf Auslandsmärkten spielten für die Entwicklung der EMD-Technik nahezu keine Rolle. Sie kamen nur durch das Interesse von Siemens an ausländischen Absatzmärkten, was damals im Unterschied zu heute wenig ausgeprägt war, zum Tragen. Siemens verfügte über die ausschließlichen Exportrechte an der EMD-Technik.

Mit einer ganz ähnlichen Arbeitsteilung sind die DBP und die vier Amtsbaufirmen Mitte der 60er Jahre in die Entwicklung der nächsten Generation von Vermittlungstechnik, einem elektronisch gesteuerten Wählsystem EWS, eingestiegen. Es gab damals Versuche der DBP, den Kreis der Entwicklerfirmen um AEG-Telefunken zu erweitern, die aber am Widerstand von Siemens formal scheiterten bzw. durch den Aufkauf von TuN durch AEG überflüssig wurden. Im EWS System sollte die Übertragung der Sprache weiterhin analog erfolgen. Das EWS sollte unter der Systemführerschaft von Siemens im Rahmen einer Gemeinschaftsentwicklung der vier Firmen (möglichst) bis zum Jahr 1970 entwickelt werden. Als Gegenleistung für die Übernahme der Systemführerschaft hat die DBP Siemens Zusagen über einen Mindestmarktanteil gemacht. Siemens seinerseits schloß mit den übrigen drei Firmen sogenannte Entwicklungsverträge, in denen sich die Firmen verpflichteten, im Auftrag von Siemens bestimmte Entwicklungsaufgaben zu erledigen. Außerdem wurden Nachbauverträge und Vereinbarungen über die Schutzrechtsnutzung geschlossen.

Innerhalb dieses Rahmens wurde die Entwicklungsarbeit am EWS-System begonnen. Es gab aber weiterhin kein formalisiertes gestuftes Entwicklungs- und Entscheidungsverfahren. Das zunächst sehr allgemein vorgegebene Entwicklungsziel wurde in Gesprächen zwischen Postingenieuren und Firmenentwicklern ständig neu definiert, ergänzt und modifiziert. Im Nachhinein wird gerade dieser Umstand als ein wesentlicher Grund für die ständigen Verzögerungen der Entwicklungsarbeiten und damit letztlich für das spätere Scheitern des Vorhabens angesehen.

Mit erheblicher Verzögerung ging 1974 schließlich die erste EWS-Ortsvermittlungsstelle in Betrieb, aber die weitere Entwicklung kam nur sehr langsam voran. Zu Beginn des Jahres 1979 waren erst fünf EWS-Ortsvermittlungsstellen im Netz und noch keine EWS-Fernvermittlungsstelle.

Während dieser Zeit war in mehreren anderen Industrieländern eine digitale Vermittlungstechnik entwickelt worden. Damit zeichnete sich Ende der 70er Jahre ab, daß die in Deutschland angestrebte technologische Lösung eine nicht exportfähige Insellösung geblieben wäre. Diese Aussicht einerseits und die inzwischen absehbare wirtschaftliche und technische Überlegenheit der digitalen Vermittlungstechnik andererseits haben 1979 zum Abbruch der weiteren Entwicklungsarbeiten und zum Stop der Einführung des EWS-Systems in das Netz der DBP geführt. Der Abbruch der Entwicklung kam auf Vorschlag und Drängen von Siemens zustande.

Der Fall EWS offenbarte der DBP, aber wohl auch den Amtsbaufirmen, einige entscheidende Schwächen des Zusammenspiels von DBP und Herstellerfirmen bei Innovationen:

(1) Das wenig formalisierte Verfahren zur Festlegung von Entwicklungszielen und -prioritäten im Verhältnis von DBP und Entwicklerfirmen führte zu erheblichen zeitlichen Verzögerungen bei der Entwicklung.

(2) Es entstand eine binnenmarktorientierte technische Lösung, die international nicht verkäuflich war.

(3) Die Geräteeinheitstechnik ließ keinen Innovationswettbewerb zu und machte

(4) die DBP (etwas überspitzt formuliert) abhängig von dem Entwicklungpotential des Systemführers Siemens.

Dies Verfahren war für die DBP und für die Herstellerfirmen mit einem hohen Risiko verbunden. Für die DBP bestand das Risiko in der Festlegung auf ein Entwicklungspotential und eine technologische Lösung. Das Verfahren gab der DBP anderseits einen relativ großen Einfluß auf die Ausrichtung der Entwicklungsaktivitäten (Posttechnik), und es verhinderte eine Duplizierung der Entwicklungskosten. Für die Herstellerfirmen bestand das Risiko in einer zu starken Ausrichtung der Entwicklungsressourcen auf die Bedürfnisse der DBP und den deutschen Markt. Für die kleineren Herstellerfirmen kam das Risiko der Abhängigkeit von der Leistungsfähigkeit des Systemführers Siemens hinzu. Die Herstellerfirmen konnten andererseits mit einem relativ sicheren Absatzmarkt bei der DBP rechnen.

Wer die Verluste der abgebrochenen EWS-Entwicklung getragen hat, die DBP oder die Hersteller, ist nicht leicht zu klären. In der Literatur heißt es zwar, daß der Hauptteil der finanziellen Konsequenzen von den beteiligten Amtsbaufirmen getragen worden sei (Scherer 1985, 296) und daß der Verlust von Siemens bei EWS mit einer Milliarde DM zu Buche geschlagen habe. Da dieselben Unternehmen der DBP die alte EMD-Vermittlungstechnik verkauft haben, ist allerdings zu erwarten, daß zumindest ein Teil der versunkenen Entwicklungskosten in den Preisen für die EMD-Technik von der DBP indirekt mitbezahlt worden ist oder über die Preise für die neue digitale Vermittlungstechnik auf die DBP überwälzt wird.

Man kann argumentieren, daß das Scheitern des EWS-Projektes sowohl für die DBP als auch für die Firmen langfristige Vorteile gebracht hat. Es wurde gerade noch rechtzeitig (vor dem Beginn der Regelbeschaffung) der Ausstieg aus einer Technologie ermöglicht, die sich inzwischen als technologisch und wirtschaftlich nicht zukunftsträchtig herausgestellt hat. Weiterhin hat das Scheitern allen beteiligten Akteuren die Schwächen einer im wesentlichen auf die Anforderungen des nationalen Netzträgers ausgelegten Entwicklungsstrategie frühzeitig und drastisch vor Augen geführt, und es hat, was noch wichtiger ist, Anpassungsreaktionen bei der DBP und den Firmen ausgelöst. In Großbritannien hat es bis Mitte der 80er Jahre eine in bestimmter Hinsicht ähnliche gemeinsame Entwicklung einer nationalen Vermittlungstechnik (System X) durch die nationale Herstellerindustrie gegeben, allerdings unter starker Beteiligung von BT an der Entwicklungsarbeit selbst. Dabei wurde zwar auf die Digitaltechnik gesetzt, es gab aber ebenfalls erhebliche Verzögerungen und es ist eine international (bisher) nicht verkäufliche Vermittlungstechnik entstanden. BT selbst hat sich aus der Entwicklung zurückgezogen und ist 1985 mit der Beschaffung der von Ericsson entwickelten AXE Vermittlungstechnik ebenfalls auf technologischen Wettbewerb und auf second sourcing übergegangen (vgl. Band I, S. 369ff).

Neue Beschaffungsverfahren

Das Scheitern der EWS-Entwicklung hatte wesentliche Konsequenzen für die weitere Ausgestaltung der Beschaffungspolitik, zunächst im Bereich der Vermittlungstechnik und nach 1983 dann auch bei der Übertragungstechnik. Die Veränderungen lassen sich mit folgenden Schlagworten beschreiben:

(1) Allmähliche Abkehr von den Prinzipien Geräteeinheitstechnik und "einheitliche Technik" und Hinwendung zum Prinzip der funktionalen Einheitstechnik.

(2) Beschaffung mehrerer funktionsgleicher Systeme und damit Einführung von technologischem Wettbewerb.

(3) Abkehr von der Entwicklung postspezifischer Technik und Betonung des Aspektes "weltmarktfähige" Produkte.

(4) Allmähliche Öffnung des Beschaffungsmarktes für neue inländische und ausländische Wettbewerber auch in den zentralen technischen Bereichen. (Zwei ausländische Konzerne, ITT und Philips, waren allerdings über ihre deutschen Tochtergesellschaften seit langem an dem deutschen Markt beteiligt.)

Diese vier Punkte charakterisieren die Richtung eines Veränderungsprozesses, der sich nach und nach entwickelt, der aber noch keineswegs als abgeschlossen zu bezeichnen ist. Gerade die Öffnung des Marktes für weitere ausländische Wettbewerber ist relativ neu. Sie ist bisher zumeist auf internationale Ausschreibungen von Seiten der DBP im EG-Amtsblatt einerseits und auf daraufhin abgegebene Interessebekundungen von ausländischen Firmen andererseits beschränkt geblieben. Ernsthafte Angebote habe die ausländischen Firmen, die nicht schon seit langem im deutschen Markt sind, bisher in der Regel nicht abgegeben. Eine Ausnahme ist die Datenpaketvermittlungstechnik, die die DBP bereits 1979 bei Northern Telecom beschafft hat. Northern Telecom hat für das DATEX-P-Netz bisher rund 340 Mio. DM von der DBP erhalten. Bei einem neuen Beschaffungsverfahren in der Übertragungstechnik zeichnet sich erstmals eine durchgreifende Veränderung ab: Bei dem 1988 angelaufenen Beschaffungsverfahren "Netzknoten Ü 2000", einem relativ großen neuen Beschaffungsvorhaben der DBP, haben mehrere neue ausländische Wettbewerber im Rahmen von Entwicklungs- und Anbietergemeinschaften Angebote für den Konzeptwettbewerb abgegeben.

Es gibt inzwischen viele Hinweise darauf, daß gerade in den Kernbereichen der Netztechnik erhebliche ökonomische Marktzutrittsschranken bestehen, nicht zuletzt infolge der isoliert gewachsenen vorhandenen Netzumgebung in den verschiedenen Ländern. Marktzutritte erfordern erhebliche Anpassungsentwicklungen bei den Herstellerfirmen und sind mit einem hohen Risiko verbunden. Schnelle und drastische Marktanteilsverschiebungen bei den zentralen Bereichen der Netztechnik sind deshalb in allen Industriestaaten relativ unwahrscheinlich (Neu, Schnöring 1989). Die äußerst kostspieligen Versuche großer Herstellerfirmen, in den amerikanischen Markt für öffentliche Vermittlungstechnik einzusteigen, sind ein Beispiel dafür. ITT und andere haben ihre Bemühungen nach einiger Zeit unter erheblichen Verlusten abgebrochen. GPT-Stromberg, Siemens, Ericsson, NEC, Fuijtsu und andere versuchen es weiter bei bisher äußerst mäßigen Verkaufserfolgen. Der Marktanteil der Newcomer bei den Bell Operating Companies lag 1988 zusammen unter 8 %. Ihr Anteil an dem US-Markt seit 1984 betrug knapp 2 % (Business Week May 22, 1989). Die Firmen sind von ihrer Zielmarke von jeweils 10 % alle weit entfernt. Auf der anderen Seite stehen erhebliche Investitionen der Firmen vor allem für die Anpassungsentwicklung. Bei Siemens sind Investitionen von 500 Mio. $ seit 1984 im Gespräch, NEC beabsichtigt bis 1991 250 Mio. $ für Anpassungsentwicklung auszugeben (Ebenda). Ob und für wen sich diese Investitionen auszahlen werden, ist zur Zeit noch völlig ungewiß.

Aus diesem Grund ist die Vorgabe der Beschaffung weltmarktfähiger Produkte vor allem als programmatische Aussage der DBP zu verstehen. Die Firmen müssen in jedem Fall erhebliche Anpassungsentwicklungen tätigen, wenn sie ihre Produkte im Ausland verkaufen wollen. Trotzdem ist dieser Akzent der Beschaffungspolitik der DBP geeignet, den Entwicklungsaktivitäten der ehemaligen Amtsbaufirmen eine internationalere Ausrichtung zu geben als dies bei der früher üblichen Betonung von "Posttechnik" der Fall gewesen ist.

Beschaffung der Fernsprechvermittlungstechnik

Nach dem Abbruch der Entwicklung des EWS-Systems führte die DBP ein formalisiertes mehrstufiges und an enge Zeitvorgaben gebundenes Verfahren zur Beschaffung digitaler Vermittlungstechnik ein. Es bestand aus einem technischen Wettbewerb (Präsentationswettbewerb), einem Systemauswahlwettbewerb und dem Jahrespreiswettbewerb, nach dessen Ergebnis jährlich Beschaffungsaufträge vergeben werden (Hoffmann 1984).

Im Jahr 1979 forderte die DBP Siemens, SEL, DeTeWe, TuN (heute Telenorma) und TeKaDe (heute Teil von PKI) zu einem Angebot über Lieferung und Aufbau zweier digitaler Fernsprechvermittlungsstellen auf. Dabei wurde darauf hingewiesen, daß (aus Kostengründen) maximal drei Anbieter zur Präsentation zugelassen würden und daß maximal zwei der angebotenen System in die Regelbeschaffung übernommen würden. Es war damit erstmals ein Entwicklungswettbewerb vorgegeben, und es wurde die Einführung zweier Systeme in Aussicht gestellt.

SEL, Siemens und TeKaDe haben Angebote abgegeben, wobei sich DeTeWe und TuN dem Angebot von Siemens anschlossen. Alle drei Bieter haben am Präsentationsverfahren teilgenommen. TeKaDe fiel später heraus, weil das Unternehmen nicht in der Lage war, die geforderten zwei Vermittlungsstellen fristgerecht bis zum Mai 1982 zu errichten. Nach einem Lasttest, einer einjährigen Erprobung und einem Preiswettbewerb hat die DBP im Oktober 1983 (termingerecht) entschieden, künftig zwei Vermittlungssysteme, EWSD von Siemens und System 12 von SEL, zu beschaffen. In den Jahren 1984/85 wurden die ersten Lieferaufträge erteilt und in den Folgejahren Jahrespreiswettbewerbe durchgeführt.

Man erkennt erhebliche Unterschiede zu dem bei der Entwicklung von EWS angewandten Verfahren:

(1) Ersatz des langwierigen informellen Aushandlungsprozesses zwischen DBP und Entwicklerkonsortium durch ein formalisiertes mehrstufiges und an enge Zeitpläne gebundenes Beschaffungsverfahren der DBP, das den Firmen einen Rahmen vorgibt.

(2) Grobe Spezifikation der Leistungsmerkmale und darüber hinaus völlige Freiheit der Entwickler bei der Suche nach Lösungen. Keine weitergehende inhaltliche Einflußnahme der DBP auf die Entwicklung.

(3) Keine Festlegung auf ein Entwicklerkonsortium im vornherein, sondern konkurrierende Entwicklung mehrerer Bieter und Entscheid für ein oder mehrere Systeme auf der Basis von umfänglichen Tests und einem Preiswettbewerb.

Gleich geblieben ist hingegen die Festlegung, daß die DBP Entwicklungsleistungen über Beschaffungspreise abgilt und nicht getrennt vergütet.

Dies Verhalten der DBP setzte die Entwicklerfirmen einem enormen Risiko aus - insoweit die Ankündigung der DBP, die Zahl der einzuführenden Systeme nach dem Präsentationsverfahren auf höchstens zwei, möglicherweise nur eines zu beschränken, glaubhaft war. Zu einem Test, ob die DBP eine solche Entscheidung, die für die Firmen erhebliche Verluste bedeutet hätte, tatsächlich (auch politisch) hätte durchsetzen können, ist es letztlich nicht gekommen, weil TeKaDe die Frist zur Lieferung funktionsfähiger Systeme nicht einhalten konnte. Die Firmen mußten aber zumindest damit rechnen.

Mit dem Verfahren wälzt die DBP das Risiko der Entwicklungsaufwendungen zunächst vollständig auf die Hersteller ab. Dafür muß sie den Firmen etwas anbieten. Anderenfalls wären die Firmen angesichts des großen Entwicklungsaufwandes und der relativ geringen Größe des deutschen Marktes wohl nicht bereit, eine auf die speziellen Bedürfnisse der DBP und die Gegebenheiten ihres Netzes zugeschnittene Technik auf eigene Kosten zu entwickeln. Deshalb hat die DBP den Firmen indirekt, indem sie eine Öffnung des Marktes für einen befristeten Zeitraum ausschließt, ein bestimmtes Marktvolumen angeboten. Sie kann aber nach Ablauf einer Frist von fünf Jahren nach Beginn der Regelbeschaffung, wenn ihr das Marktergebnis nicht zufriedenstellend erscheint, den Markt für weitere Systeme wieder öffnen.

Man kann sich gut vorstellen, daß dieses Verfahren der Bereitschaft der Firmen, postspezifische Lösungen zu entwickeln, enge Grenzen setzt; zumindest sehr viel engere als das alte Verfahren. Im tatsächlichen Verhalten der Industrie mag sich diese Änderung noch nicht vollständig herausgebildet haben, und aus der Sicht der DBP ist sie sicher ungewohnt. Eine solche Verhaltensänderung war aber ein Ziel des neuen Verfahrens und ist volkswirtschaftlich zu begrüßen. Es führt in der Tendenz zu weltmarktfähigen Produkten und schafft damit eine Möglichkeit, fixe FuE-Aufwendungen für die Systeme über größere Stückzahlen zu verteilen. Dies kann die DBP und damit ihre Kunden kostenmäßig entlasten, wenn die Firmen in der Lage und durch den Wettbewerb im Inland gezwungen sind, einen Teil ihrer Grundentwicklungskosten im Export wieder hereinzuholen. Zumindest potentiell wird damit der Nachteil der mehrfachen Entwicklungsaufwendungen, der mit der konkurrierenden Entwicklung durch mehrere Firmen verbunden ist, ein Stück weit kompensiert.

Wie ist das Ergebnis des Verfahrens zu beurteilen? Nachdem die deutsche Industrie im internationalen Vergleich relativ spät auf die Entwicklung und Fertigung einer digitalen Vermittlungstechnik eingestiegen ist, gibt es jetzt zwei im wesentlichen in Deutschland entwickelte Systeme, die in Europa und darüber hinaus beachtliche Exporterfolge aufweisen können. Alcatel/SEL hatte bis Ende 1988 Aufträge (inklusive installierter Einheiten) für das System 12 über 22 Mio. Anschlußeinheiten aus 22 Ländern erhalten. Knapp 90 % des Auftragsvolumens kommt von außerhalb der Bundesrepublik, 80 % aus Europa (Funkschau 13/1989). Siemens hatte zum gleichen Stichtag Aufträge (inklusiv installierter Einheiten) für sein EWSD über 16 Mio. Anschlußeinheiten aus ca. 38 Ländern. Rund ein Viertel der Aufträge kommt aus der Bundesrepublik (Quelle: Siemens).

Das System 12 wurde unter der Führung von SEL entwickelt. Dabei wurde aber auf die Entwicklungsressourcen und Vorarbeiten anderer ITT-Tochtergesellschaften in Europa und den USA mit zurückgegriffen, so daß es sich im Grunde genommen um eine internationale Entwicklung handelt. Man kann erwarten, daß die Entwicklung des System 12 von vornherein auf die Erfordernisse mehrerer Netzträger ausgerichtet war. Gleiches kann man für das (hauptsächlich) von Siemens entwickelte EWSD unterstellen, da Siemens in dieser Zeit mit der Globalisierung seiner Geschäftspolitik in der Nachrichtentechnik begonnen hat. Beiden Systemen wird allgemein eine gute Überlebenschance in dem weltweiten Konzentrationsprozess bescheinigt. Dies ist natürlich nicht nur auf ihre technische Leistungsfähigkeit zurückzuführen, sondern auch auf die Weltmarktposition der Konzerne, von denen sie vermarktet werden. Der Alcatel-Konzern, zu dem SEL seit 1988 gehört, nimmt in der Telekommunikationsindustrie nach AT&T weltweit den zweiten Rang ein, und Siemens liegt auf dem dritten Rang.

Es ist schwierig, daß Ergebnis des Verfahrens mit Blick auf die Beschaffungspreise der DBP zu beurteilen. Internationale Vergleiche könnten hier helfen, aber bei genauerer Betrachtung erweist sich das Produkt "Fernsprechvermittlungstechnik", etwa gemessen in Anschlußleitungen, als sehr inhomogen. Außerdem gilt dem Bereich der Vermittlungstechnik die größte Aufmerksamkeit in der Öffentlichkeit, deshalb ist das gesamte Marktgeschehen von politisch-pyschologischen Faktoren mit bestimmt und die Preise unterliegen in vielen Ländern einer weitgehenden Geheimhaltung durch die Fernmeldeverwaltungen. Die Netzträger haben häufig ganz unterschiedliche Regelungen über die Bezahlung von Software-Wartung, von Software für neue Leistungsmerkmale und über Garantieleistungen während der Lebensdauer der Systeme. Die DBP hat ein Verfahren, bei dem im Unterschied zu vielen anderen Ländern über den Jahrespreiswettbewerb für Neu- und Erweiterungsbauvorhaben all diese Leistungen mit abgegolten werden. In den USA ist es dagegen nach Aussagen von Siemens üblich, daß Software-Wartung getrennt entgolten wird, und BT zahlt jährlich mehrere Mio. £ für die Fortentwicklung der Software von System X an den Hersteller GPT. Hinzu kommt, daß in vielen anderen Ländern (Frankreich, Großbritannien, Schweden, Kanada, USA, Japan) die Kosten für die Entwicklung der digitalen Vermittlungstechnik von den Netzträger (ganz oder teilweise) unmittelbar selbst getragen wurden und nicht in den Beschaffungspreisen enthalten sind. So gesehen kann es nicht verwundern, wenn bei einfachen Vergleichen der durchschnittlichen Preise je Anschlußleitung die Bundesrepublik Deutschland in Europa mit an der Spitze liegt (Müller 1988). Der Preisunterschied kann auf die genannten Faktoren zurückzuführen sein, er kann aber auch das Ergebnis von überdurchschnittlichen Gewinnmargen im Inland sein. Dies ist ohne weitergehende Informationen, über die nur die Unternehmen selbst verfügen, nicht zu beurteilen. Die Ausgestaltung des neuen Beschaffungsverfahrens der DBP spricht aber dafür, daß sich die Wettbewerbsintensität im Inland erhöht hat und daß deshalb die Möglichkeiten der Unternehmen, überdurchschnittliche Gewinne zu erzielen, im Vergleich zu früher, deutlich eingeschränkt sind.

Unter Wettbewerbsgesichtspunkten ist die "Drohung" der DBP, den inländischen Markt nach Ablauf der Zeit der Mindestbindung für weitere ausländische Systemlieferanten zu öffnen, von einigem Gewicht. Angesichts dieser Möglichkeit wäre es aus Sicht der Firmen ökonomisch rational zu versuchen, während der Zeit der Mindestbindung den weitaus größten Teil ihrer Entwicklungskosten auf die DBP zu überwälzen. Sie müssen nämlich damit rechnen, daß ausländische Hersteller, die in den deutschen Markt drängen, die Entwicklungskosten ihrer Systeme auf den jeweiligen Heimmärkten bereits entgolten bekommen haben. Gleichwohl sind die Marktzutrittsschranken, die ein ausländischer Anbieter zu überwinden hätte, noch immer als groß einzuschätzen. Dies liegt an der gewachsenen nationalen Netzumgebung, in die sich die Vermittlungstechnik rein technisch einfügen muß, den anderen Geflogenheiten des deutschen Marktes (z. B. bei den Garantieleistungen) und vielem mehr. Solche Faktoren relativieren die Wirkung des potentiellen Wettbewerbs durch neue ausländische Systemlieferanten erheblich.

Unter industriepolitischen Gesichtspunkten ist bemerkenswert, daß das neue Beschaffungsverfahren zum Aufstieg von SEL zum Systementwickler in der Vermittlungstechnik beigetragen hat und sich auf diese Weise die technologische Breite der deutschen nachrichtentechnischen Industrie vergrößert hat.

Beschaffung der Übertragungstechnik

Bei der Übertragungstechnik setzte die Änderung der Beschaffungsverfahren erst 1983 ein. Bis dahin gab es auch in diesem Bereich einen weitgehend geschlossenen Kreis von vier sogenannten Amtsbaufirmen Siemens, SEL, PKI und ANT (früher AEG-Backnang). Bei der Übertragungstechnik wurde die Änderung durch den Druck einiger kleiner und mittlerer deutscher Firmen herbeigeführt, die in den Markt drängten.

Ab 1983 wurde bei der Beschaffung neuer Systeme ein formalisiertes mehrstufiges Beschaffungsverfahren nach ähnlichem Muster wie bei der digitalen Vermittlungstechnik eingeführt. Es besteht im Prinzip aus einem Konzeptauswahl-, einem Einführungs- und einem Regelbeschaffungswettbewerb. Basis des Konzeptwettbewerbs ist eine vom FTZ entwickelte "grobe" Technische Lieferbedingung (Grob-TL). Die Teilnahme an der ersten Stufe des Verfahrens ist Voraussetzung zur Teilnahme an den nächsten Stufen. Damit ist der Markt auf Zeit für weitere Firmen geschlossen. Auf diese Weise soll zum einen Entwicklungswettbewerb induziert und zum anderen das Trittbrettfahrer-Problem gelöst werden, das entsteht, wenn jedes Unternehmen an der Regelbeschaffung teilnehmen könnte. Die Regelbeschaffung erfolgt auf Basis einer endgültigen TL, die das FTZ aus dem ausgewählten Konzept entwickelt. Alle Unternehmen müssen sich verpflichten, die mit ihrem Konzept verbundenen eigenen Schutzrechte anderen Firmen für Beschaffungsvorhaben der DBP zu angemessenen Bedingungen zur Verfügung zu stellen. In Teilbereichen der übertragungstechnischen Systeme hat das neue Verfahren zu einer erheblichen Verschiebung der Marktanteile zugunsten der Newcomer geführt.

Bei dem 1988 eingeleiteten Beschaffungsverfahren für den Netzknoten Ü-2000 ist erstmals eine tatsächliche internationale Öffnung des Beschaffungsverfahrens in einem Kernbereich der Netztechnik zu beobachten. Netzknoten sind Einrichtungen, die Netzträgern das Netzwerkmanagement erleichtern und die Verbesserungen beim Angebot von Mietleitungen ermöglichen. Im Ausland, insbesondere in den USA, sind solche Systeme für die dortigen Netze zum Teil bereits entwickelt und im Einsatz. Für die Beschaffung des Netzknotens führt die DBP ein formalisiertes mehrstufiges Beschaffungsverfahren durch. Das Verfahren besteht aus folgenden Stufen: Eine Aufforderung zur Konzeptvorstellung, eine Durchführung von Präsentationen der vorgestellten Konzepte, die Erstellung einer neuen Technischen Lieferbedingungen (TL) und schließlich ein Einführungspreiswettbewerb auf der Basis der neuen TL mit sich anschließendem jährlichen Preiswettbewerben. Die erste Stufe wurde international im Amtsblatt der Europäischen Gemeinschaft auf Basis einer funktionalen TL, die das FTZ erarbeitet hat, ausgeschrieben. Es ist beabsichtigt, je nach dem Ergebnis des Einführungspreiswettbewerb möglichst zwei und höchstens drei Systeme auszuwählen. Die eigentliche Beschaffung soll alleine unter den erfolgreichen Anbietern bzw. Anbietergemeinschaften jährlich ausgeschrieben werden. Dabei gilt die Beschränkung auf diesen Kreis nur für einen befristeten Zeitraum (von voraussichtlich 5 Jahren), danach kann die DBP wieder weitere Firmen zulassen.

Die Bieter bekommen ihre Entwicklungsleistungen nicht getrennt entgolten, und sie müssen damit rechnen, daß ihr System nicht auswählt wird. Dies ist wohl ein Grund dafür, daß fast alle Firmen Bietergemeinschaften eingegangen sind. An mehreren Bietergemeinschaften sind bekannte ausländische Firmen beteiligt, die bisher nicht zum Kreis der Übertragungstechniklieferanten der DBP zählten. Diese Firmen haben sich mit kleineren etablierten deutschen Unternehmen zusammengetan.

Die sich bei diesem Verfahren abzeichnende Entwicklung ist plausibel und für den Telekommunikationssektor hierzulande in der Tendenz positiv zu beurteilen. Es kommt zu einer fallbezogenen Bündelung von Entwicklungskapazitäten mehrerer inländischer Hersteller. Die kleineren inländischen Unternehmen kooperieren mit größeren ausländischen Firmen. Es gibt konkurrierende Entwicklungsaktivitäten mit am Ende unterschiedlichen Lösungen. Alle Lösungen dürften (in der Tendenz) weltmarktorientiert sein, und die Kooperationen mit ausländischen Unternehmen machen zusätzliches, an den Erfordernissen ausländischer Märkte orientiertes Know-how für den deutschen Markt und die DBP verfügbar.

Die bisherigen Ausführungen zeigen, daß die neuen Beschaffungsverfahren der DBP versuchen, das finanzielle Risiko der FuE-Aktivitäten weitgehend auf die Hersteller abzuwälzen und den Innovationswettbewerb zu intensivieren. Diese Politik hat viele Vorteile. Sie kann aber zumindest unter zwei Gesichtspunkten für die DBP einerseits und für die inländische Herstellerindustrie andererseits problematisch sein.

Zum ersten haben die Finanzierungsformen von Entwicklungsleistungen Auswirkungen auf die internationale Wettbewerbsposition der Hersteller. Wenn ein Netzträger Entwicklungsleistungen getrennt bezahlt und ein zweiter dies nicht tut, dann haben die mit dem zweiten Netzträger verbundenen Hersteller ceteris paribus einen Wettbewerbsnachteil. Je größer absolut und relativ gesehen die Entwicklungskosten sind, desto größer wird der Wettbewerbsnachteil. Aber die direkte Finanzierung durch den Netzträger kann auch Nachteile bringen. Sie wird nämlich regelmäßig einhergehen mit einer (tendenziell) größeren Einflußnahme des Netzträgers und einer Ausrichtung der Entwicklungsaktivitäten auf seine speziellen Bedürfnisse, was sich (tendenziell) negativ auf die internationalen Absatzmöglichkeiten auswirken wird. Dieser Effekt ist bei der Beurteilung der Wettbewerbsaspekte unterschiedlicher Finanzierungsformen mit zu beachten (vgl. den internationalen Vergleich in Kapitel 11).

Zum zweiten kann dies System bei langfristig orientierten, technologisch und wirtschaftlich besonders risikoreichen FuE-Aktivitäten zu einem für die DBP und unter industriepolitischen Zielen suboptimalen Niveau von FuE-Aktivitäten führen. In diesen Fällen gibt es nämlich noch keinen sich klar abzeichnenden ausländischen Absatzmarkt, auf den die Firmen ihre FuE-Aktivitäten mit ausrichten könnten. Wenn man sich weltweit an der Front der technologischen Entwicklung bewegt, bleibt nur der Weg einer (überspitzt formuliert) postspezifischen Entwicklung.

Beschaffung von Piloteinrichtungen

Die DBP hat (wie alle anderen Netzträger) aus rein unternehmerischen und aus volkswirtschaftlichen Interessen heraus ein (wachsendes) Interesse an weit in die Zukunft reichenden Innovationen. Sie muß deshalb bereit sein, einen Teil des finanziellen Risikos solcher Entwicklungsaktivitäten zu tragen, anderenfalls werden sie und die inländische

Herstellerindustrie nicht an der Front der technologischen Entwicklung mithalten können. Auch aus diesem Grund kann die vollständige Abwälzung des Risikos von FuE-Aufwendungen auf die Hersteller alleine keine zukunftsweisende Strategie sein. Gleichwohl ist es zumindest denkbar, daß inländische Hersteller im Rahmen von Projekten mit ausländischen Netzträgern an derart zukunftsweisenden Projekten arbeiten: SEL z. B. im Alcatel-Konzernverbund mit France Télécom oder Siemens über GPT mit Britisch Telecom. Wie dem auch sei, jedenfalls beteiligt sich die DBP faktisch seit langem an der Finanzierung von langfristig orientierten FuE-Aktivitäten, wenn auch nicht im formalen Sinne über die Vergabe von Entwicklungsaufträgen wie dies in Frankreich der Fall ist. Die finanzielle Beteiligung erfolgt über die Beschaffung von Piloteinrichtungen. Dabei werden naturgemäß im wesentlichen Entwicklungsleistungen bezahlt. Welcher Teil der von den Firmen aufgebrachten Entwicklungsleistungen auf diese Weise bezahlt wird ist allerdings nicht bekannt. Dies hängt von vielen Faktoren, nicht zuletzt von der Zahlungsbereitschaft der DBP für risikoreiche Vorhaben und ihrer Vergabepraxis bei den Pilotvorhaben ab. Der eigenen Schätzung nach hat die DBP seit 1980 im Durchschnitt jährlich etwa 50 Mio. DM für die Beschaffung solcher Piloteinrichtungen ausgegeben. Die jährlichen Ausgaben schwanken allerdings erheblich. (Die Schätzung basiert auf um gewisse Positionen bereinigte Ist-Ausgaben der DBP aus ihrem Forschungstitel.)

Zwischen FuE-Aufträgen und der Beschaffung von Piloteinrichtungen bestehen aber Unterschiede, die man bei der Beurteilung ihrer Implikationen für die FuE-Aktivitäten beachten muß. Die Beschaffung von Piloteinrichtungen geht bei der DBP regelmäßig mit Ausschreibungsverfahren, konkurrierenden Angeboten und konkurrierenden Entwicklungen einher. Es wird dabei in der Tendenz weniger inhaltlicher Einfluß auf die Entwicklungsaktivitäten und die verfolgten Lösungen genommen als dies bei Entwicklungsaufträgen regelmäßig der Fall sein dürfte. Die Qualität von Piloteinrichtungen ist im Prinzip leichter vergleichbar und setzt deshalb weniger technisches Know-how auf Seiten des Netzträgers voraus. Schutzrechtsfragen sind bei Entwicklungsaufträgen anders lösbar als bei der Beschaffung von Piloteinrichtungen.

Die meisten Pilotvorhaben der DBP waren im Bereich von Glasfasertechnologie und vermittelter Breitbandkommunikation angesiedelt.

Aktivitäten in den Bereichen Glasfasertechnologie und vermittelte Breitbandkommunikation

Der Einsatz von Glasfasertechnologie und die vermittelte Breitbandkommunikation sind seit langem wichtige Aktivitätsfelder der DBP. Mitte der 70er Jahre hat die DBP, vorangetrieben von dem Referat für Systemplanung und Forschung im BPM, begonnen, sich mit FuE in diesem Bereich zu befassen. Es hat eine Sequenz von Entwicklungs- und Erprobungsvorhaben gegeben, in denen (1) die Technik getestet, (2) die Netze entwickelt und (3) Dienste sowie Endgeräte entwickelt und erprobt wurden. Dieser Prozeß von Erprobung und Entwicklung ist teils abgeschlossen, teils hält er noch an (vgl. Abbildung 10.3-19). Einige der Innovationen sind bereits vollständig in die Erweiterung der Netze und ihren Betrieb integriert. So setzt die DBP seit 1985 beim Ausbau des Fernsprechweitverkehrsnetzes nur noch Glasfasern ein, und es gibt seit längerem einen Videokonferenzdienst. Andere mit dieser Strategie in Verbindung stehende Netzelemente und Dienste befinden sich noch im Stadium von Pilotvorhaben. Dazu zählt das Anfang 1989 in Betrieb genommene Vorläuferbreitbandnetz (VBN), das weltweit erste vermittelte Breitbandkommunikationsnetz, und die zahlreichen in dem Projekt BERKOM (Berliner Kommunikationssystem) eingebundenen Vorhaben.

Mit Blick auf die Vergangenheit kann man von einer relativ geschlossenen FuE-Strategie der DBP für die Bereiche Glasfasertechnologie und vermittelte Breitbandkommunikation sprechen. Abbildung 10.3-19 verdeutlicht die Abläufe. Es sollte aber nicht der Eindruck entstehen, als ob diese Strategie nicht sowohl innerhalb der DBP, als auch außerhalb mit dem BMFT und der Industrie umstritten gewesen wäre. Es gab während der letzten zwei Jahrzehnte auch erhebliche Änderungen an der Strategie.

Abbildung 10.3-19: FuE-Vorhaben der DBP in der Glasfasertechnologie und der vermittelten Breitbandkommunikation seit 1975 (Quelle: BERKOM)

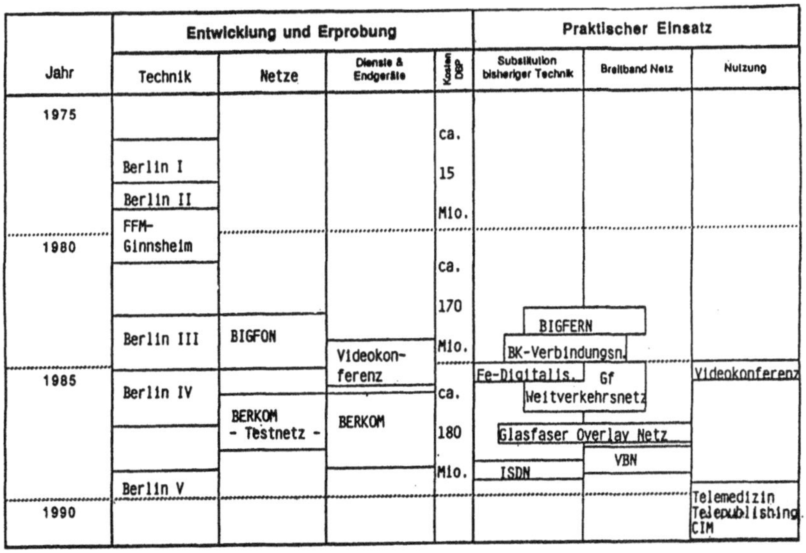

So war die Erprobung von Glasfaserkabeln Mitte der 70er Jahre in der DBP zunächst keineswegs unumstritten. Im Gegenteil, die Kräfte in der Organisation, die für die Erprobung der Glasfasern eintraten, hatten Mühe, Mittel für die Errichtung von Versuchstrecken in den Haushalt der DBP einzubringen. Der Bau der ersten Versuchstrecke der DBP in Berlin (Berlin I) wurde 1977 vom BMFT bezahlt. Der BMFT hatte zu diesem Zeitpunkt bereits seit einigen Jahren FuE auf dem Gebiet der Lichtwellenleiterkommunikation gefördert und war deshalb an einer Erprobung bei der DBP stark interessiert. Die Aktivitäten der DBP konnten auf BMFT-Projekten aufsetzen.

Im Jahr 1980 ist eine für die weitere Entwicklung der Glasfasertechnologie in Deutschland wichtige Entscheidung gefallen, die erwähnt werden muß. Zu dieser Zeit ging es darum, ob die DBP mit der Glasfaser in den Ortsnetzbereich, d.h. bis zum Teilnehmer, gehen soll oder nicht. Erst der Einstieg in den Ortsnetzbereich hätte eine so starke Erhöhung der Nachfragemenge gebracht, daß nennenswerte Skaleneffekte und Erfahrungskurveneffekte bei den deutschen Herstellern hätten auftreten können. Die hohen Preise für optoelektronische Komponenten einerseits und die erhebliche Unsicherheit über die weitere Preisentwicklung von Fasern und Komponenten andererseits haben die DBP damals bewogen, sich gegen einen solchen Schritt zu entscheiden. Die betriebswirtschaftlichen Risiken aus Sicht der DBP, die ein solcher Schritt beinhaltet hätte, erschienen als zu hoch, zumal eine Nachfrage nach vermittelten Breitbandkommunikationsdiensten in Haushalten und Betrieben damals wie heute als kaum prognostizierbar gilt.

An dieser Argumentation wird ein Problem grundlegender Innovationen im Telekommunikationssektor deutlich. Sofern für die Innovationen in erheblichem Umfang neue Netze erforderlich sind, müssen große langfristig ausgerichtete Investitionen getätigt werden. Auf Seiten der entwickelnden Industrie, aber noch mehr auf Seiten der Netzträger entstehen erhebliche Risiken hinsichtlich des return on investment. Der Netzträger müßte in solchen Fällen im Grunde genommen "wissen", wie die Nachfrage in 10 Jahren aussieht, was nur innerhalb eines großen Schwankungsbereiches möglich ist. Abbildung 10.3-20 verdeutlicht die Situation. Sie zeigt schematisch den Verlauf einer grundlegenden Innovation in fünf Phasen.

Der Netzträger hat von Beginn an Ausgaben, während eigene Einnahmen erst ab der fünften Phase entstehen. Er kann allerdings, wenn sich die Einrichtungen für bestehende Dienste nutzen lassen (wie z. B. Glasfaserkabel), schon früher mit Kostenreduktionen rechnen. Die Entwicklungsausgaben der Industrie fallen ab Phase I an. Ihre Einnahmen beginnen je nach Ausrichtung auf Netzeinrichtungen und Endgeräte bereits in den Phasen II und IV zu fließen, wobei auch für die Industrie wesentliche Teile der Einnahmen erst in der Phase V entstehen.

Abbildung 10.3-20: Schematisierter Phasenverlauf bei grundlegenden Innovationen im Telekommunikationssektor

Grundlagenforschung (vorgelagert)	
Phase I	Technikentwicklung und Erprobung
Phase II	Netzaufbau
Phase III	Dienste- und Endgeräteentwicklung
Phase IV	Nutzungsentwicklung
Phase V	Nutzung

Die Strategie der DBP im Bereich der vermittelten Breitbandkommunikation zielt im Grunde genommen darauf ab, die Phasen I bis V so weit wie möglich zu parallelisieren. Auf diese Weise soll das ökonomische Risiko der DBP und letztlich auch der Industrie reduziert werden. Dies geschieht mit Hilfe von Betriebsversuchen, die nicht auf die technische Ebene beschränkt bleiben dürfen sondern die möglichst bis zur Ebene der Nutzung reichen sollen. Insoweit können das VBN und BERKOM als vorläufige Schlußpunkte einer konsequenten Strategie zur Einführung der vermittelten Breitbandkommunikation in Deutschland angesehen werden. Unter Berücksichtigung der Unsicherheit über die zukünftige Nachfrageentwicklung nach vermittelter Breitbandkommunikation und des enormen Investitionsrisikos beim Aufbau eines flächendeckenden vermittelten Breitbandkommunikationsnetzes erscheint diese Strategie ökonomisch vernünftig.

Für die Entwicklung und Erprobung von Glasfasertechnologie und vermittelter Breitbandkommunikation hat die DBP zwischen 1975 und 1990 insgesamt rund 370 Mio. DM ausgegeben, im Durchschnitt der 80er Jahre knapp 35 Mio. DM pro Jahr. Die Summe beinhaltet allerdings nur die Mittel, die die DBP im Wege der Beschaffung von Piloteinrichtungen bei der Industrie an Dritte verausgabt hat. Sie enthält nicht die Ressourcen, die die DBP selbst im Rahmen der diversen Projekte für Plannung, Durchführung und Auswertung eingesetzt hat. Der gesamte Mitteleinsatz liegt deshalb um einiges höher.

BERKOM (Berliner Kommunikationssystem) wurde 1986 von der DBP initiiert. Ausgangspunkt war die Einschätzung, daß die DBP zwar auf der Netzseite mit ihrer Ausbauplanung für das VBN und das ISDN-B die Voraussetzungen für eine Entwicklung vermittelter Breitbandkommunikation getroffen hatte, daß aber für eine erfolgreiche Entwicklung von Breitbandkommunikation erheblich mehr Informationen über mögliche vermarktbare Dienste, Endsysteme und Anwendungen notwendig sind. Erst über diese können die DBP und die Industrie ihre Produkte an die Endnutzer verkaufen und ihre Investitionen in FuE und in den Netzausbau amortisieren. Es gab zu diesem Zeitpunkt keine klaren Vorstellungen über Anwendungen. Es gab keine internationale Standardisierung, keine Endgeräte und Endsysteme. Zum Teil waren auch die notwendigen Technologien noch nicht leistungsfähig genug.

Das BERKOM-Projekt (1986/91) setzt in vier Bereichen an:

- Marktanalysen zur Abschätzung künftiger Breitband-Potentiale

- Realisierung von anwendungsnahen Demonstrationsprojekten mit dem Ziel alsbaldiger allgemeiner Nutzung im Vorläufer-Breitbandnetz (VBN)

- Erarbeitung von Vorschlägen für die internationale Standardisierung von Fernmeldediensten (BERKOM-Referenzmodell für integrierte Dienste)

- Aufbau eines IBC-Testnetzes in Berlin zur Erprobung der Entwicklungsergebnisse

Projekttäger sind die DBP und das Land Berlin, während das Projektmanagement der Deutschen Telepost Consulting (DETECON) übertragen wurde. An diesem von der DBP initiierten Projekt sind die Industrie, Forschungseinrichtungen und Anwender maßgeblich beteiligt. In der Projektleitung arbeiten Berliner Wissenschaftler, Angehörige der Industrie und der DBP zusammen. Sie sind auf Zeit für diese Tätigkeit freigestellt. Es gibt Arbeitsgruppen, die eine Zusammenarbeit aller an BERKOM Beteiligten ermöglichen und zum Ziel haben. Im Sommer 1988 waren an BERKOM 14 Forschungseinrichtungen, 17 Industrieunternehmen und 5 Anwender beteiligt, und es wurde an etwa 60 Einzelprojekten gearbeitet.

Beispielhaft erwähnt seien zwei Projekte: TELEMED ist ein Projekt zur Verknüpfung medizinischer Arbeitsplätze für verteilte Diagnose- und Therapieanwendungen mit Hilfe der Speicherung, Übertragung und dem Abruf digitalisierter Röntgenbilder etc.; TELEPUBLISHING ist ein Projekt, in dem u. a. der bisher noch körperlich durchgeführte Transport von Druck-Daten durch Breitbandkommunikation ersetzt werden kann.

Die Projektkosten betragen rund 300 Mio. DM. Der größte Teil wird von der DBP getragen, die rund 50 Mio. DM für das Testnetz investiert und die darüber hinaus zusammen mit dem Land Berlin noch einmal 125 Mio. DM aufbringt. Die Industrie ist mit 125 Mio. DM beteiligt. Wenn man von den Aufwendungen für das Testnetz absieht, ist das finanzielle Engagement von DBP und Industrie in etwa gleich groß.

Im Herbst 1988 wurde die erste Ausbaustufe des Testnetzes in Betrieb genommen. Dabei kam eine von SEL entwickelte leitungsorientierte Vermittlungstechnik zum Einsatz.

Im Jahr 1989 wurde darüber hinaus eine von Siemens entwickelte paketorientierte Vermittlungstechnik in das Testnetz eingebaut. Damit kommen bei BERKOM beide in der Diskussion befindlichen Vermittlungsprinzipien für Breitbandkommunikation (STM und ATM) zum Einsatz.

BERKOM stellt von der Anlage her eine Bündelung der nationalen FuE-Ressourcen auf Zeit unter Führung der DBP dar. Es gibt eine zeitlich befristete Zusammenarbeit von DBP und von konkurrierenden Unternehmen. Insoweit weist BERKOM von der Anlage her Ähnlichkeiten zu den gemeinsamen FuE-Aktivitäten der Japaner auf. Es unterscheidet sich durch die Einbeziehung von Forschungsinstituten, die in dem deutschen FuE-System eine größere Rolle spielen als in Japan. Die Orientierung von BERKOM auf Dienste und Anwendungen ist sicherlich positiv, weil dieser Bereich bei Innovationen im Telekommunikationsbereich in der Vergangenheit häufig zu wenig beachtet worden ist. BERKOM führt zu einer Bündelung der deutschen FuE-Kapazitäten, von der Synergieeffekte zu erwarten sind.

Es gibt gewisse Überschneidungen zwischen den langjährigen Aktivitäten der DBP und der inländischen Fernmeldeindustrie im Bereich von vermittelter Breitbandkommunikation (inklusive BERKOM) und dem Mitte der 80er Jahre begonnen RACE-Programm der Europäischen Gemeinschaft (Dang Nguyen 1989). Die nationalen wie die europäischen Aktivitäten beziehen sich auf Technologien für Breitbandkommunikation, auf entsprechende Systeme und ihre Anwendungen, und beide wollen die internationale Standardisierung beeinflussen. Die DBP und die inländische Fernmeldeindustrie sind zeitlich wesentlich früher gestartet, und deshalb war das Entstehen von RACE für die deutsche Strategie zunächst einmal ein Problem. Inzwischen ist BERKOM mit dem RACE-Programm verknüpft. So sind die oben angesprochenen Anwendungsprojekte TELEMED und TELEPUBLISHING zu RACE-Projekten geworden. An TELEMED sind jetzt 24 Organisationen aus 10 Ländern beteiligt, an TELEPUBLISHING 10 Organisationen aus 4 Ländern. Projektführer ist jeweils die DETECON. Es gibt ein weiteres für die Standardisierung zukünftiger Breitbanddienste wichtiges RACE-Projekt (ESP-European Broadband Interconnection Trial Service Project), an dem BERKOM (DETECON) als Projektführer beteiligt ist.

Die Entwicklung der letzten Jahre hat zu einer stärkeren Einbindung der deutschen FuE-Aktivitäten in einen europäischen FuE-Verbund geführt. Dies ist mit einem Verlust an nationaler Autonomie verbunden, was von manchem vielleicht bedauert wird. Es stellt sich aber die Frage, ob angesichts der enormen FuE-Aufwendungen, angesichts der Liberalisierung und internationalen Öffnung der Märkte und angesichts der Notwendigkeit zur internationalen Standardisierung eine nationale Strategie für ein einzelnes europäisches Land überhaupt noch eine realistische Option für nächste Generation von Telekommunikationsnetzen darstellt.

10.3.3 ROLLE DER HERSTELLERINDUSTRIE

In Abschnitt 10.1.2 wurde bereits ein kurzer Überblick über die Struktur der Herstellerindustrie im Telekommunikationssektor der Bundesrepublik gegeben. Wie dort beschrieben, sind als die wichtigsten Akteure die fünf Großunternehmen Siemens, Bosch, SEL, PKI und AEG zu nennen. Daneben existieren eine ganze Reihe von weiteren kleineren Unternehmen.

In diesem Abschnitt werden zunächst der Einsatz von FuE-Ressourcen in der Herstellerindustrie, ihre Verteilung auf die verschiedenen Unternehmen bzw. Unternehmensgruppen, die FuE-Intensität relativ zum jeweiligen Umsatz sowie die Entwicklung beim in den FuE-Prozess eingesetzten Personal analysiert. Sodann folgt, wiederum bezogen auf die verschiedenen Unternehmen und Unternehmensgruppen, eine Darstellung des FuE-Outputs anhand der FuE-Ertragsindikatoren "Patente" und "Publikationen in wissenschaftlichen Zeitschriften". Daran anschließend werden die Organisation und Finanzierung des FuE-Prozesses bei den Unternehmen, das Verhältnis der Unternehmen in diesem Bereich zur Post und die Bedeutung staatlicher und europäischer Forschungsförderung behandelt. Zum Schluß erfolgt eine zusammenfassende Charakterisierung der wichtigsten Unternehmen in der Telekommunikations-FuE.

In den FuE-Prozess eingesetzte Ressourcen

Datenbasis

Zur Erfassung der bei den Herstellerfirmen in den FuE-Prozess eingesetzten Ressourcen sind neben allgemein zugänglichen Informationsquellen über die Industrie im ganzen und einzelne Unternehmen wie

- Geschäftsberichte, öffentliche Stellungnahmen der Verbände, Presseberichte und in Zeitschriften veröffentlichte Analysen

folgende zusätzliche Quellen genutzt worden:

- eine Sonderauswertung von Daten über FuE durch die SV-Gemeinnützige Gesellschaft für Wissenschaftsstatitstik des Stifterverbandes der Deutschen Wissenschaft (Stifterverband) sowie

- Interviews mit Vertretern von Unternehmen, die für diese Untersuchung ausgewählt worden sind.

Diese Quellen werden im folgenden kurz erläutert.

Die Stifterverbands-Auswertung ist eine Sonderauswertung, da der Stifterverband in seinen turnusmäßigen Befragungen zu FuE seine Ergebnisse entsprechend der Systematik der Wirtschaftszweige (WZ) zuordnet, in der die Telekommunikation nicht als eigenständiger Bereich ausgewiesen wird. Die nächstliegende in Frage kommende Abgrenzung ist hier die vierstellige WZ-Position 2506 "Herstellung von Zählern, Fernmelde-, Meß-, Regel- und elektromedizinischen Geräten, bestimmten Bauelementen", in der die Hersteller von Telekommunikationsgeräten ganz überwiegend erfaßt werden, jedoch auch viele andere Unternehmen. Die Sonderauswertung ist deshalb für eine Liste gezielt ausgesuchter Unternehmen durchgeführt worden. Sie setzt sich zusammen aus Unternehmen, die auf der Basis des ZVEI-Einkaufsführers von 1988 als Anbieter von Telekommunikationsgeräten identifiziert werden konnten und die gleichzeitig ihren Schwerpunkt innerhalb des Vierstellers 2506 haben. Durch diese Schnittmengenbildung wurde vermieden, daß auch solche Anbieter, die nur in einem geringen Umfang Telekommunikationsgeräte, aber sonst Produkte eines anderen Wirtschaftszweiges herstellen, in die Auswertung mit hineingelangten. Dort wo Unternehmensteile von Konzernen dieses Kriterium erfüllen, sind diese ebenfalls erfaßt worden. Wie bei allen Untersuchungen des Stifterverbandes ist auch bei der vorliegenden Sonderauswertung die Anomymität der Unternehmen gewahrt geblieben. Die durch die geschilderte Vorgehensweise erreichte Marktabgrenzung ist weiter als die, die den meisten Diskussionen über den Markt für Telekommunikationsgeräte zugrunde liegt. Die letztere zielt in der Regel auf die Bereiche der Vermittlungstechnik, der Übertragungstechnik und der Endgeräte, während hier auch die weniger im Zentrum des allgemeinen Interesses liegende Bereiche mit eingeschlossen sind. Dies liegt darin begründet, daß die Abgrenzung im wesentlichen über die Einschätzung der Unternehmen selber, ob sie zum Telekommunikationssektor gehören oder nicht, geschieht, und Unternehmen in den Randbereichen sich ebenfalls als zu diesem Sektor gehörig betrachten. Die resultierende Abgrenzung ist von gewissen Gesichtspunkten aus umfassender als wünschenswert. Sie ist jedoch die einzige vom Stifterverband durchführbare und außerdem deshalb vertretbar, weil sowohl die Erhebung bei den in dieser Untersuchung interviewten Unternehmen (siehe Tabelle 10.3-18) wie auch die Patent- und Publikationsanalyse auf Daten basieren, die eher weiten Marktabgrenzungen entsprechen.

Einen besonderen Stellenwert haben die Interviews mit Unternehmensvertretern wegen der Einsichten in unternehmensspezifische Entwicklungen, die nur durch sie erlangt werden konnten, eingenommen. Bei den dabei einbezogenen Unternehmen handelt es sich zunächst um die bereits genannten fünf wichtigsten Unternehmen in der Branche, d.h. Siemens, Bosch, SEL, AEG und PKI. Des weiteren wurden eine Reihe kleinerer Unternehmen berücksichtigt. Dies führte zu der Aufnahme der Unternehmen DeTeWe, Kolbe & Co, Krone, Quante, Rohde & Schwarz sowie des Telekommunikationsbereichs von Nixdorf.

Um einen Eindruck über die absolute und relative Bedeutung der einbezogenen Unternehmen zu vermitteln, werden in Tabelle 10.3-18 die jeweiligen Umsätze für 1987 im Bereich der Telekommunikation, soweit sie sich ermitteln ließen, wiedergegeben. Es wird dabei klar, daß eine eindeutige Kluft zwischen den Großunternehmen und den hier betrachteten kleineren Unternehmen besteht: Der Umsatz des Kleinsten der ersten Gruppe ist mehr als drei mal so groß wie der des Größten der zweiten Gruppe. Ferner ist festzuhalten, daß der ausgewiesene Umsatz in einigen Fällen nur eine Teilmenge eines oft erheblich größeren Umsatzes des gesamten Unternehmens oder eines mehrere Unternehmen umfassenden Konzerns darstellt. In welchem Maße dies gilt, wird in Tabelle 10.3-19 deutlich. Die Einbettung einiger Unternehmen in einen größeren, in zwei Fällen ausländischen, Konzern wird offensichtlich zu berücksichtigen sein, wenn es gilt, die FuE-Aktivitäten dieser Unternehmen zu betrachten.

Definitionen

Die von der OECD entwickelten und im Frascati-Handbuch kodifizierten Definitionen zur Abgrenzung von FuE werden vom Stifterverband zugrundegelegt, wenn er für seine regelmäßigen Erhebungen der FuE-Aufwendungen in der deutschen Wirtschaft die entsprechenden Fragen entwirft. Nach den Informationen aus den Interviews mit Unternehmensvertretern befolgen allerdings die Unternehmen bei der Feststellung ihres FuE-Aufwandes im allgemeinen nicht genau die Definitionen des Frascati-Handbuches. In den meisten Fällen werden Regeln verwandt, die aus den eigenen betriebswirtschaftlichen Grundsätzen hervorgegangenen sind. Es kann jedoch davon ausgegangen werden, daß diese in wesentlichen Punkten mit denen des Frascati-Handbuches übereinstimmen. Unterschiede ergeben sich dabei allerdings aus der speziellen Situation bzw. Betrachtungsweise eines Unternehmens.

Folgende Abweichungen vom Frascati-Handbuch bzw. Unterschiede zwischen den Unternehmen bei der Erfassung von FuE-Aufwendungen haben wir in unseren Gesprächen mit Unternehmensvertretern feststellen können:

- Die Gebühren für Lizenzen, die für die Herstellung der eigenen Produkte erforderlich sind, werden von einigen Unternehmen mit in die Aufwendungen für FuE einbezogen, von anderen wiederum nicht. Nach dem Frascati-Handbuch ist eine Berücksichtigung nicht statthaft, da es sich bei ihnen nicht um unmittelbare FuE-Aufwendungen handelt.

Tabelle 10.3-18: Umsätze 1987 im Bereich Telekommunikation der in die Untersuchung einbezogenen Unternehmen (Quelle: Geschäftsberichte der Unternehmen und eigene Schätzungen aufgrund der Angaben in den Geschäftsberichten)

Unternehmen	Umsatz 1987 in Mrd. DM	Abgrenzung und Bemerkungen
Siemens	ca. 12,5	Nachrichtentechnik (Teil des Unternehmensbereichs Nachrichten- und Sicherungstechnik) und Kommunikationstechnik (Teil des Unternehmensbereichs Kommunikations- und Datentechnik)
Bosch	ca. 6,0	Arbeitsgebiete Private Kommunikationssysteme, Öffentliche Kommunikationssysteme, Informationssysteme des Konzernunternehmens Telenorma; Gesamtumsatz des Konzernunternehmens ANT; Geschäftsbereich Mobile Kommunikation mit Teil des Konzernunternehmens Blaupunkt; Umsätze der Konzernunternehmen Teldix und BTS
SEL	ca. 4,0	Unternehmensbereiche Nachrichtechnik und Bürokommunikation
AEG	ca. 3,5	AEG Olympia, AEG Kabel und Geschäftsbereich Hochfrequenztechnik
PKI	1,7	Gesamtumsatz des Unternehmens
DeTeWe	0,5	" "
Nixdorf	unter 0,5	Grobe Schätzung des Anteils von Telekommunikationsgeräten am Gesamtumsatz des Unternehmens
Krone	0,3	Gesamtumsatz des Unternehmens
Kolbe & Co	0,2	Unternehmensbereich Nachrichten- und Übertragungstechnik
Quante	0,2	Gesamtumsatz des Unternehmens
Rohde & Schwarz	0,3	Grobe Schätzung des Anteils von Rundfunk- und Fernsehtechnik am Gesamtumsatz

Tabelle 10.3-19: Vergleich der Umsätze 1987 der betrachteten Unternehmen *im Bereich Telekommunikation* mit den *Gesamt*umsätzen 1987 der Unternehmen bzw. Konzerne (Quelle: Tabelle 10.3-18 und Geschäftsberichte der Unternehmen)

Bereich Telekommunikation der betrachteten Unternehmen		Gesamtunternehmen bzw. Konzern		% Spalte 2 an Spalte 4
Unternehmen	Umsatz 1987 in Mrd. DM	Konzern falls abweichend	Umsatz 1987 in Mrd. DM	
1	2	3	4	5
Siemens	ca. 12,5		51,4	24
Bosch	ca. 6,0		25,4	24
SEL	4,0	Alcatel	23,3	17
AEG	3,5	Daimler Benz	67,5	5
PKI	1,7	Philips	46,8	4
DeTeWe	0,5	Röchling Industrieverwaltung (seit 1989)	?	?
Nixdorf	unter 0,5		5,1	unter 10
Krone	0,3		0,3	100
Kolbe & Co	0,2		0,4	ca. 50
Quante	0,2		0,2	100
Rohde & Schwarz	0,3		1,0	ca. 30

- Es ist nicht immer eindeutig, inwieweit die Kosten für die Entwicklung neuer bzw. besserer Produktionsverfahren bei der Herstellung von Telekommunikationsgerät als Entwicklungskosten im Bereich Telekommunikation erhoben werden. Bei einigen der von uns interviewten mittelständischen Unternehmen werden diese Kosten gar nicht als Entwicklungskosten erfaßt. Es folgt aus dieser Praxis ein tendenzieller Unterausweis von Telekommunikations-FuE-Aufwendungen, besonders bei kleineren Unternehmen. Allerdings wird diese Verzerrung als relativ geringfügig dargestellt.

- Gewisse als Entwicklung einzustufende Tätigkeiten werden im Rahmen des Marketings der Unternehmen vorgenommen. Hierbei kann es sich einmal um sogenanntes *advanced marketing* handeln, bei dem aufgrund der Einschätzung der sich abzeichnenden Kundenbedürfnisse neue Produktmöglichkeiten erkundet werden. Es kann sich auch um die Erstellung von kundenspezifischen Systemlösungen handeln, die jeweils ein gewisses Maß an kreativer Leistung darstellen. Das Frascati-Handbuch definiert solche Tätigkeiten nicht als Entwicklung. Bei den größeren Unternehmen scheinen solche Aktivitäten durchaus als Entwicklungskosten betrachtet und erfaßt zu werden, bei den kleineren Unternehmen jedoch nicht.

- Die konsequente Trennung von Forschung und Entwicklungstätigkeiten ist schwer einzuhalten. Dies entspricht der Erfahrung, die der Stifterverband in seinen Erhebungen gemacht hat.

Nach diesen Feststellungen kann nicht davon ausgegangen werden, daß die von den verschiedenen Unternehmen ermittelten FuE-Aufwendungen genau miteinander vergleichbar sind. Auf der anderen Seite gibt es auch keine Veranlassung, die daraus entstehenden Differenzen als so gravierend zu veranschlagen, daß dadurch ein Vergleich zwischen den Unternehmen unmöglich würde. Im übrigen dürften die Differenzen im selben Maße bei den Mitteilungen der Unternehmen an den Stifterverband wie bei den in den eigenen Veröffentlichungen genannten Zahlen auftreten. Daraus folgt, daß sie keinen Hinderungsgrund darstellen, die hier für die Unternehmen individuell ermittelten Zahlen zu den über alle Unternehmen aggregierten Zahlen des Stifterverbandes in Relation zu setzen und diese Relation dann zu interpretieren.

Im einzelnen ist noch zu vermerken, daß die Ungenauigkeiten, die sich aus unterschiedlicher Erfassung und Darstellung von FuE-Aufwendungen ergeben, dahin tendieren, die FuE-Aufwendungen kleinerer Unternehmen als relativ geringer erscheinen zu lassen als die der Großunternehmen. Bei der anschließenden Betrachtung der vorliegenden Angaben muß dies berücksichtigt werden.

FuE-Aufwendungen

In Tabelle 10.3-20 sind die vom Stifterverband erhobenen FuE-Aufwendungen der Telekommunikationsindustrie für die Jahre 1979 bis 1987 zusammen mit den entsprechenden Umsätzen dargestellt. Danach beliefen sich die Aufwendungen 1987 auf einen Betrag von 6,1 Mrd. DM. Seit 1979 sind sie im Durchschnitt um 11 % pro Jahr gewachsen, stärker als die Umsätze, so daß sich der Anteil der FuE-Aufwendungen an den Umsätzen seit 1979 ständig erhöht hat. Der in der Tabelle für 1987 ausgewiesene Anteil am Umsatz von 15,3 % erscheint allerdings trotz dieser Entwicklung als unverhältnismäßig hoch. Der Grund für eine eventuelle Überschätzung dieses Wertes liegt wahrscheinlich in einem relativ niedrigen, nicht dem Trend der vergangenen Jahre entsprechenden Wert für die aggregierten Umsätze in 1987. Rechnete man die Umsatzzahlen für 1979 - 1985 dem Trend nach auf das Jahr 1987 hoch und ermittelte dementsprechend den FuE-Anteil, ergäbe sich ein ungefährer Wert von 13 %.

Für das gesamte verarbeitende Gewerbe hat der Stifterverband für 1987 eine FuE-Intensität von 4,5 % ermittelt. Der Wert für die Telekommunikationsindustrie liegt somit ungefähr drei mal so hoch wie der gesamtwirtschaftliche Durchschnitt. Aufschlußreicher vielleicht als dieser Vergleich ist die Feststellung, daß lediglich die Bereiche "Herstellung und Verarbeitung von Spalt- und Brutstoffen" und "Luft- und Raumfahrzeugbau" mit 13,4 % bzw. 27,1 % vergleichbare bzw. höhere Werte aufweisen und daß für den gesamten Bereich der Elektrotechnik, der ja den Telekommunikationsbereich umfaßt, der je nachdem um vier bis sechs Prozentpunkte geringere Wert von 9,4 % gilt. Bei den in diesem Abschnitt genannten Zahlen handelt es sich um zunächst noch unveröffentlichte Ergebnisse des Stifterverbandes. Ihre Veröffentlichung erfolgte im Sommer 1990.

Tabelle 10.3-20: Entwicklung der FuE-Gesamtaufwendungen der Telekommunikationsindustrie 1979-1987* (Quelle: SV-Wissenschaftsstatistik)

Jahr	Umsatz in Mio. DM	FuE Aufwendungen in Tsd. DM	Anteil am Umsatz in %
1979	23.546	2.523.646	10,7
1981	34.165	3.463.164	10,1
1983	34.816	3.797.287	10,9
1985	39.319	4.966.051	12,6
1987	40.303	6.147.272	15,3

* Umfaßt Unternehmen, die auf der Basis des ZVEI-Einkaufsführers von 1988 als Anbieter von Telekommunikationsgeräten identifiziert werden konnten und die gleichzeitig ihren Schwerpunkt innerhalb des WZ-Vierstellers 2506 "Herstellung von Zählern, Fernmelde-, Meß-, Regel- und elektromedizinischen Geräten, bestimmten Bauelementen" haben. (Nähere Erläuterungen im Text.)

In Tabelle 10.3-21 sind die für das Jahr 1987 ermittelten Anteile der Aufwendungen für FuE am Umsatz der hier betrachteten Unternehmen dargestellt. Da eine Reihe von Unternehmen außer im Telekommunikationssektor auch in anderen Bereichen tätig sind, werden, wo dies zutrifft, sowohl die auf das Gesamtunternehmen wie auf den Telekommunikationsbereich bezogenen Anteile dieser Aufwendungen am Umsatz ausgewiesen. Dadurch wird nochmals deutlich, daß der Telekommunikationssektor in der Regel FuE-intensiver ist als andere Bereiche. Gleichfalls werden in der Tabelle für die Großunternehmen Angaben über die Absolutbeträge ihrer FuE-Aufwendungen im Telekommunikationsbereich gemacht.

Tabelle 10.3-21: FuE-Aufwendungen der in die Untersuchung einbezogenen Unternehmen - als Anteil des Umsatzes und als geschätzte Beträge für 1987 (Quelle: Geschäftsberichte und eigene Berechnungen)

Unternehmen	FuE Anteil in % am Gesamt-umsatz*	FuE Anteil in % am Telekom-Umsatz*	Geschätzte Telekom FuE-Aufwendungen in Mio. DM**
	(1)	(2)	(3)
Siemens	12,1 ca.	13	1625
Bosch	6,0	9,1	540
davon ANT		12,7	
Telenorma		7,2+	
davon Telefonbau und Normalzeit GmbH		ca. 15+	
SEL	11,9	12,5	500
AEG	8,0	ca. 13	450++
PKI		13,3	230
DeTeWe	8,7	8,7	
Nixdorf	9,4 höher als	Konzern-durchschnitt	
Krone		10,0	
Kolbe & Co		"überdurch-schnittlich"	
Quante	"Branchendurchschnitt"		
Rohde & Schwarz	12,0 höher als	Unternehmens-durchschnitt	

* Die Angabe des Anteils der gesamten FuE-Aufwendungen am Gesamtenumsatz erfolgt dann, wenn das Unternehmen außer im Telekommunikationssektor auch wesentlich in anderen Bereichen tätig ist.

** Berechnet durch Multiplikation des FuE-Anteils in Spalte (2) mit dem Telekommunikations-Umsatz aus Tabelle 10.3-18. Gilt nicht für AEG (siehe entsprechende Anmerkung).

\+ Der niedrige Wert von 7,2 % für Telenorma ergibt sich wegen des hohen Anteils von Vertrieb und Vermietung von Anlagen am Gesamtumsatz. Eine überschlägige Berechnung, bei der die FuE-Aufwendungen voll dem Umsatz aus Produktion von Telekommuniaktionsgeäten, d.h. hier dem Umsatz des Konzernunternehmens Telefonbau und Normalzeit GmbH, zugeschlagen werden, ergibt die für dieses letztere Unternehmen ausgewiesene FuE-Intensität von ca. 15 %.

\+ + Für AEG ist der Absolutbetrag in Spalte (3) auf der Basis von Anhaltspunkten über die Personalstärke in der Telekommunikations-FuE und aufgrund der mittleren Kosten pro FuE-Personen-Jahr in der gesamten Telekommunikationsindustrie geschätzt worden. Der FuE-Anteil am Umsatz in Spalte (2), der originär nicht vorliegt, ergibt sich aus dieser Schätzung und dem Umsatz in Tabelle 10.3-18.

Die Zahlen und Angaben in Spalte (2) der Tabelle stimmen in etwa mit den Ergebnissen des Stifterverbandes überein. Die aufgrund der Trendberechnungen mit den Stifterverbands-Ergebnissen für die gesamte Telekommunikationsindustrie geschätzte FuE-Intensität für 1987 von ca. 13 % wird auch für die meisten betrachteten Großunternehmen ausgewiesen. Dieser Prozentsatz wird jedoch von diesen nicht überschritten, was man erwarten würde unter der Annahme, daß Großunternehmen einen größeren Anteil vom Umsatz für FuE als kleinere Unternehmen aufwenden. Daß dies in der Tat nicht der Fall ist, wird bei der richtigen Einordnung der in der Tabelle enthaltenen qualitativen Angaben der kleineren Unternehmen deutlich. Die betreffenden Unternehmen geben gewöhnlich ihre FuE-Aufwendungen in der hier geforderten Abgrenzung nicht bekannt. Während der Interviews, die in diesen Unternehmen geführt wurden, sind Zahlen genannt worden, jedoch in der Regel mit der Maßgabe der vertraulichen Behandlung. Es kann hier jedenfalls festgehalten werden, daß die FuE-Intensitäten bei diesen Unternehmen, sofern sie sich auf vergleichbare Bereiche beziehen, denjenigen der Großunternehmen durchaus entsprechen. Bei den Unternehmen DeTeWe und Krone, deren (veröffentlichte) FuE-Intensitäten mit 8,7 % bzw. 10 % unter dem Durchschnitt liegen, ist zu beachten, daß sie ihre Schwerpunkte bei den Endgeräten bzw. bei den Endgeräten und der Linientechnik haben, die allgemein, auch bei den Großunternehmen, nicht zu den FuE-intensiveren Gebieten der Telekommunikationsindustrie gerechnet werden. Im übrigen stimmt die Beobachtung einer hohen FuE-Intensität kleinerer Unternehmen mit einem Untersuchungsergebnis aus den USA überein, demzufolge kleinere, in den Markt drängende Unternehmen in der Regel sogar überdurchschnittliche FuE-Anstrengungen aufweisen (Dowling 1988).

Angaben aus den Geschäftsberichten einiger Großunternehmen bestätigen auch das Ergebnis des Stifterverbandes, daß der Anteil der FuE-Aufwendungen am Umsatz in den vergangenen Jahren beträchtlich gestiegen ist. Dies gilt insbesondere für den Unternehmensbereich Kommunikation beim Bosch-Konzern, aber auch für SEL und PKI. Bei Siemens trifft es während der vergangenen drei Jahre für den gesamten Konzern zu. Als einer der Gründe für diese Entwicklung sind die höheren Anforderungen an die FuE in der Telekommunikation und damit an das FuE-Personal anzusehen. Eine Bestätigung hierfür findet sich im übernächsten Unterabschnitt über Entwicklung und Zusammensetzung von FuE-Personal.

In Spalte (3) von Tabelle 10.3-21 sind DM-Beträge für FuE-Aufwendungen, die aufgrund der ermittelten Anteile am Umsatz geschätzt worden sind, dargestellt. Diese Schätzungen sind allerdings nur für Großunternehmen vorgenommen worden, um deren Bedeutung zum einen als Gruppe relativ zum Gesamtmarkt und zum anderen im Verhältnis zueinander erfassen zu können; bei den kleineren Unternehmen sind die entsprechenden

Beträge alle um ein vielfaches geringer als bei dem kleinsten der Großunternehmen. Setzt man die sich ergebende Summe für die Großunternehmen von ungefähr 3,3 Mrd. DM ins Verhältnis zum Gesamt-FuE-Aufwand der Industrie von 6,1 Mrd. DM, der vom Stifterverband für das Jahr 1987 ermittelt wurde, so ergibt sich ein Anteil dieser fünf Unternehmen von ca. 54 %. Dieser Wert muß vor dem Hintergrund der weiten Marktabgrenzungen beurteilt werden, die der Untersuchung des Stifterverbandes und den Angaben in Tabelle 10.3-21 zugrundeliegen. Stünden Daten zur Verfügung, die es erlaubten, den Anteil der Großunternehmen an den FuE-Aufwendungen im engeren Bereich von Vermittlungstechnik, Übertragungstechnik und Endgeräten zu ermitteln, so würde dieser Anteil wahrscheinlich einen höheren Wert aufweisen.

Bei einer Einzelbetrachtung der Angaben in Spalte (3) von Tabelle 10.3-21 fällt am meisten die Position des Bosch-Konzerns auf, der mit einem geschätzten Betrag für 1987 von ca. 540 Mio. DM an zweiter Stelle steht. Für eine Heranbildung von Bosch als dem zweitgrößten Unternehmen in der Branche spricht nicht nur die Einschätzung nach dem oben genannten Betrag. Es bestehen konzertierte Bemühungen, die FuE-Aktivitäten der verschiedenen im Telekommunikationsbereich tätigen Konzern-Unternehmen und Unternehmensbereiche (Telenorma, ANT, Teile von Blaupunkt, Teldix, BTS, den Bereich Mobile Kommunikation) zu koordinieren und weiter auszubauen. So ist ein neues, in erster Linie für diesen Sektor arbeitendes Forschungszentrum geplant.

Die Ergebnisse dieses Abschnitts bestätigen eindrucksvoll die Vorstellung, daß die Herstellung von Telekommunikationsgeräten einer der FuE-intensivsten Bereiche in der verarbeitenden Industrie überhaupt ist und lediglich von zwei Sektoren übertroffen wird. Als weiteres Fazit ist festzuhalten, daß diese hohe FuE-Intensität nicht nur ein Merkmal der Großunternehmen ist; man trifft sie in gleichem Maße auch bei kleineren Unternehmen an. Ferner ist die Entwicklung des Bosch-Konzerns zum zweitgrößten Hersteller von Telekommunikationsgeräten in der Bundesrepublik bemerkenswert. Daß eine hohe Unternehmenskonzentration in der Telekommunikationsindustrie der Bundesrepublik herrscht, wird durch die hier gezeigten Ergebnisse über FuE ebenfalls bestätigt.

Anteil von Forschung am gesamten FuE-Aufwand

Wie aus den Ergebnissen der Gespräche mit Unternehmensvertretern hervorgeht, wird in mittelständischen Unternehmen in der Regel keine Forschung und in Großunternehmen allgemein nur angewandte Forschung betrieben. In den mittelständischen Unternehmen wurde darauf hingewiesen, daß ihre begrenzten FuE-Möglichkeiten es ihnen nicht erlaubten, sich mit Forschung zu befassen. Von seiten der Großunternehmen wurde erklärt, daß die bei ihnen betriebene Forschung immer auf ein bestimmtes Ziel gerichtet, also angewandte Forschung sei.

Der Begriff der "Forschung", wie er im folgenden benutzt wird, bedarf der kurzen Erläuterung. Damit werden bei den Großunternehmen die Tätigkeiten angesprochen, die in zentralen Forschungsinstituten, -laboratorien oder -abteilungen durchgeführt werden. Ein besserer Begriff wäre u.U. "Grundlagenarbeiten", wie er in den Siemens-Geschäftsberichten in diesem Zusammenhang verwandt wird und die Erarbeitung von "Basis-Know-how über Materialien, Systeme und Software" sowie neue "Technologien, Methoden und Instrumente für Produktion und Logistik" beinhaltet (Siemens-Geschäftsbericht 1988, 14). Bei anderen Unternehmen umfassen die Grundlagenarbeiten neben vergleichbaren Tätigkeiten auch ein gewisses Maß an unmittelbarer Entwicklung von Produkten. Eine eindeutige Trennung von Forschung und Entwicklung wird von den Unternehmen nicht vorgenommen.

Der Anteil der wie oben abgegrenzten Forschung am gesamten FuE-Aufwand der Großunternehmen kann mit ca. 10 % veranschlagt werden. Dies geht aus verschiedenen Verlautbarungen von seiten der Unternehmen hervor. In den Geschäftsberichten von Siemens wird der Anteil des Aufwandes für die oben beschriebenen Grundlagen-arbeiten mit Werten zwischen 10 und 14 % ausgewiesen. Die von Gesprächspartnern bei Bosch, SEL, AEG und PKI genannten Faustregeln besagen, daß sich der Forschungsaufwand auf ungefähr 1 % bis 1,2 % des Umsatzes belaufen solle bzw. auf 10 Entwickler ein Forscher gebraucht werde, was jeweils auf den besagten 10 %igen Anteil hinausläuft. Dieser Anteil ist in einem späteren Abschnitt von Bedeutung, in dem die Förderung der Forschung im Telekommunikationsbereich durch staatliche Stellen betrachtet wird.

Aus der Sondererhebung des Stifterverbandes geht hervor, daß der Anteil der Grundlagenforschung am gesamten FuE-Aufwand in der Telekommunikationsindustrie 4 % beträgt, ein Wert, der auch entsprechend den allgemeinen Erhebungen des Stifter-verbandes für das gesamte verarbeitende Gewerbe gilt. Vor dem Hintergrund der in den Gesprächen erhaltenen Auskunft, daß die Unternehmen in der Regel keine Grundlagenforschung betreiben, muß dieses Ergebnis als überraschend angesehen werden. Die Erklärung liegt wohl darin, daß in den Meldungen zum Stifterverband Forschung als Grundlagenforschung zu identifizieren ist, wenn die Frist, innerhalb der profitbringende Ergebnisse erwartet werden können, sehr lang ist. Forschung in dieser Abgrenzung entspricht jedoch ebenfalls der obigen Definition von angewandter Forschung, wodurch der Widerspruch aufgelöst wird.

FuE-Personal: Entwicklung und Zusammensetzung

Die Ansprüche an die FuE in der Telekommunikation sind nach Ansicht vieler Kommentatoren durch den Wechsel von der elektromechanischen zu der elektronischen bzw. optoelektronischen Technik erheblich gewachsen. Dieses muß in erster Linie Auswirkungen auf das FuE-Personal gehabt haben, insbesondere was seine Zusammensetzung anbetrifft. In der Auswertung des Stifterverbandes ist diese Frage aufgegriffen worden, und in den Interviews in den Unternehmen wurde sie ebenfalls behandelt.

Tabelle 10.3-22 zeigt die Entwicklung des FuE-Personals entsprechend der Auswertung des Stifterverbandes.

Tabelle 10.3-22: Entwicklung des FuE-Personals in der Telekommunikationsindustrie 1979-1987* (Quelle: SV-Wissenschaftsstatistik)

Jahr	Gesamtzahl der Beschäftigten in der Industrie	Beschäftigte in FuE			
		Insgesamt		Wissenschaftler	
		Anzahl	Anteil Gesamtpersonal %	Anzahl	Anteil FuE-Personal %
1979	257.000	27.746	10,8	12.201	44,0
1981	288.000	31.967	11,1	14.413	45,1
1983	262.000	31.638	12,1	15.698	49,6
1985	283.000	33.326	11,8	17.572	52,7
1987	263.000	38.265	14,5	20.607	53,8

*) Siehe Fußnote zu Tabelle 10.3-20

Zunächst stellen wir einen steigenden Anteil des FuE-Personals an der Gesamtbeschäftigung zwischen 1979 und 1987 fest, der auf eine steigende FuE-Intensität in diesem Zeitraum hinweist. Ferner zeigt sich, daß der Anteil der Wissenschaftler am gesamten FuE-Personal in demselben Zeitraum um fast zehn Prozentpunkte, d.h. um über 20 % bezogen auf den 1979er Wert, gestiegen ist. Dies bestätigt die Sicht von den wachsenden Ansprüchen, die in den vergangenen Jahren an die FuE in der Telekommunikations-FuE gestellt worden sind.

Der Anteil der FuE-Mitarbeiter an der Gesamtbelegschaft ist in der Telekommunikation größer als in der Elektrotechnik insgesamt, für die der Stifterverband in seiner turnusmäßigen Auswertung für 1987 einen Anteil von 10,4 % ausweist (gegenüber 14,5 % in Tabelle 10.3-22 für die Telekommunikationsindustrie). Der Unterschied von 4,1 Prozentpunkten ist jedoch geringer als es der um sechs Prozentpunkte höhere Anteil der FuE-Aufwendungen am Umsatz, auf den weiter oben hingewiesen wurde, vermuten ließe. Der Grund hierfür kann zum einen in der höheren Kapitalintensität von FuE im Telekommunikationsbereich liegen, zum anderen darin, daß die Qualifikation der FuE-Mitarbeiter in der Telekommunikation im Durchschnitt um ein Beträchtliches höher ist als in anderen Bereichen und dadurch die entsprechenden Aufwendungen auch signifikant höher ausfallen. Der steigende Anteil der Aufwendungen für FuE, auf den weiter oben ebenfalls bereits aufmerksam gemacht wurde, ist offensichtlich mit darauf zurückzuführen, daß der Anteil der sehr hoch qualifizierten Mitarbeiter in der Telekommunikations-FuE in den vergangenen Jahren stetig gestiegen ist.

In den Gesprächen mit Unternehmensvertretern ist der Eindruck, der sich aus der Auswertung des Stifterverbandes ergibt, bestätigt worden. Die dabei zusätzlich gewonnenen Erkenntnisse können wie folgt zusammengefaßt werden:

- Soweit Forschung in den Unternehmen betrieben wird, war die Qualifikation des unmittelbar Forschung betreibenden Personals immer schon sehr hoch. Der durchschnittliche Anteil von Universitätsabsolventen ist jedoch in den vergangenen Jahren durch den verstärkten Einsatz von Apparaturen und Geräten gestiegen, die in der Tendenz eher Hilfspersonal ersetzen als Wissenschaftler.

- In der Entwicklung geht die Tendenz mehr und mehr weg von der Entwicklung direkt am physischen Objekt zu einer Entwicklung am Rechner. Gegenüber früher macht dies eine höhere Qualifikation des Entwicklungspersonals erforderlich.

- Im Fall von zwei Großunternehmen wurden konkrete Anteile der akademisch ausgebildeten Mitarbeitern an der Gesamtheit des FuE-Personals angegeben. Die genannten Werte von ca. 60 bzw. 75 % liegen noch oberhalb derjenigen, die vom Stifterverband ermittelt worden sind.

Die Ergebnisse aus der Stifterverbands-Sonderauswertung wie den Interviews mit Unternehmensvertretern lassen somit eine Entwicklung in der Telekommunikations-FuE erkennen, die mit dem Begriff der Verwissenschaftlichung beschrieben werden kann. Der Entwickler als Bastler am physischen Gerät wird verdrängt durch den akademisch ausgebildeten Experten am Rechner. Eine Folge davon ist ein überproportionaler Anstieg der FuE-Kosten zusätzlich zu dem, der durch den Anstieg des Anteils des FuE-Personals an der Gesamtbeschäftigung verursacht worden ist.

Für die fünf Großunternehmen wurden auch die Zahlen des FuE-Personals im Telekommunikationsbereich für das Jahre 1987 ermittelt. Diese sind in Tabelle 10.3-23 zusammen mit der vom Stifterverband für 1987 ermittelten Zahl für alle Unternehmen der Telekommunikationsindustrie wiedergegeben. Hier ergibt sich ein Anteil für die fünf Großunternehmen von ca. 56 %, der bis auf wenige Prozentpunkte mit dem weiter oben errechneten Anteil der FuE-Aufwendungen am Umsatz vergleichbar ist. Es gelten allerdings hier dieselben Vorbehalte wie dort bezüglich der Verläßlichkeit dieses Wertes aufgrund der unterschiedlichen Marktabgrenzungen.

Tabelle 10.3-23: FuE-Personal im Telekommunikationsbereich bei den fünf Großunternehmen und in der gesamten Telekommunikationsindustrie 1987 (Quelle: Geschäftsberichte und eigene Schätzungen)

	Geschätzte Anzahl des FuE-Personals
Siemens	10.500
Bosch	4.000
SEL	3.000
AEG	2.750
PKI	1.400
alle Unternehmen	38.265

FuE-Ertragsindikatoren für die deutsche Telekommunikationsindustrie

Bisher ist das Augenmerk vornehmlich auf die Inputseite des FuE-Prozesses gerichtet gewesen. Von zumindestens gleichem Interesse ist jedoch das Ergebnis von FuE in Form gewinnbringender neuer und besserer Produkte. Dieser unmittelbare Zusammenhang zwischen Input und Output im FuE-Prozess ist dem externen Beobachter in der Regel verwehrt. Es gilt also Indikatoren zu verwenden, die frei zugänglich sind und gleichzeitig den Output von FuE möglichst unverzerrt darstellen. Hierzu bieten sich Patentanmeldungen und Publikationen in wissenschaftlichen Zeitschriften an. Diese Indikatoren werden in der mit Technologiemessung befaßten Literatur als die am ehesten geeigneten Maßgrößen verwandt (vgl. die methodische Einleitung, Band I, Abschnitte 0.4 und 0.5, S. 22ff). Während in dieser Sicht Patentanmeldungen in erster Linie als ein Output von Entwicklungsaktivitäten angesehen werden, dienen Publikationen als ein Indikator für Forschungsergebnisse.

Zusätzlich zu Datenbankerhebungen wurden in den Interviews die Unternehmen in bezug auf ihre Patent- und Publikationspolitik befragt. Die Darstellung unterscheidet sich stark danach, ob es sich um ein kleineres oder ein Großunternehmen handelte. Kleinere Unternehmen lassen ihre FuE-Ergebnisse in der Regel dann patentieren, wenn es sich um eine nennenswerte Erfindung handelt. Dann werde auch der Schutz in Anspruch genommen, und es werde gegen Patentverletzungen angegangen. Für viele unbedeutendere FuE-Ergebnisse lohne es nicht, diese patentieren zu lassen, da dadurch kein Schutz geboten würde und Patentverletzungen in solchen Fällen schwer zu verhindern seien. Der Aufwand würde dann nicht durch den Nutzen eines Patentes aufgewogen. Gelegentlich wurden Patente als ein wichtiger Hinweis nach außen für die Leistungsfähigkeit des Unternehmens genannt. Gleichzeitig wurde jedoch jeweils darauf hingewiesen, daß der Erfolg des Unternehmens von anderen Parametern abhinge als von Patenten. Was Publikationen angeht, die in der Regel ein Ergebnis von Forschungsaktivitäten sind, so spielen diese bei kleineren Unternehmen wegen deren geringen Engagements auf diesem Feld keine Rolle. .

Bei den Großunternehmen wurden Patente betont als ein Mittel dargestellt, mit dem nach außen, hauptsächlich den Konkurrenten gegenüber, Kompetenz dokumentiert werde. Dieser Darstellung entspricht, daß diese Unternehmen z. T. aktiv den Patent-Austausch mit anderen Unternehmen betreiben. Bei den Publikationen wurde das Interesse der Unternehmen nicht so stark zum Ausdruck gebracht. Hier spiele mehr das persönliche Interesse der Mitarbeiter eine Rolle, ihre eigene Kompetenz herauszustellen. Es kann jedoch davon ausgegangen werden, daß dies in dieselbe Richtung wirkt, wie wenn die Veranlassung für Veröffentlichungen direkt von den Unternehmen ausginge.

In Übereinklang mit der methodischen Einführung (Band I) wird bei der in den folgenden Abschnitten vorgestellten Patent- und Publikationsanalyse von der Annahme ausgegangen, daß Patente und Publikationen ein realistisches Bild vom FuE-Output der betrachteten Unternehmen vermitteln. Dabei ist zu berücksichtigen, daß dies bei den mittelständischen Unternehmen nur bedingt zutrifft, da bei ihnen, wie geschildert, der Anreiz zur Patentierung aufgrund des Kosten-Nutzen-Verhältnisses relativ geringer ist, und sie in der Forschung in der Regel nicht tätig sind. Die Datenquellen sind im Band I, in der methodischen Einführung erläutert; sie sind für alle betrachteten Länder dieselben.

Teil der jeweiligen Analyse werden Spezialisierungsprofile sein, die zeigen, auf welchen Gebieten der Telekommunikationstechnik das gerade betrachtete Unternehmen mehr bzw. weniger als der Durchschnitt aller Unternehmen engagiert ist. Die Definitionen der dabei benutzten Einzelfelder ist ausführlich in Band I, S. 8ff diskutiert worden.

Verteilung des Patentaufkommens nach Unternehmen

In Tabelle 10.3-24 wird die Verteilung der in den Jahren 1980 und 1985 im Telekommunikationsbereich eingereichten Patentanmeldungen dargestellt. In ihr sind neben den Unternehmen auch die Deutsche Bundespost, die sonstigen Forschungseinrichtungen, Einzelerfinder und Andere als Patentanmelder ausgewiesen.

Wie aus der Tabelle hervorgeht, vereinigen die Unternehmen der herstellenden Industrie mit mehr als 90 % den weitaus überwiegenden Anteil aller Patentanmeldungen auf sich. Von den übrigen Anmeldern weisen die Einzelerfinder als Gruppe mit über 6 % in beiden Jahren den größten Anteil aus. Die sonstigen Forschungseinrichtungen sind in beiden Jahren mit ca. 1,5 % und die Deutsche Bundespost mit weniger als 0,5 % vertreten. Die verbleibenden Anmelder haben ebenfalls verschwindend geringe Anteile.

Auffällig ist der vernachlässigbar geringe Anteil der Deutschen Bundespost an den Patentanmeldungen. Dies reflektiert zum einen die weitgehende Abstinenz der Post im FuE-Prozess, zum anderen ihr Interesse, durch eine freizügige Publikationspolitik das Entstehen von Schutzrechten überhaupt zu verhindern (siehe Abschnitt 10.3.2).

Bei den Unternehmen steht fest, daß Siemens unangefochten den Platz mit der größten Anzahl der angemeldeten Patente einnimmt. In beiden Jahren weist das Unternehmen dabei jedesmal einen Anteil von 24 % aus.

Auf dem zweiten Platz befindet sich im Jahr 1985 der Bosch-Konzern mit ca. 16 % des Gesamtaufkommens, während 1980 diesen Platz mit über 20 % AEG einnahm. Der für Bosch 1980 ausgewiesene Anteil von 5,5 % entspricht in etwa dem, den AEG 1985 mit 6,3 % aufweist. Die Entwicklung des Patente-Aufkommens der Unternehmen zwischen 1980 und 1985 ist am stärksten durch die Verschiebung der Gewichte, die zwischen diesen beiden Unternehmen stattgefunden hat, geprägt. Der Hintergrund hierfür ist ganz eindeutig auf der einen Seite die Herauslösung einiger Unternehmensteile aus dem AEG-Konzern Anfang der achtziger Jahre und auf der anderen die Heranbildung von Bosch als einem Unternehmen mit einem Schwerpunkt in der Telekommunikation, wozu ANT (vormals Teil von AEG) und Telenorma (an dem AEG eine Minderheitsbeteiligung hatte) als Tochterunternehmen erworben wurden.

Neben dieser Veränderung stellt man hauptsächlich Anteilserhöhungen für SEL und Philips und für die betrachteten kleineren und die übrigen Unternehmen fest. An dieser Stelle beziehen sich die Angaben auf die deutschen Philips-Unternehmen im Telekommunikationsbereich insgesamt und nicht ausschließlich auf PKI, da die Datenverfügbarkeit eine getrennte Betrachtung nicht erlaubt.

Die erhöhte Patentaktivität von SEL und Philips, die sich in Anteilserhöhungen von jeweils ungefähr zwei Prozentpunkten ausdrückt, mag auf die in dieser Zeit erfolgte FuE-Förderung durch den BMFT zurückzuführen sein. An anderer Stelle ist bereits ausgeführt worden, daß im relevanten Zeitraum die Förderung des BMFT augenscheinlich mit darauf ausgerichtet war, die nächsten Konkurrenten von Siemens gezielt zu fördern. Für den Erfolg dieser Politik kann die relativ stärkere Patentaktivität von SEL und Philips als ein Indiz gewertet werden (siehe Abschnitt 10.3.1).

Demgegenüber ist die Vergrößerung der Anteile der von uns betrachteten kleineren sowie der übrigen Unternehmen als Ergebnis ihres Eindringens in neue Märkte anzusehen. Durch die Anfang der achtziger Jahre eingeführten neuen Beschaffungsverfahren der Post wurde es ihnen ermöglicht, sich neben den etablierten Firmen um Aufträge in für sie neuen Gebieten zu bewerben. Dadurch wurde ihnen auch der Anreiz geboten, zusätzliche FuE-Ressourcen einzusetzen (vgl. Abschnitt 10.3.2).

Tabelle 10.3-24: Verteilung der deutschen Inlandspatentanmeldungen für Erfindungen deutscher Herkunft 1980 und 1985

	1980 Anzahl	%	1985 Anzahl	%
Siemens	392	24,2	392	24,1
Bosch-Konzern (1985 einschließlich Telenorma und ANT)	89	5,5	257	15,8
Telenorma (1985 Teil des Bosch-Konzerns)	99	6,1		
SEL	52	3,2	87	5,3
AEG (1980 einschließlich ANT)	334	20,6	102	6,3
Philips	71	4,4	101	6,2
DeTeWe	4		5	
Nixdorf	3		4	
Krone	3	1,1	14	2,3
Kolbe & Co.	1		5	
Quante			3	
Rohde & Schwarz	7		7	
Restliche Unternehmen	420	26,0	512	31,4
Deutsche Bundespost	5	0,3	7	0,4
Sonstige Forschungseinrichtungen	25	1,5	22	1,4
Einzelerfinder	112	6,9	105	6,4
Andere	3	0,2	5	0,3
	1.620	100,0	1628	100,0

Bei der Betrachtung der FuE-Inputs in den vorangegangenen Kapiteln wurde eine Dominanz der Großunternehmen des Telekommunikationsbereichs festgestellt, was sich hier bei der Betrachtung des FuE-Outputs erwartungsgemäß bestätigt. Eine etwas weitergehende Analyse zeigt, daß die Großunternehmen auch relativ mehr patentieren als die kleineren Unternehmen. Dies ergibt sich, wenn man aggregiert für die Gruppe der Großunternehmen wie der der kleineren Unternehmen die Anzahl der Patente je aufgewendeter zehn Mio. DM an FuE-Aufwendungen überschlägig errechnet. Dabei ermittelt man für die Großunternehmen insgesamt einen Wert von 3 Patenten und für die kleineren Unternehmen insgesamt einen von 1,5 Inlandspatenten. Diese Beobachtung kann als Bestätigung der in den Interviews gemachten Angaben angesehen werden, daß die kleineren Unternehmen in vielen Fällen auf eine Patentverwertung ihrer FuE-Ergebnisse verzichten, da dadurch häufig mehr Kosten als realistisch zu erwartender Nutzen entstünde. Allerdings wäre sie auch mit der Sicht kompatibel, daß kleinere Unternehmen aufgrund von Skaleneffekten pro eingesetzter FuE-Ressource einen geringeren Ertrag aufweisen. Es besteht jedoch kein konkreter Grund, dieses in den betrachteten Fällen zu vermuten.

Die Verteilung der Patente aller Unternehmen auf die Großunternehmen und alle übrigen ist unter Berücksichtigung dieser festgestellten geringeren Patentierfreudigkeit kleinerer Unternehmen zu beurteilen. Aus den Zahlen in Tabelle 10.3-24 geht hervor, daß die Großunternehmen 1985 einen Anteil von 63 % der von allen Unternehmen eingereichten Patenten auf sich vereinigten. Dieser Anteil ist zu vergleichen mit dem Anteil von 54 %, den die Großunternehmen bei den gesamten FuE-Aufwendungen aufweisen. Bei einer Patentierfreudigkeit der kleineren Unternehmen, die der der Großunternehmen entspräche, würde kein so großer Unterschied zwischen den beiden Anteilswerten zu beobachten sein.

Es ist interessant, den oben genannten Vergleich zwischen FuE-Aufwendungen und Anzahl der Patente auch in bezug auf AEG und Siemens im Jahr 1980, d.h. vor der 1982 erfolgten Neuordnung des erstgenannten Unternehmens, durchzuführen. Es zeigt sich, daß AEG in diesem Jahr je 10 Mio. DM FuE-Aufwendungen ungefähr acht Patente anmeldete, während es bei Siemens nur ungefähr vier waren. Obwohl diese Werte nur als Annäherungen angesehen werden dürfen, ist die Größenordnung des Unterschiedes, der 1985 übrigens nicht mehr besteht, durchaus interpretierfähig. Man kann aus ihm ableiten, daß AEG zu der Zeit je eingesetzter FuE-Ressource mehr FuE-Output erhielt als z. B. Siemens. Diese Interpretation entspräche Einschätzungen, denen man in Gesprächen begegnet, daß AEG in jener Zeit ein technischer Spitzenreiter gewesen sei. Die FuE-Erfolge hätten jedoch nicht in Markterfolge umgesetzt werden können.

Spezialisierungsprofile in der Entwicklung

Abbildung 10.3-21 zeigt das Spezialisierungsprofil in der Entwicklung entsprechend den Patentanmeldungen aller deutschen Unternehmen für 1985. Es zeigt sich, daß im internationalen Vergleich die deutschen Patentanmelder ein weniger ausgeglichenes Profil aufweisen. Besonders im Bereich der Bildkommunikation (BK) ist dabei der Anteil der Patente deutscher Anmelder erheblich unterproportional, was die allgemeine Schwäche der deutschen FuE im Bereich der Faksimile-Technik (die einen großen Teil der Bildkommunikation ausmacht) reflektiert. Im Bereich der leitergebundenen Kommunikation (LE), die neben der Funktechnik am ehesten zur "klassischen" Nachrichtentechnik gerechnet wird, ist demgegenüber eine relativ stark überproportionale Aktivität zu verzeichnen gewesen.

Abbildung 10.3-21: Spezialisierungsprofil aller Anmelder am inländischen Patentmarkt mit einem Sitz in der Bundesrepublik 1985

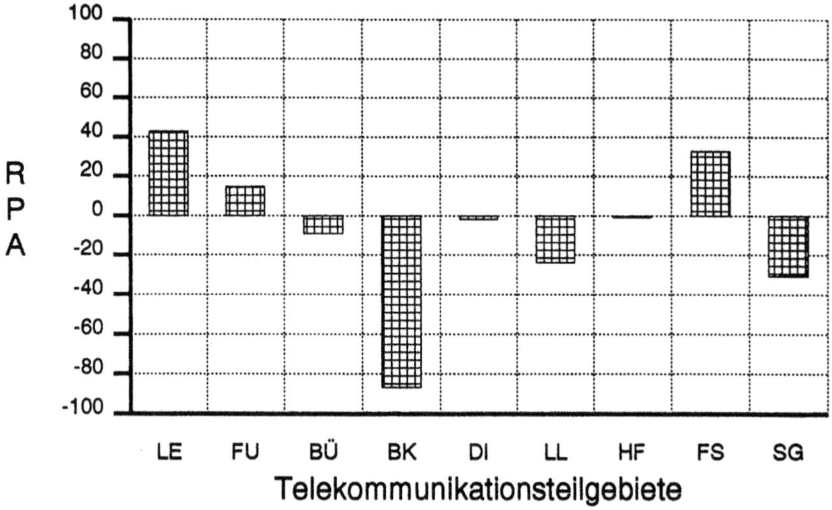

In den Abbildungen 10.3-22 und 10.3-23 sind für das Jahr 1985 die Spezialisierungsprofile der Unternehmen Siemens und Bosch, bzw. SEL, AEG und Philips, jedesmal im Vergleich zu dem aller deutschen Anmelder, abgebildet. Die gerade konstatierte unterproportionale Ausrichtung im Bereich der Bildkommunikation für alle deutschen Anmelder wird für die Großunternehmen, bei SEL allerdings weniger stark, bestätigt. Das überproportionale Engagement deutscher Anmelder bei der leitungsgebundenen Kommunikation (LE) wird hauptsächlich von Siemens und Bosch, aber auch von Philips und SEL getragen. AEG ist in diesem Bereich stark unterproportional vertreten. Bosch, das bei LE mit der auffälligsten Spezialisierung hervorsticht, verdankt diese Position in erster Linie den Konzernunternehmen Telenorma und ANT.

Bei Siemens überrascht der überproportionale Spezialisierungswert bei der Digitaltechnik (DI) nicht, jedoch eher der negative Wert bei der allgemeinen Bildübertragung. Beim Bosch-Konzern fällt der negative Wert im Bereich der Lichtwellenleiter-Kommunikation ins Auge. Der Wert paßt nicht zu der Tatsache, daß das Konzernunternehmen ANT in den vergangenen Jahren eine eigene Glasfaserproduktion aufgebaut hat.

Die positiven Werte im Spezialisierungsprofil von AEG bei der Funktechnik (FU), der Hochfrequenztelemetrie (HF) und der Fernsignaltechnik (FS) entsprechen den Schwerpunkten dieses Unternehmens in den Bereichen der Luft-, Raumfahrt- und Verteidigungstechnik. Ansonsten überrascht bei AEG der stark negative Spezialisierungswert für den Bereich der allgemeinen Bildübertragung (BÜ), der z. B. Musterkennung enthält, ein Teilbereich, in dem sich die Forschung bei AEG engagiert hat. Es könnte daraus geschlossen werden, daß diese Forschung noch nicht zu patentierfähigen Entwicklungen geführt hat.

Erwähnenswert ist noch, daß von den fünf Großunternehmen SEL das relativ ausgeglichenste Spezialisierungsprofil hat. Neben einem stark negativen Wert bei den sonstigen Endgeräten (SG), den SEL mit den anderen Unternehmen gemeinsam hat, und einem solchen bei Fernsignaltechnik (FS), entsprechen die Werte sonst noch am weitestgehenden den Durchschnittswerten aller Anmelder am deutschen Patentmarkt.

Abbildung 10.3-22: Spezialisierungsprofile für Siemens und Bosch entsprechend ihren inländischen Patentanmeldungen 1985

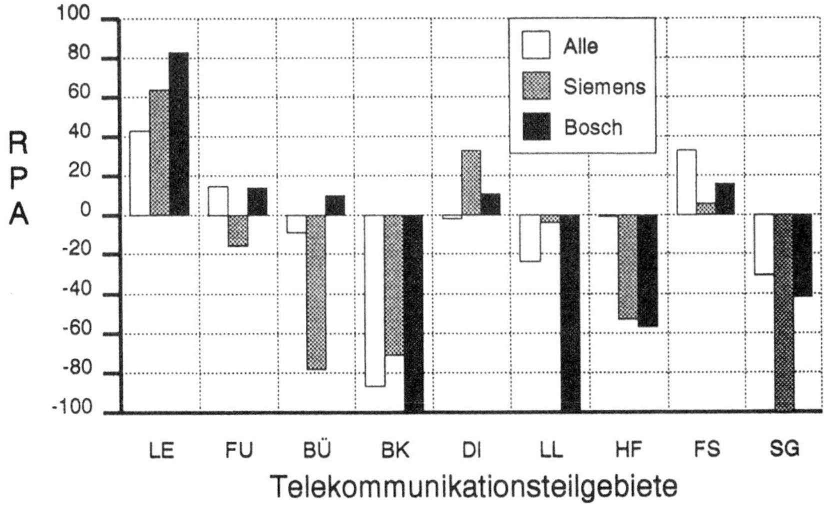

Wegen des im einzelnen sehr geringen Patentaufkommens bei den betrachteten kleineren Unternehmen wird auf eine getrennte Darstellung der jeweiligen Einzelprofile verzichtet und in Abbildung 10.3-24 das aggregierte Spezialisierungsprofil für alle sechs Unternehmen ausgewiesen. Zu beobachten ist eine stark positive Spezialisierung bei der leitergebundenen Kommunikation (LE), in der die meisten dieser kleineren Unternehmen auch ihre Tätigkeitsschwerpunkte haben. Außerdem stellt man mäßig stark positive Werte fest bei der Funktechnik (FU), wofür die Firmen Rohde & Schwarz und Kolbe & Co vornehmlich verantwortlich zeichnen, und bei der Digitaltechnik (DI), einem Feld, in dem wiederum die meisten der betrachteten kleineren Unternehmen aktiv sind. In allen übrigen sechs Feldern werden für das Aggregat dieser Unternehmen insgesamt stark negative RPA-Werte ausgewiesen, was auf eine allgemeine Vernachlässigung der FuE in diesen Feldern hindeutet. Für das einzelne Unternehmen Krone gilt dies in Bezug auf die Lichtwellenleiter-Kommunikation jedoch nicht; sein Spezialisierungsprofil weist in diesem Feld einen stark positiven Wert aus.

Abbildung 10.3-23: Spezialisierungsprofile für SEL, AEG und Philips entsprechend ihren inländischen Patentanmeldungen 1985

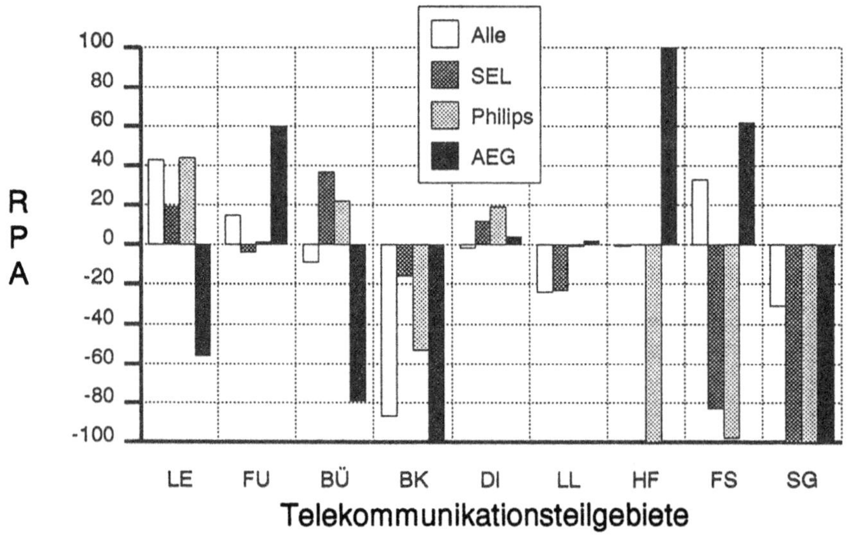

Das aggregierte Spezialisierungsprofil aller anderen Unternehmen ist ebenfalls in Abbildung 10.3-24 wiedergegeben. An diesem fallen im Unterschied zu den meisten anderen die positiven Werte für Fernsignaltechnik (FS) und sonstige Endgeräte (SG) auf. Sie reflektieren die Tatsache, daß diese Restgruppe von Unternehmen stärker als die im einzelnen betrachteten Unternehmen in den Randbereichen der Telekommunikation tätig ist.

Abbildung 10.3-24: Spezialisierungsprofile der sechs kleineren Unternehmen und aller anderen Unternehmen entsprechend ihren inländischen Patentanmeldungen 1985

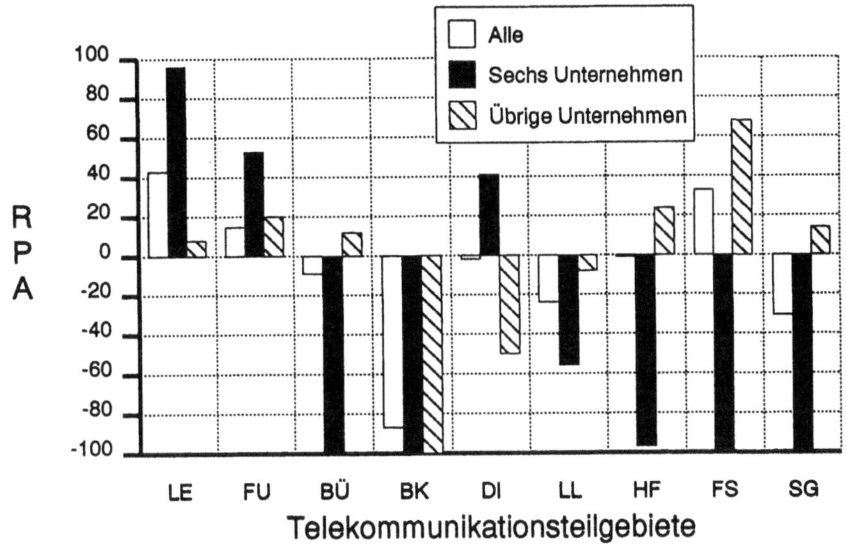

Verteilung des Publikationsaufkommens nach Unternehmen

Die Verteilung des in der verwendeten Literaturdatenbank (vgl. Band I, S. 32ff) im Jahre 1986 verzeichneten Publikationsaufkommen von Autoren mit einem Wohnsitz in der Bundesrepublik Deutschland ist in Tabelle 10.3-25 wiedergegeben.

Anders als bei den Patenten sind hier neben den Unternehmen auch eine Reihe anderer Institutionen mit erheblichen Anteilen vertreten. Von diesen weisen die Universitäten mit 22,5 % den größten Anteil auf, gefolgt von nicht-universitären Forschungseinrichtungen (wie z. B. dem Heinrich-Hertz-Institut) mit 12,1 % und der Deutschen Bundespost mit 8,5 %. Dieser letzte Wert dürfte hauptsächlich auf die Aktivitäten des Forschungsinstituts der Post zurückzuführen sein. Er reflektiert auch die Politik der Post, Ergebnisse der Forschung allgemein zugänglich zu machen, anstelle sie mit Schutzrechten zu belegen.

Die Unternehmen vereinigen mit über 50 % den größten Teil des Publikationsaufkommens auf sich. Davon machen die Großunternehmen ihrerseits den weitaus überwiegenden Teil aus. Der Anteil von nur 8 %, der auf alle anderen, meistens kleineren Unternehmen entfällt, bestätigt die oben gemachten Angaben, wonach kleinere Unternehmen in der Regel keine Forschung betreiben. Dies gilt insbesondere auch für die sonst explizit einbezogenen kleineren Unternehmen, deren Veröffentlichungs-Output aus diesem Grund hier nicht besonders dargestellt wird.

Innerhalb des Unternehmenssektors nimmt Siemens eine noch dominierendere Stellung als bei den Patenten ein. Bezogen auf Veröffentlichungen aller Großunternehmen machen die Veröffentlichungen von Siemens 51 % aus, bei den Patenten ist der Anteil 42 %.

Tabelle 10.3-25: Verteilung der Publikationen deutscher Herkunft in der verwendeten Literaturdatenbank 1986

	Anzahl	Anteil %
Siemens	320	22,2
Bosch	86	6,0
davon Bosch GmbH	(17)	(1,2)
Telenorma	(28)	(1,9)
ANT	(38)	(2,6)
SEL	106	7,4
AEG	42	2,9
Philips (PKI)	75	5,2
restl. Unternehmen	118	8,0
Universitäten	324	22,5
Sonstige Forschungseinrichtungen	174	12,1
Deutsche Bundespost	122	8,5
Sonstige	76	5,3
	1.441	100,0

Spezialisierungsprofile in der Forschung

Abbildung 10.3-25 gibt das aus allen Veröffentlichungen von Autoren aus der Bundesrepublik gebildete Spezialisierungsprofil wieder. Bis auf die Bildkommunikation (BK) erscheint das Profil relativ ausgeglichen. Bei der Bildkommunikation wird die Bundesrepublik, ganz im Gegensatz zu der Beobachtung bei den Patenten, als relativ stark engagiert ausgewiesen. Es ist hier jedoch zu berücksichtigen, daß, wiederum anders als bei den Patenten, die Veröffentlichungsaktivität in diesem Feld weltweit sehr gering ist (lediglich

1,2 % aller Veröffentlichungen) und deshalb die Spezialisierung der Bundesrepublik darauf auch mit einem geringen Gewicht zu bewerten ist.

Abbildung 10.3-25: Spezialisierungsprofil aller Autoren mit einem Wohnsitz in der Bundesrepublik in der Forschung 1986

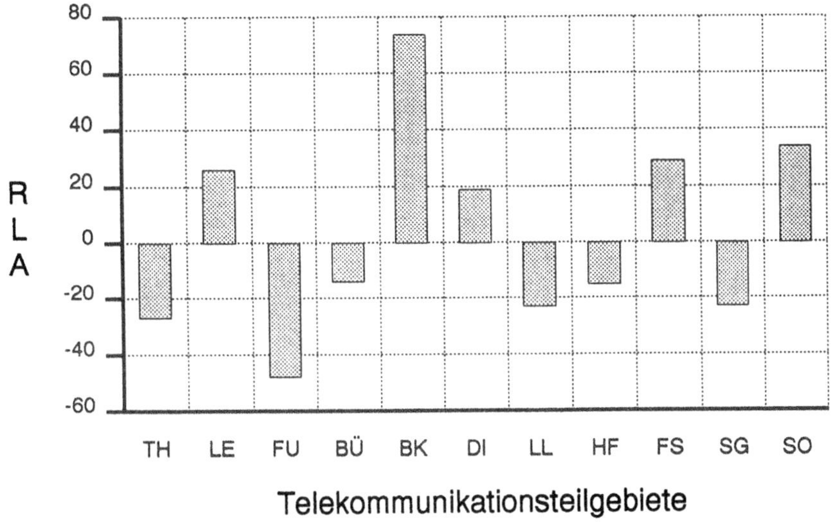

In den Abbildungen 10.3-26 und 10.3-27 sind die Spezialisierungsprofile der Veröffentlichungen von Autoren aus den Großunternehmen abgebildet, jeweils zusammen mit dem Spezialisierungsprofil für alle deutschen Autoren. Sie weisen durchweg eine sehr viel größere Variabilität auf als das aggregierte Profil.

Abbildung 10.3-26: Spezialisierungsprofile der Autoren aus den Unternehmen Siemens und Bosch in der Forschung 1986

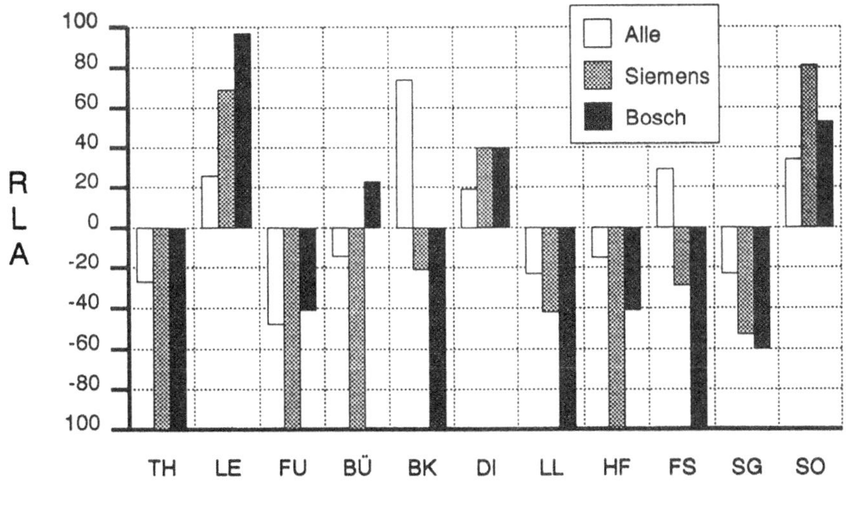

Abbildung 10.3-27: Spezialisierungsprofile der Autoren aus den Unternehmen SEL, AEG und Philips in der Forschung 1986

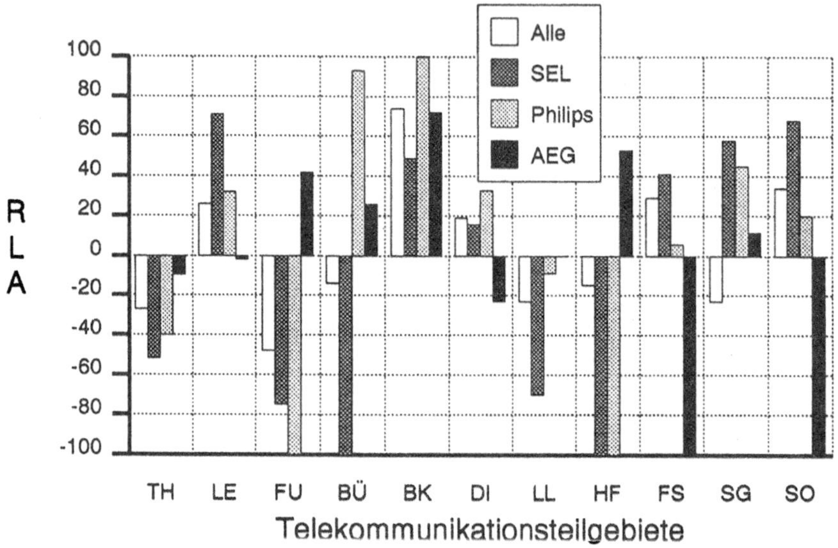

Eine vergleichende Betrachtung führt zu Beobachtungen, die für die Unternehmen Siemens, Bosch, SEL und Philips gemeinsam gelten. Diese Unternehmen

- veröffentlichen kaum auf dem Gebiet der Theorie (TH) und
- zeigen ein mehr oder minder starkes Engagement auf den Gebieten der leitergebundenen Kommunikation (LE), der Digitaltechnik (DI) und der Anwendung und Software (SO).

Die erste Beobachtung reflektiert den allgemeinen Leitgedanken bei den Unternehmen, daß ihre Forschung immer anwendungsorientiert sein muß; für die Theorie seien die Universitäten und spezialisierten Forschungsinstitute zuständig. Die unter dem zweiten Spiegelstrich gemachten Beobachtungen drücken die Gemeinsamkeiten der vier Unternehmen in ihrer Produktpalette aus, daß sie nämlich Schwerpunkte in der Vermittlungs- und der Übertragungstechnik haben, und dort wiederum einen Schwerpunkt auf die Digitaltechnik legen. Insbesondere die Digitalisierung bedeutet, daß die Steuerung der Hardware mehr und mehr durch Software erfolgen muß, was auch durch das starke Engagement der Unternehmen in diesem Bereich dokumentiert wird.

In allen diesen Punkten weicht das Profil von AEG ab. Der Spezialisierungswert in der Theorie ist nur sehr schwach negativ, so daß das Engagement in diesem Feld dem weltweiten Durchschnitt entspricht. In den drei Anwendungsgebieten, in denen die anderen

Unternehmen relativ stark vertreten sind, weist es höchstens durchschnittliche oder aber negative Werte aus. Entsprechend seinen Aktivitätsschwerpunkten ist es jedoch relativ stark bei der Funktechnik (FU) und bei der Hochfrequenztelemetrie (HF) vertreten.

Durchführung und Finanzierung von FuE

Wahrnehmung von Forschungsaufgaben innerhalb der Unternehmen

Bei allen fünf in die Untersuchung einbezogenen Großunternehmen lassen sich Forschungsbereiche getrennt von den Entwicklungsbereichen identifizieren. Ihre Rolle im jeweiligen Konzern muß jedoch differenziert gesehen werden. Die Geschichte des Unternehmens bzw. Unternehmensbereiches spielt dabei in einigen Fällen eine besondere Rolle.

Bei Siemens wird der überwiegende Teil der Forschung in der in München angesiedelten Zentralabteilung Forschung und Entwicklung durchgeführt. Ungefähr die Hälfte der Forschung des Gesamtkonzerns kann mit der Informationstechnik (das schließt die Datentechnik mit ein) in Verbindung gebracht werden. Ein Anteil von ungefähr 10 % der Forschungsaktivitäten werden im Ausland durchgeführt, davon der größte Teil in den USA. Allgemein kann gesagt werden, daß der überwiegende Teil der Telekommunikationsforschung in München erfolgt.

Bei Bosch wird neben dem in der Kraftfahrzeugelektronik tätigen Forschungsinstitut und dem Technischen Zentrum Mikroelektronik ein Forschungsinstitut aufgebaut, das schwerpunktmäßig für den neuen Unternehmensbereich Kommunikation tätig sein wird. Forschung für diesen neuen Unternehmensbereich soll somit im Bosch-Konzern als eine zentrale Aktivität stattfinden, jedoch getrennt von den bereits bestehenden Forschungsaktivitäten in den traditionellen Bereichen des Konzerns. In den erst seit einigen Jahren zum Bosch-Konzern gehörenden Tochterunternehmen Telenorma und ANT wurden ursprünglich relativ geringe Forschungsaktivitäten wahrgenommen; für das Unternehmen ANT galt früher, daß es sich auf das Forschungsinstitut von AEG in Ulm stützen konnte.

Das Unternehmen SEL führt seine Forschung in einem Forschungszentrum in Stuttgart durch, das seit Ende der siebziger Jahre forciert aufgebaut worden ist. Man muß allerdings die Forschungsaktivitäten von SEL zusammen mit denen des gesamten Alcatel-Konzerns, dem das Unternehmen angehört, sehen. Seit der Übernahme der Telekommunikations-Aktivitäten von ITT Anfang 1987 verfügt Alcatel über ungefähr zehn Forschungseinrichtungen in Europa. Die konzernweit definierten Forschungsaufgaben werden unter diese Einrichtungen aufgeteilt, so daß in diesem Konzern somit eine Spezialisierung der einzelnen Forschungsstandorte vorliegt. Das SEL Forschungszentrum in Stuttgart ist im übrigen das größte unter allen Alcatel-Forschungseinrichtungen.

Im holländischen Philips-Konzern, dem PKI angehört, sind die grundlegenden Forschungsaktivitäten ebenfalls auf mehrere Forschungslabors verteilt. Das größte von diesen befindet sich in Eindhoven, weitere haben ihre Standorte in den USA, in Brüssel, Paris, London, Aachen und Hamburg. Die Forschungsaktivitäten von Philips sind auf den gesamten Bereich der Elektronik ausgerichtet, wobei allerdings die verschiedenen Standorte spezialisiert sind. So hat Hamburg einen Schwerpunkt in der Telekommunikations-Systemtechnik und Aachen im Glasfaserbereich. PKI hat somit kein eigenes in den grundlegenden Bereichen arbeitendes Forschungsinstitut, bestimmt jedoch in einem engen Dialog mit den Labors die Forschungsausrichtung derselben mit. PKI führt in der Nähe von Forschung angesiedelte Vorentwicklungsaktivitäten in den Standorten Nürnberg, Köln und Siegen durch.

Das AEG-Forschungsinstitut in Ulm war lange Zeit die zentrale Einrichtung für Telekommunikationsforschung dieses Konzerns. Es war als Teil des Unternehmens Telefunken zum AEG-Konzern gekommen. Im Zuge der 1989 vorgenommenen Umorganisation des Daimler-Benz-Konzerns, dem AEG angehört, ist das Forschungsinstitut unmittelbar der Konzernspitze zugeordnet worden. Durch seine Einbindung an zentraler Stellung in den Daimler-Benz-Konzern besteht die Vermutung einer zukünftig breiteren, über die Telekommunikation hinausgehenden Ausrichtung.

Als Gesamtkonzern verfügt Nixdorf auch über nennenswerte Forschungskapazitäten, die jedoch nicht zentral auf die Telekommunikation ausgerichtet sind, da diese noch einen relativ geringen Teil des Gesamtumsatzes ausmacht.

Wie an einer anderen Stelle ausgeführt wurde, betrachten mittelständische Unternehmen es im allgemeinen als jenseits ihrer Möglichkeiten, überhaupt in der Forschung tätig zu sein. In den Gesprächen wurde lediglich bei einem dieser Unternehmen gesagt, daß man beabsichtige, eine Abteilung aufzubauen, in der grundlegende Arbeiten durchgeführt werden sollen. Die technisch-wissenschaftlichen Grundlagen, soweit sie für Entwicklungen benötigt werden, besorgen sich die mittelständischen Unternehmen im wesentlichen auf dem Wege der Kooperation mit den Universitäten und anderen Forschungseinrichtungen.

Wahrnehmung von Entwicklungsaufgaben innerhalb der Unternehmen

Die Entwicklung ist in allen Unternehmen in der Regel den Geschäftsbereichen zugeordnet, für die die Entwicklungsarbeiten durchzuführen sind. Unterschiedliche Ausprägungen gibt es in erster Linie als Folge unterschiedlicher Größe der betrachteten Unternehmen. Mittelständische Unternehmen haben überwiegend immer nur einen einzigen Entwicklungsstandort, d.h. am Sitz des Geschäftsbereichs. Nur in sporadischen Fällen wird bei ihnen im Ausland entwickelt und dann meistens in der Form, daß Entwickler des Stammhauses vorübergehend vor Ort in Zusammenarbeit mit der lokalen Absatzorganisation eine Anpassungsentwicklung durchführen.

Bei den Großunternehmen gibt es Differenzierungen entsprechend der globalen bzw. regionalen Ausrichtung der Geschäftsbereiche und den besonderen, z. T. historisch bedingten Umständen. Einige von diesen greifen die folgenden Absätze auf:

Siemens ist mit den verschiedenen Produkten seiner Geschäftsbereiche der Nachrichtentechnik und der Kommunikationstechnik weltweit vertreten. Diese Geschäftsbereiche haben je nach Marktdurchdringung auch Entwicklungsstandorte im Ausland. Dies gilt insbesondere für die USA, die Schweiz und Österreich. Ungefähr 15 % des gesamten Entwicklungspersonals haben ihren Standort im Ausland. Überall wo Vermittlungstechnik und Übertragungstechnik produziert wird, gibt es auch Entwicklungskapazitäten. Diese Entwicklungsstrategie entspricht der globalen Orientierung von Siemens. Die Entwicklungskapazitäten im Ausland dürften dabei jedoch hauptsächlich auf Anpassungsentwicklungen ausgerichtet sein. Die mittel- und langfristig ausgerichtete Entwicklung ist noch überwiegend in München angesiedelt, was dem Bild von Siemens als einem Unternehmen entspricht, das in der Telekommunikation bis vor einem Jahrzehnt auf den deutschen Markt fokussiert war und dabei den Weltmarkt vornehmlich mit Exporten bediente.

Bei Philips ist die Globalisierung der Aktivitäten ein erklärtes Ziel. Im Bereich der Telekommunikation betrifft dies die Konzernunternehmen PKI, TMC (England), TRT (Frankreich) und PTDSN (Niederlande), wobei diese Gesellschaften traditionell relativ stark auf die Bedürfnisse der jeweiligen nationalen Netzträger ausgerichtet waren und es zum Teil wohl immer noch sind. Im Zuge der eingeleiteten Globalisierungs-Strategie ist eine Schwerpunktbildung innerhalb des Philips-Konzerns durchgeführt worden. Zum Beispiel ist PKI jetzt für die klassische Telekommunikation federführend und das französische Unternehmen TRT für die in dünnbesiedelten Gebieten einsetzbare Telekommunikationstechnik. Daraus kann geschlossen werden, daß die mit Blick auf den Weltmarkt durchzuführenden Neuentwicklungen zentral am Standort derjenigen Konzerngesellschaft erfolgen sollen, die für den entsprechenden Schwerpunkt verantwortlich ist. In welchem Maße die Globalisierungsstrategie die Ausrichtung der Entwicklungsaktivitäten bereits erfaßt hat, muß hier offen gelassen werden. Noch betrachten die Konzerngesellschaften nach einem vorliegenden Bericht (Dataquest Research Newsletter) die Umsätze mit dem jeweiligen Netzträger als den Hauptpfeiler ihres Geschäftes.

Im Fall von SEL wird deutlich, wie besondere, historisch bedingte Konstellationen die Verteilung der Verantwortung für Entwicklungsaktivitäten innerhalb eines Konzern beeinflussen können. Die nun im Alcatel-Konzern zusammengefaßten Kapazitäten entstammen teilweise sehr unterschiedlichen FuE-Strukturen. Besonders auffällig ist das Beispiel der öffentlichen Vermittlungstechnik. Die Entwicklung des E10-Systems ist von CIT-Alcatel in einem quasi vertikalen Verbund mit dem Entwicklungszentrum CNET des französischen Netzträgers France Télécom durchgeführt worden. Demgegenüber sind an der Entwicklung des S12-Systems ursprünglich mehrere ITT-Konzern-Unternehmen beteiligt gewesen, bis mit der Zeit die Führung auf SEL übergegangen ist. Während das E10-System vornehmlich für das französische Netz entwickelt wurde, war das S12-System von vornherein für einen internationalen Markt vorgesehen. Die Pflege und Weiterentwicklung dieser beiden Systeme wird weiterhin von den Konzernunternehmen wahrgenommen, die sie ursprünglich entwickelt haben. Es dürfte allerdings zu schwierigen Entscheidungen kommen, wenn es um die Entwicklung der neuen Generation in der Vermittlungstechnik geht. Dabei wird ins Gewicht fallen, daß sich SEL (unter Förderung des BMFT) in der Vergangenheit für einen anderen technischen Ansatz engagiert hat als CIT-Alcatel (STM- bzw. ATM-Verfahren). Wie die zu erwartenden Spannungen dann aufgelöst werden und wie die Entwicklung der zukünftigen Vermittlungstechnik auf die einzelnen Konzernunternehmen verteilt werden wird, dies sind Fragen, die für den außenstehenden Betrachter vollkommen offen sind. Es ist jedoch anzunehmen, daß dann, wenn sich die verschiedenen mit Vermittlungstechnik befaßten Konzernunternehmen die Entwicklungsaktivitäten teilen werden, die Hauptverantwortung dafür, anders als jetzt für das S12-System, nicht bei SEL liegen wird.

Aus der Betrachtung der Durchführung von Forschung und Entwicklung bei den Unternehmen ist festzuhalten, daß es in beiden Bereichen beträchtliche Unterschiede im Grad der Zentralisierung bzw. Streuung dieser Aufgaben gibt. Das Beispiel SEL-Alcatel zeigt, inwiefern die Zusammenlegung von FuE-Kapazitäten aus unterschiedlichen Strukturen zu ganz besonderen Schwierigkeiten führen kann.

Finanzierungsmodelle von Forschung und Entwicklung

Unterschiedliche Finanzierungsansätze spielen bei der Forschung deswegen eine Rolle, weil es sich bei ihr um eine zentrale Dienstleistung handelt, die im Prinzip dem ganzen Unternehmen zugute kommt, so daß die anfallenden Aufwendungen sich als Gemeinkosten niederschlagen. Wie immer bei Gemeinkosten ist es dann von Bedeutung, in welchem Umfang diese von den in Frage kommenden Instanzen übernommen werden. Bei den Kosten für Entwicklung stellt sich diese Frage nicht, da sie allgemein von den betreffenden Geschäftsbereichen finanziert werden.

In der Regel gibt es für Forschung drei Finanzierungsquellen:

- die Unternehmensspitze bzw. das Gesamtunternehmen,
- die einzelnen Geschäfts- oder Unternehmensbereiche entsprechend ihrem Interesse an den Forschungsprojekten, und
- externe Financiers, in erster Linie der BMFT oder die europäischen Institutionen.

In den Großunternehmen, die befragt wurden, gibt es dabei durchaus unterschiedliche Regelungen. An dem einen Extrem werden Forschungsaktivitäten durch eine generelle Umlage finanziert. Vereinfacht heißt dies, daß ein bestimmter Prozentsatz vom Umsatz oder von der Wertschöpfung der verschiedenen Geschäftsbereiche zentral eingesammelt und dann auf die Forschungseinrichtungen verteilt wird. Dies führt tendenziell zu einer Trennung zwischen der Entscheidung über die finanzielle Beteiligung an den Forschungsaktivitäten und der sachlichen Ausrichtung derselben. Die Folge kann sein, daß Geschäftsbereiche nicht unbedingt nach Maßgabe ihrer finanziellen Beiträge zur Forschung an den Ergebnissen derselben partizipieren. Am anderen Extrem gibt es das Modell, daß Forschung zu einem großen Prozentsatz durch direkte Aufträge aus den Geschäftsbereichen oder durch externe Geldgeber finanziert wird. Bei der Vergabe von Aufträgen durch die Geschäftsbereiche wird offensichtlich sichergestellt, daß den unmittelbaren Bedürfnissen der Geschäftsbereiche entsprochen wird. Als Folge davon ist jedoch zu erwarten, daß die Ausrichtung der Forschung sehr viel kurzfristiger ausgerichtet ist als im anderen Modell, in dem Forschung dezidiert als unternehmensbereichsübergreifende Funktion verstanden und die Ausrichtung entsprechend einem Portfolio des Gesamtunternehmens bestimmt wird. Neben diesen beiden eher Extremfällen gibt es ein mittleres Modell, in dem das Gesamtunternehmen, die einzelnen Geschäftsbereiche und auch externe Geldgeber in einem mehr oder minder ausgewogenen Verhältnis die Finanzierung übernehmen. Die fünf Großunternehmen können wie folgt nach diesem Schema eingeordnet werden:

- Siemens und Philips entsprechen am ehesten dem ersten Modell. Es traf auch auf die Forschung bei AEG bis zur Neuordnung dieses Unternehmens Anfang der achtziger Jahre zu.
- Das mittlere Modell kommt der Praxis bei Bosch und SEL am nächsten. Es geltem hier Daumenregel, wonach bestimmte Anteile auf der einen Seite vom Konzern zu tragen sind bzw. von den Geschäftsbereichen finanziert oder von externen Geldgebern eingeworben werden sollten. (Bezüglich SEL siehe den folgenden Absatz.)

- Bei AEG war in den letzten Jahren (vor der 1989 erfolgten Eingliederung des Forschungsinstituts in die Konzernspitze des Daimler-Benz-Konzerns) überwiegend die Finanzierung aus den Geschäftsbereichen bzw. durch externe Geldgeber üblich. (Siehe auch hier den folgenden Absatz).

Als externer Finanzier von Forschung in den deutschen Unternehmen ist in der Vergangenheit fast ausschließlich der BMFT in Erscheinung getreten. Um die Bedeutung dieser Förderung richtig beurteilen zu können, ist es angebracht, sich erst das Gesamtvolumen der jährlich zur Verfügung stehenden Mittel vor Augen zu führen und dieses in Relation zum Gesamtaufwand der Industrie für Forschung zu setzen. (Hierbei wird prinzipiell unterstellt, daß die Mittel des BMFT immer der Forschung zukommen und nicht in Entwicklungsprojekte fließen.) Mitte der achtziger Jahre belief sich die Förderung durch den BMFT im Bereich technische Kommunikation auf ca. 140 Mio. DM pro Jahr, wovon die Industrie ungefähr die Hälfte, also ca. 70 Mio. DM erhalten hat (siehe Abschnitt 10.3.1). Dies repräsentiert ungefähr ein Fünftel der gesamten Aufwendungen der Industrie für Forschung und stellt somit einen nicht unwesentlichen Faktor dar. Es ist deshalb nicht verwunderlich, daß diese Mittel von den Unternehmen zum Teil aktiv eingeworben worden sind. Im Fall von zwei Forschungszentren, dem SEL-Forschunszentrum in Stuttgart

Tabelle 10.3-26: Geschätzte Kosten des SEL-Forschungszentrums und des Anteils der BMFT-Förderung 1980-1987

Jahr	Anzahl Mitarbeiter	Kosten pro Kopf Tsd. DM	Gesamtkosten Mio. DM	BMFT Förderung Mio. DM	Anteil Förderung %
	Alles geschätzte Größen*)				
1980	170	152	26	2,2	8
1981	188	158	30	2,1	7
1982	207	164	34	6,6	22
1983	228	171	40	12,2	30
1984	252	178	45	12,4	28
1985	278	185	51	18,1	35
1986	306	192	59	14,9	25
1987	338	200	68	13,2	19

*) Eigene Schätzungen auf der Basis von
- vorliegenden Eckdaten über die Personalstärke des Forschungszentrums (siehe die SEL-Schrift "Der Auftrag an die Forschung - Einblick in das Forschungszentrum", ohne Datum, S. 5, und SEL-Geschäftsbericht 1987, S. 24), die interpoliert wurden,
- Annahmen über die Durchschnittskosten je Personen-Jahr in der Telekommunikations-Forschung in den verschiedenen Jahren, und
- vorliegenden Daten über die Förderung des BMFT.

und dem Forschungsinstitut der AEG in Ulm, konnte aufgrund der veröffentlichten Angaben des BMFT und geschätzter Kostendaten für die Institute überschlägig der Anteil der BMFT-Förderung an der Finanzierung dieser Einrichtungen ermittelt werden. Die Berechnungen sind in Tabellen 10.3-26 und 10.3-27 dargestellt. Sie weisen in der Tat einen zeitweisen Anteil der BMFT-Förderung an den Budgets von bis zu einem Drittel aus. Aus Tabelle 10.3-27 geht im besonderen hervor, daß sich der BMFT an der Finanzierung des Aufbaus des Forschungszentrums der SEL seit 1980 relativ stark beteiligt hat.

Tabelle 10.3-27: Geschätzte Kosten des Forschungsinstituts der AEG in Ulm und des Anteils der BMFT-Förderung 1980-1987

Jahr	Anzahl Mitarbeiter	Kosten pro Kopf Tsd. DM	Gesamtkosten Mio. DM	BMFT Förderung Mio. DM	Anteil Förderung %
	Alles geschätzte Größen*				
1980	250	152	38	6,5	17
1981	250	158	40	6,5	16
1982	250	164	41	11,3	28
1983	250	171	43	5,3	12
1984	250	178	45	5,0	11
1985	250	185	46	1,5	3
1986	250	192	48	0	0
1987	250	200	50	0	0

*) Eigene Schätzungen auf der Basis von
- vorliegenden Informationen über die ungefähre Personalstärke des Forschungsinstituts,
- Annahmen über die Durchschnittskosten je Personen-Jahr in der Telekommunikations-Forschung in den verschiedenenJahren, und
- vorliegenden Daten über die Förderung des BMFT.

Inanspruchnahme externer Entwicklungskapazitäten

FuE wird überwiegend intern von den eigenen Forschungs- und Entwicklungseinrichtungen der Unternehmen durchgeführt. Eine Hinzuziehung externer Stellen ist jedoch durchaus eine normale Praxis, die allerdings von Unternehmen zu Unternehmen in unterschiedlichem Umfang in Anspruch genommen wird. (Dies bezieht sich hier auf die Vergabe von Entwicklungsaufträgen an spezialisierte Unternehmen und nicht auf die

Zusammenarbeit mit Hochschulen bzw. die Kooperationen mit anderen, konkurrierenden Unternehmen, die im folgenden Abschnitt aufgegriffen wird.) In der überwiegenden Mehrzahl handelt es sich in solchen Fällen um die Vergabe von Aufträgen an kommerzielle Software-Häuser. Für die Zusammenarbeit mit diesen zuarbeitenden Unternehmen lassen sich zwei unterschiedliche Philosophien feststellen:

- Vergabe nach außen ausschließlich aus Gründen der Flexibilität, um Kapazitätsengpässe im eigenen Unternehmen zu überbrücken. - Die Begründung für diese Maxime ist, daß bei einer Zusammenarbeit mit Externen die Qualitätskontrolle erschwert werde und zusätzliche Management-Ressourcen binde.

- Vergabe nach außen immer dann, wenn der Markt genau so gut liefern kann wie die eigene Entwicklungsabteilung. Bei dieser Philosophie überwiegt das Bemühen, Unternehmenskapazitäten möglichst gering zu halten.

Die Befürworter der Vergabe von Aufträgen an Dritte sehen neben den Vorteilen der Flexibilität auch weitere Vorteile der Synergie und gegenseitigen Bereicherung. Es könne zwar nicht ausgeschlossen werden, daß eigenes Know-how auf diese Weise unkontrolliert abflösse, dies sei jedoch ein minderer Aspekt, wenn man bedenke, wie spezifisch solches Know-how in den Vorgaben, die den externen Zulieferern gemacht werden müßten, enthalten seien. Auf der anderen Seite würde man selber in einem ganz erheblichen Umfange von der Expertise dieser Software-Häuser, die diese in ihrer Arbeit für andere Unternehmen gewonnen hätten, profitieren. Per Saldo würde also bei einer solchen Strategie auf jeden Fall mehr gewonnen als verloren.

Der Anteil der extern vergebenen FuE-Arbeiten an der Gesamtheit der FuE-Kosten beläuft sich bei den Unternehmen, die diese Form der Erledigung der Entwicklungsarbeiten positiv bewerten, auf 10 bis 15 %, bei den anderen auf weit unter 10 %. Diese letzte Angabe stimmt eher mit den Ergebnissen des Stifterverbandes für das gesamte verarbeitende Gewerbe überein, wonach dort 1985 6,3 % der gesamten FuE-Aufwendungen auf extern vergebene Projekte entfielen (Stifterverband für die Deutsche Wissenschaft 1988, Tabelle 7).

Kooperationen mit Hochschulen und anderen Forschungseinrichtungen

In den Firmeninterviews wurde nach der Bedeutung, die die Unternehmen den Hochschulen und der universitären Forschung zumessen, gefragt. Dabei hat sich folgendes Bild ergeben:

Für alle Unternehmen sind die Universitäten als Ort der Ausbildung von Nachwuchs für die eigenen FuE-Aktivitäten von zentraler Bedeutung. Auf dem Wege von Industriepraktika, Diplomarbeiten und Kooperationen bei der Erarbeitung von Dissertationen versuchen die Unternehmen, besonders qualifizierte Nachwuchskräfte zu selektieren und für das Unternehmen zu gewinnen. In einem Fall wurde explizit auf die im Vergleich zu Frankreich hervorragende Ausbildung der deutschen Hochschulen verwiesen, die dazu führe, daß Nachwuchskräfte aus den Hochschulen in den Forschungslabors der Industrie unmittelbar zu 70-80 % einsetzbar seien und damit die Kosten der Einarbeitung für die Industrie vergleichweise niedrig seien.

Die meisten Unternehmen arbeiten darüberhinaus mit verschiedenen Universitäten auf dem Gebiet der Forschung zusammen. Diese Zusammenarbeit erfolgt in sehr unterschiedlichen Formen: in relativ losen Fachgesprächen, in gemeinsamen Forschungsprojekten und in der Form von Auftragsforschung für die Industrie. Die Zusammenarbeit ist stärker auf einzelne Professoren bezogen als auf bestimmte Universitäten oder Lehrstühle. Die Initiative und das Können der Hochschullehrer sind ausschlaggebened. "Man muß wissen, welche Spezialitäten welcher Professor anzubieten hat, wenn man mit Hochschulen zusammenarbeiten will."

Für die Zusammenarbeit mit den Universitäten werden unterschiedliche Motive von den Unternehmen angegeben. Kleine und mittlere Unternehmen, die selbst nur reine Entwicklung betreiben, vergeben Aufträge an Professoren, um eher grundsätzliche Fragen klären zu lassen, auf die sie bei ihren Entwicklungsarbeiten gestoßen sind und deren Beantwortung für sie von Bedeutung ist, für deren Bearbeitung sie aber nicht über die notwendige Zeit, das ausreichend qualifizierte Personal oder über die notwendigen Apparaturen verfügen. Größere Unternehmen, die über eigene Forschungslaboratorien verfügen, arbeiten auch zum Teil eng mit Universitäten zusammen und vergeben durchaus umfangreiche Aufträge an Universitäten. Das spezialisierte Know-how der Professoren und ihrer Mitarbeiter, aber auch das Vorhandensein teurer Laboreinrichtungen, deren Anschaffung sich für das Unternehmen nicht lohnt, werden hier als Motiv angegeben.

Insoweit kann man festhalten, daß die Unternehmen mit den Universitäten in der Forschung zusammenarbeiten. Die Zusammenarbeit ist stark auf Personen bezogen und nicht so sehr auf bestimmte Hochschulstandorte. Spezialisiertes Know-how und das Vorhandensein teuerer spezialisierter Laboreinrichtungen sind wesentliche Ursachen für das Interesse der Unternehmen an der Zusammenarbeit. In diesem Sinne leisten die Universitäten und die universitäre Forschung einen - in den Augen der Industrie - durchaus wichtigen Beitrag zu den nationalen Forschungsaktivitäten in der Bundesrepublik.

Interessanterweise werden die Beiträge der Großforschungseinrichtungen und der anderen großen staatlichen Forschungseinrichtungen in der Regel sehr viel weniger positiv eingeschätzt. Diesen Einrichtungen wirft die Industrie zumeist Verkrustung, mangelnde Kooperationsbereitschaft und eine geringe Zielorientierung vor. Das HHI und einzelne Fraunhoferinstitiute werden aus dieser Kritik häufig ausgenommen. Sie bezieht sich wohl vor allem auf die Großforschungseinrichtungen für Kernforschung, in denen der BMFT seit einiger Zeit Aktivitäten im Bereich der Informations- und Kommunikationstechnik anzusiedeln versucht.

Im Rahmen der Interviews sind nur vereinzelt Fälle genannt worden, in denen Unternehmen Universitäten in Entwicklungsvorhaben mit einbezogen haben. Die straffe Zeitplanung und mögliche Regressansprüche an die Unternehmen von dritter Seite bei Nichteinhaltung von Zeitzielen stehen einer Zusammenarbeit bei Entwicklungsvorhaben stark entgegen.

Kooperationen mit anderen Unternehmen

Die ökonomische Rationalität für Kooperationen in der FuE zwischen sonst konkurrierenden Unternehmen ist eindeutig im Fall der Forschung, d.h. der Erarbeitung von grundlegenden, noch sehr im Dunkeln liegenden physikalischen Zusammenhängen gegeben. Die Lösungsmöglichkeiten, die dann noch als offen erscheinen, sind in der Regel so zahlreich, daß eine einzige Forschungseinrichtung diese nicht bewältigen kann. Eine Arbeitsteilung zwischen den Unternehmen ist dann sinnvoll, da die Vorteile, von dem gemeinsam akkumulierten Wissen profitieren zu können viel größer sind als eventuelle Nachteile. Wenn es, aufbauend auf den Erkenntnissen aus Forschungsbemühungen, um die Entwicklung von Schlüssel- oder Kerntechnologien eines Unternehmenes geht, ist der Anreiz zur Kooperation gering, da gerade durch die Schlüsseltechnologie die Wettbewerbsposition eines Unternehmens definiert wird und hier die Nachteile eines Abflusses von Know-how an andere Firmen am gravierendsten sein können. Der Anreiz ist wiederum größer bei der Lösung konkreter technischer Probleme auf der Nachfrageseite, bei der sich die vorhandenen Technologien zweier Firmen u.U. ergänzen und durch Zusammenarbeit die Kosten der Anpassungsentwicklungen für diese Probleme im ganzen relativ gering gehalten werden können (eine Diskussion dieser Zusammenhänge geschieht in Dang Nguyen 1988). Einen weiteren Grund für Kooperation gibt es dann, wenn sich einem der Partner durch diese Kooperation der Zugang zu einem Markt, der ihm sonst verschlossen bliebe, eröffnet. Dafür gewährt er dem anderen den Zugang zu seiner eigenen FuE-Kapazität. Bei den beiden zuletzt genannten Formen der Zusammenarbeit wird allerdings auch die Attraktivität durch das Risiko gemindert, daß das durch eigene FuE-Anstrengungen erworbene Know-how unkontrolliert an andere Unternehmen abfließt.

Wie bei aller Zusammenarbeit besteht auch bei den Kooperationen in FuE die Gefahr, daß sie den Handlungsspielraum der einzelnen zusammenarbeitenden Firmen einschränken, besonders naturgemäß bei dem gegebenenfalls schwächeren Partner. Allerdings stellt sich bei den kleineren Unternehmen, soweit diese als potentiell schwächere Partner anzusehen sind, oft auch erst durch die Kooperation die Möglichkeit, an größeren Projekten teilzunehmen, so daß hier der Anreiz dazu auch entsprechend größer ist. Man würde somit bei den kleineren Unternehmen erwarten, daß sich zu der Bereitschaft, solche Kooperationen einzugehen, auch immer die Sorge gesellt, nicht unter einen zu großen Einfluß des Partners zu gelangen.

Unternehmensübergreifende Kooperationen im FuE-Bereich finden auch in der Telekommunikationsindustrie in einem erheblichen Umfang statt. Sie nehmen im besonderen Maße bei den direkt für eine konkrete Nachfrage am Markt vorzunehmenden Entwicklungen zu.

Bei den Gesprächen in den Unternehmen sind in wesentlicher Übereinstimmung mit den obigen Ausführungen folgende Gründe für das Eingehen von FuE-Kooperationen genannt worden:

- Aufteilung der FuE-Kosten,
- Arbeitsteilung zwischen den Unternehmen, die durch die absolute Knappheit von Forschern und Entwicklern erforderlich ist,
- Zugang zu weiteren FuE-Kapazitäten,
- Zugang zu der Technik anderer Unternehmen,
- Möglichkeit des schnelleren Reagierens auf Markterfordernisse in Zusammenarbeit mit einem entsprechend spezialisierten Partner,
- Möglichkeit an Systemlösungen teilzunehmen (besonders bei kleineren Unternehmen relevant) und
- Marktzugang, in erster Linie auf einem ausländischen Markt.

Bei einigen Großunternehmen wurde die Aussage gemacht, daß die zentralen Elemente einer Technologie immer im Hause entwickelt würden. Wenn es allerdings um Anpassungen an die besonderen Erfordernisse des Marktes ginge, z. B. in einem anderen Land, würden diese durchaus in FuE-Kooperationen durchgeführt. Als Beispiele für eine ähnliche Strategie, wie sie allerdings von ausländischen Großunternehmen zusammen mit deutschen kleineren Unternehmen verfolgt wird, können einige Entwicklungsgemeinschaften, die zwecks Beteiligung an dem Beschaffungsverfahren "Netzknoten Ü-2000" der DBP gebildet wurden, angesehen werden. Es liegt die Vermutung nahe, daß für die ausländischen Unternehmen bei diesen Kooperationen das Marktzugangsmotiv im Vordergrund gestanden hat.

Um den Gefahren des ungewollten Technologietransfers zu begegnen, werden in den Entwicklungsgemeinschaften in der Regel genaue Schnittstellen definiert, so daß die eigentliche Entwicklungsarbeit getrennt durchgeführt werden kann. Die Gefahr des gegenseitigen Ausspähens wird somit als ein nicht vernachlässigbares Problem angesehen. Grundsätzlich seien jedoch Kooperationen aufgrund der für viele Projekte enormen FuE-Vorleistungen unumgänglich geworden. Die letzte Aussage ist eine Bestätigung der allseits diskutierten Tendenz zur steigenden Unternehmenskonzentration aufgrund der sich aus FuE ergebenden Zwänge.

Verhältnis zur Post

In den Gesprächen mit Unternehmensvertretern ist jedesmal intensiv das Verhältnis zur Post, dem in den meisten Fällen wichtigsten Kunden der Unternehmen, diskutiert worden. Dabei wurde die Zusammenarbeit auf der technischen Ebene in der Regel als "gut" oder "sehr gut" bezeichnet. Die Einstellung der Unternehmen zu den neuen Beschaffungsverfahren der Post ist demgegenüber eher kritisch geprägt.

Die neuen Beschaffungsverfahren können (siehe Abschnitt 10.3.2) mit folgenden Schlagworten kurz umrissen werden:

- allmähliche Abkehr von den Prinzipien der *Geräte*einheitstechnik und *einheitlichen* Technik und Hinwendung zum Prinzip der *funktionalen* Einheitstechnik;
- Beschaffung mehrerer funktionsgleicher Systeme und damit Einführung von technologischem Wettbewerb;
- Abkehr von der Entwicklung postspezifischer Technik und Betonung des Aspektes weltmarktfähiger Produkte; und
- allmähliche Öffnung des Beschaffungsmarktes für neue inländische und ausländische Wettbewerber auch in den zentralen technischen Bereichen.

Sie bedeuten eine einschneidende Veränderung gegenüber den bis dahin praktizierten Verfahren, wenn man bedenkt, daß bei diesen die Entwicklungsvorhaben der Post in Arbeitskreisen, in denen sowohl die Post wie die etablierten Herstellerfirmen vertreten waren, definiert und dann von diesen Firmen durchgeführt wurden. Die etablierten Firmen waren dann auch die Lieferanten der benötigten Geräte.

Die Einführung dieser neuen Beschaffungsverfahren wird von den kleineren Unternehmen *per se* nicht in Frage gestellt, da die hinter den Verfahren stehende Absicht der Post, den Wettbewerb bei der Beschaffung zu intensivieren, es diesen Unternehmen erst ermöglicht hat, in bestimmten Bereichen als Lieferant der Post tätig zu werden. Diese Entwicklung wird von ihnen im Prinzip aber als etwas angesehen, was zu der Zeit, d.h. Anfang der achtziger Jahre, sowieso überfällig war. Die Argumente der zu der Zeit etablierten Lieferfirmen, die darauf hinausliefen, daß die kleineren Unternehmen als Trittbrettfahrer zu betrachten seien, weil sie von anderen Unternehmen entwickelte Technologie kostenlos übernähmen, seien lediglich Schutzargumente. Die Technologie, auf die es ankomme, sei die der Post, und die müsse allen potentiellen Unternehmen zu gleichen Bedingungen zur Verfügung stehen. Es sei dabei auch heute noch auf keinen Fall klar, ob die kleinen Unternehmen wirklich gleiche Bedingungen eingeräumt bekämen, da sie nur unter großen eigenen Anstrengungen sicherstellen könnten, daß sie nicht von dem notwendigen Informationsfluß ausgeschlossen werden. Umgekehrt betrachtet ein Teil der großen Unternehmen die kleinen Unternehmen immer noch als von der Post ungerechtfertigt bevorzugte Konkurrenz. Mittelständische Unternehmen könnten bei den innovativen Systemen in keinem Fall vergleichbar leistungsfähig sein wie die größeren. Mit dem Argument, den Markt intensiverem Wettbewerb auszusetzen, betreibe die Post durch die Bevorzugung kleinerer Unternehmen *de facto* Mittelstandsförderung und nehme dabei Risiken bezüglich der Leistungsfähigkeit in Kauf, die sie bei Großunternehmen nicht akzeptieren würde.

Alle Unternehmen sehen durch die neuen Beschaffungsverfahren die Gefahr, daß durch diese der Wettbewerb ausländischer Unternehmen zu Lasten der deutschen Industrie ungerechtfertigt leicht gemacht werde. Dieser Standpunkt wird insbesondere nun auch von kleineren Unternehmen vertreten, nachdem sie selber im Zuge der Einführung dieser Verfahren zum Kreis der etablierten Anbieter hinzustoßen konnten. Es muß hierzu die neuen Verfahren erläuternd gesagt werden, daß diese den Wettbewerb ausländischer Anbieter nicht ausschließen und im Prinzip durchaus vorsehen. Die Sicht basiert auf dem Argument, daß die richtige Technologie zum richtigen Preis nur zu haben ist, wenn diese einem Weltstandard entspricht, die sich in einem möglichst umfassenden Wettbewerb behauptet hat. Es wird dabei unterstellt, daß nur dieser Prozeß letztendlich die leistungsfähigsten Produkte herausfiltere, was wiederum dazu führe, daß durch die damit einhergehende Auslese langfristig die notwendigen Entwicklungskosten über eine größere Stückzahl als sonst möglich verteilt werden. Teil dieser Überlegungen ist, daß ein Anbieter aus der Bundesrepublik, dessen Entwicklungskosten für ein Produkt durch die Erlöse von der Post alleine nicht gedeckt werden können, die notwendigen Umsätze für die zusätzlichen Deckungsbeiträge anderswo, insbesondere im Ausland erzielen muß. Allerdings ist auch kompatibel mit dieser Sicht, daß deutsche, etablierte Unternehmen aufgrund der lang bestehenden, in der Regel vertrauensvollen Lieferbeziehungen mit der Post weiterhin einen komparativen Vorteil ausländischen Konkurrenten gegenüber besitzen. Dieses wird immer dann von Belang sein, wenn es darum geht, Systeme für die speziellen Bedürfnisse der Post zu entwickeln.

Die Schlüssigkeit dieser Argumentation wird von den Unternehmen in Zweifel gestellt. Die Verzerrungen im Wettbewerb mit ausländischen Unternehmen, denen deutsche Unternehmen sich aufgrund der neuen Verfahren ausgesetzt sähen, würden langfristig alle eventuellen Vorteile der deutschen Unternehmen mehr als wettmachen. Das gewichtigste Argument in diesem Zusammenhang wird mit Hinweis auf die Entwicklungspolitik ausländischer Netzbetreiber vorgebracht. Dabei ist der am meisten ins Spiel gebrachte Fall der des französischen Netzbetreibers France Télécom. Zum einen nimmt dessen technologisches Zentrum CNET einen großen Teil der für das französische Netz vorzunehmenden Entwicklungen selbst vor, wobei dann die Ergebnisse der französischen Industrie zur Verfügung gestellt werden; zum anderen vergibt France Télécom Entwicklungsaufträge an die Industrie, die direkt bezahlt werden (siehe Band I, Kapitel 3). Auf diese Weise genießen französische Unternehmen den Vorteil, daß sie die Kosten für die Entwicklung ihrer Produkte nicht selber tragen brauchen. Dieser Vorteil würde, so das Argument deutscher Unternehmen, bei einer bedingungslosen Öffnung des Marktes in der Bundesrepublik den französischen Konkurrenten einen erheblichen Wettbewerbsvorsprung verschaffen. Dieser könne so gravierend sein, daß dadurch der Bestand deutscher Unternehmen in bestimmten Bereichen in Gefahr gerate und somit der Standort Bundesrepublik für Spitzentechnologie in der Telekommunikation überhaupt zur Disposition gestellt werde.

Bedeutung der staatlichen Förderung und der europäischen Programme

Bezüglich der Bedeutung der FuE-Förderung durch den BMPT für die Unternehmen (siehe detaillierte Darstellung in 10.3.1) ist hier im wesentlichen folgendes zu rekapitulieren:

- Gemessen am gesamten FuE-Aufwand ist die staatliche Förderung relativ unerheblich, sie übersteigt nur in seltenen Fällen einen Anteil von 5%. Die Unternehmen finanzieren den größten Teil ihrer FuE-Aufwendungen selber.

- Staatliche Förderung hat allerdings beträchtlich zur Finanzierung bestimmter Forschungseinrichtungen bei einzelnen Unternehmen beigetragen (siehe hierzu die Berechnungen im Abschnitt über Finanzierungsmodelle von FuE). Dadurch sind in einigen Fällen auch Anreize hinsichtlich der inhaltlichen Ausrichtung der Forschungsarbeit in diesen Einrichtungen gesetzt worden.

- Während die Förderung durch den BMFT in den letzten Jahren zurückgegangen ist, wächst die Bedeutung der europäischen Programme.

- Forschungsprojekte werden in der Regel nicht alleine deswegen durchgeführt, weil staatliche Mittel zur Verfügung stehen. Die Verfügbarkeit solcher Mittel erleichtert jedoch gelegentlich die unternehmensinterne Durchsetzung von Projekten, die extrem langfristig orientiert sind oder deren Zielsetzung überhaupt kontrovers beurteilt wird.

- Die durch den BMFT geförderten Projekte gehören im allgemeinen zu denen, die mittel- und langfristig orientiert sind und für die auch am ehesten gewährleistet ist, daß es sich bei ihnen um Projekte der angewandten Forschung und nicht um direkte Produktentwicklungen handelt.

Diesen Feststellungen ist noch hinzuzufügen, daß auch die kleineren Unternehmen an der Förderung des BMFT teilgenommen haben, auch in einem Ausmaß gemessen an ihrem gesamten FuE-Budget, das an das bei den Großunternehmen heranreicht. Hier hat es sich jedoch meistens um Unterstützung von Entwicklungen im Produktbereich gehandelt.

Die Haltung der Unternehmen den europäischen Programmen gegenüber kann als ambivalent bezeichnet werden. Die kleineren Unternehmen stehen ihnen gleichgültig bis ablehnend gegenüber: gleichgültig, weil sie sich nicht dazu in der Lage sehen, an ihnen teilzunehmen, sie seien zu sehr auf Forschung ausgerichtet und würden auf jeden Fall zu bürokratisch verwaltet; ablehnend, weil in ihnen eine Subventionsquelle der Großunternehmen, in erster Linie der französischen, gesehen wird. Für einige der Großunternehmen treten diese Programme, wie erwähnt, zumindest teilweise an die Stelle der nachlassenden Förderung durch den BMFT. Sie sehen in ihnen allerdings keinen gleichwertigen Ersatz. Dieses trifft insbesondere auf die Firmen zu, die in der Vergangenheit die Förderung des BMFT relativ stark in Anspruch genommen haben.

Neben der Tatsache, daß die europäischen Programme budgetmäßig keinen vollen Ersatz für die nationalen Programme darstellen, sind sie in den Gesprächen mit Unternehmensvertretern auch hinsichtlich der inhaltlichen Seite und der Durchführung kritisiert worden. Die folgenden Kritikpunkte wurden mehrfach vorgebracht:

- Durch die Teilnahme von Partnern aus den technologisch weniger entwickelten Ländern fließt Know-how praktisch ohne Gegenleistung ab.

- Das Tempo des Entwicklungsfortschritts wird erheblich gebremst durch die Teilnahme der Partner aus den weniger fortgeschrittenen Ländern.

- Es entsteht ein hoher Aufwand an Koordination. Das Problem der vielen Sprachen ist ein zusätzlicher Faktor.

- Wegen des Bedarfs der Abstimmung mit so vielen Partnern in jedem Projekt ist die Flexibilität gering, z.B. wenn eine Anpassung der Zielvorstellungen notwendig wird.

Als Quintessenz aus diesem Komplex von Kritikpunkten wird von den Unternehmen z.T. gefolgert, daß die europäischen Programme nicht geeignet seien, um Spitzentechnologie zu fördern. Dies müsse weiterhin auf nationaler Ebene geschehen, auch deshalb, weil der Bedarf immer noch durch nationale Besonderheiten geprägt sei und die europäische Standardisierung noch ein gutes Stück in der Zukunft läge. Hier sei weiterhin der BMFT oder in der neuen Welt gegebenenfalls der BMPT gefordert, um die internationale Wettbewerbsfähigkeit inländischer Unternehmen zu stützen.

Abschließende Charakterisierung der wichtigsten Unternehmen in der Telekommunikations-FuE

Nach allen Maßstäben ist Siemens das dominierende Unternehmen in der Telekommunikations-FuE in der Bundesrepublik Deutschland. Im Jahr 1987 waren seine entsprechenden FuE-Aufwendungen fast gleich der Summe der Aufwendungen der vier weiteren Großunternehmen in diesem Bereich. Siemens ist in allen Teilbereichen der Telekommunikation aktiv und gehört zu den sogenannten Universalanbietern. Zusätzlich ist das Unternehmen in der Entwicklung und Produktion von hochintegrierten Bauelementen engagiert; es sieht Erfolg in diesem Bereich als eine Voraussetzung an, um langfristig auch in der Telekommunikation wettbewerbsfähig bleiben zu können. Neben der Telekommunikation (und der Datenverarbeitung) betrachtet Siemens seit einigen Jahren ebenfalls die Kraftfahrzeugselektronik als ein Gebiet, für das es mit seinem technologischen Know-how in der Mikroelektronik bestens gerüstet sei und macht Anstrengungen, in dieser Industrie Fuß zu fassen. Siemens wurde in der Vergangenheit immer als ein von der Technologie getriebenes Unternehmen angesehen, was seine Stärke aber auch seine Schwäche ausmachte. Die angeblich tiefstgreifende Reorganisation in der mehr als hundertjährigen Geschichte des Unternehmens, die 1988 in Angriff genommen wurde und auch die FuE-Organisation betreffen wird, soll die sich daraus ergebenden Mängel insbesondere für das Marketing beheben. Trotz der weltweiten Ambitionen von Siemens sind die FuE-Aktivitäten des Unternehmens bisher in der Bundesrepublik konzentriert. Insbesondere bei der Forschung und den sonstigen grundlegenden Arbeiten dürfte der weitaus überwiegende Teil in München zentral durchgeführt werden; aufgrund eines starken Engagements in den USA finden nicht unbeträchtliche Entwicklungsanstrengungen dort statt. Nach dem Erwerb von maßgeblichen Anteilen an dem britischen Telekommunikationsgeräte-Hersteller GPT im Jahr 1989, der neben Entwicklungs- auch über erhebliche Forschungskapazitäten verfügt, kann allerdings vermutet werden, daß sich im Zuge einer zu erwartenden Integration dieses Unternehmens eine Aufweichung der zentralistischen Tendenz in der FuE-Strategie von Siemens ergeben wird.

Bosch hat sich seit Anfang der achtziger Jahre stark in der Telekommunikation engagiert. Dies hat dazu geführt, daß das Unternehmen bei den FuE-Aufwendungen inzwischen nach Siemens in der Bundesrepublik den zweiten Platz einnimmt. Viele Beobachter betrachten diese Orientierung zum einen als eine Strategie, sich aus der übermäßigen Abhängigkeit von der zyklischen Automobilindustrie zu lösen, zum anderen aber auch als eine Reaktion auf Siemens' verstärkte Aktivität im Kraftfahrzeugszubehörbereich. Zunächst wurden die aufgekauften Unternehmen Telenorma und ANT offensichtlich ohne große Integrationsbemühungen neben den sonstigen Telekommunikationsaktivitäten von Bosch geführt. Seit 1987 wird jedoch eine intensivere Koordinierung dieser Aktivitäten betrieben, einmal durch die Schaffung eines Geschäftsbereichs Mobilfunk, in dem Teile von Blaupunkt und ANT und Aktivitäten der Bosch GmbH vereinigt wurden, und eines übergeordneten Unternehmensbereichs Kommunikationstechnik, der diesen Geschäftsbereich und die Gesamtaktivitäten von ANT und Telenorma umfaßt. Die von ANT eingebrachten FuE-Kapazitäten gehören dabei zu denen, die insbesondere in der Vergangenheit durch den BMFT gefördert worden sind. Im Jahr 1989 wurde ein Forschungszentrum gegründet, in dem grundlegende Arbeiten speziell für die Kommunikationstechnik durchgeführt werden sollen. Der weitaus größte Teil der FuE-Aktivitäten des Bosch-Konzerns im Telekommunikations-Bereich sind in der Bundesrepublik angesiedelt. Es existieren jedoch über die Konzerntochter Jeumont-Schneider Télécommunikations auch nennenswerte FuE-Kapazitäten in Frankreich, die vornehmlich auf Endgeräte konzentriert sind.

Früher war SEL (mit 40% des entsprechenden Umsatzes) das bedeutendste europäische Konzernunternehmen im Telekommunikations-Bereich von ITT. Seitdem das Unternehmen dem Alcatel-Konzern angehört, muß es sich in diesem Konzern den vergleichbaren Rang mit dessen französischen Töchtern CIT und Télic teilen. In der Bundesrepublik nimmt SEL ungefähr gleichauf mit Bosch den dritten Platz in der Reihenfolge nach der Höhe der Telekommunikations-FuE-Aufwendungen ein. Sobald man jedoch die Zugehörigkeit von SEL zum Alcatel-Konzern in Betracht zieht, wird die Problematik eines Vergleichs, der nur Unternehmen mit einem Standort in der Bundesrepublik berücksichtigt, deutlich. In dem Maße, wie die FuE-Ergebnisse eines Konzerns allen angegliederten Unternehmen nutzbar gemacht werden, wird die technologische Potenz dieser Unternehmen nicht allein durch ihre eigenen FuE-Anstrengungen bestimmt, sondern durch die des gesamten Unternehmensverbundes. Die der Telekommunikation zuzurechnenden FuE-Aufwendungen von Alcatel übertreffen die von Siemens. Allerdings wird, anders als bei Siemens, FuE nicht so konzentriert an einem Standort durchgeführt. Der Unterschied zu Siemens fällt besonders bei der Forschung auf, die bei Alcatel auf ungefähr zehn Standorte verteilt ist. Alcatel und in einem geringeren Ausmaß SEL sind wie Siemens Universalanbieter im Bereich der Telekommunikation. Ein Unterschied zu Siemens besteht hier jedoch darin, daß Alcatel bewußt auf ein Engagement in der Datenverarbeitung verzichtet und auch nicht im Halbleiterbereich tätig ist. Das Unternehmen vertraut somit darauf, die für seine Telekommunikations-Aktivitäten benötigten Halbleiter immer auf dem Markt beschaffen zu können. Die Forschungskapazität von SEL ist in den achtziger Jahren nicht unerheblich durch den BMPT gefördert worden, um vermutlich dadurch ein Gegengewicht zu der dominierenden Stellung von Siemens aufzubauen. Die nachträglich sich hieraus ergebende Stärkung des Alcatel-Konzerns, eines der weltweit größten ausländischen Wettbewerber, ist im europäischen Kontext zu bewerten. SEL stellt sich im übrigen in der deutschen Öffentlichkeit weiterhin als ein inländisches Unternehmen dar, das zwar in bezug auf die Forschung in den Alcatel-Unternehmensverbund integriert, im Entwicklungsbereich jedoch noch voll auf sich allein gestellt sei.

Das Unternehmen PKI ist in einer Reihe von Belangen mit SEL vergleichbar. Es gehört dem niederländischen multinationalen Philips-Konzern an, der neben PKI noch weitere wichtige europäische Tochterunternehmen im Telekommunikationsbereich führt. Daraus folgt, daß die für PKI ausgewiesenen FuE-Anstrengungen, die das Unternehmen in der Bundesrepublik auf den fünften Platz bringen, nicht die gesamte technologische Stärke repräsentieren. Der gesamte FuE-Aufwand von Philips im Telekommunikationsbereich dürfte ein Mehrfaches dessen von PKI sein, jedoch nicht an den von Alcatel oder

Siemens heranreichen. FuE ist, wie bei Alcatel, entsprechend der Verteilung der Telekommunikations-Aktivitäten in Europa standortmäßig aufgeteilt. Allerdings steht mit dem auf allen Gebieten der Mikroelektronik aktiven Forschungslabor im holländischen Eindhoven eine große zentrale Forschungskapazität zur Verfügung, das allen Tochterunternehmen Zugang zu grundlegenden Ergebnissen ermöglicht. Der Philips-Konzern kann nicht mehr zu den Universalanbietern im Telekommunikationsbereich gerechnet werden. Insbesondere bietet Philips kein öffentliches Vermittlungssystem mehr an; seine diesbezügliche Beteiligung an dem mit AT&T gegründeten Gemeinschaftsunternehmen AT&T Philips Telecommunications (APT) (1989 in Network Systems International (NSI) unbenannt) ist inzwischen auf ein unbedeutendes Maß geschrumpft. Was Philips mit Siemens vereint und von Alcatel unterscheidet, ist das Engagement im Halbleiterbereich. Bekanntlich haben Siemens und Philips in der Entwicklung des Vier-Megabit-Speichers kooperiert. Auch bei Philips wird Erfolg in diesem Bereich als eine Voraussetzung für zukünftige Wettbewerbsfähigkeit in den von der Mikroelektronik getriebenen Sektoren betrachtet. Wie SEL und ANT hat PKI in der Vergangenheit erheblich von der Forschungsförderung des BMFT profitiert. Wie SEL betont das Unternehmen auch weiterhin seine Eigenständigkeit innerhalb des Philips-Konzerns, die darauf beruhe, daß Telekommunikations-FuE vorläufig noch auf nationale Bedarfe, d.h. hier der Bundesrepublik, ausgerichtet sein müsse.

AEG bildet eine Ausnahme unter den Großunternehmen dadurch, daß es nicht anstrebt, überall in den klassischen Gebieten der Telekommunikation tätig zu sein. Dies wird sowohl durch unsere Untersuchung der FuE-Ertragsindikatoren "Patente" und "Publikationen" wie durch Aussagen von Unternehmensvertretern bestätigt. AEG's Bestreben ist es, sein spezifisches Know-how in lukrativen Nischen zu nutzen, wie z.B. im digitalen Mobilfunk, in der Weltraum- und der Wehrtechnik. In der Vergangenheit gehörte AEG (als auch noch ANT zum Unternehmen gehörte) zu den technologischen Spitzenreitern in der Telekommunikations-FuE der Bundesrepublik. Diese Position konnte allerdings nicht in entsprechende kommerzielle Erfolge umgewandelt werden, so daß es Anfang der achtziger Jahre zu einer tiefgreifenden Neustrukturierung des Konzerns kam. Im Jahre 1987 reihte sich AEG mit seinen FuE-Aufwendungen im Telekommunikationsbereich nach Siemens, Bosch und SEL an vierter Stelle ein. Diese FuE-Aufwendungen müssen jedoch seit der Eingliederung von AEG in den Daimler-Benz-Konzern zusammen mit den entsprechenden Aufwendungen dieses Unternehmens gesehen werden, deren relevanter Umfang nicht abschätzbar ist. Mit der 1989 erfolgten Umorganisation des Daimler-Benz-Konzerns ist das AEG-Forschungsinstitut in Ulm direkt der Daimler-Benz-Konzernspitze unterstellt worden und wird sich wahrscheinlich mehr noch als bisher weiteren, über die Telekommunikation hinausgehenden Aufgaben zuwenden.

Eine der Konsequenzen wird tendenziell sein, daß sich das Unternehmen mehr noch als bisher von der Nachfrage der Post unabhängig machen wird.

10.3.4 ROLLE DER HOCHSCHULEN UND ANDERER FORSCHUNGSEINRICHTUNGEN

Der Forschungsinput von Hochschulen und sonstigen Forschungseinrichtungen läßt sich nicht genau erfassen. Zum einen ist dies ein Problem der Forschungsstatistik, zum andern ein Problem der Abgrenzung des Telekommunikationssektors, die um so unschärfer wird, je weiter man sich in Richtung Grundlagenforschung bewegt. Deshalb müssen die Ergebnisse zum FuE-Input bei Hochschulen und Forschungseinrichtungen vergleichsweise unpräzise bleiben.

Die Deutsche Forschungsgemeinschaft hat während der letzten Jahre jährlich rund 10 Mio. DM für nachrichtentechnische Forschung an die Hochschulen gegeben, die DBP etwa 6 Mio. DM. Aus dem allgemeinen Hochschuletat und aus der Industrie kommen weitere Mittel. Der BMFT finanziert das auf den Telekommunikationssektor spezialisierte Heinrich-Hertz-Institut (HHI) in Berlin zu 50 %, und die ebenfalls vom BMFT finanzierten Großforschungseinrichtungen sind z. T. auch auf dem Gebiet der Telekommunikation tätig (vgl. 10.3.1).

Das HHI hat auf dem Gebiet der Nachrichtentechnik internationales Renommee: Zur Rolle des HHI im Rahmen der Förderpolitik des BMFT vgl. Abschnitt 10.3.1. In dem Institut arbeiten 243 Mitarbeiter (1987), 128 als Wissenschaftler. Die Arbeit des Institutes ist langfristig ausgerichtet und deshalb relativ weit von der Entwicklung entfernt. Inhaltliche Schwerpunkte der Arbeit sind die optische Nachrichtentechnik, die vermittelte Breitbandkommunikation inklusive HDTV und zuletzt vor allem das Gebiet der integrierten Optik. In der Publikationsanalyse nimmt das HHI unter den Forschungseinrichtungen den ersten Rang ein. Die Zahl der Publikationen des HHI ist Ende der 70er Jahre stark angewachsen, und an Hand der Publikationen ist eine Spezialisierung auf die Themenbereiche Lichtwellenleiter, Digitaltechnik, leitungsgebundene Kommunikation und allgemeine Bildübertragung erkennbar.

Die Publikationsanalyse zeigt, daß die Forschungseinrichtungen und Hochschulen einen wichtigen Beitrag zur Forschung im Telekommunikationsbereich in der Bundesrepublik

Deutschland leisten. 1986 kamen 12 % der Publikationen aus Forschungsinstituten (ohne das FI der DBP) und 22 % aus Hochschulen, d.h. ein Drittel der einschlägigen Publikationen kamen aus diesem Sektor.

Tabelle 10.3-28: Anzahl der Publikationen von Forschungseinrichtungen 1986

	Anzahl
Heinrich-Hertz-Institut	49
Deutsche Forschungs- und Versuchsanstalt für Luft- und Raumfahrt (DFVLR)	20
Institute der Fraunhofer-Gesellschaft	17
Forschungsanstalt für Angewandte Naturwissenschaft (FGAN)	14
Gesellschaft für Mathematik und Datenverarbeitung (GMD)	13
Institut für Rundfunktechnik (IRT)	11
Institute der Max-Planck-Gesellschaft	7
Kernforschungsanlage Jülich	2
Hahn-Meitner-Institut	2

Die Publikationsanalyse zeigt neben dem HHI eine Reihe anderer nicht-universitärer Forschungsinstitute auf, die auf dem Gebiet der Telekommunikation tätig sind (Tabelle 10.3-28): Die Deutsche Forschungs- und Versuchsanstalt für Luft- und Raumfahrt (DFVLR) und die Forschungsanstalt für angewandte Naturwissenschaft (FGAN), die überwiegend vom Verteidigungsministerium finanziert wird, publizieren vor allem in den Bereichen Hochfrequenz- und Funktechnik. Die Institute der Fraunhofer-Gesellschaft sind vergleichsweise breit ausgerichtet, während die Gesellschaft für Mathematik und Datenverarbeitung (GMD) auf das Gebiet der Digitaltechnik spezialisiert ist. Das von den öffentlich rechtlichen Rundfunkanstalten getragene Institut für Rundfunktechnik (IRT), München, forscht und publiziert auf den Gebieten Funktechnik, allgemeine Bildübertragung und Digitaltechnik. Die anderen Großforschungseinrichtungen haben nur vergleichsweise wenig Publikationen im Telekommunikationsbereich.

Die Spezialisierungsprofile des FTZ/FI und des HHI, also der beiden zentralen FuE-Stätten der DBP und des BMFT, vergleicht Abbildung 10.3-28. Die beiden Profile ähneln sich, d. h., sie korrelieren schwach (auf einem Signifikanzniveau von <10 %). Beide Profile sind jedoch von den übrigen öffentlichen Instituten (MPG, FhG, Großforschung) wohl unterscheidbar. Insgesamt bestätigen die Spezailisierungsprofile der Forschungsinstitute den Eindruck einer relativ klaren Arbeitsteilung zwischen den im Bereich öffentlicher Kontrolle tätigen Institute in bezug auf die elf untersuchten Teilgebiete der Telekommunikation (Grupp 1990).

Abbildung 10.3-28: Spezialisierungsprofil des FTZ/FI und des HHI in der Forschung (auf der Grundlage von Publikationen 1986)

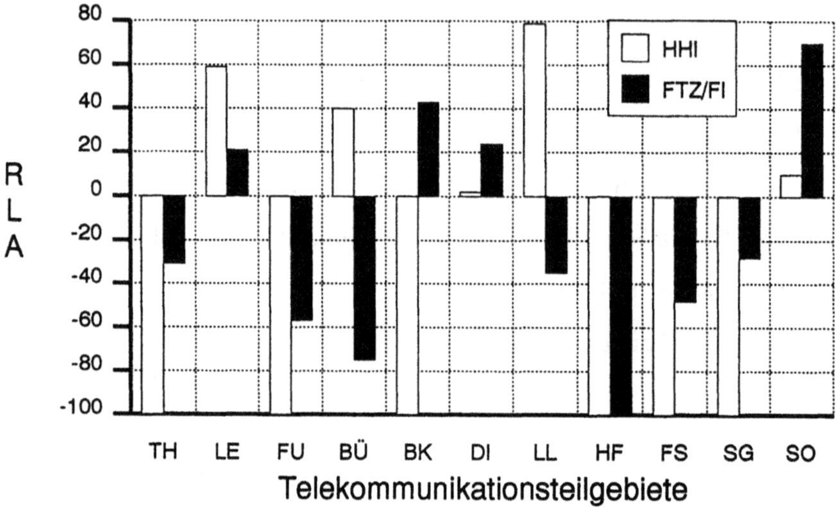

Es gibt viele Universitäten und Technische Hochschulen, die im Telekommunikationsbereich Forschung betreiben und publizieren (Tabelle 10.3-29). Ihre Zahl hat sich im Laufe der Jahre deutlich erhöht, d.h. die Forschungs- und Ausbildungsinfrastruktur in der Bundesrepublik hat sich verbreitert. Die Publikationen verteilen sich 1986 auf vierzig Hochschulen gegenüber achtzehn im Jahr 1975. Man kann allerdings eine deutliche Konzentration der Publikationen feststellen. Bei den an der Spitze stehenden Hochschulen weisen die Publikationen thematisch eine gewisse Breite auf, während die übrigen zumeist stark auf wenige Themen spezialisiert sind, die sich mit den Forschungsaktivitäten einzelner Professoren decken.

Das Spezialisierungsprofil für alle bundesdeutschen Universitäten im Jahre 1986 wird in Abbildung 10.3-29 dargestellt (N = 318 Publikationen). Das stärkste Teilgebiet nach der Theorie ist die Glasfaserforschung, ein Fachgebiet mit engen Verbindungen sowohl zur Physik wie auch zur Materialforschung. Die Universitäten müssen auch als im Bereich der Hochfrequenzkommunikation (Radar usw.) spezialisiert gelten, also einem Teilgebiet mit enger Verbindung zu wehrtechnischen Anwendungen. Es muß jedoch beachtet

Tabelle 10.3-29: Anzahl der Publikationen von Universitäten 1986

	Anzahl	kumuliert
TU Berlin	29	
TU München	28	
TU Braunschweig	26	26 %
TU Aachen	22	
TU Stuttgart	21	
TU Erlangen-Nürnberg	21	53 %
Bochum	20	
Dortmund	14	
TU Hamburg-Harburg	13	
Kaiserslautern	12	
TU Darmstadt	10	
Duisburg	9	71 %
7 Universitäten	5 bis 7	85 %
22 Universitäten	1 bis 4	100 %

werden, daß die Neigung, militärisch relevante Forschungsergebnisse in der nichtakademischen Welt zu publizieren, gering ist, so daß der universitäre Sektor womöglich der einzige ist, der auf diesem Gebiet zahlenmäßig bedeutsam publiziert. Unterstellt man eine selektive Geheimhaltungspraxis bei anderen akademischen Institutionen, bedeutet der Spezialisierungsindex in Abbildung 10.3-29 keine übergroße Aktivität der Hochschulen. Besonders schwach schneiden Universitäten im Bereich der Software- und Diensteforschung ab, so daß die Ansicht, die bundesdeutschen Hochschulen litten unter Mittelkürzungen bei Geräteausstattungen, aber nicht so sehr bei computerbezogenen Arbeiten, nicht zutreffend ist.

In Abbildung 10.3-29 ist auch das Spezialisierungsmuster der nichtuniversitären öffentlichen oder halböffentlichen FuE-Stätten mit Ausnahme des HHI und des FI enthalten. Unter dem Schlagwort "Institute" wurden im einzelnen zusammengefaßt: die Max-Planck-Gesellschaft, die Fraunhofer-Gesellschaft, Forschungseinrichtungen des Verteidigungsministeriums, Großforschungseinrichtungen und Fachhochschulen (zusammen N = 98 Publikationen 1986). Insbesondere wurden die

Großforschungszentren wegen sehr niedriger Publikationszahlen nicht separat ausgewiesen. Obwohl sie personell mit beträchtlichen Ressourcen ausgestattet sind (mehr als eintausend Personen im Bereich der Informations- und Kommunikationstechnologie, wobei die Weltraumkommunikation sogar noch herausgerechnet wurde), ergibt sich keine besondere Aktivität im Sinne des Ertrags von Forschung und Entwicklung. Das Spezialisierungsmuster der ganzen Gruppe der sogenannten Institute scheint sich von dem der Universitäten sehr zu unterscheiden; starke Gebiete sind die Funk- und Bildkommunikation sowie die Digitaltechnik neben der Hochfrequenzkommunikation. Die oberflächliche Eindruck wird jedoch durch eine Korrelationsrechnung nicht bestätigt, nach der die beiden Profile in Abbildung 10.3-29 in einem positiven, jedoch nicht signifikanten Zusammenhang stehen.

Abbildung 10.3-29: Spezialisierungsprofile westdeutscher Hochschulen und anderer halböffentlicher Forschungsinstitute im Bereich der Telekommunikation auf der Grundlage von wissenschaftlichen Veröffentlichungen 1986

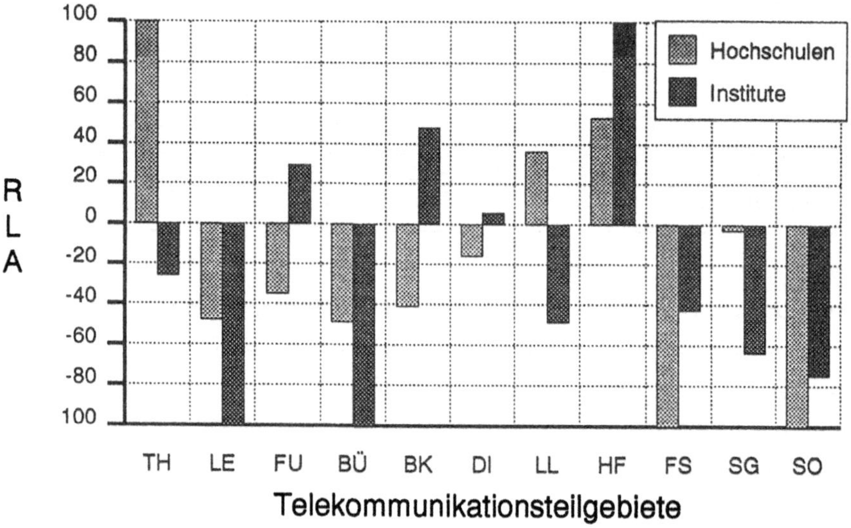

Aus der Sicht der Unternehmen, die befragt wurden, stellen sich die Universitäten und die Hochschulforschung wie folgt dar: Die Hochschulen werden vor allem als Ort einer im internationalen Vergleich guten Ausbildung für Nachwuchskräfte geschätzt. Im Wege von Praktika, Diplomarbeiten und Kooperationen bei Dissertationsvorhaben versuchen die Unternehmen, besonders qualifizierte Nachwuchskräfte für ihr Unternehmen zu interessieren und zu gewinnen. Darüber hinaus arbeiten die meisten Unternehmen mit verschiedenen Universitäten in der Forschung zusammen. Die Zusammenarbeit erfolgt in relativ losen Fachgesprächen, in gemeinsamen Projekten und in der Form der Auftragsforschung. Die Zusammenarbeit ist in der Regel stärker auf einzelne Professoren als auf bestimmte Universitäten orientiert. Von den Unternehmen werden das spezialisierte Know-how der Universitäten und das Vorhandensein teurer spezialisierter Laboreinrichtungen als Grund für die Zusammenarbeit genannt. In diesem Sinne leisten die Universitäten und die universitäre Forschung einen aus der Sicht der Industrie durchaus wichtigen Beitrag zu den nationalen Forschungaktivitäten.

Die Beiträge der Großforschungseinrichtungen zur nationalen Forschung werden von der Fernmeldeindustrie wesentlich kritischer gesehen, insbesondere die Beiträge der bisher auf die Kernforschung ausgerichteten Großforschungseinrichtungen, die verstärkt versuchen, in den Bereich der Informationstechnik hinein zu diversifizieren. Bei diesen Einrichtungen bemängelt die Industrie häufig Inflexibilität und eine geringe Zielorientierung. Das HHI und die Fraunhofer-Institute wurden in den Gespräche regelmäßig von dieser Kritik ausgenommen.

Im Rahmen von Entwicklungsvorhaben arbeiten die Unternehmen nur ganz vereinzelt mit Universitäten zusammen. Enge Zeitpläne, mögliche Regreßansprüche von Auftraggebern bei Terminüberschreitungen und die Gefahr eines Know-how Transfers zu Wettbewerbern stehen einer Einbeziehung von Universitätsinstituten in Entwicklungsprojekte aus Sicht der Unternehmen in der Regel im Wege. Zur Zusammenarbeit zwischen Hochschulen und Unternehmen siehe im übrigen im Abschnitt 10.3.3.

10.4 FAZIT

Das deutsche FuE-System für die Telekommunikation wird in starkem Maße von der Herstellerindustrie getragen. Sie finanziert mehr als vier Fünftel des nationalen FuE-Budgets. Der Staat finanziert über direkte und indirekte FuE-Förderung bei der Industrie sowie in Hochschulen und Forschungsinstituten knapp ein Zehntel. Auf den Netzträger DBP entfallen weniger als zehn Prozent (Abbildung 10.4-1).

Die DBP hat vergleichsweise geringe eigene FuE-Kapazitäten. Die eigene Forschung hat im wesentlichen die Aufgabe, firmenintern unabhängigen Sachverstand zur Beurteilung der technologischen Entwicklung zur Verfügung zu stellen. Die eigenen Entwicklungskapazitäten sind auf die Fortentwicklung von Netzen und Diensten ausgerichtet und nicht auf die Entwicklung von Systemen und Geräten.

Abbildung 10.4-1: Finanzierung und Durchführung von FuE im Telekommunikationsbereich nach Sektoren in der Bundesrepublik Deutschland 1987 (in Mio. US $; Beträge in Kästen beziffern die Durchführung von FuE, Beträge an Pfeilen die Finanzierung)

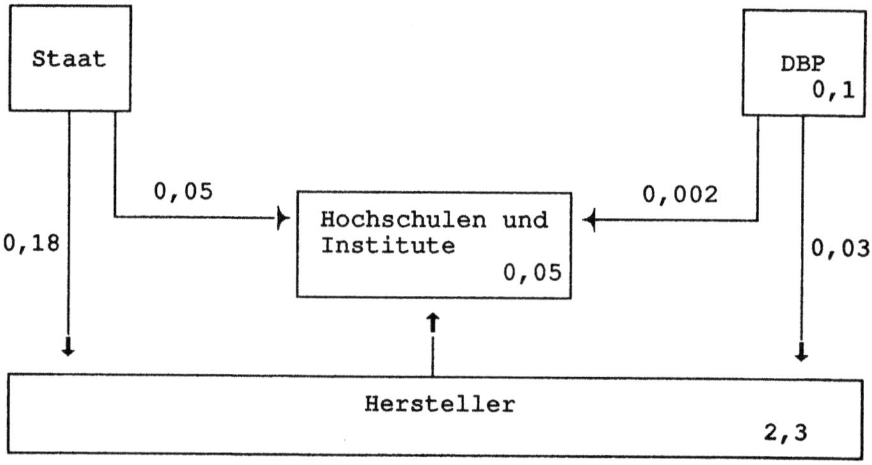

Bis Ende der 70er Jahre war die DBP über Arbeitskreise und ähnliche Gremien stärker in die Entwicklung von Systemen und Geräten durch die Industrie eingebunden. Sie war in diesem Sinne an der Entwicklung beteiligt, ohne selbst eine Entwicklung von Systemen und Geräten durchzuführen. Entwicklungskosten der Hersteller wurden über Beschaffungspreise entgolten, in Abhängigkeit von der Wettbewerbsintensität auf den Beschaffungsmärkten. Mit Beginn der 80er Jahre hat die DBP damit begonnen, sich aus dieser die Entwicklung unmittelbar steuernden Rolle zurückzuziehen. Sie hat ihre Beschaffungsverfahren umgestellt. Neue Beschaffungsverfahren sollen den Innovationswettwerb fördern. Es soll nur noch weltmarktfähige Technik eingekauft und der Inlandsmarkt soll für neue ausländische Wettbewerber geöffnet werden. Dabei soll das Prinzip, FuE über Beschaffungspreise abzugelten, erhalten bleiben.

Aus diesen Zielen folgt ein starkes Interesse der DBP, den Wettbewerb auf der Beschaffungsseite durch neue ausländische Wettbewerber zu intensivieren. Eine solche Entwicklung liegt naturgemäß nicht im Interesse der inländischen Hersteller. Sie schafft für die Hersteller ein Problem, weil mehrere starke ausländische Wettbewerber ihre FuE-Kosten zu einem nicht unerheblichen Teil von den jeweiligen Netzträgern direkt entgolten bekommen. Es gibt Wettbewerbsverzerrungen infolge unterschiedlicher FuE-Finanzierungssysteme, die in Verbindung mit dem europäischen Binnenmarkt besonders kritisch zu beurteilen sind. Zusätzlich kompliziert wird die Lage, weil einzelne inländische

Hersteller über Konzernverflechtungen eng in ausländische FuE-Systeme eingebunden sind.

Die staatliche Technologiepolitik für die Telekommunikation wird von zwei Ministerien, dem BMFT und dem BMP (BMPT), betrieben, wobei BMP und DBP bis zur Postreform 1989 eine Einheit darstellten. Der BMFT hat seit Anfang der 70er Jahre relativ unabhängig von der Post eine direkte staatliche FuE-Förderung im Telekommunikationsbereich verfolgt. Sie war vom finanziellen Volumen her nicht besonders groß verglichen zum nationalen FuE-Budget. Trotzdem hat der BMFT es geschafft, Akzente zu setzen, sowohl im Bereich der öffentlichen Forschungsinfrastruktur (Heinrich-Hertz-Institut) als auch bei den Unternehmen.

Mitte der 80er Jahre hat der BMFT seine Mittel für diesen Bereich dann allerdings stark zurückgenommen, während in den programmatischen Aussagen der Bundesregierung die Wichtigkeit staatlicher Förderung weiterhin betont wurde. Haushaltzwänge des BMFT und die anstehende Postreform, mit bisher nicht geklärten Auswirkungen auf die Aufgabenverteilung bei der staatlichen FuE-Politik im Dreieck BMFT, BMPT und DBP Telekom, haben die Kontinuität der staatlichen Förderung in der Telekommunikation beeinträchtigt. Inzwischen gibt es Hinweise darauf, daß der BMFT seine Förderung wieder auf das alte Niveau anheben wird, allerdings mit inhaltlich anderer Zielsetzung. In Zukunft soll verstärkt die Entwicklung von Technologien gefördert werden, während der Bereich der Entwicklung von Systemen nach Vorstellung des BMFT der Telekom überlassen bleiben soll. Hinsichtlich der staatlichen FuE-Politik gibt es zur Zeit noch einige offene Fragen. Welche FuE-Politik wird die Telekom verfolgen? Inwieweit und mit welcher Zielrichtung entfaltet der BMPT eigene Ressortforschungsaktivitäten? Ebenso unklar ist heute noch die zukünftige Zusammenarbeit dieser drei Akteure in der staatlichen FuE-Politik.

In der Bundesrepublik Deutschland gibt es eine differenzierte Herstellerindustrie, die sich u.a. dadurch auszeichnet, daß sie zu den FuE-intensivsten überhaupt gehört. Siemens verfügt zwar über die mit Abstand größten FuE-Aktivitäten, aber daneben existiert eine Reihe anderer Hersteller, die alleine und im Verbund mit ausländischen Konzernunternehmen über erhebliches FuE-Konkurrenzpotential verfügen. Der Telekommunikationsbereich von Bosch hat vor SEL-Alcatel die zweitgrößten FuE-Aufwendungen. AEG liegt an vierter Stelle. PKI hat erhebliche eigene FuE-Aktivitäten und ist darüber hinaus in den transnationalen FuE-Verbund des Philips-Konzern eingebunden. Neben diesen bekannten Herstellern gibt es eine Reihe mittelgroßer und kleinerer Unternehmen, deren Entwicklungsintensität sich kaum von der der großen Unternehmen unterscheidet. Die großen Unternehmen setzen allerdings in erheblichem Umfang auch

Aufwendungen für mittel- und langfristig ausgerichtete FuE-Aktivitäten ein, die man als angewandte Forschung bezeichnen kann.

Der FuE-Output der Herstellerindustrie gemessen an Patenten und Publikationen entspricht dem Gewicht, das sie bei Finanzierung und Durchführung von FuE einnimnt. Die Industrie vereinigt mehr als 90 % aller Patente auf sich und über 50 % der wissenschaftlichen Publikationen kommen von Autoren, die in der Industrie tätig sind. Die Ausrichtung der Telekommunikations-FuE in der Bundesrepublik unterscheidet sich vom internationalen Trend insofern, als eine stärkere Spezialisierung auf "klassische" Bereiche der Nachrichtentechnik feststellbar ist.

An FuE in der Telekommunikation sind seit Beginn der achtziger Jahre immer höhere Ansprüche gestellt worden. Dies drückt sich darin aus, daß der FuE-Aufwand zwischen 1979 und 1987 auf das Zweieinhalbfache gestiegen ist, die Relation zum Umsatz um 25 %, der Anteil des FuE-Personals an der Beschäftigung von 10,8 % auf 14,5 % und der Anteil der Wissenschaftler am FuE-Personal von 44 % auf knapp 54 %.

In der Vergangenheit hat die BMFT-Förderung in einigen Unternehmen nicht unerheblich zum Aufbau der angewandten Forschung beigetragen. Inzwischen ist die Finanzierung durch die europäischen Forschungsprogramme RACE, ESPRIT und EUREKA wichtiger. Die FuE-Aktivitäten der einzelnen inländischen Unternehmen sind jeweils eingebunden in ein differenziertes Netz von FuE-Kooperationen mit anderen in- und ausländischen Unternehmen und mit öffentlichen Forschungseinrichtungen.

Der Forschungsinput von Universitäten und Forschungsinstituten für die Telekommunikation läßt sich nicht genau ermitteln. Das Publikationsgeschehen zeigt, daß Hochschulen (22 %) und Forschungsinstitute (12 %) einen erheblichen Beitrag zur Forschung leisten. Unternehmen kooperieren in vielfältiger Art und Weise mit den Hochschulen. Das Heinrich-Hertz-Institut und das Institut für Rundfunktechnik sind zwei auf die Telekommunikation spezialisierte Forschungsinstitute im Bereich der öffentlichen Forschungsinfrastruktur. Daneben gibt es Aktivitäten einzelner Großforschungseinrichtungen für die Telekommunikation.

KAPITEL 11: INTERNATIONALER VERGLEICH UND SCHLUSSFOLGERUNGEN

(Von Thomas Schnöring und Hariolf Grupp)

11.1 RAHMENBEDINGUNGEN UND ABGRENZUNGEN

11.1.1 INTERNATIONALER ODER NATIONALER ANSATZ?

Noch vor wenigen Jahren waren die Telekommunikationsmärkte der meisten Industrieländer gegenüber einem internationalem Wettbewerb relativ verschlossen. Auf diese Weise sind in den Ländern unterschiedliche Regulierungsmodelle und Industriestrukturen entstanden und erhalten geblieben. Durch die Entwicklung der letzten Jahre wird diese Situation zunehmend in Frage gestellt werden. Es gibt einen weltweiten Trend zur Liberalisierung der Telekommunikationsmärkte. Politische und Hoheitsaufgaben werden von unternehmerischen und betrieblichen Aufgaben mit dem Ziel abgetrennt, den Marktkräften - bei Wahrung politischer Einflußmöglichkeiten - einen größeren Einflußbereich einzuräumen. Parallel dazu sind bei der Herstellung von Telekommunikationsgeräten und -systemen erhebliche Veränderungen der Industriestruktur zu beobachten. Neue Wettbewerber versuchen, den Markt zu betreten, während die etablierten Herstellern ihre Marktposition über Firmenaufkäufe und Kooperationen zu erhalten und auszubauen suchen. Die Internationalisierung der vormals nationalen Telekommunikationsmärkte schreitet schnell voran. Es ist eine Angleichung der internationalen Arbeitsteilung an das "normale" Muster zu beobachten (Neu, Schnöring 1989).

Den skizzierten Entwicklungstrends liegen komplexe Ursachen- und Wirkungszusammenhänge zugrunde (vgl. Neu, Neumann, Schnöring 1986). Der Übergang von der Analog- zur Digitaltechnik und die Einführung neuer Übertragungstechniken bis hin zur Lichtwellenleitertechnik haben die technischen Grundlagen der Nachrichtentechnik und damit die Grundlagen der auf ihr fußenden Märkte in kurzer Zeit grundlegend verändert. FuE-Aufwendungen für die Telekommunikation sind absolut und relativ zum Umsatz drastisch angestiegen. Für die Entwicklung eines neuen digitalen Fernsprechvermittlungssystems stehen 1 bis 2 Mrd. US $ in Rede. Der Telekommunikationssektor, insbesondere der Herstellerbereich, ist innerhalb weniger Jahre zu einer sogenannten "science-based industry" geworden, vergleichbar mit anderen Bereichen der elektrotechnischen und der chemischen Industrie (Schmoch, Grupp 1991). In solchen Industriezweigen hängt die Wettbewerbsfähigkeit von Unternehmen und Ländern wesentlich vom Umfang und von der Effizienz der unternehmensbezogenen und der nationalen FuE-Aktivitäten ab. Privater und öffentlicher Sektor bilden dabei ein System, das im Zusammenhang betrachtet werden muß (Freeman 1987).

Umfang und Effizienz des FuE-Systems für die Telekommunikation sind auf diese Weise zu einem wesentlichen Faktor für die Entwicklung der Telekommunikationsindustrie geworden. Deshalb wurde dieser empirische Vergleich der FuE-Systeme für die Telekommunikation mit zehn Ländern durchgeführt, wissend daß dieser wie jeder andere internationale Vergleich mit großen methodischen und empirischen Problemen behaftet ist. Ein solcher Vergleich ist notwendig zur Standortbestimmung der nationalen und der europäischen FuE-Politik für die Telekommunikation.

Mit Blick auf die telekommunikationspolitische Diskussion zeigt die Untersuchung Zusammenhänge auf, denen bisher zu wenig Beachtung geschenkt wird. Es zeigt sich eindeutig, daß die internationale Öffnung der Beschaffungspolitik von Netzträgern in einem engen Zusammenhang mit den FuE-Finanzierungssystemen gesehen werden muß, weil die FuE-Finanzierung Einfluß auf die internationale Wettbewerbsfähigkeit der Hersteller hat. Dieser Zusammenhang wird in der Diskussion um den europäischen Binnenmarkt bisher kaum beachtet.

Zwischen dem Wettbewerb bei Netzen und Dienste einerseits und bei Telekommunikationsgeräten und -systemen andererseits besteht ein Zusammenhang. Die Wettbewerbssituation der Netzträger auf ihrer Absatzseite beeinflußt ihre Möglichkeiten zu wettbewerbsverzerrenden Praktiken auf vorgelagerten Geräte- und Systemmärkten. Wenn die direkte FuE-Finanzierung für Geräte und Systeme durch Netzträger bestimmte Grenzen überschreitet, können daraus Wettbewerbsverzerrungen entstehen. Solche Praktiken können entweder aus staatlichen industriepolitischen Vorgaben, aber auch aus dem Kalkül eines vertikal integrierten Netzträger-Hersteller-Konzerns erwachsen, der über Monopolrenten bei Netzen und Diensten verfügt und diese zur internen Subventionierung des im Wettbewerb befindlichen Herstellerbereiches nutzt. Jeder Versuch, die Grenze zwischen "zulässigen" und den Wettbewerb verzerrenden FuE-Finanzierungsmodellen genau zu erfassen, ist theoretisch wie empirisch schwierig. Entsprechende Versuche werden deshalb in dieser Untersuchung nicht unternommen, gleichwohl werden Zusammenhänge offenbar. Die beste Versicherung gegen solche, den Wettbewerb verzerrenden Praktiken ist ein möglichst intensiver Wettbewerb bei Netzen und Diensten in allen Ländern.

Freeman hat am Beispiel Japans eindrucksvoll belegt, daß ökonomischer Erfolg in wissensbasierten Industrien von dem Zusammenwirken einer Vielzahl öffentlicher und privater Einrichtungen abhängt, die erst zusammen ein FuE-System ausmachen (Freeman 1987). Diese FuE-Systeme waren bisher in der Regel national, d.h. länderbezogen organisiert. Insoweit war es aus sachlichen und methodischen Gründen geboten, die vorliegende Untersuchung nach Ländern aufzubauen. Im übrigen sind die zu verwendenden statistischen und sonstigen Quellen auf Länder ausgerichtet und nicht ohne weiteres international vergleichbar. Andererseits ist ein ausschließlich länderbezogenes Herangehen kontraproduktiv, weil sich die weltweite Reorganisation der Telekommunikationsindustrie einer nationalen Betrachtung entzieht und sich nur vor einem weltweiten Hintergrund verstehen läßt.

Die Telekommunikationsgeräte- und Systemmärkte sind durch einen oligopolistischen Wettbewerb internationalisierter Konzerne gekennzeichnet. Landesgrenzen überschreitende konzerninterne FuE-Organisationen sind bei den marktführenden Großfirmen inzwischen ebenso die Regel wie internationale FuE-Kooperationen mit anderen Unternehmen. Die zahlreichen internationale Firmenaufkäufe und Unternehmenszusammenschlüsse der letzten Jahre beschleunigen den Trend zu internationalen FuE-Netzwerken. Multinationale Konzerne zielen mit der Internationalisierung ihrer FuE-Aktivitäten unter anderem darauf ab, die Vorteile und Erkenntnisse der FuE-Systeme mehrerer Länder zu internalisieren und möglichst schnell weltweit in Produkte umzusetzen. Mit dem internationalen "R&D Networking" werden FuE-Ergebnisse zunehmend standortunabhängig. Dies muß bei der Ableitung von wirtschafts- und technologiepolitischen Schlußfolgerungen berücksichtigt werden (vgl. Chesnais 1988). Dieser Aspekt wird bei der Interpretation des nachfolgenden internationalen Vergleiches berücksichtigt, gleichwohl wäre eine die Länderbetrachtung mit den Konzernstrukturen und FuE-Kooperationen stärker verbindende Analyse wünschenswert gewesen. Hier mußte aus Gründen der Forschungsökonomie Beschränkung geübt werden. Hinzu kommt, daß sich die zahlreichen neuen institutionellen Arrangements der letzten Jahre erst mit einiger Verzögerung in empirisch erfaßbaren Veränderungen der FuE-Organisationen niederschlagen werden. Sie wären damit im Rahmen des bis 1987/88 reichenden Untersuchungszeitraumes (siehe Band I, Abschnitt 0.6, S. 40) empirisch noch nicht greifbar gewesen.

Welche Teilgebiete der Telekommunikation im Verlauf dieser Untersuchung examiniert wurden, ist ausführlich in der methodischen Einführung erläutert (siehe Band I, Abschnitt 0.2, S. 8ff). Mit diesen Abgrenzungen wurde sicherlich ein bedeutender Teil der Informationstechnik (im weiteren Sinne) eingeschlossen, ebenso bedeutende Teilbereiche wurden jedoch außer acht gelassen; technologisch sind die Grenzziehungen häufig sehr fraglich. Versteht man unter der Informationstechnologie (früher: Informations- und Kommunikationstechnologie) neben der Nachrichtentechnik die Datenverarbeitung, die Bürokommunikation, die Fernmeß- und Fernwirktechnik sowie die Mikroelektronik (Bauteile, Komponenten), dann wird schnell klar, wie sehr die Teilgebiete der Informationstechnik verflochten sind. Die enge Verbindung von Daten- und sonstiger Kommunikation hat bei der Deregulierung in verschienenen Ländern eine bestimmende Rolle gespielt, die enge Verbindung der Netzwerktechnologie mit mikroelektronischen Komponenten veranlaßte viele Hersteller zu einer Neuorientierung. Dennoch wurde die Daten- und Bürokommunikation sowie die Mikroelektronik soweit als möglich ausgeblendet. Die Fernmeß- und -wirktechnik hingegen wurde neben der militärischen Nachrichtentechnik, der zivilen, öffentlichen Fernmeldetechnik und der optischen Nachrichtentechnik in die Untersuchung miteinbezogen.

11.1.2 GESAMTE FORSCHUNG UND ENTWICKLUNG IM VERGLEICH

Die betrachteten Volkswirtschaften unterscheiden sich in ihrer Forschungsintensität bezogen auf alle Gebiete von Forschung und Technik erheblich. Dies ist einerseits eine Folge der unterschiedlichen Größe der Volkswirtschaften, andererseits aber (bezogen auf Pro-Kopf-Größen) eine Folge der geschichtlichen Entwicklung und der unterschiedlichen Rolle in der weltweiten Technikentwicklung, die die verschiedenen Länder spielen können, müssen oder nicht zu spielen vermögen. Tabelle 11.1-1 gibt einen Überblick über die nationalen FuE-Aufwendungen für alle Gebiete von Forschung und Technik im Jahr 1987 in nominellen Beträgen (US-Dollar nach Kaufkraftparitäten, siehe Band I, S. 21) sowie bezogen auf das jeweilige Bruttoinlandsprodukt. Man erkennt aus der Tabelle, daß die Vereinigten Staaten mehr für Forschung und Entwicklung aufwenden, als alle übrigen neun in der Tabelle erfaßten Länder zusammen (diese nämlich "nur" 123 Mrd. $). Dies liegt daran, daß die Vereinigten Staaten nicht nur die größte Volkswirtschaft der Welt darstellen, sondern gleichzeitig auch eine der höchsten Forschungsintensitäten aufweisen (nämlich 2,9 % des Bruttoinlandsprodukts; übertroffen lediglich noch von Schweden). So liegt dieses Land nicht nur in punkto Absolutbeträge, sondern auch in punkto relativer Aufwendungen an der Spitze.

Tabelle 11.1-1 zeigt aber auch am Ende der Skala Interessantes: Zwischen den Mittelmeerländern Italien und Spanien, beide Mitglieder der EG, klaffen bezüglich der Forschungs- und Entwicklungsintensitäten Welten: Die italienische Wirtschaft ist doppelt so

FuE-intensiv wie Spanien; Südkorea - ein sogenanntes Schwellenland - hat beide inzwischen überrundet. Diese grundsätzlichen FuE-Strukturen haben auch im Bereich der Telekommunikationsindustrie ihre Spuren hinterlassen, die also nicht aus der nationalen Bedeutung der Telekommunikationsindustrie oder dem Umfang und Zustand der jeweiligen Netze abgeleitet werden können.

Tabelle 11.1-1: Überblick über die nationalen FuE-Aufwendungen für alle Gebiete von Forschung und Technik 1987 (Quelle: OECD und nationale FuE-Statistiken)

	US	JP	DE	FR	GB	IT	ES	KR	NL	SE
FuE-Aufwendungen insgesamt in Mrd.$ (alle FuE-Gebiete)	130	46	23	16	16	8	2,1	4,6	4,2	3,5
FuE-Aufwendungen in % der FuE-Aufwendungen der USA	100	35	18	13	12	6	2	4	3	3
FuE-Aufwendungen in % des Bruttoinlandsprodukts	2,9	2,9	2,9	2,3	2,3	1,2	0,6	2,3	2,3	3,0

Ein erhebliches Problem in bezug auf den internationalen Vergleich stellt das recht unterschiedliche Ausmaß von rüstungsbezogener FuE im allgemeinen und im Bereich der Telekommunikation dar. Die Finanzierungsstrukturen unterscheiden sich diesbezüglich zwischen den betrachteten Ländern so sehr, daß von einem "Standardmuster mit Abweichungen" nicht ausgegangen werden kann. Tabelle 11.1-2 belegt, daß der Anteil der staatlichen FuE-Aufwendungen für Rüstung um das 20fache schwankt: Japan und die Niederlande markieren das eine Ende, die Vereinigten Staaten das andere. Die Durchdringung des Telekommunikationsbereichs mit rüstungsbezogenen FuE-Arbeiten stellt daher in manchen Ländern ein großes Abgrenzungsproblem dar, in anderen kann sie fast vernachlässigt werden. Noch relativ einfach ist die Situation in den Vereinigten Staaten zu beurteilen, wo eine recht große Offenheit bezüglich zutreffender statistischer Angaben im Rüstungsbereich vorherrscht und die beteiligten Unternehmen in der Regel getrennte FuE-Stätten und Rechnungssysteme für zivile und militärische Forschung betreiben. In Frankreich gilt der Mangel an FuE-Daten für den Verteidigungsbereich im besonderen; häufig wird er einfach weggelassen. Im Vereinigten Königreich ist die Finanzierungsseite zwar genügend transparent, ziemliche Unklarheit herrscht aber bei der Trennung der FuE-Aufgaben in den Unternehmen. Beispielsweise unterhält das Firmenimperium der GEC in Großbritannien neben dem Geschäftsfeld "zivile Telekommunikation" ein großes Geschäftsfeld "Verteidigungselektronik", das dadurch gekennzeichnet ist, daß es über den eigentlichen Verteidigungsbereich hinausgreift und zivile Kommunikation, Rundfunktechnik und Verkehrsautomatisierung einschließt. Der andere große Rüstungselektronikkonzern in Großbritannien, Plessey, gab gegenüber der Monopolkommission gar an, daß der Geschäftsbereich Forschung und Entwicklung bei Plessey "die Rolle des Katalysators zwischen allen Plessey-Geschäftsfeldern spielt, sowohl den zivilen wie den militärischen" (MMC 1989, 63).

Tabelle 11.1-2: Anteil des staatlichen FuE-Haushaltsansatzes für Rüstung in Prozent der gesamtwirtschaftlichen FuE-Aufwendungen 1987 für die verglichenen Länder (Quelle: OECD und nationale Statistiken)

DE Deutschland BR	5 %
FR Frankreich	22 %
IT Italien	4 %
JP Japan	ca. 2 %
KR Korea Republik	ca. 6 %
NL Niederlande	1 %
SE Schweden	11 %
ES Spanien	5 %
GB Vereinigtes Königreich	24 %
US Vereinigte Staaten	30 %

11.1.3 GROBSTRUKTUR DES INTERNATIONALEN TELEKOMMUNIKATIONSMARKTES

Es würde den Rahmen der Untersuchung sprengen, wenn die weltweite Struktur des Telekommunikationsmarktes bei Geräten und Diensten im einzelnen dargestellt werden müßte. Deshalb nur ein kurzer Blick auf grobe Strukturen. Die dabei zugrundegelegte Abgrenzung ist auf die zivile Telekommunikation beschränkt.

Der Weltmarkt für (zivile) Telekommunikationsgeräte 1987 wird auf etwa 89 Mrd. US $ geschätzt, das Weltmarktvolumen für Telekommunikationsdienste auf 325 Mrd. US $, d.h. der Gerätemarkt beläuft sich auf rund ein Fünftel des gesamten Telekommunikationsmarktes. Bei den Geräten wird für die nächsten Jahre von einem nominalen Wachstum von rund 7 % ausgegangen, bei Diensten von knapp 10 %, d. h. die Marktanteile werden sich weiter zugunsten der Dienste verändern.

Hinsichtlich der Produktstruktur bei den Geräten gelten für 1987 folgende Faustregeln: Der Markt für öffentliche Vermittlungstechnik und der Markt für Übertragungstechnik machen jeweils rund ein Viertel des gesamten Marktes aus. Auf Endgeräte entfallen knapp 20 % der Umsätze, auf private Nebenstellenanlagen (private Vermittlungstechnik) knapp 15 %. Die restlichen Marktanteile entfallen auf verschiedene sonstige Produkte. Bei den Telekommunikationsdiensten entfallen immer noch über 90 % des Umsatzes auf den Telefondienst. Allerdings werden sich infolge des überproportionalen Wachstums der non-voice Dienste die Anteile in Zukunft rasch zugunsten der anderen Dienste verschieben.

Mit Blick auf die geographische Struktur der Märkte kann man von folgender Grobstruktur ausgehen. Bei Telekommunikationsgeräten entfallen auf Nordamerika etwa 33 % des Marktes, auf die EG knapp 25 % und auf das restliche Westeuropa noch einmal 4 %. Der Anteil Japans beträgt 10 %, der des ehemaligen RGW 12 % und der der restlichen Welt 15 %. Die industrialisierte Welt stellt damit bisher die eindeutig dominierenden Märkte. Im großen und ganzen entspricht die relative Größe der regionalen Dienstemärkte der der Gerätemärkte, nur bei den USA ist der Anteil am Weltumsatz bei Diensten deutlich höher (36 %) als bei Geräten (30 %).

Die Konzentration auf dem weltweiten (zivilen) Telekommunikationsgerätemarkt ist erheblich. Sie ist aber nicht so groß wie häufig angenommen. Es entfielen im Jahr 1987 auf die drei größten Konzerne ein Viertel und auf die zehn größten knapp die Hälfte des Umsatzes. Die fünfzehn größten Konzerne hatten einen Marktanteil von 55 %, wie einer neueren Studie zu entnehmen ist (Eurostrategies 1989). Allerdings hat die Konzentration seitdem durch verschiedene Firmenzusammenschlüsse wie zwischen Siemens und GPT inzwischen weiter zugenommen. Es gibt Marktsegmente wie die öffentliche Fernsprechvermittlungstechnik, auf denen die Konzentration wesentlich größer ist als im Durchschnitt des Marktes.

Das Engagement der großen Hersteller im Telekommunikationsmarkt unterscheidet sich erheblich: Das Umsatzvolumen der Großen divergiert erheblich. Der Marktführer AT & T führt mit weitem Abstand vor den Verfolgern. Die Unternehmen sind ferner unterschiedlich stark auf den Telekommunikationsmarkt spezialisiert (Tabelle 11.1-3). Ihre Produktbreite innerhalb der Telekommunikation variert erheblich. Selbst große Hersteller bedienen nicht alle Marktsegmente. Auch die räumliche Diversifikation des Absatzes divergiert. So sind AT & T, Northern Telecom und GTE traditionell stark auf den nordamerikanischen Markt ausgerichtet, während die japanischen Firmen relativ hohe Exportquoten aufweisen. Bei den großen europäischen Hersteller kann man wenigstens zwei Gruppen ausmachen. Eine im wesentlichen auf den jweiligen Heimmarkt ausgerichtete Gruppe, zu der Bosch, Italtel und GPT zählen, und eine stärker auf Auslandsmärkte orientierte Gruppe mit Alcatel, Siemens, Ericsson und Philips. Dabei stehen meist europäische Auslandsmärkte im Vordergrund. All diese Faktoren wirken sich auf die Strategie der Unternehmen aus und müssen bei der Erklärung unterschiedlicher FuE-Strategien berücksichtigt werden.

Betrachtet man den Weltabsatzmarkt für (zivile) Telekommunikation, dann decken die in die vorliegende Untersuchung einbezogenen zehn Länder mehr als zwei Drittel ab (Abbildung 11.1-1). Ihr Anteil an den Weltausfuhren liegt mit 80 bis 90 % noch darüber, da die Untersuchung alle großen Hersteller erfaßt. Insoweit kann man davon ausgehen, daß sie ein weitgehend repräsentatives Bild der weltweiten FuE-Aktivitäten für die Telekommunikation zeichnet.

Abbildung 11.1-1: Weltmarkt (ziviler) Telekommunikationsgeräte 1987 nach Ländern, die in der vorliegenden Untersuchung enthalten sind (in %) (Quelle: Telecommunications Research Centre 1988, eigene Berechnungen)

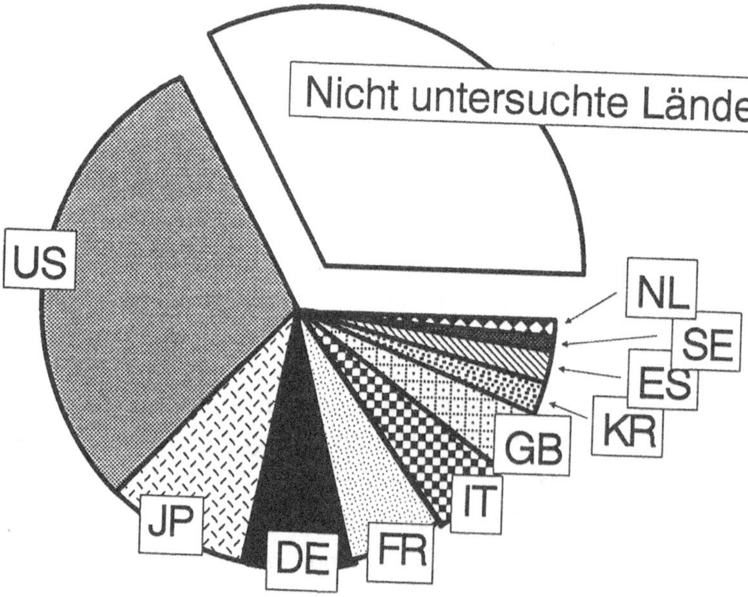

Tabelle 11.1-3: Überblick über die weltgrößten Hersteller von Telekommunikationsgeräten 1987 (Quelle: IDATE, Geschäftsberichte, Eurostrategies, eigene Berechnungen)

Rang	Herstellergruppe	Telekommunikationsgeräteumsatz in Mrd. US $	in % des Umsatz[a)]	Mutterland
1	AT & T [b)]	11,9	29	USA
2	Alcatel NV	8,2	79	Frankreich
3	Siemens	5,1	24	Bundesrepublik Deutschland
4	Northern Telecom	4,8	100	Kanada
5	NEC	4,1	32	Japan
6	Ericsson	3,3	90	Schweden
7	Motorola	3,1	52	USA
8	Bosch	2,5	23	Bundesrepublik Deutschland
9	GPT	2,3	100	Großbritannien
10	IBM	2,1	4	USA
11	Fujitsu	1,6	16	Japan
12	Philips	1,5	6	Niederlande

a) Schätzungen; Umrechnungsfaktor der nationalen Währungen mit Kaufkraftparitäten in US $.
b) Geschäftsbereich "sale of products"; Umsatzanteil nur eingeschränkt mit anderen vergleichbar.

11.2 ARBEITSTEILUNG BEI FuE FÜR DIE TELEKOMMUNIKATION

11.2.1 NIVEAU DER FuE-AUFWENDUNGEN

Tabelle 11.2-1 und Abbildung 11.2-1 zeigen das Niveau der FuE-Aufwendungen in den zehn betrachteten Länder. Die FuE-Aufwendungen reflektieren zunächst einmal die Größe der Volkswirtschaften. Insofern kann es nicht überraschen, daß die USA das mit Abstand größte FuE-Budget aufweisen. Es folgen Japan, die Bundesrepublik Deutschland, Großbritannien und Frankreich. Die Relation der Budgets entspricht in etwa den Größenverhältnissen der jeweiligen Volkseinkommen.

Abbildung 11.2-1: Nationale FuE-Aufwendungen für Telekommunikation 1987 in Absolutbeträgen (US $) und in % aller FuE

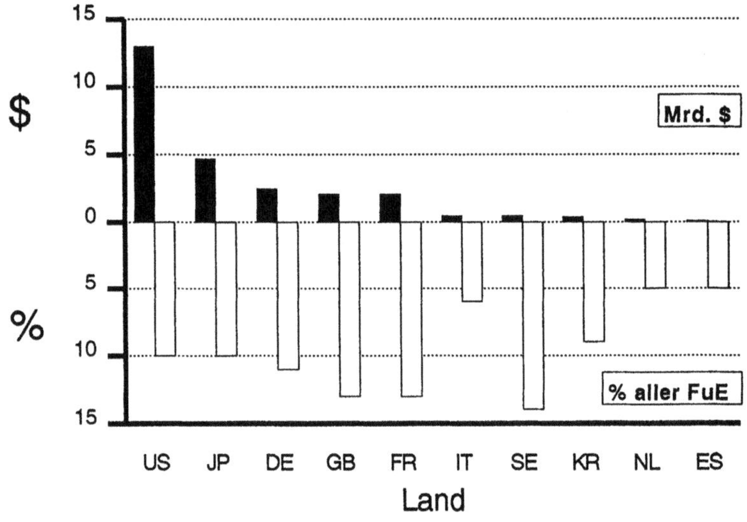

Alle Länder geben einen bemerkenswert großen Teil ihres gesamten nationalen FuE-Budgets für Telekommunikation aus. Die Anteile liegen zwischen 5 % in Spanien und den Niederlanden sowie 14 % in Schweden. Dies unterstreicht den hohen Stellenwert, der dem Telekommunikationssektor gegenwärtig überall zugemessen wird. Als überraschend groß erweisen sich die FuE-Anstrengungen von Süd-Korea. Das Land hat seine FuE-Aktivitäten seit Mitte der 80er Jahre stark ausgeweitet, und sein FuE-Budget übertrifft inzwischen das der Niederlande. Diese Entwicklung läßt vermuten, daß koreanische Unternehmen in Zukunft nicht mehr nur als preisgünstige Anbieter, sondern auch als Innovationswettbewerber in Erscheinung treten werden.

Bei der FuE-politischen Beurteilung des niederländischen FuE-Budgets ist eine gewisse Vorsicht geboten. Die Internationalisierung von FuE innerhalb des vorherrschenden Philips-Konzerns schlägt sich hier besonders drastisch nieder. Der Konzern unterhält nicht nur ausgelagerte Produktionsstätten, sondern eine Reihe großer und namhafter FuE-Laboratorien in der Bundesrepublik Deutschland, in Großbritannien, in den USA und in anderen Ländern. Weil der Konzern Stillschweigen über die Verteilung der konsolidierten FuE-Bilanz nach Geschäftsbereichen und Ländern bewahrt, ist eine Einschätzung nur aufgrund der amtlichen nationalen Angaben möglich. Diese berücksichtigen aber jeweils nur die Forschungsstätten, die sich im Lande befinden. Deshalb können im Falle der Niederlande lediglich die FuE-Aktivitäten von Philips in den Niederlanden einbezogen werden, die für den Geschäftserfolg und die Bedeutung des Konzerns im Bereich der Telekommunikation nicht allein relevant sein mögen. Insofern trifft der geringe Anteil für die Niederlande gemäß Abbildung 11.2-1 auf die Lokalisierung der inländischen Forschungsstätten durchaus zu, sie gibt aber nicht notwendigerweise das Gewicht und die Marktmacht der aus Holland gesteuerten telekommunikationsbezogenen Aktivitäten wieder.

Tabelle 11.2-1: FuE-Aufwendungen für Telekommunikation 1987[a)]

	US	JP	DE	FR	GB	IT	SE	KR	NL	ES
1. FuE-Aufwendungen für Telekommunikation (in Mrd. US $)	13	4,7	2,5	2,1	2,1	0,5	0,48	0,41	0,2	0,11
a) für den militärischen Bereich (in Mrd. US $)	5	~ 0	~0,2	1,0	0,7	k.A.	~0,1	k.A.	~ 0	k.A.
b) für den zivilen Bereich (in Mrd. US $)	8	4,7	2,3	1,1	1,4	k.A.	0,38	k.A.	0,2	k.A.
2. FuE-Aufwendungen für Telekommunikation in % der gesamten nationalen FuE-Aufwendungen	10	10	11	13	13	6	14	9	5	5

a) Schätzungen; Umrechnungsfaktor der nationalen Währungen mit Kaufkraftparitäten in US $

FuE-Aufwendungen im militärischen Bereich müssen bei Untersuchungen der zivilen Telekommunikationsmärkte insoweit mit berücksichtigt werden, als sie spill-over Effekte für den zivilen Bereich auslösen. Die Interviews mit Firmen haben Beispiele für spill-over Effekte erbracht, insbesondere bei der Funktechnik; insgesamt war aber die Einschätzung vorherrschend, daß in der Telekommunikation Tempo und Richtung der technolo-

Abbildung 11.2-2: Vergleich der nationalen FuE-Aufwendungen für zivile Telekommunikation mit allen Gebieten nationaler Forschung und Entwicklung 1987

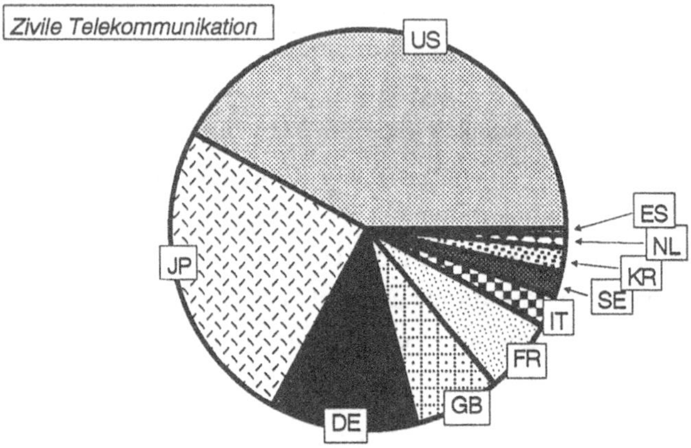

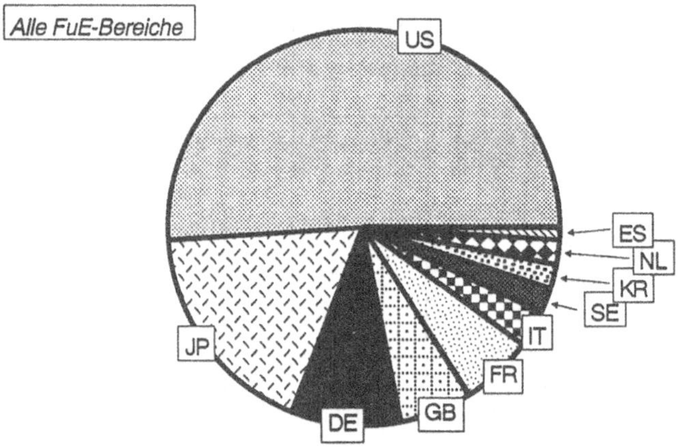

gischen Entwicklung zunehmend vom zivilen Bereich bestimmt werden. Deshalb beschränkt sich die weitere Betrachtung der FuE-Budgets in diesem zusammenfassenden Abschnitt auf die zivile Telekommunikation. Dabei ist aber im Auge zu behalten, daß in den USA, Frankreich, Großbritannien und Schweden der Anteil der FuE-Aufwendungen im militärischen Bereich vergleichsweise groß ist. Insoweit spill-over Effekte eine Rolle spielen, wird damit die technologische Stärke gerade dieser Länder tendenziell unterschätzt. Bei den Ländern, für die Angaben zur Aufteilung der FuE nicht vorliegen, wird das gesamte Budget dem zivilen Sektor zugeschlagen.

Abbildung 11.2-2 gibt einen Überblick über die Verteilung der zivilen FuE-Aufwendungen für die Telekommunikation auf die zehn Länder. Dabei zeigt sich die absolute Dominanz der USA. Ein Vergleich mit den Relationen der gesamten nationalen FuE-Budgets zeigt allerdings, daß die Spezialisierung der USA auf die Telekommunikation unterdurchschnittlich stark ausgeprägt ist. Die Position von Schweden, der Bundesrepublik Deutschlands und vor allem Japans ist demgegenüber bei der Telekommunikation überdurchschnittlich gut.

11.2.2 ROLLE DER NETZTRÄGER

Die Höhe der FuE-Budgets der Netzträger und die Verzahnung ihrer FuE-Aktivitäten mit denen von Herstellern, Hochschulen und Forschungsinstituten unterscheidet sich wesentlich von Land zu Land. Zusätzlich üben die Netzträger über ihre Beschaffungspolitik, über ihre Standardisierungspolitik und andere Wege jeweils maßgeblichen Einfluß aus.

Abbildung 11.2-3 zeigt die Finanzierungsbeiträge des Sektors Netzträger. Sie unterscheiden sich ganz erheblich und reichen von 60 % in Frankreich bis zu 7 % in der Bundesrepublik Deutschland. Dazwischen gibt es ein breites Mittelfeld, indem sich die Finanzierungsanteile der Netzträger relativ wenig unterscheiden und um 20 % schwanken.

Abbildung 11.2-3: Finanzierungs- und Durchführungsanteile der Netzträger am FuE-Budget für zivile Telekommunikation 1987

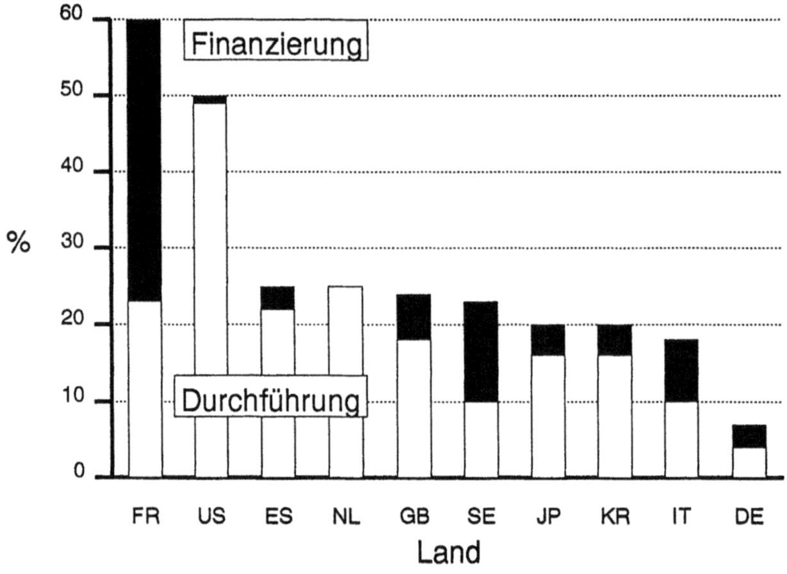

Die Finanzierung deckt sich nicht mit der Durchführung von FuE. In einigen Ländern fließt ein großer Teil der FuE-Aufwendungen der Netzträger in die Finanzierung externer FuE bei Herstellern, Hochschulen und Forschungsinstituten. Abbildung 11.2-3 zeigt außerdem, welcher Anteil der nationalen FuE von den Netzträgern durchgeführt wird. Man erkennt, daß Frankreich seinen ersten Rang verliert und bei der Durchführung im Mittelfeld rangiert. Schweden rückt gemeinsam mit Italien an die vorletzte Stelle, während die DBP auch bei dieser Betrachtung den kleinsten Beitrag leistet.

Die Situation in den USA ist mit den anderen Ländern insoweit nicht zu vergleichen als die großen Netzträger AT&T und GTE gleichzeitig Hersteller, d.h. vertikal integrierte Netzträger sind und mit ihren gesamten FuE-Aufwendungen dem Netzträgersektor zugerechnet wurden. Eine Aufteilung des FuE-Budgets dieser Unternehmen ist nicht möglich. Von daher waren auffallend große Finanzierungsbeiträge des Sektors Netzträger zu erwarten. Bei näherer Betrachtung weisen aber auch alle anderen untersuchten nationalen FuE-Systeme Elemente intensiver FuE-Kooperation von Netzträgern und Herstellern bis zu einer quasi-vertikalen Integration der Netzträger mit ausgewählten nationalen Herstellern auf.

In der wissenschaftlichen Diskussion werden eine Reihe von Argumenten vorgebracht, die für einen intensiven FuE-Verbund von Netzträgern und Herstellern sprechen. Ein vertikal integriertes System bietet bessere Möglichkeiten zur Aneignung der Ergebnisse von FuE, weil a priori häufig nicht absehbar ist, ob FuE-Aktivitäten dem Hersteller- oder dem Netzträgerbereich nutzen werden. Deshalb ist im Falle der vertikalen Integration, so das Argument, mit höheren FuE-Aufwendungen zu rechnen (Olley 1982; Noll, Owen 1987). Darüber hinaus wird argumentiert, daß die Entwicklung von Telekommunikationssystemen einen dauerhaften intensiven Dialog zwischen Netzträger und Hersteller voraussetzen, der in einem Konzernverbund besser zu realisieren sei (Mowery 1987). Ökonomisch gesprochen gibt es demnach Verbundvorteile bei der Entwicklung von Geräten und Systemen auf der einen und der Entwicklung und dem Betrieb von Netzen und Diensten auf der anderen Seite. Diese beiden Argumente haben in der Debatte um die Entflechtung des Bell-Systems in den USA Anfang der 80er Jahre eine Rolle gespielt. Die Vertreter des Bell-Systems haben sie gegen die Entflechtung ins Feld geführt. Mit ihnen wurde die Erwartung begründet, daß sich die Entflechtung negativ auf die amerikanischen FuE-Aktivitäten im Telekommunikationssektor auswirken würde. Die bisherige Entwicklung nach der Entflechtung verläuft allerdings anders als nach dieser Argumentation zu erwarten gewesen wäre (vgl. Harris, 1990, und Band I, S. 106-108).

Für die vertikale Integration wird auch ins Feld geführt, daß die Hersteller angesichts stark gewachsener FuE-Aufwendungen für neue Systeme und des damit einhergehenden hohen Investitionsrisikos relativ sichere Absatzerwartungen brauchen. Diese sind im Falle der vertikalen Integration oder durch die Stellung eines bevorzugten Lieferanten gegeben und wirken sich, diesem Argument zufolge, positiv auf die FuE-Aktivitäten und die Wettbewerbsposition der Hersteller aus (Wavermann 1990).

Die mit diesem Buch (auch Band I) vorliegenden Länderstudien und andere Untersuchungen weisen aber auch auf Probleme hin, die mit einer vertikalen Integration bzw. einem zu engen FuE-Verbund von Netzträgern und Herstellern verbunden sein können.

Der FuE-Wettbewerb wird nämlich beschränkt und es besteht das Risiko, daß die Entwicklung neuer Systeme stark auf die Anforderungen und Spezifikationen der jeweils beteiligten Netzträger ausgerichtet wird. Letzteres kann die Exportmöglichkeiten beeinträchtigen und damit die Möglichkeit, fixe FuE-Aufwendungen auf größere Stückzahlen zu verteilen. Eine von Beginn an international und nicht auf die Bedürfnisse des nationalen Netzträgers ausgerichtete Systementwicklung begünstigt demgegenüber die Exportmöglichkeiten. Dies zeigt Wavermann in einer Fallstudie für Kanada (Wavermann 1990) am Beispiel der Vermittlungstechnik von Northern Telecom und auch die hier vorgestellten Länderstudien geben Hinweise darauf, daß zu stark auf den Inlandsmarkt orientierte Entwicklungsprozesse die Exportmöglichkeiten beeinträchtigen können. Beispiele sind die Entwicklung des Fernsprechvermittlungssystems EWSA in der Bundesrepublik Deutschland, das in Japan für die NTT entwickelte Fernsprechvermittlungssystem, das international nicht verkäuflich ist, und die Entwicklung des britischen System X (siehe Band I, Kapitel 2 und 4).

Das Gewicht der Argumente für und gegen eine enge FuE-Kooperation bis hin zur vertikalen Integration von Netzträgern und Herstellern variiert mit der Art der Geräte und Systeme. Bei Endgeräten sind die Argumente für einen FuE-Verbund wesentlich schwächer zu gewichten, da ihre Schnittstellen mit dem Netz weitgehend standardisiert und die FuE-Aufwendungen vergleichsweise gering sind. Anders bei Vermittlungssystemen. Hier sind das notwendige, nicht über Schnittstellendefinitionen allgemein zugängliche Know-how und die Höhe der FuE-Aufwendungen wesentlich stärker zu gewichten und damit die Argumente für einen intensiven FuE-Verbund höher zu bewerten. Diesem tragen die nationalen FuE-Systeme der untersuchten Länder insoweit Rechnung, als die nationale FuE-Kooperation von Netzträgern und Herstellern in der Regel mit der Komplexität der Systeme wächst.

Den vorliegenden Länderstudien nach haben diejenigen FuE-Systeme mittel- und langfristig die größten Erfolgsaussichten, denen es gelingt, die Vorteile einer engen und dauerhaften FuE-Kooperation zwischen Netzträgern und Herstellern hinsichtlich des Know-how-Flusses und der Bereitschaft zur Übernahme großer FuE-Risiken zu kombinieren mit einer von Beginn an internationalen Ausrichtung der Entwicklungsaktivitäten und einem über Wettbewerb vermittelten Druck auf die Effizienz von FuE und Produktion bei den Herstellern. Man kann verschiedene Mechanismen in Gang setzen, um ein solches FuE-System aufzubauen, das kooperative und wettbewerbliche Elemente verbindet. Die FuE-Systeme der untersuchten zehn Länder stellen alle eine unterschiedliche Mischung kooperativer und wettbewerblicher Elemente dar. Die Strukturen sind weitgehend isoliert aus nationalen Traditionen gewachsen und waren dem internationalen Wettbewerb lange Zeit weitgehend entzogen.

Bei der Analyse der FuE-Politik der Netzträger ist zu beachten, daß die Regierungen vieler Länder in bezug auf die Herstellerindustrie allgemeinere industriepolitische Ziele verfolgen und dementsprechend "sachfremd" auf die FuE-Politik der Netzträger einwirken. Dies ist insofern relativ leicht möglich, weil sich die Netzträger häufig im Eigentum des Staates befinden oder staatlich reguliert werden. Außerdem haben die Netzträger über Monopolrechte meist die finanziellen Möglichkeiten, ihre FuE-Aufwendungen über das unternehmerisch optimale Maß hinaus auszudehnen. Solche "Über"-Investitionen in FuE können über entsprechende Know-how Transfermechanismen der Herstellerindustrie zugänglich gemacht werden und ihr bessere Exportchancen eröffnen. Faktisch gibt es derzeit weltweit keinen großen nationalen Netzträger, der seit längerem einem so intensiven Wettbewerb ausgesetzt ist, daß man an seinem Verhalten ein im wesentlichen wettbewerblich determiniertes FuE-Verhalten eines Netzträgers beobachten könnte. Deshalb ist das "normale" Maß an FuE-Aufwendungen eines Netzträgers empirisch nicht beobachtbar und muß eine theoretische Fiktion bleiben. (Im übrigen müßte es mindestens zwei seit längerem derartig wettbewerbende Netzbetreiber geben, um die entsprechenden Beobachtungen anzustellen.)

Faktisch tritt die FuE-Kooperation von Netzträgern und Herstellern bis hin zur quasivertikalen Integration in den untersuchten Ländern in vielen verschiedenen Formen auf:

- Es gibt gemeinsame FuE-Tochtergesellschaften von Netzträgern und Herstellern.
- Es gibt bezahlte FuE-Aufträge der Netzträger an die Hersteller, bei denen die Hersteller das gewonnene Know-how weitgehend unentgeltlich auf Drittmärkten nutzen dürfen.
- Es gibt FuE-Verbundprojekte von Netzträgern und Herstellern, die einen Know-how Transfer und eine Teilung von FuE-Aufwendungen ermöglichen.
- Es gibt bezahlte Pilotvorhaben der Netzträger mit den Herstellern.
- Es gibt fast in allen Ländern gemeinsame Arbeitskreise zur Spezifikation neuer Systeme,
- es gibt Patentaustauschverträge
- und anderes mehr.

Die Grenzen zwischen normaler FuE-Kooperation von unabhängigen Unternehmen und einer quasi-vertikalen Integration sind fließend und sowohl theoretisch als auch empirisch schwer zu erfassen. Je stärker man von einer einheitlichen Zielfunktion für die kooperierenden Unternehmen ausgehen kann, desto eher erscheint es gerechtfertigt, von einer quasi-vertikalen Integration der kooperierenden Unternehmen zu sprechen. Weitere Kriterien sind die Dauerhaftigkeit und die Exklusivität der FuE-Kooperation, die andere Hersteller von einer Teilhabe ausschließt.

Die externen Finanzierungsbeiträge der Netzträger zum nationalen FuE-Budget (Abbildung 11.2-3) können als ein Indikator - neben anderen - für die Stärke der FuE-Kooperation bzw. quasi-vertikalen Integration von Netzträgern und Herstellern und für die Einflußnahme der Netzträger auf FuE außerhalb des eigenen Unternehmens angesehen werden. Dabei wird unterstellt, daß die Intensität der Kooperation und der Einflußnahme mit den externen Finanzierungsbeiträgen wächst. Die Länderstudien zeigen gleichwohl, daß in manchen Ländern die Netzträger über andere Mechanismen Einfluß auf die FuE-Aktivitäten der Hersteller ausüben und mit diesen eng kooperieren.

Nach dem Anteil und Umfang externer FuE-Aufwendungen ist die quasi-vertikale Integration des FuE-Systems in Frankreich besonders stark ausgeprägt. Die Länderstudie zeigt, daß France Télécom bis in die jüngste Vergangenheit das nationale FuE-System dominiert hat. Mit großen eigenen FuE-Aktivitäten, über Verbundprojekte mit der Industrie, durch Entwicklungsaufträge an die nationalen Hersteller sowie mit der Finanzierung von Forschungsinstituten und von staatlichen Forschungsprogrammen hat France Télécom zum einen großen Einfluß auf das gesamte französische FuE-System für die Telekommunikation. France Télécom übernimmt damit gleichzeitig einen erheblichen Teil des technologischen und des finanziellen Risikos, das mit FuE verbunden ist. Auf diese Weise kann France Télécom das französische FuE-System weitgehend auf seine Bedürfnisse und Ziele ausrichten. Dabei ist zu berücksichtigen, daß France Télécom eine staatliche Fernmeldeverwaltung und damit in vielerlei Hinsicht Bestandteil und Träger einer industriepolitischen Strategie der französischen Regierung ist. France Télécom verfolgt mit seiner FuE-Politik nicht allein unternehmenspolitische, sondern auch industriepolitische Ziele für den Herstellerbereich. Die Strukturen des französischen Telekommunikationssektors lassen vermuten, daß ein Teil der Monopolrente von France Télécom zur Finanzierung technologie- und industriepolitisch begründeter FuE-Aktivitäten genutzt wird. Mit Blick auf die rein unternehmenspolitischen Zielsetzungen von France Télécom kann diese Situation durchaus als eine Belastung angesehen werden.

In Schweden sind die externen Finanzierungsbeiträge des Netzträgers Televerket ebenfalls relativ groß (Abbildung 11.2-3). Zum einen hat die Regierung Televerket eine sektorbezogene technologiepolitische Verantwortung übertragen. Dies begründet eine Teilfinanzierung von FuE-Progammen an Hochschulen und Instituten. Zum anderen betreibt Televerket eine gemeinsame FuE-Tochtergesellschaft mit der großen schwedischen Herstellerfirma Ericsson. Netzträger und Hersteller teilen sich auf diese Weise die Entwicklungskosten komplexer Systeme, insbesondere bei der Vermittlungstechnik. Das schwedische FuE-System ist durch intensive Kooperation von Netzträger und dominantem Hersteller geprägt. Am Beispiel des mehrjährigen Entwicklungsprozesses des Fernsprechvermittlungssystems AXE ist die enge Zusammenarbei und der Beitrag von Televerket auf der einen und von Ericsson auf der anderen Seite gut nachvollziehbar. Vgl. dazu Molina (1990) und Kapitel 9 dieses Buches. Televerket und Ericsson machen sich insgesamt wenig Wettbewerb, obgleich Televerket selbst Geräte und Systeme herstellt und mit der Liberalisierung der schwedischen Endgerätemärkte das Potential für Wettbewerb prinzipiell gewachsen ist. Televerket und Ericsson haben im Grunde eine Marktaufteilung abgesprochen, bei der Televerket den schwedischen und Ericsson die ausländischen Märkte bedient. Televerket gehört seit langem zu den innovativsten Netzträgern. Die FuE-Intensität des Unternehmens ist hoch (Tabelle 11.2-2 weiter unten). Außerdem ist die schwedische Industrie infolge des kleinen Binnenmarktes generell stark weltmarktorientiert. Es gibt einen nationalen Konsens, daß Industrieunternehmen ihre FuE-Aktivitäten an den Erfordernissen des Weltmarktes ausrichten müssen. Dieses allgemeine Bewußtsein hat mit dazu beigetragen, daß die hervorgehobene Rolle von Televerket im nationalen FuE-System nicht zu einer zu starken Orientierung von FuE auf den schwedischen Markt geführt hat. Darüber hinaus finanziert Ericsson mehr als die Hälfte des FuE-Budgets und hat von daher starken Einfluß auf die Ausrichtung von FuE. Das Unternehmen ist unter den großen Herstellern mit am stärksten auf ausländische Absatzmärkte orientiert und hat von daher ebenfalls starke Anreize, das schwedische FuE-System auf die Erfordernisse des Weltmarktes auszurichten. Schweden verfügt damit über ein vertikal integriertes, von dem nationalen Netzträger stark mit beeinflußtes, aber gleichwohl auf die Erfordernisse des Weltmarktes ausgerichtetes FuE-System für die Telekommunikation.

In Italien ist die tatsächliche und die quasi-vertikale Integration ebenfalls relativ stark ausgeprägt. Der größte italienische Netzträger SIP und der mit Abstand größte Hersteller Italtel gehören mit einigen weiteren kleinen Netzträgern und Herstellern zum staatlichen IRI/STET-Konzern. Der Konzern hat eine FuE-Tochtergesellschaft CSELT, die für die Konzernunternehmen einen Teil der FuE-Aktivitäten durchgeführt. Auf diese Weise gibt es eine intensive Vernetzung der FuE-Aktivitäten von Netzträgern und Herstellern. Der Staat ist über seine Eigenschaft als Anteilseigener in dieses System eingebunden. Die Verzahnung der Aktivitäten in Italien wird durch den immerhin erheblichen externen Finanzierungsanteil des Netzträgersektors (Abbildung 11.2-3) möglicherweise doch nur unzureichend reflektiert. Die intensive Vernetzung der italienischen FuE-Aktivitäten geht gemäß Kapitel 5 aber nicht mit einer einheitlichen Ausrichtung der FuE-Aktivitäten einher. Es gibt im Gegenteil starke Überlappungen, so daß die potentiellen Synergieeffekte letztlich nicht in Markterfolge umgesetzt werden. Dies zeigt sich z. B. an der relativ schwachen Weltmarktposition Italiens bei Telekommunikationsgeräten und an dem Zusammengehen von Italtel mit AT&T, was nach Einschätzung vieler Beobachter nicht zuletzt auf eine technologische Schwäche Italtels zurückzuführen ist.

In Großbritannien ist der Anteil der externen Finanzierungsbeiträge des Netzträgers Britisch Telecom (BT) - inzwischen - vergleichsweise klein (Abbildung 11.2-3). BT verfügt über erhebliche eigene FuE-Aktivitäten. Noch vor wenigen Jahren war BT in größerem Umfang in gemeinsamen FuE-Projekten mit den drei großen britischen Herstellern GEC, Plessey und STC engagiert, und BT hat diesen Firmen Entwicklungsaufträge für Geräte und Systeme gegeben. Prominentes Beispiel ist die wechselvolle Geschichte der Entwicklung des britischen Fernsprechvermittlungssystems System X (vgl. Band I, S. 369ff, und Molina 1990). Inzwischen hat BT das Modell der bezahlten kooperativen Entwicklung von Systemen unter eigener Führung weitgehend aufgegeben, nicht zuletzt wegen der schlechten Erfahrungen bei System X. Die veränderten ordnungspolitischen Rahmenbedingungen, die BT ein stärker an eigenen Unternehmenszielen ausgerichtetes Verhalten nahelegen, haben ein übriges dazu beigetragen. In Großbritannien hat sich die ehemals enge FuE-Kooperation bis hin zur quasi-vertikalen Integration von BT mit den großen nationalen Herstellern, bei der BT die Entwicklungsziele vorgegeben hat, weitgehend aufgelöst.

In Japan verfügt der Netzträger NTT über umfangreiche eigene FuE-Ressourcen, und die FuE-Intensität des Unternehmens ist in der Gruppe der Netzträger mit am größten (Tabelle 11.2-2 unten). Die externen Finanzierungsbeiträge von NTT sind schwer zu erfassen (siehe Band I, S. 208ff), aber doch wohl relativ gering (Abbildung 11.2-3); gleichwohl ist die FuE-Kooperation von NTT mit den vier großen Herstellerfirmen des Landes sehr eng. In Teilbereichen kann man durchaus von einer Führungsrolle der NTT sprechen. Dabei kommen entsprechend den generellen Prinzipien der japanischen FuE-Politik andere Mechanismen zum Einsatz. Es gibt gemeinschaftliche Entwicklungsvorhaben von NTT mit den vier großen Herstellern bei komplexen Systemen, wie Fransmann dies aufbauend auf eine frühe Analyse durch Hills (1975) am Beispiel der Fernsprechvermittlungstechnik zeigt (Fransmann 1990). Die große Anzahl gemeinsamer Patentrechte von NTT mit diesen Unternehmen ist ein genereller Indikator für den engen nationalen Entwicklungsverbund. In allerletzter Zeit gibt es Hinweise dafür, daß NTT seine FuE-Kooperation unter starkem außenhandelspolitischen Druck der USA auf ausländische Hersteller ausdehnen beginnt. Die Entwicklung eines digitalen Mobilfunksystems ist ein Beispiel dafür: In der Presse wurde im Frühsommer 1990 eine Entwicklungskooperation der NTT mit Motorola, Ericsson und AT&T angekündigt (Communications Week 4. Juni 1990, Le Figaro 18.4.1990). Darüber hinaus ist NTT im Rahmen staatlicher FuE-Programme seit langem in viele Verbundprojekte mit der nationalen Industrie eingebunden.

Die japanische Regierung betreibt eine aktive FuE- und Industriepolitik im Wege der "administrativen Anleitung", die zur Ausrichtung und Bündelung der nationalen FuE-Aktivitäten beiträgt. In diesem Kontext ist es Ende der 80er Jahre zur Gründung einer Forschungsgesellschaft - Advanced Telecommunications Research - gekommen, an der das MITI, das MPT, NTT, die großen Hersteller und andere Unternehmen beteiligt sind. NTT spielt damit insgesamt durch eigene FuE, über gemeinschaftliche Entwicklung komplexer Systeme und vielfältige FuE-Kooperationen mit den großen nationalen Herstellern und anderen Industrieunternehmen eine starke Rolle im japanischen FuE-System für die Telekommunikation. Es besteht die Gefahr einer Binnenorientierung, die durch die Einflußnahme der Regierung und die generelle Weltmarktorientierung der Hersteller abgemildert wird.

In Korea gibt es eine quasi-vertikale Integration des Netzträgers Korean Telecommunications Authority (KTA) mit den Herstellern bei FuE. Das Staatsunternehmen KTA verfolgt dabei das industriepolitische Ziel, eine technologisch unabhängige, auf dem Weltmarkt in Nischen konkurrenzfähige koreanische Herstellerindustrie aufzubauen. Die starke Stellung von KTA kommt in den internen und externen Finanzierungsbeiträgen - ähnlich wie in Japan - nicht ausreichend zum Ausdruck. Bei dieser Strategie spielt das staatlich FuE-Labor ETRI, das von KTA (überwiegend), der Industrie und der Regierung gemeinschaftlich finanziert wird, eine wichtige Rolle. Bei ETRI entwickeln der Netzträger und die großen nationalen Hersteller gemeinschaftlich Bauelemente und Systeme, die im Anschluß von den Herstellern für den In- und Auslandsmarkt gefertigt werden. Das vielleicht ehrgeizigste Projekt dieser industriepolitischen FuE-Strategie ist die Entwicklung des koreanischen digitalen Fernsprechvermittlungssystems TDX. Dieses System wird von KTA inzwischen mehr und mehr eingesetzt und soll nach und nach die bisher verwendeten, im Ausland entwickelten Systeme verdrängen. Erste Pilotanlagen von TDX wurden auch bereits in Drittweltländer und Staaten des RGW geliefert. Während der letzten Jahre hat KTA unter dem Eindruck von starken Liberalisierungsbestrebungen im koreanischen Telekommunikationssektor begonnen, neben dem ETRI einen in-house FuE-Bereich für die Netz- und Diensteentwicklung aufzubauen. Die Unternehmenspläne sehen für die 90er Jahre eine starke Steigerung der FuE-Aufwendungen und der FuE-Intensität (1987 2,4%, 1989 3,2%, 1996 5%) vor. Dies läßt erkennen, daß KTA der FuE einen sehr hohen Stellenwert einräumt. Das koreanische FuE-System und die Rolle von KTA in diesem System weist durchaus Parallelen zur japanischen Politik von vor ein paar Jahren auf. Bei Korea handelt es sich um ein quasi-vertikal integriertes FuE-System, bei dem die FuE-Aktivitäten des Netzträgers zum Aufbau einer weltmarktfähigen Herstellerindustrie herangezogen werden. Es handelt sich um die Aufholstrategie eines Entwicklungslandes, das binnen weniger Jahrzehnte zum Industrieland aufgestiegen ist.

In Spanien finanziert der Netzträger Telefónica ein Viertel des nationalen FuE-Budgets für Telekommunikation, seine FuE-Intensität ist trotz erheblicher Ausweitung der FuE-Aktivitäten während der letzten Jahre jedoch nach wie vor relativ gering (Tabelle 11.2-2). Auch die externen FuE-Finanzierungsbeiträge des Unternehmens sind gering (Abbildung 11.2-3). Telefónica hat de facto einen industriepolitischen Auftrag für die Herstellerindustrie im Lande und ist über Beteiligungen an mehreren inländischen Herstellerfirmen, die sich überwiegend im Mehrheitseigentum ausländische Konzerne befinden, beteiligt. Telefónica versucht seit einigen Jahren, über solche joint ventures mit großen ausländischen Herstellern die FuE-Kapazität im Lande zu stärken. Der spanische Versuch, die inländischen FuE-Ressourcen mit Hilfe der Politik des Netzträgers Telefónica zu stärken, ist allerdings deutlich schwächer ausgeprägt als in Korea. Man vertraut stärker auf die Kooperation mit etablierten ausländischen Herstellern als auf die eigenen nationalen Kräfte.

PTT Telecom BV, der Netzträger in den Niederlanden, hat traditionell erhebliche interne FuE-Aktivitäten, die im wesentlichen auf die eigenen Ziele ausgerichtet sind. Es gibt Zusammenarbeit mit dem dominanten niederländischen Hersteller Philips bei FuE. Es gibt auch Patentaustauschverträge der PTT mit Philips, aber insgesamt erscheint die FuE-Kooperation des Netzträgers PTT Telecom BV mit der inländischen Herstellerindustrie vergleichsweise schwach ausgeprägt. Die inzwischen vollständige Eingliederung des niederländischen Teils des Unternehmensbereiches Telekommunikationsgeräte und -systeme des Philips-Konzerns in den amerikanischen AT&T-Konzern spricht dafür, daß die niederländische PTT in Zukunft ihre FuE-politischen Ziele noch weiter auf die eigenen Unternehmensziele ausrichten wird als dies bisher ohnehin schon der Fall gewesen ist. Insofern ist die FuE-Kooperation zwischen Netzträger und inländischer Herstellerindustrie im Falle der Niederlande als relativ schwach ausgeprägt anzusehen.

In der Bundesrepublik Deutschland ist der interne und externe Beitrag des Netzträgers DBP zum nationalen FuE-Budget besonders niedrig (Abbildung 11.2-3). Das Land ist unter dieser Perspektive der dem französischen Modell entgegengesetzte Extremfall. Die DBP zahlt FuE-Leistungen im wesentlichen mittelbar über Beschaffungspreise für Geräte und Systeme und nicht unmittelbar. Damit hängt der Umfang ihrer mittelbaren FuE-Finanzierung entscheidend von der Intensität des Wettbewerbs auf den Beschaffungsmärkten ab. Trotz des geringen unmittelbaren Finanzierungsanteils hatte die DBP bis Ende der 70er Jahre einen wesentlichen Einfluß auf die inhaltliche Ausrichtung der nationalen FuE-Aktivitäten im Rahmen der Beschaffungsverfahren. Es wurde "Posttechnik" entwickelt und beschafft. Absatzchancen auf Drittmärkten spielten bei der Entwicklung eine geringe Rolle. Insoweit gab es eine quasi-vertikale Integration bei FuE. Die DBP hatte wesentlich mehr Einfluß auf die inhaltliche Ausrichtung von FuE als dies in ihren Finanzierungsbeiträgen zum Ausdruck kommt. Inzwischen haben neue Beschaffungsverfahren der DBP zu mehr Innovationswettbewerb und zu einer stärkeren Öffnung des Inlandsmarktes für neue ausländische Anbieter geführt. Die ehemals ausgeprägte quasi-vertikale Integration der FuE-Aktivitäten von DBP und nationalen Herstellern ist inzwischen auf ein niedrigeres Niveau zurückgebildet. Gleichwohl gibt es nach wie vor verschiedene Elemente der Kooperation von Netzträger und Herstellern bei FuE, z. B. im Rahmen von Pilotvorhaben. Insgesamt gesehen erscheinen die FuE-Aktivitäten der nationalen Hersteller heute aber im Vergleich zu früher weniger auf die Anforderungen der DBP, als vielmehr stärker auf die Anforderungen ausländischer Absatzmärkte ausgerichtet. Parallel dazu hat die DBP begonnen, ihre unmittelbaren FuE-Aufwendungen und damit ihr eigenes Engagement für FuE zu erweitern.

Tabelle 11.2-2 gibt einen Überblick über den Umfang der FuE-Aufwendungen der jeweils dominanten Netzträger in den untersuchten Ländern und über die FuE-Intensität gemessen als FuE-Aufwendungen im Verhältnis zum Umsatz.

Tabelle 11.2-2: Überblick über FuE-Aufwendungen und -Personal ausgewählter Netzbetreiber 1987; teilweise gerundet oder geschätzt

Unternehmensgruppe	Interne und externe FuE-Aufwendungen in Mio. US $	FuE-Intensität pro Umsatz in %	Eigenes FuE-Personal
AT & T	2.600	7,3	26.000
NTT	940	3,8	≈ 6.000
RBOC	910	1,5	6.000
France Télécom	603	4,1	4.300
British Telecom	330	2,1	3.300
GTE	250	1,6	1.800
DBP	168	1,1	1.800
SIP	90	0,9	160
Televerket (TV)	90	3,7	≈ 400
KTA	70	2,4	180
PTT Telecom BV	45	1,4	750
Telefónica (T)	30	0,6	≈ 300
KDD	25	2,0	190

Bei einer Gegenüberstellung der Aufwendungen in absoluter Höhe ergibt sich zunächst wieder eine starke Dominanz der großen Länder (Abbildung 11.2-4). Auch in dieser Darstellung müssen AT&T, GTE und Televerket als Sonderfälle eingestuft werden, weil es sich um vertikal integrierte Netzträger-Hersteller handelt. Unter den reinen Netzträgern verfügen NTT, die Regional Bell Holding Companies (inkl. Bellcore), France Télécom und British Telecom über die nächstgrößten FuE-Budgets.

Abbildung 11.2-4: FuE-Aufwendungen und FuE-Intensität ausgewählter Netzträger 1987

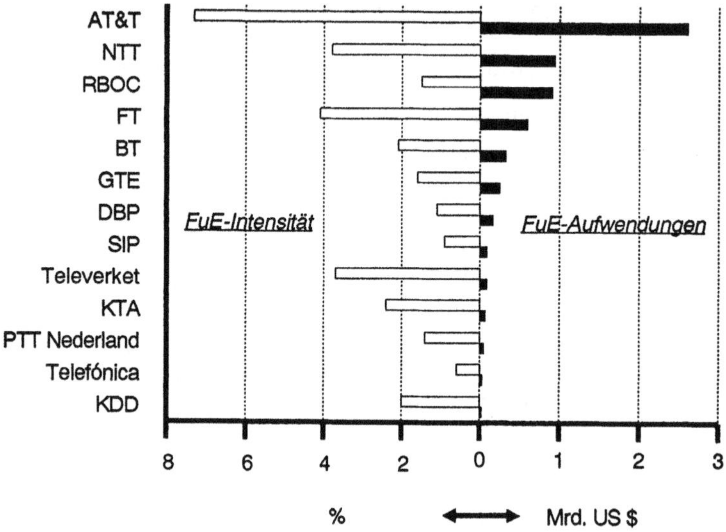

Ein etwas anderes Bild ergibt sich, wenn man die FuE-Intensität der Netzträger vergleicht. Dabei zeigt sich, daß einige der kleineren Netzträger wie Televerket, die Korean Telecom Authority (KTA) und KDD über relativ große FuE-Budgets verfügen, während Telefónica und SIP bezogen auf ihre Umsatzgröße wenig für FuE aufwenden. Dies gilt auch für die DBP, deren FuE-Intensität nur wenig größer ist.

Abbildung 11.2-5 zeigt die Anteile der Netzträger an den wissenschaftlichen Publikationen in den untersuchten Ländern. Die Literaturstatistik kann als Ertragsindikator für telekommunikationsbezogene Forschungsarbeiten im Bereich der Grundlagen- und der angewandten Forschung angesehen werden. Insofern geben die Anteile Hinweise auf die relative Bedeutung der von den Netzträgern durchgeführten Forschung. Im gesamten Gebiet Telekommunikation sind die Netzträger in den meisten Ländern mit fünf bis zehn Prozent vertreten. Stärker ist die Beteiligung der Netzträger an der nationalen Forschung in Frankreich, Großbritannien und den USA. Außerordentlich bedeutsam sind NTT und KDD, die - obwohl im Gerätegeschäft kaum oder nicht tätig - recht erheblich zum japanischen Publikationsaufkommen beitragen. Damit bestätigt die Literaturstatistik die Einschätzung, daß die Netzträger der vier genannten Ländern eine besonders wichtige Rolle in den jeweiligen FuE-Systemen für die Telekommunikation einnehmen. In fast allen untersuchten Ländern ist der von den Netzträgern kommende Publikationsanteil in den Bereichen "leitungsgebundene Technik" sowie "Software und Telekommunikationsdienste" überdurchschnittlich groß.

Abbildung 11.2-5: Publikationen der Netzträger im Gesamtgebiet der Telekommunikation als Anteile an den nationalen Publikationen 1986

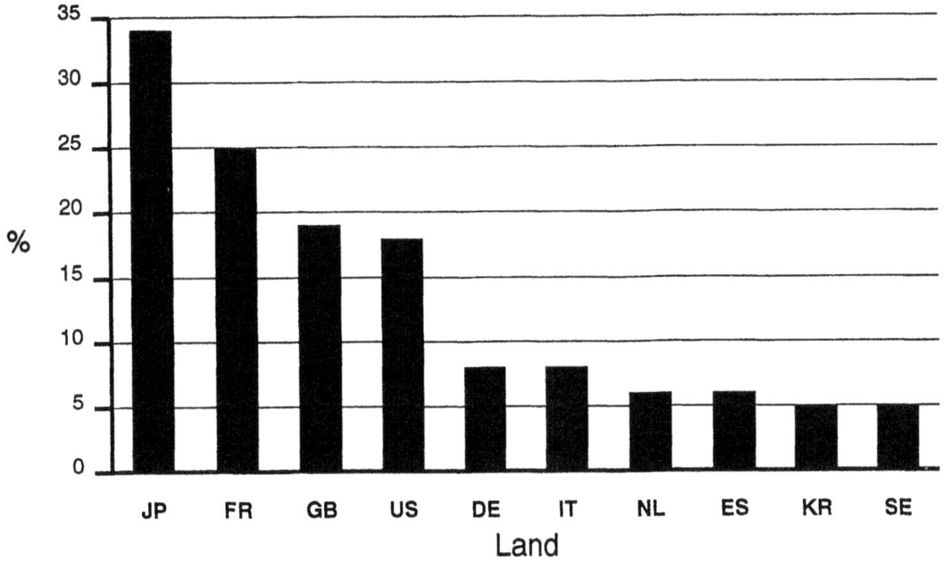

Abbildung 11.2-6 zeigt die Anteile der Netzträger an den inländischen Patenten der untersuchten Länder Mitte der 80er Jahre. Die Anteile geben einen Anhaltspunkt für die Beteiligung der Netzträger an den industriellen Entwicklungsaktivitäten. In der Regel ist der Patentanteil gering. Der relativ große Wert für Großbritannien ist ein Hinweis auf die Stärke des FuE-Labors von BT. Ein Schwerpunkt der Entwicklungsaktivitäten von BT ist die Lichtleitertechnik, auf die rund die Hälfte von BTs Patenten von 1985 entfällt. Dasselbe ist auch an der starken Beteiligung von BT im RACE-Programm festzustellen (Dang Nguyen 1989). Nach dem Eindruck der Länderstudie (Band I, Kapitel 4) überschätzt der Patentanteil die Bedeutung von BT bei den britischen Entwicklungsaktivitäten. Anders in Frankreich, hier wird die Bedeutung von France Télécom unterschätzt.

Gleiches gilt für Japan und Schweden. Japans Patentrecht hat einige Eigenschaften, welche die Inlandspatente kaum mit anderen Ländern vergleichbar erscheinen läßt. Auch ist die Zurechnung der Gemeinschaftspatente mit mehreren Herstellern schwierig (Band I, S. 210).

Abbildung 11.2-6: Patentanmeldungen der Netzträger im Gesamtgebiet der Telekommunikation als Anteile an den Inlandspatenten einheimischer Herkunft um das Jahr 1985

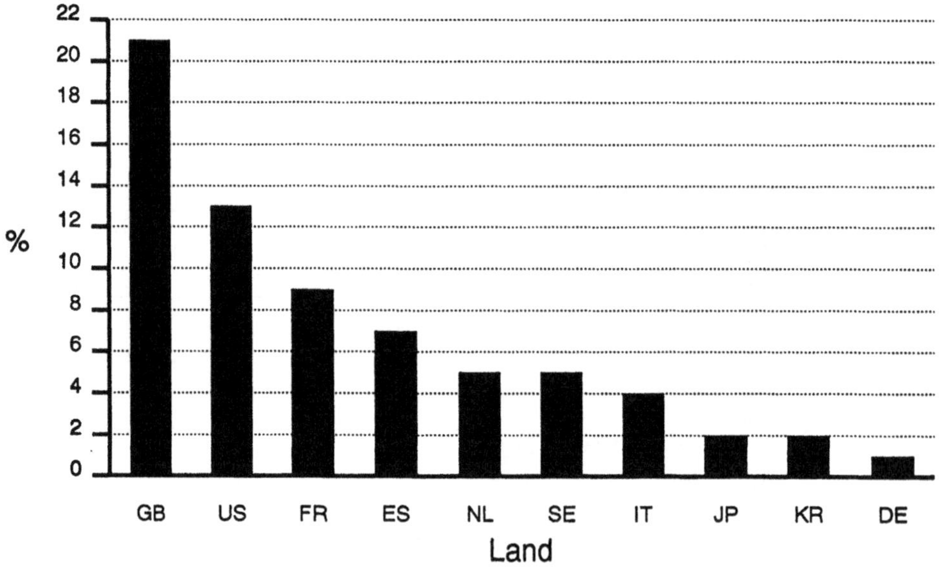

Zur Rolle der großen Netzträger innerhalb der nationalen FuE-Systeme läßt sich zusammenfassend folgendes festhalten: Die Finanzierungsbeiträge der Netzträger zum nationalen FuE-Budget unterscheiden sich absolut und relativ ganz erheblich. Man kann den Einfluß der Netzträger auf die nationalen FuE-Systeme aber nicht allein an ihren Finanzierungsbeiträgen ablesen, sondern muß die verschiedenen Formen der FuE-Kooperation von Netzträgern mit den nationalen Herstellern mit berücksichtigen. In allen Ländern gibt es solche Kooperationen, allerdings in stark variierendem Umfang (Tabelle 11.2-3).

Im Falle vertikal integrierter Netzträger - USA, Kanada (vgl. Band I, S. 124ff), Italien und Schweden - ist eine intensive Zusammenarbeit durch die Unternehmensstruktur vorgegeben. In den anderen Staaten sorgen verschiedene andere Mechanismen für eine mehr oder weniger enge FuE-Kooperation der Netzträger mit einem oder mehreren großen inländischen Herstellern. In Frankreich, Japan und Korea sind die Mechanismen so eng geknüpft, daß man für viele Technikbereiche von einer quasi-vertikalen Integration der FuE-Aktivitäten der Netzträger mit den jeweils dominanten inländischen Herstellern sprechen kann. In Großbritannien, den Niederlanden und der Bundesrepublik Deutschland sind die FuE-Kooperationen und die Einflußnahme der Netzträger auf die FuE-Aktivitäten der großen nationalen Hersteller (inzwischen) weniger stark ausgeprägt. In diesen drei Ländern betreiben Netzträger und Hersteller eine zunehmend voneinander unabhängigere FuE-Politik. Für alle Länder gilt, daß die FuE-Kooperation von Netzträgern und Herstellern bei komplexen Systemen wie der Fernsprechvermittlungstechnik wesentlich stärker ausgeprägt ist als bei einfacheren Komponenten der Netze und Endgeräten, deren Schnittstellen zum Netz weitgehend standardisiert sind.

Tabelle 11.2-3: Vertikale Integration und FuE-Kooperation großer Netzträger Ende der 80er Jahre

Netzträger	Vertikale Integration	Stärke der FuE-Kooperation mit nationalen Herstellern
AT&T	+	
Bell Canada	+	
Televerket	+	++
SIP	+	
Telefónica	(+)	+
France Télécom	-	+++
NTT	-	++
KTA	-	+++
BT	-	+
PTT NV	-	+
DBP	-	+
RBOC	-	-

\+ = vorhanden
++ = intensiv
+++ = intensiv mit Dominanz des Netzträgers
(+) = bedeutende Beteiligungen

In Frankreich, Spanien, Schweden, Korea und Japan tragen die Netzträger eine relativ klare technologie- und industriepolitische Verantwortung, die sich in ihrer FuE-Politik niederschlägt. Man muß insbesondere für Frankreich, Korea und Japan davon ausgehen, daß die Entscheidungen über Umfang und Struktur der FuE-Aufwendungen der Netzträger nicht allein nach unternehmerischen Zielen erfolgen, sondern auch mit Blick auf die Entwicklung der inländischen Herstellerindustrie und ihre internationale Wettbewerbsfähigkeit.

Alle großen Netzträger werden in ihrem Verhalten bisher mehr oder weniger reguliert. Die Liberalisierung der Märkte, die fast überall eingetreten ist, hat im Grunde nur Form und Ausmaß der staatlichen Eingriffe verändert, sie aber nirgendwo gänzlich abgeschafft. Die Regulierung des Staates hat überall Einfluß auf Umfang und Struktur der FuE-Aktivitäten der Netzträger, ein rein marktbestimmtes FuE-Verhalten ist gegenwärtig nicht beobachtbar. Insoweit steht ein Markttest auf die Vor- und Nachteile der vertikalen Integration von Netzträger- und Herstellerbereich bis auf weiteres aus, und es gibt kein marktbestimmtes Referenzmaß für Umfang und Struktur der FuE-Aktivitäten von Netzträgern. Diese Situation beeinträchtigt die Möglichkeiten, aus einem internationalen Vergleich der FuE-Politik von Netzträgern Rückschlüsse auf die "richtige" FuE-Politik für einen Netzträger zu ziehen.

Veränderungen der technologischen, ökonomischen und ordnungspolitischen Rahmenbedingungen der Telekommunikationsmärkte haben in mehreren Ländern zu einer Lockerung von bis dahin engen Lieferverflechtungen der großen Netzträger mit einem oder mehreren inländischen Herstellerfirmen geführt. Diese Entwicklung stellt über veränderte Anreize für Netzträger und Hersteller tradierte engen FuE-Kooperationen in Frage. BT in Großbritannien und die DBP in der Bundesrepublik Deutschland sind Beispiele für eine Lockerung der FuE-Kooperation aus diesem Grund. Mit der Entflechtung des Bell-Systems ist auch in den USA der Grad der vertikalen Integration verringert worden, wobei in den USA allerdings davon ausgegangen wird, daß die BOCs in der einen oder anderen Formen eine enge Kooperation mit Herstellern eingehen würden, wenn die Regulierung dies zuließe. Gleichwohl ist nicht zu erwarten, daß sich dabei eine mit der Situation vor der Entflechtung des Bell-Systems vergleichbare vollständige vertikale Integration wieder herausbilden würde.

Die Entwicklung der letzten Jahre hat zu einer Internationalisierung der Telekommunikationsmärkte und der FuE-Aktivitäten von Netzträgern und von Herstellern geführt. Deshalb muß die bisherige, auf einen Vergleich isolierter nationaler FuE-Systeme abgestellte Betrachtung um die internationale Dimension der FuE-Aktivitäten von Netzträgern und Herstellern erweitert werden. Gerade in Europa hat sich ein internationales

Netz von FuE-Kooperationen unter den Netzträgern und Herstellern entwickelt. Dazu haben seit langem Projekte im Rahmen des COST-Programms der Europäischen Gemeinschaften beigetragen, an denen sich Netzträger, Hersteller und Forschungsinstitute gemeinsam beteiligt haben. Mit dem RACE-Programm der Europäische Gemeinschaften hat diese FuE-Kooperation in der zweiten Hälfte der 80er Jahre eine neue Qualität erlangt. Die europäische FuE für die nächste Generation von Telekommunikationsnetzen soll mit Hilfe des RACE-Programms, unter Beteilung aller europäischen Netzträger und aller wichtigen Hersteller, europaweit harmonisiert werden (Dang Nguyen 1989). Damit wird zumindest für diesen FuE-Bereich ein europäisches Netz von FuE-Kooperationen geschaffen.

Mehrere große europäische Netzträger haben außerdem 1990 ein gemeinsames Europäisches Institut für Forschung und strategische Studien mit Sitz in Heidelberg gegründet. Dieses Institut steht allen öffentlichen Netzträgern zur Mitwirkung offen und soll zur Harmonisierung der Netz- und Diensteentwicklung in Europa beitragen. Dies ist ein weiteres Beispiel für die Internationalisierung von FuE auf der Ebene der Netzträger in Europa.

Insgesamt gesehen hat man den Eindruck, daß die relativ isolierten nationalen FuE-Systeme der Vergangenheit in zunehmendem Maße durch ein engmaschiges internationales Netz von FuE-Kooperationen verknüpft werden. In Europa ist diese Entwicklung bereits relativ weit fortgeschritten, sie ist aber auch außerhalb Europas zu beobachten. Sie stellt die Strukturen und die Funktionsweisen der nationalen FuE-Systeme in Frage und leitet seit einiger Zeit in allen Ländern im Sinne einer Anpassungsphase der FuE-Systeme auf neue Randbedingungen über.

11.2.3 ROLLE DER HERSTELLER

In allen untersuchten Ländern führen die Hersteller von Telekommunikationsgeräten und -systemen mehr als die Hälfte der nationalen FuE-Aktivitäten durch. Sie finanzieren auch jeweils den überwiegenden Teil der FuE-Aufwendungen. Insofern kommt dem Herstellersektor in allen FuE-Systemen ein großes Gewicht zu. Gleichwohl gibt es erhebliche Unterschiede zwischen den Ländern.

Die unmittelbaren Finanzierungsbeiträge der Hersteller zum nationalen FuE-Budget für die zivile Telekommunikation sind in Abbildung 11.2-7 dargestellt. Danach stehen die deutschen Hersteller mit einem Finanzierungsanteil von nahezu neun Zehnteln eindeutig an der Spitze. Es folgen Japan, die Niederlande, Korea, Großbritannien und Schweden mit Finanzierungsanteilen von drei Viertel bis knapp zwei Drittel. Am Ende der Reihe steht Frankreich mit rund vierzig Prozent.

Abbildung 11.2-7: Finanzierungsanteile der Hersteller am nationalen FuE-Budget für die zivile Telekommunikation 1987

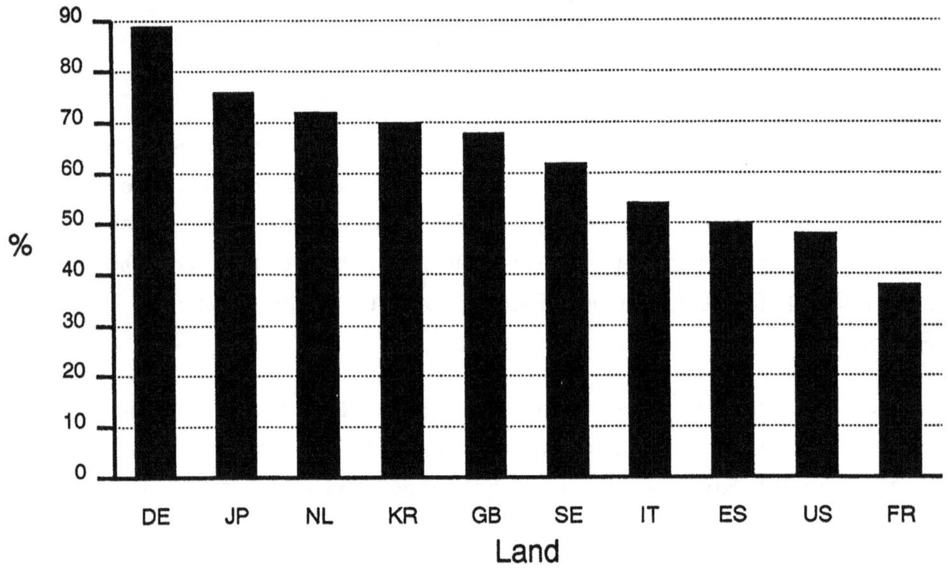

Bei der Beurteilung dieser großen strukturellen Unterschiede ist zu beachten, daß die Schätzung der nationalen FuE-Budgets und der Finanzierungsanteile der Sektoren zwar mit Unsicherheiten behaftet ist, es aber gleichwohl kein plausibles Argument dafür gibt, daß die großen Unterschiede zwischen beispielsweise Frankreich und der Bundesrepublik Deutschland im Unsicherheitsbereich der Schätzung lägen. Außerdem entspricht die Reihung der Länder im wesentlichen dem Eindruck, der sich aus den qualitativen Aspekten der Länderstudien ergibt.

FuE-Aufwendungen sind für die Hersteller mit Risiko behaftete Investitionen in ihre zukünftige Wettbewerbsfähigkeit. Die Finanzierungsanteile der Hersteller sind ein Indikator für die Beteiligung der Hersteller an den Kosten für FuE und dem damit verbundenen Risiko. Entsprechend dieser Argumentation sind die deutschen Hersteller stärker als die Hersteller anderer Länder an Kosten und Risiko von FuE beteiligt. Besonders deutlich ist der Unterschied zu den Herstellern im benachbarten Frankreich. Unter sonst gleichen Bedingungen (ceteris paribus) bedeutet ein höherer Finanzierungsanteil für die

Hersteller eine Benachteiligung im internationalen Wettbewerb, weil sich die höhere Kostenbelastung in den Produktpreisen niederschlagen müssen. Dies Argument wird von Seiten der deutschen Hersteller insbesondere mit Blick auf ihre französischen Wettbewerber vorgebracht. Dem Argument ist prinzipiell zuzustimmen, es ist allerdings zu relativieren, weil die Gleichheit der Bedingungen in der Realität nicht gegeben ist.

Solange die Hersteller eines Landes, in diesem Falle der Bundesrepublik Deutschland, ihre FuE-Aufwendungen im Inland über Beschaffungspreise vergütet bekommen können, läge keine Wettbewerbsverzerrung vor. Dies setzte einen vor Importkonkurrenz geschützten Inlandsmarkt voraus. In groben Zügen entspricht dies Modell dem Verhältnis von Deutscher Bundespost und inländischer Herstellerindustrie bis Ende der 70er Jahre. Mit der Einführung eines tatsächlichen oder potentiellen Wettbewerbs ausländischer Hersteller kann sich die Situation deutlich verändern. Ausländische Hersteller, die ihre Basisentwicklungskosten für neue Systeme auf ihrem Heimmarkt abrechnen, können auf der Basis von Anpassungskosten anbieten und bei entsprechendem Preisverhalten das Inlandspreisniveau drücken. Inländische Hersteller könnten unter solchen Bedingungen ihre Basisentwicklungskosten nicht wie zuvor über die Beschaffungspreise erlösen. Eine solche Argumentation ist idealtypisch. Sie abstrahiert von Marktzutrittsschranken und setzt eine wirklich offene internationale Beschaffungspolitik voraus. Die DBP hat ihre Beschaffungsverfahren seit Ende der 70er Jahre schrittweise auf mehr Wettbewerb und eine internationale Öffnung hin fortentwickelt, insoweit erscheint das Argument von der Benachteiligung der inländischen Hersteller in wachsendem Maße gerechtfertigt. Gleichwohl sind die Marktzutrittsschranken für neue ausländische Hersteller nach wie vor erheblich, so daß man davon ausgehen muß, daß die deutschen Hersteller ihre höheren unmittelbaren FuE-Aufwendungen zumindest bisher über höhere Inlandsmarktpreise ersetzt bekommen.

Eindeutige Aussagen über die Höhe der Marktzutrittskosten werden von den Experten bei der Industrie und den Netzträgern nicht gemacht. Übereinstimmend wird gesagt, daß die Tiefe der internationalen Standardisierung wächst und daß damit die Anpassungsentwicklungsaufwendungen für verschiedene nationale Märkte sinken. Deshalb können die Bestrebungen der EG-Kommission auf diesem Sektor (RACE, ESPRIT) für die Zukunft wesentlich zu einer Reduktion der Marktzutrittskosten innerhalb von Europa beitragen. Ferner besteht Übereinstimmung darin, daß die Marktzutrittskosten mit der Komplexität der Systeme wachsen und deshalb bei der Vermittlungstechnik wesentlich größer sind als z. B. bei Endgeräten und Nebenstellenanlagen. Die Beschaffungsentscheidung des privaten digitalen Mobilfunknetzbetreibers in der Bundesrepublik Deutschland, der Mannesmann AG, zugunsten von Siemens und Ericsson, kann als aktuelles Indiz für nach wie vor hohe Marktzutrittskosten in der Bundesrepublik interpretiert werden. Beobachter gehen davon aus, daß nur mit dem Zuschlag für Siemens als einem der Vermittlungstechnik-Systemlieferanten der DBP das Risiko der Vernetzung des D2-Netzes von Mannesmann mit dem Netz der DBP beherrschbar gewesen sei.

Darüber hinaus ist zu berücksichtigen, daß mit einer stärkeren unmittelbaren Beteiligung der Netzträger an den FuE-Aufwendungen meist auch eine stärkere inhaltliche Einflußnahme verbunden ist, die sich ungünstig auf die Exportmöglichkeiten neuer Systeme auswirken kann (vgl. Abschnitt 11.2.2). Aus diesem Grunde ist zu erwarten, daß das französische FuE-System mit France Télécom als dem dominanten Akteur und Alcatel-CIT als "gelenktem" nationalen Marktführer im Herstellerbereich mit der Formierung des internationalen Konzerns Alcatel NV unter Druck geraten wird. Seit dem Aufkauf der europäischen Tochtergesellschaften des ITT Konzerns durch CGE & Alcatel im Jahr 1987 erzielt der Konzern mehr als 70% seines Umsatzes außerhalb von Frankreich und muß deshalb seine FuE-Aktivitäten stärker als zuvor auf die Markterfordernisse außerhalb Frankreichs ausrichten. Diese Erfordernisse stellen die Führungsrolle des CNET und von France Télécom in Frage und haben in einigen Entwicklungsvorhaben bereits zu erheblichen Spannungen zwischen France Télécom und Alcatel-CIT bzw. dem Alcatel-Konzern insgesamt geführt.

In einer Gesamtbeurteilung müssen die verschiedenen Argumente gewichtet werden. Man kann die wettbewerblichen Implikationen nicht allein an den Finanzierungsbeiträgen der Hersteller festmachen, selbst wenn die Unterschiede so gravierend sind wie in Abbildung 11.2-7. Ebenso deutlich ist aber auch, daß eine isolierte internationale Öffnung der Beschaffungsverfahren der Netzträger, wie sie die Kommission der Europäischen Gemeinschaften im Rahmen des europäischen Binnenmarktes bis 1993 anstrebt (Richtlinie des Ministerrates betreffend die Auftragsvergabe durch Auftraggeber im Bereich der Wasser-, Energie- und Verkehrsversorgung sowie im Telekommunikationssektor), zu erheblichen Wettbewerbsverzerrungen unter den europäischen Herstellern führen kann, wenn nicht parallel dazu die FuE-Finanzierungssysteme unter den Mitgliedsländern ein Stück weit harmonisiert werden.

Abbildung 11.2-8 zeigt, daß der Herstellersektor in den meisten Ländern einen erheblichen Anteil an den nationalen Publikationen im Gesamtgebiet der Telekommunikation erbringt. Dies ist ein Indiz für die in den Unternehmen geleisteten Forschungsarbeiten im Bereich der Grundlagen- und der angewandten Forschung.

Abbildung 11.2-8: Anteile der Hersteller an den Publikationen im Gesamtgebiet der Telekommunikation als Anteile an den nationalen Publikationen 1986

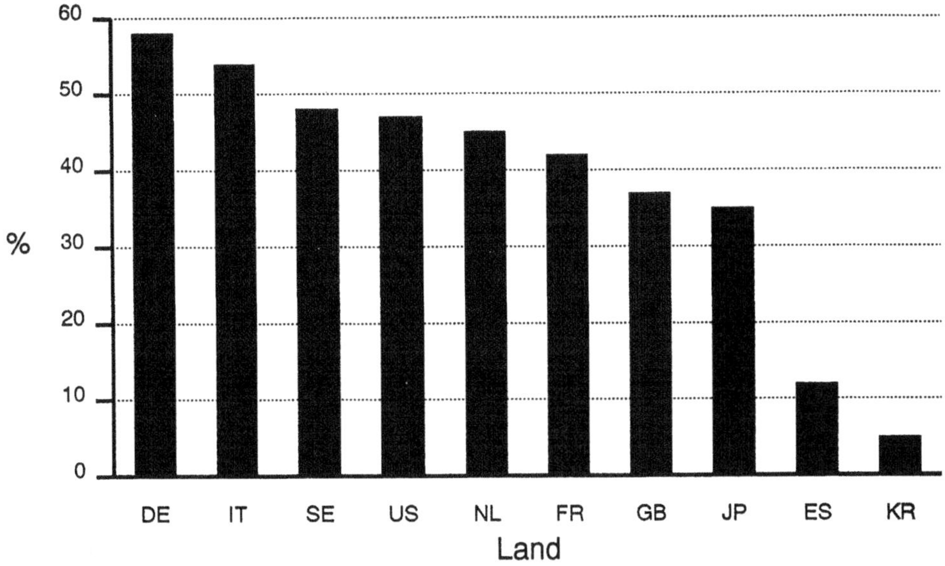

Abbildung 11.2-9: Patentanmeldungen der Hersteller im Gesamtgebiet der Telekommunikation als Anteile an den Inlandspatenten einheimischer Herkunft um das Jahr 1985

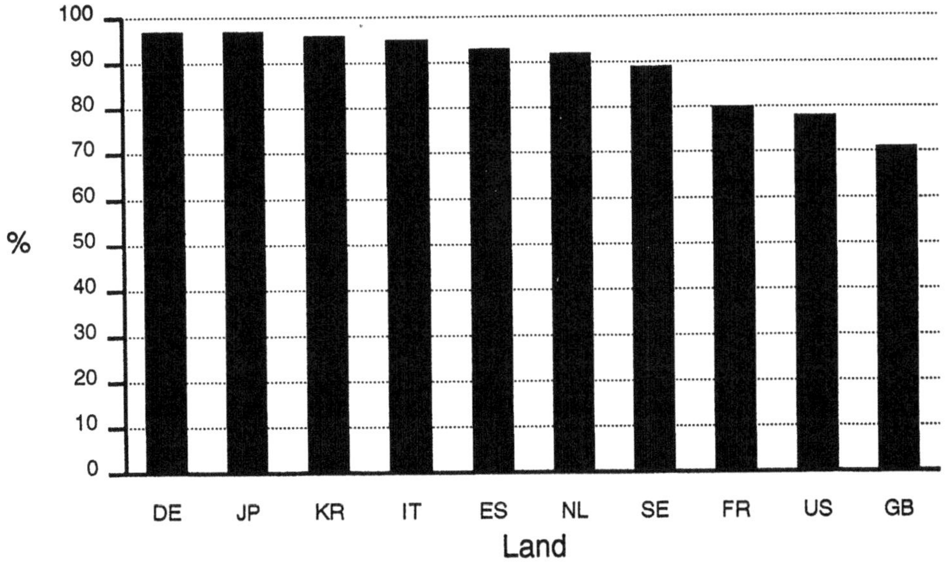

Im Bereich der Entwicklung ist die Bedeutung der Hersteller naturgemäß wesentlich größer als bei der Forschung. Dies zeigt Abbildung 11.2-9. Die Anteile der Netzträger an den inländischen Patenten belaufen sich in fast untersuchten Ländern auf 80 % und mehr, was die dominierende Rolle der Hersteller für die nationalen Entwicklungsaktivitäten in allen Ländern belegt. (Zu beachten sind die Einschränkungen, die in der Erläuterung zu Abbildung 11.2-6 gegeben wurden.)

Tabelle 11.2-4: Überblick über FuE-Aufwendungen der größten Hersteller für zivile Telekommunikationsgüter 1987

	Telekommunikationsgeräteumsatz in Mrd. US $a)	FuE-Intensität aller Geschäftsfelder in %	FuE-Aufwendungen für die Telekommunikation in Mio. US $a)
AT&T	11,9	7,3	2.600
Alcatel NV	8,2	10,0	800
Siemens	5,1	12,5	650
Northern Telecom	4,8	12,1	588
NEC	4,1	10,0	561
Ericsson	3,3	9,9	300
Motorola	3,1	7,8	270
Bosch	2,5	9,1	220
GPT	2,3	12,0	210
IBM	2,1	7,4	80
Fujitsu	1,6	8,0	234
Philips	1,5	≈ 7,0	≈ 100

a) Schätzungen; Umrechnungsfaktor der nationalen Währungen mit Kaufkraftparitäten in US $.

Tabelle 11.2-4 und Abbildung 11.2-10 geben einen Überblick über die geschätzten FuE-Aufwendungen der zwölf größten Hersteller von Telekommunikationsgeräten und -systemen für die zivile Telekommunikation im Jahr 1987. AT&T verfügt mit weitem Abstand über das größte FuE-Budget. Seine FuE-Aufwendungen für die Telekommunikation sind in etwa so groß wie die FuE-Aufwendungen der vier nächstgrößten Hersteller zusammengenommen. Dies ist als Hinweis auf eine deutliche Überlegenheit der FuE-

Kapazitäten von AT&T im Vergleich zu seinen wichtigsten Wettbewerbern anzusehen, auch wenn große FuE-Aufwendungen nicht gleichbedeutend sind mit FuE-Erträgen und diese keine Garantie für Markterfolge sind. Erfolgreiche FuE-Aktivitäten sind aber gleichwohl in zunehmenden Maße eine notwendige Bedingung für Markterfolge im Telekommunikationsbereich.

Beim Vergleich der FuE-Budgets in Abbildung 11.2-10 ist zu berücksichtigen, daß einige Hersteller über FuE-Aktivitäten für andere verwandte Geschäftsfeldern verfügen. Diese Konzerne - Siemens, NEC, Motorola, IBM, Fujitsu und Philips -, können im Unterschied zu den auf die Telekommunikation spezialisierten Konzernen AT&T, Alcatel, Northern Telecom und Ericsson Synergieeffekt realisieren, die sich positiv auf die Innovationskraft auswirken können. Die Länderstudien haben ferner gezeigt, daß alle großen Hersteller über mehr oder weniger enge Formen der FuE-Kooperation mit großen Netzträgern in den jeweiligen Heimatländern verfügen. Im Rahmen dieser Kooperationen gibt es exklusive Know-how Flüsse, die für eine Beurteilung der Innovationskraft der großen Hersteller ebenfalls bedeutsam sind (vgl. Abschnitt 11.2.2). Aus diesen Gründen können die geschätzten FuE-Budgets der führenden Hersteller für die Telekommunikation nur ein unvollständiges Bild über die relative Stärke ihrer Innovationskraft geben.

Abbildung 11.2-10: FuE-Aufwendungen und FuE-Intensitäten der größten Hersteller für zivile Telekommunikationsgüter 1987 (Schätzwerte)

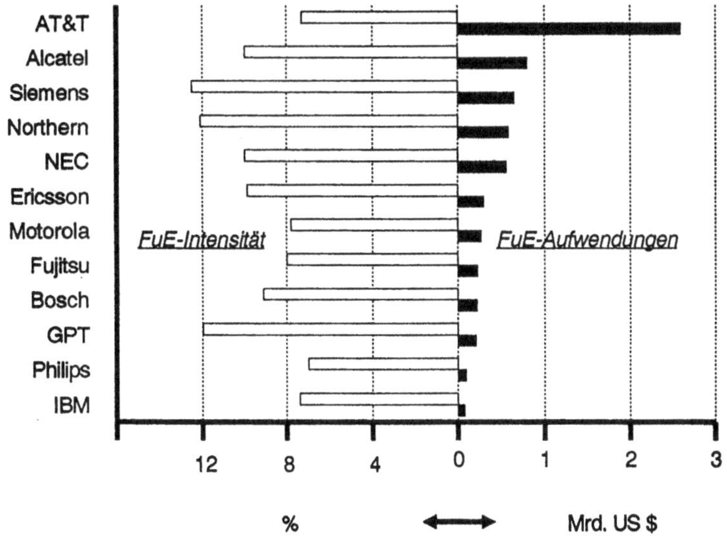

Die FuE-Aufwendungen für neue Geräte und Systeme sind während der letzten zehn Jahre erheblich angestiegen. Bei der Vermittlungstechnik ist diese Entwicklung besonders stark ausgeprägt: Die Entwicklungskosten für ein vollständiges digitales öffentliches Fernsprechvermittlungssystem, das für neue Anforderungen der Netzträger offengehalten wird, werden auf ein bis drei Mrd US $ geschätzt. Es gibt aber auch Hinweise dafür, das einige Hersteller und Länder digitale Vermittlungssysteme mit einem wesentlich geringeren Aufwand entwickelt haben. Bei diesen Systemen ist aber unklar, inwieweit sie alle die Anforderungen, die große Netzträger überlicherweise an solche Systeme stellen, wie z. B. ISDN, CENTREX etc., erfüllen und ob sie ständig fortentwickelt werden. Der koreanische Netzträger KTA behauptet allerdings, daß das koreanische Vermittlungssystem TDX alle diese Anforderungen erfüllen wird und beziffert die Entwicklungskosten mit deutlich weniger als einer halben Mrd. US $. Insoweit bleiben gewisse Unsicherheiten bei der Abschätzung des Entwicklungsaufwandes, zumal die etablierten Hersteller ein Interesse haben, die Entwicklungsaufwendungen als sehr hoch erscheinen zu lassen, weil sie Markzutrittsschranken für neue Wettbewerber darstellen.

Experten gehen ferner davon aus, daß die großen Hersteller ständig drei- bis fünftausend Softwareentwickler im Bereich der öffentlichen Vermittlungstechnik einsetzen. Bei einem fiktiven Kostensatz von 130.000 DM pro Jahr ergibt sich daraus eine ständige Entwicklungskostenbelastung dieses Geschäftsbereiches von 390 bis 650 Mio. DM pro Jahr. Unabhängig von der Richtigkeit einzelner Schätzwerte muß man von enorm gestiegenen Entwicklungskosten ausgehen. Es handelt sich dabei weitgehend um fixe Kosten, die die Hersteller aufbringen müssen, wenn sie zukünftig am Markt für öffentliche Vermittlungstechnik teilhaben wollen.

Diese Entwicklung der Entwicklungskosten hat im Zusammenwirken mit den ordnungspolitischen Veränderungen im Telekommunikationssektor, die generell auf eine Intensivierung des Wettbewerbs bei Netzen und Diensten hinauslaufen, wichtige Strukturveränderungen im Herstellerbereich ausgelöst. Die Bereitschaft der Netzträger, die Basisentwicklungskosten ihrer bevorzugten Lieferanten - auf dem einen oder anderen Wege - vollständig zu vergüten, geht vielfach zurück; ein Trend, der den Druck auf die Hersteller, ihre Systeme im Ausland zu verkaufen, verstärkt. In der Fachwelt wird gegenwärtig ein Weltmarktanteil von zehn bis zwölf Prozent bei der Vermittlungstechnik als notwendige Voraussetzung für ein Überleben als selbständiger Systemlieferant genannt. Diese Zielmarke ist der Hintergrund für eine zunehmende Internationalisierung der Herstellerkonzerne inklusive ihrer FuE-Aktivitäten. Alle Großen der Branche versuchen, über Firmenaufkäufe, joint ventures und FuE-Kooperationen im Ausland Marktanteile zu kaufen und ihre Belastung mit fixen FuE-Aufwendungen zu verringern. Ein wichtiges Beispiel ist das Vordringen von AT&T auf dem niederländischen, italienischen und spanischen Markt. Dabei übernimmt das ehemalige Philipsunternehmen in den Niederlanden eine führende Rolle bei der Anpassungsentwicklung für Europa. Andere bekannte Beispiele sind der Erwerb der europäischen ITT-Tochtergesellschaften durch CGE & Alcatel und der Erwerb von Plessey durch Siemens und GEC. Im Bereich der FuE-Kooperationen sind die Fälle inzwischen so zahlreich und unübersichtlich, daß der Eindruck entsteht, jeder kooperiert mit jedem.

Der Trend zu Internationalisierung der Geschäfte und der FuE-Aktivitäten ist keineswegs auf den Bereich der Vermittlungstechnik beschränkt. Er ist prinzipiell auch in anderen Marktsegementen zu beobachten, weil in allen Bereichen die FuE-Aufwendungen steigen und eine Liberalisierung der Märkte Absatzchancen eröffnet. So haben sich für den digitalen Mobilfunk auf der Basis des GSM-Standards in Europa ebenfalls internationale Entwicklungskonsortien gebildet und auch im Endgerätemarkt wächst die Zahl der internationale Entwicklungskooperationen (Charles, Monk, Sciberras 1989). In Europa scheint der Trend zur Unternehmensverflechtung besonders stark ausgeprägt, was einerseits mit der relativ geringen Größe der europäischen Märkte und andererseits mit den FuE-Förderprogrammen der EG-Kommission in Verbindung gebracht werden kann (Keuper 1989).

Das Modell von weitgehend auf die nationalen Märkte orientierten FuE-Systemen, das in der Telekommunikation lange Zeit vorherrschend gewesen ist, hat sich im Herstellerbereich während der letzten Jahre erheblich verändert. Es findet eine Annäherung an die Strukturen anderer FuE-intensiver und von oligopolitscher Weltmarktkonkurrenz gekennzeichneter Wirtschaftsbereiche statt. Es gibt einen klaren Trend zur Internationalisierung der FuE-Aktivitäten, der in den verschiedenen Unternehmen allerdings unterschiedlich weit fortgeschritten ist.

Von den großen Herstellern sind eigentlich nur Philips und ITT (seit 1987 Teil von Alcatel NV) seit langem als im echten Sinne des Wortes multinationale Unternehmen anzusehen. Ihre FuE-Kapazitäten waren auch im Telekommunikationsbereich seit langem über mehrere Länder verteilt, wobei die nationalen Tochtergesellschaften allerdings lange Zeit eine weitgehend unabhängige FuE-Politik entsprechend ihren Einbettungen in die nationalen Märkte verfolgt haben. AT&T, Siemens, Ericsson, GEC, Plessey und die japanischen Hersteller NEC und Fujitsu haben ihre FuE-Kapazitäten dagegen bis vor wenigen Jahren weitgehend auf Standorte in ihren Heimatländer konzentriert und im Ausland im wesentlichen nur Anpassungsentwicklungsleistungen erbracht. Das kanadische Unternehmen Northern Telecom unterhält seit langem große Teile seiner FuE-Kapazitäten außerhalb Kanadas in dem für das Unternehmen wichtigen US-amerikanischen Markt. Seit Mitte der 80er Jahre ist im Grunde genommen bei allen ein deutlicher Trend zur Internationalisierung von FuE festzustellen. Dabei gibt es verschiedene Formen:

- Es kommt zum Aufbau gänzlich neuer FuE-Kapazitäten im Ausland. Siemens beispielsweise hat in den USA im Zusammenhang mit dem Versuch auf dem amerikanischen Markt für Vermittlungstechnik Fuß zu fassen, eine große Entwicklungsabteilung in Florida aufgebaut. Ericsson will mit Blick auf den kontinental europäischen Markt für Mobilkommunikation ein europäisches FuE-Zentrum für mobile Funksysteme in Aachen errichten. In diesem Zentrum sollen 500 Ingenieure arbeiten (Frankfurter Allgemeine 6.6.1990).
- Es gibt Aufkäufe etablierter ausländischer Hersteller, deren FuE-Kapazitäten in eine internationale FuE-Strategie für den gesamten Konzern einbezogen werden. Diese Situation ist im Grunde bei allen großen Herstellern gegeben, da alle über externes Wachstum versuchen, in Auslandsmärkte einzudringen.
- Die Unternehmen arbeiten in internationalen FuE-Kooperationen zusammen.

Vorrangiges Motiv für die Internationalisierung von FuE ist sicherlich das Bestreben in neue Absatzmärkte, insbesondere in anderen Industrieländern einzudringen. Weitere Motive dürften die Möglichkeit der Teilhabe an dem ausländischen Know-how-Potential, an den staatlichen FuE-Förderprogrammen im Ausland (inklusive der EG-Programme) und an den europäischen, amerikanischen und japanischen Standardisierungsbestrebungen sein. Man hat den Eindruck, daß die internationale Vernetzung der FuE-Aktivitäten in Europa inzwischen relativ am weitesten vorangeschritten ist, wenngleich eine genaue Analyse dieses Prozesses für den Telekommunikationssektor noch aussteht.

Die Hersteller verfolgen unterschiedliche Auslandsstrategien. Außenhandelszahlen zeigen, daß es während der 80er Jahre insgesamt zu einer überdurchschnittlichen Ausdehnung des Handels zwischen den Industrieländern gekommen ist und daß der zuvor dominierende Handel mit den Entwicklungsländern anteilig zurückgeht. Insofern ist eine Angleichung an normale Außenhandelsmuster feststellbar. Dabei sind die Exporte der Hersteller aus Japan und den fernöstlichen Schwellenländer stark auf den amerikanischen Markt ausgerichtet, während die europäischen Länder stärker untereinander und mit Entwicklungsländern handeln. Die Exporte der USA verteilen sich relativ gleichmäßig auf Europa, die Entwicklungsländer und die neuen Industriestaaten, während die kanadischen Exporte zu zwei Drittel in die USA geliefert werden (Neu, Schnöring 1989).

Auslandspatentanmeldungen können auch als Indikator für die internationale Marktstrategie von Unternehmen und Ländern interpretiert werden. Sie offenbaren, für welche Länder und Regionen Anmelder einen Patentschutz wünschen. Patentanmelder werden dies vorrangig dann tun, wenn sie ein ökonomisches Interesse an den Märkten haben. Die Analysen der Patentstatistik zeigen allerdings, daß ausgeprägte, selektive Regionalstrategien am stärksten im Bereich der leitungsgebundenen Technik auftreten. Dies ist in sofern erstaunlich, als die entsprechenden Märkte vermutlich am stärksten durch festgefügte Lieferbeziehungen von Netzträgern und nationaler Zulieferindustrie und hohe Marktzutrittsschranken für ausländische Wettbewerber geprägt sind. Die Bereiche Lichtleiter-, Funk- und Digitaltechnik sind in bezug auf selektive Schutzrechte für einzelne Märkte wesentlich ausgeglichener. Auf sie soll daher nicht weiter eingegangen werden.

Abbildung 11.2-11: Auslandstrategie im Bereich leitungsgebundene Technik für Erfindungen US-amerikanischer Herkunft aus dem Jahr 1984 (USA = 100 %)

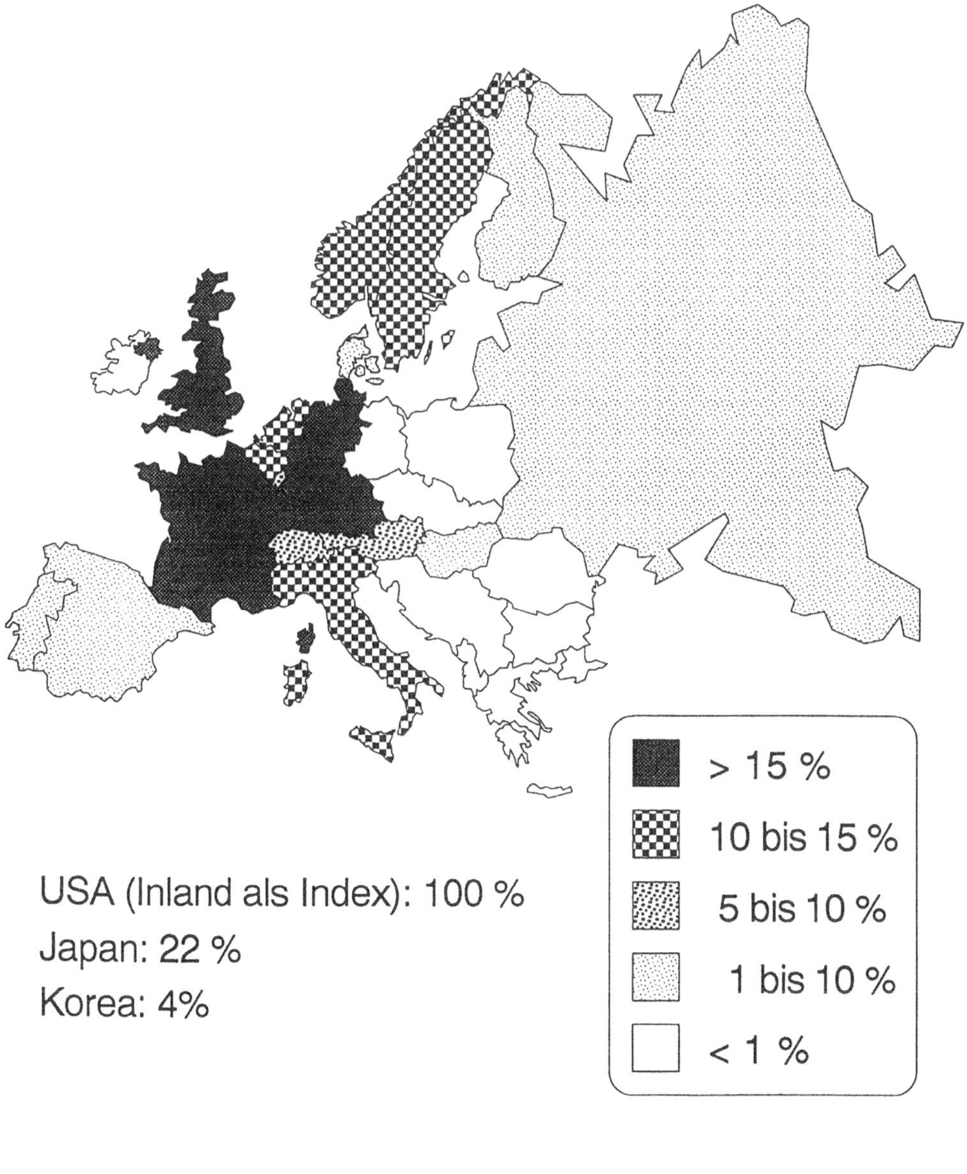

Abbildung 11.2-11 zeigt die Auslandspatentstrategie der US-amerikanischen Unternehmen. Die Zahl der Inlandpatente im Bereich der leitungsgebundenen Telekommunkation wurde auf den Indexwert 100 % gesetzt; die an den diversen Auslandsmärkten angemeldeten Patente sind darauf bezogen. Insgesamt ist die Auslandspatentierneigung nicht sehr hoch; sie liegt nur in wenigen Ländern oberhalb von 15% der Inlandspatente. Zu diesen bevorzugten Märkten gehören neben Japan, Großbritannien und Frankreich auch die Bundesrepublik.

Entsprechende Auswertungen wurden für alle untersuchten Länder vorgenommen. Dabei gab es folgende Auffälligkeiten: Japan richtet seine Auslandspatentanmeldungen im Bereich der leitungsgebundenen Technik vorzugsweise auf die USA und die Bundesrepublik Deutschland aus. Die europäischen Länder weisen alle eine deutlich höhere Auslandspatentneigung auf als die USA und Japan, was nicht zuletzt auf die relativ geringe Größe der jeweiligen Heimmärkte zurückzuführen ist. Im Falle Japans ist zu beachten, daß die Inlandspatentierneigung in Japan um ein Vielfaches über der aller anderen Länder liegt. Deshalb sollte die im Verhältnis zu den Inlandspatenten kleine Zahl von Auslandspatenten nicht zu dem Schluß verleiten, die Innovationspolitik der japanischen Unternehmen wäre auf den Binnenmarkt und nicht aus Auslandsmärkte gerichtet. Abschnitt 11.3 zeigt, daß die japanische Patentpolitik stark auf Auslandsmärkte ausgerichtet ist.

Besonders stark ausgeprägt ist die Auslandspatentneigung in den Niederlanden und Schweden. Fast jede niederländische Inlandanmeldung wird auch im Ausland plaziert. Schneidet man bei 70% ab, so fallen die USA, Großbritannien, Frankreich und die Bundesrepublik unter die Märkte, die als Quasi-Inland behandelt werden, aber auch Japan. Die Niederlande sind das einzige untersuchte Land, das seine Patentrechte fast vollständig auch in Japan registrieren läßt. Auch die schwedischen Unternehmen haben eine ausgeprägte Auslandspatentneigung. Zwar erreichen die Auslandsquoten nicht ganz das Niveau der Niederlande, aber die Bundesrepublik und Großbritannien sowie die USA und auch Japan werden mit mehr als 50% aller Inlandsmeldungen abgedeckt. Diese Zahlen sind ein weiterer Beleg dafür, daß für die schwedischen und niederländischen Hersteller - insbesondere Philips und Ericsson - die Auslandsmärkte von sehr großer Bedeutung sind.

Bei den drei großen europäischen Ländern Frankreich, Großbritannien und Bundesrepublik Deutschland ist ein bezüglich Europas ähnliches Patentverhalten festzustellen. Die höchsten Quoten treten jeweils untereinander auf. Ein Unterschied besteht in der Behandlung des US-amerikanischen Marktes, der bei den deutschen Patentanmeldern eine im Vergleich zu den großen Nachbarn nachrangige Bedeutung erfährt. Dies ist bei den britischen und französischen Unternehmen anders. Man kann dies als Indiz dafür auffassen, daß die deutschen Hersteller dem US-Markt noch Mitte der 80er Jahre eine relativ geringe Bedeutung zugemessen haben. Dies zeigt sich auch an den Außenhandelszahlen; 1986 gingen lediglich zwei Prozent der deutschen Exporte von Fernmeldetechnik in die USA (Schnöring 1988).

Siemens hat seine Strategie bezüglich des US-Marktes Mitte der 80er Jahre deutlich verändert. Seitdem wird ein signifikanter Marktanteil in den USA als notwendige Voraussetzung für die Sicherung der Weltmarktposition von Siemens im Telekommunikationssektor angesehen und das Unternehmen investiert viel Geld, um das Ziel zu erreichen. Da das Unternehmen in den USA eigene FuE- und Fertigungskapazitäten aufbaut, muß sich diese Entwicklung nicht notwendig in steigenden Exportzahlen und mehr Auslandspatentanmeldungen in den USA niederschlagen. Insoweit können Auslandspatente und Exporte das internationale Expansionsverhalten nur unvollständig abbilden, zumal wenn es um das Erkennen von zukunftsgerichteten Strategien einzelner Hersteller geht.

11.2.4 ROLLE DER STAATLICHEN FuE-FÖRDERUNG

In den meisten Industriestaaten wird die Informationstechnologie als Wachstumsmotor angesehen. Dementsprechend fördern die Regierungen FuE im Bereich der Informationstechnologie inklusive des Telekommunikationssektors (OECD 1989). Die Förderungmaßnahmen unterscheiden sich zwischen den Ländern, dies erschwert internationale Vergleiche der Förderung. Als unmittelbare Instrumente gibt es im wesentlichen die direkte finanzielle Förderung von FuE aus dem Staatshaushalt und die staatliche Einflußnahme auf die FuE- und die Beschaffungspolitik der Netzträger. Daneben gibt es in vielen Ländern sektorunspezifische FuE-Förderinstrumente, die im Rahmen dieser Untersuchung nicht behandelt wurden. Die Netzträger sind als staatliche Verwaltungen, öffentliche Unternehmen oder wettbewerbliche Ausnahmebereiche zumeist einer staatlichen Regulierung unterworfen, so daß es vielfältige Möglichkeiten der staatlichen Einflußnahme auf das Marktverhalten der Netzträger gibt.

Abbildung 11.2-12 zeigt die Finanzierungsbeiträge des Staates zu den nationalen FuE-Budgets für die zivile Telekommunikation. Danach gibt es in allen untersuchten Ländern eine direkte finanzielle FuE-Förderung. Sie ist relativ groß in Italien und Spanien, aber auch in Schweden und Korea finanziert der Staat dieser Schätzung nach über zehn Prozent des zivilen FuE-Budgets. In den übrigen Ländern liegt die staatliche Förderung zum Teil deutlich unter zehn Prozent. Nach diesem Vergleich hätte vor allem die Herstellerindustrie der zuerst genannten Länder Wettbewerbsvorteile durch staatliche FuE-Förderung. In die Beurteilung müssen aber einige andere Aspekte mit einbezogen werden.

Abbildung 11.2-12: Finanzierungsanteile der staatlichen FuE-Förderung am FuE-Budget für die zivile Telekommunikation 1987

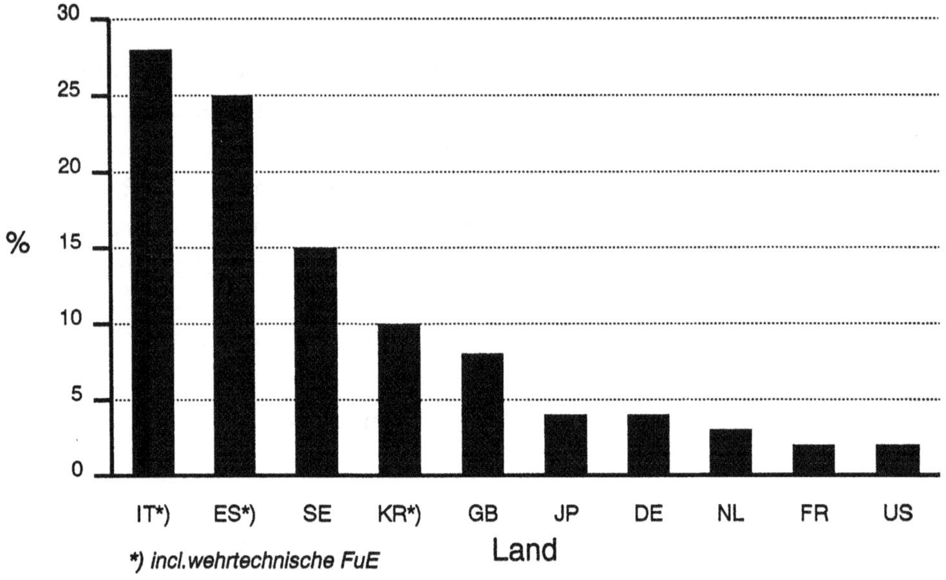

In den USA, Frankreich, Großbritannien und Schweden sind die überwiegend staatlich finanzierten FuE-Aufwendungen für den militärischen Bereich erheblich (Tabelle 11.2-1). Insoweit es Ausstrahlungseffekte für den zivilen Bereich gibt, können sich entsprechende staatliche Finanzierungsbeiträge positiv auf die Wettbewerbsposition der nationalen Herstellerfirmen auf den zivilen Märkten auswirken. Deshalb sind, auch wenn die Spill-Over-Effekte sich generell nur schwer abschätzen lassen, die extremen Positionen Frankreichs und der USA in Abbildung 11.2-12 mit Vorsicht zu interpretieren. Angesichts des großen Volumens der FuE-Ausgaben des Pentagons und der Tatsache, das es neben dem Pentagon keine andere für Technologiepolitik zuständige zivile Regierungsstelle in den USA gibt, muß man davon ausgehen, daß das Pentagon auch Industriepolitik betreibt.

Die Länderstudien haben darüber hinaus gezeigt, daß nicht jede staatliche Einflußnahme mit staatlichen Finanzierungsbeiträgen einhergeht. In Frankreich und Korea nehmen die Regierungen erheblichen Einfluß auf die FuE-Politik der Netzträger France Télécom und KTA. Beide Netzträger sind auch Träger der staatlichen FuE-Politik, so daß Staat und Netzträger in beiden Ländern nur bedingt als unabhängige Institutionen der jeweiligen FuE-Systeme anzusehen sind. Auch in Schweden und Spanien tragen die Netzträger eine technologie- und industriepolitische Verantwortung, die sich in ihrer FuE-Politik niederschlägt.

In Japan gibt es ein System der staatlichen Technologie- und Industriepolitik, das mit dem Stichwort "administrative Anleitung" umschrieben wird. Es besteht aus vielfältigen staatlichen Maßnahmen zur gemeinsamen Ausrichtung von FuE bei Netzträgern, Herstellern und Forschungseinrichtungen im vorwettbewerblichen Bereich. Finanzielle Beiträge des Staates spielen dabei eine geringe Rolle, deshalb wird die Rolle des Staates im japanischen FuE-System in Abbildung 11.2-12 eindeutig unterschätzt. Seit der Liberalisierung des japanischen Telekommunikationsmarktes hat sich das japanische Ministerium für Post und Telekommunikation (MPT) neben dem berühmten MITI zu einem gewichtigen eigenständigen Element in dem japanischen FuE-System entwickelt, zumindest für den Telekommunikationsbereich.

Bis vor wenigen Jahren haben auch in Großbritannien und der Bundesrepublik Deutschland industriepolitische Ziele einen erheblichen Einfluß auf die FuE- und die Beschaffungspolitik der Netzträger gehabt. Mit der Liberalisierung des britischen Telekommunkationsmarktes und der Privatisierung von BT bzw. den schrittweisen Veränderungen der Beschaffungspolitik der DBP hat sich die staatliche Einflußnahme und die finanzielle Unterstützung der inländischen Herstellerindustrie bei der Finanzierung von FuE in beiden Ländern abgeschwächt. Man muß aber auch für diese Länder davon ausgehen, daß die staatliche Förderung der inländischen FuE-Aktivitäten in den Finanzierungsbeiträgen in Abbildung 11.2-12 nicht vollständig zum Ausdruck kommt.

Insgesamt gesehen erscheint die staatliche Förderung von FuE und die staatliche Einflußnahme auf das nationale FuE-System in Korea, Frankreich, Japan und Schweden besonders stark ausgeprägt zu sein. In Italien und Spanien gibt es erhebliche staatliche Finanzierungsbeiträge, die Effizienz des gesamten FuE-Systems wird aber nicht besonders hoch eingeschätzt. In den USA sind indirekte Effekte aus dem militärischen Bereich zu beachten. Im Fall der Bundesrepublik Deutschland und vor allem Großbritanniens ist eine Rückbildung der staatlichen Einflußnahme durch Veränderungen der Ordnungspolitik und der Beschaffungspolitik der Netzträger zu beobachten. In den Niederlanden übt der Staat seit langem weitgehende Abstinenz bei der industriellen FuE-Förderung.

In Europa tritt die Kommission der Europäischen Gemeinschaften seit Anfang der 80er Jahre verstärkt mit einer eigenen FuE-Politik als Element einer Industriepolitik für den gesamten EG-Raum in Erscheinung. Es gibt verschiedene Fördererprogramme - ESPRIT, RACE etc. -, mit denen die Kommission versucht, im Bereich der Informationstechnik europäische FuE-Kooperationen im vorwettbewerblichen Bereich zu fördern. Ziel ist es, im Wettbewerb mit Japan und den USA konkurrieren zu können.

Für den Bereich der Telekommunikation ist das RACE-Programm von besonderem Stellenwert. Mit diesem Programm soll die europäische FuE für vermittelte Breitbandkommunikationsnetze unter Beteiligung aller europäischer Netzträger und aller wichtigen Hersteller harmonisiert und auf ein Ziel ausgerichtet werden. Als finanziellen Anreiz stellt die Kommission für die sogenannte erste Hauptphase 1987-92 rund 1,1 Mrd. DM zur Verfügung. Die Wirkung des Programms beruht aber weniger auf den Fördermitteln, diese sind relativ bescheiden. Die Fördermittel verteilen sich auf fünf Jahre (220 Mio. DM pro Jahr) und alle zwölf Mitgliedsländer der Gemeinschaft. Angaben über die Verteilung der Fördermittel nach Ländern liegen nicht vor. Vergleicht man die jährlich zur Verfügung stehenden Mittel für alle Mitgliedsländer (rechnerisch knapp 20 Mio. DM pro Land) mit den nationalen FuE-Budgets bzw. der nationalen staatlichen FuE-Förderung, dann zeigt sich die geringe finanzielle Bedeutung der EG-Förderung. Vergleicht man sie mit dem aggregierten FuE-Budget der sechs hier untersuchten Mitgliedländer der EG von 14 Mrd. DM für 1987, ergibt sich ein Anteil von weniger als zwei Prozent. Die FuE-Förderung des BMFT in der Bundesrepublik Deutschland im Bereich Technische Kommunikation belief sich Mitte der 80er Jahre alleine schon auf rund 140 Mio. DM im Jahr.

Vielmehr zielt das Programm auf ein entstehendes europäisches Netz von FuE-Kooperationen. An RACE beteiligen sich alle wichtigen europäischen Netzträger und Hersteller. Während der Anfangsphase waren britische und französische Unternehmen überdurchschnittlich vertreten. In der Bundesrepublik Deutschland haben sich viele Hersteller und die DBP aus verschiedenen Gründen gegenüber RACE zunächst abwartend verhalten. Ihre Beteiligung hat sich erst nach dem Beginn der ersten Hauptphase intensiviert. Inzwischen ist zu erwarten, daß RACE wesentlich dazu beitragen wird, die zuvor weitgehend unabhängigen nationalen FuE-Systeme der europäischen Länder international zu verknüpfen und in ihrer Bedeutung zu verändern. Zu dieser Entwicklung tragen auch andere FuE-Programme der Europäischen Gemeinschaft wie ESPRIT und die nationalstaatliche FuE-Förderung im Rahmen von EUREKA bei. Für den Telekommunikationssektor haben diese supranationalen FuE-Förderungen aber ein im Vergleich zu RACE geringeres Gewicht (vgl. Dang Nguyen 1989).

Nimmt man die verschiedenen supranationalen FuE-Fördermaßnahmen zusammmen, dann ist in Europa seit Mitte der 80er Jahre eine Internationalisierung der staatlichen

FuE-Förderung für die Telekommunikation zu beobachten. Die Kommission der Europäischen Gemeinschaften ist ein wichtiger Motor dieser Entwicklung. Sie versucht, mit dieser Politik nicht zuletzt ihre eigene Position im Verhältnis zu den Regierungen der Mitgliedsländer zu stärken. Auch verläuft die Abstimmung mit den nationalen FuE-Politiken der einzelnen Mitgliedsländer nicht ohne Konflikte. Ein Gleichgewicht zwischen supranationaler und nationaler FuE-Politik muß sich erst noch herausbilden.

11.2.5 ROLLE DER HOCHSCHULEN UND FORSCHUNGSINSTITUTE

Die Bedeutung der Hochschulen und der Forschungsinstitute ist in allen untersuchten Ländern schwer zu erfassen. Auf der Finanzierungsseite treten beide Bereiche naturgemäß nicht in Erscheinung und ihre FuE-Ausgaben für den Bereich Telekommunkation lassen sich kaum abschätzen. Dies liegt bei den Hochschulen daran, daß an Universitäten in der monetären Bilanz nur sogenannte Drittmittel aufscheinen, während sich die Forschungsarbeiten an Hochschulen, die mit der Grundausstattung betrieben werden, jeder Bilanzierung entziehen. Telekommunikation ist kein Gebiet, das nach akademischen Klassifikationen abgegrenzt werden kann, so daß auch aus der Verteilung von Lehrstühlen bzw. Universitätspersonal auf Forschungsgebiete keine Rückschlüsse auf Arbeiten mit Relevanz für die Telekommunikation gezogen werden können. Die Literaturstatistik ist daher der einzige Zugang, um den Beitrag der Universitäten würdigen zu können. Ob der Indikatorwert dem Volumen nach angemessen ist, muß offen bleiben. In der Regel kann unterstellt werden, daß die Publikationsneigung in Hochschulen und allgemein im akademischen Umfeld höher ist als bei Industrieunternehmen. Trotz dieser möglichen Verzerrungen ist die institutionelle Aufschlüsselung von telekommunikationsbezogenen FuE-Arbeiten gemäß der Publikationsstatistik gegenwärtig die einzige Möglichkeit, um strukturelle Aspekte zu erfassen (zum anderen bietet sich der Patentindikator an, der jedoch wegen der Forderung nach gewerblicher Nutzbarkeit den Hochschulsektor wiederum sehr stark ausklammert).

Abbildung 11.2-13 zeigt sehr eindeutig, daß die <u>Bedeutung des Hochschulsektors</u> in den kleineren Ländern zunimmt. Für die Vereinigten Staaten, Japan, die Bundesrepublik Deutschland, Frankreich und Großbritannien beschränkt sich ihr Beitrag auf etwa 30 % oder weniger, während er in Spanien dominiert, und in Südkorea und Schweden fast die Hälfte ausmacht. <u>Nichtakademische Forschungsinstitute</u> spielen - je nach Struktur des Landes - eine unterschiedlich große Rolle, wobei ihnen in der Regel mindestens ein

10 %-Anteil sicher ist. Besonders gering ist die Rolle hochschulfreier, meist gemeinnütziger Institute in den Vereinigten Staaten, Spanien und Schweden, während die Telekommunikations-FuE in Südkorea und den Niederlanden sehr stark davon lebt.

Abbildung 11.2-13: Publikationen von Hochschulen und Forschungsinstituten im Gesamtgebiet der Telekommunikation als Anteile an den nationalen Publikationen 1986

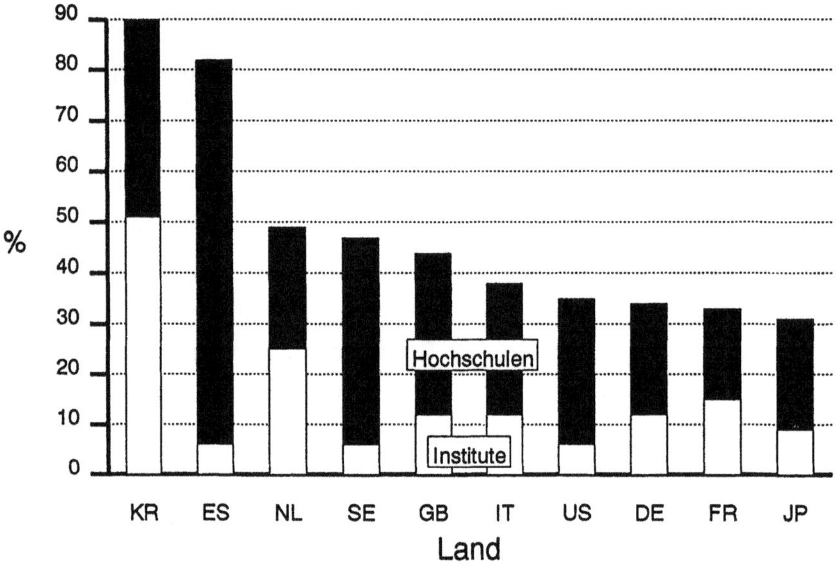

Die Beteiligung der Hochschulen und Institute an den Teilgebieten der Forschung ist in allen untersuchten Ländern unterschiedlich. Auf dem Gebiet der theoretischen Literatur sind die Universitäten erwartungsgemäß in allen Ländern besonders stark vertreten. Das grundsätzliche Muster der Abbildung 11.2-13, nach dem Universitäten und Institute in Korea und Spanien sowie mit Abstand in den Niederlanden, Schweden und Großbritannien einen besonders großen Anteil der nationalen Forschung ausmachen, reproduziert sich in den meisten Teilgebieten. Dies Muster steht im Einklang mit den Ergebnissen der Länderstudien: In Korea setzt die Regierung bei ihrer industriepolitischen Aufholstrategie auf staatliche FuE-Labors. In Spanien versucht die Regierung, die Universitäten für denselben Zweck zu nutzen. Die Länderstudie zu Schweden hat gezeigt, daß das Land den Hochschulsektor in einzelnen Technikbereichen gezielt bei der Aneignung von neuestem internationalem Know-how einsetzt. (Beispiele sind die Bereiche der Lichtleitertechnik, der Bildkommunikation und der Bildübertragung.) Dabei gibt es eine enge Kooperation von Hochschulen und Unternehmen, die wohl nur in einem kleinen Land möglich ist. In den Zahlen für die Niederlande machen sich eine Reihe von dort angesiedelten internationalen Organisationen bemerkbar. Großbritannien ist bekannt für eine starke Hochschulforschung, die Schwäche des Landes liegt in einer unzureichenden Umsetzung von Spitzenpositionen in der Forschung in Innovationen und Markterfolge.

Einzelne Forschungsinstitute nehmen in den nationalen FuE-Systemen wichtige Funktionen wahr, die in dem Publikationsindikator nicht zum Ausdruck kommen. In Japan spielen das Electrotechnical Laboratory (ETL), das dem MITI nachgelagert ist, und das Communications Research Laboratory (CRL) des MPT eine zentrale Rolle bei der Formulierung und Umsetzung der japanischen Technologiepolitik der "administrativen Anleitung". In der Bundesrepublik Deutschland nimmt - vom Ansatz her - das Heinrich-Hertz-Institut (HHI) eine vergleichbare Funktion im Rahmen der Förderpolitik des BMFT wahr, wenn auch auf begrenzterer Basis. Die japanischen Institute haben vermutlich auch bei der Ausgestaltung der Rolle des Electronics and Telecommunications Research Institute (ETRI) in Korea Pate gestanden. Insofern kann das Publikationsgeschehen die Bedeutung der Universitäten und Forschungsinstitute nur unvollständig wiederspiegeln, sie muß ergänzt werden mit länderspezifischen Detailanalysen (vgl. Kapitel 1 bis 4 in Band I, und 5 bis 10 in diesem Band).

11.3 LEISTUNGSFÄHIGKEIT DER NATIONALEN FuE-SYSTEME

11.3.1 PUBLIKATIONEN UND PATENTE ALS ERTRAGSINDIKATOREN VON FuE

Die FuE-Aufwendungen für die Telekommunikation sind in den letzten Jahren drastisch angewachsen. Dies zeigt sich an den Entwicklungskosten für einzelne Systeme und es zeigt sich an den FuE-Budgets der untersuchten Länder. Dafür mitverantwortlich ist eine Verwissenschaftlichung der FuE-Aktivitäten, welche ihre Aufwendungen in die Höhe treibt. Die FuE-Intensität der Unternehmen (FuE-Aufwendungen im Verhältnis zum Umsatz) erreicht inzwischen zwölf bis fünfzehn Prozent. Sie stellt für die Hersteller eine erhebliche Belastung mit fixen Kosten dar. Bei gleichzeitiger Verkürzung der Produktlebenszyklen entsteht ein Zwang zur Umsatz- und Marktanteilserweiterung.

Mit dem Input in FuE ist der Output stark angewachsen. Wissenschaftliche Publikationen und Patente können als Indikatoren für den Output von FuE-Aktivitäten interpretiert werden (vgl. Band I, S. 22ff). Publikationen stehen in engerer Verbindung zur Forschung, da Forschungsergebnisse ihrem Charakter nach häufig nicht patentierfähig sind.

Patente sind demgegenüber in der Regel das Ergebnis von Entwicklungsaktivitäten. Patente unterscheiden sich von Publikationen insofern, als ein Patentschutz nur für weltweite Neuheiten gewährt wird, während bei Publikationen eine Veröffentlichung von bereits Bekanntem durchaus vorkommt. Die Anzahl der Publikationen und Patente variert naturgemäß mit der Größe der Länder sowie dem Publikations- und Patentierverhalten der Akteure. Solche Einflüsse müssen bei der Indikatorbildung und ihrer Interpretation berücksichtigt werden (vgl. Band I, S. 29f und S. 36f).

Die Anzahl der in Literaturdatenbanken nachgewiesenen wissenschaftlichen Publikationen ist seit Mitte der 70er Jahre stark angewachsen. Abbildung 11.3-1 zeigt die Entwicklung der Forschung für Telekommunikation an Hand der Anzahl der jährlichen Publikaqtionen in den fünf großen untersuchten Ländern auf der Basis der britischen Literatur-Datenbank INSPEC. In den USA und Japan war der Zuwachs besonders groß. Die Zahl der japanischen Publikationen hat sich versechsfacht! Großbritannien weißt ebenfalls einen relativ großen Zuwachs auf. Dabei ist zu berücksichtigen, daß die für die Untersuchung verwendete britische INSPEC Datenbank vermutlich eine Verzerrung zugunsten angelsächsischer, insbesondere britischer Literatur aufweist. Die Zahl der nachgewiesenen deutschen Publikationen hat zwar ebenfalls zugenommen, aber nur in wesentlich geringerem Ausmaß.

Abbildung 11.3-1: Entwicklung der Forschung für Telekommunikation 1973-86 an Hand des Publikationsoutputs in den fünf großen Ländern (Zweijahres-Durchschnitte)

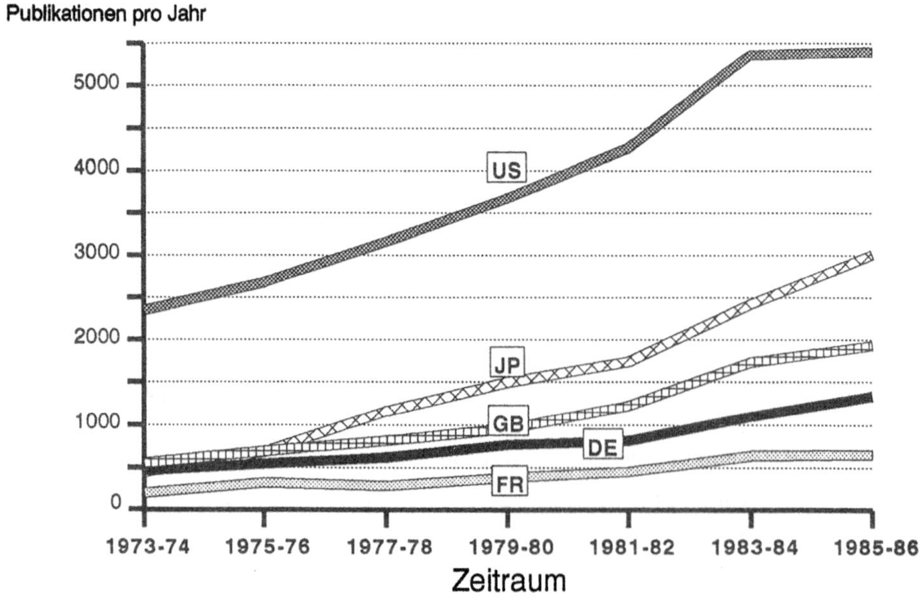

In der Gruppe der kleineren Länder tritt vor allem Italien mit einem großen und stark wachsenden Publikationsgeschehen hervor (Abbildung 11.3-2). Gemessen am Publikationsoutput ist die italienische Forschung mit der französischen durchaus vergleichbar. Ansonsten liegt die Zahl der Publikationen der kleineren Länder in der Regel niedriger.

Abbildung 11.3-2: Entwicklung der Forschung für die Telekommunikation 1973-1986 an Hand des Publikationsoutputs in den fünf kleinen Ländern (Zweijahres-Durchschnitte)

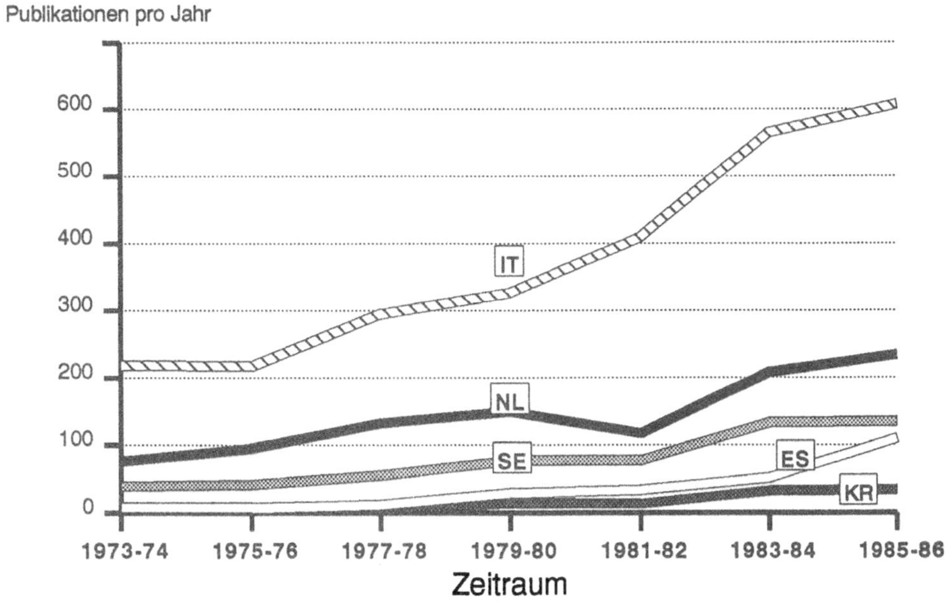

Die Entwicklung der Publikationen weist insgesamt auf eine nach wie vor starke Position der amerikanischen Forschung hin, sie zeigt jedoch vor allem eine erhebliche Intensivierung der Forschungsaktivitäten in Japan. Gemessen an den Publikationen nimmt die Forschung in Japan weltweit eindeutig den zweiten Platz ein, mit weitem Abstand vor den großen europäischen Staaten.

Die Anzahl der Patente für den Telekommunikationsbereich hat wie die Zahl der Publikationen während der letzten Jahre stark zugenommen. Für den internationalen Vergleich der Patentaktivitäten der Länder wurde ein Indikator für das technologische Potential der Länder entwickelt, bei dem bestimmte, den Vergleich beeinträchtigende Einflüsse herausgerechnet sind (vgl. Band I, S. 29f). In die Analyse einbezogen wurden die Auslandspatentanmeldungen am US-amerikanischen sowie am Deutschen bzw. Europäischen Patentamt von 1976 bis 1986. Diese Patentämter stehen als Repräsentanten für die amerikanischen und europäischen Märkte. Die Vernachläßigung von Inlandspatenten und die Beschränkung auf Auslandspatente ist eine Qualitätshürde, die Patentanmeldungen ohne großes wirtschaftliches Interesse aus der Betrachtung ausschließt. Mögliche durch die Auswahl der Patentämter entstehende Überrepräsentationen von amerikanischen und deutschen Anmeldern wurden bei der Indikatorbildung berücksichtigt.

Da Schutzrechte eine begrenzte Laufzeit haben, die von der Entrichtung der Gebühren abhängt und in der Regel 15 und mehr Jahre betragen kann, aber wegen der schnellen Innovationsschübe kaum ausgenützt wird, wurde für die nachfolgende Betrachtung ein Verfahren angewendet, das die in den letzten fünf Jahren vor dem Betrachtungszeitpunkt angemeldeten Patentaktivitäten aufsummiert, um so das Potential der bestehenden Schutzrechte abschätzen zu können. Eine Volkswirtschaft, die am aktuellen Rand wenig aktiv war, aber auf ein großes Schutzvolumen zurückblicken kann, wird bei dieser Betrachtung hoch eingestuft im Vergleich zu einem Newcomer, der lange Zeit passiv war und erst kürzlich mit Inventionsaktivitäten begann. Der Potentialindikator ist als Index konstruiert und entspricht nicht dem tatsächlichen Patentvolumen (vgl. Band I, S. 30).

Abbildung 11.3-3 zeigt den Verlauf des technologischen Potentials seit 1979 im Gesamtgebiet der Telekommunikation für die fünf hier betrachteten großen Volkswirtschaften. Der Patentpotentialindikator zeigt eine im Vergleich zur Forschung noch wesentlich stärkere Stellung Japans bei der Entwicklung. Japan hat sich eindeutig zur Führungsmacht bei gewerblichen Schutzrechten entwickelt, wobei insbesondere der Anstieg steiler verlief, als in den Vereinigten Staaten, die ihre Position ebenfalls, aber nicht in diesem Ausmaß wie Japan, verbessern konnten. Japan hat die Vereinigten Staaten etwa um 1980 "überholt"; das stark zunehmende internationale Schutzrechtsvolumen scheint aber seit 1984 in beiden Ländern zu stagnieren. Auch die Bundesrepublik Deutschland hat Zuwachsraten zu verzeichnen, jedoch auf niedrigerem Niveau und mit geringerem Anstieg, was für Großbritannien auf noch einmal tieferem Niveau ebenfalls gesagt werden kann. Trendzuwächse in Frankreich ergaben sich bis 1983, während seitdem ein rückläufiges Patentpotentional diagnostiziert werden muß. Faßt man die EG-Länder zusammen, so zeigt sich, daß Japan nunmehr gegenüber dem vereinten europäischen Block dominiert.

Abbildung 11.3-4 zeigt die Trends für das Gesamtgebiet der Telekommunikation in den kleineren Volkswirtschaften. Anders als in bezug auf vorwettbewerbliche Forschungsaktivitäten dominieren unter diesen Ländern nunmehr die Niederlande klar vor Italien, das seinerseits schon vor einigen Jahren von Korea übertroffen wurde. Schweden hält sich auf etwa konstantem Niveau, während die Schutzrechtsaktivitäten in Spanien (jedenfalls diejenigen mit internationaler Bedeutung) vernachlässigbar sind.

Abbildung 11.3-3: Technologisches Potential 1979-1986 im Gesamtgebiet der Telekommunikation in den großen Ländern

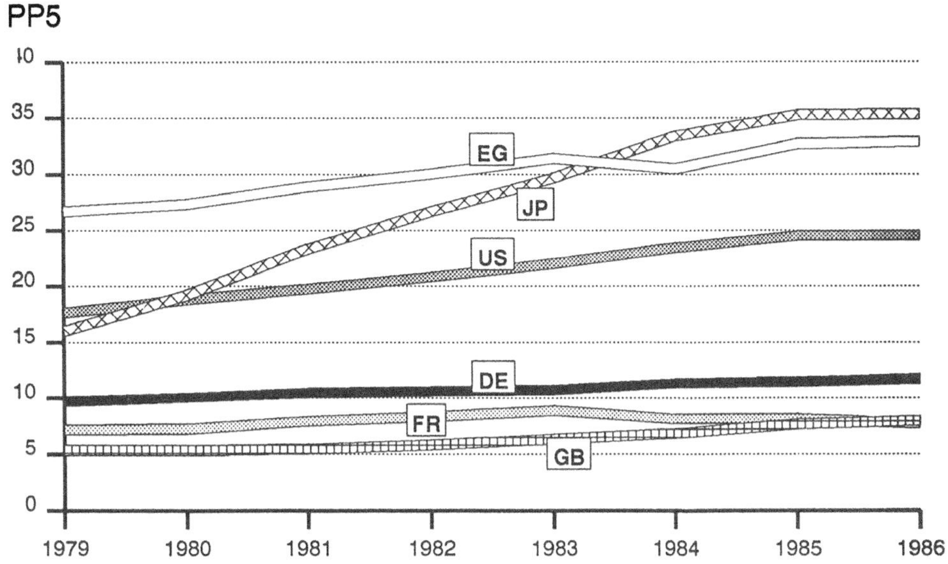

Abbildung 11.3-4: Technologisches Potential 1979-1986 im Gesamtgebiet der Telekommunikation in den kleineren Ländern

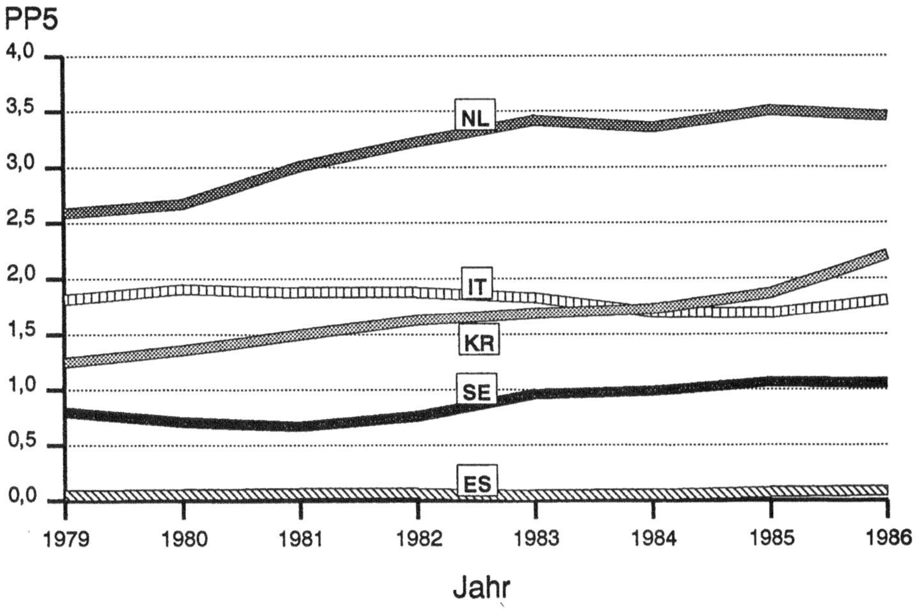

Das Gesamtgebiet der Telekommunikation setzt sich aus technisch inhomogenen Bereichen zusammen und ist auch dadurch gekennzeichnet, daß aus patentrechtlichen Gründen und Gewohnheiten in den einzelnen Teilbereichen eine unterschiedliche Zahl von Patentanmeldungen gehandhabt wird. Ein "Patentboom" ist insbesondere im Lichtleiterbereich festzustellen, während der Bereich der leitungsgebundenen Technik sich moderat entwickelt. Der kommerzielle Wert des einzelnen Patents unterscheidet sich von Teilgebiet zu Teilgebiet, so daß auch von daher keine Vergleichbarkeit gegeben ist. Deshalb ist das Zusammenzählen von Patenten unterschiedlicher technischer Provenienz wenn möglich zu vermeiden und nur zu einer groben Orientierung geeignet. Die nachfolgende Betrachtung zu Teilgebieten sollte hingegen von technologischer Homogenität gekennzeichnet sein, so daß die daraus abzuleitenden Trends und Rangfolgen von größerem Gewicht sind als diejenigen für das Gesamtgebiet.

Trotz des allüberall dominierenden Patentvolumens Japans ist die leitungsgebundene Kommunikation (Fernmeldekabel oder -leiter, Leitungsübertragungssysteme, Fernsprechverkehr, Wähltechnik, isolierte Leiter oder Kabel, elektromagnetische Wandler (z. B. Sprechmuscheln), Multiplexverkehr mit Analogsystemen) eine US-amerikanische Domäne. Dies war durchaus nicht immer so, vielmehr haben sich die Patentaktivitäten der USA seit 1981 verstärkt, die bundesdeutschen (mit internationaler Bedeutung!) vermindert. Japan hat inzwischen mit einem etwa parallel zu den Vereinigten Staaten verlaufenden Aufwärtstrend von niedrigem Niveau aus das bundesdeutsche Schutzrechtsvolumen überflügelt, aber andererseits an das US-amerikanische bei weitem noch nicht angeschlossen. Frankreich und Großbritannien spielen neben der Bundesrepublik nur eine nachgeordnete Rolle in Europa, wobei erneut die französischen Trends in den 80er Jahren nach unten, diejenigen Großbritanniens nach oben zeigen (Abbildung 11.3-5). Unter den kleineren Ländern (Abbildung 11.3-6) ist die ursprünglich führende Rolle Italiens verloren gegangen, das Land wurde durch die Niederlande abgelöst. Schweden stabilisiert sich in der Mitte, während Korea und Spanien kaum eine Rolle auf internationalem Parkett spielen können.

Der Bereich der Funktechnik (Antennen, Sende- und Empfangsgeräte, Funkübertragungssysteme (inkl. Satelliten), Rausch- und Störunterdrückung, geheimer Nachrichtenverkehr mit Analogsystemen (z. B. Polizeifunk), Steuern und Regeln von Schwingungen), der nicht in dem Maße der Einflußnahme starker Netzträger unterworfen ist (oder war) wie der leitungsgebundene Bereich, zeigt kaum andere zeitliche Trends. Unter den großen Ländern dominiert erneut US-amerikanische Technik vor japanischer, deren Position sich, anders als im leitungsgebundenen Bereich, kaum verbessert hat. Großbritannien und Frankreich treten erneut deutlich zurück mit den nämlichen Trends (Großbritannien aufwärts, Frankreich abwärts). Die Bundesrepublik Deutschland ist in

Abbildung 11.3-5: Technologisches Potential 1979-1986 im Bereich der leitungsgebundenen Technik in den großen Ländern

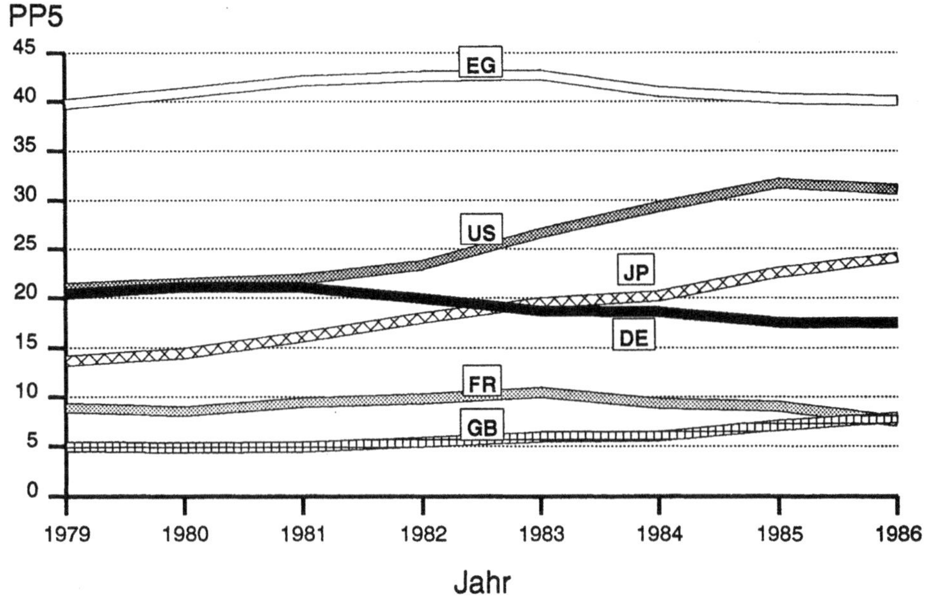

Abbildung 11.3-6: Technologisches Potential 1979-1986 im Bereich der leitungsgebundenen Technik in den kleinen Ländern

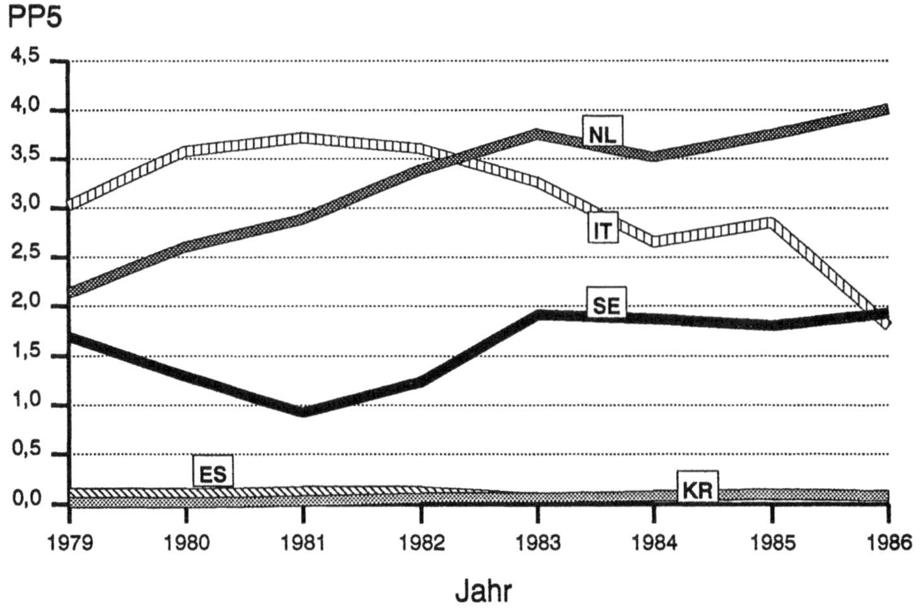

bezug auf die Funktechnik völlig anders plaziert als im Bereich der leitungsgebundenen Technik, nämlich kaum vor den europäischen Konkurrenten und deutlich hinter Japan. Die bundesdeutsche Position ist über den Betrachtungszeitraum hin gesehen praktisch konstant (Abbildung 11.3-7).

Die Abbildung 11.3-8 zeigt sehr geringe Aktivitäten Spaniens und Koreas, wiederum eine moderate aber stabile Position Schwedens und wie in der leitungsgebundenen Technologie ein Aufholen durch die Niederlande und ein Zurückbleiben Italiens. Die unterschiedlichen Maßstäbe des Indikators zwischen den großen und den kleineren Ländern sollten beachtet werden. Demnach schließen die Niederlande trotz der starken Verbesserung ihrer Patentposition keinesfalls an Großbritannien und Frankreich an. Die beiden Schaubilder sind also überlappungsfrei.

Der Bereich der Bildübertragung (z. B. Fernsehsysteme) ist in der Gruppe der großen (Abbildung 11.3-9) wie der kleinen (Abbildung 11.3-10) Länder von der Dominanz weniger Volkswirtschaften bei großer Abstinenz oder Zurückhaltung der anderen Länder pro Ländergruppe gekennzeichnet. Unter den großen Ländern dominieren Japan und die Vereinigten Staaten das Geschehen, wobei der stetige Aufwärtstrend Japans seit etwa 1984 gebrochen zu sein scheint. Die starke Position Japans ist insoweit nicht überraschend als Teilbereiche der Fernsehtechnik in dieses Gebiet fallen. Erstaunlicher ist angesichts der Schwäche der USA bei der Unterhaltungselektronik ihre relativ starke technologische Position in diesem Bereich. Großbritannien, Frankreich und die Bundesrepublik Deutschland liegen fast ununterscheidbar um fast eine Größenordnung hinter Japan zurück, obwohl auch in diesen drei Ländern schwache Aufwärtstrends verzeichnet werden können. Unter den kleineren Ländern spielen nur die Niederlande eine maßgebliche Rolle, die sich eine günstige Patentposition erarbeitet haben, die in das Band, das aus der Bundesrepublik, Großbritannien und Frankreich aufgespannt wird, hineinreicht. Da der Patentindikator keine Normierung für die Ländergröße enthält, ist dies ein überaus stolzes Ergebnis für die Niederlande; es steht in Verbindung mit den niederländischen FuE-Labors von Philips.

Die Verhältnisse bei der Bildübertragung reproduzieren sich im Bereich der Bildkommunikation. Es handelt sich um einen sehr eng abgegrenzten Technologiebereich, zu dem die Faksimile-Technologie und das Bildtelefon zählen. Unter den großen Ländern dominieren wiederum die Vereinigten Staaten mit einer guten Position, die aber keine Verbesserung zeigt, und vor allem Japan, dessen Höhenflug fast ungebrochen erscheint. Hier schlägt sich die technologische Stärke Japans bei Fax und Bildtelefon nieder. Die drei großen europäischen Länder fallen demgegenüber um mehr als eine Größenordnung zurück (vgl. Abbildung 11.3-11).

Abbildung 11.3-7: Technologisches Potential 1979-1986 im Bereich der Funktechnik in den großen Ländern

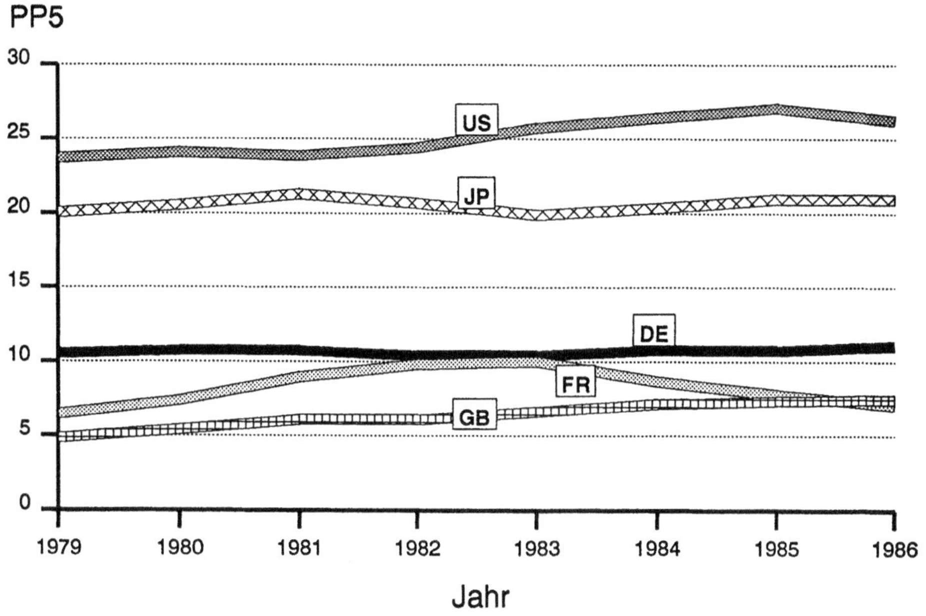

Abbildung 11.3-8: Technologisches Potential 1979-1986 im Bereich der Funktechnik in den kleineren Ländern

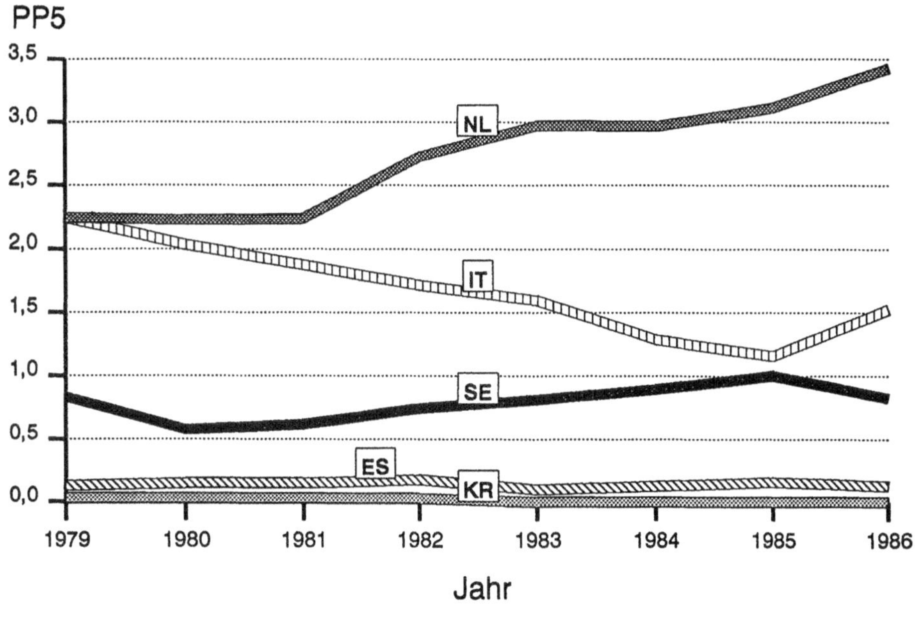

Abbildung 11.3-9: Technologisches Potential 1979-1986 im Bereich der Bildübertragung in den großen Ländern

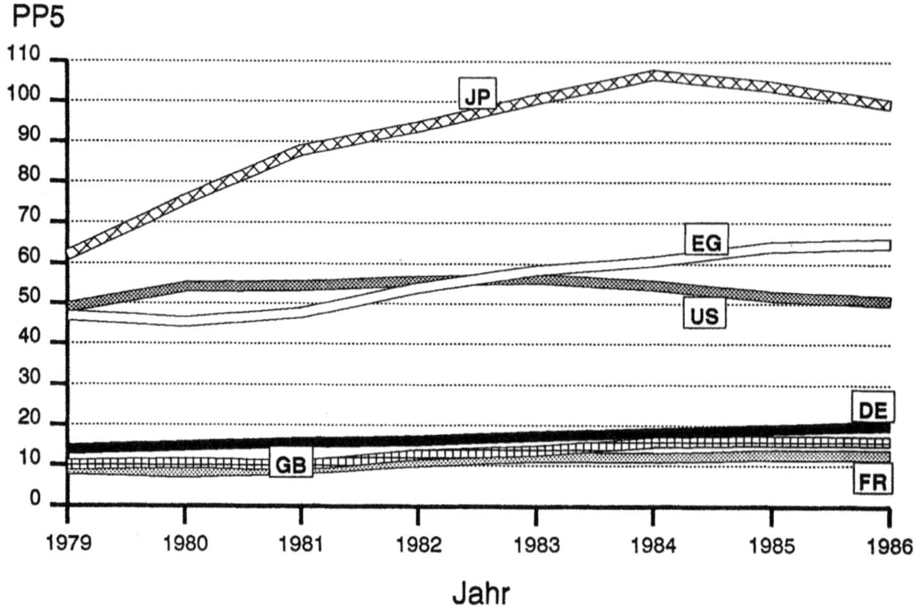

Abbildung 11.3-10: Technologisches Potential 1979-1986 im Bereich der Bildübertragung in den kleinen Ländern

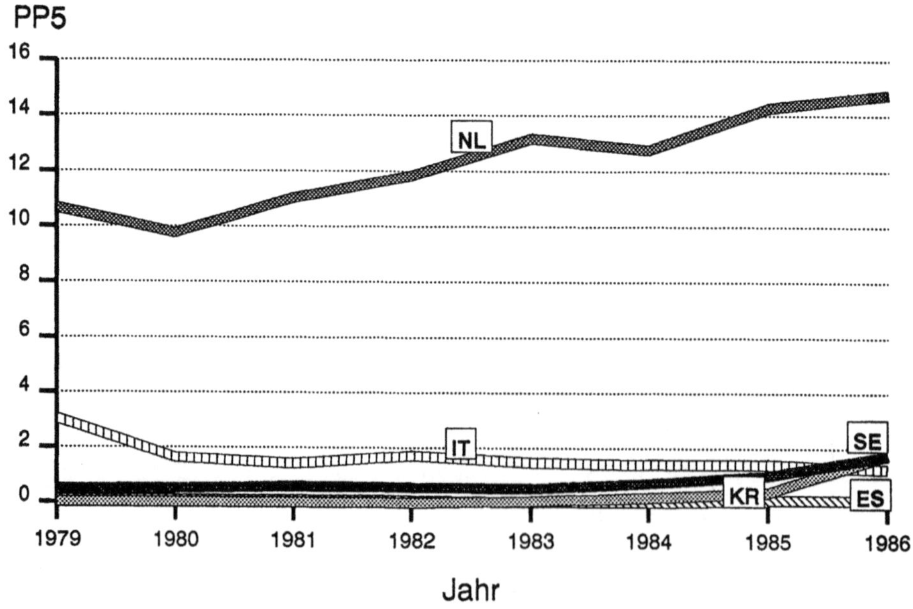

Abbildung 11.3-11: Technologisches Potential 1979-1986 im Bereich der Bildkommunikation in den großen Ländern

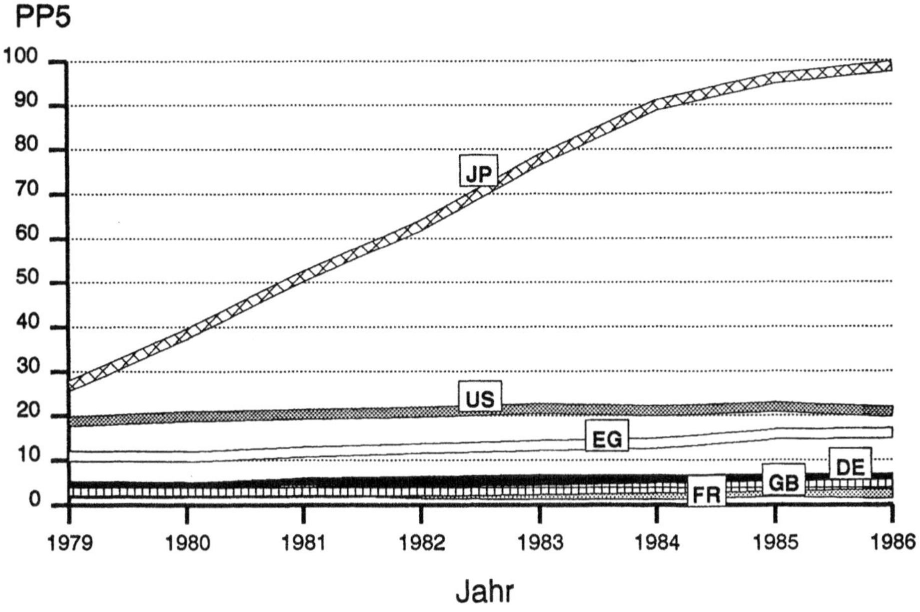

Abbildung 11.3-12: Technologisches Potential 1979-1986 im Bereich der Bildkommunikation in den kleineren Ländern

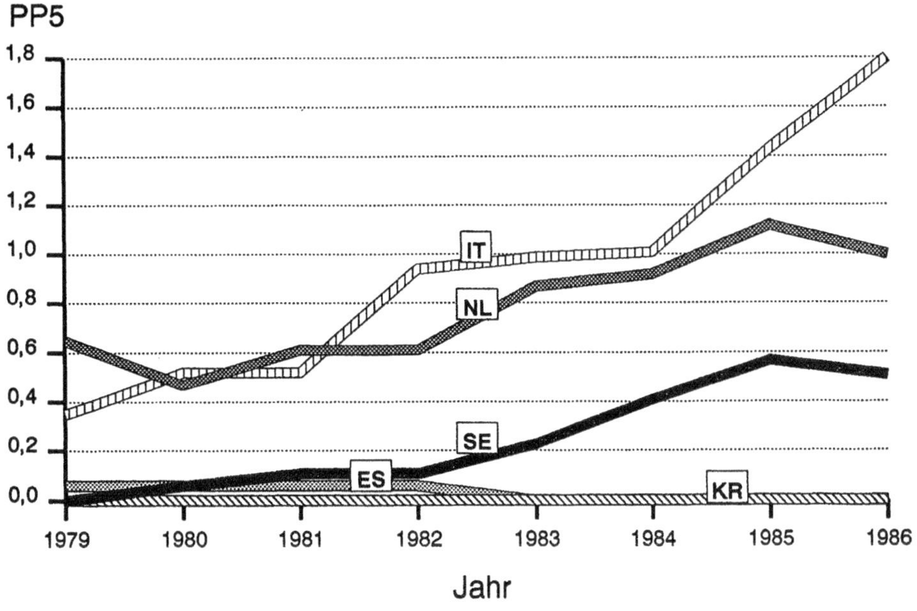

Die Entsprechung zwischen Bildübertragung und Bildkommunikation trifft für Schweden und Italien nicht zu. Zwar nehmen die Niederlande eine gute und aufsteigende Patentposition ähnlich der in der Bildübertragung ein, die aber in diesem Fall von Italien übertroffen wird, das insbesondere seit 1984 erstaunliche Zuwachsraten produziert hat (Abbildung 11.3-12). Schweden hat zu Beginn der 80er Jahre eine nicht zu vernachlässigende Patentposition aufgebaut, was von Spanien und Korea nicht gesagt werden kann.

Der Bereich der Digitaltechnik (AD-Wandler, Übertragung digitaler Informationen (inkl. Telegraphie), Kodieren (Analog-Digital- bzw. Digital-Analog-Umsetzung, Umsetzung von digitalen Informationen), Digitale Übertragungssysteme, Digitale Netzwerke; Abbildung 11.3-13) ähnelt dem der leitungsgebundenen Technik und sieht die Vereinigten Staaten führend vor Japan, das gleichwohl starke Aufholbemühungen unternimmt. Die französische leicht abfallende und die britische leicht ansteigende Position verhalten sich entsprechend wie in der leitungsgebundenen Technik. Aus dem Rahmen fällt die Patentposition der Bundesrepublik Deutschland, soweit es sich um international relevante Patente handelt. Die Bundesrepublik hat die Aktivitäten Frankreichs kaum übertroffen und war zeitweise eher schwächer engagiert als Frankreich. Dies kontrastiert stark mit dem Bereich der leitungsgebundenen Technik, wo die Bundesrepublik lange Jahre sogar das Niveau Japans übertraf.

Abbildung 11.3-13: Technologisches Potential 1979-1986 im Bereich der Digitaltechnik in den großen Ländern

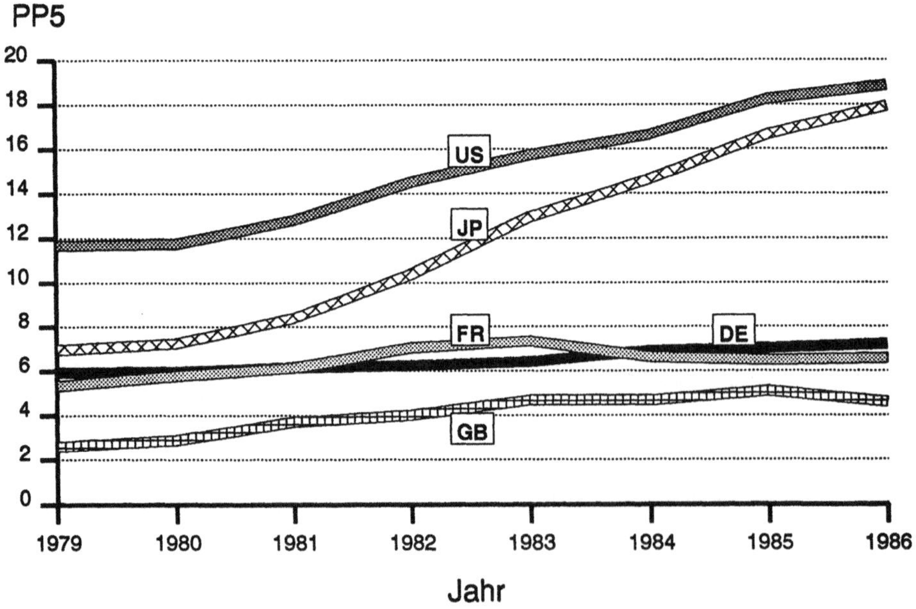

Abbildung 11.3-14: Technologisches Potential 1979-1986 im Bereich der Digitaltechnik in den kleineren Ländern

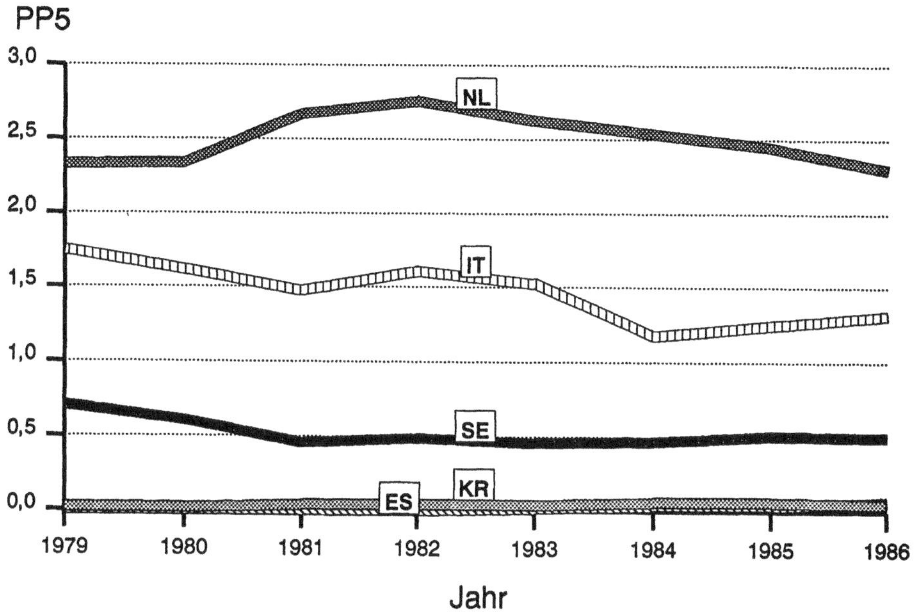

Abbildung 11.3-15: Technologisches Potential 1979-1986 im Bereich der Lichtleitertechnik in den großen Ländern

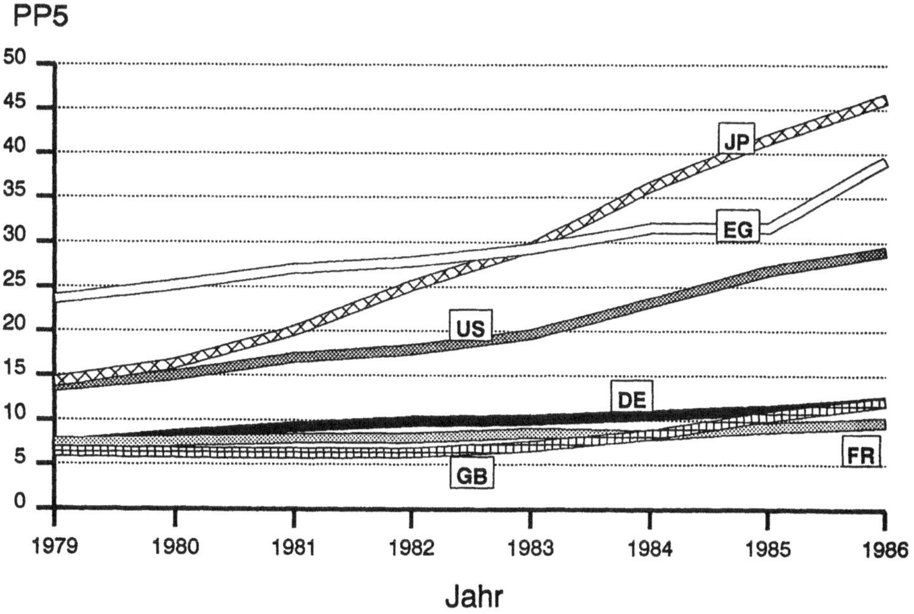

Abbildung 11.3-16: Technologisches Potential 1979-1986 im Bereich der Lichtleitertechnik in den kleinen Ländern

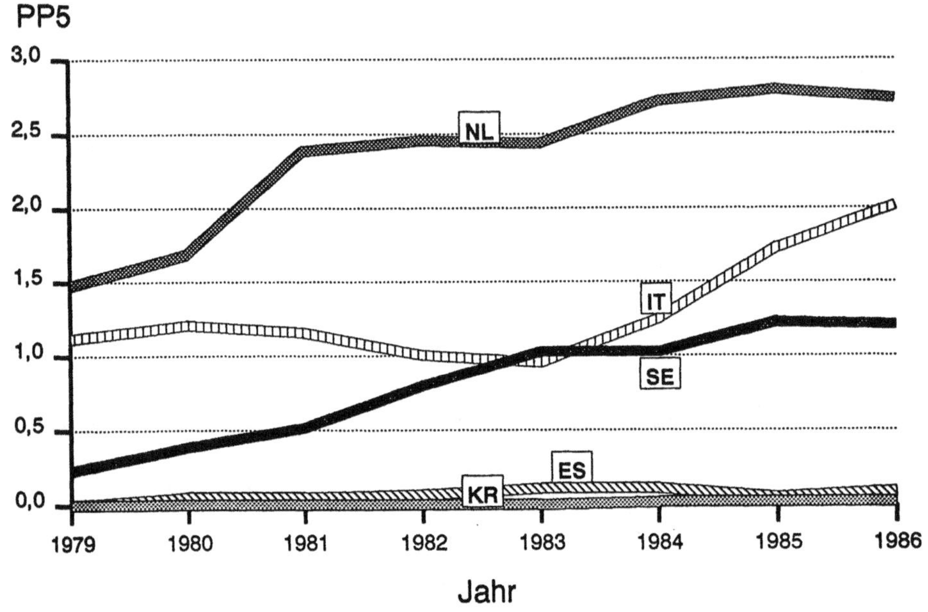

Im Bereich der kleineren Volkswirtschaften (Abbildung 11.3-14) ergeben sich wenig auffallende Trends mit einer klaren, seit einem Jahrzehnt bestehenden Rangfolge, welche die Niederlande vor Italien und Schweden sieht. Die niederländische Position erreicht im Bereich der Digitaltechnik fast das Niveau Großbritanniens, ist also im Vergleich zur Größe des Landes als außerordentlich günstig einzustufen.

Der Beherrschung der Lichtwellenleiterkommunikation (Laser für Kommunikationszwecke, Lichtleiter, Lichtsteuerung, (De-)Modulation von Licht, Optologische Elemente, Optische Analog-Digital-Umsetzer, Lichtübertragungssysteme, Lichtempfindliche Halbleiterelemente ohne Solarzellen, Messung der opt. Strahleigenschaften) kommt für die zukünftige Entwicklung der Telekommunikation in den Augen aller Experten eine Schlüsselrolle zu. Insofern ist die technologische Position in diesem Bereich von besonderer Bedeutung. Hier sind alle großen Volkswirtschaften von einem ähnlich niedrigen Niveau am Ende der 70er Jahre ausgegangen. Die Zuwachsraten legen praktisch die heutige Position fest. Sie fallen für Japan am günstigsten aus, während sich die Vereinigten Staaten ebenfalls deutlich verbessert haben. Großbritannien, die Bundesrepublik und Frankreich haben ihre Position verbessern können, allerdings nicht in dem Ausmaß wie die beiden großen Nationen (Abbildung 11.3-15). Unter den kleineren Ländern

(Abbildung 11.3-16) weisen die Niederlande die beste Position und Italien die besten Zuwachsraten auf, wobei Schweden seine im Länderkapitel beschriebene ausgeprägte Technologie-Aneignungsstrategie in diesem Bereich auch in Patente umsetzen konnte. Anders als bei der Digitaltechnik reichen alle drei genannten Länder jedoch an das heutige Schutzrechtsvolumen etwa Frankreichs oder Großbritanniens bei weitem nicht heran.

Der Bereich der Hochfrequenzkommunikation (Wellenleiter, Funkpeilung, Radar, Fernmessung) steht in enger Verbindung zum militärischen Sektor, insofern sind die militärischen FuE-Aufwendungen hier von Bedeutung. Deshalb ist eine dominante Position der USA zu erwarten. Tatsächlich dominieren die Vereinigten Staaten eindeutig vor Frankreich, der Bundesrepublik und Japan (Abbildung 11.3-17). Insofern, als dies mit dem stärkeren rüstungsbezogenen Engagement der Vereinigten Staaten zu tun hat, sollte sich ein ähnlicher Effekt auch für Großbritannien zeigen. Aber offensichtlich ist aus Gründen der Geheimhaltung oder der selektiven Patentstrategie keine entsprechende Auslandsposition Großbritanniens in diesem Gebiet aufgebaut worden. Die Bereiche Hochfrequenztelemetrie und Fernsignaltechnik sind wegen geringerer Größe bei den kleinen Ländern von stärkeren jährlichen Schwankungen gekennzeichnet. Deshalb wird auf die Darstellung der kleinen Länder verzichtet.

Abbildung 11.3-17: Technologisches Potential 1979-1986 im Bereich der Hochfrequenzkommunikation in den großen Ländern

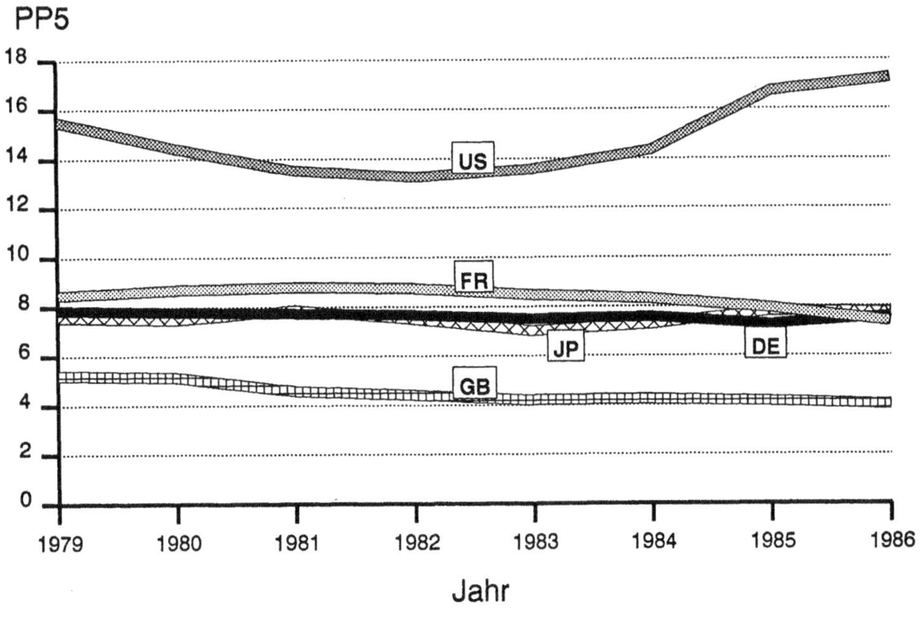

Auch im Gebiet der Fernwirk- und -signaltechnik (Alarmfernübertragung, Fernwirktechnik, Fernverkehrsüberwachung) dominieren die Vereinigten Staaten mit einer stetig hohen Position. Japan hat bis 1984 einiges aufgeholt, seitdem aber wieder an Boden verloren, während umgekehrt die bundesdeutsche Wirtschaft seit 1983 eine Positionsverbesserung anstrebt. Frankreich (hier mit zunehmendem) und Großbritannien (hier mit abnehmendem) Trend folgen auf den weiteren Plätzen (Abbildung 11.3-18). Unter den kleineren Ländern kann Schweden auf eine gute Position, aber negative Trends, Italien ebenso wie die Niederlande auf eine mittlere Position bei konstantem Trend verweisen.

Die Analyse der technologischen Potentiale in den Teilbereichen offenbart eine außerordentlich dynamische Entwicklung und eine inzwischen vielfach führende Position Japans, gerade auf den für die zukünftige Marktentwicklung wichtigen Bereichen der Lichtleiter-, der Bildübertragungs- und der Bildkommunikationstechnik. Auch auf dem für die weltweit schnell wachsenden Mobilfunkmärkte wichtigen Gebiet der Funktechnik nehmen die Japaner nach den USA den zweiten Rang ein, mit Abstand vor den europäischen Ländern. Deshalb drängt sich aus der Sicht aller Wettbewerber die Frage auf, inwieweit die japanischen Hersteller ihre damit indizierte wachsende technologische Stärke in Markterfolge bei Geräten und Systemen umsetzen können. Dies läuft auf die Frage hinaus: Sind Publikationen und Patente geeignete Frühindikatoren für Markterfolge in der Telekommunikation?

Abbildung 11.3-18: Technologisches Potential 1979-1986 im Bereich der Fernsignaltechnik in den großen Ländern

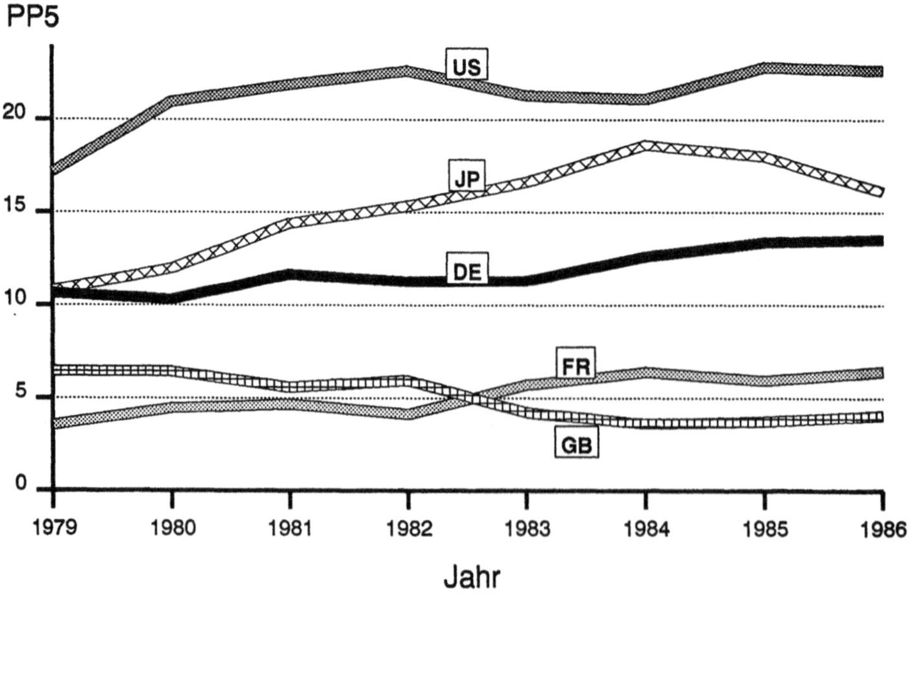

11.3.2 ÜBERSCHLÄGIGE BETRACHTUNG DER FuE-EFFIZIENZ

Eine Verdichtung der Ergebnisse an Hand einzelner statistischer Indikatoren, die überschlägige Aussagen zur FuE-Effizienz machen, sind im Prinzip möglich. Nationale Input-Indikatoren - monetäre FuE-Budgets - und Output-Indikatoren - Publikationen und Auslandspatente -, liegen mit diesen Bänden vor und lassen sich verknüpfen. Heraus kommt ein sehr grobschlächtiges Effizenzmaß (Abbildung 11.3-19). Unter Verwendung der jeweils aktuellsten vergleichbaren Angaben wurde die Zahl der Publikationen aus 1987 ins Verhältnis zu den zivilen nationalen FuE-Aufwendungen des Jahres 1987 (aus Tabelle 11.2-1) gesetzt (in Publikation pro Mrd. $). Desgleichen wurde die mittlere Zahl der Auslandspatentanmeldungen 1986 am US-, Deutschen oder Europäischen Patentamt, die sog. relative technologische Position (vgl. Band I, S. 29), auf die zivilen FuE-Aufwendungen des Jahres 1987 bezogen (in Auslandspatenten pro Mrd. $).

Abbildung 11.3-19: Grobe überschlägige Effizienzbetrachtung der nationalen FuE-Systeme für die Telekommunikation: Publikationen und Auslandspatente pro FuE-Aufwendung 1986-87

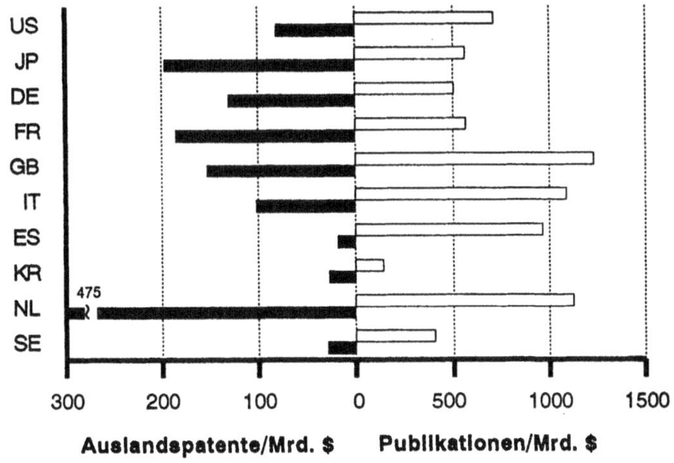

Aus der Abbildung 11.3-19 erkennt man zunächst, daß mehr Publikationen als Auslandspatente entstehen, gleiche finanzielle Aufwendungen zugrundegelegt. Italien schneidet trotz geringer monetärer Aufwendungen bezüglich der Publikationen wie auch der Auslandspatente nicht schlecht ab. Auch Spanien, mit relativ geringfügigen Aufwendungen, kommt im Bereich der angewandten Forschung "auf seine Kosten", der Patentertrag ist allerdings vernachlässigbar klein. Korea hat ebenfalls nur ein geringes Maß an Auslandspatenten erworben, es mangelt jedoch eindeutig auch an entsprechenden Publikationen (und also Forschungsergebnissen). Schwedens Ertragsstatistik ist nicht günstig, d. h. die sehr hohen finanziellen Aufwendungen "verpuffen", während die niederländischen Werte fulminant günstig dastehen. Letzteres liegt einerseits an den relativ geringen Aufwendungen für FuE im Bereich der Telekommunikation, andererseits, was die Auslandspatente betrifft, an der ausgeprägten Auslandspatentierneigung, die Auslandsmärkte praktisch wie Inlandsmärkte behandelt. Hinzu kommt, daß im multidisziplinären Philips-Zentrallabor in Eindhoven in nicht näher bekanntem Umfang patentrelevante FuE-Arbeiten auf dem Gebiet der Telekommunikation stattfinden, die finanziell auf ausländische Unternehmensteile umgelegt werden. Diese Arbeiten schlagen finanziell nicht in den Niederlanden, aber vom Entstehungsort der Erfindungen her im Mutterland zu Buche und täuschen eine zu hohe Patenteffizienz vor. Bei den Publikationen sind auch diejenigen der in den Niederlanden angesiedelten internationalen Organisationen erfaßt, denen kein entsprechender niederländischer FuE-Aufwand gegenübersteht. Unter den fünf großen Volkswirtschaften können Frankreich, Japan, die Bundesrepublik und die USA als gleich effizient im Bereich der angewandten Forschung gelten, während Großbritannien diesbezüglich überbewertet wird (siehe Band I, S. 32, zur mutmaßlichen Bevorzugung britischer Publikationen). In bezug auf Auslandsschutzrechte sind die USA weniger effizient als die Bundesrepublik Deutschland, Frankreich und Japan; auch dies wurde aus der Betrachtung der Auslandspaptentierneigung bereits deutlich. Hätte die Inputgröße (FuE-Aufwendungen) im Falle der USA, Frankreichs und Großbritanniens auch die verteidigungsbezogenen Anteile eingeschlossen, würden diese drei Länder gegenüber Japan und Deutschland stark abfallen.

Insgesamt zeigt Abbildung 11.3-19, daß Abweichungen vom Normalmuster in der Effizienz der Telekommunikationsforschung und -entwicklung, von wenigen Ausnahmen abgesehen, durch die bereits diskutierten Besonderheiten im Datenmaterial bzw. den nationalen Abgrenzungen erklärt sind. Die verbleibenden Effizienzunterschiede müßten fallweise vor ihrem strukturellen Hintergrund diskutiert werden. Die Frage ist jedoch, ob auf diesem hohen Aggregationsniveau gute Erklärungen gefunden werden können. Die Betrachtung einzelner Länder und einzelner Teilgebiete hat immer wieder gezeigt, wie sehr die Effizienz der entsprechenden Arbeiten von der institutionellen Struktur und dem internen und externen Zusammenspiel der beteiligten Akteure abhängt. Diese Faktoren sind es, die das mehr oder weniger gute Funktionieren einer nationalen Forschungs- und Entwicklungsstruktur erklären und an denen man technologiepolitisch ansetzen muß, wenn in den Ländern etwas verändert werden soll.

11.3.3 FuE UND INTERNATIONALE WETTBEWERBSFÄHIGKEIT

Untersuchungen anderer Wirtschaftssektoren haben gezeigt, daß Publikationen und Patente durchaus geeignete Indikatoren für zukünftige Exportmarkterfolge von Ländern sein können (Schmoch et al. 1987).

Für das Gebiet der Telekommunikation liegen Exportdaten für die Drahtnachrichtentechnik vor (Neu 1989). In welchem Umfang Exporte als valide Indikatoren für die Wettbewerbsposition sein können, bedarf einer ausführlichen Diskussion, die hier nicht geführt werden kann (siehe z. B. Grupp 1991a). Es ist naheliegend, daß nicht das absolute Exportniveau, sondern Weltmarktanteile geeignete Wettbewerbsindikatoren sind. Insofern sollten Patentindikatoren mit Weltmarktanteilen und ihren Zuwächsen korrelieren, wenn Auslandspatente den internationalen Machterfolg prognostizieren können.

An anderer Stelle wurden derartige Korrelationsrechnungen mit einem zeitlichen Vorlauf der Patentindikatoren durchgeführt (siehe Grupp 1990). Die Ergebnisse sprechen eine klare Sprache: Die Schutzrechte im leitungsgebundenen Bereich korrelieren nicht mit den Weltmarktanteilen in der Drahtnachrichtentechnik. Der Grund dafür ist darin zu sehen, daß heute die entsprechenden Exportgüter auch auf Teiltechnologien der Bildübertragung, der Digitaltechnik und der Glasfasertechnik beruhen. Nimmt man die Patente aus diesen Bereichen hinzu, so findet man tatsächlich ein korreliertes Vorauseilen der Patente vor den Exportzahlen bei einem Vorlauf der Schutzrechte von einigen Jahren (also der Patentpotentiale).

Die entsprechende Untersuchung verdeutlicht eine interessante Verschiebung im Laufe der Zeit: Eine gute Korrelation ergibt sich für die Exportanteile in der Drahtnachrichtentechnik in den 80er Jahren ebenso wie für den entsprechenden Anteilszuwachs seit den 70ern, aber nicht für die Patent- und Wettbewerbspositionen in den 70er Jahren und den absoluten Zuwachs der Exporte. Als Erklärung kann dabei nicht in Betracht kommen, daß im vergangenen Jahrzehnt die optische Kommunikation bei den gehandelten Produkten eine geringe Rolle eingenommen hat, denn die Regression zwischen den Exportanteilen und den Patenanmeldungen nur im leitungsgebundenen Bereich fällt noch schlechter aus. Näher liegt demnach die Erklärung, daß die Nähe des Patentschutzes zum Exportgeschehen in den 80er Jahren beträchtlich gewachsen ist. Dies gilt für die betrachteten Industrieländer insgesamt, aber nicht notwendigerweise für die Bundesrepublik Deutschland allein. Die aus der Patentregression abgeleiteten Erwartungswerte für den bundesdeutschen Exportanteil sind in perfekter Übereinstimmung mit den tatsächlich erzielten Handelspositionen 1985 (3. Rang für beide Variablen), aber der Zuwachs bei den Exportanteilen seit 1978 ist im Vergleich zum Patentzuwachs seit 1975 beträchtlich zu niedrig (3. Rangplatz für den Patentzuwachs, 7. für den Exportzuwachs). Auch andere Hinweise unterstützen die Ansicht, daß die Exportorientierung Deutschlands in diesem Gebiet weniger effizient verläuft als in anderen Ländern.

Es wurde des weiteren eine große Zahl von Zusammenhängen zwischen den Inputvariablen, dem Patentoutput und der Wettbewerbsposition untersucht (Grupp 1991b). Die Ergebnisse lassen sich sehr einfach zusammenfassen: Es gibt fast in keinem Fall einen statistisch meßbaren Zusammenhang, gleichgültig, wie man die Indikatoren arrangiert. Weder der Finanzierungsanteil der Netzträger innerhalb der nationalen FuE-Aktivitäten, noch der entsprechende FuE-Anteil des Staats am zivilen Telekommunikationsbudget scheinen die Patent- und die Wettbewerbsposition zu berühren. Nur ein einziger signifikant negativer Zusammenhang wurde sichtbar: Je höher der nationale FuE-Budgetanteil für militärisch motivierte Telekommunikation ausfällt, desto geringer stellt sich der Exporterfolg dar - ein wenig überraschendes Ergebnis.

Die große Zahl ausbleibender Korrelationen muß alle Beobachter enttäuschen, die nach einfachen Erklärungsmustern für internationale Markterfolge suchen.

Dies sind zwei markante und durchaus überraschende Feststellungen: Die technologische Position beeinflußt das zukünftige internationale Marktergebnis, während die FuE-Input-Struktur sie nicht zu berühren scheint, solange nur nicht zu viel FuE-Geld in rüstungsnahe Bereiche investiert wird. Die heftige öffentliche Debatte verläuft invers hierzu: Von der sinkenden oder zunehmenden Rolle des Staats und der Netzträger neben den Herstellern wird ökonomisches Wohl und Wehe abhängig gemacht, während die jeweilige technologische Position kaum Gegenstand öffentlicher Sorge ist.

Für die jüngste Vergangenheit läßt sich mithin ein Zusammenhang zwischen Weltmarktposition und Patentindikator auch in der Telekommunikation belegen, trotz der zahlreichen Verzerrungen, denen die Telekommunikationsmärkte bisher ausgesetzt waren und immer noch sind. Für die Zukunft ist infolge der fortschreitenden Liberalisierung der Telekom-Märkte mit einer Angleichung der Bestimmungsgründe von Außenhandelsmustern an "normale" Verhältnisse zu rechnen (Neu & Schnöring 1989). Dies spricht dafür, daß die Bedeutung der technologischen Stärke für die Erklärung der zukünftigen Handelsmuster zunehmen wird.

Die bisherige Argumentation führt zu der Einschätzung, daß aufbauend auf einem stark angewachsenen technologischen Potential Ende der 80er und Anfang der 90er Jahre eine starke Expansion japanischer Unternehmen auf den Welttelekommunikationsmärkten zu erwarten ist. An dieser Stelle muß aber auf einen wichtigen Punkt hingewiesen werden: In welchem Umfang eine solche Entwicklung schon eingetreten ist und sich weiter fortsetzen wird, hängt wesentlich von der Leistungsfähigkeit der japanischen Unternehmen im Bereich von Software- und Systementwicklung ab. Zum einen spielen beide Bereiche im Telekommunikationsbereich eine wichtige und immer wichtiger werdende Rolle und zum anderen läßt sich beides kaum patentieren. Damit sind beide Bereiche im Patentindikator unterrepräsentiert und die Leistungsfähigkeit mancher Länder wird an Hand dieses Indikators möglicherweise über- bzw. unterschätzt.

Gerade für Japan wird vielfach behauptet, daß Software- und Systementwicklung nicht zu den Stärken der japanischen Ingenieure zählen (vgl. Band I, Kapitel 2). Diese Einschätzung findet sich in vielen Studien und sie wird in Japan insoweit geteilt, als es staatliche FuE-Programme gibt, die auf die Erlangung eines Vorsprunges auch in diesem Bereich von FuE abzielen. So kommt z. B. die National Science Foundation der USA in einer Studie aus dem Jahr 1987 zu der Einschätzung, daß die japanische FuE im Bereich von "computer software" und "telecommunication networks" im Vergleich zu den USA relativ ungünstig ist. Dieselbe Studie kommt aber auch zu der Feststellung, daß die japanische Position bei "mobile radio systems" und "fiber optics" in Grundlagenforschung, angewandter Forschung und Entwicklung der amerikanischen zumindest ebenbürtig und zumeist überlegen ist (Wall Street Journal 17 Nov. 1987).

Bis zu einem gewissen Grade bestätigt die Zusammensetzung der japanischen Exporte im Telekommunikationsbereich die These. Die japanischen Exporte bestanden 1988/89 zu knapp 50% aus Fax-Geräten und zu rund 60% aus Endgeräten insgesamt. Das enorme Wachstum japanischer Exporte während der zweiten Hälfte der 80er Jahre ist ganz wesentlich auf den weltweiten Fax-Boom und die dominante Stellung japanischer Hersteller auf diesem Markt zurückzuführen. Diese Beobachtung stützt die These. Gleichwohl ist der Markterfolg japanischer Hersteller aber schon Ende der 80er Jahre keineswegs mehr auf das Massengeschäft mit Endgeräten beschränkt. Bei optoelektronischen Komponenten beispielsweise haben japanische Firmen im Ausland bereits eine starke Position, während sie im Bereich der Vermittlungstechnik bisher vergleichsweise schwach ausgeprägt ist. Bei optoelektronischen Komponenten für die Telekommunikation schätzt Salomon Brothers beispielsweise den Marktanteil von NEC und Fujitsu in den USA 1987 bereits auf ein Drittel (Salomon Brothers, Telecommunications Equipment, The US Market, 1987). Aber auch hier gibt es Hinweise darauf, daß NEC und Fujitsu versuchen, auf dem amerikanischen Markt bei den RBOCs Fuß zu fassen. Letztlich überzeugt das Argument von der relativen Schwäche japanischer Hersteller im

Software- und Systembereich und ihren damit verbundenen Problemen auf Auslandsmärkten deshalb schon gegenwärtig nur teilweise. Die großen FuE-Anstrengungen Japans lassen für die Zukunft eine weitere Expansion japanischer Hersteller auf den Weltmärkten erwarten, zumal die Liberalisierung der Märkte bessere Voraussetzungen für einen internationalen Wettbewerb schafft.

Aus der Sicht konkurrierender Hersteller ist eine solche Entwicklung vielleicht problematisch. Insoweit sich dabei eine bessere Technologie zu günstigeren Preisen durchsetzt, kann die Beurteilung der nämlichen Entwicklung aus der Sicht der Nachfrager durchaus anders ausfallen und positiv sein. Nachfrager sind in diesem Fall zum einen die nicht vertikal oder quasi-vertikal integrierten Netzträger und deren Kunden. Deshalb fällt die Bewertung der sich abzeichnenden Entwicklung im Herstellerbereich je nach Interessenposition naturgemäß unterschiedlich aus. Eine wirtschafts- und technologiepolitische Gesamtbewertung muß alle Aspekte berücksichtigen und sollte keinesfalls nur auf den Herstellerbereich beschränkt bleiben.

11.4 SCHLUSSBEMERKUNG UND AUSBLICK

In der vorliegenden Untersuchung wurde das Gebiet der Telekommunikation in elf Teilgebiete zerlegt. Betrachtet wurden zehn Länder. Die nationalen FuE-Systeme wurden an Hand von vier Sektoren, nämlich dem Staat, den Netzbetreibern, den Herstellern sowie den Hochschulen und Forschungsinstituten untersucht. Innerhalb der Sektoren wurden einzelne national und international tätige Unternehmen aufgrund ihrer Größe und ihrer Bedeutung einzeln betrachtet. Insgesamt hat sich durch die Disaggregation ein differenziertes, vielfach komplementäres und teilweise widersprüchliches Bild der FuE-Aktivitäten im Quer- und Längsschnitt ergeben. Das Ergebnis läßt sich nur schwer auf einige wenige zentrale Aussagen verdichten, nicht zuletzt weil die Auswahl wesentlich von der Fragestellung, mit der man an das Zahlenmaterial herangeht, abhängt. Das Fazit versucht, wesentliche Entwicklungen der nationalen und internationalen FuE-Aktivitäten unter Berücksichtigung der Entwicklungstrends des Telekommunikationssektors insgesamt während der letzten zehn bis fünfzehn Jahre zusammenzufassen. Gleichzeitig soll auf wirtschafts- und technologiepolitische Probleme und offene Fragen hingewiesen sowie ein Ausblick auf mögliche zukünftige Entwicklungstrends gegeben werden.

Lange Zeit konnten sich die Strukturen des Telekommunikationssektors in den Industrieländern relativ isoliert entwickeln. Internationaler Wettbewerb spielte eine untergeordnete Rolle. Auf diesem Wege entstanden in den Ländern relativ isolierte nationale FuE-Systeme. Die Formen der FuE-Finanzierung, die Aufteilung der FuE-Durchführung und die FuE-Kooperation, die gesamte Arbeitsteilung zwischen Netzträgern, Herstellern, Staat und Hochschulen unterschieden sich erheblich von Land zu Land. Gleichwohl war den Systemen eine starke Ausrichtung auf die nationalen Märkte und damit die Anforderungen der jeweiligen Netzträger gemeinsam. Auslandsmärkte spielten in der Regel eine untergeordnete Rolle, wenngleich fast überall industriepolitische Ziele für den Herstellerbereich und dessen Exportmöglichkeiten verfolgt wurden. Die inländischen Netzträger haben die FuE-Aufwendungen entweder unmittelbar oder mittelbar über die Beschaffungspreise bezahlt, und auf den Exportmärkten, überwiegend Entwicklungsländer, haben die Hersteller ihre Produkte auf der Basis von Anpassungskosten angeboten, wenn sie durch den Wettbewerb dazu gezwungen wurden.

Seit rund zehn Jahren sind diese Strukturen in allen Industrieländern infolge verschiedener allgemeiner Entwicklungstrends - Liberalisierung der Telekommunikationsmärkte, Internationalisierung der Konkurrenz bei Gütern und Diensten, stark anwachsende FuE-Aufwendungen und externes Wachstum im Herstellerbereich - in einem sich zunehmend beschleunigenden Wandel begriffen. Wesentliche Kennzeichen des Prozesses sind eine stärkere Ausrichtung der FuE-Aktivitäten auf die Anforderungen der Weltmärkte und eine Internationalisierung der FuE-Aktivitäten selber. Dies geschieht sowohl innerhalb der zunehmend international organisierten Herstellerkonzerne als auch durch eine vielfältige Vernetzung der FuE-Aktivitäten zwischen verschiedenen Herstellern und Netzträgern. In Europa ist dieser Prozess am weitesten fortgeschritten. Die Entwicklung führt auch dazu, daß Hersteller und Netzbetreiber ihre FuE-Politik in zunehmenden Maße an ihren eigenen unternehmerischen Zielsetzungen ausrichten. Vielerorts wird weniger Rücksicht auf staatliche industriepolitische Zielsetzungen für den Herstellerbereich genommen. Auch wenn die genannten Trends sich in Ansätzen fast überall nachweisen lassen, so ist ihre Stärke und Ausprägung in den Ländern doch noch sehr verschieden. Dies hängt nicht zuletzt von den gewachsenen unterschiedlichen nationalen FuE-Systemen ab, auf denen die Veränderungen jeweils aufsetzen.

In allen untersuchten Ländern üben die Regierungen trotz des genannten Trends immer noch - direkt oder indirekt - erheblichen Einfluß auf die nationalen FuE-Systeme aus. In den USA, Frankreich und Großbritannien finanziert die Regierung FuE für Telekommunikation über die Verteidigungshaushalte, mit möglichen Ausstrahlungseffekten für die zivilen Märkte. In Japan, der Bundesrepublik Deutschland und Großbritannien finanzieren die Regierungen FuE-Programme, die unmittelbar auf die zivile Telekommunikation abzielen. Der Umfang dieser staatlichen Fördermittel ist allerdings relativ gering. Erheblich stärker fällt die staatliche Förderung in Schweden, Italien und Spanien aus. In Japan koordiniert die Regierung über "administrative Anleitungen" die FuE-Aktivitäten entsprechend den nationalen Zielen und in Frankreich ist der Netzträger France Télécom ganz eindeutig Träger einer staatlichen Industriepolitik für die Telekommunikation. In Korea ist der Telekommunikationssektor wesentlicher Bestandteil einer ausgeprägten Technologie- und Industriepolitik, mit der das Land zu einer führenden Industrienation aufsteigen will. In Europa ist darüber hinaus seit Mitte der 80er Jahre die Kommission der Europäischen Gemeinschaft mit einer eigenen, auf die Telekommunikation ausgerichteten FuE-Politik auf den Plan getreten.

All diese staatlichen Aktivitäten beeinflussen die Wettbewerbsbedingungen im Hersteller- und im Netzträgerbereich. Sie können im internationalen Wettbewerb zu Marktverzerrungen führen, die von den Regierungen der Länder und der Kommission der Europäischen Gemeinschaften bei der Liberalisierung und internationalen Öffnung von Güter- und Dienstemärkten im Telekommunikationsektor beachtet werden sollten. Nur so können die eigentlichen Ziele der Marktöffnung erreicht werden. Anderenfalls besteht die Gefahr, daß sich weniger leistungsfähige gegen leistungsfähigere Wettbewerber durchsetzen anstatt umgekehrt. Aus diesem Grunde ist die von Kommission und Ministerrat der Europäischen Gemeinschaften bisher isoliert - d.h. ohne Beachtung der unterschiedlichen FuE-Finanzierungssysteme - vorangetriebene EG-Richtlinie zur internationale Öffnung der Beschaffungsverfahren der Netzträger in Europa nicht problemadäquat: Die großen Unterschiede bei der FuE-Finanzierung lassen für den europäischen Binnenmarkt Wettbewerbsverzerrungen erwarten. Bei gleichzeitiger Verringerung der Marktzutrittsschranken innerhalb Europas infolge einer Angleichung der nationalen Standards könnte diese Entwicklung die Wettbewerbsposition einzelner Herstellerfirmen erheblich verändern. Eine gewisse Harmonisierung der FuE-Finanzierung innerhalb der Europäischen Gemeinschaft ist aus wettbewerbspolitischer Sicht unbedingt geboten. Sie erscheint als eine notwendige Bedingung für fairen Wettbewerb unter den europäischen Herstellern. Dies gilt besonders für Frankreich und die Bundesrepublik Deutschland, d.h. den Wettbewerb zwischen Alcatel und Siemens.

Auch die Rolle der Netzträger in den nationalen FuE-Systemen variiert nach wie vor erheblich. In allen Ländern ist die FuE-Politik der dominanten Netzträger wesentlich von der staatlichen Regulierung oder der industriepolitischen Ausrichtung der Regierung beeinflußt. Aus diesem Grunde kann in keinem der untersuchten Länder eine von regulierungs- und industriepolitschen Einflüssen unabhängige FuE-Politik eines dominanten

Netzträgers beobachtet werden, was eine Vorhersage des FuE-Verhaltens von Netzträgern in einer zukünftig stärker von Marktbedingungen geprägten Umwelt erschwert.

Die FuE-Budgets und die Verbindung der Netzträger mit dem (oder den) Hersteller(n) unterscheiden sich gravierend: Es gibt vertikal integrierte Netzträger wie AT&T, Bell Canada, Televerket, SIP und nicht vertikal integrierte wie France Télécom, British Telecom, DBP Telekom, Korean Telecommunications Authority (KTA), PTT NV, Telefónica und NTT; allerdings kooperieren die nicht vertikal integrierten Netzträger in der Regel gerade bei ihren FuE-Aktivitäten traditionell eng mit den nationalen Herstellern. Vertikale Integration und enge FuE-Kooperation fördern den Know-How-Transfer und verringern das mit der Entwicklung neuer Systeme verbundene finanzielle Risiko durch einen gesicherten Heimmarkt. Beide Faktoren sind als Vorteil für den Herstellerbereich anzusehen. Gleichzeitig fördert diese Situation eine Ausrichtung von FuE auf die Anforderungen der jeweiligen nationalen Netzträger, was die Exportmöglichkeiten des Herstellerbereiches beeinträchtigen kann. France Télécom dominiert das französische FuE-System und finanziert unmittelbar mehr als die Hälfte des nationalen FuE-Budgets; die DBP Telekom weniger als zehn Prozent.

Liberalisierung und Internationalisierung der Beschaffungs- und Absatzmärkte der Netzträger lösen einen Wettbewerbsdruck auf die etablierten FuE-Kooperationen und Lieferverflechtungen aus: In den USA hat die Entflechtung von AT&T zu einer Marktöffnung geführt. In Großbritannien haben sich die engen Beziehungen von BT zur nationalen Herstellerindustrie erheblich gelockert; ähnlich in der Bundesrepublik Deutschland und selbst in Frankreich gibt es Anzeichen für eine solche Entwicklung. Auch bei NTT gibt es seit kurzem in wichtigen Beschaffungsbereichen Marktzutritt von und FuE-Kooperationen mit ausländischen Herstellern. Im Grunde genommen durchbricht in der Reihe der hier betrachteten Länder nur Korea diesen Trend; hier versucht KTA, in enger Kooperation mit koreanischen Elektronikunternehmen eine eigene, die gesamte Produktpalette abdeckende und international tätige Telekommunikationsindustrie aufzubauen. Für die Zukunft ist in den Industrieländern mit einer zunehmenden Ausrichtung der FuE-Aktivitäten der Netzträger auf das Netzträger- und Dienstegeschäft zu rechnen; Ziele des nationalen Herstellerbereiches werden, sofern beide Bereiche nicht vertikal integriert sind, eine im Vergleich zu früher geringere Rolle spielen.

In dem allgemeinen Trend zur internationalen Öffnung der Geräte- und Systemmärkte ist die Ausgangsituation der großen Herstellerkonzerne, nicht zuletzt durch ihre gewachsene Einbettung in die verschiedenen nationalen FuE-Systeme, unterschiedlich zu werten und nur schwer vergleichbar: AT&T verfügt über einen eigenen großen Netzträgerbereich. Damit kann das Unternehmen Verbundvorteile bei FuE realisieren, und es hat einen gesicherten Anfangsmarkt für neue Produkte. Beides kann als Vorteil im internationalen Wettbewerb angesehen werden. Allerdings gibt es in diesem System relativ wenig Wettbewerbselemente, und der potentielle Wettbewerb zwischen AT&T und den BOCs könnte sich als Wettbewerbsnachteil des Herstellerbereiches von AT&T bei der Belieferung der BOCs herausstellen. Die Situation von Northern Telecom und Ericsson weist insoweit gewisse Ähnlichkeiten zu AT&T auf, als daß Netzträger und Hersteller gemeinsam FuE durchführen und gemeinsam FuE-Aufwendungen tragen. Im Vergleich zu AT&T sind beide Unternehmen klein und einem stärkeren Wettbewerb ausgesetzt. Sie müssen ihre Produkte von Beginn an auf die Anforderungen ausländischer Märkte hin auslegen. Alcatel NV besteht zu Beginn der 90er Jahre immer noch aus zwei Bereichen, den alten ITT-Tochtergesellschaften und der französischen Alcatel-CIT. Die ITT-Tochtergesellschaften waren Teil der jeweiligen nationalen FuE-Systeme, mit starker Bindung an die jeweiligen Netzträger; zusätzlich gab es einen internationalen konzerninternen FuE-Verbund besonders im Forschungsbereich. Alcatel-CIT war hingegen wesentlicher Teil des von France Télécom finanzierten und gelenkten französischen FuE-Systems. Die beiden Teile des Alcatel-Konzerns müssen erst nach und nach eine gemeinsame FuE-Politik entwickeln. Angesichts der überwiegend außerhalb Frankreichs liegenden Geschäftsinteressen des neuen Konzerns ist es schwer vorstellbar, daß die dominierende Stellung von France Télécom im Verhältnis zu Alcatel bei FuE - wie im französischen FuE-System insgesamt - mittel- und langfristig erhalten bleibt. Der Heimmarkt von Siemens ist die Bundesrepublik Deutschland. Das Unternehmen verfügt über traditionell enge Lieferverflechtungen mit der DBP. Infolge der gering entwickelten FuE-Aktivitäten der DBP sind die FuE-Kapazitäten und das technologische Know-how in der Bundesrepublik ganz überwiegend bei den Herstellern, insbesondere bei Siemens angesiedelt. Dies ist durchaus als ein Vorteil im Wettbewerb mit anderen Herstellern anzusehen. Die Praxis der indirekten Bezahlung von FuE über Beschaffungspreise durch die DBP macht Siemens - wie die anderen deutschen Hersteller - aber anfällig gegenüber ausländischen Wettbewerbern, die ihre FuE-Leistungen direkt vom Netzträgern entgolten bekommen. Durch den Einstieg von Siemens bei dem britischen Hersteller GPT nimmt das Unternehmen in Zukunft Teil am britischen FuE-System. Der Siemens-Konzern verfügt inzwischen über umfangreiche FuE-Kapazitäten im Ausland. NEC und Fujitsu, die großen japanischen Hersteller profitieren als Teil der Denden-Familie, den traditionellen Zulieferfirmen der NTT, und des japanischen FuE-Systems von den umfangreichen FuE-Aktivitäten des Netzträgern NTT und den Synergieeffekten aus den umfassenden japanischen FuE-Kooperationen im vorwettbewerblichen Bereich.

Die großen Hersteller-Konzerne verfolgen zwar alle eine unterschiedliche Expansionsstrategie, es gibt aber eine wichtige Gemeinsamkeit: Alle Hersteller versuchen, auf den

Märkten in den Industrieländern und damit auf den Heimmärkten der wichtigsten Wettbewerber Fuß zu fassen. Die Entwicklung des Herstellerbereiches ist damit in eine neue Phase getreten. Zuvor beschränkte sich die Weltmarktkonkurrenz im wesentlichen auf die Länder der Dritten Welt. Diese Normalisierung der Wettbewerbsverhältnisse ist gesamtwirtschaftlich sinnvoll, wenn sie dazu beiträgt, daß die wettbewerbsfähigen Hersteller die weniger wettbewerbsfähigen verdrängen und nicht umgekehrt. Dazu sind einigermaßen faire Wettbewerbsbedingungen erforderlich. In einem Sektor, der geprägt ist von staatlicher Regulierung, von staatlichen Verwaltungen und öffentlichen Unternehmen und dem darüber hinaus in allen Industrieländern wirtschaftspolitisch viel Aufmerksamkeit zukommt, ist dies keine Selbstverständlichkeit. Faktisch ist der Telekommunikationssektor in allen Ländern von solchen Bedingungen noch weit entfernt, er bewegt sich aber fast in allen untersuchten Ländern langsam darauf zu.

Es soll nicht verschwiegen werden, daß in dieser Untersuchung einige Fragen unbeantwortet geblieben sind. Dies gilt für die These von den Vorteilen der vertikalen Integration von Hersteller und Netzbetreiber bei FuE gegenüber der nicht vertikalen Integration, die besonders im US-amerikanischen Raum stark vertreten wird. Sie läßt sich, wie die vorliegenden beiden Bände zeigen, angesichts der vielfältigen Wettbewerbsverzerrungen gegenwärtig nicht empirisch überprüfen. Dies gilt ebenso für die Fragen nach dem angemessenen Umfang und der Schwerpunktsetzung von FuE für nicht vertikal integrierte Netzträger. Welche FuE-Aktivitäten braucht ein großer Netzträger, der sich einem intensiver werdenden Wettbewerb gegenüber sieht, der aber keine Ambitionen hat, in die Fertigung von Geräten und Systemen einzusteigen, sondern diese von Herstellern im Rahmen kompetitiver Verfahren beschaffen will? Diese Frage bewegt zur Zeit viele Netzträger in Europa und anderswo. Man schaut ins Ausland und untersucht, wie es die anderen machen. Aber die Situation ist überall noch stark geprägt von industriepolitischen Einflußnahmen zugunsten des Herstellerbereiches, von wenig Wettbewerb bei Netzen und Diensten und von den Strukturen der alten isolierten FuE-Systeme, also von Einflußfaktoren, die man ausgeblendet sehen möchte. Die Möglichkeiten, aus dem Ausland und aus der Vergangenheit zu lernen, sind daher begrenzt. Noch zeigen die unterschiedlichen FuE-Strukturen keinen meßbaren Zusammenhang mit Vorteilen im internationalen Wettbewerb. Deshalb müssen die Netzträger, ausgehend von ihren spezifischen Bedingungen und weitgehend unabhängig von den Verhältnissen ausländischer Netzträger, eine eigenständige FuE-Politik entwickeln. In der Bundesrepublik Deutschland gehört zu dieser spezifischen Situation die bisher ungeklärte zukünftige Aufgabenteilung zwischen DBP Telekom, BMPT und BMFT bei der staatlichen FuE-Politik. Hier sind mit der Postreform Strukturen geschaffen worden, die noch einer Ausfüllung bedürfen.

Das interessanteste FuE-System von allen untersuchten Länder ist ohne Zweifel in Japan zu finden. Es besteht aus einer komplexen Struktur von Kooperation und Wettbewerb zwischen Netzträgern, Hersteller, Ministerien und Forschungsinstituten, die sich in anderen Ländern nicht wiederfindet. Das System realisiert erhebliche Verbund- und Größenvorteile bei FuE und kombiniert sie mit wettbewerblichen Anreizmechanismen. Während der letzten zehn Jahre hat Japan erhebliche Ressourcen in FuE für die Telekommunikation investiert. Das Land hat ein großes Volumen internationaler Patentrechte erworben und die USA in vielen Bereichen der Telekommunikationstechnik vom ersten Platz der technologischen Entwicklung verdrängt. Wenn es Japan gelingt, seine Defizite im Bereich von Software- und Systementwicklung zu beseitigen, dann ist es sehr wahrscheinlich, daß sich die Wettbewerbsposition japanischer Hersteller gegenüber ihren Wettbewerbern aus den USA und Europa in allen Segmenten des Telekommunikationsgerätemarktes weiter verstärken wird, nicht nur bei Telekommunkationsendgeräten. Die technologische Position prägt zunehmend das Marktergebnis der nächsten Jahre. Die japanischen FuE-Aktivitäten für die Telekommunikation und ihr Erfolg sind für die USA und Europa eine große Herausforderung.

INHALTSVERZEICHNIS ZU BAND I

VERZEICHNIS DER UMRECHNUNGSFAKTOREN

Kaufkraftparitäten 1987 (Quelle: OECD 1988, eigene Abschätzungen)	
USA	1,00
Japan	213,29
Bundesrepublik Deutschland	2,47
Frankreich	7,43
Vereinigtes Königreich	0,58
Italien	1398,70
Spanien	105,95
Republik Korea	405,42
Niederlande	2,40
Schweden	8,69

Implizite BIP-Preisindizes (1980 = 1,00)
(Quelle: OECD 1988, eigene Abschätzungen)

Jahr	USA	Bundesrepublik	Frankreich
1981	1,079	1,040	1,118
1982	1,148	1,086	1,259
1983	1,185	1,121	1,379
1984	1,230	1,143	1,479
1985	1,268	1,168	1,566
1986	1,301	1,205	1,649
1987	1,347	1,226	1,698
1988	1,390	1,247	1,745

ERWEITERTES VERZEICHNIS DER ABKÜRZUNGEN
(für beide Bände)

(nicht alle Firmennamen sind aufgeführt; wenn die Bezeichnung keinen klaren Bezug zu einem Land erkennen läßt, ist dieses angemerkt)

ABB	Asea Brown Boveri
ABRC	Advisory Board for the Research Councils (GB)
ACARD	Advisory Council on the Application of Research and Development (GB)
ACOST	Advisory Committee on Science and Technology (GB)
ACT	Action for Children's Television (US)
ACTS	Advanced Communiactions Technology Satellite
ACTV	Advanced Compatible Television
ADAPSO	Association of Data Processing Service Organizations (US)
ADI	Agence de l'Informatique (FR)
AENOR	Asociación Española de Normalización
AID	Agency for International Development (US)
AIF	Arbeitsgemeinschaft Industrieller Forschungsvereinigungen (DE)
AIST	Agency of Industrial Science and Technology (JP)
ANIEL	Asociación Nacional de la Industria Electrónica (ES)
ANPA	American Newspaper Publishers Association
APT	AT&T-Philips Telecommunications
APWU	American Postal Workers Union
ARINC	Aeronautical Radio, Inc.
ASC	Accounting Standards Commitee (GB)
ASD-C^3I	Assistant Secretary of Defense for Command, Control, Comunications, and Intelligence (US)
ASST	Azienda di Stato per i Servizi Telefonici (IT)
ATFH	Alcatel Thomson Faisceaux Hertziens
ATM	Asynchron Transfer Mode
ATR	Advanced Telecommunications Research Institute (JP)
ATR	Alcatel Thomson Radiotéléphone
ATSC	Advanced Television Systems Committee (US)
AT&T	American Telephone and Telegraph
AT&T-NSI	AT&T Network Systems International
BABT	British Approvals Board for Telecommunications
BBC	British Broadcasting Corporation

BCE	Bell Canada Enterprises
BERKOM	Berliner Kommunikationssystem
BIB	Board for International Broadcasting (US)
BIGFON	Breitbandiges integriertes Glasfaser-Fernmelde-Ortsnetz
BIP	Bruttoinlandsprodukt
B-ISDN	Breitband-ISDN (siehe dort)
BIT	Boletín del Ingeniero de Telecomunicación
BK	Bildkommunikationstechnik
BMFT	Bundesministerium für Forschung und Technologie (DE)
BMP	Bundesministerium für das Post- und Fernmeldewesen (DE)
BMPT	Bundesministerium für Post und Telekommunikation (DE)
BMVg	Bundesministerium der Verteidigung (DE)
BMWi	Bundesministerium für Wirtschaft (DE)
BOC	Bell Operating Company
BSI	British Standards Institution
BSP	Bruttosozialprodukt
BT	British Telecom
BTG	British Technology Group
BTRL	BT Research Laboratory
Btx	Bildschirmtext (DE)
BÜ	Bildübertragungstechnik
CA	Kanada
CAD	Computer Aided Design
CAICYT	Comisión Asesora de Investigación Científica y Técnica (ES)
CBEMA	Computer and Business Equipment Manufacturers Association (US)
CBS	Central Bureau voor de Statistiek (NL)
CCITT	Comité Consultatif International Télégraphique et Téléphonique
CCETT	Centre Commun d'Etudes de Télécommunication (FR)
CCIR	Comité Consultatif International des Radiocommunications
CCTA	Central Computer and Telecomunication Agency (GB)
CCTU	Committee of Corporate Telecommunications Users (US)
CD-ROM	Compact Disk - Read Only Memory
CDTI	Centro para el Desarrollo Tecnológico Industrial (ES)
CEA	Commissariat à l'Energie Atomique (FR)
CEDEX	Centro de Estudios y Experimentación (ES)
CEHP	Canal de Experiencias Hidrodinámicas de El Pardo (ES)
CEPT	Conférence Européene des Administrations des Postes et des Télécommunications

CESIA	Centre d'Etudes des Systemes d'Information des Administrations (FR)
CESTA	Centre d'Etude des Systemes et des Technologies Avancées (FR)
CFA	Consumer Federation of America
CGCT	Companie Générale de Constructions Téléphoniques
CGE	Companie Générale d'Electricité
CIA	Central Intelligence Agency (US)
CICYT	Comisión Interministerial de Ciencia y Tecnología (ES)
CIDA	Centro de Investigaciones de la Armada (ES)
CIM	Computer Integrated Manufacturing
CIPE	Comitato Interministeriale per la Programmazione Economica (IT)
CMSA	Consolidated Metropolitan Statistical Area (US)
CNCL	Commission National de la Communication et Libertés (FR)
CNES	Centre National d'Etudes Spatiales (FR)
CNET	Centre National d'Etudes des Télécommunications (FR)
CNR	Consiglio Nazionale delle Ricerche (IT)
CNRS	Centre National de la Recherche Scientifique (FR)
CODEMA	Ausschuß für die Entwicklung für Verteidigungsausrüstung (NL)
COMSAT	Communications Satellite Corporation
COSINE	Cooperation for Open Systems Interconnection Networking in Europe
CPE	Customer Premises Equipment
CRL	Communications Research Laboratory (JP)
CSELT	Centro Studi e Laboratori Telecomunicazioni (IT)
CSIC	Consejo Superior de Investigaciones Científicas (ES)
CTNE	Compañia Telefónica Nacional de España (heute: Telefónica de España)
CTS	Conformance Test Service
CWA	Communications Workers of America
DACOM	Data Communcations Cooperation of Korea
DAII	Direction des Affaires Industrielles et Internationales (FR)
DARPA	Defense Advanced Research Projects Agency (US)
DBP	Deutsche Bundespost
DCA	Defense Communications Agency (US)
DCST	Direzione Centrale per i Servizi Telegrafici (IT)
DE	Bundesrepublik Deutschland
DES	Department of Education and Science (JP)
DFVLR	Deutsche Forschungs- und Versuchsanstalt für Luft- und Raumfahrt

DFG	Deutsche Forschungsgemeinschaft
DFN	Deutsches Forschungsnetz
DG	Dirección General (ES)
DGCT	Dirección General de Correos y Telégrafos (ES) (heute DGENT - Dirección General de Electrónica y Nuevas Tecnologías)
DGEI	Dirección General de Electrónica e Informática (ES)
DGRST	Délégation Générale à la Recherche Scientifique et Technique (FR)
DGT	Dirección General des Telecommunicaciones (ES)
DGT	Direction Générale des Télécommunications (heute: France Télécom, FT)
DI	Digitale Kommunikationstechnik
DLR	Deutsche Forschungsanstalt für Luft- und Raumfahrt
DNHR	Dynamical Non Hierarchical Routing
DNL	Dr. Neher Laboratory
DOC	Department of Commerce (US)
DOD	Department of Defense (US)
DOJ	Department of Justice (US)
DOTAN	Digitales optisches Teilnehmeranschluß-Netz
DPA	Deutsches Patentamt
DTI	Department of Trade and Industry (GB)
DVI	Digital Video Interactive
ECL	Electrical Communication Laboratories (JP)
ECU	European Currency Unit
EG	Europäische Gemeinschaft
EIA	Electronic Industries Association (US)
EIAK	Electronic Industries Association of Korea
EMD	Edelmetall-Motor-Drehhebwähler
ENEA	Ente Nazionale dell' Energia Atomica (IT)
ENST	Ecole Nationale Supérieure des Télécommunications (FR)
EPA	Europäisches Patentamt
ES	Spanien
ESA	European Space Agency
ESPRIT	European Strategic Programme for Research and Development in Information Technology
ETL	Electrotechnical Laboratory
ETRI	Electronics and Telecommunication Research Institute

ETSIT	Escuela Técnica Superior de Ingenieros de Telecomunicación (ES)
EWS	Elektronisches Wählsystem
EWSA	Elektronisches Wählsystem analog
EWSD	Elektronisches Wählsystem digital
FAA	Federal Aviation Administration (US)
FCC	Federal Communications Commission (US)
FDM	Frequency Division Multiplex
FEVE	Ferrocarriles de Via Estrecha (ES)
FFRDC	Federally funded research and development centres (US)
FI	Forschungsinstitut des FTZ (DE)
FhG	Fraunhofer-Gesellschaft (DE)
FIEE	Fédération des Industries Electriques et Electroniques (FR)
FIPS	Federal Information-Processing Standards
FIS	Fondo Investigaciones Sanitarias (ES)
FM	Frequency Modulation
FOA	Nationales Institut für Verteidigungsforschung (SE)
FR	Frankreich
FRN	Forskningsradnamden (SE)
FS	Fernsignaltechnik
FT	France Télécom
FTE	Full Time Equivalent
FTZ	Fernmeldetechnisches Zentralamt (DE)
FU	Funktechnik
FuE	Forschung und Entwicklung
GATT	General Agreement on Tariffs and Trade
GB	Vereinigtes Königreich
GIEL	Groupment des Industries Electroniques (FR)
GMD	Gesellschaft für Mathematik und Datenverarbeitung (DE)
GNP	Gross National Product (Bruttosozialprodukt)
GPT	General Electric Plessey Telecommunications
GSM	Group Speciale Mobile
HDTV	High Definition Television
HF	Hochfrequenzkommunikation
HHI	Heinrich-Hertz-Institut für Nachrichtentechnik (DE)
IAC	Instituto de Astrofísica de Canarias
IBA	Independent Broadcasting Authority (GB)
IBC	Integrated Broadband Communication

ICA	International Communications Association
ICCP	Committee on Information, Computers and Communications Policy (OECD)
ICOT	Institute for New Generation Computer Technology (JP)
IDATE	Institut de l'Audiovisuel et des Télécommunications en Europe (FR)
i.d.R.	in der Regel
IEC	International Electrotechnical Commission
IEO	Instituto Español de Oceanografía
IETC	Instituto de Estudios de Transportes y Comunicaciones (ES)
IGME	Instituto Geológico y Minero de España
IGN	Instituto Geográfico Nacional (ES)
IM	Institut für Mikroelektronik (SE)
INCE	Instituto Nacional para la Calidad de la Edificación (ES)
INE	Instituto Nacional de Estadística (ES)
INH	Instituto Nacional de Hidrocarburos (ES)
INI	Instituto Nacional de Indústria (ES)
INIA	Instituto Nacional de Investigación Agraria (ES)
INM	Instituto Nacional de Meteorología (ES)
INMARSAT	International Maritime Satellite Organization
INPADOC	International Patent Documentation Centre, Wien, Host STN
INRIA	Institut National de Recherche en Informatique et en Automatique (FR)
INSA	Instituto Nacional de la Salud (ES)
INSP	Informatikstimulierungsplan (NL)
INSPEC	Information Services for the Physics and Engineering Communities
INTA	Instituto Nacional de Técnica Aeroespacial (ES)
INTELSAT	International Telecommunications Satellite Organization
IOF	Institut für optische Forschung (SE)
IPC	International Patent Classification
IPO	Institute of Perception (NL)
IRI	Istituto per la Ricostruzione Industriale (IT)
IRT	Institut für Rundfunktechnik (DE)
ISPT	Istituto Superiore delle Poste e Telecomunicazioni (IT)
ISBL	Institutions sans But Lucratif (FR)
ISO	International Organisation for Standardization
ISDN	Integrated Services Digital Network
ISIC	International Standard Industrial Classification

ISTAT	Istituto Centrale di Statistica (IT)
IT	Information Technology, Informationstechnologie
IT	Italien
ITA	Information Technology Applications (SE)
ITA	International Trade Administrator, Department of Commerce (US)
ITU	International Telecommunication Union
ITU	Schwedisches Institut für angewandte Mathematik
IuK	Information und Kommunikation
JATE	Japan Approvals Institute for Telecommunication Equipment
JEN	Junta de Energía Nuclear (ES)
JICST	Japan Information Center for Science and Technology
JITA	Japan Industrial Technology Association
JOERS	Joint Optoelectronics Research Scheme (GB)
JP	Japan
JS	Jeumont-Schneider
JST	JS Télécommunications
KAIST	Korea Advanced Institute for Science and Technology
KISDI	Korea Information and Society Development Institute
KOSEF	Korea Science and Engineering Foundation
KR	Republik Korea
KSC	Kansai Science City (JP)
KTA	Korea Telecommunications Authority
KTARC	KTA Research Centre
KTC	Key Technology Centre (JP)
KTH	Königliche Technische Hochschule (SE)
LAN	Local Area Network
LATA	Local Access and Transportation Area (US)
LDC	Less Developed Countries
LE	Leitungsgebundene Kommunikation
LeRC	NASA Lewis Research Center (US)
LL	Lichtleiterkommunikationstechnik
LOM	Laboratorio Químico La Marañosa (ES)
LOT	Ley de Ordenación de las Telecomunicaciones (ES)
LWL	Lichtwellenleiter
MAP	Media Access Project (US)
Mbps	Million bits per second
MCI	Microwave Communications Inc.
MEC	Ministerio de Educación y Ciencia (ES)

MESC	Ministry of Education, Science and Culture, japanisch: Mombusho oder Monbusho (JP)
MET	Matra-Ericsson Télécommunication
MFJ	Modified Final Judgement (24. August 1982; US)
MINER	Ministerio de Industria y Energía (ES)
MITI	Ministry for International Trade and Industry (JP)
MMC	Monopolies and Mergers Commission (GB)
MOC	Ministry of Communications (KR)
MOD	Ministry of Defence (GB)
MOF	Ministry of Finance (JP)
MOST	Ministry of Science and Technology (KR)
MPAA	Motion Picture Association of America
MPG	Max-Planck-Gesellschaft (DE)
MPT	Ministry of Posts and Telecommunications (JP)
MRES	Ministère de la Recherche et de l'Enseiquement Supèrieur (FR)
MTTC	Ministerio de Transportes, Turismo y Comunicaciones (ES)
NAB	National Association of Broadcasters (US)
NALC	National Association of Letter Carriers (US)
NARUC	National Association of Regulatory Utility Commissioners (US)
NASA	National Aeronautics and Space Administration (US)
NATO	North Atlantic Treaty Organisation
NBS	National Bureau of Standards (US)
NCS	National Communications System (US)
NCC	New Common Carriers (JP)
NCTA	National Cable Television Association (US)
NERC	Natural Environment Research Council (US)
NFLCP	National Federation of Local Cable Programmers (US)
NHK	Nippon Hoso Kyokai (JP)
NITS	National Institute for Technical Standards (US) (Nachfolgeorganisation des National Bureau of Standards)
NL	Niederlande
NLC	National League of Cities (US)
NMT	Nordisches Mobiles Telefonsystem (SE)
NOI	Notice of Inquiry (US)
NPRM	Notice of Proposed Rulemaking (FCC)
NSC	National Security Council (US)
NSF	National Science Foundation (US)
NT	Northern Telecom

NTIA	National Telecommunications and Informations Administration, Department of Commerce (US)
NTSC	National Television Standards Committee (US)
NTT	Nippon Telegraph and Telephone Corporation
OECD	Organisation for Economic Co-Operation and Development
OFTEL	Office of Telecommunications (GB)
OSI	Open System Interconnection
OSROC	Office of Supply of the Republic of Korea
OTA	Office of Technology Assessment, US Congress
OTP	Office of Telecommunications Policy, White House (US)
PABX	Private Automatic Branch Exchange
PBX	Private Branch Exchange (Nebenstellenanlage)
PC	Personalcomputer
PEIN	Plan Electrónico e Informático Nacional (ES)
PKI	Philips Kommunikations-Industrie (DE)
PLANICYT	Plan Nacional de Investigación Cientifica y Desarrollo Tecnológico (ES)
PMFE	Programme Mobilisateur de la Filière Electronique (FR)
PRC	Programmes de Recherches Coordinéers (FR)
PRCS	Philips Radio Communications Systems Nederland
PTDSN	Philips Telecommunicatie en Data Systemen
PTL	PTT Telematics Labor (NL)
PTT	Post, Telegraph, Telephon (in mehreren Sprachen, in Frankreich: Poste, Télécommunications et Télédiffusion)
PUC	Public Utility Commission (US)
R&D	Research and Development
R&SE	Research and Systems Engineering
RACE	Research in Advanced Communication Technologies for Europe
RAL	Rutherford Appleton Laboratory (GB)
RAPTB	Raad van Advies voor het Post- de Telecommunicatiebeleid (NL)
RAWB	Raad van Advies voor het Wetenschapsbeleid (NL)
RBOC	Regional Bell Operating Companies
RDT&E	Research, Development, Testing and Evaluation
RENFE	Red Nacional de Ferrocarriles Españoles
RGW	Rat für gegenseitige Wirtschaftshilfe (auch: COMECON)
RHC	Regional Holding Company (of Bell Telephone Operating Companies)
RIKEN	Institute of Physical and Chemical Research (JP)

RITE	Research Institute of Telecommunications and Economics (JP)
RLA	Relative Literaturaktivität (Publikationsindikator)
RPA	Relative Patentaktivität (Patentindikator)
RPOA	Recognized Private Operating Agency (US)
RRB	Research Requirement Board (GB)
RRC	Radio Regulatory Council (JP)
RRL	Radio Research Laboratory (JP) (heute: CRL)
RSRE	Royal Signals and Radar Establishment (GB)
RWT	Rat für Wissenschafts- und Technologiepolitik (NL)
RTIC	La Radiotechnique Industrielle et Commerciale (FR)
SAAC	NASA Space Applications Advisory Committee (US)
SAG	Screen Actors Guild (US)
SAT	Societé Anonyme de Télécommunications
SDI	Strategic Defense Initiative (US)
SDLC	Synchronous Data Link Control
SE	Schweden
SEDE	Service d'Etude et de Developpments Extérieures (FR)
SEL	Standard Elektrik Lorenz
SERC	Science and Education Research Council (GB)
SESA	Standard Eléctrica, S.A.
SG	Sonstige Geräte, anderswo nicht enthalten
SHAPE	Supreme Headquarters Allied Powers Europe
SI3T	Syndicat des Industries Françaises du Télépone, du Télégraphe et de leurs Applications Télématique (FR)
SICS	Schwedisches Institut für Informatik
SICUEMA	Servicio de Investigación y Coordinación Universidad-Empresa Madrid (ES)
SIG	Senior Interagency Group on International Communication and Information Policy
SIP	Società Italiana per l'Esercizio delle Telecomunicazioni (IT)
SISU	Schwedisches Institut für Systementwicklung
SO	Software, Dienste, Kommunikationspolitik
SPER	Syndicat des Industries de Matériel Professionel Electronique et Radioélectrique (FR)
SPI	Science Physique pour l'Ingenieur (FR)
SPIN	Projektgruppe für die Stimulierung informationstechnologischer Forschung (NL)

SPIN-OV	Programm zur Stimulierung der Informatikanwendung im öffentlichen Sektor (NL)
SPRI	Sociedad para la Promoción y la Reconversión Industrial (ES)
SRI	Stanford Research Institute (US)
STA	Science and Technology Agency (JP)
STET	Società Finanziarià Telefonica (IT)
STIIU	Science, Technology and Industry Indicators Unit (OECD)
STM	Synchronous Transfer Mode
STN	Scientifique and Technical Information Network
STU	Styrelsen for Teknisk Utveckling (SE)
SURF	Stimulierung der unversitären Zusammenarbeit im Bereich von Computereinrichtungen (NL)
SYCABEL	Syndicat de l'Industrie Française des Fils et Cables Electriques
TDF	Télédiffusion de France
TDMA	Time Division Multiple Acess
TDP	Trade and Development Program, Department of Commerce (US)
TDRSS	Tracking in Data Relay Satellite System
TH	Theorie der Information und Kommunikation
TID	Telefónica Investigación y Desarrollo (ES)
TK	Technische Kommission (DE)
TL	Technische Lieferbedingung (DE)
TNO	Nederlandse centrale organisatie voor toegepast-natuurwetenschappelijk onderzoek (Organisation für angewandte wissenschaftliche Forschung)
TPEE	Taller de Precisión y Centro Electrónico (ES)
TRB	Technology Requirement Board (GB)
TRDI	Technical Research and Development Institute (JP)
TRT	Télécommunications Radioélectriques et Téléphoniques (FR)
TTC	Telecommunications Technology Council (JP)
UGC	University Grants Commitee (GB)
UHÄ	National Board of Universities and Colleges (SE)
UPE	User Premises Equipment
US	USA
USIA	United States Information Agency
USPTO	US Patent and Trademark Office
USTA	United States Telephone Association

USTR	United States Trade Representative
VAN	Valve Added Networks
VBN	Vorläuferbreitbandnetz (DE)
VLSI	Very Large Scale Integration
VSAT	Very Small Aperture Terminals
WAN	Wide Area Network
WARC	World Administrative Radio Conference
WATTC	World Administrative Telegraph and Telephone Conference
WGA	Writers Guild of America
WPI	World Patents Index
WPIL	World Patents Index Latest
WZ	Wirtschaftszweig (Systematik; DE)
ZWO	Organisation für den Fortschritt der reinen wissenschaftlichen Forschung (NL)

ERWEITERTES LITERATURVERZEICHNIS *(für beide Bände)*

(Dieses Verzeichnis enthält neben der zitierten Literatur auch bibliographische Fundstellen zu vertiefenden Einzelaspekten, die im vorliegenden Buch nicht ausdrücklich erwähnt wurden).

AAAS,
Research & Development FY 1989, AAAS Report XIII, American Association for the Advancement of Science, Washington, 1988

Abel, G.,
Switch Firm Awaits Bell's Call, in: Communications Week International 14, 15, 1989

Affärsvärlden,
Specialen: Svensk industriforskning, Affärsvärlden 7/1, Nr. 1, 16-33, 1988

Ahn, D.S.,
Strukturanalyse ausgewählter Industriezweige der koreanischen Wirtschaft, Stuttgart, 1985

Ameritech,
Annual Report 1987, Chicago, 1988

ANIEL
Memoria de ANIEL. Informe del Sector Electrónico 1986, Madrid, 1987

ANIEL,
id., 1987, Madrid, 1988

Anonym,
Svensk Informationsteknologi - utgångsläge och underlag för ett nationellt program, 1985

Anonym,
Science and Technology Policies in Sweden, Stockholm, 1986

ASSINFORM,
Rapporto ASSINFORM sulla situazione dell'informatica in Italia, Mailand, 1988

BIT,
Aportación del C.O.I.T. al Libro Blanco de las Telecomunicaciones, Madrid, 1981

BIT,
Nr. 50, 1987

BIT, Redes Telemáticas, Nr. 51, 1988 (a)

BIT,
Tecnologia nacional/importada, Nr. 52, 1988 (b)

BMFT,
Bundesbericht Forschung VI, Bonn, 1979

BMFT,
Faktenbericht 1981 zum Bundesbericht Forschung, Bonn, 1982

BMFT (Hrsg.),
Die Messung wissenschaftlicher und technischer Tätigkeiten. Allgemeine Richtlinien für statistische Übersichten in Forschung und experimenteller Entwicklung; Frascati-Handbuch 1980, Bonn, 1982

BMFT,
Bericht der Queisser-Kommission "Informationstechnik", Bonn, 1985

BMFT,
Faktenbericht 1986 zum Bundesbericht Forschung, Bonn, 1986

BMFT,
Bundesbericht Forschung 1988, Bonn, 1988

BMFT, BMWi,
Zukunftskonzept Informationstechnik, Bonn, 1989

BMP,
Reform des Post- und Fernmeldewesens in der Bundesrepublik Deutschland, Konzeption der Bundesregierung zur Neuordnung des Telekommunikationsmarktes, Heidelberg, 1988

Bosworth, D.L.,
The transfer of U.S. technology, in: Research Policy 9, 378-388, 1980

Botskor, I.,
Der Technostaat plant seine Zukunft, Technologiepolitik in Japan, in: Aus Politik und Zeitgeschichte, Beilage zur Wochenzeitung Das Parlament, B 19/88, 1988

Bräunling, G.; D.-M. Harmsen,
Die Förderungsprinzipien und Instrumente der Forschungs- und Technologiepolitik, Göttingen, 1975

Business Korea,
Yearbook on Korean Economy and Business 1988/89, Seoul, 1987

Business Korea Electronics,
Mehrere Ausgaben, 1988

Carroll, J.R.,
Airline growth eroding safety, report warns, FAA scrambling to catch up, in: The Arizona Republic, July 28 p. 1-2, 1988

CBS,
Speur- en ontwikkelingswerk in nederland 1986, Gravenhage, 1989

CGE,
Exercice 1987, Paris, 1988

Charles, D.; Monk, P.; Sciberras, E.,
Technology and Competition in the International Telecommunications Industry, London, 1989

Chesnais, F.,
Technical Co-operation Aggrements between Firms, in: OECD (Hrsg.), STI-Review 4, 51 f., 1988

CICYT,
Plan Nacional de Investigación Cientifica y Desarrollo Tecnológico, Madrid, 1988 (a)

CICYT,
Plan Nacional, gekürzte und überarbeitete Version, Madrid, 1988 (b)

CICYT,
Programas Sectoriales del Plan Nacional, Anhang 1, Madrid, 1988 (c)

CNET,
Rapport d'Activité, Paris, Jahrgänge 1984 bis 1987

Committee on Science and Technology,
Compendium of Federal Government Communications R&D Planned for Fiscal Year 1980-81 Funding (Cicil Agencies), prepared by the Subcommittee on Transportation, Aviation and Communications of the Committee on Science and Technology, US House of Representatives, Ninety-Sixth Congress, Washington, 1980

Cozzi, G.; A. Gambardella,
La commutazione pubblica e le trasmissioni in Italia: Effetti del progresso tecnologico, dimensione del mercato e struttura dell'offerta, Universität Bocconi, Mailand, 1988

CSELT,
Annual Report, 1986

CTNE,
1986 Annual Report, Madrid, 1987

Dang Nguyen, G.,
Telecommunications in France, in: Foreman-Peck, Müller (Hrsg.), 131-154, 1988

Dang Nguyen, G.
European R&D Policy for Telecommunications, in: Wissenschaftliches Institut für Kommunikationsdienste (Hrsg.), Diskussionsbeiträge zur Telekommunikationsforschung, Nr. 49, Bad Honnef, 1989

David Sarnoff Research Center,
Where excellence in research is a tradition, David Sarnoff Research Center, Princeton, 1987

David Sarnoff Research Center,
See the Future: Advanced Compatible Television, in: Vision 2, 13-15, vierteljährlich erscheinendes Magazin des David Sarnoff Research Center, 1988 (a)

David Sarnoff Research Center,
Consortium for Surface Processing Research Awarded Sematech Center of Excellence, in: Vision 2, 19, 1988 (b)

David Sarnoff Research Center,
1987 Annual Report, David Sarnoff Research Center, Princeton, 1988 (c)

Deutsch-Koreanische Industrie- und Handelkammer,
Partnerland Korea, Seoul, 1988

Deutsche Bundesbank,
Patent- und Lizenzverkehr mit dem Ausland sowie sonstiger Austausch von technischem Wissen durch Dienstleistungen in den Jahren 1986 und 1987, in: Monatsberichte der Deutschen Bundesbank, Mai, 39-55, 1988

DGRST,
Recherche et Dévelopment dans les Entreprises 1976, Paris 1978

Dingeldey, R.T.,
Einheitstechnik und Beschaffungswettbewerb im Fernmeldewesen, in: Zeitschrift für das Post- und Fernmeldewesen 9, 298f,1974

Dowling, M. J.,
Strategic Investments in Innovation: The Telecommunications Equipment Industry 1975 - 1986, Dissertation, Universität von Texas, Austin, 1988

DTI,
DTI - the department for Enterprise, HMSO, Cm 278, London, 1988

Economic Planning Board,
Major Statistics of Korean Economy 1988, Seoul, 1988

EIA,
Electronic Market Data Book, Electronic Industries Association, Washington, 1988 (a)

EIA,
1988 Catalog of EIA & JEDEC Standards & Engineering Publications, Electronic Industries Association, Washington 1988 (b)

EIA,
1987 Annual Report, Electronic Industries Association, Washington, 1988 (c)

EIRMA (Hrsg.)
Evaluation of R&D Output, Working Group Reports No. 29 der European Industrial Research Management Association, Paris, 1985

Electronics Association of Japan,
Electronics in Japan '85-86, Tokyo, 1986

Elias, D.; R. Tietz,
Die organisatorische Neuordnung der nachrichtentechnischen Forschung bei der Deutschen Bundespost, in: Jahrbuch des elektrischen Fernmeldewesens 1974, 328 - 412, 1974

Eto, H.,
Behaviour of Japanese R&D Organizations - Conflict and its Resolution by Informal Mechanisms, in: Eto, Matsui (Hrsg.), R&D Management Systems in Japanese Industry, 139-234, Amsterdam, New York, Oxford, 1984

Eurostrategies,
The European Telecommunications Industry, Studie im Auftrag der EG-Kommission, 1989

Evers, R.,
Informationstechnologie in Japan. Stand der Technik, künftige Entwicklungen und öffentliche Förderung, Gesellschaft für Mathematik und Datenverarbeitung, GMD-Studien Nr. 111, Sankt Augustin, 1986

Flamm, K.,
Targeting the Computer, The Brookings Institution, Washington, 1987

Foreman-Peck, J.; D. Manning,
Telecommunications in Italy, in: Foreman-Peck, Müller (Hrsg.), 181-202, 1988

Foreman-Peck, J.; J. Müller (Hrsg.),
European Telecommunication Organisations, Baden-Baden, 1988

Fornari, C. u.a.,
The relations between public research organizations and firms: The case of Italy, Koferenzbeitrag, Mailand, 1988

France Télécom,
Rapport d'Activité 1987, Paris, 1988

Fransmann, M.,
Cooperation, Competition and International Competitiveness: The Case of Japanese Central Office Switches, Papier präsentiert auf der 8. Internationalen Konferenz der International Telecommunications Society in Venedig, März 1990

Freeman, Ch.,
The Economics of Industrial Innovation, London, 2. Auflage, 1982

Freeman, Ch.,
Technology Policy and Economic Performance, London, 1987

FUNDESCO/CSIC,
Comunidad Científica Española en las tecnologías de la información, Band 1: Perspectiva general y análisis por áreas, Madrid, 1987 (a)

FUNDESCO/CSIC,
id., Band 2: Grupos de investigación, Madrid, 1987 (b)

Gerybadze, A.,
Raumfahrt und Verteidigung als Industriepolitik?, Frankfurt, New York, 1988

GIEL,
Rapport d'Activité 1985, Paris, 1986

Granberg, A.,
Fiber Optics as Technological Field, Program on Research Policy and the Management of R&D Systems, Research Policy Studies, Discussion Paper No 182, Lund, 1988

Granstrand, O.; J. Sigurdson (eds.),
Technological Innovation and Industrial Development in Telecommunications, Research Policy Institute and NORDFORSK, Gothenburg, Lund, Stockholm, 1985

Greif, S.,
Die Rolle patentgeschützter Importe für den Technologietransfer in Entwicklungsländern, in: GRUR Int., 413-420, 1976

Greif, S.,
Ausübungszwang für Patente. Ökonomische Möglichkeiten und Grenzen unter besonderer Berücksichtigung der Entwicklungsländer, in: GRUR Int., 731-745, 1981

Grupp, H. (Ed.),
Problems of Measuring Technological Change, Köln, 1987

Grupp, H.,
The Concept of Entropy in Scientometrics and Innovation Research - An Indicator for Institutional Involvement in Scientific and Technological Developments, in: Scientometrics 17, 471-489, 1989

Grupp, H.,
On the Supplementary Functions of Science and Technology Indicators - The Case of West German Telecommunication R&D, Scientometrics, im Druck (1990)

Grupp, H.,
The measurement of technical performance I. Framework of R&D intensity, technometric, and patent indicators, im Erscheinen, 1991 (a)

Grupp, H.,
A quantitative assessment of innovation dynamics and R&D management in Japanese and West German telecommunications, im Erscheinen, 1991 (b)

Grupp, H., H. Legler,
Strukturelle und technologische Position der Bundesrepublik Deutschland im internationalen Wettbewerb, FhG-ISI und NIW, Karlsruhe, Hannover, 1989

Grupp, H.; U. Schmoch,
Technologieindikatoren: Aussagekraft, Verwendungsmöglichkeiten, Erhebungsverfahren, in: Bullinger (Hrsg.), Organisation und Technik der Kommunikation, München, erscheint 1990

Grupp, H.; B. Schwitalla,
Innovationsdynamik der führenden Marktwirtschaften im technometrischen Vergleich, in: Welfens, Balcerowicz (Hrsg.), Innovationsdynamik im Systemvergleich, Heidelberg, 323-341, 1988

Grupp, H.; B. Schwitalla,
Technometrics, bibliometrics, econometrics, and patent analysis: towards a correlated system of science, technology, and innovation indicators, in: van Raan, Nederhof, Moed (eds.) 1989

Gruppo IRI,
1988/89 Yearbook, Rom, 1988

Gummett, Ph.; W. Walker,
Changes in European Defence Procurement and Industrial Capabilities, Technology Analyses & Strategic Management 1, 191-203, 1989

Harris, B.,
Divestiture and regulatory policies, Implications for research, development and innovation in the US telecommunications industry, in: Telecommunications Policy, 14, 105 f, 1990

Hasenclever, F., C. Leggewie u.a.,
Frankreich, Hamburg, 1985

Heuermann, A., K.-H. Neumann,
Die Liberalisierung des britischen Telekommunikationsmarktes, Berlin, Heidelberg, New York, Tokyo, 1985

Heuermann, A.; K.-H. Neumann, T. Schnöring, B. Wieland,
Telekommunikation im Vergleich - Eine problemorientierte Übersicht über die Länder USA, Großbritannien, Frankreich, Niederlande, Schweden und Japan, in: Schwarz-Schilling, Chr. (Hrsg.), Jahrbuch der Deutschen Bundespost 1986, 37. Jhrg., Bad Windsheim, 1986

Hiergeist, F.,
Vorschlag für ein deutsches Fernmeldesatelliten-System, in: Jahrbuch der Deutschen Bundespost 1983, 186-225, 1983

Hills, M.T.,
Switching System Development in Japan, in: communication international, 12, 12-16, 1975

Hoffmann, K.,
Digitale Fernsprechvermittlungstechnik bei der Deutschen Bundespost, Das Präsentationsverfahren, in: Jahrbuch der Deutschen Bundespost 1984, 9f, 1984

Hotta, K.,
Historische Entwicklungslinien der Wettbewerbsdynamik im Japanischen Markt, Zeitschrift für Betriebswirtschaft 56, 500-508, 1986

highTech,
AT&T will Philips-Leine kappen, 8/1989

Imai, K.-F.,
Potential of Information Technology and Economic Growth in Japan and Associate Policy Problems, Institute of Business Research, Hitotsubashi-Universität, Discussion Paper No. 129, Tokyo, 1987

INE,
Estadística sobre las actividades en investigación científica y desarrollo tecnológico. Años 1984 y 1985, Madrid, 1988

Infobrief Research and Technology,
United States: Growth in national R&D efforts slows down, in: Infobrief Research and Technology 332, 4-6, 1987

ISTAT, Indagine statistica sulla ricerca scientifica, Jahrgänge 1975 bis 1985, Rom 1977-1987

Japan Techno-Economics Society,
Development of Telecommunications System and Reviews on the Technical and Socio-Economic Background, Tokyo, 1985

Kalin, M.J.,
Telecommunications Policies in Ten Countries: Prospects for Future Competitive Access, US Department of Commerce, Washington, 1985

Keuper, N.,
Unternehmensverpflichtung in der europäischen Telekommunikationsindustrie, Diplomarbeit an der Universität Köln, 1989

Klippert, H.,
Wenn die wirtschaftlichen Erfolge zu einer Bedrohung werden. Über Südkoreas rasante ökonomische Entwicklung und die gefährliche Abhängigkkeit vom Export, Frankfurter Rundschau, 17.8.1988

Klodt, H.,
Wettlauf um die Zukunft - Technologiepolitik im internationalen Vergleich, Tübingen, 1987

Kobayashi, M.,
MA-Diplomarbeit an der Graduate School of Policy Science, Universität Saitama, Saitama, 1987 (in japanischer Sprache)

Kodama, F.,
A System Approach to Science Indicator, in: Grupp (Ed.), 65-87, 1987 (a)

Kodama, F.,
Dynamics of National R&D Program, in: Research on Socio-Economic Aspects of Energy Systems, Ministerium für Bildung, Wissenschaft und Kultur, Tokio, 1987 (b)

Korea Business Review,
Mehrere Ausgaben, 1988

Korea Business World,
Mehrere Ausgaben, 1988

Krupp, H.; U. Kuntze,
Dilemmata Inherent in the Public Promotion of High Technologies, Lucca, 1986

Küchle, M.,
Südkoreas Weg zum Industriestaat. Technologischer Fortschritt als Grundlage zukünftiger wirtschaftlicher Erfolge, in: Ifo-Schnelldienst 11/88, 1988

Kuntze, O.-E.,
Konjunktur in Italien, in: Ifo-Schnelldienst 22, 26ff, 1988, sowie 28, 23ff, 1984, und 35/36, 26ff, 1983

Kuntze, U.; F. Meyer-Krahmer, G. Gielow, H. Grupp, A. Thierstein,
Internationaler Vergleich der Forschungs-, Technologie- und Innovationspolitik für kleine und mittlere Unternehmen unter besonderer Berücksichtigung der indirekten Förderung, FhG-ISI, B-15-86, Karlsruhe, 1986

Lessmann, P.,
Korea (Rep.) zur Jahresmitte 1988, Bundesstelle für Außenhandelsinformation, Juni 1988

Malerba, F.,
L'attività di ricerca e sviluppo nell'industria italiana, in: L'Industria 8, 67ff, 1987

Management and Coordination Agency,
Organization of the Government of Japan, Prime Minister's Office, Tokyo, 1987

Manager Magazin,
Sein letzter Auftrag, 3/1988

Mangalo, N.,
Patentschutz und Technologietransfer im Nord-Süd-Konflikt, in: GRUR Int., 349-356, 1977

Manning, D.; A. Bader von Jago, J. Foreman-Peck, J. Müller,
Telecommunications in Spain, in: Foreman-Peck, Müller (Hrsg.), 237-256, 1988

Mansfield, E.,
Studies of Tax Policy, Innovation and Patents: A Final Report, Philadelphia, 1985

MEC/CAICYT,
Lineas Generales de Política Cientifica en España, Madrid, 1985

Messerlin, P. A.,
The Political Economy of Protectionism: The Bureaucratic Case, Weltwirtschafts-Archiv, 469 - 496, 1981

Miclescu, M.,
Bildungsreform in Spanien 1970-1980, Weinheim, 1982

MINER,
Plan Electrónico e Informático Nacional, Madrid, 1984

MINER,
Plan Electrónico e Informático Nacional (II), Madrid, 1988

MINER/CDTI,
Actuaciones y Servicios, Madrid, 1988

Ministry of Communications (MOC),
Mid/Long Term Communications Development Plan (1985 - 2001), Seoul, Dezember 1984

Ministry of Communications (MOC),
Tele-Korea Today, 1987

Ministry of Science and Technology (MOST),
Major Research Institutes in the Republic of Korea, Seoul, 1987 (a)

Ministry of Science and Technology (MOST),
Science and Technology Handbook 1987 (b)

Ministry of Science and Technology (MOST),
Introduction to Science and Technology, Republic of Korea, 1988

Mlecek, U.,
Forschung bei der Deutschen Bundespost, in: 40 Jahre FTZ und PTZ in Darmstadt, Archiv für deutsche Postgeschichte, Heft 1/89, 103f, 1989

MMC,
The General Electric Company PLC and The Plessey Company PLC. A Report on the proposed merger, HMSO Cmnd. 9867, London, 1986

MMC,
The General Electric Company plc, Siemens AG and The Plessey Company plc. A Report on the proposed mergers, HMSO Cm 676, London, 1989

Molina, A.,
Building Technological Capabilities in Telecommunications Technologies: Development and Strategies in Public Digital Switching Systems, Papier präsentiert auf der 8. Internationalen Konferenz der International Telecommunications Society in Venedig, März 1990

Monbusho,
Research Cooperation between Universities and Industry, Tokyo, o. J. (1988)

Moore, J.H.,
Technology Transfer in the United States, paper presented at the 2nd annual EEA meeting, Kopenhagen, 1987

Morgan, K.,
Breaching the Monopoly: Telecommunications and the State in Britain, University of Sussex, Working Paper Series on Government - Industry Relations, No. 7, o.O., 1987 (a)

Morgan, K.,
Monopolies under Siege in Western Europe: The Challenge of Deregulation in Telecommunications, in: IDS Bulletin, 18, 19-25, 1987 (b)

Morganti, F. u.a.,
Rapporto al presidente del consiglio sulle telecomunicazioni, Mailand, 1984

Motorola,
Annual Report 1986, Motorola, Inc., Schaumburg, 1987

Motorola,
Annual Report 1987, Motorola, Inc., Schaumburg, 1988

Mowery, D.C.,
Forecasts of the Impact of Divestiture on Bell Telephone Laboratories: an Assessment, presented at Telecommunications Policy Research Conference, Airlie House, September 27-30, 1987

MPT,
Research and Development Guidelines for Telecommunications Technology, MPT, Tokyo, 1987

MRES,
Recherche et Dévelopment dans les Entreprises, Résultats 1985, Paris, 1987

MRES,
La Recherche Publique en 1985, Paris, 1988

MRT,
Extraits du Rapport de Synthése de la Mission Filière Electronique, Paris, 1982

MTTC,
Ordenación de las Telecomunicaciones, Madrid, 1987

Müller, J.,
The benefits of completing the internal market for telecommunication equipment and services, Research on the "cost of Non-Europe", Basic findings 10, Brussels, 1988

Müller, J.; P. Kuhn,
Information Technology Standardization in Japan, München, 1989

Mushashi, T.,
Japanese Telecommunications Policy, Program on Information Resources Policy, Harvard University, Cambridge, 1984

Naderi, F.M., S.J. Campanella,
NASA's, Advanced Communications Technology Satellite (ACTS): an Overview of the Satellite, the Network, and the Underlying Technologies, ACTS Publication 100, NASA Headquarters, Washington, 1988

NASA Advisory Council,
Communication Satellites. Guidelines for a Strategic Plan, Report of the Communications Subcommittee of the Space Applications Advisory Committee (SAAC), NASA Advisory Council, Washington, 1987

NASA,
Space Network TDRSS Data Book, 1985

National Science Board,
Science and Engineering Indicators, Washington, D.C., 1987

Nelson-Rowe, L.,
Patent Rights Debated, in: Communications Week International, 9, 1989 (a)

Nelson-Rowe, L.,
Federal Express Turns Telecoms Provider, in: Communications Week International, 12, 1989 (b)

Neu, W.,
Das Problem verzerrender Einflüsse von Preis- und Wechselkursänderungen bei der Interpretation von Handelsdaten, WIK, Diskussionsbeiträge zur Telekommunikationsforschung, Nr. 45, Bad Honnef, 1988

Neu, W.,
Recent Changes in the International Trade Pattern of Telecommunication Equipment Industry, in: Diskussionsbeiträge zur Telekommunikationsforschung des WIK, 46, Bad Honnef, 1989

Neu, W.; Th. Schnöring,
Recent Changes in the International Trade Pattern of Telecommunications Equipment Industry, WIK, Diskussionsbeiträge zur Telekommunikationsforschung, Nr. 46, Bad Honnef, 1988

Neu, W.; Th. Schnöring,
The telecommunications equipment industry, Recent changes in its international trade pattern, in: Telecommunications Policy, Vol 1, 25f, 1989

Neu, W.; K.-H. Neumann; Th. Schnöring,
Trade patterns, industry structure and industrial policy in telecommunications, in: Telecommunications Policy 11, 31-44, 1987

Neue Züricher Zeitung,
Südkorea auf dem konjunkturellen Olymp. Wachstumsknick nach den Spielen in Seoul? 21.9.1988

Neumann, K.-H.,
Die Neuorganisation der Telekommunikation in Japan, Berlin, Heidelberg, New York, 1987

Noam, E.M.,
Die Entwicklung der Telekommunikation in den Vereinigten Staaten seit der Entflechtung von AT&T, in: ZPF Zeitschrift für das Post- und Fernmeldewesen, 12/88, 4-15, 1988

Noll, A.M.,
Bell System R&D Activities: The Impact of Divestiture, in: Telecommunications Policy, June 1987, 161-178, mit 1986 Data Addendum im August, 1987

Noll, R.G.; B.M. Owen,
United States V. AT&T - An Interim Assessment, Stanford University, Studies in Industry Economics, Discussion Paper No. 139, rev. August 1987 (a)

Noll, R.G.; B.M. Owen,
United States V. AT&T - The Economic Issues, Stanford University, Studies in Industry Economics, Discussion Paper No. 140, December 1987 (b), to be published in: Kwoka, White (ed.), The Antitrust Revolution, Scott Foresman, 1988

Nomura Research Institute,
Forschungs- und Technologiepolitik. Forschungs- und Entwicklungssystem in Japan (Teilstudie im Rahmen einer Untersuchung der Prognos AG, Basel), Kamakura, 1983

Northern Business Information,
Northern Telecom - A Strategic Analysis, New York, 1986

NSF,
Research and development in industry, 1983, Surveys of Science Resources Series, NSF 85-325, National Science Foundation, Washington, 1985

NSF,
National Patterns of Science and Technology Resources: 1987, National Science Foundation, Washington, 1988

NTIA,
NTIA Trade Report: Assessing the Effects of Changing the AT&T Antitrust Consent Decree, National Telecommunications and Information Administration, US Department of Commerce, Washington, 1987

OECD,
Science and Technology Indicators, Paris, 1984

OECD,
Science and Technology Indicators. Basic Statistical Series. Volume B: Gross National Expenditures on R&D, Paris, 1985

OECD,
Reviews of National Science and Technology Policy - Netherlands, Paris, 1987 (a)

OECD,
Reviews of National Science and Technology Policy - Sweden, Paris, 1987 (b)

OECD,
Trends of Change in Telecommunications Policy, Paris, 1987 (c)

OECD,
Innovation Policy - Spain, Paris, 1987 (d)

OECD,
Main Science and Technology Indicators 1981-87 and 1982-88, Paris, 1988

OECD,
Major R&P Programmes for Information Technology, Paris, 1989

Olley, R.E.,
The Process of Technology Transfer and Application in Telecommunications: A Case Study, in: D. Sahal (Hrsg.), The Transfer and Utilization of Technical Knowledge, Lexington, 1982

OTA,
Information Technology and R&D: Critical Trends and Issues, US Congress, Office of Technology Assessment, OTA-CIT-268, Washington, 1985

OTA,
International Competition in Services, US Congress, Office of Technology Assessment, OTA-ITE-328, Washington, 1987

Pavitt, K.,
Patent Statistics as Indicators of Innovation Activities: Possibilities and Problems, in: Scientometrics 7, 77-99, 1985

Petzinger, R.,
Thomson-Brandt, Banlieu und 2CV, in: Hasenclever, Leggewie u.a., 49-70, 1985

Pohl, M.,
Politik und Wirtschaft in Japan, in: Aus Politik und Zeitgeschichte, Beilage zur Wochenzeitung Das Parlament, B 19/88, 1988

President's Commission,
Global Competition. The New Reality, President's Commission on Industrial Competitiveness, Washington, 1985

Profit, A.,
Rapport sectoriel "Télécommunication - Télématique", in: MRT, 1982

Projet de Loi de Finances,
Document annexe, La Recherche et le Dévelopment Technologique en France, Paris, Jhrg. 1980 bis 1989

Raffa, M. u.a.,
The Italian Telecommunications Industry. Behavior and Strategies of the Leading Protagonists. Bericht. Fakultät für Ingenieurwissenschaften, Universität Neapel, 1986

Rahn, G.,
Die Bedeutung des gewerblichen Rechtsschutzes für die wirtschaftliche Entwicklung: Die japanischen Erfahrungen, in: GRUR Int., 577-598, 1982

RAND,
A Bibliography of Selected RAND Publications: Television and Communication Policy (January 1988), Communication Satellites (January 1988), Communication Systems (May 1988), the RAND Corporation, Santa Monica, 1988

Rausch, J.M.,
Rapport d'Information sur l'Avenir des Télécommunications en France et en Europe, Rapport au Sénat, Paris, 1987

Reuter, M.; J. Eck,
Die organisatorische und personelle Entwicklung des FTZ, in: Archiv für deutsche Postgeschichte, H. 1/89, 18f, 1989

Riesenhuber, H.
Die Weltraum-Politik der Bundesrepublik: Engagement mit Maß, in: Spektrum der Wissenschaft, 14, 1989

Roessner, J.D.,
Prospects for a US National Innovation Policy, in: Futures 17, 224-231, 1985

Ros Perán, F.; J. Barberá,
El sistema Ciencia - Tecnologia - Industria en Espana, Sonderbeilage im BIT, Madrid, 1986

Rudge, A.W.,
Organization and management of R&D in a privatized British Telecom, in: Sci.publ. Affairs 4, 115-129, 1990

Salomon Brothers,
Telecommunications equipment, the US Market, 1987

Sandgren, C.,
Statens stöd till forskning och utueckling. Institutet för immaterialrätt och marknadsrätt vid Stockholms Universitet, Stockholm, 1981

Saviotti, P.P.,
Information, Variety and Entropy in Technoeconomic Development, in: Research Policy 17, 89-103, 1988

SCB,
Forskningsstatistik, Statistika meddelanden, U 14 SM 8701, Sveriges officiella statistik, Örebro, 1987

Scherer, J.,
Telekommunikationsrecht und Telekommunikationspolitik, Baden Baden, 1985

Schmoch, U.; H. Grupp,
Patents between Corporate Strategy and Technology Output: An Approach to the Synoptic Evaluation of US, European, and German Patent Data, in: van Raan, Nederhof, Moed (ed.), 1989

Schmoch, U.; H. Grupp,
The perception of academization of technology as measured by referencing between patents and papers: Definition of fields of close cooperation between science and technology, im Erscheinen, 1991

Schmoch, U.; H. Grupp, W. Mannsbart, B. Schwitalla,
Technikprognosen mit Patentindikatoren, Köln, 1988

Schnöring, Th.,
Die deutsche informations- und kommunikationstechnische Industrie und ihre internationale Wettbewerbsposition, WIK, Diskussionsbeiträge zur Telekommunikationsforschung, Nr. 34, Bad Honnef, 1988

Schnöring, Th.,
FuE-Förderung des Bundesministeriums für Forschung und Technologie im Telekommunikationsbereich, in: Wissenschaftliches Institut für Kommunikationsdienste (Hrsg.), Diskussionsbeiträge zur Telekommunikationsforschung Nr. 51, Bad Honnef, 1989 (a)

Schnöring, Th.,
Forschung und Entwicklung bei der Deutschen Bundespost - eine Analyse aus ökonomischer Sicht, in: Wissenschaftliches Institut für Kommunikationsdienste (Hrsg.), Diskussionsbeiträge zur Telekommunikationsforschung Nr. 52, Bad Honnef, 1989 (b)

Schulz, W.,
Alles unter Kontrolle, in: Wirtschaftswoche 34, 112-114, 1988

Seo, Jung Uck,
Korea's International Trade in Telecommunications Services, Korea Information Society Development Institute, o.O., 1989

SICUEMA,
555 Contratos de Investigación Universidad-Empresa (1978-1986), Madrid, 1987

SICUEMA,
Boletin de la Fundación Nr. 60, Madrid, 1988

Singer, S.F.,
Private communication of the DOT Chief Scientist, March 15, 1988

SIP,
Programma Quadriennale 1989 - 1992, Rom, 1988

S.P.R.I.,
Investors Guide, Bilbao, 1988 (a)

S.P.R.I.,
Annual Report 1987, Bilbao, 1988 (b)

Soete, L.,
Introduction, in: Soete (ed.), Technological Trends and Employment, 3: Electronics and Communications, Aldershot, 1985

STA,
Indicators of Science and Technology, Tokyo, 1986

Statistisches Bundesamt (Hrsg.),
Statistik des Auslandes. Länderbericht Italien 1987, Stuttgart, Mainz, 1988

Statistisches Bundesamt (Hrsg.),
Statistik des Auslandes. Wichtigste westliche Industriestaaten 1985, Stuttgart, Mainz, 1985

Stern, D.,
Advanced TDRSS, Prelimiary Overview, prepared for the SAAC Communications Subcommittee, 1988

Stifterverband für die Deutsche Wissenschaft,
Forschung und Entwicklung in der Wirtschaft 1985, Arbeitsschrift A, 1988

STU,
The 1986 STU forward Look, STU information 628, Stockholm, 1987

Stumpf, H.,
Interessenlage und Interessenkollision beim Technologietransfer: die Rolle des Patentwesens, in: GRUR Int., 441-445, 1977

Swedish Telecom,
Annual Report, 1987

TE&M,
Bellcore's Job: Keep the Network up to Par, Interview mit Fred Andrews, Vice President Technology Systems, Bellcore, in: TE&M, August, 61-69, 1987

Technologie-Nachrichten,
Finanzierung und Durchführung von Forschung und Entwicklung: Internationaler Vergleich, in: Technologie-Nachrichten, Management-Informationen 486, 2-4, 1988

Telecom Factbook,
Telecom Factbook 1987, Washington, 1986

Telecommunication Council,
Future Trends in Telecommunications in Japan, ohne Ort, 1987

Telecommunications Research Centre,
Telecommunications World Outlook and Forecast, Barham, 1988

Teleinvest,
Arsredovisning, 1987

The Korea Herald,
Mehrere Ausgaben, 1987 und 1988

The Korea Times,
Mehrere Ausgaben, 1987 und 1988

The Wall Street Journal Europe,
17. Nov. 1988

Thomson-CSF,
Exercice 1987, Paris, 1988

Tisdell, C.A.,
Science and Technology Policy, London, New York, 1981

Turin, G.; W. Davidson, P. Green, J. Mikulski, A. Spencer, B. Wooley,
JTECH Panel Report on Telecommunications Technology in Japan, US Department of Commerce, JTECH-TAR-8501, Washington, 1986

UN,
The Telecommunication Industry - Growth and Structural Change, United Nations - Economic Commission for Europe, New York, 1987

US Senate Committee on Commerce, Science, and Transportation,
Hearing before the Subcommittee on Communications on International Telecommunications, February 28, 1987, S. Hrg. 100-24, US Government Printing Office, Washington, 1987

US Senate Committee on Commerce, Science, and Transportation,
The Goals of the Committee on Commerce, Science, and Transportation for the Second, Session of the 100th Congress, Committee Print, S. Print 100-84, US Government Printing Office, Washington, 1988

Van den Heuvel, A.P.,
private communication, July 25, 1988

van Raan, A.F.J.; A.J. Nederhof, H.F. Moed (eds.),
Science Indicators: Their Use in Science Policy and Their Role in Science Studies, Leiden, 1989

von Krosigk, S.,
Technologischer Vorreiter Japan? Forschungspolitik und technologischer Stand, in: Der Bürger im Staat 1/85, 43-49, 1985

Walker, W.,
UK Defence Electronics: A Review of Government Statistics, PICT Policy Research Papers No. 4, SPRU, Brighton, 1988

Wavermann, L.,
R&D and Preferred Supplier Relationships: The Growth of Northern Telecom, Papier präsentiert auf der 8. Internationalen Konferenz der International Telecommunications Society in Venedig, März 1990

Wieland, B.,
Die Entflechtung des amerikanischen Fernmeldemonopols, Berlin, Heidelberg, New York, Tokyo, 1985

Wieland, B.,
Die Neuordnung des Fernmeldewesens in den Niederlanden, WIK, Diskussionsbeiträge zur Telekommunikationsforschung, Nr. 16, Bad Honnef, 1986

Wilcox, F.R.,
R&D Management, Vortrag anläßlich eines Fachgesprächs des Bearbeiters bei den AT&T Bell Laboratories am 15. Juli 1988

Young, S.G.,
Commercial Enterprise at British Telecom Research Laboratories, in: British Telecommunications Engineering, 2, 168-173, 1983

GPSR Compliance

The European Union's (EU) General Product Safety Regulation (GPSR) is a set of rules that requires consumer products to be safe and our obligations to ensure this.

If you have any concerns about our products, you can contact us on ProductSafety@springernature.com

In case Publisher is established outside the EU, the EU authorized representative is:

Springer Nature Customer Service Center GmbH
Europaplatz 3
69115 Heidelberg, Germany

Batch number: 10844827

Printed by Printforce, the Netherlands